53

A First Course in Mathematical Modeling

(Fifth Edition)

数学建模

（原书第5版）

Frank R. Giordano
（美）William P. Fox　　　著
Steven B. Horton

叶其孝 姜启源 等译

机械工业出版社
CHINA MACHINE PRESS

图书在版编目（CIP）数据

数学建模（原书第5版）/（美）吉奥丹诺（Giordano，F. R.）等著；叶其孝等译 . —北京：机械工业出版社，2014.10（2025.1重印）
（华章数学译丛）
书名原文：A First Course in Mathematical Modeling, Fifth Edition

ISBN 978-7-111-47952-9

I. 数…　II.① 吉…　② 叶…　III. 数学模型　IV. O141.4

中国版本图书馆 CIP 数据核字（2014）第 210702 号

本书旨在指导学生初步掌握数学建模的思想和方法，共分两大部分：离散建模和连续建模，通过本书的学习，学生将有机会在创造性模型和经验模型的构建、模型分析以及模型研究方面进行实践，增强解决问题的能力.

本书对于用到的数学知识力求深入浅出，涉及的应用领域相当广泛，适合作为高等院校相关专业的数学建模教材和参考书，也可作为参加国内外数学建模竞赛的指导用书.

出版发行：机械工业出版社（北京市西城区百万庄大街 22 号　邮政编码：100037）

责任编辑：迟振春	责任校对：董纪丽
印　刷：固安县铭成印刷有限公司	版　次：2025 年 1 月第 1 版第 22 次印刷
开　本：186mm×240mm　1/16	印　张：31.25
书　号：ISBN 978-7-111-47952-9	定　价：99.00 元

客服电话：（010）88361066　68326294

译　者　序

数学建模(Mathematical Modeling)是用数学方法解决各种实际问题的桥梁，随着计算机的发明和计算机技术的飞速发展，数学的应用日益广泛，数学建模的作用越来越重要，而且已经渗透到各种领域．可以毫不夸张地说，数学和数学建模无处不在，甚至报刊中也越来越多地出现数学建模、建模和数学模型这样的术语(包括它们的英文名称 Mathematical Modeling、Modeling 和 Mathematical Model)，它们正在成为人们日常生活和语言交流中常见的术语．

纵观历史，任何成功的技术必定会受到教育领域的重视，特别是高等教育更应该与时俱进，及时反映社会发展的需要．近年来符号和模型的作用已经成为数学教育所关注的中心议题，世界各国越来越多的大学(甚至中学)开设了数学建模的必修或选修课．数学教育界的一些有识之士认为，应该尽早地让学生学习并初步掌握数学建模的思想和方法，而且正在努力身体力行．实际上，这样做不仅有利于培养学生解决实际问题的能力和创新精神，而且会使学生对数学有更深的理解，从而增强学习数学的兴趣和主动性，其结果必然是大大增强面对 21 世纪严峻挑战的竞争力．

在我国，从 20 世纪 80 年代初开始就有一些大学开设数学建模课程．20 世纪 90 年代初开始举办的全国大学生数学建模竞赛更是取得了极大的成果，并推动了我国的数学教育改革．我国数学教育界越来越多的人士也在研究如何尽早地让学生接触到数学建模的思想和方法．在教育部的领导下，由全国大学生数学建模竞赛组委会组织和实施的研究课题"将数学建模思想和方法融入大学数学主干课程教学中的研究与试验"正是这种努力的一部分．然而，要卓有成效地实现尽早地让学生学习并初步掌握数学建模的思想和方法，必须真正做到"以学生为中心、教师是关键、领导是保证"．就教师是关键而言，如果没有教师自身和集体的钻研和实践，以及结合学生实际情况的因材施教，也不可能完成上述任务．

我们翻译的这本书反映了美国几位教授在传播数学建模的思想和方法方面所做的努力．该书第 5 版的三位作者分别为：Frank R. Giordano 教授，他曾任美国西点军校(美国军事学院，United States Military Academy)数学系主任，现为美国海军研究生院(Naval Postgraduate School)教授，多年来一直是美国大学生数学建模竞赛(MCM)的主要组织者，也是美国大学生数学建模竞赛组委会的主任；William P. Fox 教授，他也曾在美国西点军校任教，现为美国海军研究生院教授，他是美国中学生数学建模竞赛(HiMCM，即由COMAP 于 1999 年开始组织的美国中学生数学建模竞赛)组委会的主任；Steven B. Horton，他是美国西点军校的教授．三位作者在应用数学研究、数学建模和微积分的教学方面富有经验并著有多部广受欢迎的教材．

本书可以作为我国从事数学建模教学的教师学习和钻研的素材．由于本书对于用到的数学知识力求深入浅出，涉及的应用领域又相当广，因此也适合作为各类高校数学教师的教学参考书和学生的课外读物或参加大学生数学建模竞赛的培训教材.

本书是在第3版中译本（2005年机械工业出版社出版）、第4版中译本（2009年机械工业出版社出版）的基础上，按照第5版原版修订而成的. 全书由以下几位教授共同完成：前言、网站内容和第1、2、8章由叶其孝翻译，第3、4章由孙山泽翻译，第5、6、9章和附录A由姜启源翻译，第7、10、13章由谢金星翻译，第11、12章和部分习题答案由唐云翻译. 叶其孝通校了全部译文. 第4版中译本的第9、10章及附录B、C、D（由王强等翻译）已不在本书中，原文分别作为第5版的第14、15章及附录B、C、D放在网站上，相应的译文可到网站www.cmpreading.com下载.

感谢机械工业出版社在引进本书以及编辑、出版过程中所做的努力，使广大读者及时得到本书的中译本.

译　者

2014年6月于北京

前　言

为及早向学生传授建模的知识，本教材的第 1 版是为了在讲授商业或工程微积分基础课程的同时或紧随其后开设数学建模课而构思设计的．在第 2 版中，我们加进了离散动力系统、线性规划和数值搜索法以及概率建模入门等内容．此外，我们扩写了有关模拟（仿真）引论这一节．在第 3 版中，我们把某些简单动力系统的求解方法列入本书以揭示解的长期行为．我们在利用微分方程进行建模这一章中加进了基本的数值解法．在第 4 版中，我们增加了讨论图论建模的新的一章．图论是逐渐受到关注的对当代可能发生问题的建模进行深入研究的一个领域．本章试图从数学建模的角度来介绍图论并鼓励学生对图论进行更深入的学习．我们还在用微分方程建模这一章中增加了新的两节：有关分离变量和线性方程的讨论．本书的许多读者表达了如下的愿望：应该将一阶微分方程的解析解作为学习数学建模课程的一部分包含在教材中．在第 5 版中我们新增加了两章——第 9 章"决策论建模"和第 10 章"博弈论"．决策论，也称为决策分析，是为了帮助人们在包含机会和风险的复杂情景下的多种备选方案中做出选择的数学模型的集成．博弈论则扩展了决策论以包括各种决策，在这种决策下决策者所做出决策的支付依赖于另外一个或多个决策者的决策．我们讲述了完全和部分冲突博弈．

本教材组织为两大部分：第一部分离散建模（第 1～10 章和第 14 章），第二部分连续建模（第 11～13 章和第 15 章）．采用这种组织结构，可以在不要求用微积分的第一部分的基础上教授完整的建模课程．第二部分讨论基于最优化和微分方程的连续建模，可以和大学一年级的微积分课程同时讲授．本教材涉及数学建模过程中的所有阶段．本教材的网站（http://www.cengage.com/math/book_content/0495011592_giordano/student_cd/START_HERE.html）包括了软件、额外的建模情景和研究课题，以及到美国大学生数学建模竞赛（Mathematical Contest in Modeling，MCM）过去赛题的链接．我们要感谢 Sol Garfunkel 和数学及其应用联合会（Consortium for Mathematics and its Applications，COMAP）的职员为制作网站所做的工作以及对本前言后面标题为"教学资源"部分中提及的建模活动的支持．

目标和定位

本课程一直是学习数学和应用数学之间的桥梁．本书向学生提供了在学习数学的早期就了解应用问题的各部分是怎样揉合在一起的机会，包含大量数学科学、运筹学、工程、管理和生命科学等许多学术领域中常见的有意义和实际的问题．

本教材介绍完整的建模过程，使学生实践以下数学建模的各个方面并能增强解决问题的能力：

1. 创造性和经验模型的构建：给定一种现实情景，学习识别问题、做出假设和收集数据、提出模型、测试假设、必要时精炼模型、在情况适宜时看看模型和数据是否一致，以及分析模型的基本数学结构以评价并不完全精确地满足假设时对结论的敏感性．

2. 模型分析：给定一个模型，学会反向推理以揭示那些不一定是显式表示的基本假设，审慎严谨地评估这些假设和手头要处理的情景相符合的程度，并估计不完全精确地满足假设时

VI

对结论的敏感性.

3. 模型研究：学生要研究一个特定的领域以获得对某些行为（性态）的更深入理解，并学会使用早已创建或早已知晓的模型和知识.

对学生基础知识的要求和课程内容

因为我们的愿望是尽可能早地在课程中向学生传授建模的经验，所以仅在学习第11、12和13章时需要学生对一元微积分有基本的了解. 尽管在建模过程中也要教某些不熟悉的数学概念和思想，但重点是应用中学毕业生早已了解的数学知识. 第一部分尤其如此. 建模课程将激励学生去学习诸如线性代数、微分方程、最优化和线性规划、数值分析、概率论和统计学这样的更高级的课程. 这些课程的作用在全书中都做了提示.

此外，本教材中的情景和习题不是作为特定数学方法的应用而设计的. 这些情景和习题要求学生具有创造性智慧，能运用基本概念去求得没有确定答案的问题的合理解决方案. 本教材没有详细讲解某些数学方法（例如，蒙特卡罗模拟、曲线拟合和量纲分析），因为它们常常不是大学教材的正式内容. 教师应该发现本教材在通过习题和研究课题来满足学生的特殊需要而改编教材方面有很大的灵活性. 我们用本书既教过本科生的课程也教过研究生的课程，甚至用作教师讨论班的基本内容.

本教材的内容组织

借助于图1能最好地了解本教材的内容组织. 前10章和第14章组成第一部分，只要求预微积分（pre-calculus）⊖课程的数学知识作为必需的预备知识. 我们从应用简单的有限差分方程对变化进行建模的思想开始. 对学生来说，这种方法是相当直观的，而且为我们提供了若干具体模型来继续支持第2章对建模过程的讨论. 我们在第2章中对模型进行分类、分析建模过程以及构建在后两章中要再讨论的若干比例模型或子模型. 第3章向学生讲述用特殊类型的曲线去拟合所收集数据集的三个准则，重点是最小二乘准则. 第4章讨论怎样抓住所收集到的数据集的趋势. 在这种经验模型的构建过程中，我们从用简单的单项式模型去近似地拟合所收集到的数据集开始，并逐渐过渡到更为复杂的插值模型，包括多项式光滑模型和三次样条模型. 第5章讨论了模拟模型. 用一个经验模型来拟合某些收集到的数据，然后用蒙特卡罗模拟来复制所考察的行为或性态. 这种讲述方式最终促进了对概率论和统计学的学习.

第6章提供了概率建模的一个引论，在前面讲过的情景和分析的基础上介绍了马尔可夫过程、可靠性以及线性回归等论题. 第7章利用第3章提出的另外两个准则讲述了寻求最优拟合模型的问题. 线性规划是用准则之一来寻求"最优"模型的方法，数值搜索方法可以作为另一个准则. 最后介绍包括二分法和黄金分割法在内的数值搜索方法. 第9和10章讨论具有风险和不确定性的决策问题，这些问题中或者只有一个决策者（第9章）或者有两个或多个决策者（第10章）. 然后第一部分就跳到第14章，专讲在物理科学和工程中极其重要的论题——量纲分析.

第二部分用来学习连续模型. 在第11和12章中我们对动态的（随时间变化的）情景进行建模. 这两章是建立在第1章讲述的离散分析的基础上的，但现在考虑的是时间连续变化的情景. 第13章专讲连续优化. 第15章讨论连续图形模型的构建，探究所构建模型的

⊖ 在美国许多学校开设预微积分（pre-calculus）课程，作为正式选修微积分课程前的必修课. ——译者注

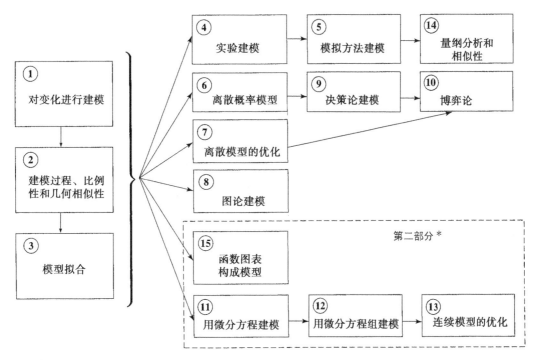

* 第二部分要求一元微积分作为并修课程.

图1 章节组织和讲授次序

敏感性,这些模型构建在假设的基础上.学生有机会来求解只用到初等微积分的连续优化问题,该章还介绍了约束优化问题.

学生研究课题

学生研究课题是任何建模课程必不可少的组成部分.本教材包括了创造性模型和经验模型的构建、模型分析和模型研究方面的研究课题.因此我们建议将包括数学建模所有三个方面的研究课题组合构成一门课程.如果研究课题提出的情景没有唯一解,那么这些课题就是最有启发性的.某些研究课题用到真实的数据,这些数据或者是提供给学生的,或者是学生不难收集到的.把个人和小组的研究课题结合起来也是很重要的.在教师希望开发学生的个人建模技巧时,采用个人研究课题是很合适的.在课程的较早阶段,采用小组研究课题,将给学生一次"合力攻关"聚会的非常兴奋、激动的经验.本教材推荐了多种多样的研究课题,诸如构建各种情景的模型,完成 UMAP 的教学单元⊖,或研究教材、课堂中作为例子讲述的模型等.对于

⊖ 由 COMAP 公司研发和销售分发的 UMAP 教学单元(Module). UMAP 是 Undergraduate Mathematics and Its Applications(大学数学及其应用)的缩写,同时也是在美国大学数学教学方面很有影响的季刊《The Journal of Undergraduate Mathematics and Its Applications》的缩写,该刊每年第三期刊登一年一度的美国大学生数学建模竞赛(Mathematical Contest in Modeling,MCM)和跨学科建模竞赛(Interdisciplinary Contest in Modeling,ICM)的总结、优秀论文和对优秀论文的评述.Module 是模块的意思,但在教学中它还有如下的意思:A unit of education or instruction with a relatively high teacher-to-student ratio, in which a single topic or a small section of a broad topic is studied for a given period of time(一种有相当高师生比的教育或教授单元,其中的单个论题或一个大论题的小部分在给定阶段的时间内学习).——译者注

每个学生来说，在整个课程中接受模型构建、模型分析或模型研究的多样性研究课题的组合并建立起信心是重要的．学生也可能会选择一个特别感兴趣的情景研制模型，或分析在另一门课程中的模型．在典型的建模课程中我们推荐 5 到 8 个短小的研究课题．

就指派本教材涉及的情景、家庭作业习题和研究课题的数目而言，我们发现采用精心且完整地研制过的少量研究课题来做，效果会更好．为了能在更大范围内选择许多应用领域中的问题，我们还提供了比可以合理指派的习题和研究课题更多的习题和研究课题．

教学资源

我们发现 COMAP 提供的资料非常好，特别适用于我们建议的课程．大学生课堂上适用的单个教学单元（即 UMAP 教学单元）可以以多种方式使用．首先，它们可以用于某些课堂教学的教学素材．学生可以通过做教学单元中的习题来自学该教学单元（可以很方便地去掉教学单元提供的详细解答）．另一种方式就是采用本教材"研究课题"小节中建议的一个或多个 UMAP教学单元把一组教学内容捏合在一起．这些教学单元也提供了"模型研究"极好的原始资料，因为它们覆盖了数学在众多领域中的广泛应用．这样做时，可以提供给学生一个适当的教学单元进行研究，要求学生完成该教学单元并做出报告．最后，这些教学单元都是学生进行模型构建研究的极好的情景资源．这样做时，教师可以基于某个特定的教学单元所处理的应用问题给学生写一个情景并利用该教学单元作为背景材料，或要求学生在稍后一些日子里完成该教学单元．本教材的网站中包括教材中提及的大多数 UMAP 教学单元．想获得新开发的跨学科课题的有关信息，可以写信给 COMAP，地址是 57 Bedford Street，Suite 210，Lexington，MA 02173，或打电话 1-800-772-6627 给 COMAP，或发电子邮件给 order@comap. com.

学生小组研究课题的主要来源就是美国大学生数学建模竞赛（MCM）和跨学科建模竞赛（ICM）．可以通过网站提供的链接来获得这些课题，为了适合所教班级的特定目标，教师要做一些修改．这些研究课题也是培训拟参加 MCM 和 ICM 的参赛队的极好资源，当前这两个竞赛是在美国国家安全局（National Security Agency，NSA）、美国工业与应用数学学会（Society for Industrial and Applied Mathematics，SIAM）、美国运筹学和管理科学学会（Institute for Operations Research and the Management Sciences，IORMS）以及美国数学协会（Mathematical Association of America，MAA）的资助下由 COMAP 主办的．有关竞赛的更多信息可以与 COMAP 联系或访问其网站 www. comap. com.

技术的作用

技术是使用本教材来做数学建模的一个不可缺少的部分．技术可以用来支持所有各章中的模型求解．我们决定把各种技术的使用放在网站上，而不是把各种各样的技术直接纳入教材里模型的解释中．在网站上，学生可以找到用 Microsoft® Excel®、Maple®、Mathematica® 以及德州仪器公司生产的包括 TI-83 和 84 系列在内的图形计算器写的样板程序．

我们在以下课题（用 Maple 的指令和编程方法可以很好地支持这些课题）的讨论中解释 Maple 的使用方法：差分方程、比例性、拟合模型（最小二乘法）、经验模型、模拟、线性规划、量纲分析、用微分方程建模、用微分方程组建模以及连续模型的优化．网站上提供了出现于所提及的各章中的解释性例子的 Maple 活页练习题．

用 Mathematica 来阐述它们在差分方程、比例性、拟合模型(最小二乘法)、经验模型、模拟、线性规划、图论、量纲分析、用微分方程建模、用微分方程组建模以及连续模型的优化中的使用方法. 网站上提供了有关章节中解释性例子所用到的数学的电子数据表格.

Excel 是一种电子数据表格,用它可以得到数值解,而且可以方便地得到图形. 因此,用 Excel 来解释迭代过程和差分方程的图形解. 它也可以用作计算和画出以下内容的图形:比例性函数、拟合模型、经验模型(此外,它还可以用来做差分表,构造并画三次样条的图形)、蒙特卡罗模拟、线性规划(有关 Excel 求解器的说明)、用微分方程建模(用欧拉和龙格-库塔方法的数值近似)、用微分方程组建模(数值解)以及离散和连续模型的优化(诸如二分法和黄金分割搜索那样的单变量优化的搜索方法).

TI 计算器也是一种强有力的技术工具. 本教材的许多内容可以用 TI 计算器来完成. 我们用差分方程、比例性、拟合模型、经验模型(幂次阶梯和其他变换)、模拟以及微分方程(构造数值解的欧拉方法)来说明 TI 计算器的使用方法.

致谢

我们永远感谢在本书的研究和编写过程中给予帮助的每个人. 我们特别要感谢(已退休的) Jack M. Pollin 准将和 Carroll Wilde 博士,感谢他们激发了我们教数学建模课程的兴趣以及对我们事业的支持和指导. 我们要感谢许多同事在审阅第 1 版的手稿以及在提出问题和修改意见方面的帮助,他们是 Rickey Kolb、John Kenelly、Robert Schmidt、Stan Leja、Bard Mansager,特别是 Steve Maddox 和 Jim McNulty. 我们要特别感谢 Maurice D. Weir 作为前 4 版的作者之一所做出的贡献. 我们还要特别感谢 Richard West 对第 5 版的审稿所起的作用.

我们还受惠于本教材涉及的许多 UMAP 材料的作者或合作者,他们是 David Cameron、Brindell Horelick、Michael Jaye、Sinan Koont、Stan Leja、Michael Wells 和 Carroll Wilde. 此外,我们要感谢 Solomon Garfunkel 以及整个 COMAP 公司的职员在本教材所有 5 版的出版中给予的合作:他们是所有层次上数学建模的先锋和捍卫者. 我们也要感谢 Tom O'Neil 及其学生对网站的制作所做出的贡献以及在支持建模活动方面的有益建议. 我们要感谢 Amy H. Erickson 博士,感谢她对网站所做出的很多贡献.

感谢第 5 版的审稿人:John Dossey、Robert Burks 和 Richard West.

任何一本数学教材的产生都是一个复杂的过程,我们感到特别幸运的是有 Brooks/Cole 和 Cengage 出版社高质量和创造性的职员队伍. 我们要感谢在第 5 版的出版过程中和我们一起工作的 Cengage 的所有工作人员,特别要感谢策划编辑 Molly Taylor、课题开发编辑 Shaylin Walsh-Hogan. 我们也要感谢 Prashanth Kamavarapu 和 PreMedia Global 生产公司提供的生产服务.

网 站 内 容

大学数学应用教学单元

　　大 学 数 学 应 用 教 学 单 元（The Undergraduate Applications in Mathematics modules，
UMAP）是 由 数 学 及 其 应 用 联 合 会 股 份 有 限 公 司（Consortium for Mathematics and Its
Applications，Inc.，COMAP，电 话 为 800-772-6627，网 址 为 www. comap. com ）研 制 和 生 产
的 . UMAP 特 别 适 合 作 为 我 们 建 议 的 数 学 建 模 课 程 的 补 充 材 料 . 以 下 的 UMAP 都 可 以 作 为 研
究 课 题、进 一 步 阅 读 材 料 或 者 额 外 增 加 的 习 题，从 网 站 中 很 容 易 得 到 它 们 .

UMAP 60～62	资源分配（The Distribution of Resources）
UMAP 67	神经系统的建模（Modeling the Nervous System）
UMAP 69	羊的消化过程（The Digestive Process of Sheep）
UMAP 70	遗传学中的选择（Selection in Genetics）
UMAP 73	流行病学（Epidemics）
UMAP 74	渗透性示踪法（Tracer Methods in Permeability）
UMAP 75	范尔德曼模型（Feldman's Model）
UMAP 208	一般均衡：I（General Equilibrium：I）
UMAP 211	人的咳嗽（The Human Cough）
UMAP 232	单种反应物反应动力学（Kinetics of Single-Reactant Reactions）
UMAP 234	放射性链：母体及其生产物（Radioactive Chains：Parents and Daughters）
UMAP 269	蒙特卡罗方法：随机数字的应用（Monte Carlo：The Use of Random Digits）
UMAP 270	拉格朗日乘数法：在经济学中的应用（Lagrange Multipliers：Applications to Economics）
UMAP 292～293	倾听地球：可控震源地震学（Listening to the Earth：Controlled Source Seismology）
UMAP 294	差别定价和消费者剩余（Price Discrimination and Consumer Surplus）
UMAP 303	计划生育创新技术的扩散（The Diffusion of Innovation in Family Planning）
UMAP 304	盲目支持者（党羽）的增长 I（Growth of Partisan Support I）
UMAP 305	盲目支持者（党羽）的增长 II（Growth of Partisan Support II）
UMAP 308	理查得森军备竞赛模型（The Richardson Arms Race Model）
UMAP 311	军备竞赛的几何（The Geometry of the Arms Race）
UMAP 321	借助于最小二乘法准则的曲线拟合（Curve Fitting via the Criterion of Least Squares）
UMAP 322	差分方程及其应用（Difference Equations with Applications）

UMAP 738   哈代–维恩伯格均衡(The Hardy-Weinberg Equilibrium)

过去的数学建模竞赛试题

过去的数学建模竞赛试题是建模研究课题或者设计一个问题的极好的资料来源. 网站中提供了所有竞赛试题:

Mathematical Contest in Modeling(MCM): 1985~2012

Interdisciplinary Contest in Modeling(ICM): 1997~2012

High School Contest in Modeling(HiMCM): 1998~2012

充满活力的跨学科应用研究课题(ILAP)

充满活力的跨学科应用研究课题(Interdisciplinary Lively Applications Projects, ILAP)是由数学及其应用联合会股份有限公司(Consortium for Mathematics and Its Applications, Inc., COMAP, 电话为 800-772-6627, 网址为 www.comap.com)研制和生产的. ILAP 是与另一个学科作为合作伙伴共同设计的, 既从数学的角度也从另一个学科的角度进行深入的模型研制和分析. 我们发现以下 ILAP 特别适合于数学建模课程.

- 汽车资金(Car Financing)
- 警惕氯仿(三氯甲烷 II)(Choloform Alert)
- 饮用水(Drinking Water)
- 电力(Electric Power)
- 森林火灾(Forest Fires)
- 博弈(对策)论(Game Theory)
- 把盐排出去(Getting the Salt Out)
- 保健(Health Care)
- 医疗保险费(Health Insurance Premiums)
- 单足跳环圈(Hopping Hoop)
- 桥梁分析(Bridge Analysis)
- 赠品专款(Lagniappe Fund)
- 湖泊污染(Lake Pollution)
- 发射航天飞机(Launch the Shuttle)
- 环保警察(Pollution Police)
- 岔道和高速公路(Ramps and Freeways)
- 红光和蓝光光盘(Red & Blue CDs)
- 药物中毒(Drug Poisoning)
- 航天飞机(Shuttle)
- 储备鱼塘(Stocking a Fish Pond)
- 幸存的早期美国人(Survival of Early Americans)
- 红绿灯(Traffic Lights)

- 旅游天气预报(Travel Forecasting)
- 预付学费(Tuition Prepayment)
- 机动车尾气(Vehicle Emissions)
- 水的净化(Water Purification)

技术和软件

为了使用教材、研究课题和 ILAP 中所讨论的技术手段，数学建模常常需要技术的帮助．我们提供了利用电子表格(Excel)、计算机代数系统(Maple®、Mathematica®、Matlab®)以及图形计算器(TI)等技术的广泛的例子．应用领域包括：

- 差分方程
- 拟合模型
- 经验模型的构建
- 分割的差分表
- 三次样条
- 蒙特卡罗模拟模型
- 离散概率模型

- 可靠性模型
- 线性规划
- 黄金分割搜索
- 常微分方程的欧拉方法
- 常微分方程组的欧拉方法
- 非线性最优化

技术实验室

包括在实验室环境下为学生设计的例子和习题．有以下论题：

- 差分方程
- 比例性
- 拟合模型
- 经验模型的构建
- 蒙特卡罗模拟

- 线性规划
- 离散优化搜索方法
- 常微分方程
- 常微分方程组
- 连续优化搜索方法

目　　录

第1章 对变化进行建模

引言

为了更好地了解世界，人们常常用数学(例如，使用函数或方程)来描述某种特定现象．这种**数学模型**是现实世界现象的理想化，但永远不会是完全精确的表示．尽管任何模型都有其局限性，但是好的模型能提供有价值的结果和结论．在本章中我们将重点介绍对变化进行建模．

数学模型

在对现实对象进行建模时，人们常常对预测未来某个时刻变量的值感兴趣．变量可能是人口、房地产的价值或者患有一种传染病的人数．数学模型常常能帮助人们更好地了解一种行为或规划未来．可以把数学模型看做为了研究一种特定的实际系统或人们感兴趣的行为而设计的数学结构．如图 1-1 所示，从模型中，人们能得到有关该行为的数学结论，而阐明这些结论有助于决策者规划未来．

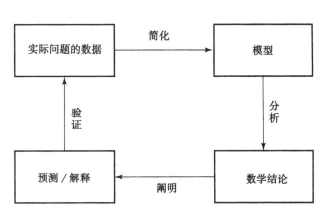

图 1-1 从考察实际数据开始的建模过程的流程图

简化

多数模型简化了现实的情况．一般情况下，模型只能近似地表示实际的行为．一种非常强有力的简化关系就是**比例性**.

定义 两个变量 y 和 x 是(互成)**比例**的，如果一个变量总是另一个变量的常数倍，即，如果对某个非零常数 k

$$y = kx$$

我们记为 $y \propto x$.

这个定义的意思是说 y 关于 x 的图形位于通过原点的一条直线上．在测试给定的数据集是否合理地呈现一种比例关系时，观察图形是有用的．如果比例性是合理的，那么一个变量对另一个变量的图形应该近似地位于通过原点的一条直线上．下面举一个例子．

例 1 测试比例性

考虑如图 1-2 所示的弹簧-质量系统．做一个测量弹簧的伸长作为置于弹簧末端的质量(以重量计)的函数的实验．表 1-1 为该实验收集到的数据．弹簧的伸长对于置于弹簧末端的质量(或重量)的散点图展现了它是过原点的一条近似直线(图 1-3).

看来该数据遵从比例性法则，伸长 e 与质量 m 成比例，或者用符号表示为 $e \propto m$. 该直线看似通过原点. 用几何知识来观察数据是否合乎成比例的假设, 如果是的话, 就去估计斜率 k. 在本例中, 假设这两种数据成比例看来是合理的, 所以选位于直线上的两点(200, 3.25)和 (300, 4.875)来估算比例常数. 计算连接这两点的直线的斜率为:

表 1-1   弹簧-质量系统

质量	伸长	质量	伸长	质量	伸长	质量	伸长
50	1.000	200	3.250	350	5.675	500	8.000
100	1.875	250	4.375	400	6.500	550	8.750
150	2.750	300	4.875	450	7.250		

$$斜率 = \frac{4.875 - 3.25}{300 - 200} = 0.016\,25$$

因此比例常数约为 0.0163, 就是过原点直线的斜率, 于是可以建立以下估算模型:

$$e = 0.0163m$$

然后把表示该模型的直线图形重叠画到散点图上, 以考察模型对这些数据的拟合效果(见图 1-4). 从图中可以看出这个简化的比例模型是合理的, 因为大多数点落在非常靠近直线 $e = 0.0163m$ 的地方. ∎

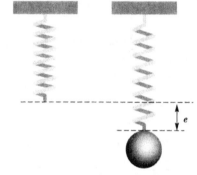

图 1-2   弹簧-质量系统

对变化进行建模

对变化进行建模的一个非常有用的范例就是

$$未来值 = 现在值 + 变化$$

人们往往希望根据现在知道的东西加上精心观测到的变化来预测未来. 在这种情形中, 可以先按照公式

$$变化 = 未来值 - 现在值$$

来研究变化.

通过收集一段时间中的数据并画出该数据的图形, 我们常常可以识别出能够抓住这种变化趋势的模型的模式. 如果这种行为是在离散时间段上发生的, 那么前面的模型构建就导致本章要介绍的**差分方程**. 如果行为在时间上是连续发生的, 那么模型构建就导致了第 11 章要介绍的**微分方程**. 这两者都是描述

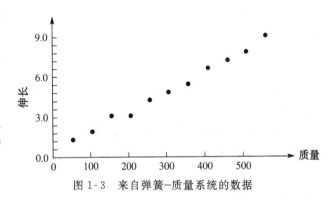

图 1-3   来自弹簧-质量系统的数据

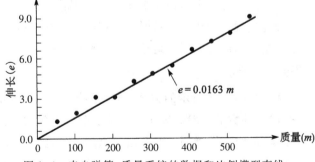

图 1-4   来自弹簧-质量系统的数据和比例模型直线

和预测行为变化的强有力的方法.

1.1 用差分方程对变化进行建模

在本节中我们将建立数学模型以描述所观察到的行为中的变化.当观察变化时,我们常常想要了解为什么变化以这样的方式发生,可能去分析不同的条件对行为的影响或者去预测将来会发生什么.数学模型可以使我们在影响行为的不同条件下做数学实验,以帮助我们更好地了解行为.

定义 数列 $A = \{a_0, a_1, a_2, a_3, \cdots\}$ 的一阶差分是

$$\Delta a_0 = a_1 - a_0$$
$$\Delta a_1 = a_2 - a_1$$
$$\Delta a_2 = a_3 - a_2$$
$$\Delta a_3 = a_4 - a_3$$

对每个正整数 n,**第 n 个一阶差分**是

$$\Delta a_n = a_{n+1} - a_n$$

从图 1-5 可以看到,一阶差分表示该序列两个相邻值的增加或减少,即在一个时间周期里序列图中的垂直变化.

例 1 储蓄存单

考虑一开始价值为 1000 美元的储蓄存单在月利率为 1% 的条件下的累积价值.下面的数列表示该储蓄存单逐月的价值:

$$A = (1000, 1010, 1020.10, 1030.30, \cdots)$$

其一阶差分为:

$$\Delta a_0 = a_1 - a_0 = 1010 - 1000 = 10$$
$$\Delta a_1 = a_2 - a_1 = 1020.10 - 1010 = 10.10$$
$$\Delta a_2 = a_3 - a_2 = 1030.30 - 1020.10 = 10.20$$

注意,一阶差分表示在一个时间周期里数列的变化,在储蓄存单的例子中即是所得的利息.

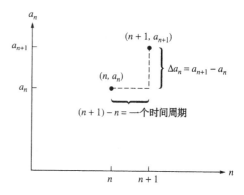

图 1-5 序列的一阶差分就是在一个时间周期里序列图中的增加

对发生在离散时间段上的变化的建模,一阶差分是有用的.在这个例子中,从一个月到下一个月储蓄存单价值的变化仅仅是该月所得的利息.如果 n 是月数而 a_n 是 n 个月后储蓄存单的价值,那么每个月价值的变化(或者利息增长)由第 n 个差分

$$\Delta a_n = a_{n+1} - a_n = 0.01 a_n$$

来表示.可以把这个表达式改写为以下差分方程:

$$a_{n+1} = a_n + 0.01 a_n$$

我们还知道一开始的存款 1000 美元(初值),于是就得出了以下**动力系统模型**:

$$a_{n+1} = 1.01 a_n, \quad n = 0, 1, 2, 3, \cdots \tag{1-1}$$
$$a_0 = 1000$$

其中 a_n 是 n 个月后的利息累计总值. 因为 n 表示非负整数 $\{0, 1, 2, 3, \cdots\}$, 方程(1-1)可表示无穷多个代数方程, 称为**动力系统**. 动力系统能够描述从一个周期到下一个周期的变化. 知道了该序列中的某一项, 就可以通过差分方程算出紧接着它的下一项, 但是不能直接算出任意特定项的值(例如, 100 个周期后的储蓄值). 我们可以迭代这个序列到 a_{100} 来得到这项的值.

因为这是我们常常看到的变化, 通过表示或近似表示从一个周期到下一个周期的变化就可以构建差分方程. 修改一下这个例子, 如果要从账户中每月提款 50 美元, 那么一个周期里存款的变化就应该是该周期里挣的利息减去月提款, 或者如下表示:

$$\Delta a_n = a_{n+1} - a_n = 0.01a_n - 50$$

在大多数例子中, 用数学方式描述变化不会像这里所说的那样精确. 常常需要画出变化, 观察模式, 然后用数学术语来描述变化. 即, 试图寻求

$$变化 = \Delta a_n = 某个函数\ f$$

变化可能是数据序列中前一项的函数(就像没有月提款的情形), 或者还包含某些外来的项(诸如上面提到的提款数或涉及周期 n 的一个表达式). 因此, 本章在构建表示变化的模型时, 是在离散时间段上对变化进行建模的, 可以用以下公式表达:

$$变化 = \Delta a_n = a_{n+1} - a_n = f(该序列中的项, 外来项)$$

用这种方式对变化进行建模, 就是要去决定或近似决定表示该变化的函数 f.

下面来看第二个例子, 它用一个差分方程精确地对现实世界中的行为建立模型.

例2　抵押贷款买房

六年前, 你的父母筹措月利率为 1‰、每月还款为 880.87 美元的 20 年贷款资金 80 000 美元买了房子. 他们已经还款 72 个月, 同时想知道他们还欠多少抵押贷款, 他们正在考虑用他们得到的一笔遗产来付清欠款. 或者他们可以重新根据偿还期长短, 以不同利率偿还抵押贷款. 每个周期欠款额因要付的利息而增加, 又因每月还款而减少:

$$\Delta b_n = b_{n+1} - b_n = 0.01b_n - 880.87$$

求解 b_{n+1} 并加进初始条件就给出了动力系统模型:

$$b_{n+1} = b_n + 0.01b_n - 880.87$$
$$b_0 = 80\ 000$$

其中 b_n 表示 n 个月后的欠款. 因此

$$b_1 = 80\ 000 + 0.01(80\ 000) - 880.87 = 79\ 919.13$$
$$b_2 = 79\ 919.13 + 0.01(79\ 919.13) - 880.87 = 79\ 837.45$$

就给出了序列

$$B = (80\ 000, 79\ 919.13, 79\ 837.45, \cdots)$$

从 b_2 计算 b_3, 从 b_3 计算 b_4, 如此依次计算下去, 我们得到 $b_{72} = 71\ 523.11$ 美元. 该序列如图 1-6 所示.

我们来总结一下例 1 和例 2 中介绍的重要思路.

定义 一个**序列**就是定义域为全体非负整数集合上的一个函数,其值域为实数的一个子集.一个**动力系统**就是序列各项之间的一种关系.**数值解**就是满足该动力系统的一张数值表.

在本节的习题中我们将讨论其他可以用差分方程来确切建模的行为.下一节中,我们将用差分方程来近似表示所观察到的变化.在收集了变化的数据并识别出行为的模式后,我们将用比例性概念来测试和拟合所提出的模型.

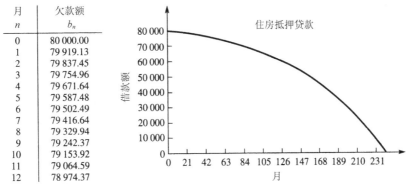

月 n	欠款额 b_n
0	80 000.00
1	79 919.13
2	79 837.45
3	79 754.96
4	79 671.64
5	79 587.48
6	79 502.49
7	79 416.64
8	79 329.94
9	79 242.37
10	79 153.92
11	79 064.59
12	78 974.37

图 1-6 例 2 的序列和图

 习题

序列

1. 写出下列序列的前五项 $a_0 \sim a_4$:

(a) $a_{n+1} = 3a_n$,$a_0 = 1$

(b) $a_{n+1} = 2a_n + 6$,$a_0 = 0$

(c) $a_{n+1} = 2a_n(a_n + 3)$,$a_0 = 4$

(d) $a_{n+1} = a_n^2$,$a_0 = 1$

2. 求序列第 n 项的公式.

(a) $\{3,3,3,3,3,\cdots\}$

(b) $\{1,4,16,64,256,\cdots\}$

(c) $\left\{\dfrac{1}{2},\dfrac{1}{4},\dfrac{1}{8},\dfrac{1}{16},\dfrac{1}{32},\cdots\right\}$

(d) $\{1,3,7,15,31,\cdots\}$

差分方程

3. 考察下列序列,写出差分方程以表示作为序列中前一项的函数的第 n 个区间上的变化.

(a) $\{2,4,6,8,10,\cdots\}$

(b) $\{2,4,16,256,\cdots\}$

(c) $\{1,2,5,11,23,\cdots\}$

(d) $\{1,8,29,92,\cdots\}$

4. 写出满足下列差分方程的序列的前五项:

(a) $\Delta a_n = \dfrac{1}{2}a_n$,$a_0 = 1$

(b) $\Delta b_n = 0.015b_n$,$b_0 = 1000$

(c) $\Delta p = 0.001(500 - p_n)$,$p_0 = 10$

(d) $\Delta t_n = 1.5(100 - t_n)$,$t_0 = 200$

动力系统

5. 代入 $n = 0,1,2,3$,写出由下列动力系统表示的前四个代数方程:

(a) $a_{n+1} = 3a_n$,$a_0 = 1$

(b) $a_{n+1} = 2a_n + 6$,$a_0 = 0$

(c) $a_{n+1} = 2a_n(a_n + 3)$,$a_0 = 4$

(d) $a_{n+1} = a_n^2$,$a_0 = 1$

6. 写出你认为可以用动力系统来建模的若干行为的名称.

确切地对变化进行建模

对习题 7~10,写出能对所述情景的变化确切建模的动力系统的公式.

7. 目前你在储蓄账户上有月付利息为 0.5% 的存款 5000 美元,你每个月再存入 200 美元.

8. 你的信用卡上有月付利息 1.5％ 的欠款 500 美元．你每月偿还 50 美元并且不再有新的欠款．

9. 你的父母正在考虑一项贷款期限 30 年、每月要支付 0.5％ 利息的 100 000 美元抵押贷款．试建立一个能够在 360 次付款后还清抵押贷款(借款)的用月供 p 表示的模型．提示：如果 a_n 表示 n 个月后的欠款，那么 a_0 和 a_{360} 表示什么呢？

10. 你的祖父母有一份养老金(年金)．每月把上一个月结余的 1％ 作为利息自动存入养老金．你的祖父母每月初要取出 1000 美元作为生活费用．目前他们的养老金为 50 000 美元．试用动力系统对养老金建模．养老金会用光吗？什么时候用光？提示：当养老金用光时，a_n 的值为多少？

11. 对 0.5％ 的利率重做习题 10．

12. 你当前的信用卡欠款余额为 12 000 美元，而当前的利率为 19.9％/年．利息是按月计算的．确定什么样的月还款 p 美元才能在以下情况下还清欠款：

    (a)2 年，假定不会有新的信用卡支付．   (b)4 年，假定不会有新的信用卡支付．

13. 再次考虑上面的习题 12．现在假定你每月用信用卡支付 105 美元．确定什么样的月还款 p 美元才能在以下情况下还清欠款：

    (a)2 年．   (b)4 年．

 研究课题

1. 随着汽油价格的上涨，今年你希望买一辆新的(混合动力)汽车．你把选择范围缩小到以下几种 2012 车型：Ford Fiesta、Ford Focus、Chevy Volt、Chevy Cruz、Toyota Camry Hybrid、Toyota Prius 和 Toyata Corolla．每家公司都向你提供如下的"优惠价"．你有能力支付多达 60 个月的大约 500 美元的月还款．采用动力系统的方法来确定你可以买哪种新的汽车．

2012 车型	"优惠价"(美元)	预付款(美元)	利率和贷款持续时间
Ford Fiesta	14 200	500	年利率 4.5％，60 个月
Ford Focus	20 705	750	年利率 4.38％，60 个月
Chevy Volt	39 312	1000	年利率 3.28％，60 个月
Chevy Cruz	16 800	500	年利率 4.4％，60 个月
Toyota Camry	22 955	0	年利率 4.8％，60 个月
Toyota Camry Hybrid	26 500	0	年利率 3％，48 个月
Toyota Corolla	16 500	900	年利率 4.25％，60 个月
Toyota Prius	19 950	1000	年利率 4.3％，60 个月

2. 你正在考虑月利率为 0.4％ 的 250 000 美元的 30 年抵押贷款．

    (a)确定 360 个月还清贷款的月还款 p．

    (b)现在假设你已经还了 8 年的月还款，而且你现在有机会来重新制定还款计划．你可以在以下两种情况下进行选择：或者是年利率为 4％ 的每月还款的 20 年贷款，或者是年利率为 3.8％ 的每月还款的 15 年贷款．每种贷款都要支付 2500 美元的交易费．确定 20 年和 15 年贷款的月还款 p．你认为重新制定还款计划正确吗？如果正确的话，你喜欢 20 年还是 15 年的选择？

1.2 用差分方程近似描述变化

在大多数例子中，数学地描述变化不会像前节给出的储蓄存单和抵押贷款案例中那样有确切的步骤．一般情况下，我们必须画出变化，观察模式，然后用数学术语来近似描述变化．在本节中我们将近似表示某些观察到的变化以得到表达式

$$变化 = \Delta a_n = 某个函数 f$$

我们从区分连续发生的变化和在离散的时间区间上发生的变化开始.

离散变化与连续变化

当我们构建涉及变化的模型时,重要的区别就在于某些变化是在**离散**的时间区间上发生的(诸如账户中利息的存入);在另一些情形,变化是**连续地**发生的(诸如在暖和的日子里一罐冷冻的软饮料的温度变化).差分方程表示了离散时间区间情形中的变化.以后我们会知道离散变化和连续变化之间的关系(为此要研究微积分).就以下的几个模型来说,我们将通过考察取自离散时间区间上的数据来近似描述连续变化.用差分方程来近似描述连续变化是模型简化的一个例子.

例1 酵母培养物的增长

图1-7中的数据是从测量酵母培养物增长的实验收集来的.图形显示可以假设种群量的变化和当前种群量的大小成比例.即,$\Delta p_n = p_{n+1} - p_n = kp_n$,其中 p_n 表示 n 小时后种群生物量的多少,而 k 是一个正常数.k 的值依赖于时间的测量.

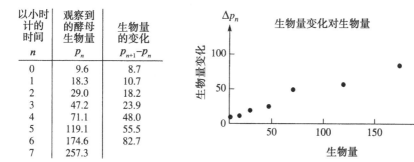

以小时计的时间	观察到的酵母生物量	生物量的变化
n	p_n	$p_{n+1}-p_n$
0	9.6	8.7
1	18.3	10.7
2	29.0	18.2
3	47.2	23.9
4	71.1	48.0
5	119.1	55.5
6	174.6	82.7
7	257.3	

图1-7 酵母培养物增长对以小时计的时间

数据取自 R. Pearl, "The Growth of Population," *Quart. Rev. Biol.* 2(1927):532-548.

虽然该数据的图形并不恰好位于过原点的一条直线上,但是可以用一条过原点的直线来近似.把尺子放在数据上近似做一条过原点的直线,我们估算出该直线的斜率大约为0.5.利用直线斜率的估计 $k=0.5$,我们假设比例模型为

$$\Delta p_n = p_{n+1} - p_n = 0.5p_n$$

它给出预测 $p_{n+1}=1.5p_n$.这个模型预测种群量总是增长的,这是可疑的. ■

模型的改进:对出生、死亡和资源的建模

如果在一个周期里出生和死亡都和种群量成正比,那么例1所说明的那样种群量的变化应该和种群量成正比.但是,某些资源(例如,食物)只能支持某个最大限度的种群量而不能支持无限增长的种群量.当接近这个最大限度时,增长就会慢下来.

例2 再论酵母培养物的增长

寻求模型 图1-8中的数据表明在一个受限制的区域里,随时间增长实际发生的酵母培养物的增长的观察次数超过图1-7给出的8次观察.

从图1-8中数据表的第3列可以看出当资源变得更为有限或受到更多限制时,每小时种群量的变化就变得比较小.从种群量对时间的图形看,种群量趋于一个极限值或**容纳量**,我们根

以小时计的时间 n	酵母生物量 p_n	变化/小时 $p_{n+1}-p_n$
0	9.6	8.7
1	18.3	10.7
2	29.0	18.2
3	47.2	23.9
4	71.1	48.0
5	119.1	55.5
6	174.6	82.7
7	257.3	93.4
8	350.7	90.3
9	441.0	72.3
10	513.3	46.4
11	559.7	35.1
12	594.8	34.6
13	629.4	11.4
14	640.8	10.3
15	651.1	4.8
16	655.9	3.7
17	659.6	2.2
18	661.8	

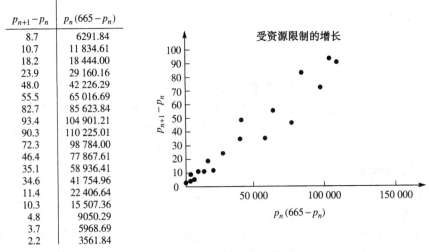

图 1-8 酵母生物量趋近一个极限种群量水平

据图形估计容纳量为 665(实际上,图形并不能确切地告诉我们容纳量是 665 而不是 664 或 666).然而,当 p_n 趋近 665 时,变化确实大大减慢了.因为当 p_n 趋近 665 时,$665-p_n$ 变得更小了,我们建议用以下模型:

$$\Delta p_n = p_{n+1} - p_n = k(665-p_n)p_n$$

这造成了当 p_n 趋近 665 时,变化 Δp_n 变得越来越小.数学上,这个假设的模型说明变化 Δp_n 和乘积 $(665-p_n)p_n$ 成比例.为测试模型,画出 $(p_{n+1}-p_n)$ 对 $(665-p_n)p_n$ 的图形,看看是否存在合理的比例性.然后来估算比例常数 k.

考察图 1-9,我们看到 $(p_{n+1}-p_n)$ 对 $(665-p_n)p_n$ 的图形确实合理地近似于过原点的一条直线.我们估计近似表示该数据的直线的斜率约为 $k\approx 0.000\,82$,这就给出模型

$p_{n+1}-p_n$	$p_n(665-p_n)$
8.7	6291.84
10.7	11 834.61
18.2	18 444.00
23.9	29 160.16
48.0	42 226.29
55.5	65 016.69
82.7	85 623.84
93.4	104 901.21
90.3	110 225.01
72.3	98 784.00
46.4	77 867.61
35.1	58 936.41
34.6	41 754.96
11.4	22 406.64
10.3	15 507.36
4.8	9050.29
3.7	5968.69
2.2	3561.84

图 1-9 测试受限制的增长模型

$$p_{n+1} - p_n = 0.000\,82(665 - p_n)p_n \tag{1-2}$$

数值地求解模型 对 p_{n+1} 解方程(1-2)给出

$$p_{n+1} = p_n + 0.000\,82(665 - p_n)p_n \tag{1-3}$$

该方程的右边关于 p_n 是二次的. 这种动力系统是**非线性的**, 而且一般不能求得解析解. 也就是说, 通常不能求得用 n 来表示 p_n 的公式解. 但是, 如果给定 $p_0 = 9.6$, 我们可以代入该表达式求得 p_1:

$$p_1 = p_0 + 0.000\,82(665 - p_0)p_0 = 9.6 + 0.000\,82(665 - 9.6)9.6 = 14.76$$

类似地, 我们可以把 $p_1 = 14.76$ 代入方程(1-3)算得 $p_2 = 22.63$. 以这种方式**迭代**, 为给出模型的**数值解**我们算得一张数值表. **模型预测**的数值解以及预测和观察值对时间的图形如图 1-10 所示. 注意到模型很好地抓住了所观察到的数据的趋势.

以小时计的时间	观察值	预测值
0	9.6	9.6
1	18.3	14.8
2	29.0	22.6
3	47.2	34.5
4	71.1	52.4
5	119.1	78.7
6	174.6	116.6
7	257.3	169.0
8	350.7	237.8
9	441.0	321.1
10	513.3	411.6
11	559.7	497.1
12	594.8	565.6
13	629.4	611.7
14	640.8	638.4
15	651.1	652.3
16	655.9	659.1
17	659.6	662.3
18	661.8	663.8

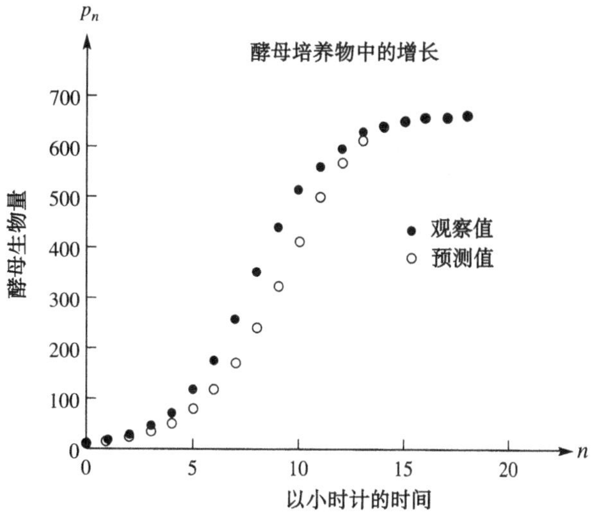

图 1-10　模型的预测值和观察值

例 3　接触性传染病的传播

假定学院宿舍里有 400 个学生而且一个或更多个学生得了严重的流感. 令 i_n 表示 n 个时间周期后受感染的学生数. 假设在已经感染的学生和尚未感染的学生之间存在某种相互作用使疾病得以传播. 如果所有人对于该传染病都是易感的, 那么 $(400 - i_n)$ 就表示易感而尚未感染的学生. 如果已经感染的学生在继续传播疾病, 那么我们可以认为变化的已感染者数量和已感染者与易感而尚未感染者的数量的乘积成比例:

$$\Delta i_n = i_{n+1} - i_n = k i_n(400 - i_n) \tag{1-4}$$

在这个模型中乘积 $i_n(400 - i_n)$ 表示在时刻 t 已感染者与易感而尚未感染者之间可能的相互作用的次数. 这种相互作用的一部分 k 将会成为 Δi_n 所表示的新增的感染.

方程(1-4)和方程(1-2)具有同样的形式, 但是在缺乏数据的情况下我们不能确定比例常数 k 的值. 不过, 由方程(1-4)确定的预测值的图形和图 1-10 中酵母种群量的图形一样, 都是

S 形状的.

这个模型可以有许多改进. 例如, 我们可假设一部分人不易被传染, 或者感染周期是有限制的, 或者为防止和未感染者的相互作用, 已感染的学生都搬出了宿舍. 更复杂的模型甚至能分别处理已感染人口和易感染人口. ■

例 4   血流中地高辛的衰减

地高辛用于治疗心脏病, 医生开的处方上的剂量应能保持血流中地高辛的浓度高于一个**有效水平值**而又不能超过一个**安全水平值**(对不同的病人, 这些值会有所不同). 对于血流中初始剂量为 0.5 毫克的情形, 表 1-2 展示该特定病人 n 天后在其血流中地高辛的剩余量 a_n, 以及每天的变化 Δa_n.

表 1-2   病人血流中地高辛的变化 a_n

n	0	1	2	3	4	5	6	7	8
a_n	0.500	0.345	0.238	0.164	0.113	0.078	0.054	0.037	0.026
Δa_n	-0.155	-0.107	-0.074	-0.051	-0.035	-0.024	-0.017	-0.011	

图 1-11 是根据表 1-2 中的数据画出的 Δa_n 对 a_n 的散点图. 图形展示了在一个时段里的变化 Δa_n 和该时段开始时血流中地高辛的含量 a_n 大致成比例. 通过原点的比例直线的斜率 $k \approx -0.107/0.345 \approx -0.310$. 因为图 1-11 展示了变化 Δa_n 是斜率为 -0.31 的 a_n 的线性函数, 所以我们有 $\Delta a_n = -0.31 a_n$.

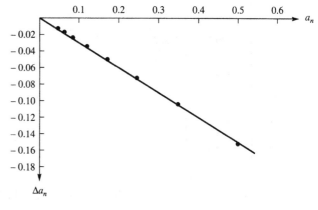

模型   从图 1-11,
$$\Delta a_n = -0.31 a_n$$
$$a_{n+1} - a_n = -0.31 a_n$$
$$a_{n+1} = 0.69 a_n$$

给定 0.5 毫克初始剂量的血流中, 地高辛衰减的差分方程模型是:

图 1-11   根据表 1-2 数据画出的 Δa_n 对 a_n 的图形表明其为通过原点的直线

$$a_{n+1} = a_n - 0.31 a_n = 0.69 a_n,$$
$$a_0 = 0.5$$

例 5   冷冻物体的加热

现在我们来考虑一种连续发生的行为. 假定从冰箱里拿出一罐冷冻过的饮料, 把它放在暖和的教室里并且定时地测量其温度. 饮料一开始的温度为 40°F 而室温为 72°F. 温度是单位体积能量的一种度量. 因为相对于教室的体积而言饮料的体积是很小的, 我们可以认为室温保持不变. 我们进一步假设整罐饮料有同样的温度, 忽略罐内的温度变化. 我们可以预期当饮料和室温之间的温差变大时, 单位时间里的温度变化就会大一点, 当温差小时单位时间里的温度变化就会小一点. 令 t_n 表示 n 个时间周期后饮料的温度, 而令 k 是一个正比例常数, 我们提出下面的模型:

$$\Delta t_n = t_{n+1} - t_n = k(72 - t_n)$$
$$t_0 = 40$$

对这个模型可能有许多改进. 尽管我们假设 k 是常数, 它实际上依赖于容器的形状和传导性质、两次测温之间相隔的时间等. 此外, 在许多情形中周围环境的温度可能是变化的, 可能有必要考虑罐内饮料的温度是不均匀的. 物体的温度可能在一维(就像细金属线的情形)、二维(诸如一块平板的情形)或者三维(就像太空舱返回地球大气层的情形)空间中变化. ■

我们只是粗略地介绍了对实际变化进行建模时差分方程的威力. 在下一节中, 我们将建立某些这样的模型的数值解, 并观察它们所展示的模式. 观察到各种类型的差分方程的某些模式后, 我们将按其数学结构来对差分方程进行分类. 这将有助于确定所研究的动力系统的长期行为.

 习题

1. 从引进到塔斯马尼亚岛的新环境里的羊群数量的增长得到下面的数据.⊖

年	1814	1824	1834	1844	1854	1864
数量	125	275	830	1200	1750	1650

根据数据画出图形. 能看出某种趋势吗? 画出 1814 年后数量变化对年份的图形. 构建一个能合理地近似描述你所观察到的变化的离散动力系统.

2. 下列数据表示从 1790 年到 2010 年的美国人口数据:

年 份	人 口	年 份	人 口
1790	3 929 000	1910	91 972 000
1800	5 308 000	1920	105 711 000
1810	7 240 000	1930	122 755 000
1820	9 638 000	1940	131 669 000
1830	12 866 000	1950	150 697 000
1840	17 069 000	1960	179 323 000
1850	23 192 000	1970	203 212 000
1860	31 443 000	1980	226 505 000
1870	38 558 000	1990	248 710 000
1880	50 156 000	2000	281 416 000
1890	62 948 000	2010	308 746 000
1900	75 995 000		

求能够相当好地拟合该数据的动力系统模型. 通过画出模型的预测值和数据值来测试你的模型.

3. 社会学家识别出一种称为社会扩散的现象, 即在人群中传播一段信息、一项技术革新或者一种文化时尚. 人群可以分为两类: 知道该信息的人和不知道该信息的人. 在人群数目已知的情形下, 可以合理地假设扩散率与知道该信息的人数和不知道该信息的人数的乘积成比例. 然后记 a_n 为总数为 N 的人群在 n 天后已经知道该信息的人数, 构建一个能近似表示人群中已经知道该信息的人数变化的动力系统.

4. 考虑在人口总数为 N 的孤岛上一种传染性很强的疾病的传播问题. 一部分岛上的人到岛外旅行并患上这种

⊖ 改编自 J. Davidson, "On the Growth of the Sheep Population in Tasmania," *Trans. R. Soc. S. Australia* 62 (1938): 342-346.

疾病回到岛内．构建一个能近似表示患病人数变化的动力系统．

5. 假设我们考虑鲸鱼的生存问题，如果鲸鱼数目降至低于最小生存水平 m 的话，那么该物种将会灭绝．还假设由于环境的容纳量 M，鲸鱼的数量是受到限制的．也就是说，如果鲸鱼的数量高于 M，因为环境无法支持，数量将会下降．在下面的模型中，a_n 表示 n 年后的鲸鱼数量；试讨论模型

$$a_{n+1} - a_n = k(M - a_n)(a_n - m)$$

6. 假设存在某种药物，当其浓度大于 100 毫克/升时，可以治疗疾病．药物的初始浓度为 640 毫克/升．从实验知道该药物以每小时现有量的 20% 的比率衰减．

(a)构建一个表示每小时浓度的模型．

(b)建立一张浓度值表并确定何时浓度达到 100 毫克/升．

7. 利用习题 6 研制的模型开一个初始剂量处方，以及一个能把浓度保持在高出有效水平 500ppm(即百万分之五百，或万分之五)但低于安全水平 1000ppm 的维持剂量处方．用不同的值来做实验，直到结果满意为止．

8. 在一处古篝火遗址附近发现了一个猿人头骨．考古学家确信该头骨和古篝火是同时代的．实验室测试确定取自篝火的灰烬中，仅留存原来的碳 14 的量的 1%，已知碳 14 以与其剩余量成比例的比率衰减而且碳 14 在 5700 年里衰减掉 50%．构建一个碳 14 测定年代的模型．

9. 附表的数据展示了一辆汽车的速率 n(以 5 英里/小时的增量计)以及从刹车到停止的(滑行)距离 a_n．例如，$n = 6$（表示 $6 \times 5 = 30$ 英里/小时)时所需的停止距离为 $a_6 = 47$ft．

(a)计算并画出变化 Δa_n 对 n 的图形．该图形能合理地近似表示一种线性关系吗？

(b)根据你在(a)中的计算，对停止距离数据求一个差分方程模型．通过画出与 n 相对应的预测值的误差来测试你的模型．讨论模型的正确性．

n	1	2	3	4	5	6	7	8	9	10	11	12	13	14	15	16
a_n	3	6	11	21	32	47	65	87	112	140	171	204	241	282	325	376

10. 把一罐冷冻饮料放在房间里．测量房间的温度并周期性地测量饮料的温度．构建预测饮料温度变化的模型．从你的数据估计比例常数．什么是你的模型中的误差来源？

11. 环丙沙星(Cipro)是用来抗击包括炭疽病在内的许多传染病的一种抗生素．环丙沙星是经由肾脏从血液里渗透出来的．每 24 小时的周期里，肾脏渗出 24 小时的周期一开始时血液中的约三分之一的环丙沙星．

(a)假设只给病人单个 500 毫克剂量的环丙沙星．利用差分方程来构建每天末病人血液里的环丙沙星浓度值的表．

(b)现在假设每天还要给病人额外的 500 毫克剂量的环丙沙星．用差分方程来构建每天末病人血液里的环丙沙星浓度值的表．

(c)比较并解释这两张表．

 研究课题

1. 完成由 Kathryn N. Harmon 写的 UMAP 教学单元 UMAP 303 号"计划生育新技术的传播"．该教学单元给出了有限差分方程在研究公众政策的传播过程中的有趣应用以了解各国政府如何实施各种计划生育政策．(参见网站中的 UMAP 教学单元．)

进一步阅读材料

Frauenthal，James C. *Introduction to Population Modeling*. Lexington，MA：COMAP，1979.

Hutchinson，G. Evelyn. *An Introduction to Population Ecology*. New Haven，CT：Yale University Press，1978.

Levins，R. "The Strategy of Model Building in Population Biology." *American Scientist* 54(1966)：421-431.

1.3 动力系统的解法

在本节中我们要建立某些动力系统的解法,从一个初值开始,并对后面的值迭代充分多次,以确定有关的模式.在某些情形,我们看到由动力系统预测的行为是由该系统的数学结构表征的.在另一些情形,我们看到行为极大的变化只是由动力系统的初值很小的变化造成的.我们还要考察那些比例常数的微小变化会造成极不相同的预测值的动力系统.

猜测法

猜测法是强有力的数学方法,它先假设出动力系统的解的形式,然后再去判断假设是否合理.这种方法要基于探索和观察并据此摸清解的模式.我们从一个例子开始.

例 1 再论储蓄存单

在储蓄存单例子中(1.1 节,例 1),储蓄存单一开始存有 1000 美元,每月按结存的 1% 付给利息.如果既不存款也不取款,那么就确定了以下动力系统.

$$a_{n+1} = 1.01a_n$$
$$a_0 = 1000 \tag{1-5}$$

寻找模式 我们可以从图示每月末(利息已付)账户中的结存开始.即画 a_n 对 n 的图形,如图 1-12 所示.

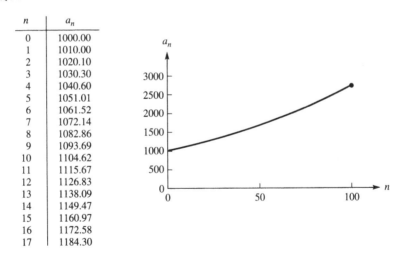

n	a_n
0	1000.00
1	1010.00
2	1020.10
3	1030.30
4	1040.60
5	1051.01
6	1061.52
7	1072.14
8	1082.86
9	1093.69
10	1104.62
11	1115.67
12	1126.83
13	1138.09
14	1149.47
15	1160.97
16	1172.58
17	1184.30

图 1-12 储蓄存单结存的增长 $a_{n+1} = 1.01a_n$,$a_0 = 1000$

从该图形看,序列 $\{a_0, a_1, a_2, a_3, \cdots\}$ 似乎是无限增长的.代数地考察该序列以获得对增长模式更多的洞察.

$$a_1 = 1010.00 = 1.01(1000)$$
$$a_2 = 1020.10 = 1.01(1010) = 1.01(1.01(1000)) = 1.01^2(1000)$$
$$a_3 = 1030.30 = 1.01(1020.10) = 1.01(1.01^2(1000)) = 1.01^3(1000)$$
$$a_4 = 1040.60 = 1.01(1030.30) = 1.01(1.01^3(1000)) = 1.01^4(1000)$$

序列中这些项的模式提示第 k 项 a_k 等于 1000 乘上 $(1.01)^k$.

猜测　对于 $k=1$，2，3，$\cdots$，动力系统中的项 a_k（方程(1-5)）为

$$a_k = (1.01)^k 1000 \tag{1-6}$$

测试猜测　我们通过把 a_k 的公式代入方程组(1-5)，考察它是否满足来测试该猜测.

$$a_{n+1} = 1.01 a_n$$
$$(1.01)^{n+1} 1000 = 1.01((1.01)^n 1000) = (1.01)^{n+1} 1000$$

因为对每个正整数 n，上述方程都是对的，所以我们接受方程(1-6)的猜测.

结论　动力系统(1-5)中项 a_k 的解为

$$a_k = (1.01)^k 1000$$

或者

$$a_k = (1.01)^k a_0, k = 1, 2, 3, \cdots$$

这个解使我们能计算 k 个月后账户中的结存 a_k. 例如，120 月（或 10 年）后，该账户的余额值为 $a_{120} = (1.01)^{120}(1000) \approx 3303.90$ 美元. 30 年（$k=360$）后，该账户的余额值为 35 949.64 美元. 与迭代动力系统 360 次相比，得到这个算式是比较容易的，但如同我们马上就会看到的，诸如方程(1-6)那样的公式能够提供对动力系统长期行为的更多的洞察. ∎

我们来总结一下这个例子遵循的步骤.

猜测法

1. 观察模式.

2. 猜测动力系统解的形式.

3. 用代入法来测试该猜测.

4. 接受或拒绝该猜测取决于在代入和代数运算后结果是否满足该动力系统. 为了接受该猜测，代入的结果必须是恒等式.

线性动力系统 $a_{n+1} = ra_n$（r 为常数）

例 1 中的动力系统是形为 $a_{n+1} = ra_n$ 的动力系统，其中 $r=1.01$. 假定给定初值 a_0，把猜测法用于 r 为正常数或负常数的更一般的情形.

寻找模式　考察序列 $a_{n+1} = ra_n$ 中的项，我们看到

$$a_1 = ra_0$$
$$a_2 = ra_1 = r(ra_0) = r^2 a_0$$
$$a_3 = ra_2 = r(r^2 a_0) = r^3 a_0$$
$$a_4 = ra_3 = r(r^3 a_0) = r^4 a_0$$

从这些项观察出导致以下猜测的模式：

猜测　对于 $k=1$，2，3，$\cdots$，动力系统 $a_{n+1} = ra_n$ 中的项 a_k 为

$$a_k = r^k a_0 \tag{1-7}$$

测试猜测　把方程(1-7)中的公式代入动力系统：

$$a_{n+1} = ra_n$$
$$r^{n+1} a_0 = r(r^n a_0) = r^{n+1} a_0$$

结果为一个恒等式，因此我们接受该猜测．我们来总结一下．

定理 1 对 r 为任何非零常数的线性动力系统 $a_{n+1}=ra_n$，它的解为

$$a_k = r^k a_0$$

其中 a_0 是给定的初值．

例 2 污水处理

一家污水处理厂通过去掉污水中所有的污染物来处理未经处理的污水，以生产有用的肥料和清洁的水．该处理过程每小时去掉处理池中剩余的污物的 12%．1 天后处理池中将留下百分之几的污物？要多长时间才能把污物的量减少一半？要把污物减少为原来的 10%，要多长时间？

解 设一开始污物的量为 a_0，又设 a_n 表示 n 小时后污物的量．于是我们建立模型

$$a_{n+1} = a_n - 0.12a_n = 0.88a_n$$

这是一个线性动力系统．由定理 1 知道解为

$$a_k = (0.88)^k a_0$$

一天后，即 $k=24$ 小时后，剩余的污物含量为

$$a_{24} = (0.88)^{24} a_0 = 0.0465a_0$$

即，在第一天结束时污物已经除去了 95% 以上．

当 $a_k = 0.5a_0$ 时，最初的污物还剩下一半．因此

$$0.5a_0 = a_k = (0.88)^k a_0$$

解 k，我们求得

$$0.5a_0 = (0.88)^k a_0$$
$$(0.88)^k = 0.5$$
$$k = \frac{\log 0.5}{\log 0.88} = 5.42$$

污物减半的时间大约需要 5.42 小时．

为把 90% 的污物去掉，就要求

$$(0.88)^k a_0 = 0.1a_0$$

所以得到

$$k = \frac{\log 0.1}{\log 0.88} = 18.01$$

这样，把污染物降至原来的 10% 就需要 18 个小时． ■

$a_{n+1}=ra_n$（r 为常数）时的长期行为

对于线性动力系统 $a_{n+1}=ra_n$，考虑某些有特殊意义的 r 值．如果 $r=0$，那么序列所有的值都等于零（除了 a_0 可能是例外），所以不需要做进一步的分析．如果 $r=1$，那么序列变成 $a_{n+1}=a_n$．这是一种很有趣的情形，因为不管序列从何处开始，它的各项将永远保持不变（如图 1-13 所阐明的那样，图中列举了 $a_0=50$ 以及其他起始值并加以图示）．使动力系统始终保持常数的那些值，一旦达到，就称为该动力系统的平衡点．我们在后面要更确切地定义这个术语，但是眼下注意到就图 1-13 中的情形而言，任何起始值都是平衡点．

如同在例 1 中那样, 如果 $r>1$, 那么线性动力系统的解, 序列 $a_k=r^k a_0$, 是无界的. 这种增长已在图 1-12 中阐明.

如果 r 是负的, 将会怎样呢? 如果在例 1 中用 -1.01 来替代 1.01, 得到图 1-14 所示的图形. 要注意正值和负值之间的振荡. 因为负号造成了序列中下一项和前一项反号, 所以得出结论, 一般来说, r 的负值造成了线性动力系统 $a_{n+1}=ra_n$ 的振荡.

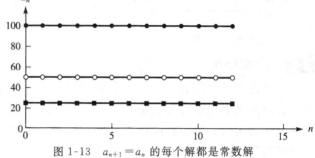

图 1-13 $a_{n+1}=a_n$ 的每个解都是常数解

n	a_n
0	1000
1	-1010.00
2	1020.10
3	-1030.30
4	1040.60
5	-1051.01
6	1061.52
7	-1072.14
8	1082.86
9	-1093.69
10	1104.62
11	-1115.67
12	1126.83
13	-1138.09
14	1149.47
15	-1160.97
16	1172.58

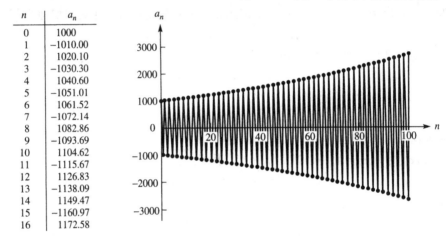

图 1-14 r 的负值造成了振荡

如果 $|r|<1$ 将会怎样呢? 如果 $r=0$, $r>1$, $r<-1$, 一般地, r 为负时我们知道会发生什么. 如果 $0<r<1$ 使得 r 是小于 1 的正分数, 那么当 k 越来越大时, r^k 趋近于 0. 这意味着一旦 k 足够大时, 线性动力系统 $a_{n+1}=ra_n$ 的解序列 $a_k=r^k a_0$ 可以要多小就多小. 在例 2 中我们就观察到这种行为. 地高辛的例子提供另一个例证.

假定地高辛在血流中的浓度以每天递减前一天浓度的 69% 的速度衰减(1.2 节例 4). 如果我们从 0.5 毫克开始, 并用 a_n 表示 n 天后地高辛的量, 可以用下面的模型来表示其行为(图 1-15 展示其数值解).

$$a_{n+1} = 0.69a_n, n=0,1,2,3,\cdots$$
$$a_0 = 0.5$$

对于 $-1<r<0$, 其中 r 是负分数, 解的行为也是衰减趋于 0. 但是, 在这种情形, 序列 $a_k=r^k a_0$ 是变号地趋于 0 的. 对于线性动力系统

$$a_{n+1} = -0.5a_n,$$
$$a_0 = 0.6$$

的情形, 图 1-16 说明了这种情况.

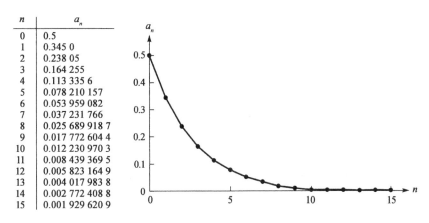

n	a_n
0	0.5
1	0.345 0
2	0.238 05
3	0.164 255
4	0.113 335 6
5	0.078 210 157
6	0.053 959 082
7	0.037 231 766
8	0.025 689 918 7
9	0.017 772 604 4
10	0.012 230 970 3
11	0.008 439 369 5
12	0.005 823 164 9
13	0.004 017 983 8
14	0.002 772 408 8
15	0.001 929 620 9

图 1-15 r 为小于 1 的正分数造成了衰减

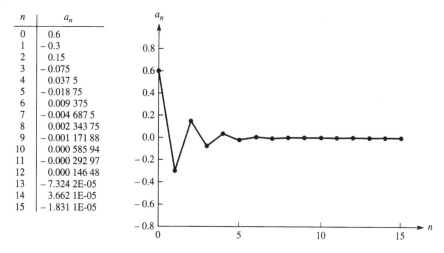

n	a_n
0	0.6
1	− 0.3
2	0.15
3	− 0.075
4	0.037 5
5	− 0.018 75
6	0.009 375
7	− 0.004 687 5
8	0.002 343 75
9	− 0.001 171 88
10	0.000 585 94
11	− 0.000 292 97
12	0.000 146 48
13	− 7.324 2E-05
14	3.662 1E-05
15	− 1.831 1E-05

图 1-16 r 为大于 −1 的负分数造成了在 0 附近的振荡衰减

综述一下我们的观察 (图 1-17):

$a_{n+1} = ra_n$ 的长期行为	
$r = 0$	常数解以及在 0 处的平衡点
$r = 1$	所有初值都是常数解
$r < 0$	振荡
$\mid r \mid < 1$	衰减到极限值 0
$\mid r \mid > 1$	无限增长

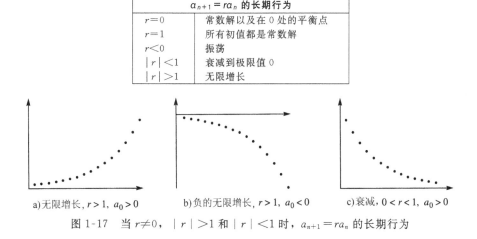

a) 无限增长, $r > 1$, $a_0 > 0$ b) 负的无限增长, $r > 1$, $a_0 < 0$ c) 衰减, $0 < r < 1$, $a_0 > 0$

图 1-17 当 $r \neq 0$, $\mid r \mid > 1$ 和 $\mid r \mid < 1$ 时, $a_{n+1} = ra_n$ 的长期行为

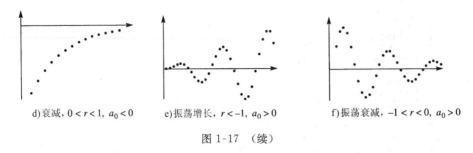

d)衰减，$0 < r < 1$，$a_0 < 0$ e)振荡增长，$r < -1$，$a_0 > 0$ f)振荡衰减，$-1 < r < 0$，$a_0 > 0$

图 1-17　（续）

形为 $a_{n+1} = ra_n + b$ 的动力系统，其中 r 和 b 均为常数

现在加一个常数 b 到先前研究过的动力系统上去．再次对所有可能情形中的长期行为的性质进行分类．我们从一个定义开始．

定义　当 $a_0 = a$ 时，如果对所有的 $k = 1, 2, 3, \cdots$ 有 $a_k = a$，则将数 a 称为动力系统 $a_{n+1} = f(a_n)$ 的**平衡点**或**不动点**．即 $a_k = a$ 是该动力系统的常数解．

该定义的一个推论就是 a 是动力系统 $a_{n+1} = f(a_n)$ 的一个平衡点当且仅当 $a_0 = a$ 时 $a = f(a)$．用简单的代入法就可以证明这个结果．在了解诸如 $a_{n+1} = ra_n + b$ 那样的动力系统的长期行为时，平衡点是有用的．我们来研究三个例子以获得对这种动力系统的长期行为的洞察．

例 3　地高辛处方

再次考虑地高辛的问题．回想一下地高辛是用来治疗心脏病患者的．如何考虑地高辛在血流中的衰减问题以开出能使地高辛浓度保持在可接受（安全而且有效）的水平上的剂量处方呢？假定开了每日 0.1 毫克的地高辛剂量处方，而且知道在每个剂量周期末还剩留一半地高辛．这就导致了下面的动力系统

$$a_{n+1} = 0.5a_n + 0.1$$

现在考虑三个起始值或初始剂量

A：　　$a_0 = 0.1$

B：　　$a_0 = 0.2$

C：　　$a_0 = 0.3$

在图 1-18 中计算了每种情形的数值解．

注意到 0.2 是一个平衡点，因为一旦达到了这个值，系统就永远停在 0.2 处．此外，如果从低于平衡点（如同情形 A）或高于平衡点（如同情形 C）的起始值开始，那么显然会趋于平衡点作为其极限．在习题中将要求计算起始值更靠近 0.2 时的解，以提供 0.2 是一个稳定平衡点的证据．

在开地高辛的处方时，在一个时间周期里其浓度水平必须高于有效水平又不超过安全水平．在习题中要求找到解，以满足初始以及随后的剂量都是既安全又有效的．　　■

例 4　投资年金

现在讨论活期存款账户问题并考虑年金（养老金）问题．年金常常是为退休目的而规划的．年金基本上是活期存款账户，对现有的存款付给利息而且允许每月有固定数额的提款，直到提

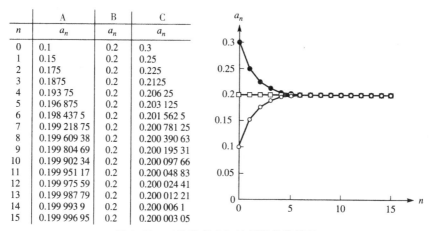

n	A a_n	B a_n	C a_n
0	0.1	0.2	0.3
1	0.15	0.2	0.25
2	0.175	0.2	0.225
3	0.1875	0.2	0.2125
4	0.193 75	0.2	0.206 25
5	0.196 875	0.2	0.203 125
6	0.198 437 5	0.2	0.201 562 5
7	0.199 218 75	0.2	0.200 781 25
8	0.199 609 38	0.2	0.200 390 63
9	0.199 804 69	0.2	0.200 195 31
10	0.199 902 34	0.2	0.200 097 66
11	0.199 951 17	0.2	0.200 048 83
12	0.199 975 59	0.2	0.200 024 41
13	0.199 987 79	0.2	0.200 012 21
14	0.199 993 9	0.2	0.200 006 1
15	0.199 996 95	0.2	0.200 003 05

图 1-18　三种地高辛初始剂量的数值解

尽为止.（在习题中提出的）一个有趣的问题是确定每月必须存入的存款数以建立一笔允许提款的年金，使得在账户中的存款用尽之前，能在计划的年数期间从某个年龄开始每月提取规定的款项.现在考虑月利率为 1‰ 以及月提款额为 1000 美元的情形.这就给出了动力系统：

$$a_{n+1} = 1.01a_n - 1000$$

现在我们假定下列初始投资：

$$A:\qquad a_0 = 90\,000$$
$$B:\qquad a_0 = 100\,000$$
$$C:\qquad a_0 = 110\,000$$

图 1-19 中是每种情形的数值解.

n	A a_n	B a_n	C a_n
0	90 000	100 000	110 000
1	89 900	100 000	110 100
2	89 799	100 000	110 201
3	89 697	100 000	110 303
4	89 594	100 000	110 406
5	89 490	100 000	110 510
6	89 385	100 000	110 615
7	89 279	100 000	110 721
8	89 171	100 000	110 829
9	89 063	100 000	110 937
10	88 954	100 000	111 046
11	88 843	100 000	111 157
12	88 732	100 000	111 268
13	88 619	100 000	111 381
14	88 505	100 000	111 495
15	88 390	100 000	111 610

图 1-19　三种初始投资的年金

注意到值 100 000 是一个平衡点，因为一旦达到这个值，该系统所有以后的值都取它.但是如果我们的初始值高于这个平衡点，就会是无限增长（试对 $a_0 = 100\,000.01$ 美元画解的图形）.另一方面，如果我们从低于 100 000 美元开始，那么存款将以不断增加的速率取尽（试对 $a_0 =$

99 999.99 美元画解的图形). 注意即使起始值只差 0.02 美元, 解的长期行为也会有巨大的不同. 在这种情形下, 我们说该平衡点 100 000 是不稳定的: 如果起始值接近平衡点的值(哪怕是在一分钱以内), 解也将不会和平衡点靠近. 看一下图 1-18 和图 1-19 所展示的巨大的差别. 两个系统都显示了平衡点, 但是图 1-18 中的平衡点是稳定的而图 1-19 中的平衡点是不稳定的. ■

在例 3 和例 4 中我们考虑了 $|r|<1$ 和 $|r|>1$ 的情形. 我们来看看如果 $r=1$, 将会发生什么情况.

例 5　活期储蓄账户

大多数学生不可能在其活期储蓄账户中保持足够的存款以获取一点点利息. 假定你有一个无息账户, 而且每个月你只支付宿舍租金 300 美元, 这就给出了动力系统:

$$a_{n+1} = a_n - 300$$

从应用的角度来看结论可能是显然的, 但是当把它与图 1-18 和图 1-19 相比较时, 这个图形是有启迪作用的. 在图 1-20 中我们对起始值 3000 美元画出了数值解的图形. 你看出来它同前面例子中图形有多大区别了吗? 你能像例 3 和例 4 那样求得其平衡点吗? ■

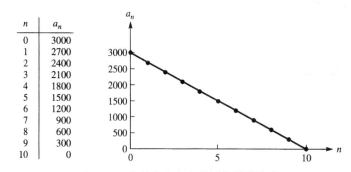

n	a_n
0	3000
1	2700
2	2400
3	2100
4	1800
5	1500
6	1200
7	900
8	600
9	300
10	0

图 1-20　支付宿舍租金的活期储蓄账户

现在把迄今的观察结果集中起来, 按照常数 r 的值来对这三个例子及其长期行为进行分类.

求平衡点并对其进行分类

确定是否存在平衡点并将其分为稳定的或不稳定的, 这将大大有助于分析该动力系统的长期行为. 再次考虑例 3 和例 4. 在例 3 中, 怎么知道 0.2 的起始值会导致常数解或平衡点呢? 类似地, 怎么知道例 4 中对于投资 100 000 美元的同样问题的答案的呢? 对于形如

$$a_{n+1} = ra_n + b \tag{1-8}$$

的动力系统, 如果存在平衡点的话, 以 a 来记该平衡点. 从平衡点的定义知道, 如果从 a 出发, 那么对所有的 n, 解一定都停留在 a 处; 即, 对所有的 n, $a_{n+1}=a_n=a$. 在方程(1-8)中, 把 a_{n+1} 和 a_n 替换为 a, 给出

$$a = ra + b$$

解 a 我们就求得

$$a = \frac{b}{1-r}, \text{如果 } r \neq 1$$

如果 $r=1$ 而且 $b=0$, 那么每个初值导致常数解(如图 1-13 所展示的). 因此, 每个值都是

平衡点. 下面的定理总结了我们的观察.

定理 2 *动力系统*

$$a_{n+1} = ra_n + b, r \neq 1$$

的平衡点就是

$$a = \frac{b}{1-r}$$

如果 $r=1$ 而且 $b=0$，那么每个数都是平衡点. 如果 $r=1$ 而 $b\neq0$，那么不存在平衡点.

把定理 2 应用于例 3，我们求得平衡点为

$$a = \frac{0.1}{1-0.5} = 0.2$$

对于例 4，算得的平衡点为

$$a = \frac{-1000}{1-1.01} = 100\ 000$$

在例 5 中，$r=1$，因为 $b=-300$ 所以没有平衡点. 还有，解的图形是一条直线. 这些例子还为我们提供了按照常数 r 的值观察到的长期行为性质的下列洞察.

动力系统 $a_{n+1} = ra_n + b$，$b \neq 0$	
r 的值	所观察到的长期行为
$\|r\| < 1$	稳定平衡点
$\|r\| > 1$	不稳定平衡点
$r=1$	没有平衡点，图形是一条直线

在例 3 中，从图 1-18 看到，当 k 越来越大时，a_k 趋近于平衡点 0.2. 因为对于大的 k，$r^k = (0.5)^k$，趋近于 0，看来猜测解为依赖于初始条件的某个常数 c 的形式 $a_k = (0.5)^k c + 0.2$ 是有道理的.

我们来测试以下猜测，即 $r\neq1$ 时，$a_k = r^k c + \dfrac{b}{1-r}$ 是动力系统 $a_{n+1} = ra_n + b$ 的解.

代入该动力系统，有

$$a_{n+1} = ra_n + b$$

$$r^{n+1}c + \frac{b}{1-r} = r\left(r^n c + \frac{b}{1-r}\right) + b$$

$$r^{n+1}c + \frac{b}{1-r} = r^{n+1}c + \frac{rb}{1-r} + b$$

$$\frac{b}{1-r} = \frac{rb}{1-r} + b$$

$$b = rb + b(1-r)$$

因为最后那个方程是恒等式，所以接受该猜测. 综述一下我们的结论.

定理 3 对某个(依赖于初始条件的)常数 c，动力系统 $a_{n+1} = ra_n + b, r\neq1$ 的解为

$$a_k = r^k c + \frac{b}{1-r}$$

例6 再论投资年金

对于例 4 中建立过模型的年金问题，需要多少初始投资才能保证 20 年(或 240 个月)才把它用尽？

解 该动力系统 $a_{n+1}=1.01a_n-1000$ 的平衡点是 100 000，而我们要求 $a_{240}=0$. 由定理 3，有

$$a_{240} = 0 = (1.01)^{240}c + 100\ 000$$

再解该方程得 $c=-100\ 000/(1.01)^{240}=-9\ 180.58$(精确到分值). 为求得初始投资 a_0，再次应用定理 3：

$$a_0 = (1.01)^0 c + 100\ 000 = -9180.58 + 100\ 000 = 90\ 819.42$$

因此，初始投资 90 819.42 美元就能使我们在 20 年里从账户中每月提款 1000 美元(总的提款额为 240 000 美元). 在 20 年的年底，账户中的存款就被取尽了. ∎

非线性方程组

离散方程组的一个重要优点就是当给定初值后，就可以构造任何动力系统的数值解. 我们已经看到长期行为对起始值以及参数 r 的值可能是很敏感的. 回想一下第 1.2 节酵母生物量的模型：

$$p_{n+1} = p_n + 0.000\ 82(665 - p_n)p_n$$

做一些代数运算后，该动力系统可以重写为下面更简单的形式：

$$a_{n+1} = r(1 - a_n)a_n \tag{1-9}$$

其中 $a_n = 0.000\ 530\ 6p_n$，而 $r = 1.546$. 由方程(1-9)决定的序列的行为对参数 r 的值是非常敏感的. 在图 1-21 中从 $a_0 = 0.1$ 开始，对不同的 r 值画出了数值解的图形.

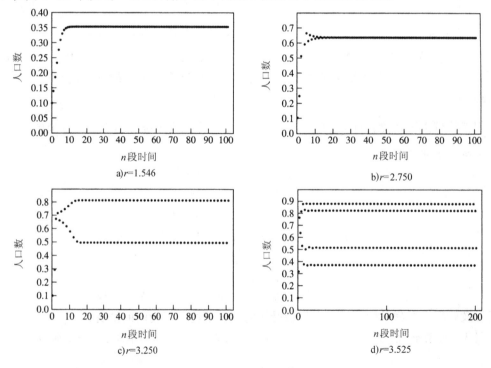

图 1-21 对 6 个参数值 r，方程 $a_{n+1}=r(1-a_n)a_n$ 的数值解展示的长期行为

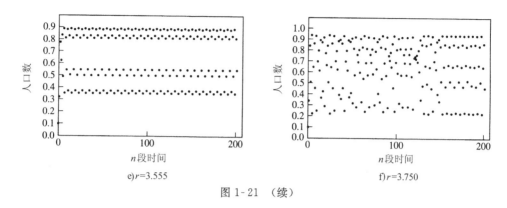

图 1-21 （续）

要注意六种情形中的每一种其行为有多大的不同. 在图 1-21a 中看到对 $r=1.546$，解序列从起始值 0.10 直接趋于一个约为 0.35 的极限. 在图 1-21b 中看到对 $r=2.75$，解序列趋于一个约为 0.65 的极限，但在趋近的过程中，是跨过这个极限值振荡地趋于这个极限的. 在图1-21c 中，其中 $r=3.25$，看到解序列现在再次以振荡的方式趋于两个值（0.5 和 0.8），尽管从散点图上看并不那么明显. 我们称这种周期行为为 2-循环. 在图 1-21d 中对 $r=3.525$，看到了 4-循环. 而在图 1-21e 中对 $r=3.555$（只比前一个 r 值稍微大一点），观察到了 8-循环. 最后，在图 1-21f 中，$r=3.75$ 足够大时，什么样的模式都没有了，从而不可能预测模型的长期行为. 注意参数 r 的非常小的变化会导致解的行为产生巨大的变化. 在图 1-21f 中展示的行为称为混沌行为. 混沌系统展示了它们对系统的常数参数的敏感性. 给定的混沌系统对初始条件可以十分敏感.

 习题

1. 求下列问题中差分方程的解：

    (a)$a_{n+1}=3a_n$, $a_0=1$　　　　　　　　　　(b)$a_{n+1}=5a_n$, $a_0=10$

    (c)$a_{n+1}=3a_n/4$, $a_0=64$　　　　　　　　(d)$a_{n+1}=2a_n-1$, $a_0=3$

    (e)$a_{n+1}=-a_n+2$, $a_0=-1$　　　　　　　(f)$a_{n+1}=0.1a_n+3.2$, $a_0=1.3$

2. 求下列问题中的平衡点，如果它存在的话. 把平衡点分类为稳定的或不稳定的.

    (a)$a_{n+1}=1.1a_n$　　　　　(b)$a_{n+1}=0.9a_n$　　　　　(c)$a_{n+1}=-0.9a_n$

    (d)$a_{n+1}=a_n$　　　　　　(e)$a_{n+1}=-1.2a_n+50$　　(f)$a_{n+1}=1.2a_n-50$

    (g)$a_{n+1}=0.8a_n+100$　　(h)$a_{n+1}=0.8a_n-100$　　(i)$a_{n+1}=-0.8a_n+100$

    (j)$a_{n+1}=a_n-100$　　　　(k)$a_{n+1}=a_n+100$

3. 建立下列初值问题的数值解. 画出数据的图形以观察解的模式. 存在平衡点吗？平衡点是稳定的还是不稳定的？

    (a)$a_{n+1}=-1.2a+50$,　　　$a_0=1000$　　　　(b)$a_{n+1}=0.8a_n-100$,　　　$a_0=500$

    (c)$a_{n+1}=0.8a_n-100$,　　　$a_0=-500$　　　(d)$a_{n+1}=-0.8a_n+100$,　　$a_0=1000$

    (e)$a_{n+1}=a_n-100$,　　　$a_0=1000$

4. 对下列问题，如果存在平衡点的话，求差分方程的解及其平衡点. 对各种初值讨论解的长期行为并把平衡点按稳定的或不稳定的进行分类.

    (a)$a_{n+1}=-a_n+2$,　　　$a_0=1$　　　　　　(b)$a_{n+1}=a_n+2$,　　　$a_0=-1$

    (c)$a_{n+1}=a_n+3.2$,　　　$a_0=1.3$　　　　　(d)$a_{n+1}=-3a_n+4$,　　　$a_0=5$

5. 你目前有一个月付利息 0.5% 的活期储蓄账户，其中有存款 5000 美元．你每月加进 200 美元．建立一个模型并求数值解以确定何时账户中的存款能达到 20 000 美元．

6. 你在一张信用卡上欠款 500 美元，每月要收取 1.5% 的利息．在不再有新的消费的情况下，你可以每月付 50 美元．什么是平衡点？用信用卡的术语来说，平衡点的意思是什么？求数值解．什么时候账户里的欠账能付清？最后付费为多少？

7. 你的父母正在考虑月息 0.5%、数额为 100 000 美元的 30 年抵押贷款．试建立一个用每月还款 p 表示的模型，使得在 360 次还款后就能还清贷款．提示：如果 a_n 表示 n 个月后的欠款，那么什么是 a_0 和 a_{360}？通过计算数值解的实验来求能确保 360 月（30 年）还清贷款的 p 值．

8. 你的父母正在考虑月息 0.5% 的一笔 30 年抵押贷款．试建立一个用每月还款 p 表示的模型，使得在 360 次还款后就能还清贷款．他们每月可以还款 1500 美元．试通过实验来确定他们能够借贷的最大款额．提示：如果 a_n 表示 n 个月后的欠款，那么什么是 a_0 和 a_{360}？

9. 你的祖父母有一笔年金．年金按前一个月的余额每月付给 1% 的利息而增长着．他们每月提取 1000 美元作为生活费．目前，他们的年金中有 50 000 美元．用动力系统建立年金的模型．求平衡点．在这个问题中，平衡点表示什么意思？通过计算数值解来确定何时年金将用尽？

10. 1.2 节例 4 的继续：求地高辛模型的平衡点．平衡点的意义是什么？

11. 1.2 节习题 6 的继续：用不同的初值和维持剂量来做实验．把给药间隔时间和给药量作为方便满意的度量，求一种方便满意的组合．

12. 1.2 节习题 8 的继续：确定在古篝火遗址附近发现的猿人头骨的年代．

13. 考虑发生在一个有 1000 名雇员而且是在同一栋办公楼工作的公司里的谣言的传播问题．我们假设谣言的传播和接触性传染病的传播（参见 1.2 节例 3）是类似的，每天听到谣言的人数与先前已经听到谣言的人数和还没有听到谣言的人数的乘积成正比．这由

$$r_{n+1} = r_n + 1000 k r_n (1000 - r_n)$$

给出，其中 k 是一个依赖于谣言传播有多快的参数，而 n 是天数．假设 $k = 0.001$，并假设一开始有 4 个人听到了该谣言．1000 个雇员都听到了该谣言要多久？

14. 考虑对埃博拉（Ebola）这种接触性传染病进行建模．（如果有兴趣，你可以在互联网上探究这种病毒有多致命．）一个动物研究实验室位于华盛顿哥伦比亚特区（Washington D. C.）郊区弗吉尼亚（Virginia）有 856 900 人口的雷斯町（Restin）．一只带有埃博拉病毒的猴子从实验室关猴子的笼子里逃脱，并感染了一个雇员．出现了埃博拉症状的该雇员后来向雷斯町医院作了报告．亚特兰大（Atlanta）的传染病中心（The Infectious Disease Center, IDC）得到了电话报告，开始对这种传染病的传播规律进行建模．请用下面的增长率为传染病中心建立一个模型以确定两周后雷斯町将被感染的人数．

   (a)$k = 0.25$ (b)$k = 0.025$ (c)$k = 0.0025$ (d)$k = 0.000\ 25$

15. 再次考虑谣言的传播问题（习题 13），但现在假设所考虑的公司有 2000 名雇员．谣言是关于该公司必须掌握的强制人工流产的人数．基于习题 13 给出的模型，请用下面的谣言传播速率为该公司建立模型以确定一周后听到该谣言的人数．

   (a)$k = 0.25$.   (b)$k = 0.025$.   (c)$k = 0.0025$.   (d)$k = 0.000\ 25$.

   (e)列举几种控制谣言传播率的方法．

研究课题

1. 你计划拿出一部分薪水作为子女的教育经费．你希望在账户里有足够的存款，使得从现在起 20 年后开始的 8 年里，每月能提出 1000 美元．账户每月付给你 0.5% 的利息．

   (a)为完成你的投资目标，从现在起 20 年里你总共需要积累多少钱？假设从第一个孩子上大学开始你就停止投资——一种安全的假设．

   (b)在以后的 20 年里你每月必须存多少钱？

2. 假设我们正在考虑鲸鱼的生存问题，又假设如果鲸鱼的数量降到低于最小生存水平 m 以下，该种群将会灭

绝. 还假设由于环境的容纳量 M, 鲸鱼的数量是受限制的. 也就是说, 如果鲸鱼的数量超过了 M, 那么由于环境不能支持, 数量会衰减. 在下列模型中, a_n 表示 n 年后鲸鱼的数量. 对 $M=5000$, $m=100$, $k=0.0001$ 以及 $a_0=4000$ 求数值解.

$$a_{n+1} - a_n = k(M - a_n)(a_n - m)$$

再对不同的 M, m 和 k 的值做实验. 试着对若干个 a_0 的起始值做实验. 你的模型有什么预测?

3. 杀手病毒. 你志愿参加了和平队(Peace Corps), 并被派往卢旺达(Rwanda)进行人道主义援助. 你和世界卫生组织(World Health Organization, WHO)的官员会聚在一起并发现了一种新的杀手病毒——汉坦病毒(Hanta). 如果只有一个病毒复制进入人体, 它就迅速地复制繁殖. 事实上, 该病毒的数目每小时翻番. 人体免疫系统可能是相当有效的, 但是这种病毒隐藏在正常的细胞里. 结果是, 当有 1 百万个病毒复制在身体里漂浮时人体免疫响应才开始. 免疫系统的第一个响应是体温升高, 因此把病毒的复制率降低到每小时 150%. 发烧以及随后的类似流感那样的症状是这种病的第一个迹象. 某些带有这种病毒的人只有流感或重感冒的症状. 假设是这样的话, 会导致致命的后果, 因为单靠免疫响应是不足以抗击这种致命的病毒的. 在最大的响应下, 仅靠免疫系统每小时只能杀死 200 000 个病毒复制. 对一个已经感染一个病毒复制的志愿者(在使用抗生素之前的)疾病的初始阶段进行建模.

(a) 要多长时间该病毒复制能启动免疫系统的免疫响应?

(b) 如果病毒复制的数目达到了 10 亿个, 那么病毒就不会停止复制. 确定什么时间会发生这种情形.

(c) 当病毒复制的数目达到了 1 万亿个时, 人就会死亡. 确定什么时间会出现这种情形.

   为了充分抗击这种病毒, 受感染的患者需要每隔一小时注射一定剂量的抗生素. 单独的抗生素并不影响到病毒的复制速率(发烧使得病毒的复制速率保持在 150% 的水平), 但是免疫系统和抗生素一起每小时就能杀死 500 000 000 个病毒复制.

(d) 对(使用了抗生素后的)病毒发展的第二阶段进行建模. 确定为了挽救病人而能够最晚使用抗生素的时间. 分析你的模型, 并讨论其优缺点. (参见 UMAP 教学单元.)

4. 鱼里的水银. 公众事务官员担心向你们的城市提供饮水的水库中有毒水银污染水平的提高. 他们请求你们来帮助分析这个问题的严重性. 科学家知道水银对人类健康的不利影响已经有一个多世纪了. 疯狂(mad as a hatter)这个词源自 19 世纪在制作毡帽时使用的含水银的硝酸盐. 人类的活动要对散发到周围环境中的大多数水银负责. 例如, 水银——一种煤的副产品, 来自中西部和南部老式的燃煤发电厂的大烟囱的排放物, 经由酸雨散布出去. 水银颗粒待在烟囱的烟雾里, 经由经常刮的东北风顺风而去. 与山脉碰撞后, 其颗粒落到地面上. 一旦在生态系统中, 土壤中的微生物和水库的沉淀物粉碎了水银, 就产生一种称为甲基汞的非常有毒的化学物质.

   水银经受着称为(有毒化学物质的)生物体内积累的过程. 当有机体吸入污染物的速度远快于有机体消除污染物的速度时就会发生这种情况, 所以有机体中的水银含量是随时间而增加的. 人类能够通过其系统以与剩余的水银含量成正比的速度来消除体内的水银. 甲基汞每 65~75 天衰减 50%(称为水银的半衰期), 如果在这段时间里没有摄取更多的水银的话.

   你们所在的城市的官员已经从水库收集并测试了 2425 个加州鲈鱼(大口黑鲈)的样本, 并提供了以下数据. 所有的鱼都被污染了. 鱼样本中甲基汞的平均值为每克含 0.43 微克(μg, 即百万分之一克). 鱼的平均重量为 0.817 公斤(kg).

(a) 假设中等身高的成人(体重 70 公斤)每天吃一条鱼(0.817 公斤). 用差方程来对中等身高的成人体内甲基汞的积累建立数学模型. 假设甲基汞的半衰期约为 70 天. 用你们的模型来确定中等身高的成人一生中将积累的甲基汞含量的最大值.

(b) 你们发现人体内水银的含量有一个致命的限值, 即 50 毫克/公斤. 每月最多能吃几条鱼而水银的含量又不超过这个限值?

5. 完成由 Donald R. Sherbert 写的 UMAP 教学单元 UMAP 322 "差分方程及其应用". 该教学单元提供了有关求解一阶和二阶线性差分方程(包括求解非齐次方程的待定系数法)的很好的引论, 还包括对种群和经济建模问题的应用.

1.4 差分方程组

在本节中，我们将研究差分方程组．对于所选择的起始值，建立数值解以求洞察该系统的长期行为．在 1.3 节中已经知道，平衡点是因变量的一种取值，一旦达到了平衡点，系统就不会再有变化了．对于本节中要研究的系统，要求出平衡点，然后对平衡点附近的起始值进行探究．如果从靠近一个平衡点的起始值开始，我们想知道该系统是否

    a. 仍然靠近该平衡点；

    b. 趋近该平衡点；

    c. 不再靠近该平衡点．

在平衡点附近会发生什么将提供有关该动力系统长期行为的洞察．该动力系统展示周期行为吗？有振荡行为吗？由数值解描述的长期行为对

    a. 初始条件

    b. 所研究的行为的建模中用到的比例常数的微小变化

敏感吗？

尽管本节中的方法是关于数值的，但是在第 12 章处理微分方程组时，我们将重温本节中描绘的若干情景．现在的目的是用差分方程对某些行为进行建模，并且用数值方法探究由该模型预测的行为．

例 1　汽车租赁公司

一家汽车租赁公司在奥兰多和坦帕都有分公司．这家公司是专门为满足在这两个城市开展旅游活动的旅行社的需要而开设的．因此，游客可以在一个城市租车而在另一个城市还车．游客可能在两个城市都有旅行计划．该公司想确定对这种方便的借还车方式的收费应该为多少．因为汽车可以在两个城市归还，每个城市就要有足够的车辆以满足用车需要．如果置放的车辆不够了，那么要从奥兰多运送多少车辆到坦帕或者要从坦帕运送多少车辆到奥兰多呢？对这些问题的回答将有助于该公司计算出它的期望成本．

历史记录数据揭示约有 60% 在奥兰多出租的车辆还到了奥兰多，另外 40% 的车辆还到了坦帕．在坦帕分公司出租的车中，有 70% 仍旧还到了坦帕，另外 30% 的车辆还到了奥兰多．图 1-22 是对这种情况的总结．

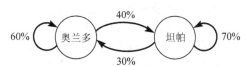

图 1-22　在奥兰多和坦帕的汽车租赁公司

动力系统模型　我们来研究该系统的一个模型．令 n 表示营业天数．定义

$$O_n = 第 n 天营业结束时在奥兰多的车辆数$$
$$T_n = 第 n 天营业结束时在坦帕的车辆数$$

因此历史记录显示该系统应该是

$$O_{n+1} = 0.6O_n + 0.3T_n$$
$$T_{n+1} = 0.4O_n + 0.7T_n$$

平衡点　该系统的平衡点就是使系统不再发生变化的 O_n 和 T_n 的值．如果它们存在的话，分别称为平衡点 O 和 T．同时有 $O = O_{n+1} = O_n$ 和 $T = T_{n+1} = T_n$．代入我们的模型，给出下列对

平衡点的要求

$$O = 0.6O + 0.3T$$
$$T = 0.4O + 0.7T$$
$$\begin{bmatrix} -0.4 & 0.3 \\ 0.4 & -0.3 \end{bmatrix} \begin{bmatrix} O \\ T \end{bmatrix} = \begin{bmatrix} 0 \\ 0 \end{bmatrix}$$

$O = \frac{3}{4}T$ 满足这个方程组. 例如, 如果公司有 7000 辆车而且开始时在奥兰多有 3000 辆车而在坦帕有 4000 辆车, 那么我们的模型预测

$$O_1 = 0.6(3000) + 0.3(4000) = 3000$$
$$T_1 = 0.4(3000) + 0.7(4000) = 4000$$

因此该系统如果在 $(O, T) = (3000, 4000)$ 处开始, 将保持不变.

接着来探究如果从不同于平衡点的值开始的话将会怎样. 对以下四个初始条件来迭代该系统:

汽车租赁公司的四个起始值

	奥兰多	坦帕		奥兰多	坦帕
情形 1	7000	0	情形 3	2000	5000
情形 2	5000	2000	情形 4	0	7000

图 1-23 给出了对每种起始值的数值解或表值的图形.

对初始条件的敏感性以及长期行为 四种情形中的每一种情形在一周内都是和平衡点 (3000, 4000) 很接近的, 甚至在其中一个城市没有车的情况下也是如此. 结果暗示平衡点是稳定的而且对起始值是不敏感的. 基于这些探究, 我们倾向于预测该系统趋于平衡点, 在那里

n	奥兰多	坦帕
0	7000	0
1	4200	2800
2	3360	3640
3	3108	3892
4	3032.4	3967.6
5	3009.72	3990.28
6	3002.916	3997.084
7	3000.875	3999.125

a) 情形 1

n	奥兰多	坦帕
0	5000	2000
1	3600	3400
2	3180	3820
3	3054	3946
4	3016.2	3983.8
5	3004.86	3995.14
6	3001.458	3998.542
7	3000.437	3999.563

b) 情形 2

图 1-23 车辆租赁问题

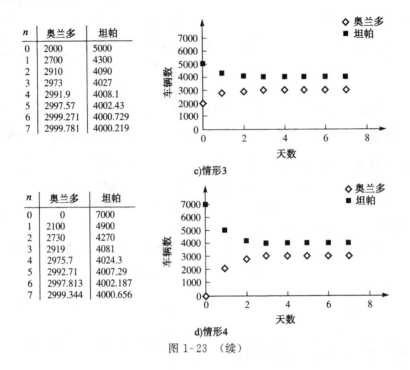

n	奥兰多	坦帕
0	2000	5000
1	2700	4300
2	2910	4090
3	2973	4027
4	2991.9	4008.1
5	2997.57	4002.43
6	2999.271	4000.729
7	2999.781	4000.219

c)情形3

n	奥兰多	坦帕
0	0	7000
1	2100	4900
2	2730	4270
3	2919	4081
4	2975.7	4024.3
5	2992.71	4007.29
6	2997.813	4002.187
7	2999.344	4000.656

d)情形4

图 1-23 （续）

3/7 的车还到奥兰多而余下 4/7 的车还到坦帕．这些信息对该公司是有帮助的．知道了在每个城市的需求模式，该公司就能估计需要运送多少辆车了．在习题中，要求你们探究该系统以确定该系统是否对 O_{n+1} 和 T_{n+1} 的方程中的系数敏感．■

例 2　特拉法尔加战斗

在 1805 年的特拉法尔加(Trafalgar)战斗中，由拿破仑指挥的法国、西班牙海军联军和由海军上将纳尔逊指挥的英国海军作战．一开始，法西联军有 33 艘战舰，而英军有 27 艘战舰．在一次遭遇战中每方的战舰损失都是对方战舰的 10%．分数值是有意义的，表示有一艘或多艘战舰不能全力以赴地参加战斗．

动力系统模型　令 n 表示战斗过程中遭遇战的阶段并定义

$$B_n = 第 n 阶段英军的战舰数$$
$$F_n = 第 n 阶段法西联军的战舰数$$

于是在第 n 阶段的遭遇战后，各方剩余的战舰数为

$$B_{n+1} = B_n - 0.1F_n$$
$$F_{n+1} = F_n - 0.1B_n$$

图 1-24 展示了起始值为 $B_0 = 27$ 和 $F_0 = 33$ 的战斗的数值解．对于全部军力介入的情形，我们看到英军是全面失败，只剩 3 艘战舰和至少 1 艘战舰遭到严重损坏．在战斗结束时，经历了 11 个阶段的战斗以后，法西联军的舰队大约还有 18 艘战舰．

纳尔逊爵士的分治战略　拿破仑军队的 33 艘战舰基本上是如图 1-25 所示分三个战斗编组沿一条直线一字排开的．纳尔逊爵士的战略是用 13 艘英军战舰去迎战战斗编组 A（另外 14 艘

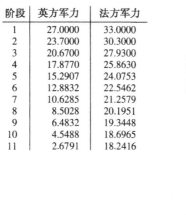

阶段	英方军力	法方军力
1	27.0000	33.0000
2	23.7000	30.3000
3	20.6700	27.9300
4	17.8770	25.8630
5	15.2907	24.0753
6	12.8832	22.5462
7	10.6285	21.2579
8	8.5028	20.1951
9	6.4832	19.3448
10	4.5488	18.6965
11	2.6791	18.2416

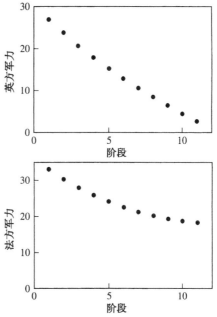

图 1-24　1805 年全力参战的英军和法西联军战舰间战斗的数值解

战舰备用). 战斗后存留下来的战舰加上备用的 14 艘战舰去迎战战斗编组 B. 最后所有剩下的战舰去迎战战斗编组 C.

图 1-25　拿破仑舰队的队形

假设在三次战斗中, 每一次战斗中每一方战舰损失都是对方战舰的 5%(为了增强图解的清晰性). 图 1-26 展示了每次战斗的数值解. 在战斗 A 中, 我们看到英军以只有 1 艘战舰受损的战绩击败法军; 法西联军的 3 艘战舰只剩下(大约)1 艘. 战斗 B 中, 英军以 26 艘战舰的优势军力对法西联军的 18 艘战舰(来自战斗编组 A 中的 1 艘战舰加入到法西联军的战斗编组 B). 第二次战斗结果是法西联军损失了战斗编组 B 中除 1 艘战舰外的全部战舰而且另外 1 艘战舰被重创; 英军有 19 艘战舰完好无损, 另有 1 艘战舰遭受重创.

把英军的战斗编组 C 和战斗 B 中剩余的战舰组合起来再次进入和法西联军作战的战斗 C, 我们看到纳尔逊赢了. 在最后一次战斗结束时, 法西联军只有 1 艘战舰完好无损而英军却有 12 艘战舰完好无损. 双方都还有 1 艘战舰被重创.

我们利用分治战略的模型的预测结果与历史上真正发生的战斗结果类似. 在纳尔逊爵士领导下的英军舰队确实赢了特拉法尔加战斗, 尽管法西联军没有参加第三次战斗而是把约 13 艘战舰撤回到了法国. 不幸的是, 纳尔逊爵士在战斗中阵亡了, 但是他的战略是光辉的. 如果没有这样的战略, 英军可能会损失掉他们的舰队.

战斗 A

阶段	英方军力	法方军力
1	13.0000	3.000 00
2	12.8500	2.350 00
3	12.7325	1.707 50
4	12.6471	1.070 88

战斗 B

阶段	英方军力	法方军力
1	26.6471	18.0709
2	25.7436	16.7385
3	24.9066	15.4513
4	24.1341	14.2060
5	23.4238	12.9993
6	22.7738	11.8281
7	22.1824	10.6894
8	21.6479	9.5803
9	21.1689	8.4979
10	20.7440	7.4395
11	20.3720	6.4023
12	20.0519	5.3837
13	19.7827	4.3811
14	19.5637	3.3919
15	19.3941	2.4138
16	19.2734	1.4441

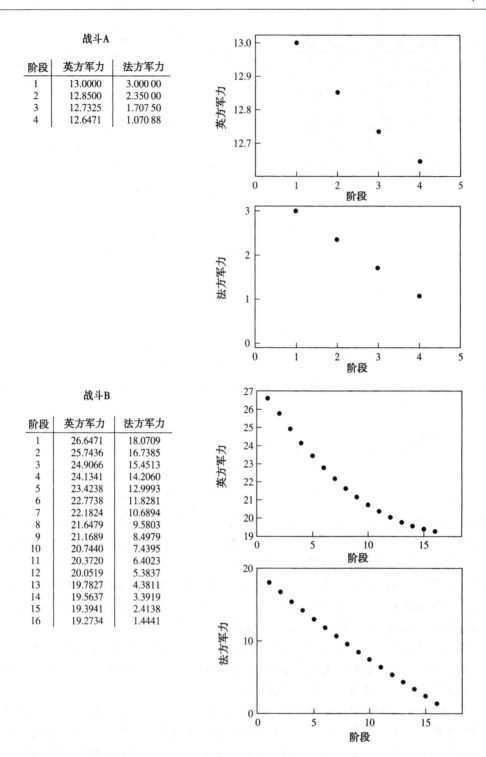

图 1-26　纳尔逊爵士的分治战略为本方赢得了优势

战斗C

阶段	英方军力	法方军力
1	19.2734	14.4441
2	18.5512	13.4804
3	17.8772	12.5529
4	17.2495	11.6590
5	16.6666	10.7965
6	16.1268	9.9632
7	15.6286	9.1569
8	15.1707	8.3754
9	14.7520	7.6169
10	14.3711	6.8793
11	14.0272	6.1607
12	13.7191	5.4594
13	13.4462	4.7734
14	13.2075	4.1011
15	13.0024	3.4407
16	12.8304	2.7906
17	12.6909	2.1491
18	12.5834	1.5146

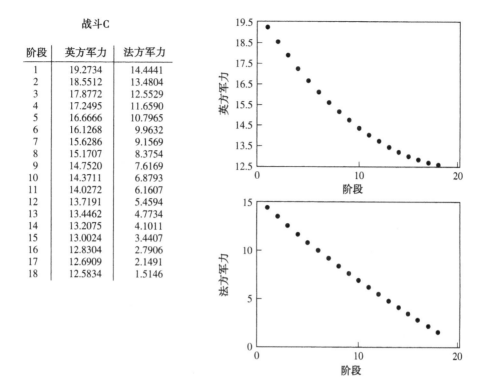

图 1-26 （续）

例3 竞争猎兽模型——斑点猫头鹰和隼

一种斑点猫头鹰在其栖息地（该栖息地也支持隼的生存）为生存而斗争．还假定在没有其他种群存在的情形下，每个单独的种群都可以无限地增长，即在一个时间区间里（例如，一天）其种群量的变化与该时间区间开始时的种群量成正比．如果 O_n 表示斑点猫头鹰在第 n 天结束时的种群量，而 H_n 表示与之竞争的隼的种群量，那么

$$\Delta O_n = k_1 O_n \quad 而 \quad \Delta H_n = k_2 H_n$$

这里 k_1 和 k_2 是增长率，都是正常数．第二个种群的存在是为了降低另一个种群的增长率，反之亦然．有许多方式来对两个种群之间互相伤害的相互作用进行建模，我们将假设这种增长率的减少大约和两个种群之间的可能的相互作用的次数成比例．所以，一个子模型就是假设这种增长率的减少与 O_n 和 H_n 的乘积成比例．这种考虑由方程组

$$\Delta O_n = k_1 O_n - k_3 O_n H_n$$
$$\Delta H_n = k_2 H_n - k_4 O_n H_n$$

来建模．对第 $n+1$ 项表示的上述方程组，给出

$$O_{n+1} = (1+k_1)O_n - k_3 O_n H_n$$
$$H_{n+1} = (1+k_2)H_n - k_4 O_n H_n$$

其中 $k_1 \sim k_4$ 都是正常数．现在，让我们选择特定的比例常数的值并考虑方程组：

$$O_{n+1} = 1.2O_n - 0.001O_nH_n$$
$$H_{n+1} = 1.3H_n - 0.002O_nH_n$$

(1-10)

平衡点　如果称$(O，H)$为平衡点，那么必须同时有$O=O_{n+1}=O_n$和$H=H_{n+1}=H_n$. 把它们代入方程(1-10)给出

$$O = 1.2O - 0.001OH$$
$$H = 1.3H - 0.002OH$$

或者

$$0 = 0.2O - 0.001OH = O(0.2 - 0.001H)$$
$$0 = 0.3H - 0.002OH = H(0.3 - 0.002O)$$

第一个方程表明如果$O=0$或$H=0.2/0.001=200$，那么斑点猫头鹰的种群量没有变化. 第二个方程表明如果$H=0$或$O=0.3/0.002=150$，那么隼的种群量没有变化，如图 1-27 所示. 注意在$(O，H)=(0，0)$和$(O，H)=(150，200)$处存在平衡点，因为两个种群的种群量在这两个点都没有变化(如果取这两个点中的任何一个表示起始值，那么把平衡点代入方程(1-10)验证知道该系统确实停留在$(0，0)$和$(150，200)$).

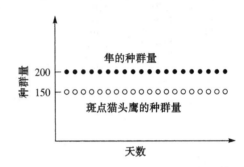

图 1-27　如果斑点猫头鹰的种群量从 150 开始而隼的种群量从 200 开始，那么这两个种群都停留在它们的起始值处

我们来分析在求得的平衡点附近会发生什么情况. 对下面给出的三个起始种群量建立数值解. 注意头两个值是靠近平衡点(150，200)的，而第三个值靠近原点.

	斑点猫头鹰	隼		斑点猫头鹰	隼
情形 1	151	199	情形 3	10	10
情形 2	149	201			

从这些起始值开始，迭代方程(1-10)得到的数值解显示在图 1-28 中. 注意在每一种情形两个种群中的一个最终一定驱使另一个种群灭绝.

对初始条件的敏感性和长期行为　假定在由方程(1-10)建模的栖息地中安置了 350 头猫头鹰和隼. 如果 150 头为猫头鹰，那么我们的模型预测猫头鹰将永远停留在 150 头的数量上. 如果从栖息地移走一头猫头鹰(剩下 149 头)，那么我们的模型预测猫头鹰将会灭绝. 然而，如果在栖息地安置 151 头猫头鹰，那么我们的模型预测猫头鹰将会无限增长而隼将会消失. 这个模型对初始条件是极其敏感的. 在如下意义下平衡点是不稳定的，即如果我们从靠近两个平衡点的初值开始，那么它们以后不再是靠近平衡点. 注意要模型预测在单一的栖息地中两个种群共存是极不可能的，因为两个种群之一最终将控制栖息地. 在习题中，要求通过考察其他的起始点以及改变模型中的系数来进一步探究这个系统.

n	斑点猫头鹰	隼
1	151	199
2	151.151	198.602
3	151.3623	198.1448
4	151.6431	197.6049
5	152.0063	196.9556
6	152.4691	196.1653
7	153.0538	195.1966
8	153.7889	194.0044
9	154.711	192.5343
10	155.866	190.7202
11	157.3124	188.4827
12	159.1242	185.7261
13	161.3956	182.3369
14	164.2463	178.1812
15	167.83	173.1044
16	172.3438	166.9315
17	178.043	159.4717
18	185.2588	150.5276
19	194.424	139.9128
20	206.1064	127.4818
21	221.0528	113.1767
22	240.2454	97.093 66
23	264.9681	79.569 15
24	296.8785	61.273 32
25	338.0634	43.273 85
26	391.0468	26.997 39
27	458.6989	13.982 12
28	544.0252	5.349 589
29	649.9199	1.133 844
30	779.1669	0.000 182

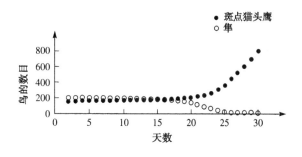

a) 情形1

n	斑点猫头鹰	隼
1	149	201
2	148.851	201.402
3	148.6423	201.8648
4	148.3651	202.413
5	148.0071	203.0748
6	147.552	203.8842
7	146.9789	204.8824
8	146.2613	206.1204
9	145.3661	207.6616
10	144.2524	209.5862
11	142.8696	211.9954
12	141.1558	215.0186
13	139.0358	218.822
14	136.4189	223.6204
15	133.1966	229.6944
16	129.2414	237.4137
17	124.406	247.2705
18	118.5253	259.9277
19	111.4223	276.29
20	102.9219	297.6073
21	92.875 98	325.6289
22	81.208 08	362.8313
23	67.984 86	412.751
24	53.521 01	480.4547
25	38.510 79	573.1623
26	24.140 02	700.9651
27	12.046 71	877.412
28	3.886 124	1119.496
29	0.312 85	1446.643
30	−0.077 16	1879.731

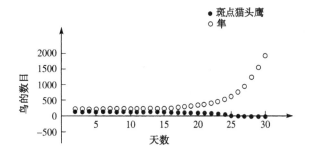

b) 情形2

图 1-28　斑点猫头鹰或者隼支配着竞争的情形

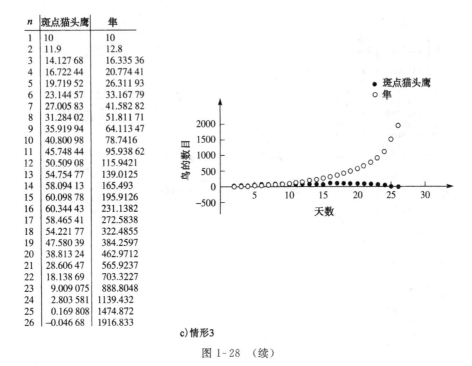

n	斑点猫头鹰	隼
1	10	10
2	11.9	12.8
3	14.127 68	16.335 36
4	16.722 44	20.774 41
5	19.719 52	26.311 93
6	23.144 57	33.167 79
7	27.005 83	41.582 82
8	31.284 02	51.811 71
9	35.919 94	64.113 47
10	40.800 98	78.7416
11	45.748 44	95.938 62
12	50.509 08	115.9421
13	54.754 77	139.0125
14	58.094 13	165.493
15	60.098 78	195.9126
16	60.344 43	231.1382
17	58.465 41	272.5838
18	54.221 77	322.4855
19	47.580 39	384.2597
20	38.813 24	462.9712
21	28.606 47	565.9237
22	18.138 69	703.3227
23	9.009 075	888.8048
24	2.803 581	1139.432
25	0.169 808	1474.872
26	−0.046 68	1916.833

c)情形3

图 1-28   (续)

例 4   一个支线机场的旅客趋势

考虑由全美航空公司(US Airways)、联合航空公司(United Airlines)和美利坚航空公司 (American Airlines)这三家航空公司支持的一个支线机场,三家航空公司的飞机飞往各自的枢纽机场. 我们每周一次调查了当地商务旅客的情况,发现本周乘坐 US Airways 的旅客中有 75%下周仍将乘坐 US Airways,5%的旅客将转乘 United Airlines,20%的旅客将转乘 American Airlines. 本周乘坐 United Airlines 的旅客中有 60%下周仍将乘坐 United Airlines, 20%的旅客将转乘 US Airways,20%的旅客将转乘 American Airlines. 本周乘坐 American Airlines 的旅客中只有 40%下周仍将乘坐 American Airlines,40%的旅客将转乘 US Airways, 20%的旅客将转乘 United Airlines. 我们假设这些趋势每周都将继续下去,还假设没有额外的当地商务旅客进入或离开该系统,如图 1-29 所示.

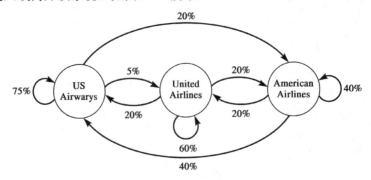

图 1-29   支线机场的旅客趋势

为形成一个差分方程组，令 n 表示第 n 个旅行周并定义

$$S_n = 第\ n\ 个旅行周乘坐\ US\ Airways\ 的旅客数$$
$$U_n = 第\ n\ 个旅行周乘坐\ United\ Airlines\ 的旅客数$$
$$A_n = 第\ n\ 个旅行周乘坐\ American\ Airlines\ 的旅客数$$

形成了差分方程组后，我们就有下列动力系统：

$$S_{n+1} = 0.75S_n + 0.20U_n + 0.40A_n$$
$$U_{n+1} = 0.05S_n + 0.60U_n + 0.20A_n$$
$$A_{n+1} = 0.20S_n + 0.20U_n + 0.40A_n$$

平衡点   如果把 (S, U, A) 称为平衡点，那么必须同时有 $S = S_{n+1} = S_n$，$U = U_{n+1} = U_n$，$A = A_{n+1} = A_n$. 代入该动力系统给出

$$-0.25S + 0.20U + 0.40A = 0$$
$$0.05S - 0.40U + 0.20A = 0$$
$$0.20S + 0.20U - 0.60A = 0$$

这个方程组有无穷多个解. 令 $A = 1$，我们发现如果 $S = 2.2221$ 以及 $U = 0.777\ 769\ 4$（近似地），那么它们也满足该方程组. 假定该系统每周有 4000 个旅客. 于是 $S = 2222$，$U = 778$ 和 $A = 1000$ 就应该是平衡点近似值. 我们用电子制表软件来验算这个平衡点以及若干其他的值. 全部旅客数为 4000，一开始的旅客数如下：

	US Airways	United Airlines	American Airlines
情形 1	2222	778	1000
情形 2	2720	380	900
情形 3	1000	10 000	2000
情形 4	0	0	4000

图 1-30 中是对这些初始值的数值解的图形.

n	US Airways	United Airlines	American Airlines
0	2222	778	1000
1	2222. 1	777. 9	1000
2	2222. 155	777. 845	1000
3	2222. 185 25	777. 814 75	1000
4	2222. 201 888	777. 798 112 5	1000
5	2222. 211 038	777. 788 961 9	1000
6	2222. 216 071	777. 783 929	1000
7	2222. 218 839	777. 781 161	1000
8	2222. 220 361	777. 779 638 5	1000
9	2222. 221 199	777. 778 801 2	1000
10	2222. 221 659	777. 778 340 7	1000
11	2222. 221 913	777. 778 087 4	1000
12	2222. 222 052	777. 777 948	1000
13	2222. 222 129	777. 777 871 4	1000
14	2222. 222 171	777. 777 829 3	1000
15	2222. 222 194	777. 777 806 1	1000
16	2222. 222 207	777. 777 793 4	1000
17	2222. 222 214	777. 777 786 3	1000
18	2222. 222 218	777. 777 782 5	1000
19	2222. 222 22	777. 777 780 4	1000
20	2222. 222 221	777. 777 779 2	1000

a) 情形 1

图 1-30   支线机场的旅客趋势

n	US Airways	United Airlines	American Airlines
0	2272	828	900
1	2229. 6	790. 4	980
2	2222. 28	781. 72	996
3	2221. 454	779. 346	999. 2
4	2221. 639 7	778. 520 3	999. 84
5	2221. 869 835	778. 162 165	999. 968
6	2222. 022 009	777. 984 390 8	999. 993 6
7	2222. 110 825	777. 890 454 9	999. 998 72
8	2222. 160 698	777. 839 558 2	999. 999 744
9	2222. 188 333	777. 811 718 6	999. 999 948 8
10	2222. 203 573	777. 796 437 6	999. 999 989 8
11	2222. 211 963	777. 788 039 1	999. 999 998
12	2222. 216 579	777. 783 421 2	999. 999 999 6
13	2222. 219 118	777. 780 881 6	999. 999 999 9
14	2222. 220 515	777. 779 484 9	1000
15	2222. 221 283	777. 778 716 7	1000
16	2222. 221 706	777. 778 294 2	1000
17	2222. 221 938	777. 778 061 8	1000
18	2222. 222 066	777. 777 934	1000
19	2222. 222 136	777. 777 863 7	1000
20	2222. 222 175	777. 777 825	1000

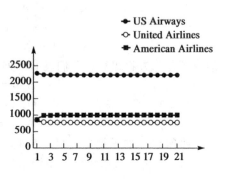

b) 情形 2

n	US Airways	United Airlines	American Airlines
0	1000	1000	2000
1	1750	1050	1200
2	2002. 5	957. 5	1040
3	2109. 375	882. 625	1008
4	2161. 756 25	836. 643 75	1001. 6
5	2189. 285 938	810. 394 062 5	1000. 32
6	2204. 171 266	795. 764 734 4	1000. 064
7	2212. 306 996	787. 680 203 9	1000. 013
8	2216. 771 408	783. 226 032 1	1000. 003
9	2219. 224 786	780. 774 701 7	1000. 001
10	2220. 573 735	779. 426 162 7	1000
11	2221. 315 575	778. 684 404 9	1000
12	2221. 723 57	778. 276 425 7	1000
13	2221. 947 964	778. 052 034 8	1000
14	2222. 071 381	777. 928 619 2	1000
15	2222. 139 259	777. 860 740 6	1000
16	2222. 176 593	777. 823 407 3	1000
17	2222. 197 126	777. 802 874	1000
18	2222. 208 419	777. 791 580 7	1000
19	2222. 214 631	777. 785 369 4	1000
20	2222. 218 047	777. 781 953 2	1000

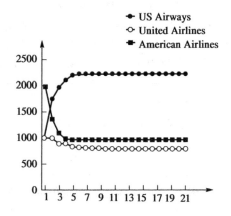

c) 情形 3

n	US Airways	United Airlines	American Airlines
0	0	0	4000
1	1600	800	1600
2	2000	880	1120
3	2124	852	1024
4	2173	822. 2	1004. 8
5	2196. 11	802. 93	1000. 96
6	2208. 052 5	791. 755 5	1000. 192
7	2214. 467 275	785. 494 325	1000. 038
8	2217. 964 681	782. 027 638 8	1000. 008
9	2219. 882 111	780. 116 353 3	1000. 002
10	2220. 935 468	779. 064 224 7	1000
11	2221. 514 569	778. 485 369 7	1000
12	2221. 833 025	778. 166 962 5	1000
13	2222. 008 166	777. 991 831 2	1000
14	2222. 104 492	777. 895 507 6	1000
15	2222. 157 471	777. 842 529 2	1000
16	2222. 186 609	777. 813 391 1	1000
17	2222. 202 635	777. 797 365 1	1000
18	2222. 211 449	777. 788 550 8	1000
19	2222. 216 297	777. 783 702 9	1000
20	2222. 218 963	777. 781 036 6	1000

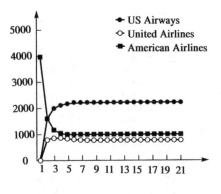

d) 情形 4

图 1-30 （续）

对初始条件的敏感性和长期行为　假定一开始该系统有 4000 个旅客，而且全部留在该系统中．至少对于我们研究的初始值来说，该系统趋于同一个结果，即使一开始在该系统中没有 US Airways 和 United Airlines 的旅客，该系统还是趋于同样的结果．所考察的平衡点看来是稳定的．在平衡点附近的初始值看来是趋于平衡点的．关于原点，情况会怎样呢？原点是稳定的吗？在习题中，要求通过考察其他的初始值以及改变模型中的系数来进一步探究这个系统．此外，要求考察旅客可以进入和退出的系统．■

例5　离散流行病模型

考虑诸如新型流感那样在整个美国传播的疾病．在这种新型流感确实成为真正的流行病之前，美国疾病控制和预防中心（The Center for Disease Control and Prevention）正在对这种新型流感的模型进行深入了解和做实验．我们把所考虑社区的人群分为三类：易感者、已感者和移出者．我们对模型作以下假设：

- 没有人进入或离开该社区，而且和社区外没有任何接触．
- 每个人都是易感者 S（都能染上这种流感）、已感者 I（当前已经感染这种流感并能够传播这种流感）或是移出者 R（早已得过这种流感而且不会再得这种流感的人，包括死亡者）．
- 一开始，每个人或是 S 或是 I．
- 一旦某人今年得了这种流感，今年就不会再得这种流感．
- 这种流感的平均持续时间为 5/3 周（$1 + \dfrac{2}{3}$ 周），在此期间该人被认为是已感者而且能传播这种流感．
- 我们的模型的时间周期按周计．

下面我们要考虑的模型称为 SIR 模型．

假设该模型中变量的定义如下：

$$S(n) = n \text{ 个周期后易感者的人数}$$
$$I(n) = n \text{ 个周期后已感者的人数}$$
$$R(n) = n \text{ 个周期后移出者的人数}$$

我们从 $R(n)$ 开始建模过程．我们对疾病时间长度的假设是：某人得这种流感的持续时间为 5/3 周．因此每周有 3/5 或 60% 的已感者从该系统移出，即

$$R(n+1) = R(n) + 0.60 I(n)$$

值 0.6 称为**周移出率**．它表示每周从已感者群体中移出的已感者所占的比例．

$I(n)$ 的总量既有随时间增加的项也有随时间减少的项．由每周移出的人数 $0.6 * I(n)$ 使之减少，由易感者由于接触已感者而得病的人数 $aS(n)I(n)$ 使之增加．我们把 a 定义为传播这种流感的比率或传播系数．我们认识到这是一个基于概率的系数，其模型为：

$$I(n+1) = I(n) - 0.6 * I(n) + aI(n) * S(n)$$

我们一开始假设这个比率是常数，它可以从初始条件中求得．

对此我们解释如下：假设我们有住在学生宿舍的 1000 个学生．一开始护士发现有 5 个学生向学校医务室报告他们患病了：$I(0) = 5$ 而 $S(0) = 995$．一周后，患病学生总数为 9．我们用如下方法算得 a：

$$I(0)=5, \; I(1)=I(0)-0.6*I(0)+aI(0)*S(0)$$
$$I(1)=9=5-3+a*5*995$$
$$7=a*4975$$
$$a=0.001\,407$$

我们再来考虑 $S(n)$，由于它只是因为有人得病而使之减少，所以我们可以用前面算得的同样的比率得到模型

$$S(n+1)=S(n)-aS(n)I(n)$$

我们的耦合模型就是

$$R(n+1)=R(n)+0.60I(n)$$
$$I(n+1)=I(n)-0.6I(n)+0.001\,407I(n)S(n) \tag{1-11}$$
$$S(n+1)=S(n)-0.001\,407I(n)S(n)$$
$$I(0)=5, \; S(0)=995, \; R(0)=0$$

这个 SIR 模型方程可以迭代求解并从图形上观察其趋势．下面我们来迭代这个解并得到可以观察解的行为的图形以获得某些洞察．

解释 我们分析数值表和图 1-31～图 1-34 来考察疾病流行期间发生了什么．这种流感流行的峰值发生在第 9 周左右，已感者的图形在该处达到最大值．最大值比 250 稍大，从数值表中看是 250.6044．约 17 周后略少于 85 个学生仍然没有感染上这种流感．

周	$R(n)$	$I(n)$	$S(n)$
0	0	5	995
1	3	8.999 825	988.0002
2	8.399 895	16.110 73	975.4894
3	18.066 33	28.556 49	953.3772
4	35.200 23	49.728 32	915.0714
5	65.037 22	83.916 82	851.046
6	115.3873	134.0505	750.5621
7	195.8176	195.1831	608.9993
8	312.9275	245.3182	441.7543
9	460.1184	250.6044	289.2772
10	610.481	202.241	187.2779
11	731.8256	134.1869	133.9874
12	812.3378	78.971 73	108.6905
13	859.7208	43.665 64	96.613 52
14	885.9202	23.401 95	90.677 82
15	899.9614	12.346 49	87.692 11
16	907.3693	6.461 94	86.168 77
17	911.2465	3.368 218	85.385 33
18	913.2674	1.751 936	84.980 68
19	914.3185	0.910 249	84.7712
20	914.8647	0.472 668	84.662 64
21	915.1483	0.245 372	84.606 33
22	915.2955	0.127 358	84.577 12

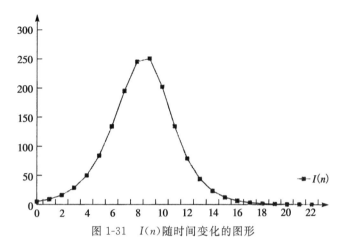

图 1-31 $I(n)$ 随时间变化的图形

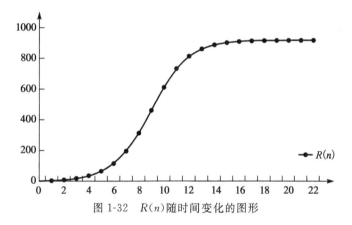

图 1-32 $R(n)$ 随时间变化的图形

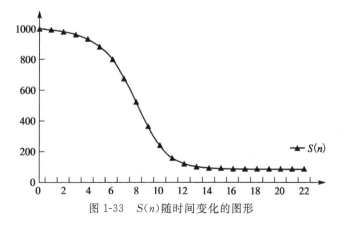

图 1-33 $S(n)$ 随时间变化的图形

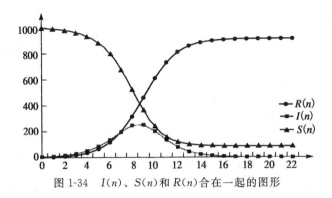

图 1-34 $I(n)$、$S(n)$ 和 $R(n)$ 合在一起的图形

在习题中会要求考察对系数和初始条件的敏感性.

 习题

1. 考虑例 1,汽车租赁公司.用不同的系数值来做实验.对给定的初值迭代所得到的动力系统.然后对不同的起始值做实验.你的实验结果是否表明模型对
    (a)系数   (b)起始值
    是敏感的呢?

2. 考虑例 3 中的竞争捕食模型——斑点猫头鹰和隼.利用给定的起始值,用系数不同的值来做实验.然后再试不同的起始值.什么是其长期行为?你的实验结果是否表明模型对
    (a)系数   (b)起始值
    是敏感的呢?

3. 在分析 1805 年的特拉法尔加(Trafalgar)战斗时,我们看到如果两军简单地正面交锋的话,英军在战斗中大约要损失 24 艘战舰,而法西联军约损失 15 艘战舰.我们还看到纳尔逊爵士利用分治战略战胜了敌人的优势兵力.弱势兵力战胜优势兵力的另一种策略就是增强它所使用的技术装备.假定英军战舰装备了优良的武器,又假定法西联军遭受的损失为英军战舰数的 15%,而英军遭受的损失为法西联军战舰数的 5%.
    (a)形成一个差分方程组对双方的战舰数进行建模.假设法西联军一开始的战舰数为 33 艘,而英军一开始的战舰数为 27 艘.
    (b)建立数值解以确定在新的假设条件下正面交战的话,哪一方会赢.
    (c)利用纳尔逊爵士的分治战略结合英军战舰装备了优良武器的条件建立三次战斗的数值解.

4. 假定斑点猫头鹰的主要食物来源是单一的食饵:老鼠.生态学家希望预测在一个野生鸟兽保护区里斑点猫头鹰和老鼠的种群量水平.令 M_n 表示 n 年后老鼠的种群量,而 O_n 表示 n 年后斑点猫头鹰的种群量,生态学家提出了下列模型

$$M_{n+1} = 1.2M_n - 0.001O_nM_n$$
$$O_{n+1} = 0.7O_n + 0.002O_nM_n$$

    生态学家想知道在栖息地两个种群能否共存以及结果是否对起始种群量敏感.
    (a)比较上面模型中系数的正负号和例 3 中猫头鹰–隼模型中系数的正负号.依次解释正在建模的捕食者–食饵关系中四个系数 1.2、−0.001、0.7 和 0.002 的正负号的意义.
    (b)对下表中的初始种群量进行检验并预测其长期行为:

	猫头鹰	老鼠		猫头鹰	老鼠
情形 A	150	200	情形 C	100	200
情形 B	150	300	情形 D	10	20

    (c)现在利用给定的起始值对不同的系数的值做实验.然后再试不同的起始值.长期行为是怎样的?你的实验结果是否表明模型对系数是敏感的?是否对起始值敏感?

5. 在例 4 的支线机场的旅客趋势中，用靠近原点的初始值做实验．原点是否是稳定平衡点？利用给定的初始值对系数的不同值做实验．然后对不同的初始值做实验．什么是其长期行为？你的实验结果表明该模型对系数是敏感的吗？对初始值是敏感的吗？

现在假设每家航空公司都吸收了新的旅客．当每家航空公司都吸收了新的旅客时，一开始就假设旅客总数增加了．这时该系统的长期行为是怎样的？它对吸收新的旅客的吸收比率似乎是敏感的吗？认真反思把该地区的旅客总数作为常数，该如何调整模型？调整你的模型以反映最靠近你的机场的情况．在长时间里最靠近你的机场会发生什么情况？

6. 经济学家要研究单个产品的价格变化．据观察，市场上产品的高价格会吸引更多的供应商．但是，增加所供应的产品数量会导致价格的下跌．随时间的变化，存在着价格和供应之间的相互作用．经济学家提出了下面的模型，其中 P_n 表示第 n 年的产品价格，而 Q_n 表示第 n 年产品的数量：

$$P_{n+1} = P_n - 0.1(Q_n - 500)$$
$$Q_{n+1} = Q_n + 0.2(P_n - 100)$$

(a) 该模型直观上有意义吗？常数 100 和 500 的意义是什么？解释常数 -0.1 和 0.2 的正负号的意义．

(b) 对下表中的初始条件进行检验并预测其长期行为．

	价格	数量		价格	数量
情形 A	100	500	情形 C	100	600
情形 B	200	500	情形 D	100	400

7. 1868 年，偶然从澳大利亚引入美国的吹棉蚧(Icerya purchasi)威胁到甚至会毁灭美国的柑橘业．为对抗这种形势，引进了一种天然的澳大利亚捕食者瓢虫(Novius cardinalis)．瓢虫使得吹棉蚧的数量降到一个相对低的水平．当发明了能杀死蚧的杀虫剂 DDT 后，农民就用 DDT 希望能进一步降低蚧的数量．但是，事实证明 DDT 对瓢虫也是致命的，而且利用了这种杀虫剂后的总效果是增加了蚧的数量．令 C_n 和 B_n 分别表示 n 天后吹棉蚧和瓢虫的种群量水平．推广习题 4 中的模型，有

$$C_{n+1} = C_n + k_1 C_n - k_2 B_n C_n$$
$$B_{n+1} = B_n - k_3 B_n + k_4 B_n C_n$$

其中 k_i 都是正常数．

(a) 讨论该模型中每个 k_i 的意义．

(b) 在一个种群不存在时，关于另一个种群的增长的隐含的假设是什么？

(c) 对系数取值并再试试几个起始值．你的模型预测的长期行为是什么？改变系数．你的实验是否表明模型对系数是敏感的？对起始值是否是敏感的？

(d) 修改该捕食者－食饵模型使之能反映农民(在常规的基础上)使用杀虫剂以与瓢虫和吹棉蚧当前的数量成比例的杀死率杀死它们的情形．

8. 加上如下假设：每个周期有 100 个新乘客进入该系统，重新考察航空公司在支线机场的旅客趋势问题．通过改变乘客的分布来做实验．

9. 求模型 (1-11) 的平衡点的值．

10. 在模型 (1-11) 中，用下列改变的参数来确定其结果：

(a) 一开始 5 人患病，下一周 15 人患病．

(b) 流感持续时间为 1 周．

(c) 流感持续时间为 4 周．

(d) 学生宿舍里有 4000 个学生，一开始 5 个学生被感染，下一周又有 30 个学生被感染．

 研究课题(参见网站的 UMAP 教学单元)

1. 完成由 Martin Eisen 写的 UMAP 教学单元 UMAP553"生物学中某些差分方程的图形分析"提出的要求．许多生物种群的增长可以用差分方程来建模．该教学单元展示了可以用图形方法来预测其某些方程的解的行为．

2. 对本节进一步阅读材料中列出的 May 等人的论文写一个综述报告．

3. 完成由 Carol Weitzel Kohfeld 写的 UMAP 教学单元 UMAP 304"党派支持的增长 I：模型和估计"和 UMAP 305"党派支持的增长 II：模型分析". UMAP 304 提供了政治动员的一个简单模型，其改进把特殊党派的支持者和可能补充的非支持者之间的相互作用包括在内. UMAP 305 研究了一阶二次差分方程模型的数学性质. 该模型是利用美国三个县的数据来检验的.

进一步阅读材料

Clark，Colin W. *Mathematical Bioeconomics*：*The Optimal Management of Renewable Resources*. New York：Wiley，1976.

May，R. M. *Stability and Complexity in Model Ecosystems*，Monographs in Population Biology VI. Princeton，NJ：Princeton University Press，2001.

May，R. M. ，ed. *Theoretical Ecology*：*Principles and Applications*. Philadelphia：Saunders，1976.

May，R. M. ，J. R. Beddington，C. W. Clark，S. J. Holt，& R. M. Lewis，"Management of Multispecies Fisheries."*Science* 205(July 1979)：267-277.

Schom，A & M. Joseph. *Trafalgar*，*Countdown to Battle*，1803-1805. *London*：Simon & Shuster，1990.

Shubik，M. ，ed. *Mathematics of Conflict*. Amsterdam：Elsevier Science，1983.

Tuchinsky，P. M. *Man in Competition with the Spruce Budworm*，UMAP 综述专著. 在加拿大和美国缅因州东部地区的常绿林区内，一种极小的毛虫群周期性地猛增. 它们狼吞虎咽地吞食树木的针状叶，造成了对该地区的经济有重要影响的森林的巨大破坏. 加拿大新布伦瑞克省正在利用蚜虫/森林相互作用的数学模型来力图规划和控制这种破坏. 该专著综述了生态情况，并考察了计算机模拟以及当前在使用的模型.

第2章 建模过程、比例性和几何相似性

引言

第 1 章中介绍了表示种群量的多少、血流中药物的浓度、各种金融投资以及汽车租赁公司在两个城市间车辆分配的图示模型. 现在我们要更进一步考察数学建模的过程. 为进一步了解数学建模中的各个过程, 考虑图 2-1 中所示的两个世界. 假定我们要了解现实世界中的某些行为或现象. 我们也许希望对该行为的未来做出预测并分析各种处境对该行为的影响.

例如, 当研究两个相互作用的物种的种群量时, 我们也许希望知道在它们的环境中物种能否共存, 或者是否可能一个物种最终占了支配地位而迫使另一个物种灭绝. 在用药管理的例子中, 重要的是要知道正确的剂量以及在保持血流中药物的安全和有效水平的剂量之间的时间.

图 2-1　现实世界和数学世界

应该怎样构建并利用数学世界中的模型以帮助我们更好地了解现实世界的系统呢？在讨论怎样把两个世界联系在一起之前, 先来考虑什么是现实世界的系统以及我们为什么首先会对构建系统的数学模型感兴趣.

一个**系统**就是由一些有规律的相互作用或内在的依赖关系联结在一起的对象的集合体. 建模者希望了解一个特殊的系统是怎样工作的, 是什么造成了系统的变化以及系统对某些变化有多敏感. 建模者还希望预测系统会发生什么样的变化以及何时发生变化. 怎样获取这种信息呢？

例如, 假定目标是要从现实世界所观察到的现象中得出结论. 一种过程或步骤就是对某些实际行为做试验或实验, 然后观察它们对实际行为的影响, 如图 2-2 左部所示. 尽管这样一种过程可能降低由不那么直接的方法所引起的保真性的丧失, 但是某些情况下我们不希望遵循这种过程. 例如, 在诸如决定药物的致命浓度水平或者研究核电厂故障对附近人口密集地区的辐射影响时, 即使是单个试验的资金和人力成本也可能高得令人不敢问津. 或者, 研究搭载宇航员的宇宙飞船的热屏蔽不同设计的时候, 我们甚至可能不愿意接受单次试验的失败. 此外, 在研究电离层组成的特殊的变化及其对极地冰帽相应的影响时, 甚至不可能做试验. 而且, 我们可能希望推广在一次试验中超出实验特定条件组(例如纽约某天的气候条件为：温度为 82℉、风力每小时 15～20 英里、湿度 42％、多云等)的结论. 最后, 即使在某些非常特殊的条件下能成功预测实际行为, 也未必能解释为什么会发生这种特殊的行为(尽管预测和解释的能力常常是紧密相连的, 预测一种行为的能力并不一定意味着了解该行为. 在第 3 章中, 将研究为帮助我们做出预测而特别设计的方法, 即使不能满意地解释行为的所有方面). 上述讨论强调了需要发展研究实际系统的间接方法.

对图 2-2 的考察提示了获取有关现实世界的结论的另一种方法. 首先, 对正在研究的行为

做特定的观察并识别看来是有关联的因素．通常不可能考虑，或者甚至是识别行为中所有有关联的因素，所以做出消去某些因素的简化假设．例如，当研究来自核电厂故障造成的辐射影响时，至少一开始时，可以选择忽略纽约市的湿度．其次，猜测所选择的因素之间的一些暂时的关系，从而创建了一个有关该行为的粗略的模型．有了所建立的模型，应用适当的数学分析来导出有关该模型的结论．注意这些结论只属于该模型，而不属于所研究的真正的实际系统．考虑到在构建模型时做了某些简化以及基于该模型的观察误差和局限总是会有的，因此，在做出有关实际行为的任何推断之前，必须仔细考虑这些异常．

综上所述，我们就有以下的粗略的建模步骤：

1．通过观察，识别有关实际行为的主要因素，可能要做简化．

2．猜测因素之间暂时的关系．

3．将数学分析用于所得到的模型．

4．借助实际问题来解释数学的结论．

我们曾在第 1 章的引言中画过这个建模过程的流程图，现在图 2-3 中作为封闭系统再次画出．给定某个实际系统，收集足够的数据来形成一个模型．其次分析该模型并得到有关该模型的数学结论．然后阐明该模型并做出预测或提供解释．最后，对照着新的观察和数据，检验我们有关实际系统的结论．然后我们可能会发现需要返回前面的各步骤并改进该模型，以提高其预测或描述的能力．也许会发现该模型确实不能精确地拟合实际问题，所以必须构建一个新的模型．贯穿本书我们将详细地研究这种建模过程的各个部分．

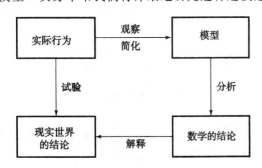

图 2-2　获取有关现实世界系统中行为的结论

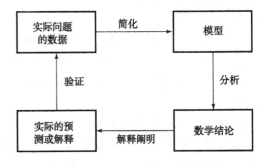

图 2-3　作为封闭系统的建模过程

2.1　数学模型

我们把**数学模型**定义为为了研究特定的实际系统或现象而设计的数学结构，图示、符号、模拟和实验结构都包括在内．数学模型可以进一步加以区分．有些现有的数学模型与某个特殊的实际现象是一致的，从而可以用来研究该现象．有些数学模型是专门来构建并研究一种特定现象的．图 2-4 画出了模型之间的这种区分．从某个实际现象出发，可以通过构建一个新的模型或选择一个现有的模型数学地表示该现象．另一方面，可以通过实验或某类模拟来重复该现象．

图 2-4　模型的性质

至于构建数学模型的疑难问题，各种各样的情况都可能使我们放弃任何取得成功的希望．模型所涉及的数学是如此的复杂而且难于处理，致使几乎没有希望来分析或求解该模型，从而失去了该模型的实用性．

例如，当我们试图应用由偏微分方程组或非线性代数方程组给出的模型时，就可能出现这种复杂性．或者问题（就涉及的因素的数目）是如此之大，以至于用单个的数学模型不可能抓住所有必要的信息．预测种群的相互作用、资源的利用以及污染的的全局影响就是这种不可能情形的例子．在这种情形，我们试图通过做各种实验性的试验来直接地重复该行为．从这些试验中收集数据并以某种方式分析数据，可能会用到统计的方法或曲线拟合的方法．从这样的分析中，可能得到某些结论．

在其他的情形中，我们可能试图间接地复现该行为．可以利用诸如对力学系统进行建模的电流模拟器．可以利用诸如风洞中缩小了尺寸的超音速飞机模型那样的缩微模型．或者可能试图利用计算机复现一种行为，例如，模拟种群的相互作用、资源的利用以及污染的的全局影响或模拟早高峰期间电梯系统的运行．

图 2-4 中所示的各种模型类型之间的区别只是为了易于讨论而做的．例如，实验和模拟之间的区别在于观察是直接（实验）还是间接（模拟）得到的．在实际的模型中并非如此严格；一个主要的模型可以从现有的模型、模拟和实验中选取若干模型作为子模型．不过，对比这些类型的模型并比较它们描绘现实世界的各种能力是能提供信息的，从而是有益的．

为此，考虑模型的以下性质：

保真性：模型表示现实的精确性；

成本：建模过程的总费用；

灵活性：当收集到了所需要的数据时，改变和控制影响该模型的诸多条件的能力．

知道给定模型具有的这些特征中的每一个特征所处的地位是有用的，然而，特定的模型在图2-4认定的模型类型中变化可能会很大，我们能够有的最好的期望就是对每个特征在各类模型中的相对表现进行比较．这种比较如图 2-5 中所示，其中纵坐标表示各类有效性的程度．

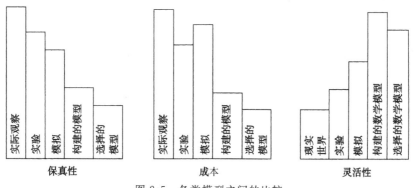

图 2-5　各类模型之间的比较

让我们概述一下图 2-5 所示的结果．首先考虑保真性的特征．为证明最大的保真性，我们会期望来自现实世界直接的观察，即便会产生某种检验的偏差和测量的误差．我们会期望实验模型具有仅次于现实的第二大保真性，因为行为是在诸如实验室那样得到更好控制的环境下直接观察到的．由于模拟融入了间接的观察，它们就进一步失去了保真性．只要构建了数学模型、简化了现实世界的条件，结果就会是失去更多的保真性．最后，任何选择的模型都是基于附加的简化，这些简化甚至不适合于特定的问题，从而意味着还会进一步损失保真性．

再来考虑成本．一般说，我们会期望所选择的数学模型成本最小．所构建的数学模型既然要简化所研究的现象，就要承担相应的附加费用．实验的确立和操作通常是昂贵的．类似地，模拟要用到研制起来十分昂贵的间接的设备，而且模拟通常要包括大量的计算机空间、时间和维护费用．

最后考虑灵活性．构建的数学模型通常是最灵活的，因为可以相对容易地选择不同的假设和条件；选择的模型是不那么灵活的，因为它们是在特定的假设下研制的．不过，特定的条件常常可以在广泛的范围内变化．为了略微改变假设和条件，模拟通常需要研发一些另外的间接设备．实验就更不灵活了，因为某些因素在超过特定范围时是很难控制的．实际行为的观察几乎没有灵活性，因为观察者被限制在观察时间适合的特定条件里．此外，要创建其他条件是不大可能或者根本不可能的．了解我们的讨论本质上只是定性的以及对这些一般规律有许多例外是重要的．

模型的构建

在上述讨论中，我们把建模看作一个过程并且简要地考虑了模型的形式．现在让我们集中注意力于数学模型的构建．从介绍有助于构建模型的过程的概述开始．在下一节中，我们要通过讨论若干实际例子来说明该过程中的各个步骤．

第 1 步　识别问题　什么是要探究的问题？通常这是困难的一步，因为在现实生活中，没有人会只是简单地给你一个有待解决的数学问题．通常你必须从大量的数据中搜索以及识别所研究问题的某些特定的方面．此外，考虑到要把描述问题的口头陈述翻译为数学的符号表示，因此在阐明问题时要足够精确是十分重要的．通过下一步来完成这种翻译．重要的是要认识到对问题的回答可能不会直接导致合用的问题识别．

第 2 步　做出假设　一般来说，不能指望在一个合用的数学模型中抓住影响问题识别的所有的因素．任务在于通过减少所考虑的因素的数目来进行简化．于是，必须确定余下的变量之间的关系．再次通过假设相对简单的关系，就能够降低问题的复杂性．因此做出假设就有两个主要的方面：

a. 变量分类：什么事情影响到第 1 步中所识别的问题的行为？把这些事情作为变量列出来．模型寻求解释的变量是因变量，可能有几个因变量．余下的变量中的一部分是自变量．每个变量都被分类为因变量、自变量或者两者都不是．⊖

你可能出于两个理由忽略某些自变量．首先，相比于与该行为有关的其他因素，这个变量的影响可能相对小一点．其次，以几乎相同的方式影响各种选择的因素可能可以忽略，即使这个因素对所研究的行为有很重要的影响．例如，考虑确定演讲厅最佳形状的问题，其中黑板或者投影仪的易读性是支配准则．照明肯定是关键因素，但可能会以几乎同样的方式影响所有可能的形状．通过忽略这种在以后可能会融合进一

⊖　作者在这里可能把参数也当作变量了．——译者注

个分开的、改进的模型中的因素，分析就可能大大简化．

b. 确定研究中所选择的变量之间的相互关系：在能够假设变量之间的关系之前，一般说，必须做某些进一步的简化．问题可能十分复杂以至于不可能看出一开始确定的所有变量之间的关系．在这种情形，有可能要研究子模型．即分别研究自变量中的一个或几个．最后再把子模型合在一起．研究诸如比例性那样的方法会有助于做出变量之间的假设关系．

第 3 步　求解或解释模型　现在把所有的子模型合在一起看看该模型告诉我们什么．在某些情形，该模型可能包含为得到我们正在寻求的信息必须要求解的数学方程或不等式．问题的陈述常常要求模型的最好的或最优的解．以后要讨论这类模型．

常常会发现为完成这一步，我们的准备是相当不够的，或者可能会得到一个不会求解或不会解释的难于处理的模型．碰到这种情形，我们也许应该回到第 2 步并做出另外的简化假设．有时甚至要回到第 1 步去重新定义问题．我们将在下面的讨论中进一步阐明这一点．

第 4 步　验证模型　在能够利用该模型之前，必须检验该模型．在设计这些检验和收集数据(这可能是一个昂贵和费时的过程)之前先要问几个问题．首先，该模型是否回答了第 1 步中识别的问题，或者是否偏离了我们构建该模型的关键问题？其次，该模型在实用意义下有用吗？即我们确实能收集必要的数据来运作该模型吗？最后，该模型有普遍意义吗？

一旦通过了这种常识性检验，就要利用由经验观察得到的实际数据来检验许多模型．要小心仔细地以如下的方式来设计该检验，即在实际应用该模型时预期会碰到各种自变量的同样的取值范围内考虑观察结果．在第 2 步中做的假设在一个受限制的自变量范围内是合理的，但对这个范围之外的值却是非常不合理的．例如，对牛顿第二运动定律的常用的解释为作用在物体上的力等于物体的质量乘上它的加速度．直到物体的速度趋近于光速之前该定律都是合理的模型．

关于从任何检验中得出的结论都要小心．就像不能简单地用展示支持该定理的许多特殊情形来证明定理一样，类似地，不能从模型收集到的特殊的证据来推出广泛的一般结论．一个模型不能成为一条定律就是因为定律是在某些特定的情形下重复得到验证的．更确切地说，是通过收集到的数据来证实模型的合理性．

第 5 步　实施模型　当然，模型只待在档案柜里是不会有用的．要用决策者和用户能懂的术语来解释模型是否对他们有用．此外，如果模型不是处于用户友好的模式，那么它很快就会没用．昂贵的计算机程序有时候就是因此而销声匿迹的．是否把为推进运作模型必需的数据的收集和输入的额外一步包括在内，往往决定了模型的成败．

第 6 步　维修模型　记住模型是从第 1 步识别的特定问题和第 2 步中所做的假设推导出来的．原先的问题会有任何的变化吗？或者某些先前忽略的因素会变得重要吗？子模型中的一个需要调整吗？

图 2-6 中综述了构建数学模型的步骤．不能太迷恋于我们的工作．就像任何模型那样，过程只是一个近似的过程因而有其局限性．例如，该过程看来是由导致有用的结果的离散的步骤组成的，但实际情形很少这样．在提供强调建模过程的迭代性质的另一种过程之前，先来讨论图 2-6 中的方法论的优点．

图 2-6 所示的过程提供了逐渐集中到我们希望研究的问题的那些方面的一种方法. 而且,
它说明了创造性和建模过程中所用的科学方法的不寻
常的融合. 头两步具有更为艺术和原创的性质. 它们
包括抽象出所研究问题的本质特征, 忽略被判定为不
重要的因素以及做出有助于回答由原问题提出的议题
的足够精确的关系的假设. 这些关系必须简单到能够
完成后面的几步. 尽管这些步骤无可否认地包含了一
定程度的创造技巧, 我们还是要学习评估特定变量的
重要性以及所假设的关系的精确性的科学方法. 可
是, 当完成了第 3 和第 4 步时, 切记该过程很大程度
上是不确切和直观的.

第 1 步	识别问题
第 2 步	做出假设
	a. 识别变量并对变量进行分类.
	b. 确定变量和子模型之间的相互关系.
第 3 步	求解模型
第 4 步	验证模型
	a. 表述了问题吗?
	b. 在通常的意义下它有意义吗?
	c. 用实际数据来检验该模型.
第 5 步	实施模型
第 6 步	维修模型

图 2-6   数学模型的结构

例 1   车辆的停止距离

情景   考虑经常在司机培训班上给出的下列规则:

正常的驾驶条件对车与车之间的跟随距离的要求是每 10 英里的速率可以允许一辆车的长度
的跟随距离, 但是在不利的天气或道路条件下要有更长的跟随距离. 做到这点的一种方法就是利
用 2 秒法则, 这种方法不管车速为多少, 都能测量出正确的跟随距离. 看着你前面的汽车刚刚驶过
的一个高速公路上涂有柏油的地区或立交桥的影子那样的固定点. 然后默数"一千零一, 一千零
二"; 这就是 2 秒⊖. 如果你在默数完这句话前就到了这个记号处, 那么你的车和前面的车靠得太近了.

很容易执行上述法则, 但是该法则有多好呢?

识别问题   我们的最终目标是检验这条法则以及在它失灵时提出另一条法则. 但是, 问题
的陈述——该法则有多好呢?——是模糊不清的. 我们需要更多的细节并清楚地说明问题, 或
者提出一个问题, 该问题的解决或回答有助于在允许进行更为精确的数学分析的同时实现我们
的目标. 考虑下面的问题陈述: 预测作为车辆速率的函数的车辆的总的停止距离.

假设   用关于总的停止距离的一个相当显然的模型

$$总的停止距离 = 反应距离 + 刹车距离$$

来开始进行分析.

我们认为反应距离就是从司机意识到要停车的时刻到真正刹车的时刻期间车辆所走的距
离. 刹车距离就是刹车后使车辆完全停下来所滑行的距离.

首先对反应距离研究一个子模型. 反应距离是许多变量的函数, 而我们只是从列出其中的
两个变量开始:

$$反应距离 = f(反应时间, 速率)$$

可以通过我们想要的更多的细节来继续研究子模型. 例如, 反应时间既受个体驾驶因素也受
车辆操作系统的影响. 系统时间就是从司机接触到刹车踏板到刹车从机械上起作用之间的时间.
对于现代的车辆来说, 大概可以忽略系统时间的影响, 因为比之于人的因素, 它是相当小的. 不
同司机的反应时间取决于诸如反射的本能、警觉程度和能见度等许多事情. 因为我们只是研究一

⊖   用英文读完就用了 2 秒钟. ——译者注

个一般的法则，只能融入后面那些变量的平均值和条件．一旦子模型中的重要变量都已经识别出来，就能确定出它们之间的相互关系．我们将在下一节中对反应距离提出一个子模型．

其次考虑刹车距离．车辆的重量和速率肯定是要考虑的重要因素．刹车的效率、车胎的类型和状态、道路表面的情况以及天气条件是其他合理的因素．和前面一样，我们最可能假设后面那些因素的平均值和条件．因此最初的子模型就给出了刹车距离作为车辆重量和速率的函数：

$$刹车距离 = h(重量，速率)$$

下一节中我们也会提出和分析一个刹车距离的子模型．

最后，我们来简短地讨论一下这个问题的建模过程中的后三个步骤，要检验我们的模型相对于实际数据的情况．模型提供的预测和实际驾驶的情形一致吗？如果不符合，就要评估某些假设，或许要重新构建我们的两个子模型中的一个（或者两个）．如果模型确实精确地预测了实际的驾驶情形，那么本节一开始陈述的法则是否和该模型一致呢？答案给出了回答问题"该法则有多好？"的一个客观基础．不论我们提出（为执行模型）的什么样的规则，只有易于理解并易于使用的，它才是有效的．在这个例子中模型的维修看来不是一个特别的问题．可是，对于诸如机动刹车或圆盘闸、车胎设计的基本变化等这些因素对模型的影响，我们应该是敏感的．■

让我们把图 2-6 中提出的建模过程和科学方法进行对比．如下是**科学方法**：

第 1 步 对现象做一些一般性的观察．

第 2 步 形成关于现象的假设．

第 3 步 研制检验该假设的一种方法．

第 4 步 收集用于该检验的数据．

第 5 步 利用该数据来检验假设．

第 6 步 肯定或者拒绝该假设．

按照设计，数学建模的过程和科学方法有相似之处．例如，两个过程都包括假设、收集实际数据以及用数据来检验或验证该假设．这些相似之处并不令人惊讶；虽然识别建模过程中的一部分是一种艺术，但是只要有可能，我们还是试图科学地和客观地处理问题．

这两个过程之间有着细微的不同．一个不同就在于两个过程的主要目标．在建模过程中，在选择要包含或者要忽略哪些变量以及假定所包含的变量之间的相互关系时要做出假设．建模过程的目标是假设一个模型，但在科学方法中证据是收集来确证模型的．与科学方法不同，建模过程的目标不是肯定或者拒绝该模型（因为所做的简化的假设，我们知道该模型不是精确的），而是检验它的合理性．我们可以决定该模型是相当满意和有用的，从而选择接受它．或者确定该模型需要改进或简化．在极端的情形中，甚至可能要在完全拒绝该模型的意义下重新定义问题．在后面几章中将会看到这种决定过程实际上构成了数学建模的核心．

模型构建的迭代性质

模型构建是一种迭代过程．从考察某些系统以及识别我们希望预测或解释的特定的行为开始．其次识别变量和简化假设，然后生成一个模型．一般是从一个相当简单的模型开始，继续进行建模的过程，然后根据我们确认过程所指示的结果来修改模型．如果我们不能提出一个新模型或者不能求解我们已有的模型，就必须简化模型（图 2-7）．这是通过把某些变量当作常数处理、忽略或者集成某些变量、在子模型中假设（诸如线性那样的）简单关系或者进一步限制所研究的问题来完成的．另一方面，如果结果不够精确，就必须改进该模型（图 2-7）．

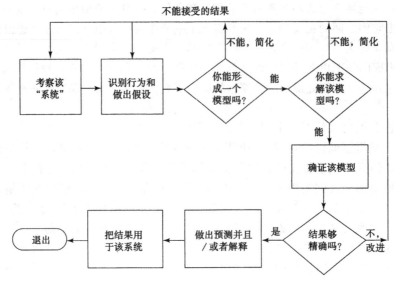

图 2-7 模型构建的迭代性质

改进一般与简化相反：引进额外的变量、假设变量之间的更为复杂的关系或者扩展问题的范围．通过简化和改进，我们确定了模型的一般性、现实性和精确性．不能过分强调这种过程，但是这种过程构成了建模的艺术．这些思想总结在表 2-1 中．

表 2-1 数学建模的艺术：根据需要简化或改进模型

模型简化	模型改进
1. 限制问题的识别	1. 扩展问题
2. 忽略一些变量	2. 考虑额外的变量
3. 若干变量合并的效果	3. 仔细地考虑每个变量
4. 令某些变量为常数	4. 允许变量中的变化
5. 假设简单的（线性）关系	5. 考虑非线性关系
6. 融入更多的假设	6. 减少假设的数量

我们通过介绍在描述模型时有用的若干术语来结束本节．一个模型称其为**强健的**（robust），如果其结论并不依赖于精确地满足其假设的话．一个模型是**脆弱的**（fragile），如果其结论依赖于要精确地满足其某些类型的条件．术语**敏感性**（sensitivity）是指当模型的结论所依赖的某个条件变化时模型的结论变化的程度；变化越大，该模型对该条件的敏感性越大．

 习题

在习题 1～8 中，情景是模糊地陈述的．从这些模糊的情景中识别要研究的问题．哪些变量影响到问题识别中你已经识别的行为？哪些变量最重要？记住，实际上没有正确的答案．

1. 单种群的总量增长．
2. 一家零售店要建造一个新的停车场．停车场应该怎样照明？
3. 一位农民期望他的地里种植的粮食农作物的产量达到最大．他正确地识别了问题吗？试讨论另一种目标．
4. 怎样设计一个供大班级用的演讲厅？
5. 一个物体从很高的地方掉下来．何时它撞击到地面？撞击到地面的力度有多大？

6. 某种产品的制造商应该怎样决定每年应该生产多少件产品，以及每件产品应该标价多少？

7. 美国食品及药物管理局(FDA)想要了解一种新药对控制人口中的某种疾病是否有效.

8. 滑雪者滑下山坡有多快？

对于习题9～17中提出的情景，识别值得研究的问题并列出会影响你已经识别的行为的变量. 哪些变量可以完全忽略？哪些变量在开始时可以认为它们是常数？你能识别出你想仔细研究的子模型吗？识别任何你想收集的数据.

9. 一位植物学家有兴趣研究叶子的形状以及影响叶子长成这种形状的各种支配力量. 她从一棵白橡树的底部剪下几片叶子，发现叶子相当宽没有很明显的锯齿形. 当她到树的顶部去看时，她发现有很明显的锯齿形而几乎没有展得很宽的叶子.

10. 不同大小的动物其他特性也不同. 小动物比之于较大的动物，叫声尖细、心跳较快以及呼吸次数更多. 另一方面，较大的动物的骨骼比小动物的骨骼更为强健. 较大的动物的直径和体长之比大于小动物. 所以，当体格从小到大增加时，存在着以和动物尺寸的比例相应的规则的变形.

11. 一位物理学家想要研究光的性质. 他想了解当光线从空气进入平滑的湖中，特别是在两种不同介质的交界处，光线的路径.

12. 拥有一队卡车的一家公司面临着因卡车使用年限和油耗而增加的维修费用.

13. 人们偏爱于计算机的速度. 哪些计算机系统提供了最快的速度？

14. 怎样提高我们的能力，使得每学期都能报名上最好的班级？

15. 怎样才能节约我们的一部分收入？

16. 考虑在竞争市场情况下一家刚开始运转的生产单一产品的新公司. 讨论该公司营业初期的短期和长期目标. 这些目标会怎样影响到雇员工作的指派？该公司有必要决定短期运行的最大利润吗？

17. 讨论利用模型来预测实际系统和利用模型来解释实际系统之间的差别. 想象某些你要利用模型来解释实际系统的情景；类似地，想象你要利用模型来预测实际系统的其他情景.

 ## 研究课题

1. 考虑冲泡咖啡的味道问题. 什么是影响味道的变量？哪些变量一开始可以忽略？假定除了水温外，已经固定了所有的变量. 多数咖啡壶都用沸水以某种方式从底部的咖啡中蒸馏出滋味. 你认为用沸水是产生最佳滋味的最优方式吗？你将怎样检验这个子模型？你将收集什么样的数据以及怎样去收集这些数据？

2. 一家运输公司正在考虑用直升机在纽约市摩天楼之间运送人员. 你被聘为顾问确定所需直升机的数量. 精确地识别适当的问题. 运用模型构建的过程来确定你所选定的变量之间的关系所需的数据. 当你着手进行时，可能需要重新定义你的问题.

3. 考虑酿酒问题. 提出若干商业制造商可能会有的目标. 把考虑品位作为一个子模型. 什么是影响品位的变量？哪些变量一开始就可以忽略？怎样把余下的变量关联起来？为确定这些关系，什么样的数据将是有用的？

4. 一对夫妇应该买房子还是租房子？因为抵押的费用上涨，直观上看，似乎存在一个抵押费用的价位，高于这个价格决不要去抵押贷款买房. 什么变量决定了总的抵押费用？

5. 考虑一家诊所的运作问题. 病人个人的病历档案必须保存，而会计程序是一项日常工作. 该诊所应该购买或者租用一个小型的计算机系统吗？提出可能要考虑的目标. 什么变量你会加以考虑？你怎样建立变量之间的关系？为决定你所选择的变量之间的关系，需要什么样的数据？为什么不同诊所对这个问题会有不同的解决办法？

6. 什么时候车主应该更新汽车？什么因素会影响到做出决定？哪些变量一开始可以忽略？识别你要的数据以决定所选择的变量之间的关系.

7. 一个人能跳多远？在1968年墨西哥城举行的奥运会上，美国的鲍勃·比蒙把世界纪录提高了10%，该记录一直保持到1996年的奥运会. 列出影响跳远距离的变量. 你认为墨西哥城的低空气密度可以解释这个10%的差别吗？

8. 上大学是一项可靠的金融投资吗？四年里没有收入，而且大学的费用极高. 什么因素决定大学教育的总费用？怎么确定为使这项投资有利可图的必要条件？

2.2 利用比例性进行建模

我们在第 1 章中为了对变化进行建模介绍了比例性概念. 回忆

$$y \propto x \quad \text{当且仅当对某个常数 } k > 0, \text{有 } y = kx \tag{2-1}$$

当然，如果 $y \propto x$，那么 $x \propto y$，因为方程(2-1)的常数 k 大于零从而有 $x = \left(\frac{1}{k}\right)y$. 下面是比例关系的其他例子：

$$y \propto x^2 \quad \text{当且仅当 } y = k_1 x^2 \qquad \text{当 } k_1 \text{ 为常数} \tag{2-2}$$

$$y \propto \ln x \quad \text{当且仅当 } y = k_2 \ln x \qquad \text{当 } k_2 \text{ 为常数} \tag{2-3}$$

$$y \propto e^x \quad \text{当且仅当 } y = k_3 e^x \qquad \text{当 } k_3 \text{ 为常数} \tag{2-4}$$

在方程(2-2)中，$y = kx^2$，$k > 0$，所以也有 $x \propto y^{1/2}$，因为 $x = \left(\frac{1}{\sqrt{k}}\right)y^{1/2}$. 这就引导我们考虑怎样把比例性联结在一起的比例性传递法则：

$$y \propto x \quad \text{而且} \quad x \propto z, \quad \text{那么} \quad y \propto z$$

因此，与同样一些变量成比例的所有的变量之间是成比例的.

现在来探究一下比例性的几何解释. 在方程(2-1)中，$y = kx$ 给出了 $k = y/x$. 因此，k 可以解释为图 2-8 所示的角度为 θ 的切线的斜率，而关系 $y \propto x$ 定义了平面上倾角为 θ 的直线上的点集.

把比例性关系的一般形式 $y = kx$ 和直线方程 $y = mx + b$ 进行比较，可以看到比例性关系是一条通过原点的直线. 如果画模型(2-2)~(2-4)的比例变量的图形，我们得到图 2-9 给出的直线图形.

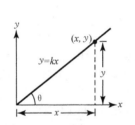
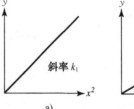
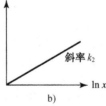
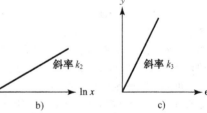

图 2-8　$y \propto x$ 的几何解释　　　图 2-9　模型 a(2-2)、b(2-3)和 c(2-4)的几何解释

重要的是要指出并非所有的直线都表示比例性关系：y 截距必须为零，所以直线通过原点. 当应用我们的模型时，如果没有认识到这一点可能会导致错误的结果. 例如，假定我们有兴趣预测已载货船只的排水量. 因为浮体排出的水量等于排出水的重量，所以可以试着假设排出的总水量 y 与已装载货物的重量 x 成比例. 可是，因为未载货的船只早已排出了相当于它自重的水量，这个假设是有缺点的. 尽管排出的总水量对已装载货物的重量的图形是一条直线，但它不是一条过原点的直线(图 2-10)，所以比例性假设是不正确的.

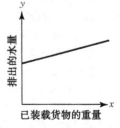

图 2-10　排出的总水量和已装载货物的重量之间存在着线性关系但不是比例性关系，因为该直线不通过原点

　　然而，比例性关系可能是一个依赖于 y 截距的大小以及该直线的斜率的合理的简化假设．自变量的定义域还可能有意义，因为对于较小的 x 值，相对误差 $(y_a - y_p)/y_a$ 更大．这些特征图示在图 2-11 中．如果斜率几乎为零，那么比例性可能是一个很差的假设，因为与初始的排水量相比，载货重量的影响显得小了．例如，在已经装载了好几吨货物的机舱里再装 400 磅货物实际上没有什么影响．另一方面，如果初始的排水量比较小而斜率很大，那么初始的排水量的影响很快就会变小，从而比例性就是一个好的简化假设．

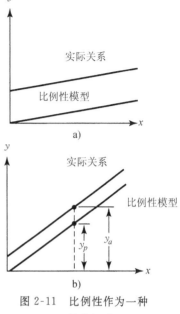

图 2-11　比例性作为一种简化假设

例 1　开普勒第三定律

　　为帮助我们进一步理解比例性的思想，考察表 2-2 中的一个著名的比例性实例——开普勒第三定律．1601 年，德国天文学家开普勒(Johannes Kepler)成为布拉格天文台的台长．开普勒曾经帮助第谷(Tycho Brahe)收集了 13 年有关火星的相对运动的观察资料．到 1609 年开普勒已经形成了他的头两条定律：

　　1. 每个行星都沿一条椭圆轨道运行，太阳在该椭圆的一个焦点处．

　　2. 对每个行星来说，在相等的时间里，该行星和太阳的连线扫过相等的面积．

　　开普勒花了许多年来验证并形成了表 2-2 中的第三定律，它建立了轨道周期与从太阳到行星的平均距离之间的关系．表 2-3 中的数据来自 1993 年的世界年鉴．

　　图 2-12 画出了周期对平均距离的 3/2 次方的图形．该图形近似于一条通过原点的直线．任取过原点的这条直线上的两点，很容易地估计其斜率（比例常数）：

$$\text{斜率} = \frac{90\ 466.8 - 88}{220\ 869.1 - 216} \approx 0.410$$

估计其模型为 $T = 0.410 R^{3/2}$．

表 2-2　著名的比例性

虎克(Hooke)定律：$F = kS$，其中 F 是被拉长或压缩 S 距离的弦中的恢复力．

牛顿(Newton)定律：$F = ma$ 或 $a = \frac{1}{m}F$，其中 a 是在纯外力 F 作用下质量为 m 的物体的加速度．

欧姆(Ohm)定律：$V = iR$，其中 i 是电压 V 通过电阻为 R 的导线时引起的电流．

波义耳(Boyle)定律：$V = \frac{k}{p}$，其中在常温 k 下的体积 V 与压力 p 成反比．

爱因斯坦(Einstein)的相对论：$E = c^2 M$，其中在不变的光速的平方 c^2 下，能量 E 与物体的质量 M 成比例．

开普勒(Kepler)第三定律：$T = cR^{\frac{3}{2}}$，其中 T 是周期（天数）而 R 是到太阳的平均距离．

表 2-3 轨道周期与从太阳到行星的平均距离

行星	周期（天数）	平均距离（百万英里）
水星	88.0	36
金星	224.7	67.25
地球	365.3	93
火星	687.0	141.75
木星	4331.8	483.80
土星	10 760.0	887.97
天王星	30 684.0	1764.50
海王星	60 188.3	2791.05
冥王星	90 466.8	3653.90

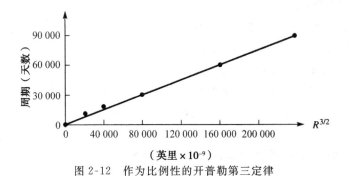

图 2-12 作为比例性的开普勒第三定律

对车辆的停止距离建模

再次考虑第 2.1 节例 1 中提出的情景．回忆每 10 英里/小时的速率可允许一辆车的长度的间距这个一般法则．该法则还说它和允许两辆车之间间隔两秒钟走过的距离是一样的．该法则实际上不同于（至少对大多数汽车适用的）另一条法则．为使这两条法则是一样的，在 10 英里/小时的情形下它们都应该允许一辆车的长度：

$$一辆车的长度 = 距离 = （以英尺计的速率 / 秒）(2 秒)$$
$$= (10 英里 / 小时)(5280 英尺 / 英里)(1 小时 /3600 秒)(2 秒)$$
$$= 29.33 英尺$$

对于 15 英尺的平均车长来说，这是一个不合理的结果，所以这两条法则是不一样的．

从几何上来解释一辆车的长度．如果假设车长为 15 英尺，根据这条法则可以得到图 2-13 中所示的图形，它表明该法则允许的距离间隔和速率成比例．事实上，如果我们画以每秒英尺计的速率的图形，比例常数将会以秒为单位而且表示使得方程 $D = kv$ 有意义的总时间．此外，对于车长 15 英尺的情形，得到的比例常数如下：

$$k = \frac{15\text{ft}}{10\text{mph}} = \frac{15\text{ft}}{52\ 800\text{ft}/3600\text{sec}} = \frac{90}{88} 秒$$

在以前对这个问题的讨论中，提出了模型

$$总的停止距离 = 反应距离 + 刹车距离$$

我们来考虑反应距离和刹车距离的子模型．

回想 2.1 节例 1 中有

$$反应距离 = f(反应时间，速率)$$

现在假设从司机决定需要停车到刹车起作用的时间里车辆继续以常速行驶．在这个假设下，反应距离 d_r 只是反应时间 t_r 和速度 v 的乘积：

$$d_r = t_r v \tag{2-5}$$

为检验子模型(2-5)，画出测量得到的反应距离对速度的图形．如果这样得到的图形近似于一条过原点的直线，我们就能估计斜率 t_r，从而对该子模型相当有信心．另一种方法，我们可以检验 2.1 节例子所做的假设中的一组司机代表并直接估计 t_r．

其次，考虑刹车距离：

$$刹车距离 = h(重量，速率)$$

假定是慌慌张张地停车而且在整个停车过程中作用的是最大的刹车力 F．刹闸基本上是一种能量-耗散的设备，即，刹闸确实作用在车辆上使之损失部分的动能而造成速度的变化．于是，它所做的功就是力 F 和刹车距离 d_b 的乘积．这个功必须等于动能的变化，即在这种情况下就是简单的 $\frac{1}{2}mv^2$．因此，我们有

$$所做的功 = Fd_b = \frac{1}{2}mv^2 \tag{2-6}$$

接着，我们再考虑力 F 和车的质量是怎样的关系．合理的设计准则应该是按以下的方式来制造车辆，即不管车的质量为多少，当作用上最大的刹车力时，最大的减速是不变的．否则，乘客和司机从踩刹车到车辆完全停止这个期间将遭受不安全急推．这个假设的意思是刹车系统的设计应使得诸如卡迪拉克那样较大的车和诸如本田(Honda)那样较小的车的急推减速是一样的．而且，在整个紧急刹车过程中减速是不变的．因此由牛顿第二定律 $F = ma$ 知道力 F 和质量成比例．把这个结果和方程(2-6)结合起来就给出比例关系

$$d_b \propto v^2$$

此时我们可能想设计一种对这两个子模型的检验，或者可以对由美国公路局在表 2-4 中提供的数据来检验子模型．

图 2-14 利用表 2-4 中的数据画出了司机反应距离对速度的图形．这个图形是通过原点的斜率约为 1.1 的直线；结果太好了！因为我们总是预期实验结果会有偏差，所以我们还是应该持怀疑的态度．事实上，表 2-4 的结果是基于子模型(2-5)的，其中的平均反应时间 3/4 秒是独立得到的．所以以后可以决定对该子模型设计另一种检验．

表 2-4　观察到的反应距离和刹车距离

速率(英里/小时)	司机的反应距离(英尺)	刹车距离[①](英尺)		总的停止距离(英尺)	
20	22	18～22	(20)	40～44	(42)
25	28	25～31	(28)	53～59	(56)
30	33	36～45	(40.5)	69～78	(73.5)
35	39	47～58	(52.5)	86～97	(91.5)
40	44	64～80	(72)	108～124	(116)

（续）

速率（英里/小时）	司机的反应距离（英尺）	刹车距离①（英尺）		总的停止距离（英尺）	
45	50	82～103	(92.5)	132～153	(142.5)
50	55	105～131	(118)	160～186	(173)
55	61	132～165	(148.5)	193～226	(209.5)
60	66	162～202	(182)	228～268	(248)
65	72	196～245	(220.5)	268～317	(292.5)
70	77	237～295	(266)	314～372	(343)
75	83	283～353	(318)	366～436	(401)
80	88	334～418	(376)	422～506	(464)

①所给的区间包括了基于美国公路局实施的测试的 85% 的观察数据．括号中的数字表示平均值．

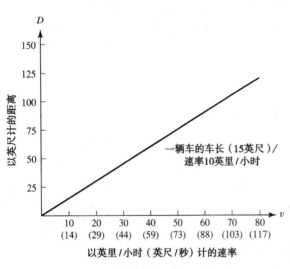

图 2-13　一辆车长法则的几何解释

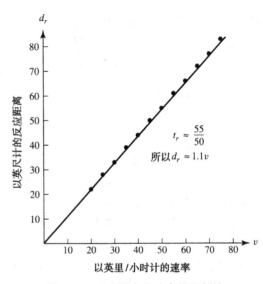

图 2-14　反应距离和速率的比例性

为检验刹车距离的子模型，画出表 2-4 中记录的观察到的刹车距离对 v^2 的图形，如图 2-15 所示．看来在较低的速率下比例性是一个合理的假设，尽管在较高的速率下结果看来不那么令人信服．对数据图形地拟合一条直线，估计其斜率从而得到子模型：

$$d_b = 0.054v^2 \tag{2-7}$$

我们将在第 3 章中学习怎样解析地对数据拟合模型．

总结子模型(2-6)和(2-7)，得到以下的总停止距离 d 的模型：

$$d = 1.1v + 0.054v^2 \tag{2-8}$$

模型(2-8)的预测以及表 2-4 中记录的实际观察到的停止距离都画在图 2-16 中了．考虑到假设的粗糙性以及数据的不精确性，该模型看来直到 70 英里/小时都和观察数据相当合理地一致．每 10 英里/小时速率间隔一辆车长(15 英尺)的经验法则也画在图 2-16 中．可以看到在速率超过 40 英里/小时时，该法则大大低估了总停止距离．

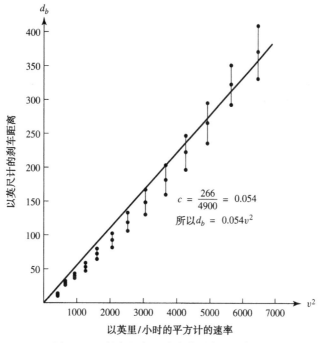

图 2-15　刹车距离和速率的平方的比例性

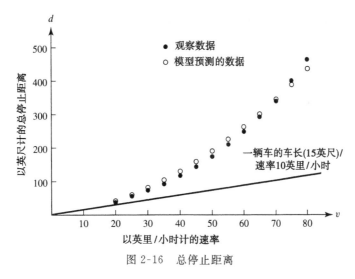

图 2-16　总停止距离

　　我们提出另一种易于理解和使用的经验法则.假设在观察的确切时刻尾随车辆的司机必须在到达前面车辆所占据的位置的时刻之前完全停止.因此,要么基于模型(2-8),要么基于表 2-4中的观察数据,该司机在总停止距离中必须尾随前面的车辆.最大停止距离很容易转换成尾随时间.对所观察的距离(85%的司机都能在这个距离停下来)的计算结果在表 2-5 中给出.这些计算暗示了以下的一般法则:

速率(英里/小时)	准则(秒)	速率(英里/小时)	准则(秒)
0～10	1	40～60	3
10～40	2	60～75	4

表 2-5   允许适当的停止距离所需要的时间

速率(英里/小时)	速率(英尺/秒)	停止距离①(英尺)		最大停止距离所需要的尾随时间(秒)
20	(29.3)	42	(44)②	1.5
25	(36.7)	56	(59)	1.6
30	(44.0)	73.5	(78)	1.8
35	(51.3)	91.5	(97)	1.9
40	(58.7)	116	(124)	2.1
45	(66.0)	142.5	(153)	2.3
50	(73.3)	173	(186)	2.5
55	(80.7)	209.5	(226)	2.8
60	(88.0)	248	(268)	3.0
65	(95.3)	292.5	(317)	3.3
70	(102.7)	343	(372)	3.6
75	(110.0)	401	(436)	4.0
80	(117.3)	464	(506)	4.3

①包括了基于美国公路局所实施的测试的 85% 的观测数据.
②停止距离下面括号中的数字表示最大值并用于计算尾随时间.

这个可供选择的法则图示在图 2-17 中. 采用这种法则的方案也许能说服厂商修改现有的速度计, 根据方程(2-8)对车速 v 来计算停止距离和时间. 我们将在 11.3 节用基于导数的模型来再次讨论刹车距离问题.

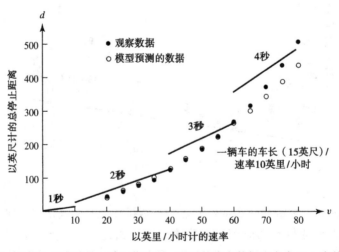

图 2-17   总停止距离和另一种一般法则. 图示的观察数据取自表 2-4 中的最大值

 习题

1. 图解地说明比例性 $y \propto u/v$ 的意义.

2. 解释以下比例性陈述的含义并用图示来说明.

$$w \propto \left(\frac{f}{u}\right)^{-2}$$

3. 如果一根弹簧被 14 磅的力拉长了 0.37 英寸，那么 9 磅的力会拉长多少？22 磅的力又会拉长多少？假设断言拉长的距离与作用力成比例的虎克定律成立．

4. 如果一张建筑制图中 0.75 英寸表示 4 英尺，那么 27 英尺用多长表示呢？

5. 一张地图的比例尺为 1 英寸 ＝ 1 英里．你量了从你家里到你想去的滑雪场的距离为 11.75 英寸．你实际上要行进多少英里？你做了什么假设？

6. 试决定下列数据是否支持对 $y \propto z^{1/2}$ 的比例性论证．如果是的话，估计其斜率．

y	3.5	5	6	7	8
z	3	6	9	12	15

在习题 7～12 中，确定数据集是否支持所说的比例模型．

7. 力 $\propto$ 伸展

力	10	20	30	40	50	60	70	80	90
伸展	19	57	94	134	173	216	256	297	343

8. $y \propto x^3$

y	19	25	32	51	57	71	113	141	123	187	192	205	252	259	294
x	17	19	20	22	23	25	28	31	32	33	36	37	38	39	41

9. $d \propto v^2$

d	22	28	33	39	44	50	55	61	66	72	77
v	20	25	30	35	40	45	50	55	60	65	70

10. $y \propto x^2$

y	4	11	22	35	56	80	107	140	175	215
x	1	2	3	4	5	6	7	8	9	10

11. $y \propto x^3$

y	0	1	2	6	14	24	37	58	82	114
x	1	2	3	4	5	6	7	8	9	10

12. $y \propto e^x$

y	6	15	42	114	311	845	2300	6250	17 000	46 255
x	1	2	3	4	5	6	7	8	9	10

13. 在冥王星之外与太阳之间的平均距离为 4004 百万英里的地方发现了一颗新的行星．利用开普勒第三定律，估计该行星绕太阳在轨道上运行一圈所需时间 T．

14. 对于车辆停止距离模型，设计一个确定平均响应时间的检验，设计一个确定平均反应距离的检验．讨论这两种统计量之间的差别．要是你用这些检验的结果来预测总停止距离的话，你会用到平均反应距离吗？解释你的理由．

15. 在车辆停止距离模型中涉及刹车距离的子模型，你将怎样设计刹车系统，使得对所有的车辆，不论其质量如何，它们的最大减速都是一样的？试考虑闸垫的表面积以及产生压力的液压系统的容量．

 研究课题

1. 考虑汽车的悬挂系统．试建立一个关于支撑汽车质量的弹簧的拉长（或压缩）的模型．如果可能，设法得到一个汽车弹簧，并通过测量弹簧的尺寸对弹簧支撑的质量的变化收集数据．图解地检验你的比例性论证．如果它是合理的，求出比例性常数．

2. 研究并准备一个 10 分钟的有关虎克定律的报告．

2.3 利用几何相似性进行建模

几何相似性是一个与比例性有关的概念而且有助于简化数学建模的过程.

定义 如果两个物体各点之间存在一个一一对应,使得对应点之间的距离之比对所有可能的点对都不变(等于同一个常数),则称这两个物体是**几何相似的**.

例如,考虑图 2-18 中画的两个盒子. 令 l 表示图 2-18a 中的点 A 和 B 之间的距离,而 l' 表示图 2-18b 中的相应点 A' 和 B' 之间的距离. 在这两个图形中其他相应的点以及相应点之间相关的距离都以同样的方式表示. 对于几何相似的盒子,对某个常数 $k>0$,下式必为真

$$\frac{l}{l'} = \frac{w}{w'} = \frac{h}{h'} = k$$

我们从几何上来解释上述等式. 在图 2-18 中,考虑三角形 ABC 和 $A'B'C'$. 如果两个盒子是几何相似的,这两个三角形必定相似. 同样的论证可以应用于诸如 CBD 和 $C'B'D'$ 那样相应的三角形对. 因此,对应角相等的物体是几何相似的. 换言之,对于两个几何相似的物体来说,它们的形状是一样的,而且一个物体只是另一个物体的简单放大复制而已. 我们可以

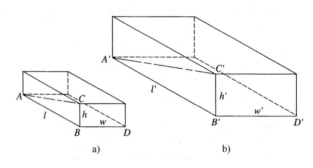

图 2-18 两个几何相似的物体

把几何相似的物体设想为互相按比例确定的复制品,就像在建筑制图中所有的尺寸都是按某个常数因子 k 简单地按比例确定的.

当两个物体是几何相似时,这些结果的一个优点就是诸如体积和表面积那样的量的某些计算的简化. 对于图 2-18 中所画的盒子,考虑下面的有关体积 V 和 V' 之比的论证:

$$\frac{V}{V'} = \frac{lwh}{l'w'h'} = k^3 \tag{2-9}$$

类似地,它们的总表面积 S 和 S' 之比由

$$\frac{S}{S'} = \frac{2lh + 2wh + 2wl}{2l'h' + 2w'h' + 2w'l'} = k^2 \tag{2-10}$$

给出.

一旦规定了比例因子 k,不但立即知道这些量的比,而且可以把表面积和体积的比例性通过某个选定的**特征量**表示出来. 选择长度 l 作为特征量. 于是由于 $l/l'=k$,有

$$\frac{S}{S'} = k^2 = \frac{l^2}{l'^2}$$

所以,

$$\frac{S}{l^2} = \frac{S'}{l'^2} = 常数$$

对任何两个几何相似的物体成立. 即,表面积总是和特征量长度的平方成比例:

$$S \propto l^2$$

类似地，体积和长度的立方成比例：

$$V \propto l^3$$

所以，如果对依赖于一个物体的长度、表面积和体积的某个函数，例如

$$y = f(l, S, V)$$

有兴趣，可以把所有的函数变量用某个选择好的、诸如长度那样的特征量表示出来，给出

$$y = g(l, l^2, l^3)$$

几何相似性是一种强有力的简化假设．

例 1　从不动的云层落下的雨滴

假定对从不动的云层落下的雨滴的终极速度有兴趣．考察右面的自由落体的图解，我们注意到作用在雨滴上的力仅有重力和阻力．假设作用在雨滴上的空气阻力与雨滴的表面积 S 和雨滴速度 v 的平方的乘积成比例．雨滴的质量 m 和雨滴的重量成比例(在牛顿第二定律中假设重力是不变的)：

$$F = F_g - F_d = ma$$

在终极速度处(假设此时的速度 v 记为 v_t)有 $a = 0$，所以牛顿第二定律简化为

$$F_g - F_d = 0$$

或

$$F_g = F_d$$

假设 $F_d \propto S v^2$ 以及 F_g 和重量 w 成比例．因为 $m \propto w$，有 $F_g \propto m$.

其次我们假设所有的雨滴都是几何相似的．这个假设使我们能把面积和体积联系起来使得对任何特征量 l 有

$$S \propto l^2 \quad 和 \quad V \propto l^3$$

因此，$l \propto S^{1/2} \propto V^{1/3}$，这蕴涵着

$$S \propto V^{2/3}$$

因为重量和质量与体积成比例，比例性的传递规则给出

$$S \propto m^{2/3}$$

从方程 $F_g = F_d$，现在有 $m \propto m^{2/3} v_t^2$. 对终极速度求解，有

$$m^{1/3} \propto v_t^2 \quad 或 \quad m^{1/6} \propto v_t$$

所以，雨滴的终极速度与其质量的六分之一次方成比例． ■

检验几何相似性

几何相似性的原则提供了确定所收集的对象之间是否有比例性的一种方便的检验方法．因为几何相似性的定义要求对所有的点对，相应的点对之间的距离之比是一样的，所以我们可检验这种要求来看看给定集合中的物体是否是几何相似的．

例如，我们知道圆都是几何相似的(因为所有的圆其形状都是一样的，只可能有大小的变化)．如果 c 表示圆的周长，d 是其直径而 s 是给定(不变的)圆心角 θ 所对应的弧长，从几何学知道

$$c = \pi d \quad 和 \quad s = \left(\frac{d}{2}\right)\theta$$

因此，对任何两个圆

$$\frac{c_1}{c_2} = \frac{\pi d_1}{\pi d_2} = \frac{d_1}{d_2}$$

以及

$$\frac{s_1}{s_2} = \frac{(d_1/2)\theta}{(d_2/2)\theta} = \frac{d_1}{d_2}$$

即，当我们沿任何两个圆周行走时，它们的相应点（有同样的固定角的点）之间的距离之比总是等于它们的直径之比．这种观察支持了圆是几何相似的合理性．

例 2   钓鱼比赛中的建模

出于保护的目的，垂钓俱乐部想鼓励其会员在钓到鱼后马上把它们放生．该俱乐部还希望根据钓到鱼的总重量来给予以下奖励：100 磅俱乐部的荣誉会员、大奖赛期间的钓鱼总重量冠军，等等．垂钓者怎么确定所钓到的鱼的重量呢？你可能会建议每位垂钓者带一个便携秤．可是，这样的秤用起来不方便而且称起来，特别是对小鱼，并不准确．

识别问题   我们可以如下地识别该问题：根据某个容易测量的量来预测鱼的重量．

假设   容易识别出许多影响鱼的重量的因素．根据不同种类的鱼的不同的部位和肉、骨头的密度等情况，它们会有不同的形状和不同的单位体积平均重量（重量密度）．性别也起着重要的作用，特别是在产卵季节．不同的季节可能对重量有相当大的影响．

因为要寻求垂钓的一般法则，所以一开始只是考虑单一的鱼种，例如鲈鱼，并且假设这种鱼的平均重量密度是不变的．以后，如果发现结果不满意或确定密度的巨大变化确实存在的话，那么改进模型可能是值得做的．此外，还忽略性别和季节的因素．因此，一开始我们预测鱼的重量只是其大小（体积）和不变的重量密度的函数．

假设所有的鲈鱼都是几何相似的，任何鲈鱼的体积都和某个特征量的立方成比例．注意我们没有假设任何特定的形状，而只是假设鲈鱼是互相成比例的模型．当对于所有可能的点对，两条不同鲈鱼相应的点对之间的距离之比保持常数时，鲈鱼的基本外形可以是很不规则的．这种思想体现在图 2-19 中．

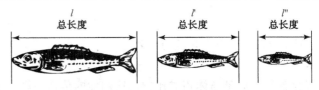

图 2-19   几何相似的鱼只是简单地互相成比例的模型

现在选鱼的长度 l 作为特征量．这种选择图示在图 2-19 中．因此，鲈鱼的体积具有比例性

$$V \propto l^3$$

因为重量 W 是体积乘上平均重量密度，并且我们假设平均重量密度是常数，由此立即得到

$$W \propto l^3$$

验证模型   检验我们的模型．考虑在垂钓大奖赛期间收集的数据：

长度，l（英寸）	14.5	12.5	17.25	14.5	12.625	17.75	14.125	12.625
重量，W（盎司）	27	17	41	26	17	49	23	16

如果模型是正确的，那么 W 对 l^3 的图形应该是一条过原点的直线．图 2-20 给出了展示为近似直线的图形（注意这里的这种判定是定性的，在第 3 章我们要研究决定所收集的数据的最佳拟合模型的解析方法）．

根据迄今给出的少量的数据，至少是为了进一步检验该模型，我们接受该模型．因为数据点$(14.5^3, 26)$位于我们在图 2-20 中画出的直线上，可以估计得到该直线的斜率为 $26/3049 = 0.008\ 53$，从而给出了模型

$$W = 0.008\ 53l^3 \tag{2-11}$$

当然，如果把直线画得稍微不同一点，那么就会得到稍微不同的斜率．在第 3 章中，将要求你们解析地证明使得模型 $W = kl^3$ 和给定数据点之间的平方偏差之和极小的系数为 $k = 0.008\ 437$．模型 (2-11) 的图形如图 2-21 所示，其中还展示了原来数据点的散点图．

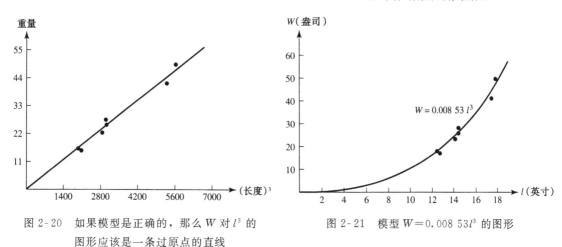

图 2-20　如果模型是正确的，那么 W 对 l^3 的
图形应该是一条过原点的直线

图 2-21　模型 $W = 0.008\ 53l^3$ 的图形

模型 (2-11) 提供了一种方便的普遍法则．例如，从图 2-21 可以估计 12 英寸长的鲈鱼的重量约为 1 磅．意即 18 英寸长的鲈鱼的重量应该约为 $(1.5)^3 = 3.4$ 磅而 24 英寸长的鲈鱼的重量应该约为 $2^3 = 8$ 磅．垂钓大奖赛组织者把垂钓者所钓到的鱼的长度转换为以盎司或磅为单位的重量，把标明重量的卡发给他们，当此法则广泛应用以后，应该把标有转换刻度的布带或可回收的金属带发给每个垂钓者．模型 (2-11) 的转换刻度如下：

长度(英寸)	12	13	14	15	16	17	18	19	20	21	22	23	24	25	26
重量(盎司)	15	19	23	29	35	42	50	59	68	79	91	104	118	133	150
重量(磅)	0.9	1.2	1.5	1.8	2.2	2.6	3.1	3.7	4.3	4.9	5.7	6.5	7.4	8.3	9.4

即使根据所得到的有限的数据来看，法则似乎是合理的，垂钓者也可能不喜欢这个法则，因为该法则并不奖励钓到肥鱼：该模型以同样的方式来对待肥鱼和瘦鱼．我们来讨论一下．用鱼的横截面是相似的假设来代替鱼都是几何相似的假设．这并不意味着横截面要有特殊的形状，而是只要求满足几何相似性的定义．我们选后面要定义的腰围 g 作为特征量．

现在假设鱼的重量的主要部分来自鱼的主体．鱼的头和尾占总重量的比重相对要小一点．以后如果证明我们的模型应该改进的话，可以把常数项加进去．其次假设主体的横截面是可变的．于是鱼的体积就可以通过平均横截面的面积 A_{avg} 乘上其有效长度 l_{eff} 来求得：

$$V \approx l_{eff}(A_{avg})$$

怎样测量有效长度 l_{eff} 和平均横截面的面积 A_{avg} 呢？垂钓参赛者和以前一样，测量鱼的长度 l 并假设比例性 $l_{\text{eff}} \propto l$. 为估计平均横截面面积，每个垂钓者要带一个布制量尺并测量鱼的最宽处的周长. 称这个测量值为腰围 g. 假设平均横截面的面积和腰围的平方成比例. 把这两个比例性假设结合起来就给出

$$V \propto lg^2$$

最后，和以前一样假设密度不变，$W \propto V$，使得对某个正常数 k 有

$$W = klg^2 \qquad (2\text{-}12)$$

做出了若干假设之后，可以对我们的模型做一个初步的检验. 再次考虑以下的数据.

长度 l(英寸)	14.5	12.5	17.25	14.5	12.625	17.75	14.125	12.625
腰围 g(英寸)	9.75	8.375	11.0	9.75	8.5	12.5	9.0	8.5
重量 W(盎司)	27	17	41	26	17	49	23	16

因为模型提出了 W 和 lg^2 之间的比例性，考虑 W 对 lg^2 的散点图，如图 2-22 所示. 散点数据近似位于一条过原点的直线上，所以比例性假设看来是合理的. 现在对应于鱼的重量为 41 盎司的点正好位于图 2-22 所示的直线上，所以可以估算其斜率为

$$\frac{41}{(17.25)(11)^2} \approx 0.0196$$

于是计算就导致了模型

$$W = 0.0196lg^2 \qquad (2\text{-}13)$$

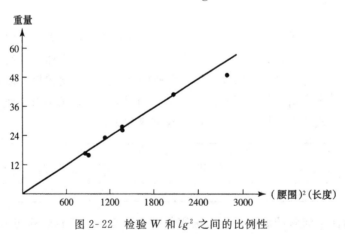

图 2-22　检验 W 和 lg^2 之间的比例性

在第 3 章中我们将解析地证明用给定数据点的平方偏差之和为极小的方式来选择斜率，这将导致模型

$$W = 0.0187lg^2$$

垂钓者可能会对新法则(2-13)感到高兴，因为腰围增加一倍导致鱼的重量增长到原来的四倍. 另一方面，该模型用起来似乎更方便. 因为 $1/0.0196 \approx 50.9$，把它舍入为 50，就有垂钓者可用的一个简单法则：

$$W = \frac{lg^2}{50}, W \text{ 以盎司计而 } l \text{、} g \text{ 以英寸计}$$

$$W = \frac{lg^2}{800}, W \text{ 以磅计而 } l \text{、} g \text{ 以英寸计}$$

然而，用前面两种法则都可能要求垂钓者记录下每条鱼的长度和腰围，然后用计算器来计算重量．或许应该给垂钓者一张对不同的长度和腰围显示正确重量的二维的卡片．垂钓参赛者可能更喜欢一张简单的塑料盘，可以把腰围和长度的测量输入该盘，在该盘的窗口处读出鲈鱼的重量．在下面的习题中将要求你们设计一张这样的盘．■

例3 "骇鸟"尺寸的建模

大约在 8 千万年前，南美洲和非洲沿中洋脊(mid-oceanic ridge)漂泊分离．由于巨大的地壳构造力的作用，南美洲向西漂从而远离非洲．在接下来的 7 千 5 百万年里，南美洲的植物群和动物群逐渐孤立并产生了许多不同的植物和动物形式．大约 7 百万年前，巴拿马地峡升起来把南美洲和北美洲连接起来．这就使得原先分离的种群可以进行交流．这种交流使得诸如骆驼、鹿、象、马、猫和狗这样的动物向南行进，而北美洲的动物群则接受了诸如巨大的陆地树懒、食蚁兽和水豚这样的动物．一群称为骇鸟(terror bird)的鸟伴随着它们一起来到．

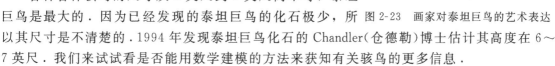

骇鸟是巨大、不会飞的食肉鸟．称为泰坦巨鸟(Titanis walleri)的骇鸟是一种跑得很快的猎食者，它们躺着潜伏并从高高的草丛中跳出袭击猎物．骇鸟用嘴把猎物杀死，用它们 4～5 英寸长的内脚趾爪按住猎物并将其撕成碎片．这些鸟有很像双足恐龙那样的前臂(不是翅膀)．图 2-23 是画家对骇鸟的艺术表达．它是已知存在的最大的猎食鸟，古生物学家相信这些不会飞的猎食鸟逐渐演化为陆地上占统治地位的食肉动物．

各种各样骇鸟的尺寸从 5 英尺到 9 英尺高不等，泰坦巨鸟是最大的．因为已经发现的泰坦巨鸟的化石极少，所 图 2-23 画家对泰坦巨鸟的艺术表达
以其尺寸是不清楚的．1994 年发现泰坦巨鸟化石的 Chandler(仓德勒)博士估计其高度在 6～7 英尺．我们来试试看是否能用数学建模的方法来获知有关骇鸟的更多信息．

识别问题 预测骇鸟的体重作为其股骨周长的函数．

假设和变量 我们假设骇鸟和当今的大鸟是几何相似的．由几何相似性的假设，我们得到骇鸟的体积和任何特征量的立方成正比．

$$V \propto l^3$$

如果我们假设体重密度不变(为一常数)，那么骇鸟的体积和其重量成正比，即 $V \propto W$，从而有

$$V \propto W \propto l^3$$

令特征量 l 为股骨的周长，选它作为特征量是因为它支撑了骇鸟的体重，这就给出了模型

$$W = kl^3, \quad k > 0$$

测试模型 对于我们的模型，我们利用表 2-6 中各种鸟的尺寸的数据集．首先，我们有各种尺寸的鸟的数据集．因为骇鸟是鸟，所以这些数据是合适的．

图 2-24 展示了表 2-6 中数据的散点图并揭示其趋势是凹向上的增函数．

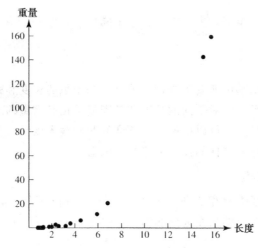

图 2-24　鸟的数据的散点图

表 2-6　股骨周长和鸟的体重

股骨周长（厘米）	体重（公斤）	股骨周长（厘米）	体重（公斤）	股骨周长（厘米）	体重（公斤）
0.7943	0.0832	1.9953	0.7943	4.4668	6.3096
0.7079	0.0912	2.2387	2.5119	5.8884	11.2202
1.000	0.1413	2.5119	1.4125	6.7608	19.95
1.1220	0.1479	2.5119	0.8913	15.136	141.25
1.6982	0.2455	3.1623	1.9953	15.85	158.4893
1.2023	0.2818	3.5481	4.2658		

　　因为我们建议的模型是 $W=kl^3(k>0)$，我们画 W 对 l^3 的图并近似地得到一条过原点的直线（见图 2-25）．因此，有理由认为我们建议的模型是精确的．过原点的直线的斜率约为 0.0398，这就给出

$$W=0.0398l^3$$

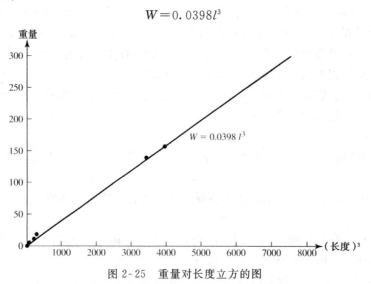

图 2-25　重量对长度立方的图

为了直观地考察这个模型拟合数据的趋势有多好，我们接着对原来的数据模型画图(见图 2-26).

用模型 $W = 0.0398\,l^3$ 和测量得到的骇鸟股骨的周长 21 厘米来预测骇鸟的体重，我们求得体重约为 368.58 公斤.

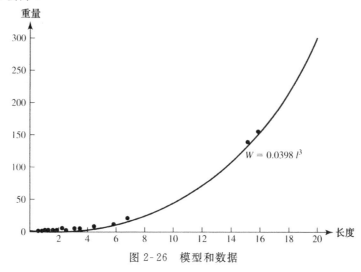

图 2-26　模型和数据

本节的研究课题 7 给出了把史前动物的大小(重量)和它们的股骨周长联系起来的恐龙数据. 做完研究课题 7，可以对基于恐龙数据的第二个模型与图 2-26 中得到的模型进行比较.

习题

1. 假定在描图纸上按不同比例尺画了同一个国家的两张地图并且把它们叠在一起，在把其中一张叠在另一张之前有一张地图可能转动了一下. 证明两张地图上只有一个地点能重合.

2. 考虑站着的 3 英尺高 20 磅重的粉红色火烈鸟，而它的腿有 2 英尺长. 试对 100 磅的火烈鸟的高度和腿长进行建模. 什么假设是必要的？它们是合理的假设吗？

3. 一个物体在倾角为 θ 弧度的坡面上滑下，在滑到底之前达到其终极速度. 假设由于空气造成的阻力与 Sv^2 成比例，其中 S 是垂直于运动方向的横截面的面积，而 v 是速率. 进一步假设物体和坡面之间的滑动摩擦和物体的常规重量成比例. 决定终极速度和物体的质量之间的关系. 如果两个重量分别为 600 磅和 800 磅的盒子被推下坡面，求它们的终极速度之间的关系.

4. 假设在某些情况下物体的热损失与它暴露在外的面积成比例. 建立边长为 6 英寸和边长为 12 英寸的两个立方体的热损失之间的关系. 然后再考虑诸如两艘潜艇那样的两个不规则的物体. 建立长度为 70 英尺的潜艇和 7 英尺的潜艇模型的按比例模型的热损失之间的关系. 假定你对维持潜艇内部温度不变所需要的总能量感兴趣. 建立实际潜艇所需要的能量和比例模型所需要的能量之间的关系. 详细说明你的假设.

5. 考虑实际上处于休息状态以及在同样的条件下(就像在动物园里)的两头成年温血动物的情形. 假设它们保持相同的体温，以及为保持这个温度可利用的能量与提供给它们的食物成比例. 质询这个假设. 如果你愿意假设动物都是几何相似的，那么建立为保持它们的体温所需要的食物与它们的长度和体积之间的关系(提示：参见习题 4). 列出你的所有假设. 为建立所需要的食物和保持它们的体重之间的关系，还需要哪些附加假设？

6. 设计一个塑料盘来完成模型(2-13)给出的计算.

7. 考虑模型(2-11)和(2-13). 你认为哪个更好？为什么？定性地讨论这些模型. 在第 3 章中将要求你们解析地比较这两个模型.

8. 在什么情况下，如果存在的话，模型(2-11)和(2-13)是一致的？试给予充分的说明．

9. 考虑模型 $W \propto l^2 g$ 和 $W \propto g^3$．从几何上解释这两个模型中的每一个．分别解释这两个模型与模型(2-11)和 (2-13)怎样不同．是否存在这四个模型一致的情况？这种情况是什么？你认为哪个模型在预测 W 时会做得 最好？为什么？在第 3 章中将要求你们解析地比较这四个模型．

    (a)设 $A(x)$ 表示鲈鱼的典型的横截面的面积，$0 \leqslant x \leqslant l$，其中 l 表示鱼的长度．利用微积分中的中值定理证 明鱼的体积 V 由

$$V = l \cdot \overline{A}$$

    给出，其中 $\overline{A}$ 是 $A(x)$ 的平均值．

    (b)假设 $\overline{A}$ 与腰围 g 的平方成比例而且鲈鱼的重量密度是常数，证明

$$W \propto lg^2$$

 研究课题

1. 超级明星．在电视节目"超级明星"中来自各种运动项目的顶尖运动员在各种活动中互相竞争．运动员在高 度和体重方面差别很大．为了在举重比赛中对此做出补偿，要从运动员举起的重量中减去其体重．这暗示 了什么样的关系？利用下表来说明这种关系，该表展示了 2000 年奥林匹克运动会上优胜者的举重成绩．

2000 年奥运会举重优胜者的成绩

参赛者最大体重(公斤)	举起总重量(公斤)	男子(M)或女子(F)
<48	185	F
48~53	225	F
58~63	242.50	F
75	245	F
>75	300	F
56	305	M
62	325	M
69	357.50	M
77	376.50	M
85	390	M
94	405	M
105	425	M
>105	472.5	M

    已经提出的生理学论证建议肌肉的强度和其横截面的面积成比例．利用这个强度子模型，建立一个表 示举重能力和体重之间关系的模型．列出所有的假设．是否必须假设所有的举重运动员都是几何相似的？ 用所提供的数据来检验你的模型．

    现在来考虑前一个模型的改进．假定体重中有一部分是与成年人的尺寸无关的．提出一个把这种改进 融合进去的模型并对提供的数据做检验．

    讨论前面数据使用中的优缺点．为给举重运动员设置障碍，你真正想要的是什么数据？按照你的模型， 谁是最优秀的举重运动员？对超级明星节目提出一种经验法则，给举重运动员设置障碍．

2. 鸟的心搏率．温血动物通过身体表面散发热量，因此要花大量能量来维持体温．事实上，生物学家相信一 头正在休息的温血动物的主要能量就是为了保持其体温．

    (a)建立一个数学模型把通过心脏的血流量和体重联系起来．假设可利用的能量的总量和通过肺(它是氧的来 源)的血流量成比例．假设(血液)循环需要的最小血量，可利用的总能量等于保持体温要用掉的总能量．

    (b)下列数据把某些鸟的体重和根据它们每分钟心跳次数测得的心搏率联系起来．建立一个将两者联系起来

的模型. 讨论你的模型中的假设. 利用该数据来检验你的模型.

鸟名	体重(克)	脉搏率 (心跳次数/分钟)	鸟名	体重(克)	脉搏率 (心跳次数/分钟)
金丝雀	20	1000	母鸡	2000	312
鸽子	300	185	鹅	2300	240
乌鸦	341	378	火鸡	8750	193
美国秃鹰	658	300	鸵鸟	71 000	60~70
鸭子	1100	190			

数据来自 A. J. Clark, *Comparative Physiology of the Heart*(New York：Macmillan, 1977)，p. 99.

3. 哺乳动物的心搏率. 下列数据把某些哺乳动物的体重和根据它们每分钟心跳次数测得的心搏率联系起来. 基于在研究课题 2 中给出的通过心脏的血流量和体重的关系的讨论, 建立联系心搏率和体重的模型. 讨论你的模型所做的假设. 利用以下的数据来检验你的模型.

哺乳动物名	体重(克)	脉搏率 (心跳次数/分钟)	哺乳动物名	体重(克)	脉搏率 (心跳次数/分钟)
蝙蝠	4	660	大狗	30 000	85
鼠	25	670	羊	50 000	70
大鼠	200	420	人	70 000	72
豚鼠	300	300	马	450 000	38
兔	2000	205	牛	500 000	40
小狗	5000	120	象	3 000 000	48

数据来自 A. J. Clark, *Comparative Physiology of the Heart*(New York：Macmillan, 1977)，p. 99.

4. 木材切割者. 木材切割者希望利用容易得到的测量数据来估计木材的板英尺数⊖. 他们测量树木腰高处的直径(以英寸计). 构建一个将预测板英尺数与直径联系起来的函数的模型.

利用下列数据供检验之用.

x	17	19	20	23	25	28	32	38	39	41
y	19	25	32	57	71	113	123	252	259	294

变量 x 是以英寸计的美国黄松的直径, y 是板英尺数除以 10.

(a)考虑两个不同的假设, 每个假设生成一个模型. 充分分析每个模型.

　i. 假设所有的树木都是正圆柱体而且高度大致相同.

　ii. 假设所有的树木都是正圆柱体而且其高度与直径成比例.

(b)哪个模型看起来更好些? 为什么? 证明你的结论的正确性.

5. 比赛用轻赛艇. 如果你看过赛艇比赛, 你可能观察到船上划桨手越多, 船就前进得越快. 研究在船的速率和船上划桨手数目之间是否存在一种数学关系. 在形成模型过程中, 考虑(部分列出的)下列假设:

(a)在整个比赛中, 对于一个特定的赛艇来说, 全体划桨手施加在船上的合力是常数.

(b)当赛艇在水中运动时, 其阻力与速度的平方和船体受湿表面面积的乘积成比例.

(c)功定义为力乘距离. 功率定义为单位时间内所做的功.

⊖ 板英尺：$12 \times 12 \times 1'' = 144$ 立方英寸 $= 1/12$ 立方英尺, 系英美各国材积单位, 缩写为 b. f.、B. F. 或 bd. ft. ——译者注

划桨手数	距离（米）	1号赛艇（秒）	2号赛艇（秒）	3号赛艇（秒）	4号赛艇（秒）	5号赛艇（秒）	6号赛艇（秒）
1	2500	20：53	22：21	22：49	26：52		
2	2500	19：11	19：17	20：02			
4	2500	16：05	16：42	16：43	16：47	16：51	17：25
8	2500	9：19	9：29	9：49	9：51	10：21	10：33

提示：当额外的划桨手加入到赛艇时总力是否和艇上划桨手数目成比例或者总功率是否和艇上划桨手数成比例并不显然．哪个假设看来更合理些呢？哪个假设会产生更精确的模型？

6. 按比例缩放刹车系统．假定有了几年经验之后，你的汽车公司为它享有声望的标准尺寸汽车的刹车系统重新进行了优化设计．也就是说，刹车所需滑行距离在同级重量的汽车中最短，而且车上的人都感觉系统非常平稳．你们的公司决定制造重量较轻一级的汽车．讨论如何按比例缩放当前汽车的刹车系统，使得较小的刹车系统具有同样的性能．要有把握地考虑液压系统和刹闸片的尺寸．是否只需要简单地利用几何相似性就够了？让我们假定对所有的汽车型号，车轮的比例缩放都是按以下方式做的，即作用在（静止状态）车胎上的压力是不变的．对轻型车的刹闸片，应该如何按比例缩放呢？

7. 已经收集了史前时期众多恐龙的数据．利用比例性和几何相似性，建立把骇鸟体重和它的股骨周长联系起来的数学模型．回忆一下例3中骇鸟的股骨周长为21厘米．把用这个新模型求的体重和例3中求得的体重进行比较．你偏爱哪个模型？给出证明你的偏爱有道理的理由．

恐龙数据

恐龙名称	股骨周长（毫米）	重量（公斤）
Hypsilophodonitdae	103	55
Ornithomimdae	136	115
Thescelosauridae	201	311
Ceratosauridae	267	640
Allosauridae	348	1230
Hadrosauridae-1	400	1818
Hadrosauridae-2	504	3300
Hadrosauridae-3	512	3500
Tyrannosauridae	534	4000

2.4 汽车的汽油里程

情景 在由于石油短缺和禁运造成的能源危机期间，人们总是想要了解油料开支是怎么因车速而变化的．我们觉得以低速率和低速排挡行驶时，汽车转换能量的效率相对不高，而高速行驶时作用在汽车上的阻力会迅速增加．于是，以下的期望看来是合理的，即存在一个或多个速率，汽车以这些速率行驶会产生最优的燃油里程（一加仑燃油能行驶的最大英里数）．如果确实如此，超过该最优速率，燃油里程就会减少，了解这种减少是怎样产生的会很有益处．此外，这种减少显著吗？考虑以下的报刊文章的摘录（那时有全国性的每小时55英里的限速）：

说说每小时55英里的全国性高速公路限速．时速超过50英里/小时后，每增加5英里/小时就要损失行驶一英里所消耗的汽油．在佛罗里达州 Jacksonville 的 Ryder 货车公司，那些坚持以每小时55英里速度行驶的司机已经减少了12％的油耗——每年节省

631 000 加仑的燃油. 一般认为驾驶最佳油效的范围在每小时 35～45 英里之间[⊖].

要特别注意对于时速超过 50 英里/小时, 每增加 5 英里/小时就要损失行驶一英里所消耗的加仑燃油. 这个一般法则有什么好处?

识别问题　什么是汽车的速率和它的燃油里程之间的关系? 通过对这个问题的回答, 我们可以评估这条法则的精确性.

假设　我们来考虑影响燃油里程的因素. 首先, 存在着推动汽车前进的动力. 这些力取决于燃油燃烧类型能提供的功率、发动机转换潜在功率的效率、齿轮比、空气的温度以及包括车速在内的许多其他因素. 其次, 存在着阻碍汽车前进的阻力. 阻力包括依赖于汽车重量的摩擦效应、车胎的类型和状况以及路面的状况. 空气阻力是另一种阻力, 它依赖于车速、车辆的表面积和形状、风以及空气密度. 影响燃油里程的另一个因素与司机的驾驶习惯有关. 以常速驾驶或是不断地加速? 路面平坦还是崎岖? 因此, 燃油里程是总结在下面的方程中的若干因素的函数:

$$燃油里程 = f(推进力, 阻力, 驾驶习惯, 等等)$$

很清楚, 如果要考虑车型、司机以及道路情况的所有可能的组合, 对原问题的回答将会很琐碎. 因为做这样的研究实在是心有余而力不足, 所以我们要限制待处理的问题.

限制问题的识别　对于一位特定的司机来说, 某一天驾驶着汽车在平坦的高速公路上, 为了节省燃油而在最优速率附近以不变的高速公路速率行驶这个事实就提供了一个定性的解释, 解释了随着速率的微小的增加燃油开支的变化.

在这样的限制问题下, 可以认为诸如空气的温度、空气密度以及道路状况那样的环境条件都是不变的. 因为我们已经规定了司机正在驾驶着的车, 确定了车胎的状况、车的形状和表面以及燃油的种类. 通过限制高速公路的驾驶速率是在最优速率附近, 得到了发动机效率不变以及在车速变化小时齿轮比不变的简化假设. 限制原来提出的问题是获得容易处理的模型的强有力的方法.

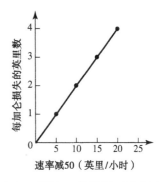

图 2-27　超过 50 英里/小时的每个 5 英里/小时就要损失行驶一英里所消耗的加仑燃油

报刊上的文章(正是由此引导出现在讨论的问题)还给出了一个经验法则, 即超过 50 英里/小时的每 5 英里/小时就要损失行驶一英里所消耗的加仑汽油. 我们来图示这个法则. 如果你画出每加仑损失的英里数对速率减 50 的图形, 那将是图 2-27 显示的一条过原点的直线. 我们来看看这个线性图形是否定性正确.

因为汽车是以常速率行驶的, 所以加速度为零. 于是, 从牛顿第二定律知道合力必为零, 或者推进力和阻力必须相等, 即

$$F_p = F_r$$

其中 F_p 表示推进力而 F_r 表示阻力.

首先考虑推进力. 每加仑汽油包含一定的能量, 例如, 记为 K 的能量. 如果 C_r 表示单位

⊖　"Boost Fuel Economy," *Monterey Peninsula Herald*, May 16, 1982.

时间燃烧掉的燃油的量，那么 C_rK 就表示该车可利用的功率．假设功率转换率是不变的，由此得出转换后的功率与 C_rK 成比例．因为对于常力而言，功率等于力和速度的乘积，这种论证就给出下面的比例性关系

$$F_p \propto \frac{C_r K}{v}$$

如果我们进一步假设燃油转换成能量的比率 K 不变，上面的比例性关系就简化为

$$F_p \propto \frac{C_r}{v} \tag{2-14}$$

现在来考虑阻力．因为我们把问题限制为高速公路上的速率，与空气阻力相比较，假设摩擦力很小是合理的．在高速公路的速率下，这些阻力的一个有意义的子模型为

$$F_r \propto S v^2$$

其中 S 是垂直于汽车运动方向的汽车的横截面面积（对于中型汽车，这是工程中一个常用的假设）．因为在我们的限制问题中 S 是常数，由此得到

$$F_r \propto v^2$$

应用条件 $F_p = F_r$ 以及比例性(2-14)就给出

$$\frac{C_r}{v} \propto v^2$$

或

$$C_r \propto v^3 \tag{2-15}$$

比例性(2-15)给出了燃油消耗率应该以速度的立方增加的定性信息．但是，燃油消耗率并不能很好地反映燃油效率：尽管比例性(2-15)说明汽车高速行驶时在单位时间里用掉更多的燃油，但是汽车也开得更快了．所以，我们定义燃油里程如下：

$$燃油里程 = \frac{距离}{油耗}$$

把距离 vt 和油耗 $C_r t$ 代入就给出比例性

$$燃油里程 = \frac{v}{C_r} \propto v^{-2} \tag{2-16}$$

因此，汽油里程和速度的平方成反比．

模型(2-16)能够帮助我们解释汽车油耗的某种有用的定量信息．首先，应该质疑图 2-27 中所画的线性图形暗示的经验法则．对我们自己导出的结论应该小心．尽管方程(2-16)中的能量关系看起来给人印象深刻，但它只是在限制的速度范围内才是有效的．有赖于比例常数的大小，在那个限制范围里这个关系才可能是几乎线性的．不要忘记在我们的分析中曾经忽略了许多因素，而且假设了某些重要的因素是不变的（常数）．因此，我们的模型是十分脆弱的，其用途也只限于在限制速率的范围上的定性解释．但是从另一方面看，这正好说明了我们是怎样识别问题的过程．

习题

1. 在汽车的燃油里程例子中，假定画出每加仑英里数对速率的图形作为一般法则的图形表示（替代图 2-27 所画的图）．解释为什么从这个图形难于导出比例性关系．

2. 在汽车的燃油里程例子中，假设阻力和 Sv 成比例，其中 S 是垂直于汽车运动方向的汽车横截面面积而 v 是

速率. 你能得出什么结论? 对该阻力子模型, 讨论可能影响倾向于选择 Sv^2 而不选 Sv 的那些因素. 你怎样检验该子模型?

3. 讨论在汽油里程问题的分析中被完全忽略的几个因素.

2.5 体重和身高、力量和灵活性

体重和身高

几乎所有的美国人都想得到答案的一个问题就是: 我应该有多重? 常常给予愿意参加马拉松长跑的人的一条法则是: 每英寸身高的体重为 2 磅, 这样看起来较矮的马拉松运动员比较高的马拉松运动员更容易满足这条法则. 已经设计了很多表, 对不同目的提出了有关体重的建议. 医生关心的是出于健康的目的应有的合理体重, 而美国人寻求基于体形的体重标准. 此外, 诸如陆军那样的组织关心的是身体条件并制定可接受的体重上界. 经常是把这些体重表以某种方式进行分类. 例如, 表 2-7 给出了年龄在 17～21 岁之间的男子的可接受的体重上限(该表没有诸如骨骼结构那样的进一步的描述).

表 2-7   17～21 岁男子的身高和体重

身高(英寸)	体重(磅)	身高(英寸)	体重(磅)	身高(英寸)	体重(磅)
60	132	67	165	74	201
61	136	68	170	75	206
62	141	69	175	76	212
63	145	70	180	77	218
64	150	71	185	78	223
65	155	72	190	79	229
66	160	73	195	80	234

如果计算表 2-7 中相邻体重项之间的差以确定每增加一英寸的身高允许增加的体重, 可以看到该表的大部分是允许每英寸 5 磅的体重增加(在上部和下部分别出现若干 4 磅和 6 磅的增加). 无疑, 上述法则比前面推荐给马拉松运动员的每英寸 2 磅的法则要宽松, 但是每单位身高的体重为常数的法则有多合理仍然有待考虑. 本节我们将定性地考察体重和身高应该怎样变化.

体重依赖于许多因素, 其中一些我们已经提到过. 除了身高外, 骨密度可能是一个因素. 骨密度会有大的变化吗, 或者骨密度本质上是不变的吗? 骨骼所占的相对体积大约为多少? 这个体积本质上是不变的吗, 或者有重的、中等的和轻的骨结构? 什么是身体密度的因素呢? 怎么考虑骨骼、肌肉和脂肪密度的差别? 这些密度是变化的吗? 考虑到随着年龄变老时肌肉、骨骼和脂肪的相对组成会变化, 身体密度一般是年龄和性别的函数吗? 在同样年龄的男性和女性之间, 存在着不同的肌肉和脂肪组成吗?

我们(通过接受一个上限)来定义问题使得骨骼密度是不变的, 而预测体重作为身高、性别、年龄和身体密度的函数. 体重表的目的或根据也必须详细说明, 所以该表是基于体形来制定的.

识别问题   我们识别问题如下: 对于各种身高、性别和年龄的人群, 决定基于体形表示最大可接受水平的体重上限.

假设   如果我们想成功地预测体重与身高的函数关系, 那么有关身体密度的假设是必需的．作为一种简化假设，假定身体的某些部分是由不同密度的内部核心和外部核心组成的．还假设导致不同密度的内部核心主要是由骨骼和肌肉材料组成的，而外部核心主要是由脂肪材料组成的，从而导致了不同的密度(图 2-28)．接着来建立子模型以解释每个核心的重量怎样随身高而变化．

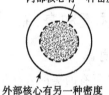

图 2-28　假定身体的某些部分是由不同密度的内部和外部核心组成的

体重是怎样随身高变化的呢？一开始，假设对于成人来说，不同的人身体的某个部位，诸如头，具有同样的体积和密度．因此成人的体重由

$$W = k_1 + W_{\text{in}} + W_{\text{out}} \qquad (2\text{-}17)$$

给出，其中 $k_1 > 0$ 为不同的个体具有相同的体积和密度的那些部分的不变的重量，而 W_{in} 和 W_{out} 分别是内部核心和外部核心的重量．

其次，把注意力转向内部核心．四肢和躯干的体积是怎样随着身高而变化的？我们知道人不是几何相似的，因为他们具有不同的形状，四肢和躯干的相对比例不同，因而看起来不像是互相按比例的模型．然而，根据要识别的问题的定义，我们关心的是基于体形的上限体重．虽然这有点主观，但以下的看法似乎是合理的，即无论是什么样的可以看见的形象，作为 74 英寸高的人的可接受的上限标准应该是和 65 英寸高的人成比例的形象．因此，就我们的问题而言，个体的几何相似性是一个合理的假设．注意不需要假设特定的形状，而只是假设个体相应点之间的距离之比是相同的．在这个假设下，我们正在考虑的每个组成部分的体积与我们所选的特征量(身高 h)的立方成比例．由此，各组成部分体积之和必须和身高的立方成比例，或者

$$V_{\text{in}} \propto h^3 \qquad (2\text{-}18)$$

现在，关于内部核心的平均体重密度应该做什么样的假设呢？假设内部核心是由肌肉和骨骼组成的，它们的密度是不同的，内部核心的总体积中有百分之几是骨骼呢？如果假设骨骼的直径是和身高成比例，那么骨骼占据的总体积与身高的立方成比例．这就意味着骨骼在内部核心总体积中所占的百分比在几何相似的个体中是常数．由此而产生的论证得出平均体重密度 ρ_{in} 也是常数．例如，考虑体积 V 的平均体重密度 ρ_{avg}，V 包含两部分体积 V_1 和 V_2，其密度分别为 ρ_1 和 ρ_2．于是

$$V = V_1 + V_2$$

以及

$$\rho_{\text{avg}} V = W = \rho_1 V_1 + \rho_2 V_2$$

就给出

$$\rho_{\text{avg}} = \rho_1 \frac{V_1}{V} + \rho_2 \frac{V_2}{V}$$

所以，只要 V_1/V 和 V_2/V 不变，那么平均体重密度 ρ_{avg} 就是常数．把这个结果应用于内部核心就推出平均体重密度 ρ_{in} 是常数，从而给出

$$W_{\text{in}} = V_{\text{in}} \rho_{\text{in}} \propto h^3$$

或者

$$W_{\text{in}} = k_2 h^3 \qquad 对 \quad k_2 > 0 \qquad (2\text{-}19)$$

注意前述子模型包括了比肌肉和骨骼两种材料更多的具有不同密度所有材料的情形(例如、腱、韧带和器官),只要这些材料所占的内部核心总体积的百分比是常数.

现在考虑由脂肪组成的外部核心.因为该表是根据个人的体形制定的,可以认为不管高度如何,外部核心的厚度应该是常数(参见习题3).如果 τ 表示这个厚度,那么外部核心的重量为

$$W_{out} = \tau \rho_{out} S_{out}$$

其中 S_{out} 是外部核心的表面积而 ρ_{out} 是外部核心的密度.其次假设对象是几何相似的,由此得出表面积和高度的平方成比例.如果假设由脂肪材料组成的外部核心的密度对所有的个体都是常数,那么有

$$W_{out} \propto h^2$$

但是,可以认为较高的人具有较厚的脂肪层.如果假设外部核心的厚度和高度成比例,那么

$$W_{out} \propto h^3$$

将这两个假设归纳于一个单一的子模型就给出

$$W_{out} = k_3 h^2 + k_4 h^3, 其中 k_3, k_4 \geq 0 \qquad (2\text{-}20)$$

这里允许常数 k_3 和 k_4 取零值.

综合由方程(2-17)、(2-19)和(2-20)表示的子模型来确定体重的模型,就给出

$$W = k_1 + k_3 h^2 + k_5 h^3 \quad 对 k_1, k_5 > 0 而 k_3 \geq 0 \qquad (2\text{-}21)$$

其中 $k_5 = k_2 + k_4$.注意模型(2-21)间接地表明体重有比 h 的一次方的次数要高的变化.如果这个模型有效,那么较高的人确实不易满足早先给出的线性法则.然而,眼下我们的判断只是定性的,因为我们还没有验证我们的子模型.有关怎样去检验模型的一些想法将在习题中讨论.此外,我们还没有对出现在方程(2-21)中的高阶项提出任何相对的意义.在统计学的研究中,回归方法是用来提供理解模型中各项的意义的方法.

模型的解释 我们根据子模型来解释早先给出的一般法则,该法则允许对额外的每英寸的高度有一个不变的体重增加.考虑躯干长度的增加可能导致的体重.因为给定的法则对每英寸增高的总的可允许的体重增加都已假设为常数,所以躯干长度的增加所允许的体重增加的部分也可以假设为常数.为了允许不变的体重增加,躯干必须在增加其长度的同时保持其同样的横截面的面积.这就意味着,例如,腰围的尺寸保持不变.假定在 17~21 岁的范围内,由于身高为 66 英寸的男子的体形的原因,判定的可接受的腰围的上限为 30 英寸.每英寸 2 磅的法则也允许身高 72 英寸的男子有 30 英寸的腰围.另一方面,基于几何相似性的模型暗示相应点之间的所有距离都应该按相同的比例增加.因此,身高 72 英寸的男子的腰围应该类似地按比例增加,为 $30 \times (72/66)$ 英寸,约为 32.7 英寸.比较这两个模型,得到以下的数据:

身高(英寸)	线性模型(英寸,腰围度量)	几何相似性模型(英寸,腰围度量)
66	30	30.0
72	30	32.7
78	30	35.5
84	30	38.2

现在我们就明白为什么遵从每英寸 2 磅法则的高个子马拉松运动员都显得很瘦.

力量和灵活性

考虑各种身高、体重和年龄的男女运动员参加一项比试力量（例如举重）或灵活性（例如障碍赛跑）的体育竞赛. 你怎样为这种竞赛设置障碍（不利条件）? 我们定义问题如下.

识别问题 对各种身高、体重、性别和年龄的群体确定他们和竞技体育中的灵活性的关系.

假设 一开始先忽略性别和年龄. 假设灵活性和力量/体重成比例. 还进一步假设力量和竞赛中所用到的肌肉的尺寸成比例，并假设用肌肉的横截面面积来测量这种尺寸（参见 2.3 节中的研究课题 1). 还要回忆一下体重是和体积成比例的（假设常体重密度). 如果假设所有的参赛者都是几何相似的，那么有

$$\text{灵活性} \propto \frac{\text{力量}}{\text{体重}} \propto \frac{l^2}{l^3} \propto \frac{1}{l}$$

这显然是灵活性和特征量 l 之间的一种非线性关系. 我们还看到在这些假设下灵活性和体重之间所具有的非线性关系. 你怎样为你的模型收集数据? 你怎样检验并验证你的模型?

 习题

1. 为检验支持模型(2-21)的各种子模型，详细描述你想收集的数据. 你怎样去收集这些数据?

2. 为测量身体脂肪的百分比，有多种检测方法. 假设这些检测方法都是精确的而且有大量细心收集到的数据可供利用. 你可以详细说明其他的统计数据，例如你想收集的腰围和身高的数据. 解释能怎样安排数据来检验支配本节子模型的假设. 例如，假定考察了具有不变身体脂肪和高度的年龄在 17～21 岁之间的男性的数据. 解释怎么检验内部核心的密度为常数这一假设.

3. 身体状况和个人体形的流行的测量方法就是夹痛测试. 为做这种测试，你通过夹痛的办法来测量身体所选择的部位的外部核心的厚度. 在什么部位以及怎样做这种夹痛测试? 什么样的夹痛厚度是允许的? 允许夹痛厚度随身高而变化吗?

4. 人们说体操是一项需要极大灵活性的运动. 利用本节研究的有关灵活性的模型和假设来论证为什么很少有高个体操运动员.

 研究课题

1. 考虑只测量有氧健身情况的耐力测验. 这种测验可能是游泳测验、赛跑测验或自行车测验. 假设我们要求所有的参赛者都做同样的功. 试创建一个数学模型来反映参赛者所做的功和某个诸如身高或体重那样的可测量的特征量之间的关系. 然后利用你的模型中的动能来做出改进. 对这些有氧测验中的一种运动收集某种数据并决定这些模型的合理性.

第3章 模型拟合

引言

在数学建模过程中，需要根据不同目的分析数据．我们前面也已经看到，如何由假定引导出一个特殊形式的模型．例如，在第 2 章中，分析汽车刹车后能立即安全停稳的距离时，我们的假定引出了一个下列形式的子模型：

$$d_b = Cv^2$$

这里 d_b 是使汽车停稳所要求的距离，v 是刹车时刻汽车的速度，C 是需要确定的比例常数．这样，就能够通过收集和分析足够的数据，确定假定是否是合理的．如果合理，则要确定常数 C，从一族刹车距离子模型 $y = Cv^2$ 中选择某一成员．

我们会遇到由不同的假定引导出不同的子模型的情况．例如，当研究质子在空气等介质中的运动时，能对阻力的特征做出不同的假定，如阻力正比于 v 或 v^2 等．甚至可完全忽略阻力．而另一个例子，当我们确定汽车消耗的燃料随着速度如何变化时，关于阻力的不同的假定，能够引导出预测的行驶里程按照 $C_1 v^{-1}$ 或 $C_2 v^{-2}$ 这样的规律变化的模型．这样产生的问题能按如下方式考虑：首先，用一些收集到的数据按某一方法选择 C_1 和 C_2，该方法从每一族可能的曲线中选取一条能最好地拟合数据的曲线，然后选择一个最适合于研究的状态的模型．

当问题很复杂而难以建立能够解释该特殊情形的模型时，会有另一种情况．例如，当子模型涉及偏微分方程，而它们没有封闭形式的解时，那么构造一个主模型，在不使用计算机的情况下得到解答并进行分析的可能性很小．或者，问题中涉及的有显著影响的独立变量太多，人们甚至不想去构造一个明确的模型．在这种时候，为了在数据所在的范围内研究独立变量的行为，可能必须进行一些实验研究．

在分析一个数据集合时，前面的讨论实际上指明了三个可能需要解决的任务：

1. 按照一个或一些选出的模型类型对数据进行拟合．

2. 从一些已经拟合的类型中选取最合适的模型．例如，我们需要判断最佳拟合指数模型是否比一个最佳多项式模型更好．

3. 根据收集的数据做出预报．

在前两个任务中，可能存在一个或多个模型，似乎都能解释已观测到的行为．这一章将围绕着模型拟合来讨论这两种情形．在第三种情形中，不存在一个解释已观测到的行为的模型，而是存在一个数据点的集合，该集合能用来预测某个你所感兴趣的数量范围内的行为．从本质上来看，我们希望基于收集到的数据构造一个经验模型．第 4 章将围绕着内插来研究构造这样的经验模型．了解模型的拟合和内插在哲学上和数学上的差异是重要的．

模型的拟合和内插间的关系

我们来分析前面指出的三个任务，以便确定在每一情形必须做些什么．在任务 1，必须明确最佳模型的正确意义，以及由此而产生的需要解决的数学问题．在任务 2，为了比较不同类型的模型需要有一个判定准则．在任务 3 中，为了决定如何在观测的数据点间做出预测，也要明确一个判定准则．

要注意在上述每种情况中建模者的态度上的差异．在前两个模型拟合的任务中，要极力猜测出某种关系．建模者愿意接受模型和收集到的数据点间的某些偏差，以便有一个满意地解释所研究的问题的模型．实际上，建模者会预想到模型和数据两者都可能有误差．另一方面，在插值时，建模者会受到细心收集和分析过的数据的强力引导，曲线应追踪数据的趋向，在数据点间做出预测．这时，建模者一般很少会对插值曲线附加明确的意义．在各种情况，可能建模者最终都想用模型进行预测．然而，做模型拟合时，建模者更强调为数据提供模型，而做插值时，建模者对收集到的数据给予了更大的信任，而较少注意模型的形式意义．在此意义上，解释性的模型是理论推动的，而预测模型是数据推动的．

用一个例子说明前面的看法．假设为了研究两个变量 y 和 x 之间的关系，我们收集到图 3-1 所画出的数据，如果建模者仅根据图中的数据做出预测，他可以使用样条插值之类的技术(我们在第 4 章研究此技术，让光滑的多项式通过这些点．见图 3-2)．注意，图 3-2 内插曲线通过数据点，在观测点的整个范围内追踪变量间的趋势．

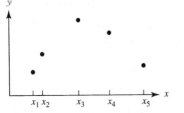

图 3-1　变量 y 和 x 的观测值

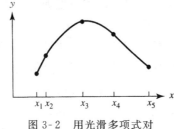

图 3-2　用光滑多项式对数据进行插值

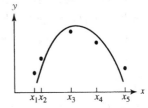

图 3-3　对数据点拟合抛物线
$$y = C_1 x^2 + C_2 x + C_3$$

假设在研究图 3-1 所示的特定行为时，建模者做出假定，引导出一个 $y = C_1 x^2 + C_2 x + C_3$ 形式的二次式模型或抛物线的预想．这时图 3-1 的数据将用于确定常数 C_1，C_2 和 C_3，以选择最佳的抛物线(图 3-3)．抛物线可能与某些数据点甚至全部点有些偏离，这应是无关紧要的．要注意图 3-2 和图 3-3 中曲线在值 x_1 和 x_5 附近所做预测值间的差异．

建模者可能会发现在同一问题中需要拟合一个模型，同时还需要进行插值．一个给定类型的最佳拟合模型可能被证明是难于控制的甚至是不可能的，因为接下来的分析可能会涉及积分、微分之类的操作，这个时候模型可以用插值曲线(如多项式)代替．以便更容易对其微分或积分．例如为了简化后续的分析，一个用来对方波建模的阶梯函数可以替换为三角近似．在这些例子中，建模者希望用插值曲线近似并能贴近所代替的函数的基本特征．这种类型的插值通常称为**逼近**．这通常在导论性的数值分析课程中有介绍．

建模过程中的误差来源

在讨论基于曲线拟合还是基于插值的决策所依据的准则之前，我们需要考察建模过程中何处会引起误差．如果忽视考虑误差，过于信任中间结果，会在后续的阶段中招致失败的决策．我们的目标是保证建模的整个过程在计算上是适宜的，并考虑到前面各步带来的累积误差的影响.

为了容易讨论，将误差分为下列几类：

1. 公式化的误差
2. 截断误差
3. 舍入误差
4. 测量误差

公式化的误差 可源于：一些变量可忽略的假设条件，或在各种子模型中描述变量间关系的过分简化. 例如，为第 2 章的刹车距离确定一个子模型时，我们完全忽略了路的摩擦力，并假定由空气阻力引起的阻力有很简单的特征关系. 即使在最佳模型中，也会有公式化的误差.

截断误差 可归因于解一个数学问题所用的数值方法. 例如，可能要用幂级数表示的多项式近似 $\sin x$，

$$\sin x = x - \frac{x^3}{3!} + \frac{x^5}{5!} - \cdots$$

当级数截尾后用多项式近似时将引起一个误差.

舍入误差 是由计算时使用有限小数位的机器引起的. 因为仅用有限位不能精确地表示全部的数，总是有舍入误差. 例如，考虑一个 8 位的计算器或计算机，数 1/3 表示成 0.333 333 33，这样 3 倍的 1/3 是 0.999 999 99 而不是真实的值 1. 误差 10^{-8} 是舍入引起的. 理想的实数 1/3 是小数 0.333 333 33 的无穷循环. 但一个计算器或计算机能做的算术运算仅能用有限精度的数. 当连续完成许多算术运算时，每一次有自己的舍入，累积的舍入能够显著地改变答案的数值. 当我们使用计算装置时，舍入正是一个我们必须面对并谨慎处理的事情.

测量误差 是由数据收集过程中的不精确性引起的. 不精确性可以包含：记录或报告一个数据时的人为错误，或实验室设备的测量精度限制等多种情况. 例如，在刹车距离问题中，应预期到在反应距离和刹车距离的数据中会有应该考虑的测量误差.

3.1 用图形为数据拟合模型

假定建模者已做了某些假定，引出了某种模型. 一般模型会包含一个或多个参数，要收集充足的数据来确定这些参数. 现在来考虑数据收集的问题.

采集多少个数据点，要在观测它们的费用和模型所要求的精度间进行权衡. 数据点至少需要与模型曲线中任意常数一样多. 要用最佳的拟合方法，确定出每一个任意常数，要求有更多的点. 将要使用的模型的范围决定了独立变量的区间端点.

在此区间中，数据点的跨度也是一个重要问题，因为区间中模型必须拟合得特别好的一部分可以用不等的跨度进行加权. 在预期模型使用特别多的地方或独立变量会突然变化的地方应选取更多的数据点.

即使实验已精心设计，并极其细心地执行，建模者仍需在拟合模型前评估数据的精确性. 数据是如何收集的？收集过程中测量设备的精度如何？有无有疑问的点？在评价或删除（替换）有疑问的数据时，应将一个数据点看做是一个置信区间而不是一个单独的点. 图 3-4 表示了这一想法. 每一区间的长度应与在数据收集过程中的误差的评估相一致.

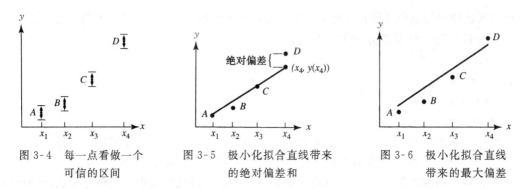

图 3-4 每一点看做一个   图 3-5 极小化拟合直线带来   图 3-6 极小化拟合直线
　　　　可信的区间   　　　　的绝对偏差和   　　　　带来的最大偏差

对原始数据拟合视觉观测的模型

假设想要对图 3-4 所示数据拟合模型 $y=ax+b$. 应如何选择 a 和 b, 使直线最好地拟合数据?
从图上看, 当存在两个以上点时, 不能期望它们均精确地处于一直线上. 尽管一条直线精确地做
出了变量 x 和 y 间关系的模型, 一些数据点和直线间总存在一些纵向差异. 我们称这些纵向差异
为 **绝对偏差** (图 3-5). 最佳拟合直线可极小化这些绝对偏差的和, 这就引出图 3-5 中描画的模型.
虽然在极小化绝对偏差和方面是成功的, 但个别点的绝对偏差可能相当大, 例如图 3-5 中的 D.
如果建模者对一个数据点的精确度有信心, 则能由拟合的直线在该点的邻近处做出预测. 再看另一
种选择, 按极小化任一点的最大偏差选择直线, 对数据点运用这一准则, 则会绘出图 3-6 的直线.

虽然这些对数据点拟合一条直线的视觉方法不是十分精确, 但这些方法的不精确性往往与建
模过程的精度相称. 假定的粗糙和数据收集中涉及的不精确性, 可能无法保证更先进的分析. 在
这种状态下, 盲目应用 3.2 节给出的某一分析方法, 可能会使模型远不如人们图形观测到的合
适. 对数据图形模型拟合的进一步视觉检查会立刻给出拟合是否好以及何处拟合得好的印象. 然
而, 在由计算机解析地拟合大量数据的问题中, 常会疏漏这些重要的考虑. 因为建模过程的模型
拟合部分比其他阶段似乎更为精细, 更多分析, 存在着不恰当地信任数值计算的倾向.

变换数据

多数人视觉上仅限于拟合直线, 那如何用图示拟合曲线作为模型呢? 例如, 表 3-1 收集到
的数据, 猜想用 $y=Ce^x$ 形式的关系作为子模型.

表 3-1 收集的数据

x	1	2	3	4
y	8.1	22.1	60.1	165

表 3-2 由表 3-1 变换出的数据

x	1	2	3	4
$\ln y$	2.1	3.1	4.1	5.1

模型说 y 正比于 e^x, 如果画一个 y 对 e^x 的图, 几乎会近似于一条直线, 图 3-7 描述了这
一状况. 由于画出的数据点近似地沿过原点的一条直线散布, 可得到结论: 假定正比是有道理
的, 从图上看, 直线的斜率近似为

$$C = \frac{165 - 60.1}{54.6 - 20.1} \approx 3.0$$

现在先来考虑另一在多种问题中使用的技术, 在方程 $y=Ce^x$ 的两边取对数, 得

$$\ln y = \ln C + x$$

这一表达式在变量 $\ln y$ 和 x 之间是一直线方程，数 $\ln C$ 是 $x=0$ 时的截距．变换后的数据列在表 3-2 中，图画在图 3-8 中．当有大量数据时，可使用半对数坐标纸或计算机画图．

从图 3-8，可近似确定截距 $\ln C$ 是 1.1，给出 $C=\mathrm{e}^{1.1}\approx 3.0$，与前面一致．

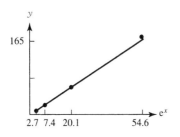

图 3-7　用表 3-1 的数据画的 y 对 e^x 的图

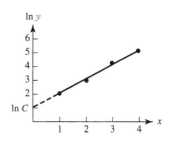

图 3-8　表 3-2 数据的 $\ln y$ 对 x 的图

可执行各种其他曲线的类似的变换，使变换后产生的变量间形成线性关系．例如，如果 $y=x^a$，那么

$$\ln y = a\ln x$$

变换后的变量 $\ln y$ 和 $\ln x$ 间是线性关系．因此有大量数据画图时可用 log-log 坐标纸或计算机．

现在做一项重要的观察．假设我们像图 3-8 那样，做一个变换，画 $\ln y$ 对 x 的图，找出直线，成功地极小化了变换后数据点的绝对偏差和，那么直线确定了 $\ln C$，逆转过程后为正比例常数 C．虽然不是很明显，但在 $k\mathrm{e}^x$ 形式的指数曲线族中，已得到的模型 $y=C\mathrm{e}^x$ 不是极小化原始数据点的极小化绝对偏差和的指数曲线（画 y 对 x 的图）．在后面的讨论中，在图示和分析中都将涉及这一重要的见解．当进行 $y=\ln x$ 形式的变换时，距离的概念受到破坏，虽然从图形分析观察到的固有限制来看，拟合是适宜的，但建模者必须认识到这个破坏，并且应该用图解核查模型，从图解中做出预测或结论，这里提及的是原始数据的 y 对 x 的图而不是变换变量的图．

现在用一个例子说明变换如何破坏了 xy 平面的距离．考虑图 3-9 画出的数据，假定数据期望拟合一个 $y=C\mathrm{e}^{1/x}$ 形式的模型，使用前面的对数变换．有

$$\ln y = \frac{1}{x} + \ln C$$

按原始数据 $\ln y$ 对 $1/x$ 的点图如图 3-10 所示．从图可注意到变换如何破坏了原始数据点间的距离，它将全部点挤在一起．如果对图 3-10 中变换后的数据点拟合一条直线，绝对偏差相当小（即用图 3-10 的尺度计算是小的，而不是图 3-9 的尺度）．如果对图 3-9 的数据画出拟合模型 $y=C\mathrm{e}^{1/x}$，将看到曲线拟合数据效果相当差，如图 3-11 所示．

从上一例子可以看到，如果建模者使用变换时不是很小心，他可能会选中一个相当差的模型，在比较可选模型时，这一情况特别重要．必须与原始数据（我们例子中图解 3-9 所画的）一起进行全部比较，不然在选择最佳模型时会导致非常严重的错误．那样会导致可能会根据变换的特点选取最佳模型，而不是根据模型的价值以及拟合原始数据的程度，虽然从这幅图中可以很明显地看出进行变换的风险，但由于许多计算机程序在拟合数据时先进行了转换，建模者如果不是特别明白的话，还是会受到愚弄．如果建模者企图运用一些指示量，如绝对偏差和，来确定某一特别子模型是否适当或在备选的子模型中做选择，建模者首先必须明确这些指示量是

如何计算的.

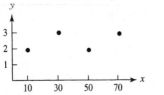
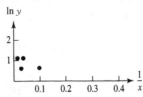
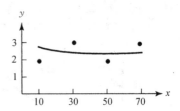

图 3-9　收集的数据点的图　　图 3-10　变换后数据点的图　　图 3-11　从图 3-10 取值 $\ln C = 0.9$ 的
$y = C\mathrm{e}^{1/x}$ 曲线图

 习题

1. 正常情况下, 图 3-2 的模型会用来预测 x_1 和 x_5 之间的状况, 用模型预测 x 小于 x_1 或大于 x_5 时的 y 会有什么危险? 不妨设我们是在为投掷棒球的弹道建模.

2. 下表给出了在一根钢丝弹簧上施加拉力 S(单位: 磅/平方英寸)后每英寸的伸长 e(单位: 英寸/英寸). 画出数据, 检验模型 $e = c_1 S$, 从图上估计 c_1.

$S(\times 10^{-3})$	5	10	20	30	40	50	60	70	80	90	100
$e(\times 10^5)$	0	19	57	94	134	173	216	256	297	343	390

3. 下面的数据中, x 是美国黄松在树身中部测得的直径(单位英寸), y 是体积的度量, 即用 10 除后的板英尺数. 变换数据画图, 检验模型 $y = ax^b$. 如果模型看似合适, 从图上估计模型的参数 a 和 b.

x	17	19	20	22	23	25	28	31	32	33	36	37	38	39	41
y	19	25	32	51	57	71	113	141	123	187	192	205	252	259	294

4. 下面的数据, V 代表一个平均的步行速率, P 代表人群总体的人数. 我们希望知道是否能通过观测人们的步行速度来预测总体的人数. 画出数据图, 猜测有何种关系? 画出适当的变换数据, 检验下列模型.
   (a) $P = aV^b$
   (b) $P = a\ln V$

V	2.27	2.76	3.27	3.31	3.70	3.85	4.31	4.39	4.42
P	2500	365	23 700	5491	14 000	78 200	70 700	138 000	304 500

V	4.81	4.90	5.05	5.21	5.62	5.88
P	341 948	49 375	260 200	867 023	1 340 000	1 092 759

5. 下面数据反映了在六个星期时间中果蝇群体的增长. 对一个适当的数据集画图. 检验下列模型, 估计模型的参数.
   (a) $P = c_1 t$
   (b) $P = a\mathrm{e}^{bt}$

t(天数)	7	14	21	28	35	42
P(观测到的果蝇的数目)	8	41	133	250	280	297

6. 下面的数据表示以 1990 年为基准的(假设的)能源消费, 画出数据图, 画出变换数据. 检验模型 $Q = a\mathrm{e}^{bx}$, 用图形估出模型的参数.

x	年	消费 Q	x	年	消费 Q
0	1900	1.00	60	1960	66.69
10	1910	2.01	70	1970	134.29
20	1920	4.06	80	1980	270.43
30	1930	8.17	90	1990	544.57
40	1940	16.44	100	2000	1096.63
50	1950	33.12			

7. 1601 年，开普勒成为布拉格天文台的台长．开普勒曾经帮助 Tycho Brahe 收集了 13 年有关火星的相对运动的观察资料．到 1609 年开普勒已经形成了他的头两条定律：

ⅰ）每个行星都沿一条椭圆轨道运行，太阳在该椭圆的一个焦点处．

ⅱ）对每个行星来说，在相等的时间里该行星和太阳的连线扫过相等的面积．

开普勒花了许多年证实这些定律，并构造出第三条定律．该定律与运行轨道的周期和距离太阳的平均距离有关．

(a)使用当今的数据画出周期时间 T 对平均距离 r 的图．

行星	周期(天)	到太阳的平均距离(百万公里)	行星	周期(天)	到太阳的平均距离(百万公里)
水星	88	57.9	木星	4329	778.1
金星	225	108.2	土星	10 753	1428.2
地球	365	149.6	天王星	30 660	2837.9
火星	687	227.9	海王星	60 150	4488.9

(b)假定关系的形式为

$$T = Cr^a$$

画出 $\ln T$ 对 $\ln r$ 的图，用图确定参数 C 和 a．模型合适吗？试构造开普勒第三定律．

3.2 模型拟合的解析方法

在这一节研究对收集的数据点拟合曲线的几个准则．每一准则提供了一个从给定的族中选出最佳的曲线的方法．依照这一准则，曲线最精确地代表了数据．另外还讨论了几个准则是如何相联系的．

切比雪夫近似准则

在前一节我们对一个数据点集用图形拟合一条直线，所用的最佳拟合准则之一是极小化直线到任一对应的数据点的最大距离．现在来分析这一几何结构．给定 m 个数据点的集合 (x_i, y_i)，$i=1, 2, \cdots, m$，用直线 $y=ax+b$ 拟合该集合，确定参数 a 和 b，使任一数据点 (x_i, y_i) 和其对应的直线上的点 (x_i, ax_i+b) 间的距离最小，也就是对整个数据点集极小化最大绝对偏差 $|y_i-y(x_i)|$．现在将这一准则推广．

给定某种函数类型 $y=f(x)$ 和 m 个数据点 (x_i, y_i) 的一个集合，对整个集合极小化最大绝对偏差 $|y_i-f(x_i)|$，即确定函数类型 $y=f(x)$ 的参数从而极小化数量

$$\text{Maximum} |y_i - f(x_i)| \quad i = 1,2,\cdots,m \tag{3-1}$$

这一重要的准则常称为**切比雪夫**(Chebyshev)**近似准则**．切比雪夫准则的困难在于实际应用中通常很复杂，至少是仅用初等演算时很复杂．应用这一准则所产生的最优化问题可能需要

高级的数学方法，或者要用计算机的数值算法．

　　例如，设我们要度量图 3-12 表示的线段 AB，BC 和 AC，假定你的测量产生估计 $AB=$ 13，$BC=7$，$AC=19$.

　　可以预想到在一次实地的测量中会有矛盾的结果．这时，AB 和 BC 值加起来是 20 而不是估出的 $AC=19$. 现在用切比雪夫准则来解决这一个单位的差异，也就是用一个方法

图 3-12　线段 AC 分成 AB 和 BC 两段

为三个线段指定数值，使得指定的和观测的任一对应数对间的最大偏差达到极小．假定对每一次测量有相同的信任度，这样每一测量值有相等的权值．这种情况下，差异应等可能地分配到每一线段，结果会预测 $AB=12\frac{2}{3}$，$BC=6\frac{2}{3}$，$AC=19\frac{1}{3}$. 每一绝对偏差为 1/3. 减少任一偏差会招致另一个偏差的增加（记住 $AB+BC$ 必须等于 AC）. 现在把这一问题用公式表达出来．

　　令 x_1 代表线段 AB 长度的真值，x_2 代表 BC 的真值．为易于表示，令 r_1，r_2，r_3 表示真值和测量值间的差异．即

$$x_1 - 13 = r_1（线段 \ AB）$$
$$x_2 - 7 = r_2（线段 \ BC）$$
$$x_1 + x_2 - 19 = r_3（线段 \ AC）$$

数值 r_1，r_2，r_3 称为**残差**．注意，残差可以是正的也可以是负的，但绝对偏差总是正的．

　　如果用切比雪夫近似准则，应指定 r_1，r_2，r_3 的值，使三个数值 $|r_1|$，$|r_2|$，$|r_3|$ 的最大者达到最小．如果记最大的数为 r，那么我们要求

最小化 r

约束有三个条件：

$$|r_1| \leqslant r \quad 或 -r \leqslant r_1 \leqslant r$$
$$|r_2| \leqslant r \quad 或 -r \leqslant r_2 \leqslant r$$
$$|r_3| \leqslant r \quad 或 -r \leqslant r_3 \leqslant r$$

　　这些条件的每一个可替换为两个不等式．例如 $|r_1| \leqslant r$ 能替换为 $r-r_1 \geqslant 0$ 和 $r+r_1 \geqslant 0$. 对每一条件均这样做，问题则叙述为经典的数学问题

最小化 r

满足约束条件

$$r - x_1 \qquad + 13 \geqslant 0 \quad (r - r_1 \geqslant 0)$$
$$r + x_1 \qquad - 13 \geqslant 0 \quad (r + r_1 \geqslant 0)$$
$$r \qquad - x_2 + 7 \geqslant 0 \quad (r - r_2 \geqslant 0)$$
$$r \qquad + x_2 - 7 \geqslant 0 \quad (r + r_2 \geqslant 0)$$
$$r - x_1 - x_2 + 19 \geqslant 0 \quad (r - r_3 \geqslant 0)$$
$$r + x_1 + x_2 - 19 \geqslant 0 \quad (r + r_3 \geqslant 0)$$

　　这一问题称为**线性规划问题**．在第 7 章将讨论线性规划．即使很大的线性规划也能由计算机通过执行著名的**单纯形方法**的算法解出．在前面线段的例子中，单纯形方法产生 $r=1/3$ 的

极小值和 $x_1 = 12\frac{2}{3}$，$x_2 = 6\frac{2}{3}$.

推广这一过程，给定某一函数类型 $y = f(x)$，其参数待定，以及给定 m 个数据点 (x_i, y_i) 的一个集合，并确定出残差为 $r_i = y_i - f(x_i)$. 如果 r 代表这些残差的最大绝对值，那么问题表示成

$$\text{最小化 } r$$

满足约束条件

$$\left.\begin{array}{c} r - r_i \geqslant 0 \\ r + r_i \geqslant 0 \end{array}\right\} \quad \text{对 } i = 1, 2, \cdots, m$$

虽然在第 7 章讨论线性规划，但这儿要强调这一过程产生的模型并不都是线性规则. 例如，考虑拟合函数 $f(x) = \sin kx$. 还要注意许多计算机执行单纯形算法，仅允许变量为非负值. 用简单的替换即可完成这一要求（参看习题 5）.

我们将要看到，有另一准则能方便地解决最优化问题. 正是由于这一原因，在对有限的数据点拟合一条曲线时不常使用切比雪夫准则. 然而当极小化最大绝对偏差很重要的时候仍应考虑使用这一准则（在第 7 章考虑这一准则的几个应用）. 进一步在用一函数代替一个区间上定义的另一个函数时，构成切比雪夫准则的原则是极其重要的，在该区间上两个函数间的最大差异必须达到最小. 逼近论研究这一论题，而且导论性的数值分析中都有这部分内容.

极小化绝对偏差之和

在 3.1 节用图示为数据拟合直线时，准则之一是极小化数据点和拟合线上对应的点间绝对偏差的总和. 这一准则可归纳为：给定某一函数类型 $y = f(x)$，以及 m 个数据点 (x_i, y_i) 的集合，极小化绝对偏差 $|y_i - f(x_i)|$ 的和，也就是确定函数类型 $y = f(x)$ 的参数，极小化

$$\sum_{i=1}^{m} |y_i - f(x_i)| \tag{3-2}$$

如果令 $R_i = |y_i - f(x_i)|$，$i = 1, 2, \cdots, m$，代表每一绝对偏差，那么前面的准则 (3-2) 可解释成将由一条数量 R_i 加在一起构成的一直线的长度极小化. 图 3-13 说明了 $m = 2$ 的情况.

虽然在 3.1 节当函数类型 $y = f(x)$ 为直线时，采用几何方法应用了这一准则，但一般性准则暴露出严重的问题. 使用计算解决最优化问题，必须将和式 (3-2) 对 $f(x)$ 的参数求导，以找出临界点. 然而由于出现了绝对值，这个和式的各种微分不是连续的. 所以下面不以这一准则为目标. 在第 7 章我们考虑这一准则的另一应用，给出数值近似解的技术.

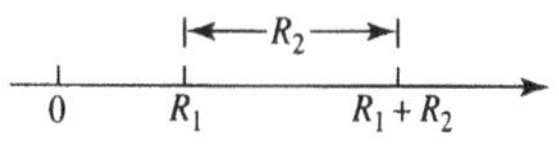

图 3-13　极小化绝对偏差和的
　　　　　一个几何解释

最小二乘准则

现在最常用的曲线拟合准则是**最小二乘准则**. 使用与前面相同的记号，问题是确定函数类型 $y = f(x)$ 的参数，极小化和数

$$\sum_{i=1}^{m} |y_i - f(x_i)|^2 \tag{3-3}$$

用此方法解决产生的最优化问题仅需使用几个变量的演算，所以容易普及．然而在现代数学规划技术上的进展（比如解决许多切比雪夫准则应用的单纯形方法）以及准则（3-2）的近似解的数值方法上的进步，削弱了这一优势．当从概率角度加以考虑，假定误差是随机分布时，会提高对使用最小二乘方法的评价，但我们到下一章的最后才会讨论到概率．

现在给出最小二乘准则的几何解释．考虑三个点的情况，以 $R_i = |y_i - f(x_i)|$ 记观测到的和预测的值间的绝对偏差，$i=1，2，3$．将 R_i 考虑为偏差向量的一个数量分量，绘在图 3-14 中．那么向量 $\boldsymbol{R} = R_1 i + R_2 j + R_3 k$ 代表了观测值和预测值间产生的偏离．这一偏离向量的长度给定为

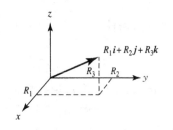

$$|\boldsymbol{R}| = \sqrt{R_1^2 + R_2^2 + R_3^2}$$

要极小化 $|\boldsymbol{R}|$ 可以极小化 $|\boldsymbol{R}|^2$（参看问题 1）．所以最小二乘问题是：确定函数类型 $y = f(x)$ 的参数，以便极小化

图 3-14　最小二乘准则的几何解释

$$|\boldsymbol{R}|^2 = \sum_{i=1}^{3} R_i^2 = \sum_{i=1}^{3} |y_i - f(x_i)|^2$$

也就是说，可以解释最小二乘准则为极小化向量的长度．该向量的坐标代表了观测值和预测值之间的绝对偏差．

对于超过三对的数据集，我们不能再提供一个几何图形，但仍然可以说：我们极小化了其坐标为观测值和预测值间的绝对偏差之向量的长度．

谈谈准则

三个曲线拟合准则的几何解释有助于在量化描述方面比较准则．极小化绝对偏差和将赋予每一数据点相等的权值来平均这些偏差．切比雪夫准则对潜在有大偏差的单个点给予更大的权值．最小二乘准则是根据与中间某处的远近来加权，其权与单个点具有的显著偏离有关．由于解析地运用切比雪夫准则和最小二乘准则更方便些，我们现在寻求一个方法来谈谈用这两个准则产生的偏差．

假设用切比雪夫准则，并解出所产生的优化问题，产生函数 $f_1(x)$．拟合产生的绝对偏差定义为

$$|y_i - f_1(x_i)| = c_i, \quad i = 1, 2, \cdots, m$$

现在定义 c_{max} 为绝对偏差 c_i 中的最大者．c_{max} 有一个相连的显著特征．因为函数 $f_1(x)$ 的参数是按极小化 c_{max} 的值确定的，c_{max} 是可获得的最小的极大绝对偏差．

另一方面，假设应用最小二乘准则，解出所产生的优化问题，产生函数 $f_2(x)$．由拟合产生的绝对偏差，如下给定：

$$|y_i - f_2(x_i)| = d_i, \quad i = 1, 2, \cdots, m$$

定义 d_{max} 为这些绝对偏差 d_i 的最大者，对于前面讨论的 c_{max} 的特殊特征，现在还仅能说 d_{max} 至少比 c_{max} 大，但可更精确些谈谈 d_{max} 和 c_{max}．

最小二乘准则涉及 d_i 的特殊特征是它们的平方和是可获得的此类平方和中的最小者．这必然有

$$d_1^2 + d_2^2 + \cdots + d_m^2 \leqslant c_1^2 + c_2^2 + \cdots + c_m^2$$

由于对每个 i 有 $c_i \leqslant c_{max}$，这些不等式推演出

$$d_1^2 + d_2^2 + \cdots + d_m^2 \leqslant mc_{max}^2$$

或

$$\sqrt{\frac{d_1^2 + d_2^2 + \cdots + d_m^2}{m}} \leqslant c_{max}$$

为了方便讨论，定义

$$D = \frac{\sqrt{d_1^2 + d_2^2 + \cdots + d_m^2}}{m}$$

那么

$$D \leqslant c_{max} \leqslant d_{max}$$

最后的这一关系式是很有启发性的．假设在一个运用最小二乘准则更方便的特殊状态，但又涉及可产生的最大绝对偏差 c_{max}，如果我们计算 D，则获得一个 c_{max} 的下界，而 d_{max} 给出了一个上界．这样如果 D 和 d_{max} 之间有巨大的差异，那么建模者应考虑应用切比雪夫准则．

 习题

1. 用初等演算，说明 $y = f(x)$ 的最小值点和最大值点出现在 $y = f^2(x)$ 的最小值点和最大值点之间．假定 $f(x) \geqslant 0$，为什么能通过极小化 $f^2(x)$ 来极小化 $f(x)$？

2. 对下列每一数据集，构造数学模型写出公式，极小化数据和直线 $y = ax + b$ 间的最大偏差．如果有计算机可用，解出 a 和 b 的估计．

(a)

x	1.0	2.3	3.7	4.2	6.1	7.0
y	3.6	3.0	3.2	5.1	5.3	6.8

(b)

x	29.1	48.2	72.7	92.0	118	140	165	199
y	0.0493	0.0821	0.123	0.154	0.197	0.234	0.274	0.328

(c)

x	2.5	3.0	3.5	4.0	4.5	5.0	5.5
y	4.32	4.83	4.27	5.74	6.26	6.79	7.23

3. 对下列数据，构造数学模型写出公式，极小化数据和模型 $y = c_1 x^2 + c_2 x + c_3$ 间的最大偏差．如果有计算机可用，解出 c_1，c_2 和 c_3 的估计．

x	0.1	0.2	0.3	0.4	0.5
y	0.06	0.12	0.36	0.65	0.95

4. 对下列数据，构造数学模型写出公式，极小化数据和模型 $P = ae^{bt}$ 间的最大偏差．如果有计算机可用，解出 a 和 b 的估计．

t	7	14	21	28	35	42
P	8	41	133	250	280	297

5. 设变量 x_1 可以是任意实数值．说明下列使用非负变量 x_2 和 x_3 的替换允许 x_1 取任意实数值：

$$x_1 = x_2 - x_3, \quad x_1 \text{ 无限制}$$

且

$$x_2 \geqslant 0 \quad \text{和} \quad x_3 \geqslant 0$$

这样,倘若计算机只允许用非负变量,这一代替允许解出变量 x_2 和 x_3 的线性规划,然后再找出变量 x_1 的值.

3.3 应用最小二乘准则

假设我们预想到一个确定形式的模型,并且已经收集了数据并进行了分析. 在这一节用最小二乘准则来估计各种类型曲线的参数.

拟合直线

设预期模型的形式为 $y = Ax + B$,并决定用 m 个数据点 $(x_i, y_i)(i = 1, 2, \cdots, m)$ 来估计 A 和 B. 用 $y = ax + b$ 记作 $y = Ax + B$ 的最小二乘估计. 这时运用最小二乘准则(3-3),则要求极小化

$$S = \sum_{i=1}^{m} [y_i - f(x_i)]^2 = \sum_{i=1}^{m} (y_i - ax_i - b)^2$$

最优的一个必要条件是两个偏导数 $\partial S / \partial a$ 和 $\partial S / \partial b$ 等于零. 得方程

$$\frac{\partial S}{\partial a} = -2 \sum_{i=1}^{m} (y_i - ax_i - b) x_i = 0$$

$$\frac{\partial S}{\partial b} = -2 \sum_{i=1}^{m} (y_i - ax_i - b) = 0$$

重写这些方程得出

$$\left. \begin{array}{l} a \sum_{i=1}^{m} x_i^2 + b \sum_{i=1}^{m} x_i = \sum_{i=1}^{m} x_i y_i \\ a \sum_{i=1}^{m} x_i + mb = \sum_{i=1}^{m} y_i \end{array} \right\} \tag{3-4}$$

将 x_i 和 y_i 的全部值带入,从前面的方程可解出 a 和 b,用消去法很容易得到参数 a 和 b 的解(参看本节末习题 1). 得出

$$a = \frac{m \sum x_i y_i - \sum x_i \sum y_i}{m \sum x_i^2 - (\sum x_i)^2}, \qquad \text{斜率} \tag{3-5}$$

$$b = \frac{\sum x_i^2 \sum y_i - \sum x_i y_i \sum x_i}{m \sum x_i^2 - (\sum x_i)^2}, \qquad \text{截距} \tag{3-6}$$

对任一数据点集,容易写出计算机计算 a 和 b 值的程序. 方程(3-4)称为**正规方程**.

拟合幂曲线

现在对一个给定的数据点集用最小二乘准则拟合 $y = Ax^n$ 形式的曲线,n 为固定数. 研究模型 $f(x) = ax^n$ 的最小二乘估计,应用该准则要求极小化

$$S = \sum_{i=1}^{m} [y_i - f(x_i)]^2 = \sum_{i=1}^{m} [y_i - ax_i^n]^2$$

最优化的必要条件为导数 dS/da 等于零，给出方程

$$\frac{dS}{da} = -2\sum_{i=1}^{m} x_i^n [y_i - a x_i^n] = 0$$

从方程解出 a，得

$$a = \frac{\sum x_i^n y_i}{\sum x_i^{2n}} \tag{3-7}$$

记住方程(3-7)中，n 是固定的.

同样可以将最小二乘准则用于其他模型. 应用该方法的限制在于计算最优化过程中要求的各种导数，令这些导数为零，解这些得到的方程，求出模型类型中的参数.

例如，用表 3-3 给出的数据拟合 $y = Ax^2$，并预测 $x = 2.25$ 时 y 的值.

表 3-3 拟合 $y = Ax^2$ 数据集

x	0.5	1.0	1.5	2.0	2.5
y	0.7	3.4	7.2	12.4	20.1

这时，最小二乘估计 a 给定为

$$a = \frac{\sum x_i^2 y_i}{\sum x_i^4}$$

计算出 $\sum x_i^4 = 61.1875$，$\sum x_i^2 y_i = 195.0$. 得到 $a = 3.1869$(到小数点后四位). 这一计算给出了一个最小二乘近似模型

$$y = 3.1869 x^2$$

当 $x = 2.25$ 时，预测 y 值为 16.1337.

经变换的最小二乘拟合

在理论上最小二乘准则很易应用，但在实践上可能是有困难的. 例如，用最小二乘准则拟合模型 $y = Ae^{Bx}$. 研究模型的最小二乘估计 $f(x) = ae^{bx}$，应用该准则极小化

$$S = \sum_{i=1}^{m} [y_i - f(x_i)]^2 = \sum_{i=1}^{m} [y_i - ae^{bx_i}]^2$$

最优化的必要条件是，$\partial S/\partial a = \partial S/\partial b = 0$. 列出条件式，解这个非线性方程组是不容易的. 许多简单的模型会产生很复杂的求解过程，或者很难解的方程组. 基于这一原因，我们要使用变换，得出近似的最小二乘模型.

在 3.1 节对数据拟合直线，经常发现先变换数据再对变换后的数据拟合直线很方便. 例如，图形拟合 $y = Ce^x$，可以画出 $\ln y$ 对 x 的图，对变换后的数据拟合直线. 同样的想法可用于最小二乘准则，简化拟合过程的计算. 特别地，如果找到一个方便的变换，问题变成在变换后的变量 X 和 Y 间采用 $Y = AX + B$ 的形式，那么方程(3-4)可用来为变换后的变量拟合一条直线. 用上面的例子来说明这一技术.

假设我们想对一数据点集拟合幂曲线 $y = Ax^N$，用 α 记 A 的估计，n 记 N 的估计. 方程 $y = \alpha x^n$ 两边取对数得

$$\ln y = \ln\alpha + n\ln x \tag{3-8}$$

在变量 $\ln y$ 对 $\ln x$ 的图中，方程(3-8)构成一条直线. 在图上 $\ln\alpha$ 是 $x=0$ 时的截距，n 是直线的斜率. 用变换后变量和 $m=5$ 个数据点，由方程(3-5)和(3-6)解出斜率 n 和截距 $\ln\alpha$，有

$$n = \frac{5\sum(\ln x_i)(\ln y_i) - (\sum\ln x_i)(\sum\ln y_i)}{5\sum(\ln x_i)^2 - (\sum\ln x_i)^2}$$

$$\ln\alpha = \frac{\sum(\ln x_i)^2(\ln y_i) - (\sum\ln x_i)(\ln y_i)\sum\ln x_i}{5\sum(\ln x_i)^2 - (\sum\ln x_i)^2}$$

从表 3-3 给出的数据得到，$\sum\ln x_i = 1.321\,755\,8$，$\sum\ln y_i = 8.359\,597\,801$，$\sum(\ln x_i)^2 = 1.964\,896\,7$，$\sum(\ln x_i)(\ln y_i) = 5.542\,315\,175$，产生 $n = 2.062\,809\,314$，$\ln\alpha = 1.126\,613\,508$ 或 $\alpha = 3.085\,190\,815$. 所以方程(3-8)的最小二乘最佳拟合为(保留小数点后四位)

$$y = 3.0852x^{2.0628}$$

当 $x = 2.25$ 时，这一模型预测 $y = 16.4348$. 注意，这一模型不是我们前面所拟合的平方形式.

假设我们仍然希望对数据集拟合一个二次形 $y = Ax^2$. 用 a_1 记 A 的估计，以便与前面计算出的常数 a 和 α 区别. 方程 $y = a_1x^2$ 两边取对数，得

$$\ln y = \ln a_1 + 2\ln x$$

这时，$\ln y$ 对 $\ln x$ 的图是一条斜率为 2 的直线，截距为 $\ln a_1$. 使用(3-4)式的第二个方程计算截距，有

$$2\sum\ln x_i + 5\ln a_1 = \sum\ln y_i$$

从表 3-3 列出的数据，得到 $\sum\ln x_i = 1.321\,755\,8$ 和 $\sum\ln y_i = 8.359\,597\,801$. 因此，这一方程给出 $\ln a_1 = 1.143\,217\,24$ 或 $a_1 = 3.136\,844\,129$，产生最小二乘最佳拟合(保留小数点后四位)

$$y = 3.1368x^2$$

当 $x = 2.25$ 时，这一模型预测 $y = 15.8801$，它和第一个预测值 16.1337 有显著差异. 第一个预测值是未经数据变换，由 $y = Ax^2$ 的最小二乘最佳拟合得出的二次形 $y = 3.1869x^2$ 预测出的. 在下一节将比较这两个二次形模型(还有第三个模型).

前面的例子说明两个事实. 第一，如果一个方程进行变换，在变换后的变量间构成一直线方程，方程(3-4)能直接用来解出变换后的图中的斜率和截距. 第二，变换后的方程的最小二乘拟合与原方程的最小二乘拟合不是同一个，这个差异的起因是由于所产生的最优化问题是不同的. 在原始问题中，寻找曲线时，是极小化原始数据的偏差的平方和，而在变换后的问题中，极小化使用变换后的变量的偏差的平方和.

习题

1. 解(3-4)给出的两个方程，得出分别由(3-5)和(3-6)式给出的参数的值.

2. 使用(3-5)和(3-6)式估计直线的系数. 使直线和下列数据点间的偏差平方和达到极小.

(a)

x	1.0	2.3	3.7	4.2	6.1	7.0
y	3.6	3.0	3.2	5.1	5.3	6.8

(b)

x	29.1	48.2	72.7	92.0	118	140	165	199
y	0.0493	0.0821	0.123	0.154	0.197	0.234	0.274	0.328

(c)

x	2.5	3.0	3.5	4.0	4.5	5.0	5.5
y	4.32	4.83	5.27	5.74	6.26	6.79	7.23

对每一问，计算 D 和 d_{max} 以界定 c_{max}，将你解出的结果与 3.2 节问题进行比较．

3. 求使一数据点集与二次形模型 $y=c_1x^2+c_2x+c_3$ 间偏差平方和极小化的方法．使用这些方程对下列数据集找出 c_1，c_2 和 c_3 的估计．

x	0.1	0.2	0.3	0.4	0.5
y	0.06	0.12	0.36	0.65	0.95

计算 D 和 d_{max} 以界定 c_{max}，将你解出的结果与 3.2 节问题进行比较．

4. 为拟合模型 $P=ae^{bt}$ 做一个适当的变换，使用(3-4)式估计 a 和 b．

t	7	14	21	28	35	42
P	8	41	133	250	280	297

5. 细心地考虑问题 3 中你拟合二次形时产生的方程组．假设 $c_2=0$，对应的方程组将会怎样？在 $c_1=0$ 和 $c_3=0$ 的情形，重复这一问题．提供一个三次的方程组，检查你的结果．说明如何推广方程(3-4)的系统到拟合一个任意的多项式，如果多项式中有一个或多个系数为零，你将做什么？

6. 计算一个人体重的一般规则如下：对一位女性，用 3.5 乘身高(英寸)，再减 108．对一位男性，用 4.0 乘身高(英寸)，再减 128．如果一个人的骨架较小，调整计算结果，削减 10%．对骨架较大的人加 10%．对中等体形的人不调整．收集不同年龄、形体和性别的人的体重对身高的数据，使用(3-4)式和你的数据为男性拟合一条直线，为女性拟合另一条直线．这些直线的斜率和截距如何，怎样将这些结果与普遍规则进行比较？

在习题 7～10 中按给定模型用最小二乘法拟合数据．

7.

x	1	2	3	4	5
y	1	1	2	2	4

(a) $y=b+ax$

(b) $y=ax^2$

8. 弹簧拉伸的数据(参看 3.1 节习题 2)．

$x(\times10^{-3})$	5	10	20	30	40	50	60	70	80	90	100
$y(\times10^{-5})$	0	19	57	94	134	173	216	256	297	343	390

(a) $y=ax$

(b) $y=b+ax$

(c) $y=ax^2$

9. 美国黄松的数据(参看 3.1 节习题 3)．

x	17	19	20	22	23	25	28	31	32	33	36	37	39	42
y	19	25	32	51	57	71	113	140	153	187	192	205	250	260

(a) $y=ax+b$

(b) $y = ax^2$

(c) $y = ax^3$

(d) $y = ax^3 + bx^2 + c$

10. 行星的数据.

星体	周期(秒)	与太阳的距离(米)
水星	7.60×10^6	5.79×10^{10}
金星	1.94×10^7	1.08×10^{11}
地球	3.16×10^7	1.5×10^{11}
火星	5.94×10^7	2.28×10^{11}
木星	3.74×10^8	7.79×10^{11}
土星	9.35×10^8	1.43×10^{12}
天王星	2.64×10^9	2.87×10^{12}
海王星	5.22×10^9	4.5×10^{12}

拟合模型 $y = ax^{3/2}$.

 研究课题

1. 建议那些想了解统计相关性度量的初步知识的同学完成教学单元"运用最小二乘准则做曲线拟合"(Curve Fitting via the Criterion of Least-Squares, by John W. Alexander, Jr., UMAP 321)的要求. 这一单元提供了相关、散点图以及直线和曲线回归的简单介绍. 可构造散点图, 为拟合特殊的数据选取合适的函数. 使用计算机程序拟合曲线.

2. 从 2.3 节的研究课题 1~7 中选择一个课题, 用最小二乘法拟合你提议的比例性模型. 将你的最小二乘的结果与 2.3 节使用的模型进行比较, 找出对切比雪夫准则的界定值, 解释这一结果.

进一步阅读材料

Burden, Richard L., & J. Douglas Faires. *Numerical Analysis*, 7th ed. Pacific Grove, CA: Brooks/Cole, 2001.

Cheney, E. Ward, & David Kincaid. *Numerical Mathematics and Computing*. Monterey, CA: Brooks/Cole, 1984.

Cheney, E. Ward, & David Kincaid. *Numerical Analysis*, 4th ed. Pacific Grove, CA: Brooks/Cole, 1999.

Hamming, R. W. *Numerical Methods for Scientists and Engineers*. New York: McGraw-Hill, 1973.

Stiefel, Edward L. *An Introduction to Numerical Mathematics*. New York: Academic Press, 1963.

3.4   选择一个好模型

现在来考虑形如 $y = Ax^2$ 的各种模型的适当性. 这些模型是我们用前节中最小二乘和经变换的最小二乘准则拟合的. 使用最小二乘准则, 得到模型 $y = 3.1869x^2$. 评估模型是否很好地拟合了数据的一个途径是: 计算模型点和实际点间的偏差. 如果计算了偏差的平方和, 我们同时可以界定 c_{max}. 对模型 $y = 3.1869x^2$ 和表 3-3 给出的数据, 计算出的偏差列在表 3-4 中.

表 3-4   表 3-3 中的数据和拟合的模型 $y = 3.1869x^2$ 间的偏差

x_i	0.5	1.0	1.5	2.0	2.5
y_i	0.7	3.4	7.2	12.4	20.1
$y_i - y(x_i)$	-0.0967	0.2131	0.029 98	-0.3476	0.181 875

从表 3-4 可算出偏差的平方和为 0.209 54，所以 $D=(0.209\ 54/5)^{1/2}=0.204\ 714$. 由于 $x=2.0$ 时，最大绝对偏差为 0.3476，c_{max} 能界定如下：

$$D = 0.204\ 714 \leqslant c_{max} \leqslant 0.3476 = d_{max}$$

现在来求 c_{max}，因为存在五个数据点，数学问题是最小化五个数 $|r_i| = |y_i - y(x_i)|$ 的最大者. 将其称为 r. 我们要极小化 r，限制条件为 $r \geqslant r_i$ 和 $r \geqslant -r_i$，$i = 1，2，3，4，5$. 将我们的模型记为 $y(x) = a_2 x^2$，那么将表 3-3 的观测到的数据代入不等式 $r \geqslant r_i$ 和 $r \geqslant -r_i$，对 $i = 1，2，3，4，5$，产生下列线性规划：

最小化 r

满足约束条件

$$r - r_1 = r - (0.7 - 0.25a_2) \geqslant 0$$
$$r + r_1 = r + (0.7 - 0.25a_2) \geqslant 0$$
$$r - r_2 = r - (3.4 - a_2) \qquad \geqslant 0$$
$$r + r_2 = r + (3.4 - a_2) \qquad \geqslant 0$$
$$r - r_3 = r - (7.2 - 2.25a_2) \geqslant 0$$
$$r + r_3 = r + (7.2 - 2.25a_2) \geqslant 0$$
$$r - r_4 = r - (12.4 - 4a_2) \qquad \geqslant 0$$
$$r + r_4 = r + (12.4 - 4a_2) \qquad \geqslant 0$$
$$r - r_5 = r - (20.1 - 6.25a_2) \geqslant 0$$
$$r + r_5 = r + (20.1 - 6.25a_2) \geqslant 0$$

这一线性规划的解产生 $r = 0.282\ 93$ 和 $a_2 = 3.170\ 73$. 那么，我们将最大的偏差从 $d_{max} = 0.3476$ 降到了 $c_{max} = 0.282\ 93$. 注意，我们无法进一步降低模型类型 $y = Ax^2$ 的最大偏差 0.282 93.

现在确定了模型类型 $y = Ax^2$ 的参数 A 的三个估计. 哪个最好呢？表 3-5 中是根据每一个模型从每一个数据点计算出的偏差记录.

对三个模型的每一个可计算偏差平方和与最大绝对偏差，结果列在表 3-6 中.

表 3-5　每一 $y = Ax^2$ 模型偏差的总结

x_i	y_i	$y_i - 3.1869x_i^2$	$y_i - 3.1368x_i^2$	$y_i - 3.17073x_i^2$
0.5	0.7	-0.0967	-0.0842	-0.0927
1.0	3.4	0.2131	0.2632	0.2293
1.5	7.2	0.0294 75	0.1422	0.0659
2.0	12.4	-0.3476	-0.1472	-0.2829
2.5	20.1	0.181 875	0.4950	0.282 93

表 3-6　三个模型的结果的总结

准　则	模　型	$\sum[y_i - y(x_i)]^2$	$\text{Max}\,|y_i - y(x_i)|$
最小二乘	$y = 3.1869x^2$	0.2095	0.3476
变换后最小二乘	$y = 3.1368x^2$	0.3633	0.4950
切比雪夫	$y = 3.170\ 73x^2$	0.2256	0.282 93

　　如我们所预料，每一个模型都有优势方面．然而，考虑到在变换后的最小二乘模型中偏差平方和的增长，我们将选用简单的规划来选择模型．比如，选择有最小绝对偏差者(同样存在其他的拟合优度的统计指示量，可参看 *Probability and Statistics in Engineering and Management Science*，by William W. Hines and Douglas C. Montgomery，New York：Wiley，1972)，以此去掉明显很差的模型，这些指示量是有用的．但上面的问题用哪个模型最好仍不易回答．具有最小绝对偏差或最小平方和的模型在你最关注的范围中可能拟合得很差．进一步，在第 4 章将看到，不难构造出通过每一数据点的模型，这样偏差平方和与最大偏差都是零．所以，我们回答哪个模型最好要以具体个案为基础，要考虑模型的目的、实际情况要求的精度、数据的准确性以及使用模型时独立变量的值的范围．

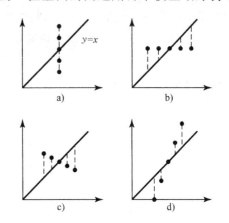

图 3-15　在这些图中，模型 $y=x$
有同样的偏差平方和

　　选择模型或评价模型的适当性时，我们可能试图借助所用的最佳拟合准则的值．例如，可能试图使所选模型对给定的数据集有最小的偏差平方和或偏差平方和比一个认定拟合得很好的值要小，然而孤立地用这些指示量可能有严重误导．例如，考虑图 3-15 中显示的数据，四个情形对模型 $y=x$ 产生了完全相同的偏差．因此没有图的帮助，我们可能得出结论，认为每一情况模型拟合数据的结果是相同的．然而如图所示，在追踪数据的倾向时，每一模型的可用性存在显著的不同．下面的例子说明，在决定一个特殊模型的适当性时，如何借助各种指示量．正常情况下，图形有很大帮助．

例 1　车辆的停止距离

　　回顾预测车辆停止距离的问题，将其作为车辆速度的一个函数(问题描述见 2.2 节和 3.3 节)．在 3.3 节的子模型，反应距离 d_r 正比于速度 v，并用图形做了检验，比例常数估计为 1.1．类似地，预测刹车距离 d_b 与速度平方 v^2 为正比例的子模型也经过检验，有理由认同该子模型，并估计正比常数为 0.054．因此，停止距离模型定为

$$d = 1.1v + 0.054v^2 \tag{3-9}$$

现在解析地拟合这些子模型，并比较各种拟合．

　　使用最小二乘准则拟合模型，使用(3-7)式的公式

$$A = \frac{\sum x_i y_i}{\sum x_i^2}$$

其中 y_i 为每一数据点驾驶员的反应距离，x_i 为每一数据点的速度．对表 2-3 给出的 13 个数据点，计算得 $\sum x_i y_i = 409\,05$ 和 $\sum x_i^2 = 370\,50$，得出 $A = 1.104\,049$．

　　对模型 $d_b = Bv^2$ 使用公式

$$B = \frac{\sum x_i^2 y_i}{\sum x_i^4}$$

其中 y_i 为每一个数据点的平均刹车距离，x_i 为每一数据点的速度. 对表 2-4 给出的 13 个数据点计算出 $\sum x_i^2 y_i = 8\,258\,350$ 和 $\sum x_i^4 = 152\,343\,750$，得出 $B = 0.054\,209$. 因为数据相当不精确且是定性地建模，我们归整系数得到模型

$$d = 1.104v + 0.0542v^2 \tag{3-10}$$

模型(3-10)与第 3 章用图示获得的没有显著差异. 接下来，我们分析模型拟合得如何. 现在已经能够计算表 2-3 中观测的数据点与模型(3-9)和(3-10)预测值间的偏差. 这些偏差总结在表 3-7 中，两个模型的拟合非常相似. 模型(3-9)的最大绝对偏差是 30.4，而模型(3-10)是28.8. 注意，到 70mph 为止，两个模型均过高估计停止距离，而之后低估了停止距离. 代替前面个别地拟合的子模型，直接对总的停止距离拟合模型 $d = k_1 v + k_2 v^2$ 应能获得一个更好的模型. 个别地拟合子模型并检验子模型的优点是可以检验它们是否很好地说明了状况.

表 3-7　观测数据点与模型(3-9)和(3-10)预测值间的偏差

速　度	图示模型(3-9)	最小二乘模型(3-10)	速　度	图示模型(3-9)	最小二乘模型(3-10)
20	1.6	1.76	55	14.35	15.175
25	5.25	5.475	60	12.4	13.36
30	8.1	8.4	65	7.15	8.255
35	13.15	13.535	70	−1.4	−0.14
40	14.4	14.88	75	−14.75	−13.325
45	16.35	16.935	80	−30.4	−28.8
50	17	17.7			

为确定是否较好地拟合了数据，画一个所用模型和观测数据点的图是有用的. 模型(3-10)和观测点画在图 3-16 中.

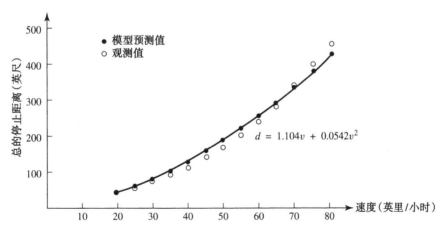

图 3-16　给出的模型和观测数据点的绘图提供了模型适合性的视觉检查

图 3-16 提供了一个模型适合性的视觉检查. 看图形可以证实在数据中存在一个确定的倾向. 模型(3-10)很好地说明了这种倾向，特别在低速度部分.

有一种很好的办法可以快速确定模型在何处受到破坏，即画出偏差(残差)图，将偏差作为

独立变量的一个函数. 模型(3-10)的偏差图绘在图 3-17 中, 说明到 70mph 为止, 模型的确是可取的. 超出 70mph, 在预测观测到的状况方面, 模型不再适用.

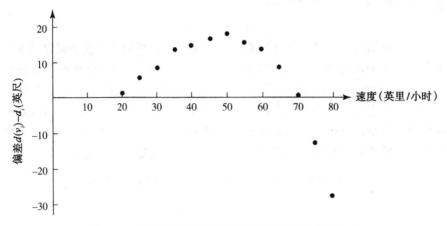

图 3-17　揭示模型拟合得不好的区域的偏差(残差)图

更细心地考察图 3-17, 虽然到 70mph 为止偏差相当小, 但它们全是正的. 如果模型完满地解释了状况, 偏差不仅应该小, 而且应有正有负. 为什么? 注意到图 3-17 中偏差的特征中的一个确定模式, 可使我们重新考察模型和数据. 偏差中模式的特征能提示我们如何进一步精炼模型. 在这里, 数据收集过程中的不够精确无法为进一步的模型精炼提供保证. ■

例2　比较准则

我们考虑下列涉及直径、高度、体积和直径^{3}的数据. 观察图 3-18 中的倾向.

直径	体积
8.3	10.3
8.8	10.2
10.5	16.4
11.3	24.2
11.4	21.4
12.0	19.1
12.9	22.2
13.7	25.7
14.0	34.5
14.5	36.3
16.0	38.3
17.3	55.4
18.0	51.0
20.6	77.0

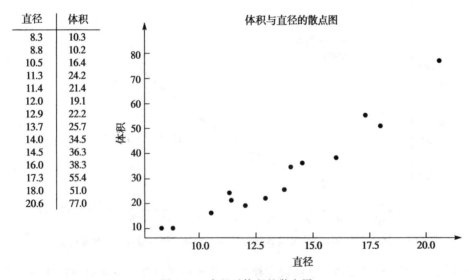

图 3-18　直径对体积的散点图

我们希望拟合模型 $V = kD^3$. 比较全部三个准则: (a)最小二乘, (b)绝对偏差和, (c)极小化最大误差(切比雪夫准则). 虽然这些方法中(b)和(c)的解法未出现在本文中，但我们仍然可以解释这些模型的结果.

(a)**最小二乘法**　使用公式找到最小二乘估计 k

$$k = \frac{\sum D_i^3 V}{\sum D_i^6}$$

$$k = 1\ 864\ 801 / 19\ 145\ 566 = 0.009\ 74$$

这个回归方程是

$$\text{体积} = 0.009\ 74\ \text{直径}^3$$

总的 SSE 是 451.

(b)**绝对偏差和**　我们用第 7 章描述的数值优化方法解这个问题.

极小化 $S = \sum |y_i - ax_i^3|$，$i = 1, 2, \cdots, 14$. 这里给出模型值和绝对误差的汇总. a 的最佳系数值为 0.009 995，其相应的绝对误差和为 68.602 55.

直径	体积	模型值	绝对误差	系数	0.009 995
8.3	10.3	5.714 861	4.585 139		
8.8	10.2	6.811 134	3.388 866		
10.5	16.4	11.570 16	4.829 842		
11.3	24.2	14.421 38	9.778 624		
11.4	21.4	14.807 64	6.592 357		
12	19.1	17.270 91	1.829 094		
12.9	22.2	21.455 59	0.744 408		
13.7	25.7	25.7	2.45E-06		
14	34.5	27.425 56	7.074 441		
14.5	36.3	30.470 21	5.829 794		
16	38.3	40.938 44	2.638 444		
17.3	55.4	51.744 92	3.650 079		
18	51	58.289 31	7.289 307		
20.6	77	87.372 15	10.372 15		
	绝对误差和		68.602 55		

这一模型是

$$\text{体积} = 0.009\ 995\ \text{直径}^3$$

应该指出的是，如果使用这一方法并计算 SSE，它应该大于从最小二乘获得的值 451. 另外，如果计算最小二乘法模型的绝对误差和，其值应大于 68.602 55.

(c)**切比雪夫方法**　我们使用第 7 章描述的线性规划方法. 用近似技术解这一规划. 根据切比雪夫方法，规划模型为

$$\text{极小化}\quad R$$

约束为

$$R + 10.3 - 571.787k \geqslant 0$$

$$R - (10.3 - 571.787k) \geqslant 0$$

$$R + 10.2 - 681.472k \geqslant 0$$
$$R - (10.2 - 681.472k) \geqslant 0$$
$$\cdots$$
$$R + 77 - 8741.816k \geqslant 0$$
$$R - (77 - 8741.816k) \geqslant 0$$
$$R, k \geqslant 0$$

其最优解是 $k = 0.009\ 936\ 453\ 825$，$R = 9.862\ 690\ 776$. 模型为

$$体积 = 0.009\ 936\ 453\ 825\ 直径^3$$

目标函数值(极小化的 R)即最大误差为 $9.862\ 690\ 776$.

准则就是根据我们追求极小化误差平方和，还是极小化绝对误差和，抑或是极小化最大绝对误差来进行选择.

 习题

对下面的每一问题，用数据或用经变换的数据(如果适当)使用最小二乘准则求出一个模型. 将你的结果与 3.1 节问题中观测到的图形拟合进行比较，对每一模型计算偏差、极大绝对偏差以及偏差平方和. 如果模型是用最小二乘准则拟合的，求关于 c_{max} 的一个界.

1. 3.1 节问题 3.   2. 3.1 节问题 4a.   3. 3.1 节问题 4b.

4. 3.1 节问题 5a.   5. 3.1 节问题 2.   6. 3.1 节问题 6.

7. (a)在下列数据中，W 表示一条鱼的重量. l 表示它的长度，使用最小二乘准则拟合模型 $W = kl^3$.

长度 l(英寸)	14.5	12.5	17.25	14.5	12.625	17.75	14.125	12.625
重量 W(盎司)	27	17	41	26	17	49	23	16

(b)在下列数据中，g 表示一条鱼的身围. 使用最小二乘准则对数据拟合模型 $W = klg^2$.

长度 l(英寸)	14.5	12.5	17.25	14.5	12.625	17.75	14.125	12.625
身围 g(英寸)	9.75	8.375	11.0	9.75	8.5	12.5	9.0	8.5
重量 W(盎司)	27	17	41	26	17	49	23	16

(c)两个模型哪个拟合数据较好？全面评判，你更喜欢哪一个模型？为什么？

8. 使用在习题 7(b)中的数据拟合模型 $W = cg^3$ 和 $W = kgl^2$. 解释这些模型，计算适当的指示量并确定哪个模型是最佳的. 做出说明.

 研究课题

1. 写出一个计算机程序. 求下列模型中系数的最小二乘估计：

    (a) $y = ax^2 + bx + c$ (b) $y = ax^n$

2. 写出一个计算机程序，计算数据点和使用者遇到的任一模型的偏差. 假定模型是用最小二乘准则拟合的，计算 D 和 d_{max}. 输出每一数据点、每一数据点的偏差、D、d_{max} 和偏差平方和.

3. 写出计算机程序，使用(3-4)式和适当的变换后的数据计算下列模型的参数.

    (a)$y = bx^n$ (b)$y = be^{ax}$ (c)$y = a\ln x + b$

    (d)$y = ax^2$ (e)$y = ax^3$

第 4 章　实 验 建 模

引言

在第 3 章中我们从哲学角度讨论了曲线拟合和插值的差异．拟合一条曲线时，建模者利用一些假定来选择一个特定的模型类型，以解释观测值反映的状况．如果收集到的数据证实了这些假定的合理性，建模者的任务则是为所选定的曲线选取参数，使其在某些准则下（如最小二乘）是最佳的．这时建模者会预料到并且也会接受所拟合的模型与收集的数据间的一些偏差，从而获得一个解释已知状况的模型．这样做的问题是：在许多情况下，建模者不可能构造一个满意地解释已知状况的易于处理的模型形式，即建模者不知道什么样的曲线确切地描述了已知的状况．这时，如果仍然必须预测其状况，建模者可以进行实验（或收集数据），在某一区域中选择独立变量的值研究相依变量的状况．在此意义上，建模者愿意基于收集的数据构造一个**经验模型**，而不是基于某些假定选择一个模型．这种情况下，建模者会受到所细心收集并分析的数据的强力影响，他要搜寻一条曲线，追踪数据的倾向，在数据点间做出预测．

例如，考虑图 4-1a 的数据，如果建模者的假定引出一个二次模型的预想，应有图 4-1b 所示的拟合数据点的一条抛物线．然而如果建模者没有预想到一个特别的模型类型，则会代之以图 4-1c 所示的通过这些数据的一条光滑曲线．

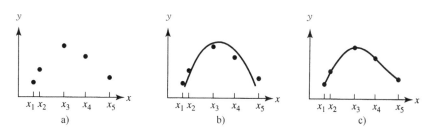

图 4-1　如果建模者预想到一个二次关系，可像 b 那样用一条抛物线拟合数据，否则可像 c 那样画一条通过这些点的光滑曲线

在这一章我们阐述经验模型的构造．在 4.1 节研究简单的单项模型的选择过程，这些模型追踪了数据的倾向．我们将介绍几个情形，对这些情形一些建模者会试图构造一个解释模型，比如预报 Chesapeake 海湾海产品的收成．在 4.2 节讨论通过收集的数据点的高阶多项式的构造方法．在 4.3 节研究使用低阶多项式对数据进行光滑化．最后在 4.4 节，给出三次样条插值的技术，用一个特别的三次多项式穿过相继的数据点对．

4.1　Chesapeake 海湾的收成和其他的单项模型

我们考虑一种情形，这时一个建模者已经收集到一些数据，但不能以此构造一个解释模型．在 1992 年《每日评论》（Daily Press，美国弗吉尼亚州的一家报纸）报告了收集到的过去 50

年中 Chesapeake 海湾海产品收成方面的数据. 我们将考察几种情形，并使用 Chesapeake 海湾的商贸行业提供的如下数据：(a)收获蓝鱼的观测数据，(b)收获蓝蟹的观测数据. 表 4-1 是将在我们的单项式模型中使用的数据.

表 4-1   1940～1990 年海湾的收成

年	蓝鱼(磅)	蓝蟹(磅)	年	蓝鱼(磅)	蓝蟹(磅)
1940	15 000	100 000	1970	290 000	4 400 000
1945	150 000	850 000	1975	650 000	4 660 000
1950	250 000	1 330 000	1980	1 200 000	4 800 000
1955	275 000	2 500 000	1985	1 500 000	4 420 000
1960	270 000	3 000 000	1990	2 750 000	5 000 000
1965	280 000	3 700 000			

收获的蓝鱼对时间的散点图如图 4-2 所示，收获的蓝蟹的散点图如图 4-3 所示. 图 4-2 清楚显示出时间增长时有收获更多蓝鱼的趋势，这指明或暗示了蓝鱼的可利用性. 并没有一个很显见的更精确的描述. 在图 4-3 中，趋势是蓝蟹收成增加，同样，一个精确的模型并不很显见.

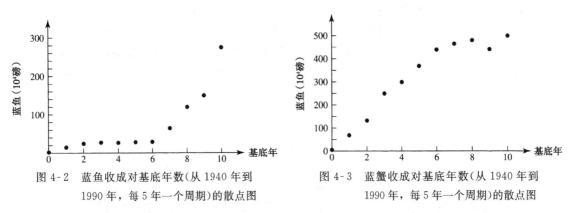

图 4-2　蓝鱼收成对基底年数(从 1940 年到 1990 年，每 5 年一个周期)的散点图

图 4-3　蓝蟹收成对基底年数(从 1940 年到 1990 年，每 5 年一个周期)的散点图

在这节剩下的部分，我们提出如何随着时间的变化预测蓝鱼的可利用性. 我们的策略是变换表 4-1 的数据，使得所产生的图形近似一直线，这样得到一个工作模型. 但怎样确定这一变换呢？我们将利用变量 z 的幂次阶梯表[⊖]，帮助选择一个适当的线性变换.

幂次阶梯	…	z^2	z	$\sqrt{z}$	$\log z$	$\dfrac{1}{\sqrt{z}}$	$\dfrac{1}{z}$	$\dfrac{1}{z^2}$	…

图 4-4 显示五个数据点 (x, y) 的集合. 同时有当 $x>1$ 时 $y=x$ 的直线. 假设将每一点的 y 的值改变成为 $\sqrt{y}$. 这将产生新的关系 $y=\sqrt{x}$，这时 y 的值在问题的定义域范围内更集中. 注意全部 y 的值都变小了，但大值的变化幅度比小值更大.

改变每点的 y 值为 $\log y$，有类似的情况但影响更显著. 阶梯每向下增加一梯步，产生的类

⊖　参见 Paul F. Velleman and David C. Hoaglin, *Applications, Basics, and Computing of Exploratory Data Analysis* (Boston：Duxbury Press, 1981), p. 49.

似影响就更强一些.

在图 4-4 中，我们从最简单的线性函数开始，这样做只是为了方便. 如果我们取一个向上凹的正值函数，例如，$y = f(x)(x > 1)$，如：

那么在阶梯中处于 y 的下方的某些变换，将 y 值变为 $\sqrt{y}$ 或 $\log y$ 或更剧烈的变化，挤压右侧尾部向下，并更可能产生比原来的函数更接近直线的新函数. 应该采用哪个变换是反复试验（或不断摸索）和经验的问题. 另一种可能是拉伸右侧的尾部向右（尝试改变 x 的值成为 x^2，x^3 等）.

如果我们取到一个向下凹的正值增函数 $y = f(x)$，$x > 1$，如：

我们可以希望拉伸其右侧尾部向上来线性化（尝试改变 y 的值成为 y^2，y^3 等）. 另一种可能是挤压右侧尾部向左（尝试改变 x 的值成为 $\sqrt{x}$ 和 $\log x$ 或阶梯中变化更剧烈的梯步）.

注意，虽然用 $1/z$ 或 $1/z^2$ 等代替 z，可能某些时候有一个所希望的效应，但这样一来替换也有一个不希望的效应——一个增函数逆转成减函数，当使用阶梯表中 $\log$ 以下的变换时会有这样的结果. 数据分析时常加上一个负号，这样保持变换的数据与原数据有同样的次序，表 4-2 列出了一个常用的变换阶梯.

让我们带着变换阶梯中的这些变换，回到 Chesapeske 海湾的收成数据.

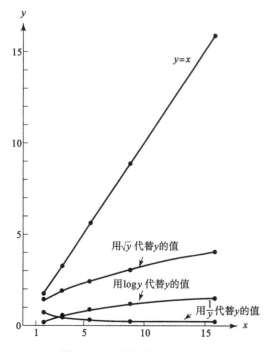

图 4-4 三种变换的相对影响

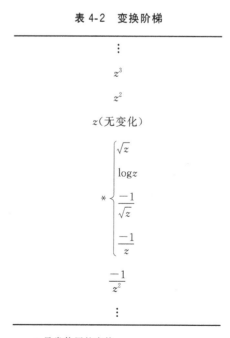

表 4-2 变换阶梯

$$\vdots$$
$$z^3$$
$$z^2$$

z（无变化）

$$* \begin{cases} \sqrt{z} \\ \log z \\ \dfrac{-1}{\sqrt{z}} \\ \dfrac{-1}{z} \end{cases}$$

$$\dfrac{-1}{z^2}$$
$$\vdots$$

* 最常使用的变换.

例1 收获蓝鱼

回到图 4-2 的散点图. 数据的倾向显示出是增的、凹的, 使用幂次阶梯挤压右侧尾部向下, 改变 y 的值, 用 $\log y$ 或其他阶梯向下的变换代替 y. 另一个选择是用 x^2 或 x^3 或其他阶梯向上的幂次代替 x. 表 4-3 列有数据, 其中为了数值上方便, 1940 年的基底年数为 $x=0$, 每一基底年数代表一个 5 年的时段.

表 4-3　海湾的收成: 蓝鱼(1940～1990)

年	基底年	蓝鱼(磅)	年	基底年	蓝鱼(磅)
	x	y		x	y
1940	0	15 000	1970	6	290 000
1945	1	150 000	1975	7	650 000
1950	2	250 000	1980	8	1 200 000
1955	3	275 000	1985	9	1 550 000
1960	4	270 000	1990	10	2 750 000
1965	5	280 000			

我们开始拉伸右侧尾部向右, 将 x 的值改为阶梯向上的几种值(x^2, x^3 等). 这些变换没有一个产生线性图形. 下一步是将 y 的值改成阶梯向下的 $\sqrt{y}$ 或 $\log y$ 的值. $\sqrt{y}$ 和 $\log y$ 对 x 的图形看来比变换 x 变量得到的图形更接近直线(y 对 x^2 和 x 对 $\sqrt{y}$ 的图在线性方面是相同的). 我们选取 $\log y$ 对 x 的模型, 用最小二乘拟合这一形式的模型

$$\log y = mx + b$$

找到下列估出的曲线

$$\log y = 0.7231 + 0.1654x$$

其中 x 是基底年, $\log y$ 是以 10 为底的对数, y 的单位是 10^4 磅(参看图 4-5).

$y = \log n$ 的充要条件为 $10^y = n$, 利用这一性质, 借助计算器的帮助能得到下式:

$$y = 5.2857(1.4635)^x \qquad (4\text{-}1)$$

其中 y 的单位是 10^4 磅蓝鱼, x 是基底年数. 模型的图示表明数据拟合得相当好. 图 4-5 显示了散点图上添加的这一曲线图形. 为了有一个简单的单项模型我们将接受某些误差.

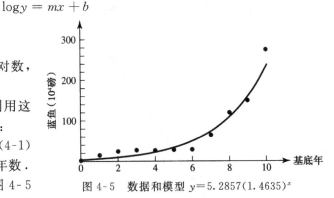

图 4-5　数据和模型 $y = 5.2857(1.4635)^x$

例2 收获蓝蟹

回到原散点图 4-3. 数据的倾向是增的、下凹的, 借助这一信息我们利用变换的阶梯. 使用表 4-4 的数据, 以 1940 年为基底年($x=0$), 每一基底年代表一个 5 年的时段.

如前所述, 我们试图改变 y 的值成为 y^2 或 y^3 或其他阶梯向上的值, 来线性化这些数据. 几次试验后, 我们选取用 $\sqrt{x}$ 代替 x 的值, 挤压右侧尾部向左, 这儿提供一个 y 对 $\sqrt{x}$ 的图 (图 4-6). 在图 4-7 中我们加上了一条过原点的放射直线 $y = k\sqrt{x}$(y 的截距为 0). 用第 3 章的最小二乘法求 k 得到

$$y = 158.344\sqrt{x} \qquad\qquad (4\text{-}2)$$

其中 y 的单位是 10^4 磅蓝蟹，x 是基底年.

表 4-4   海湾的收成：蓝蟹(1940～1990)

年	基底年	蓝蟹(磅)	年	基底年	蓝蟹(磅)
	x	y		x	y
1940	0	100 000	1970	6	4 400 000
1945	1	850 000	1975	7	4 660 000
1950	2	1 330 000	1980	8	4 800 000
1955	3	2 500 000	1985	9	4 420 000
1960	4	3 000 000	1990	10	5 000 000
1965	5	3 700 000			

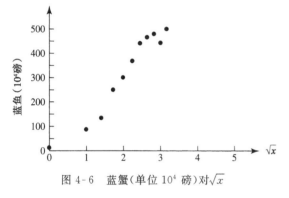

图 4-6   蓝蟹(单位 10^4 磅)对 $\sqrt{x}$ 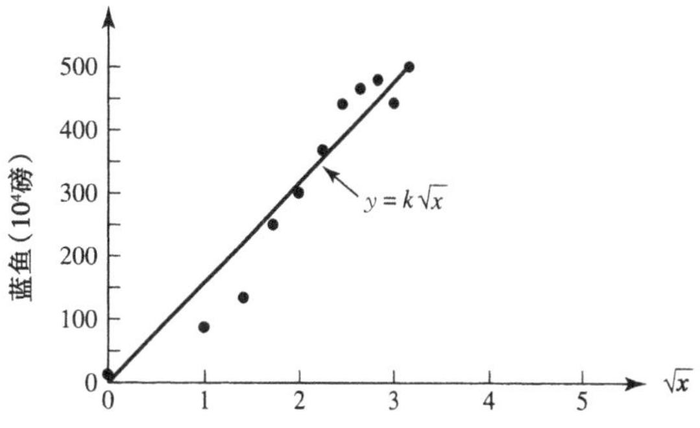   图 4-7   直线 $y = 158.344\sqrt{x}$

图 4-8 画出在散点图上的前述模型的图形，说明曲线似乎是可取的. 因为它拟合了有关的数据，同时有我们期望的简单的单项模型. ■

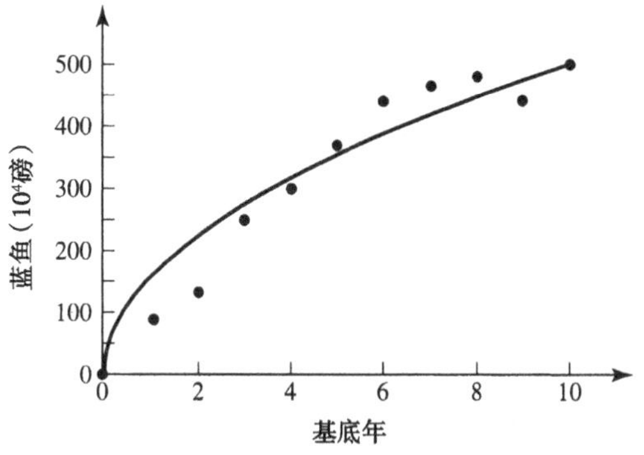

图 4-8   数据和模型 $y = 158.344\sqrt{x}$

验证模型

基于模型的预测是否很好？比较观测值与预测值，我们可以对每一对数据计算残差和相对误差. 在许多情况下，建模者会要求对未来做预测或外推，在预测 2010 年海湾的收成时，这些模型会依然适用吗？

蓝鱼的下述结果可能比一个能给出的预测要大，而蓝蟹的结果可能比一个能给出的预测要稍小一点.

$$\text{蓝鱼} \quad y = 5.2857(1.4635)^{14} = 1092.95(10^4 \text{ 磅}) \approx 10.9 \text{ 百万磅}$$

$$\text{蓝蟹} \quad y = 158.344\sqrt{14} = 592.469(10^4 \text{ 磅}) \approx 5.92 \text{ 百万磅}$$

这些简单的单项模型应该用于插值而不应用于外推，在第 10 章和第 11 章我们将更彻底地讨论群体的增长的建模.

现在总结一下这一节的想法. 当我们构造一个预测模型时，总是从细心分析收集到的数据开始，看数据存在什么样的倾向？是否有明显处于倾向以外的数据点？如果这样的异常值存在，想想是否抛弃它们？如果是实验观测到的，重复该实验做一个数据收集错误的检查．当某一倾向确实清楚存在时，下一步是找到一个将数据变换成一直线（近似地）的函数．可尝试这一节给出的变换的阶梯表中列出的函数，也可考虑第 3 章中讨论的变换．这样，如果选择了模型 $y=ax^b$，应画一个 $\ln y$ 对 $\ln x$ 的图，看是否产生一直线．同样，在研究模型 $y=ae^{bx}$ 的适当性时，应画 $\ln y$ 对 x 的图看是否产生一直线．应注意在第 3 章的讨论，警惕变换的使用如何带来欺骗性，特别当数据点集中在一起时．我们的评判严格说是定性的，目的是确定一个特别的模型类型是否可取．当我们认为一个确定的模型类型比较符合数据的倾向时，我们可用图示或第 3 章讨论的解析技术估计模型的参数．最后，必须选用第 3 章讨论的指示量分析拟合优度．记住对原始的而不是对变换后的数据画出所提供的模型．如果我们对这一拟合不满意，可以研究其他的单项模型．倘若由于固有的简单性，单项模型不能拟合全部数据集，这时要使用其他的技术．在后面的几节中将讨论这些方法．

 习题

1976 年 Marc 和 Helen Bornstein 研究了日常生活中的步伐[⊖]，观察城镇的规模变大时，生活节奏是否变得更快．他们系统地观测了城镇的主要街道上徒步者步行 50 英尺所需要的平均时间．表 4-5 中我们给出了一些他们收集的数据，变量 P 代表城镇人口，变量 V 代表徒步者步行 50 英尺的平均速度．习题 1～5 基于表 4-5.

表 4-5　人口和 50 英尺路段的平均速度，15 个地区[①]

地　　区	人　口(P)	平均速度 V(英尺/秒)
(1)布尔诺，捷克	341 948	4.81
(2)布拉格，捷克	1 092 759	5.88
(3)科特，科西嘉	5 491	3.31
(4)巴士底，法国	49 375	4.90
(5)慕尼黑，德国	1 340 000	5.62
(6)赛克农，克里特(希腊)	365	2.76
(7)依提亚，希腊	2 500	2.27
(8)依拉克林，希腊	78 200	3.85
(9)雅典，希腊	867 023	5.21
(10)沙非特，以色列	14 000	3.70
(11)戴姆拉，以色列	23 700	3.27
(12)纳塔尼亚，以色列	70 700	4.31
(13)耶路撒冷，以色列	304 500	4.42
(14)新海文，美国	138 000	4.39
(15)布鲁克林，美国	2 602 000	5.05

①Bornstein 数据．

1. 对表 4-5 中数据拟合模型 $V=CP^a$，使用变换 $\log V=a\log P+\log C$，画 $\log V$ 对 $\log P$ 的图．这样的关系看似合理吗？

(a)作 $\log P$ 对 $\log V$ 的表．

⊖　Bornstein, Marc H., and Helen G. Bornstein, "The Pace of Life." *Nature* 259(19 February 1976)：557—559.

(b)构造一个 log-log 数据的散点图.

(c)在你的散点图中用肉眼确定一直线 l.

(d)估计斜率和截距.

(e)求出关于 $\log V$ 和 $\log P$ 的线性方程.

(f)求出用 P 表示 V 的 $V = CP^a$ 形式的方程.

2. 在原始的散点图上加上你在问题 1(f)中求出的方程的图像.

3. 使用数据、计算器以及你在问题 1(f)中为 V 确定的模型,完成表 4-6.

4. 利用表 4-6 的数据计算 Bornstein 的误差 $|V_{观测} - V_{预测}|$ 的平均值,关于模型的价值,这些结果有什么提示?

5. 用模型 $V = m(\log P) + b$ 解答问题 1~4. 将误差与问题 4 中算出的误差进行比较. 这两个模型,哪一个更好些?

6. 表 4-7 和图 4-9 列出的数据是 Chesopeake 海湾的牡蛎的收成,对数据拟合一个简单的单项模型.你找出的拟合数据的最佳单项模型好吗?最大误差是多少?平均误差是多少?

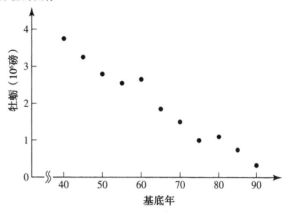

图 4-9　牡蛎(10^6 磅)对基底年

表 4-6　对 15 个地区观测到的平均速度

地区[①]	观测到的速度 V	预测的速度	地区[①]	观测到的速度 V	预测的速度
1	4.81		9	5.21	
2	5.88		10	3.70	
3	3.31		11	3.27	
4	4.90		12	4.31	
5	5.62		13	4.42	
6	2.76		14	4.39	
7	2.27		15	5.05	
8	3.85				

①地区的名称见表 4-5.

表 4-7　海湾中的牡蛎

年	牡蛎收成(蒲式耳)	年	牡蛎收成(蒲式耳)
1940	3 750 000	1970	1 500 000
1945	3 250 000	1975	1 000 000
1950	2 800 000	1980	1 100 000
1955	2 550 000	1985	750 000
1960	2 650 000	1990	330 000
1965	1 850 000		

7. 在表 4-8 中,X 是华氏温度,Y 是一分钟内一只蟋蟀的鸣叫次数,为这些数据拟合一个模型,分析该拟合是否很好?

表 4-8　温度和 20 只蟋蟀的每分钟鸣叫

观测序号	X	Y	观测序号	X	Y
1	46	40	11	61	96
2	49	50	12	62	88
3	51	55	13	63	99
4	52	63	14	64	110
5	54	72	15	66	113
6	56	70	16	67	120
7	57	77	17	68	127
8	58	73	18	71	137
9	59	90	19	72	132
10	60	93	20	71	137

注：数据来自 Frederick E. Croxton, Dudley J. Cowden, and Sidney Klein, *Applied General Statistics*, 3rd ed. (Englewood Cliffs, NJ: Prentice-Hall, 1967), p. 390 的一个散点图.

8. 为表 4-9 拟合一个模型，你熟悉这些数据吗？由这些数据你能得出什么关系？

表　4-9

观测序号	X	Y	观测序号	X	Y
1	35.97	0.241	6	886.70	29.460
2	67.21	0.615	7	1783.00	84.020
3	92.96	1.000	8	2794.00	164.800
4	141.70	1.881	9	3666.00	248.400
5	483.70	11.860			

9. 下列数据是美国黄松的两个特征测量值，变量 X 是树身中部测得的直径，单位为英寸，Y 是体积的测量值，单位为板英尺数除以 10. 对该数据拟合模型，用 X 表示出 Y.

20 棵美国黄松的直径和体积

观测序号	X	Y	观测序号	X	Y
1	36	192	11	31	141
2	28	113	12	20	32
3	28	88	13	25	86
4	41	294	14	19	21
5	19	28	15	39	231
6	32	123	16	33	187
7	22	51	17	17	22
8	38	252	18	37	205
9	25	56	19	23	57
10	17	16	20	39	265

注：数据来自 Croxton, Cowden, and Klein, *Applied General Statistics*, p. 421.

10. 下列数据是一群鱼的长度和重量. 将鱼的重量作为长度的函数建模.

身长（英寸）	12.5	12.625	14.125	14.5	17.25	17.75
重量（盎司）	17	16.5	23	26.5	41	49

11. 下列是美国 1800 到 2000 年的人口数据，将人口（单位千人）作为年的函数建模，你的模型拟合得好吗？对

这些数据，一个单项模型合适吗？为什么？

年	1800	1820	1840	1860	1880	1900	1920
人口(千)	5308	9638	17 069	31 443	50 156	75 995	105 711

年	1940	1960	1980	1990	2000
人口(千)	131 669	179 323	226 505	248 710	281 416

 研究课题

1. 完成 UMAP 551，Bruce King 著的"*The Pace of Life，An Introduction to Model Fitting*"(生活的步伐——经验模型拟合导论)的要求. 为课堂讨论准备一篇简短的综述.

进一步阅读材料

Bornstein，Marc H.，& Helen G. Bornstein，"The Pace of Life."*Nature* 259(19 February 1976)：557-559.

Croxton，Fredrick E.，Dudley J. Crowden，& Sidney Klein，*Applied General Statistics*，7th ed. Englewood Cliffs，NJ：Prentice-Hall，1985.

Neter，John，& William Wassermann，*Applied Linear Statistical Models*，4th ed. Boston：McGraw-Hill，1996.

Vellman，Paul F.，& David C. Hoaglin，*Applications，Basics，and Computing of Exploratory Data Analysis*. Boston：Duxbury Press，1984.

Yule，G. Udny，"Why Do We Sometimes Get Nonsense-Correlations between Time Series? A Study in Sampling and the Nature of Time Series."*Journal of the Royal Statistical Society* 89(1926)：1-69.

4.2 高阶多项式模型

在 4.1 节我们研究了拟合一个简单的单项模型的可能性，以便追踪收集到的数据的趋势. 由于其固有的简单性，单项模型易于进行模型分析，这包括敏感性分析、优化、变化率以及曲线下面积的估计. 然而，由于其数学上的简单性，在追踪收集到的数据的趋势时，单项模型的可用性是有限的. 在某些情况下，必须考虑多于一项的模型. 在这一章的剩余部分我们将考虑一种有多项的模型，即多项式模型. 由于多项式容易积分、微分，其应用特别普遍. 当然多项式也有它的缺点，例如，逼近一个有垂直渐近线的数据集时，使用多项式的商 $p(x)/q(x)$ 更适宜，而不是使用一个简单的多项式.

我们从研究通过数据集中每一点的多项式开始，该数据集对独立变量的每一个值仅有一个观测值.

考虑图 4-10a 的数据，唯一的一条直线 $y=a_0+a_1x$ 能够通过两个给定的数据点. 按直线通过点 $(x_1，y_1)$ 和 $(x_2，y_2)$ 的条件确定 a_0 和 a_1，那么

$$y_1 = a_0 + a_1 x_1$$
$$y_2 = a_0 + a_1 x_2$$

类似地，有唯一的一个最高阶为 2 的多项式 $y=a_0+a_1x+a_2x^2$ 能够通过三个不同的点，如图 4-10b. 解下列线性方程组可确定 a_0、a_1 和 a_2

$$y_1 = a_0 + a_1 x_1 + a_2 x_1^2$$
$$y_2 = a_0 + a_1 x_2 + a_2 x_2^2$$

$$y_3 = a_0 + a_1 x_3 + a_2 x_3^2$$

我们来解释为什么这里使用"最高"这个字眼．注意如果图 4-10b 的三个点出现在一条直线上，那么通过三点的最高阶为 2 的多项式函数必须是一条直线（阶为 1 的多项式函数），而不是一般所设想的二次函数．定语"唯一"也很重要．存在无数个阶大于 2 的多项式通过图 4-10b 的三个点（在用到图 4-10c 之前，证实这一事实），但仅有一个阶为 2 或小于 2 的多项式．虽然这一事实可能不是很明显，我们将在后面叙述一个支持这一事实的定理．现在先回忆一下中学的几何，平面上的三个点确定一个唯一的圆，圆也可用一个二阶的代数方程表示．下面我们将在一个应用问题中说明这些想法，然后讨论这一过程的优缺点．

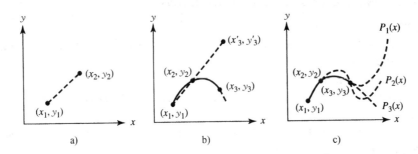

图 4-10　一个唯一的最高阶为 2 的多项式能够通过三个数据点（a 和 b），但能够通过三个数据点而阶高于 2 的多项式有无数个（c）

例 1　带式录音机的播放时间

　　收集一个特定的录音机的计数器的数据及相应的录音机的播放时间．假设我们不可能为这一系统建造一个明确的模型，但仍有兴趣预测可能出现的情况．我们如何解决这一困难呢？作为一个例子，我们构造一个经验模型，将录音机的播放时间作为计数器读数的函数，预测其总数．

　　令 c_i 表示计数器读数，t_i（秒）为对应的播放时间总数．考虑下列数据：

c_i	100	200	300	400	500	600	700	800
t_i（秒）	205	430	677	945	1233	1542	1872	2224

　　一个经验模型是一个通过数据的每一点的多项式．我们有八个数据点，应期望一个最高阶为 7 的唯一多项式，记此多项式为

$$P_7(c) = a_0 + a_1 c + a_2 c^2 + a_3 c^3 + a_4 c^4 + a_5 c^5 + a_6 c^6 + a_7 c^7$$

八个数据点要求常系数 a_i 满足线性代数方程组

$$205 = a_0 + 1a_1 + 1^2 a_2 + 1^3 a_3 + 1^4 a_4 + 1^5 a_5 + 1^6 a_6 + 1^7 a_7$$

$$430 = a_0 + 2a_1 + 2^2 a_2 + 2^3 a_3 + 2^4 a_4 + 2^5 a_5 + 2^6 a_6 + 2^7 a_7$$

$$\vdots$$

$$2224 = a_0 + 8a_1 + 8^2 a_2 + 8^3 a_3 + 8^4 a_4 + 8^5 a_5 + 8^6 a_6 + 8^7 a_7$$

　　解具有高数值精度的大型线性方程组是艰巨的．在前面的说明中，对每一个计数器读数除以 100，以减少困难．因为计数器数据的值要出现 7 次方，容易使量值相差几个数量级．由于

a_i 要和一个高达七次方的数相乘，故应尽可能精确．例如：一个小的 a_7 可以随着 c 的变大而变得有实际意义，这样的观测值提醒我们，即使在使用很好地追踪了数据趋势的多项式函数时，若超出观测值的范围，仍可能存在许多危险．借助一个计算器程序获得下列方程组的解：

$$a_0 = -13.999\,992\,3 \qquad a_4 = -5.354\,166\,491$$

$$a_1 = 232.911\,903\,1 \qquad a_5 = 0.801\,388\,862\,1$$

$$a_2 = -29.083\,331\,88 \qquad a_6 = -0.062\,499\,997\,8$$

$$a_3 = 19.784\,721\,56 \qquad a_7 = 0.001\,984\,126\,9$$

现在来看经验模型拟合数据好到什么程度，用 $P_7(C_i)$ 记多项式预测，得到：

c_i	100	200	300	400	500	600	700	800
t_i	205	430	677	945	1233	1542	1872	2224
$P_7(C_i)$	205	430	677	945	1233	1542	1872	2224

对 $P_7(C_i)$ 的预测值舍入到小数第四位，给出了与观测到的数据（这应是期望的）完全一致的预测值，产生零绝对偏差．现在可以看到，使用在第 3 章中任一最佳拟合准则作为最佳模型的唯一评判是愚蠢的．我们真的能够认为这一模型比提供的其他模型更好吗？

让我们看一看这一新的模型 $P_7(C_i)$ 多么好地追踪了数据的趋势．模型如图 4-11 所示．

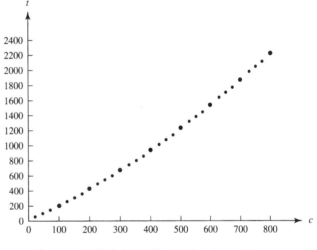

图 4-11 预测录音机播放时间的一个经验模型

多项式的拉格朗日形式

从前面的讨论可以期望，给定 $(n+1)$ 个不同的数据点，存在唯一的一个最高阶为 n 的多项式通过全部数据点．由于在此多项式中存在与数据点同样个数的系数，直觉地，我们会想到仅有一个这样的多项式，虽然这里没有证明，但这个设想是正确的．我们来给出三次多项式的拉格朗日(Lagrange)形式，并简短地讨论如何为高阶多项式求出系数：

设收集到下列数据：

x	x_1	x_2	x_3	x_4
y	y_1	y_2	y_3	y_4

考虑下述三次多项式：

$$P_3(x) = \frac{(x-x_2)(x-x_3)(x-x_4)}{(x_1-x_2)(x_1-x_3)(x_1-x_4)}y_1 + \frac{(x-x_1)(x-x_3)(x-x_4)}{(x_2-x_1)(x_2-x_3)(x_2-x_4)}y_2$$

$$+ \frac{(x-x_1)(x-x_2)(x-x_4)}{(x_3-x_1)(x_3-x_2)(x_3-x_4)}y_3 + \frac{(x-x_1)(x-x_2)(x-x_3)}{(x_4-x_1)(x_4-x_2)(x_4-x_3)}y_4$$

自己证实一下该多项式确实是三次的，且当 $x = x_i$ 时有值 y_i. 记住为了避免除数分母为零，x_i 的值必须都不相同. 注意每一 y_i 的系数中分子和分母的模式，在构成任一所要求的阶的多项式时，都会得到这样相同的模式. 下面的结果证实了这一方法.

定理 1　如果 x_0，x_1，$\cdots$，x_n 是 $(n+1)$ 个不同的点，而 y_0，y_1，$\cdots$，y_n 是这些点上对应的观测值，那么，存在一个唯一的最高阶为 n 的多项式 $P(x)$，具有性质

$$y_k = P(x_k) \quad 对 \ k = 0,1,\cdots,n$$

这一多项式由下式给定

$$P(x) = y_0 L_0(x) + \cdots + y_n L_n(x) \tag{4-3}$$

其中

$$L_k(x) = \frac{(x - x_0)(x - x_1)\cdots(x - x_{k-1})(x - x_{k+1})\cdots(x - x_n)}{(x_k - x_0)(x_k - x_1)\cdots(x_k - x_{k-1})(x_k - x_{k+1})\cdots(x_k - x_n)}$$

由于多项式(4-3)通过每一数据点，产生的绝对偏差和为零，考虑第 3 章中的各种最佳拟合准则，我们期望用高阶多项式，拟合较大的数据集. 无论如何，这样的拟合是准确的. 我们来考察使用高阶多项式的优点和缺点.

高阶多项式的优点和缺点

如前面章节中我们已经看到的一些情况，确定代表我们模型的曲线的面积和在一个特殊点曲线的变化率，可能是件很有意思的事情. 多项式函数易于积分和微分，如果能够获得一个多项式，它很合适地表达了基本的状态，近似估计出未知的真实模型的积分和微分，应该也是很容易的. 现在考虑高阶多项式的一些缺点. 对表 4-10 给出的 17 个数据点，数据的趋势是明显的，对于区间 $-8 \leqslant X \leqslant 8$ 中的全部 x 均有 $y = 0$.

表　4-10

x_i	-8	-7	-6	-5	-4	-3	-2	-1	0	1	2	3	4	5	6	7	8
y_i	0	0	0	0	0	0	0	0	0	0	0	0	0	0	0	0	0

假设方程(4-3)用来确定一个多项式通过这些点，由于存在 17 个不同的数据点，会认定一个通过给定点的唯一的最高阶为 16 的多项式. 图 4-12 显示了通过这些数据点的一个多项式的图.

注意虽然这一多项式通过这些数据点(在计算机舍入误差的容忍限内)，在区间端点的附近，多项式有严重的摆动，这样在估计邻近 $+8$ 或 -8 的数据点的 y 时会有大的误差. 同样考虑使用多项式的导数估计数据的变化率或用多项式下的面积估计由数据圈出的面

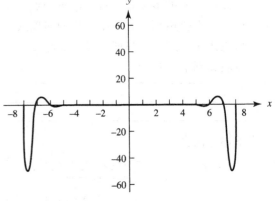

图 4-12　通过表 4-10 的数据点拟合一个高阶多项式

积时会有误差. 高阶多项式的这种在区间端点邻近处严重的摆动是使用时的一个严重缺点.

再给出一个用高阶多项式拟合数据的例子. 数据的散点图提示用一条光滑、递增、上凹的曲线(见图 4-13).

x	0.55	1.2	2	4	6.5	12	16
y	0.13	0.64	5.8	102	210	2030	3900

对数据拟合 6 阶多项式(这里有七对数, $n=7$), 并画出多项式的图, 如图 4-14 所示。

$$y = -0.0138x^6 + 0.5084x^5 - 6.4279x^4 + 34.8575x^3 - 73.9916x^2 + 64.3128x - 18.0951$$

这样, 虽然高阶的 $(n-1)$ 阶多项式给出一个精确的拟合, 但在端点处从升到降的变化做出了超出数据范围的有问题的预测. 另外, 在数据范围内从升到降的多项式改变也是有问题的.

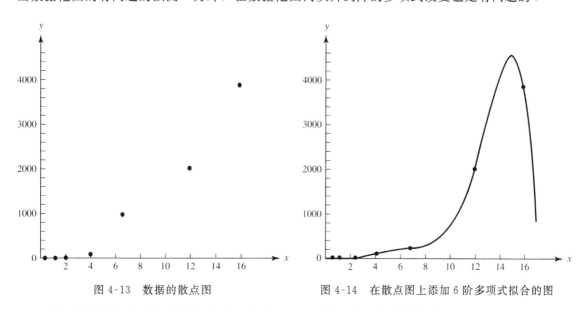

图 4-13   数据的散点图   图 4-14   在散点图上添加 6 阶多项式拟合的图

现在说明高阶多项式的其他缺点, 考虑表 4-11 给出的三个数据集合.

表   4-11

x_i	0.2	0.3	0.4	0.6	0.9
情况 1: y_i	2.7536	3.2411	3.8016	5.1536	7.8671
情况 2: y_i	2.754	3.241	3.802	5.154	7.867
情况 3: y_i	2.7536	3.2411	3.8916	5.1536	7.8671

讨论一下这三种情况, 情况 2 纯粹是情况 1 的精度稍差的数据, 每一个观测的数据点少了一位有效数字. 情况 3 是情况 1 在 $x=0.4$ 对应的观测值有一个误差, 注意这一误差出现在第三位有效数字(3.8916 代替了 3.8016). 直观上, 我们会认为得到的插值多项式应该类似, 因为数据的趋势完全类似. 让我们来确定插值多项式, 看看是否真的这样.

由于每一情况有五个不同的数据点, 一个最高阶为 4 的唯一多项式能通过每一数据点, 记 4 阶多项式为

$$P_4(x) = a_0 + a_1 x + a_2 x^2 + a_3 x^3 + a_4 x^4$$

表 4-12 列出了三种情况下，拟合数据点确定的系数 a_0，a_1，a_2，a_3，a_4（到小数点后四位）. 注意虽然多项式的图形在观测值的区间(0.2，0.9)上是接近相同的，但系数的值对数据相当灵敏.

表 4-12

	a_0	a_1	a_2	a_3	a_4
情况 1	2	3	4	-1	1
情况 2	2.0123	2.8781	4.4159	-1.5714	1.2698
情况 3	3.4580	-13.2000	64.7500	-91.0000	46.0000

　　三个每种情况下的四阶多项式的图形见图 4-15. 这个例子说明了高阶多项式系数对数据微小变化的敏感性. 由于预期会出现测量误差，和高阶多项式摆动的倾向一样，系数的敏感性限制了它在建模中的使用. 下面两节将考虑一些技术，致力于改进这一节发现的不足.

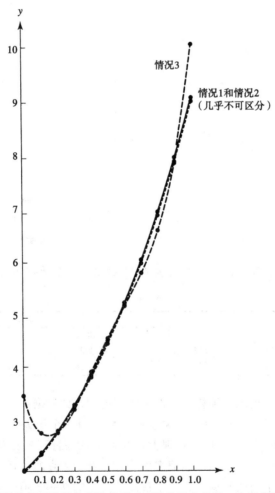

图 4-15　小的测量误差能招致所得高阶多项式系数的巨大差异，注意观测范围外多项式的偏离

习题

1. 对这一节带式录音机的问题，给出确定通过数据每一点的多项式系数的方程组，如果可利用计算机，确定该多项式并画出图形．该多项式反映了数据的倾向吗？

2. 考虑 4.1 节习题 1 中关于步伐的数据，为数据拟合一个 14 阶的多项式．讨论使用多项式做预测的缺点，如果可利用计算机，确定并画出该多项式．

3. 在下面的数据中，X 是华氏温度，Y 是一分钟内一个蟋蟀的鸣叫次数(参看 4.1 节习题 7)．做数据的散点图．讨论使用通过数据点的 18 阶多项式作为经验模型的适宜性．如果有计算机，为数据拟合出多项式并画出结果．

X	46	49	51	52	54	56	57	58	59	60
Y	40	50	55	63	72	70	77	73	90	93
X	61	62	63	64	66	67	68	71	72	
Y	96	88	99	110	113	120	127	137	132	

4. 在下面的数据中，X 表示一棵美国黄松树干中部测得的直径，Y 是测得的体积，为板英尺除 10．做数据的散点图．讨论用通过数据点的 13 阶多项式作为经验模型的适宜性．如果有计算机，拟合出多项式并作图．

X	17	19	20	22	23	25	31	32	33	36	37	38	39	41
Y	19	25	32	51	57	71	141	123	187	192	205	252	248	294

4.3 光滑化：低阶多项式模型

我们寻找一些保留了高阶多项式的优点而摒弃了其缺点的方法，一个通用的技术是选取一个低阶多项式，而不管数据的个数．这样的选择正常情况下会产生一种状况，即数据点的数目会超过确定多项式所需系数的个数．由于要确定的常数比数据点少，低阶多项式通常不通过全部数据点．例如：决定对一个 10 个数据点的集合拟合一个二次式，因为通常不可能将一个二次形通过 10 个数据点，必须决定哪一个二次形最佳拟合了数据(根据第 3 章讨论的某一准则)，这一过程称为**光滑化**．图 4-16 是一个说明．使用低阶多项式，同时不要求它通过每一数据点，合在一起将降低多项式摆动的倾向，以及它对数据中微小变化的敏感性，因为不要求通过全部数据点，这一个二次函数实现了数据光滑化．

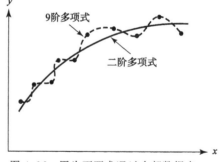

图 4-16 因为不要求通过全部数据点，二次函数使数据光滑化

光滑化的过程要求做出两个决定．第一必须选定插值多项式的阶．第二根据某一准则确定最佳拟合多项式的系数．这就产生了第 3 章讨论的形式的优化问题．例如：可以决定对 10 个数据点拟合一个二次式模型，使用最小二乘最佳拟合准则．我们将回顾用最小二乘准则对数据集拟合一个多项式的过程，然后再转到更困难的问题：如何最好地选择插值多项式的阶．

例 1 再论带式录音机的播放时间

再次考虑前一节中的带式录音机的问题．对一个特定的有计数器的盒式录音机或磁带录音机，记数与播放消耗的时间有关．如果有兴趣预测播放的时间，但又不可能构建出明确的模型，可以代之以构造一个经验模型．让我们拟合一个下列形式的二阶多项式．

$$P_2(c) = a + bc + dc^2$$

其中 c 是计数器读数，$P_2(c)$ 是播放的时间，a、b、d 是待定常数，考虑前一节为带式录音机收集的数据，如表 4-13 所示．

表 4-13　为带式录音机收集的数据

c_i	100	200	300	400	500	600	700	800
t_i (秒)	205	430	677	945	1233	1542	1872	2224

我们的问题是确定常数，使所得二次式模型最佳拟合这些数据．虽然有其他准则可用，我们将寻求一个二次式，极小化偏差平方和，数学上表示问题为

$$\text{Minimize } S = \sum_{i=1}^{m} \left[t_i - (a + bc_i + dc_i^2) \right]^2$$

存在极小点的必要条件（$\partial S/\partial a = \partial S/\partial b = \partial S/\partial d = 0$）产生下列方程

$$ma + \left(\sum c_i \right)b + \left(\sum c_i^2 \right)d = \sum t_i$$

$$\left(\sum c_i \right)a + \left(\sum c_i^2 \right)b + \left(\sum c_i^3 \right)d = \sum c_i t_i$$

$$\left(\sum c_i^2 \right)a + \left(\sum c_i^3 \right)b + \left(\sum c_i^4 \right)d = \sum c_i^2 t_i$$

对表 4-13 给定的数据，上述方程组变成

$$8a + 3600b + 2\,040\,000d = 9128$$

$$3600a + 2\,040\,000b + 1\,296\,000\,000d = 5\,318\,900$$

$$2\,040\,000a + 1\,296\,000\,000b + 8.772 \times 10^{11}d = 3\,435\,390\,000$$

解该方程组，得出 $a = 0.142\,86$，$b = 1.942\,26$ 和 $d = 0.001\,05$，给出了二次式

$$P_2(c) = 0.142\,86 + 1.942\,26c + 0.001\,05c^2$$

可以算出观测值和由模型 $P_2(c)$ 所做预测二者间的偏差：

c_i	100	200	300	400	500	600	700	800
t_i	205	430	677	945	1233	1542	1872	2224
$t_i - P_2(c_i)$	0.167	−0.452	0.000	0.524	0.119	−0.214	−0.476	0.333

注意这些偏差相对于时间量的阶非常小．

当我们考虑使用低阶多项式进行光滑化时，应该想到两个问题：

1. 应该用一个多项式吗？

2. 如果应该，几阶的多项式合适？

导数的概念能帮助回答这两个问题．

均差

注意二次式函数有一特性，它的二阶导数是常数，三阶导数为零，也就是给定

$$P(x) = a + bx + cx^2$$

有

$$P'(x) = b + 2cx$$
$$P''(x) = 2c$$
$$P'''(x) = 0$$

然而，可利用的信息仅是一个离散的点集．如何利用这些点来估计各种导数？参看图 4-17 并回忆导数的定义：

$$\frac{\mathrm{d}y}{\mathrm{d}x} = \lim_{\Delta x \to 0} \frac{\Delta y}{\Delta x}$$

由于在 $x = x_1$ 处 $\mathrm{d}y/\mathrm{d}x$ 可以几何地解释为曲线在此处的切线的斜率．从图 4-17 看到，除非 Δx 很小，比例 $\Delta y/\Delta x$ 不可能是 $\mathrm{d}y/\mathrm{d}x$ 的一个好的估计，尽管如此，如果 $\mathrm{d}y/\mathrm{d}x$ 处处均为零，那么 Δy 必须为零．这样我们能在所列出的相继函数值间计算差分 $y_{i+1} - y_i = \Delta y$，以此了解一阶导数的状况．

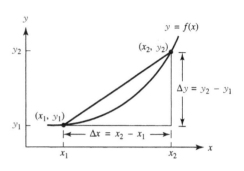

图 4-17 $y = f(x)$ 在 $x = x_1$ 的导数是割线的斜率的极限

类似地，如果一阶导数仍是一个函数，可重复上述过程估计二阶导数．也就是说，能通过计算一阶导数的相继估计值间的差分来近似二阶导数．在完整描述整个过程之前，先举一个简单的例子说明这一想法．

我们知道曲线 $y = x^2$ 通过点 $(0, 0)$，$(2, 4)$，$(4, 16)$，$(6, 36)$ 和 $(8, 64)$，假设收集到的数据如表 4-14 所示，使用表中的数据构造出一个差分表，如表 4-15 所示．

表 4-14   一个设想的收集到的数据集

x_i	0	2	4	6	8
y_i	0	4	16	36	64

计算 $y_{i+1} - y_i$，$i = 1, 2, 3, 4$，构成一阶差分，记为 Δ. 从 Δ 列的相继的一阶差分间算出二阶差分，记为 Δ^2. 一列一列地继续这一过程，直至从 n 个数据点算出 Δ^{n-1}. 从表 4-15 看到，我们的例子中二阶差分是常数，三阶差分是零．这一结果与二次式函数有常数的二阶导数和为零的三阶导数的事实是一致的．

表 4-15   表 4-14 数据的差分表

数	据	差	分		
x_i	y_i	Δ	Δ^2	Δ^3	Δ^4
0	0				
2	4	4	8		
4	16	12	8	0	0
6	36	20	8	0	
8	64	28			

尽管数据的特征基本上是二次形，由于数据收集过程及建模中的各种误差，我们不应期望差分准确地为零．然而可以期望数值变得很小．可以计算**均差**以改进对所谓"小"的评判．注意表 4-15 中计算的差分是各阶导数的各个分子的估计．能够用对应的分母的估计去除分子来改进这些估计．

表 4-16   一阶和二阶均差分别估计一阶和二阶导数

数据		一阶均差	二阶均差
x_1	y_1	$\dfrac{y_2 - y_1}{x_2 - x_1}$	$\dfrac{\dfrac{y_3 - y_2}{x_3 - x_2} - \dfrac{y_2 - y_1}{x_2 - x_1}}{x_3 - x_1}$
x_2	y_2		
x_3	y_3	$\dfrac{y_3 - y_2}{x_3 - x_2}$	

表 4-16 考虑三个数据点以及一阶和二阶导数的估计，对应的估计分别称为一阶和二阶均差．一阶均差直接来自比值 $\Delta y/\Delta x$. 二阶导数表示一阶导数的变化率，我们可以相似地估计 x_1 和 x_3 间一阶导数的变化．也就是计算相邻的一阶均差间的差分，并除以发生这一变化的区间的长度（这里为 x_3-x_1）. 二阶均差的几何解释参看图 4-18.

实践中容易构造均差表．在当前的阶的相邻的均差间取差分，然后用发生这一变化的区间的长度去除，则产生高阶的均差．Δ^n 为 n 阶均差．表 4-17 列出了表 4-14 数据的均差表．记住表中每一个均差的分子是容易的，为了记住给定的均差的分母，我们可以建立返回到原始数据位置 y_i 的对角线，计算对应的 x_i 间的差分，表 4-17 对一个三阶均差做了说明．当 x_i 是不等跨距时，这样的构造更有价值．

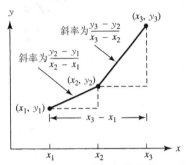

图 4-18　二阶均差可解释为相邻的斜率（一阶均差）间的差分除以发生这一变化的区间的长度

表　4-17

数据		均差		
x_i	y_i	Δ	Δ^2	Δ^3
0	0			
2	−4	4/2 = 2		
4	16	12/2 = 6	4/4 = 1	
6	36	20/2 = 10	4/4 = 1	0/6 = 0
8	−64	28/2 = 14	4/4 = 1	0/6 = 0

（$\Delta x = 6$）

例 2　再论带式录音机的播放时间

现在回到为带式录音机播放时间构造经验模型．应该选取几阶的光滑化多项式呢？先构造表 4-13 的给定数据的均差表，如表 4-18 所示．

表 4-18　带式录音机数据的均差表

数据		均差			
x_i	y_i	Δ	Δ^2	Δ^3	Δ^4
100	205				
200	430	2.2500			
300	677	2.4700	0.0011		
400	945	2.6800	0.0011	0.0000	
500	1233	2.8800	0.0010	0.0000	0.0000
600	1542	3.0900	0.0011	0.0000	0.0000
700	1872	3.3000	0.0011	0.0000	0.0000
800	2224	3.5200	0.0011		

从表 4-18 看到二阶均差基本上是常数，三阶均差到小数点后第四位均为零．从这个表可以看出数据基本上是二次的，支持用二次多项式作为经验模型．现在建模者可以再研究一下假定对确定二次关系是否合适．∎

差分表中的观测值

对均差表，几种观测值是需要注意的．首先 x_i 必须不同，并按增序排列．由于用一个小的数值作除数会引起数值运算的困难，需要重视 x_i 相邻很近的问题．测量 x_i 和 y_i 两者的尺度也必须留意．例如，假设 x_i 代表距离，是按英里测量的，如果单位改变为码，分母会变得很大，均差会很小．因此对"小"的评判是相对的、定性的．然而要记住在决定用不用一个低阶多项式之前是要进一步仔细研究的，接收一个模型前应想到用画图来分析拟合优度．

使用均差表时，必须灵敏地感觉数据中出现的误差和不规则变化．测量误差能够在整个表中传播，甚至会自行扩大．例如考虑下面的差分表：

Δ^{n-1}	Δ^n	Δ^{n+1}
6.01		
6.00	-0.01	
	0.01	0.02
6.01		

假设 Δ^{n-1} 列确实是常数，但出现相对很小的测量误差，在 Δ^n 列所给出的测量误差引出负号，在 Δ^{n+1} 列中数的量值要比 Δ^n 列的大．虽然 Δ^{n-1} 列基本上是常数，这些误差的影响不仅出现在随后的列中，并且扩散到其他行．由于在收集的数据中出现误差和不规则变化是正常的，要重视它们在差分表中影响的敏感性．

历史上，均差表用于确定内插多项式的各种形式，使得多项式通过一个选定的数据点的子集．今天，光滑化和三阶样条等其他内插技术更为通用．虽然如此，计算差分表是容易的，它们与其所近似的导数一样，很方便地提供了一个有用的数据信息源．

例3　车辆的停止距离

下面的问题已经在 2.2 节给出过．预测一个车辆的总的停止距离，将其作为速度的一个函数．在前几章构造了明确的模型来描述车辆的状况，这一节将回顾这些模型．目前假设没有明确的模型，仅有表 4-19 的数据．

表 4-19　总的停止距离和速度间关系的数据

速度 v(英里／小时)	20	25	30	35	40	45	50	55	60	65	70	75	80
距离 d(码)	42	56	73.5	91.5	116	142.5	173	209.5	248	292.5	343	401	464

如果建模者对通过数据光滑化构造一个经验模型感兴趣，可构造表 4-20 的均差表．

考察表可以发现三阶均差与数据相比量值很小，并有负号开始出现．如前面的讨论，负号可能指示在数据中存在测量误差或者低阶多项式不能追踪的变化．负号对剩余的列的差分也有不利的影响．这儿我们可以决定使用一个二次式模型，理由是无法判断加进高阶项后能大大削减偏差．但我们的判断只是定性的．三次项有可能解释一些最佳二次式不能解释的偏差(否则，三次项的系数的优选值将是零，二次和三次多项式会相同)，但加入高阶项增加了模型的复杂性、它对摆动的易感性以及对数据误差的敏感性．统计学中研究这些问题．

在下面的模型中，v 表示车辆的速度，$P(v)$ 是停止距离，a、b 和 c 是待定常数：

$$P(v) = a + bv + cv^2$$

表 4-20　总的停止距离和速度的数据的均差表

数据		均差			
v_i	d_i	Δ	Δ^2	Δ^3	Δ^4
20	42				
25	56	2.2800	0.0700		
30	73.5	3.5000	0.0100	−0.0040	0.0006
35	91.5	3.6000	0.1300	0.0080	−0.0007
40	116	4.9000	0.0400	−0.0060	0.0004
45	142.5	5.3000	0.0800	0.0027	0.0000
50	173	6.1000	0.1200	0.0027	−0.0004
55	209.5	7.3000	0.0400	−0.0053	0.0005
60	248	7.7000	0.1200	0.0053	−0.0003
65	292.5	8.9000	0.1200	0.0000	0.0001
70	343	10.1000	0.1500	0.0020	−0.0003
75	401	11.6000	0.1000	−0.0033	
80	464	12.6000			

我们的问题是确定 a、b 和 c，产生最佳拟合数据的二次式模型. 虽然可用其他的准则，我们将极小化偏差平方和求出二次形，即：

$$\text{Minimize } S = \sum_{i=1}^{m} \left[d_i - (a + bv_i + cv_i^2) \right]^2$$

极小化的必要条件（$\partial S / \partial a = \partial S / \partial b = \partial S / \partial c = 0$），产生下列方程：

$$ma + \left(\sum v_i \right)b + \left(\sum v_i^2 \right)c = \sum d$$

$$\left(\sum v_i \right)a + \left(\sum v_i^2 \right)b + \left(\sum v_i^3 \right)c = \sum v_i d_i$$

$$\left(\sum v_i^2 \right)a + \left(\sum v_i^3 \right)b + \left(\sum v_i^4 \right)c = \sum v_i^2 d_i$$

代入表 4-19 的数据得方程组

$$13a + 650b + 37\,050c = 2652.5$$

$$650a + 37\,050b + 2\,307\,500c = 163\,970$$

$$37\,050a + 2\,307\,500b + 152\,343\,750c = 10\,804\,975$$

得到解 $a = 50.0594$，$b = -1.9701$ 和 $c = 0.0886$（舍入到小数点后第四位）. 因此经验二次形模型给定为

$$P(v) = 50.0594 - 1.9701v + 0.0886v^2$$

最后表 4-21 分析了 $P(v)$ 的拟合. 因为多出一个参数（这里为常数），吸纳了一些误差，这一经验模型比前面 3.4 节得到的下列模型拟合得好.

$$d = 1.104v + 0.0542v^2$$

但是要注意当速度为零时，经验模型预测停止距离接近 50 码. ■

表 4-21　用二次多项式光滑化停止距离

v_i	20	25	30	35	40	45	50
d_i	42	56	73.5	91.5	116	142.5	173
$d_i - P(v_i)$	−4.097	−0.182	2.804	1.859	2.985	1.680	−0.054

（续）

v_i	55	60	65	70	75	80
d_i	209.5	248	292.5	343	401	464
$d_i - P(v_i)$	−0.719	−2.813	−3.838	−3.292	0.323	4.509

例 4　酵母培养物的增长

在这个例子中考虑一个数据点集，其均差表能够帮助决定低阶多项式是否能提供一个满意的经验模型．数据是一个培养物中随时间（小时）测量的酵母细胞的总体．表 4-22 给出了总体数据的均差表．

表 4-22　一培养物中酵母增长的均差表

数据		均差			
t_i	P_i	Δ	Δ^2	Δ^3	Δ^4
0	9.60				
		8.70			
1	18.30		1.00		
		10.70		0.92	
2	29.00		3.75		−0.31
		18.20		−0.30	
3	47.20		2.85		0.84
		23.90		3.07	
4	71.10		12.05		−1.46
		48.00		−2.77	
5	119.10		3.75		1.51
		55.50		3.28	
6	174.60		13.60		−1.51
		82.70		−2.75	
7	257.30		5.35		0.11
		93.40		−2.30	
8	350.70		−1.55		−0.05
		90.30		−2.48	
9	441.00		−9.00		0.29
		72.30		−1.32	
10	513.30		−12.95		0.94
		46.40		2.43	
11	559.70		−5.65		−0.16
		35.10		1.80	
12	594.80		−0.25		−1.40
		34.60		−3.78	
13	629.40		−11.60		1.87
		11.40		3.68	
14	640.80		−0.55		−1.10
		10.30		−0.73	
15	651.10		−2.75		0.37
		4.80		0.73	
16	655.90		−0.55		−0.20
		3.70		−0.07	
17	659.60		−0.75		
		2.20			
18	661.80				

注意一阶均差 Δ 到 $t=8$ 小时一直增长，然后开始下降．这一特征反映在列 Δ^2 中表现为一连串的负号，指示了凹形的变化．这样，我们不能期望用仅有单个凹形的二次式追踪这些数据的趋势．在 Δ^3 列新增的负号是零星出现的，虽然量值相当大．

图 4-19 给出了数据的散点图．虽然均差表提出二次函数不应是一个好的模型，但为了说明问题我们武断地试用一个二次式．使用最小二乘准则，以及前面带式录音机例子中建立的方程，从表 4-22 的数据确定出下列二次式模型：

$$P = -93.82 + 65.70t - 1.12t^2$$

模型和数据点一起画在图 4-20 中．模型拟合很差，如我们的预料，追踪数据趋势是失败的．在本节的问题中会要求你拟合一个三次模型，并检查它的合理性．在下一节将构造一个三阶样条模型，能够相当好地拟合数据.

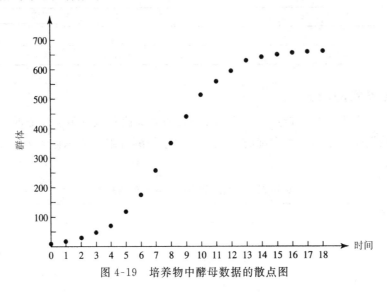

图 4-19　培养物中酵母数据的散点图

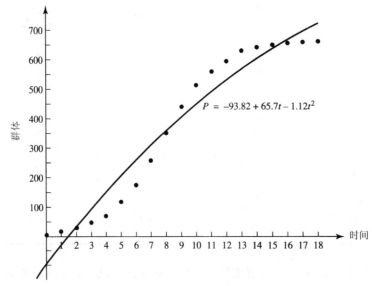

$$P = -93.82 + 65.7t - 1.12t^2$$

图 4-20　最佳拟合的二次模型，追踪数据倾向是失败的，注意偏差 $P_i - P(t_i)$ 的量值

 习题

为习题 1～4 的数据构造均差表．对这些数据你能做什么结论？你想用低阶多项式作经验模型吗？如果是这样，接下来做什么？

1.

x	0	1	2	3	4	5	6	7
y	2	8	24	56	110	192	308	464

2.

x	0	1	2	3	4	5	6	7
y	23	48	73	98	123	148	173	198

3.

x	0	1	2	3	4	5	6	7
y	7	15	33	61	99	147	205	273

4.

x	0	1	2	3	4	5	6	7
y	1	4.5	20	90	403	1808	8103	36 316

5. 为培养物中酵母增长的数据画散点图. 数据看上去有规则吗? 构造均差表. 尝试运用低阶三次多项式, 用一个适当的准则进行光滑化. 分析拟合情况, 与这一节建立的二次模型进行比较. 画出你的模型、数据点以及偏差.

在习题 6～12 中, 构造给定数据的散点图. 数据有趋势吗? 有异常数据点吗? 构造均差表. 用低阶多项式光滑化适宜吗? 如果是这样, 选择一个适当的多项式用最小二乘准则进行拟合. 考察用适宜的指示量分析拟合优度. 画出模型、数据点以及偏差.

6. 下面的数据中, X 是华氏温度, Y 是 1 分钟内蟋蟀鸣叫的次数(参看 4.2 节习题 3).

X	46	49	51	52	54	56	57	58	59	60
Y	40	50	55	63	72	70	77	73	90	93
X	61	62	63	64	66	67	68	71	72	
Y	96	88	99	110	113	120	127	137	132	

7. 下面的数据中, X 是美国黄松树干直径的测量值, Y 是测量的体积, 为板英尺除 10(参看 4.2 节习题 4).

X	17	19	20	22	23	25	31	32	33	36	37	38	39	41
Y	19	25	32	51	57	71	141	123	187	192	205	252	248	294

8. 下面的数据表示的 1790～2000 年美国的人口.

年	观测到的人口	年	观测到的人口	年	观测到的人口
1790	3 929 000	1870	38 558 000	1950	150 697 000
1800	5 308 000	1880	50 156 000	1960	179 323 000
1810	7 240 000	1890	62 948 000	1970	203 212 000
1820	9 638 000	1900	75 995 000	1980	226 505 000
1830	12 866 000	1910	91 972 000	1990	248 709 873
1840	17 069 000	1920	105 711 000	2000	281 416 000
1850	23 192 000	1930	122 755 000		
1860	31 443 000	1940	131 669 000		

9. 下面的数据表明一个羊群引入到塔斯马尼亚岛新环境后的增长(改编自: J. Davidson, "On the Growth of the Sheep Population in Tasmania" Trans. R. Soc. S. Australia 62(1938): 342～346).

t(年)	1814	1824	1834	1844	1854	1864
$P(t)$	125	275	830	1200	1750	1650

10. 下面的数据是关于步伐的(参看 4.1 节习题). P 是人口, V 是 50 码区段中每秒的平均速度.

P	365	2500	5491	14 000	23 700	49 375	70 700	78 200
V	2.76	2.27	3.31	3.70	3.27	4.90	4.31	3.85
P	138 000	304 500	341 948	867 023	1 092 759	1 340 000	2 602 000	
V	4.39	4.42	4.81	5.21	5.88	5.62	5.05	

11. 下面的数据是鲈鱼的长度和重量.

身长(英寸)	12.5	12.625	14.125	14.5	17.25	17.75
重量(盎司)	17	16.5	23	26.5	41	49

12. 下面的数据表示 1976 年奥林匹克的举重成绩.

体重级别(磅)		总的获胜重量(磅)		
		抓举	挺举	总重量
次最轻量级	114.5	231.5	303.1	534.6
最轻量级	123.5	259.0	319.7	578.7
次轻量级	132.5	275.6	352.7	628.3
轻量级	149.0	297.6	380.3	677.9
中量级	165.5	319.7	418.9	738.5
轻重量级	182.0	358.3	446.4	804.7
次重量级	198.5	374.8	468.5	843.3
重量级	242.5	385.8	496.0	881.8

4.4   三阶样条模型

由于多项式容易积分和微分, 构造经验模型追踪数据的趋势时, 常使用多项式. 然而, 高阶多项式在邻近数据区间的端点处有摆动的倾向, 且系数对数据中小的变化太敏感. 除非数据的特征基本上是二次或三次式, 用低阶多项式来光滑化, 可能在数据范围的某些地方拟合相当差. 例如, 在 4.3 节车辆刹车距离问题中, 当速度很快时, 用二次式模型拟合的效果, 就不是很好.

在这一节, 引进一项非常通用的建模技术, 称为**三阶样条插值**, 在连续的数据点对间使用不同的三阶多项式, 追踪数据的趋势, 既保证基本关系的特征, 同时减少摆动的倾向和数据变化的灵敏性.

考虑图 4-21a 的数据. 如果要求描出一条光滑曲线连接这些点, 一个绘图员会怎么做? 一个答案可能是用一个称为曲线板的工具(图 4-21b)描图, 曲线板有各种不同的曲线, 用曲线板, 我们能在两个数据点间合理地选择很好的曲线, 并使其光滑地转接到下一个数据对的另一条曲线. 另一种方法是取一个非常纤细的木条(称为**样条**), 在每一数据点钉住它. 三阶样条插值基本上就是这一想法, 只是在光滑化的方式上, 在连续的数据点对间使用不同的三阶多项式.

线性样条

我们大家可能都遇到查数值表(如平方根表、三角函数表、对数表等)而表中没有找寻的值

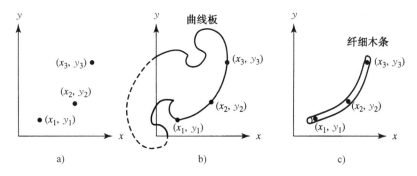

图 4-21　绘图员使用曲线板或称为样条的细木条通过数据点描出一条光滑曲线

的情况，我们会在要求值的两侧找两个值，并做出按比例的调整．

　　例如，考虑表 4-23，假设要估计 $x=1.67$ 时的值．我们可能计算 $y(1.67)\approx 5+(2/3)(8-5)=7$．也就是，假定在 $x=1$ 和 $x=2$ 间，y 的变化是线性的．类似地，$y(2.33)\approx 13\frac{2}{3}$．这一过程称为**线性插值**，在许多应用中它产生合理的结果，特别是当数据紧密排列的时候．

　　图 4-22 可以帮助几何地解释线性插值的过程，在某种意义上这是三阶样条插值做法的一种模仿，当 x 处于区间 $x_1\leqslant x<x_2$ 时，使用的模型是**线性样条** $S_1(x)$，它通过数据点 (x_1,y_1) 和 (x_2,y_2)：

$$S_1(x)=a_1+b_1 x\quad 当 x 在[x_1,x_2)中$$

表 4-23　线性插值

x_i	1	2	3
$y(x_i)$	5	8	25

　　类似地，当 $x_2\leqslant x<x_3$ 时，用线性样条 $S_2(x)$ 通过 (x_2,y_2) 和 (x_3,y_3)；

$$S_2(x)=a_2+b_2 x\quad 当 x 在[x_2,x_3]中$$

两个样条片段在点 (x_2,y_2) 相遇．

　　现在对表 4-23 的数据确定各个样条的常数，样条 $S_1(x)$ 必须通过点 $(1,5)$ 和 $(2,8)$，数学上表示为：

$$a_1+1 b_1=5$$
$$a_1+2 b_1=8$$

　　类似地，样条 $S_2(x)$ 必须通过点 $(2,8)$ 和 $(3,25)$，产生

$$a_2+2 b_2=8$$
$$a_2+3 b_2=25$$

解这些线性方程，得 $a_1=2$，$b_1=3$，$a_2=-26$ 和 $b_2=17$．表 4-23 数据的线性样条总结在表 4-24 中．说明如何使用线性样条模型，我们来预测 $y(1.67)$ 和 $y(2.33)$，因为 $1\leqslant 1.67<2$，选定 $S_1(x)$，计算出 $S_1(1.67)\approx 7.01$，类似地，由 $2\leqslant 2.33\leqslant 3$ 预测得出 $S_2(2.33)\approx 13.61$．

表 4-24 表 4-23 数据的线性样条模型

区　　间	样条模型
$1 \leqslant x < 2$	$S_1(x) = 2 + 3x$
$2 \leqslant x \leqslant 3$	$S_2(x) = -26 + 17x$

　　虽然对许多应用中线性样条已经够了，但它追踪数据趋势方面是不成功的．我们来考察图 4-23，会看到线性样条不是光滑的，也就是在区间(1，2)，$S_1(x)$ 有常数斜率 3，同时，在区间(2，3)，$S_2(x)$ 有常数斜率 17. 那么，在 $x=2$ 模型的斜率有突然的变化，从 3 到 17，一阶导数 $S_1'(x)$ 和 $S_2'(x)$ 在 $x=2$ 是不一致的．我们将看到三阶样条插值的过程将光滑性加到了经验模型中，要求邻接的样条在每一数据点一阶、二阶导数相同．

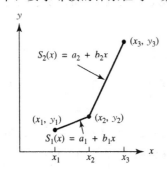
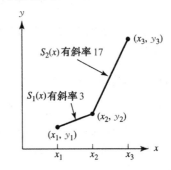

图 4-22　一个线性样条是含直线段的连续函数　　　图 4-23　由于一阶导数不连续，线性样条不光滑

三阶样条

　　现在考虑图 4-24，类似于线性样条，在区间 $x_1 \leqslant x < x_2$ 和 $x_2 \leqslant x < x_3$ 中，分别定义样条函数：

$$S_1(x) = a_1 + b_1 x + c_1 x^2 + d_1 x^3 \qquad \text{当 } x \in [x_1, x_2)$$
$$S_2(x) = a_2 + b_2 x + c_2 x^2 + d_2 x^3 \qquad \text{当 } x \in [x_2, x_3]$$

因为将涉及一阶和二阶导数，我们同时给定：

$$S_1'(x) = b_1 + 2c_1 x + 3d_1 x^2 \qquad \text{当 } x \in [x_1, x_2)$$
$$S_1''(x) = 2c_1 + 6d_1 x \qquad \text{当 } x \in [x_1, x_2)$$
$$S_2'(x) = b_2 + 2c_2 x + 3d_2 x^2 \qquad \text{当 } x \in [x_2, x_3)$$
$$S_2''(x) = 2c_2 + 6d_2 x \qquad \text{当 } x \in [x_2, x_3)$$

图 4-24 给出了模型的几何表示．

　　三阶样条不仅提供了在每一内部数据点斜率匹配的可能性，还提供了曲率的匹配，为了给每一三阶样条片段确定常数，我们提出要求，让每一样条通过该样条的定义区间的两个数据点，对图 4-24 描绘的模型，这一要求产生方程：

$$y_1 = S_1(x_1) = a_1 + b_1 x_1 + c_1 x_1^2 + d_1 x_1^3$$
$$y_2 = S_1(x_2) = a_1 + b_1 x_2 + c_1 x_2^2 + d_1 x_2^3$$
$$y_2 = S_2(x_2) = a_2 + b_2 x_2 + c_2 x_2^2 + d_2 x_2^3$$
$$y_3 = S_2(x_3) = a_2 + b_2 x_3 + c_2 x_3^2 + d_2 x_3^3$$

注意有八个未知数(a_1，b_1，c_1，d_1，a_2，b_2，c_2，d_2)，但前面的方程组中仅有四个方程，为了唯一确定这些常数，需要增加四个独立的方程．由于还要求样条系统的光滑性，在内部数据点邻接的一阶导数必须匹配，这一要求产生方程

$$S'_1(x_2) = b_1 + 2c_1x_2 + 3d_1x_2^2 = b_2 + 2c_2x_2 + 3d_2x_2^2 = S'_2(x_2)$$

同时还要求在每一内部数据点邻接的二阶导数匹配：

$$S''_1(x_2) = 2c_1 + 6d_1x_2 = 2c_2 + 6d_2x_2 = S''_2(x_2)$$

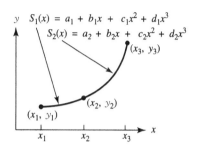

为了确定唯一的常数，我们仍需要附加两个独立的方程，虽然已经用了内部数据点的导数的条件，但在外侧点(图 4-24 的 x_1 和 x_3)的导数还未提及，可以提出两种常用的条件．一个是在外侧端点一阶导数没有变化，数学上，由于一阶导数是常数，二阶导数必须是零．在 x_1 和 x_3，运用这一条件产生

$$S''_1(x_1) = 2c_1 + 6d_1x_1 = 0$$
$$S''_2(x_3) = 2c_2 + 6d_2x_3 = 0$$

图 4-24　三阶样条模型是连续函数，由具有连续的一阶和二阶导数的三阶多项式片段组成

这样产生的样条称为**自然样条**．倘若我们在数据点钉上细木条，一个自然样条允许木条在端点不受束缚，而假定为这些数据点指明的一个方向．图 4-25a 是自然样条的几何解释．

另一种条件是外侧端点处一阶导数的值是已知的．外侧端点处的一阶导数要求与这些值匹配．假定外侧端点的导数已知为给定的 $f'(x_1)$ 和 $f'(x_3)$，数学上这一匹配要求得出方程

$$S'_1(x_1) = b_1 + 2c_1x_1 + 3d_1x_1^2 = f'(x_1)$$
$$S'_2(x_3) = b_2 + 2c_2x_3 + 3d_2x_3^2 = f'(x_3)$$

这一方程确定的三阶样条称为**强制样条**．再一次拿细木条来说明问题．这时在外侧端点处用一个夹子夹住木条，使木条有适当的角度．图 4-25b 给出了强制三阶样条的几何解释．一般除非有端点处一阶导数的精确的已知信息，通常使用自然样条．

我们使用表 4-23 的数据来说明自然样条的结构．这个简单的例子所说明的技术极易推广到多个数据点的问题．

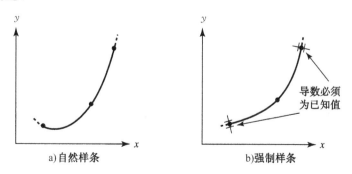

a)自然样条　　　　　　　　　　b)强制样条

图 4-25　自然的和强制的三阶样条的条件使得两个外侧端点的一阶导数是常数，强制样条中一阶导数是指定的常数值，自然样条中不受束缚的是假定的自然值

要求样条片段 $S_1(x)$ 通过其区间的两个端点 $(1，5)$ 和 $(2，8)$，所以 $S_1(1)＝5$，$S_1(2)＝8$，即

$$a_1 + 1b_1 + 1c_1 + 1d_1 = 5$$
$$a_1 + 2b_1 + 2^2 c_1 + 2^3 d_1 = 8$$

类似地，$S_2(x)$ 必须通过第二个区间的端点，所以 $S_2(2)＝8$，$S_2(3)＝25$，即

$$a_2 + 2b_2 + 2^2 c_2 + 2^3 d_2 = 8$$
$$a_2 + 3b_2 + 3^2 c_2 + 3^3 d_2 = 25$$

其次 $S_1(x)$ 和 $S_2(x)$ 的一阶导数在内部数据点 $x_2＝2$ 必须匹配，$S'_1(x)＝S'_2(x)$，即

$$b_1 + 2c_1(2) + 3d_1(2)^2 = b_2 + 2c_2(2) + 3d_2(2)^2$$

$S_1(x)$ 和 $S_2(x)$ 的二阶导数在 $x_2＝2$ 必须匹配，要求 $S''_1(x)＝S''_2(x)$，即

$$2c_1 + 6d_1(2) = 2c_2 + 6d_2(2)$$

最后要求在端点的二阶导数是零，建成自然样条：$S''_1(1)＝S''_2(3)＝0$，即

$$2c_1 + 6d_1(1) = 0$$
$$2c_2 + 6d_2(3) = 0$$

这样，整个过程产生有八个未知数八个方程的线性方程组，可以有唯一解. 得出的模型总结在表 4-25 中，图画在图 4-26 中.

表 4-25　表 4-23 数据的一个自然三阶样条模型

区　间	模　型
$1 \leqslant x < 2$	$S_1(x) = 2 + 10_x - 10.5x^2 + 3.5x^3$
$2 \leqslant x \leqslant 3$	$S_2(x) = 58 - 74x + 31.5x^2 - 3.5x^3$

为说明模型的使用，再来预测 $y(1.67)$ 和 $y(2.33)$：

$$S_1(1.67) \approx 5.72$$
$$S_2(2.33) \approx 12.32$$

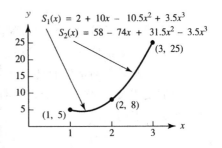

图 4-26　表 4-23 数据的自然三阶样条模型是一条容易积分或微分的光滑曲线

　　将这些值与线性样条的预测值比较，你更相信哪个值？为什么？同样的方式可产生多个数据点的三阶样条结构，也就是每一样条必须通过其定义区间的端点，在内部数据点处，邻接样条的一阶和二阶导数必须匹配，在两个外侧数据点运用强制的或自然的条件. 为了计算，需要补充一个计算机程序，这里描述的过程并没有给出一个计算上或数值上有效的计算程序⊖. 我们这样做是为了方便对三阶样条插值的基本概念的了解.

　　看一看不同的三阶样条拟合的图如何一起构成数据点间一条复合的内插曲线，考虑下面的数据（来自 3.3 节习题 4）：

⊖　为了计算上有效的程序，可参看 R. L. Burden and J. D. Faires，*Numerical Analysis*，7th ed（Pacific Grove，CA：Brooks/Cole，2001）.

x	7	14	21	28	35	42
y	8	41	133	250	280	297

由于有六个数据点，要计算五个不同的三阶多项式 $S_1 \sim S_5$，构成复合的自然三阶样条．每一个三阶式都有对应的曲线，并重叠画在图 4-27 中，任意两个连续的数据点间，五个三阶多项式中仅有一个起作用，图 4-28 画出了光滑的复合三阶样条．

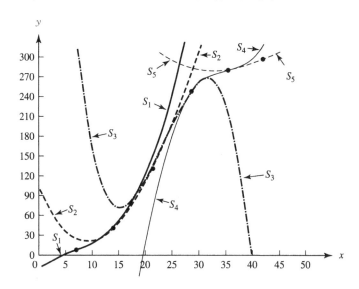

图 4-27 任意两个连续数据点间仅有一个三阶样条多项式起作用（Jim McNulty 和 Bob Hatton 画的图）

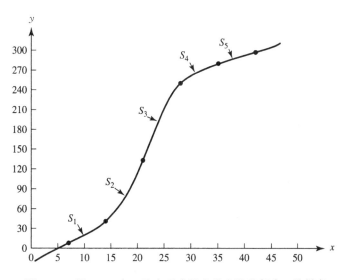

图 4-28 图 4-27 中三阶多项式得出的光滑的复合三阶样条

你应考虑这一过程是否正是唯一解中描述的，你也可能奇怪为什么从线性样条跳到三阶样条，而不讨论二阶样条．直观地，你应想到一阶导数能用二阶样条匹配，有许多数值分析的教材讨论这些问题以及其他相关的论题(可参看前面提到的 Burden 和 Faires)．

例 1 再论车辆的停止距离

再次考虑 2.2 节提出的问题：预测车辆总的停止距离，将其作为速度的函数，在 2.2 节我们曾说明模型应有形式：

$$d = k_1 v + k_2 v^2$$

其中 d 是总的停止距离，v 是速度，k_1 和 k_2 分别是从反应距离及机械刹车距离子模型得出的比例常数．我们曾发现子模型提供的数据和图示估计的 k_1 和 k_2 在获得下列模型上相当一致．

$$d = 1.1v + 0.054v^2$$

在 3.4 节使用最小二乘准则，估出 k_1 和 k_2，得出模型：

$$d - 1.104v + 0.0542v^2$$

表 3-7 分析了前面两个模型的拟合，注意到在高速度时，两个模型都是失败的，它们进一步低估了停止距离．在 4.3 节用二次式光滑化数据构造了经验模型，且分析了它的拟合．

现在假设我们不满足于用解析的模型做预测，或者不可能构造一个解析的模型，但预测是必需的，如果我们对收集的数据相当满意，可以考虑为表 4-26 的数据构造一个三阶样条模型．

表 4-26 总停止距离和速度的数据

速度 v(英里/小时)	20	25	30	35	40	45	50
距离 d(英尺)	42	56	73.5	91.5	116	142.5	173
速度 v(英里/小时)	55	60	65	70	75	80	
距离 d(英尺)	209.5	248	292.5	343	401	464	

表 4-27 车辆停止距离的一个三阶样条模型

区　间	模　型
$20 \leqslant v < 25$	$S_1(v) = 42 + 2.596(v-20) + 0.008(v-20)^3$
$25 \leqslant v < 30$	$S_2(v) = 56 + 3.208(v-25) + 0.122(v-25)^2 - 0.013(v-25)^3$
$30 \leqslant v < 35$	$S_3(v) = 73.5 + 3.472(v-30) - 0.070(v-30)^2 + 0.019(v-30)^3$
$35 \leqslant v < 40$	$S_4(v) = 91.5 + 4.204(v-35) + 0.216(v-35)^2 - 0.015(v-35)^3$
$40 \leqslant v < 45$	$S_5(v) = 116 + 5.211(v-40) - 0.015(v-40)^2 + 0.006(v-40)^3$
$45 \leqslant v < 50$	$S_6(v) = 142.5 + 5.550(v-45) + 0.082(v-45)^2 + 0.005(v-45)^3$
$50 \leqslant v < 55$	$S_7(v) = 173 + 6.787(v-50) + 0.165(v-50)^2 - 0.012(v-50)^3$
$55 \leqslant v < 60$	$S_8(v) = 209.5 + 7.503(v-55) - 0.022(v-55)^2 + 0.012(v-55)^3$
$60 \leqslant v < 65$	$S_9(v) = 248 + 8.202(v-60) + 0.161(v-60)^2 - 0.004(v-60)^3$
$65 \leqslant v < 70$	$S_{10}(v) = 292.5 + 9.489(v-65) + 0.096(v-65)^2 + 0.005(v-65)^3$
$70 \leqslant v < 75$	$S_{11}(v) = 343 + 10.841(v-70) + 0.174(v-70)^2 - 0.005(v-70)^3$
$75 \leqslant v < 80$	$S_{12}(v) = 401 + 12.245(v-75) + 0.106(v-75)^2 - 0.007(v-75)^3$

使用计算机，我们求得总结在表 4-27 中的三阶样条模型．图 4-29 中画出了前三个样条片段，注意每一片段如何通过其区间两端的数据点，并注意如何光滑地过渡到邻接的片段．

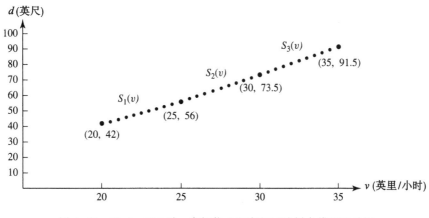

图 4-29 $20 \leqslant v \leqslant 35$ 时，车辆停止距离的三阶样条模型的绘图

小结：构造经验模型

作为这一章的结尾，我们给出一个小结，并提出一个用所述及的技术构造经验模型的过程．开始要考察数据，需要很好地搜索考察可疑的数据点，看看是抛弃还是获得新的，同时看看数据是否有某种趋势．正常情况下，考虑这些问题时最好构造一个散点图，如果考虑的数据量很大，可借助于计算机．如果表现出某种趋势，首先研究简单的单项模型，看看是否某一模型适当地追踪了数据的趋势，然后使用变换来识别一个单项模型，变换将数据变成一直线（近似地）．你可以在变换阶梯表或第 3 章讨论的变换中找寻变换．变换数据时，画图经常是有用的，能确定单项模型是否将数据线性化．如果你发现了适当的拟合，可以图示地拟合或使用第 3 章讨论的一个准则解析地拟合选择的模型．接着要进行细心的分析，确定模型是否很好地拟合了数据点．可考虑绝对偏差和、最大绝对偏差、偏差平方和等指示量．将偏差作为独立变量的函数画一个图，对确定模型拟合得好不好是有用的．如果证实拟合是不满意的，可考虑其他的单项模型．

如果你确定单项模型是不适当的，可以使用多项式．当数据量很小时，可尝试用 $(n-1)$ 阶多项式通过各个数据点，要当心任何明显的摆动，特别是在区间的端点附近．细心地画一个多项式的图有助于揭示这一特征．如果有大量的数据点，可考虑用低阶多项式来光滑化数据．一个均差表可以适当帮助确定低阶多项式是否适宜，并可以帮助选择多项式的阶．选定多项式的阶后，可根据第 3 章讨论的技术拟合和分析多项式．如果用低阶多项式拟合证明是不适宜的，可使用三阶（或线性）样条．图 4-30 画出了以上讨论的一个流程图．

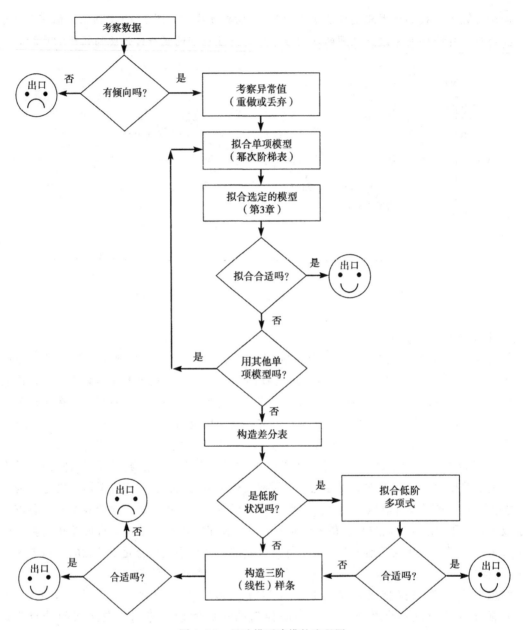

图 4-30 经验模型建模的流程图

 习题

1. 对下列每一数据集，确定通过给定点的自然三阶样条的系数．写出方程组，如果有计算机可用，解出方程组，并画出样条的图．

(a)

x	2	4	7
y	2	8	12

(b)

x	0	1	2
y	0	10	30

(c)

x	3	4	6
y	10	15	35

(d)

x	0	2	4
y	5	10	40

对习题 2 和 3，求出自然三阶样条，使其通过给定的数据点．使用样条回答提出的要求．

2.

x	3.0	3.1	3.2	3.3	3.4	3.5	3.6	3.7	3.8	3.9
y	20.08	22.20	24.53	27.12	29.96	33.11	36.60	40.45	44.70	49.40

(a)估计在 $x=3.45$ 处定出的偏差．将你的估计与 $x=3.45$ 处由 e^x 确定出的偏差进行比较．

(b)估计曲线下从 3.3 到 3.6 的面积．与 $\int_{3.3}^{3.6} e^x \, dx$ 进行比较．

3.

x	0	$\pi/6$	$\pi/3$	$\pi/2$	$2\pi/3$	$5\pi/6$	π
y	0.00	0.50	0.87	1.00	0.87	0.50	0.00

4. 对带式录音机问题中，收集到的带有计数器读数的播放时间的数据(4.2 和 4.3 节)，构造通过各数据点的自然样条．将这一模型与前面已经构造的模型进行比较．哪个模型能做出更好的预测？

5. 邮资．考虑下面的数据．使用本章中的方法追踪数据中存在的趋势．你会删去某些数据点吗？为什么？你构造的各种模型对 2010 年 1 月 1 日的价值做出什么预测？什么时候价值能达到一美元？你有兴趣可以读一下这方面的文章．这一问题来源于：Donald R. Byrkit 和 Robert E. Lee "The Cost of a Postage Stamp, or Up, Up, and Away" *Mathematics and Computer Education* 17, No. 3(Summer 1983), 184~190.

日　　期	第一类邮票		日　　期	第一类邮票
1885~1917	$0.02		11, 1, 1981	0.20
1917~1919	0.03	(战时增长)	2, 17, 1985	0.22
1919	0.02	(由议会重新制订的)	4, 3, 1988	0.25
7, 6, 1932	0.03		2, 3, 1991	0.29
8, 1, 1958	0.04		1, 1, 1995	0.32
1, 7, 1963	0.05		1, 10, 1999	0.33
1, 7, 1968	0.06		1, 7, 2001	0.34
5, 16, 1971	0.08		6, 30, 2002	0.37
3, 2, 1974	0.10		1, 8, 2006	0.39
12, 31, 1975	0.13	(临时的)	5, 14, 2007	0.41
7, 18, 1976	0.13		5, 12, 2008	0.42
5, 15, 1978	0.15		5, 11, 2009	0.44
3, 22, 1981	0.18		2, 22, 2012	0.45

 研究课题

1. 做一个计算机程序，确定自然样条的系数，使其通过给定的数据点集．可参考这一章前面提及的 Burden 和 Faires 的书中的有效算法．

　　对研究课题 2~8，使用研究课题 1 开发的软件，求出通过给定点集的样条．可以的话，使用绘图软件，描绘出得到的样条．

2. 考察过去一段时间明信片上涨的价格，数据和散点图如下：

年	明信片价格(美分)	年	明信片价格(美分)
1898	1	1988	15
1952	2	1991	19
1958	3	1995	20
1963	4	1999	20
1968	5	2001	20
1971	6	2001	21
1974	8	2001	23
1975	7	2006	24
1975	9	2007	26
1978	10	2008	27
1981	12	2009	28
1981	13	2011	29
1985	14	2012	32

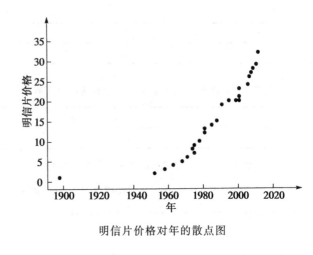

明信片价格对年的散点图

建立数学模型来预测：

(a)什么时间价格达到50美分？

(b)2020年的价格是多少？

3. 表4-22给出的数据为培养物中酵母的增长(数据来自：R. Pearl，"The Growth of Population"*Quart. Rev. Biol. 2* (1927)：532～548).

4. 下面是1790～2000年美国人口的数据.

年	观测到的人口	年	观测到的人口	年	观测到的人口
1790	3 929 000	1870	38 558 000	1950	150 697 000
1800	5 308 000	1880	50 156 000	1960	179 323 000
1810	7 240 000	1890	62 948 000	1970	203 212 000
1820	9 638 000	1900	75 995 000	1980	226 505 000
1830	12 866 000	1910	91 972 000	1990	248 709 873
1840	17 069 000	1920	105 711 000	2000	281 416 000
1850	23 192 000	1930	122 755 000		
1860	31 443 000	1940	131 669 000		

5. 下面的数据来自塔斯马尼亚岛引入的羊群的增长(采自：J. Davidson，"On the Growth of the Sheep Population in Tasmania" *Trans. R. Soc. S. Australia* 62(1938)：342～346).

t(年)	1814	1824	1834	1844	1854	1864
$P(t)$	125	275	830	1200	1750	1650

6. 下面的数据关于步伐(参看4.1节习题1).P是人口，V是50码区段中的平均速度，单位为每秒码.

P	365	2500	5491	14 000	23 700	49 375	70 700	78 200
V	2.76	2.27	3.31	3.70	3.27	4.90	4.31	3.85
P	138 000	304 500	341 948	867 023	1 092 759	1 340 000	2 602 000	
V	4.39	4.42	4.81	5.21	5.88	5.62	5.05	

7. 下面的数据是鱼的身长和重量．

身长(英寸)	12.5	12.625	14.125	14.5	17.25	17.75
体重(盎司)	17	16.5	23	26.5	41	49

8. 下面的数据来自 1976 年奥林匹克运动会的举重成绩．

体重级别(磅)		总的重量(磅)		
		抓举	挺举	总重量
次最轻量级	114.5	231.5	303.1	534.6
最轻量级	123.5	259.0	319.7	578.7
次轻量级	132.5	275.6	352.7	628.3
轻量级	149.0	297.6	380.3	677.9
中量级	165.5	319.7	418.9	738.5
轻重量级	182.0	358.3	446.4	804.7
次重量级	198.5	374.8	468.5	843.3
重量级	242.5	385.8	496.0	881.8

9. 用你研制的三阶样条的软件以及联想到的一些图形，在计算机上画出光滑曲线，表示出一个你想画的图形．用计算机在你的图形上叠加一张坐标纸．记录足够的数据，以便能得到极光滑的曲线，并取出有突然变化的数据点(图 4-31)．

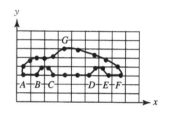

图　4-31

现在取出这些数据点，让样条通过这些点．注意如果在数据处出现的导数本质上不连续，如图 4-31 中的 $A \sim G$，你将需要终止一个样条函数的集合，而开始另一个集合．然后可用绘图软件画出样条函数的图．基本上我们是使用计算机用光滑曲线连接一些点．选择你感兴趣的图案，比如你们学校的吉祥物，用计算机画出它．

第5章 模拟方法建模

引言

在许多情况下，由于对象过于复杂或提出的解释性模型难以处理，建模者无法得到一个能够充分说明对象行为的分析(符号)模型，而当必须对对象的行为做出预报时，建模者可以进行实验(或收集数据)来研究在某个范围内因变量与自变量的选择值之间的关系．在第 4 章我们基于收集的数据建立了经验模型．为了收集数据建模者可以直接观测对象的行为，在另外一些情况中，对象的行为应能够在可控制的条件下重现(可能以按比例缩放的形式)，如将在 9.4 节所讨论的预测爆破物形成的弹坑的大小．

在某些情况下，对对象的行为进行直接观测或重复试验可能是不可行的，例如早高峰时电梯系统提供的服务．在明确了一个合适的问题及确定了什么是好的服务之后，我们可以提出若干供选择的电梯运行模式，如设定停偶数层、奇数层的电梯或直达电梯．理论上，对每种供选择的模式都能够做若干次试验，以确定哪一种模式能为那些要到达特定楼层的乘客提供最好的服务，然而这种做法可能是难以接受的，因为在收集统计数据时要再三惊扰乘客，并且电梯运行模式的不断变化也会使乘客感到迷惑．与此有关的另一个问题是大城市交通控制系统可供选择的运行模式的检验，为了做试验而不停地改变单行道的交通方向和配置交通信号将是不现实的．

还有另一些情况，需要对可供选择的模式做试验的系统甚至可以不存在．例如，对于一座办公大楼，要确定几个通信网络中哪一个最好．又如，确定一个新工厂的各台机器的布局．进行试验的费用可能是很高的，当核电站发生事故时，为防护和疏散居民而预测各种方案的影响所做的试验就是这种情况．

在对象的行为不能做分析性的解释，或数据无法直接收集的情况下，建模者可以用某种方式间接地模拟其行为，试验所研究的供选择的各种方案，以估计它们怎样影响对象的行为，然后收集数据来确定哪种方案是最好的．例如，为了得到一艘拟建造的潜艇受到的阻力，造一个原型是不可行的，我们可以按比例建一个模型，去模拟实际的潜艇的行为．又如，在风洞里利用喷气飞机的比例模型可以估计高速飞行对飞机各种设计方案的影响．本章还将研究另外一种形式的模拟——**蒙特卡罗**(Monte Carlo)模拟，一般是借助于计算机完成的．

假如我们要研究早高峰时一组电梯提供的服务，做蒙特卡罗模拟时，乘客在这段时间内到达电梯和他们选择去的楼层都需要重现，这就是说，模拟中乘客到达时刻的分布和去的楼层的分布都应是一个早高峰的实际情况的描述，而在模拟了多次之后，所发生的那个到达时刻和去的楼层的分布就应该适当地反映了现实生活中的分布．在对这种重现感到满意之后，我们就可以研究电梯的各种运行策略．通过大量的试验可以收集统计数据，如平均每位乘客的总的运送时间、最长等候队伍的长度，这些数据能够帮助确定电梯运行的最好策略．

本章只是蒙特卡罗模拟的简明介绍，深入研究计算机模拟及其应用需要更多的概率统计知识，不过你将了解数学建模这个有力工具．要记住，对于根据模拟结果的预测寄予太多的信任是有危险的，特别是在模拟中包含的假设没有清楚表明的时候．还有，由于用了大量的数据和庞大的计算，再加上非专业人员理解模拟模型和计算机输出相对容易，所以常会导致对模拟结果的过分相信．

做任何的蒙特卡罗模拟，都要用到随机数，我们在 5.2 节介绍如何产生随机数．不太严格地说，一个"在 m 到 n 区间中均匀分布的随机数序列"是一组没有明显模式的数，m 和 n 之间的每个数都以相同的可能性出现．例如，一颗骰子掷 100 次，记下每次骰子出现的点数，就会得到在 1 到 6 区间上近似于均匀分布的 100 个随机整数序列，于是得到了由 6 个数字组成的随机数．抛一枚硬币可以用产生随机数来模拟，随机数为偶数定义为正面向上，随机数为奇数定义为反面向上．如果抛很多次，正面向上的次数会在 50% 左右，但是这里存在着偶然因素．抛100 次得到 51 个正面，并且接下来的 10 次（即使不太可能刚巧 10 次）全为正面的情况是可能出现的，这样，用 110 次的结果进行估计实际上比用 100 次要差．与**确定的**过程相反，带有偶然因素的过程称为**随机的**，因此蒙特卡罗模拟是一种随机模型．

建模对象的行为可以是确定的或随机的，如一条曲线下的面积是确定的（即使不能精确地得到），而某一天乘客到达电梯的时间间隔是随机的．一个确定性模型可以用于近似一个确定的或随机的行为，同样，蒙特卡罗模拟也可以用于近似一个确定的（如将会看到的曲线下面积的蒙特卡罗逼近）或随机的行为，如图 5-1 所示．然而正如我们所期望的，蒙特卡罗模拟的真正威力在于对随机行为的建模．

蒙特卡罗模拟的一个主要优点是，它有时能相对容易地近似很复杂的随机系统，并且，与分析模型的应用范围常常受限制相比，蒙特卡罗模拟可以在更广泛的条件下估计候选方案的性能．还有，因为在蒙特卡罗模拟中特定的子模型可以相当容易地改变（如乘

图 5-1　对象的行为和模型都可以是确定的或随机的

客到达和离开电梯的模式），所以存在着进行敏感性分析的潜力．蒙特卡罗模拟的另一个优点是，建模者可以在不同层次的水平上进行控制，例如，很长的时间框架能够压缩，短的时间框架能够延伸，从而比经验模型更加优越．最后，现在有许多很有效的、高水平的模拟语言（如 GPSS、GASP、PROLOG、SIMAN、SLAM 和 DYNAMO），在建立模拟模型时能够排除掉许多繁琐的工作．

从负面看，建立和运行模拟模型相当昂贵，要用很多时间去构造，也要用很多的计算机时间和内存去运行．另外，模拟模型的随机性使得从一次特定试验中得到的结论受到限制，除非进行了敏感性分析，而即使只考虑少量的、在各种子模型中可能出现的条件组合，这样的分析也常常需要做很多次试验，所以这种限制迫使建模者要去估计在一组特定的条件组合中哪一个组合可能会出现．

5.1　确定行为的模拟：曲线下的面积

本节以曲线下的面积为例说明蒙特卡罗模拟在确定行为建模中的应用．我们从寻求非负曲线下面积的近似值开始，设 $y = f(x)$ 是闭区间 $a \leqslant x \leqslant b$ 上的连续函数，满足 $0 \leqslant f(x) \leqslant M$，其中 M 是界定该函数的某个常数，见图 5-2，所求面积完全包含在高 M 长 $b - a$ 的矩形域中．

从矩形域中随机地选一点 $P(x, y)$，做法是产生两个满足 $a \leqslant x \leqslant b$，$0 \leqslant y \leqslant M$ 的随机数 x、y，并将其视作坐标为 x、y 的点 P. 一旦 $P(x, y)$ 选定，我们问，它是否在曲线下的域内，即坐标 y 是否满足 $0 \leqslant y \leqslant f(x)$？若回答为是，则向计数器中加 1 以计入点 P. 需要两个计数器：一个计产生的总点数，另一个计位于曲线下的点数(图 5-2). 由此可用下式计算曲线下面积的近似值：

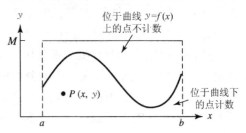

$$\frac{曲线下的面积}{矩形面积} \approx \frac{曲线下的点数}{随机点的总数}$$

如引言所述，蒙特卡罗方法是随机的，为使预测值与真值之差变小需要做大量的试验. 在最终的估计中，要讨论保证预先给定的置信水平所要求的试验次数，需要统计学的背景知识，然而作为一般准则，结果的精度提高一倍(即误差减少一半)，试验次数大约需要增至 4 倍.

图 5-2　区间 $a \leqslant x \leqslant b$ 上非负曲线 $y = f(x)$ 下的面积包含在高 M 长 $b-a$ 的矩形域中

下面的算法给出了用蒙特卡罗方法求曲线下面积的计算机模拟的计算格式.

计算面积的蒙特卡罗算法

输入　　　模拟中产生的随机点总数 n.

输出　　　AREA＝给定区间 $a \leqslant x \leqslant b$ 上曲线 $y = f(x)$ 下的近似面积，其中 $0 \leqslant f(x) \leqslant M$.

第 1 步　　初始化：COUNTER＝0.

第 2 步　　对 $i = 1, 2, \cdots, n$，进行第 3～5 步.

第 3 步　　计算随机坐标 x_i 和 y_i，满足 $a \leqslant x_i \leqslant b$，$0 \leqslant y_i \leqslant M$.

第 4 步　　对随机坐标 x_i 计算 $f(x_i)$.

第 5 步　　若 $y_i \leqslant f(x_i)$，则 COUNTER 加 1；否则 COUNTER 不变.

第 6 步　　计算 AREA＝$M(b-a)$COUNTER$/n$.

第 7 步　　输出(AREA)

　　　　　　　停止

表 5-1 给出了区间 $-\pi/2 \leqslant x \leqslant \pi/2$ 上曲线 $y = \cos x$ 下面积的若干不同的模拟结果，其中 $0 \leqslant \cos x < 2$.

在给定区间上曲线 $y = \cos x$ 下面积的真值是 2 平方单位. 注意到即使对于产生的相当多的点数，误差也是可观的. 对单变量函数，一般说来，蒙特卡罗方法无法与在数值分析中学到的积分方法相比，没有误差界以及难以求出函数的上界 M 也是它的缺点. 然而，蒙特卡罗方法可以推广到多变量函数，在那里它变得更加实用.

表 5-1　区间 $-\pi/2 \leqslant x \leqslant \pi/2$ 上曲线 $y = \cos x$ 下面积的蒙特卡罗近似

点　数	面积近似值	点　数	面积近似值
100	2.073 45	400	2.120 58
200	2.136 28	500	2.048 32
300	2.010 64	600	2.094 40

（续）

点　　数	面积近似值	点　　数	面积近似值
700	2.028 57	5000	2.014 29
800	1.994 91	6000	2.023 19
900	1.996 66	8000	2.006 69
1000	1.966 64	10 000	2.008 73
2000	1.944 65	15 000	2.009 78
3000	1.977 11	20 000	2.010 93
4000	1.999 62	30 000	2.011 86

曲面下的体积

考虑求球

$$x^2 + y^2 + z^2 \leqslant 1$$

在第 1 卦限（$x>0$，$y>0$，$z>0$）的体积（图 5-3）.

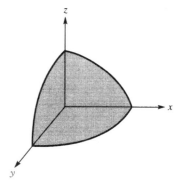

从方法论看，求体积的近似值与求曲线下面积很相似，而我们将用下面的法则来近似曲面下的体积：

$$\frac{曲面下的体积}{盒子体积} \approx \frac{第\,1\,卦限内曲面下的点数}{随机点的总数}$$

下面的算法给出了用蒙特卡罗方法求体积的计算格式.

图 5-3　球 $x^2+y^2+z^2\leqslant1$ 在第 1 卦限（$x>0$，$y>0$，$z>0$）的体积

计算体积的蒙特卡罗算法

输入　　　模拟中产生的随机点总数 n.

输出　　　VOLUME＝第 1 卦限（$x>0$，$y>0$，$z>0$）内函数 $z=f(x, y)$ 包围的近似体积.

第 1 步　初始化：COUNTER＝0.

第 2 步　对 $i=1, 2, \cdots, n$，执行第 3～5 步.

第 3 步　计算随机坐标 x_i，y_i，z_i，满足 $0\leqslant x_i\leqslant1$，$0\leqslant y_i\leqslant1$，$0\leqslant z_i\leqslant1$.（一般 $a\leqslant x_i\leqslant b$，$c\leqslant y_i\leqslant d$，$0\leqslant z_i\leqslant M$）

第 4 步　对随机坐标 (x_i, y_i) 计算 $f(x_i, y_i)$.

第 5 步　若 $z_i\leqslant f(x_i, y_i)$，则 COUNTER 加 1；否则 COUNTER 不变.

第 6 步　计算 VOLUME＝$M(d-c)(b-a)$COUNTER$/n$.

第 7 步　输出（VOLUME）

　　　　　　停止

表 5-2 给出了球

$$x^2 + y^2 + z^2 \leqslant 1$$

在第 1 卦限（$x>0$，$y>0$，$z>0$）的体积的若干个蒙特卡罗模拟结果.

表 5-2 球 $x^2 + y^2 + z^2 \leqslant 1$ 在第 1 卦限内体积的蒙特卡罗近似

点　　数	体积近似值	点　　数	体积近似值
100	0.4700	2000	0.5120
200	0.5950	5000	0.5180
300	0.5030	10 000	0.5234
500	0.5140	20 000	0.5242
1000	0.5180		

这个体积的真值大约是 0.5236 立方单位 $(\pi/6)$. 一般说来，即使不总是如此，随着产生的点数的增加，误差会变得更小.

 习题

1. 每张彩票按照以下方式"藏"着一个数：55% 的彩票藏着 1，35% 的彩票藏着 2，10% 的彩票藏着 3. 得到所有 3 个数的彩票购买者获得奖金. 设计一个试验，确定买多少张彩票才能获得奖金.

2. A、B 两个唱片公司生产古典音乐唱片，A 品牌唱片是廉价的，5% 的新片有明显的翘曲，B 品牌唱片在更高的质量控制下生产（因而贵一些），只有 2% 的新盘有翘曲. 你在当地的商店里买 A、B 品牌号的盘各一张. 设计一个试验，确定在买到两张翘曲的盘之前，你会做多少次这样的购买.

3. 用蒙特卡罗模拟写出一个算法，按照下面的途径计算 π 的近似值：在 1/4 圆

$$Q : x^2 + y^2 = 1, \quad x \geqslant 0, \quad y \geqslant 0$$

内选取随机点，其中 1/4 圆位于以下正方形内

$$S : 0 \leqslant x \leqslant 1 \quad \text{和} \quad 0 \leqslant y \leqslant 1$$

利用公式：$\pi/4 = Q$ 的面积$/S$ 的面积.

4. 用蒙特卡罗模拟近似求曲线 $f(x) = \sqrt{x}\,(1/2 \leqslant x \leqslant 3/2)$ 下的面积.

5. 求两条曲线 $y = x^2$，$y = 6 - x$ 以及 x 轴和 y 轴所包围的面积.

6. 用蒙特卡罗模拟写出一个算法，计算椭球

$$\frac{x^2}{2} + \frac{y^2}{4} + \frac{z^2}{8} \leqslant 16$$

在第 1 卦限 $(x > 0,\ y > 0,\ z > 0)$ 的体积.

7. 用蒙特卡罗模拟写出一个算法，计算两个抛物面：

$$z = 8 - x^2 - y^2 \quad \text{和} \quad z = x^2 + 3y^2$$

相交的那部分区域的体积. 注意，两个抛物面相交于以下椭圆柱上：

$$x^2 + 2y^2 = 4$$

5.2　随机数的生成

上一节提出了用蒙特卡罗模拟求面积和体积的算法，这些算法共同的要素是随机数. 随机数有多种应用，包括博弈问题、计算面积和体积，以及诸如大规模战争演习、空中交通控制这样的复杂大系统的建模.

在某种意义上，计算机实际上不能生成随机数，因为它采用的是确定性算法. 然而我们可以生成伪随机数序列，对于所有的实际场合它都可看成是随机的. 纯粹的、最好的随机数发生器或者保证随机性的最好的检验方法是不存在的.

有一些完整的课程来研究随机数、深入的模拟方法和伪随机数发生器的检验，这里只是介

绍一点随机数方法，它可以用来生成近似于随机的数列.

许多程序语言(如 Pascal 和 Basic)以及其他软件包(如 Minitab、MATLAB、EXCEL)都有内置的随机数发生器，以方便用户使用.

平方取中方法

平方取中方法是 1946 年由 John Von Neumann，S. Ulm 和 N. Metropolis 在 Los Alamos 实验室研究中子碰撞时提出的，他们当时的研究工作是曼哈顿项目的一部分. 他们的平方取中方法如下：

1. 从一个 4 位数 x_0 开始，称为种子.

2. 将它平方得到一个 8 位数(必要时前面加 0).

3. 取中间的 4 位数作为下一个随机数.

按上述方式进行就能得到一个数列，它是从 0 到 9999 随机出现的整数，这些整数可以换算到任何从 a 到 b 的区间，例如，若想要从 0 到 1 的数，只需用 10 000 除这些 4 位数. 让我们解释平方取中方法.

取一个种子，比如 $x_0 = 2041$，将它平方(前面加 0)得到 04 165 681，中间的 4 位数 1656 就是下一个随机数. 用这个方法生成的 9 个随机数是

n	0	1	2	3	4	5	6	7	8	9	10	11	12
x_n	2041	1656	7423	1009	0180	0324	1049	1004	80	64	40	16	2

如果愿意的话，可以采用多于 4 位的数字，但是总要取中间的、与种子数字数目相同的那个数字作为下一个随机数. 如设 $x_0 = 653\ 217$(6 位数字)，它的平方 426 692 449 089 有 12 位数字，取中间的 6 位数为 692 449.

平方取中方法是有道理的，但是它的一个主要缺点是它会退化为 0(并永远停在这里). 从 2041 出发，随机数看来趋向于 0，在差不多到 0 之前能生成多少个数？

线性同余

线性同余方法是 D. H. Lehmer 于 1951 年引入的，现在使用的大多数伪随机数序列都是基于这个方法. 它优于其他方法的一个地方是，可以选择种子以生成循环的模式(下面用例子解释这个概念). 然而循环周期很长，以致大多数应用中在大型计算机上都不会出现自身的重复. 该方法需要选择 3 个整数 a，b，c，给定某个初始种子，比如 x_0，按照以下规则生成数列：

$$x_{n+1} = (a \times x_n + b) \bmod(c)$$

其中 c 是模，a 是乘数，b 是增量. 上式中 $\bmod(c)$ 表示 $(a \times x_n + b)$ 除以 c 得到的余数，例如若 $a = 1$，$b = 7$，$c = 10$，

$$x_{n+1} = (1 \times x_n + 7) \bmod(10)$$

表示 x_{n+1} 是 $x_n + 7$ 除以 10 得到的整数余数. 如 $x_n = 115$，则 $x_{n+1} = 122/10$ 的余数为 2.

在研究线性同余方法之前需要说明**循环**，它是出现在随机数中的主要问题. 循环意味着数列自身的重复，虽然这不是所希望的，但它是不可避免的. 可以说，所有的伪随机数发生器都从循环开始，让我们举例说明.

若设种子 $x_0 = 7$，得到 $x_1 = (1 \times 7 + 7) \bmod(10) = 14 \bmod(10) = 4$，重复这个程序得到以下序列：

$$7,4,1,8,5,2,9,6,3,0,7,4,\cdots$$

原来的序列一再重复. 注意到在 10 个数后出现重复. 这个方法生成了一个在循环之前包含从 0 到 $c-1$ 所有整数的序列(即那些整数除 c 后可能的余数). 随机数序列中循环周期由至多 c 个数 得以保证, 不过, c 可以选得很大, 并且能够选择 a、b 使得在循环出现之前得到全部 c 个数. 为使 c 很大, 很多计算机用 $c=2^{31}$. 如有需要, 我们还可以把随机数换算到任何 a 到 b 的区间.

线性同余方法可能出现的另一个问题是, 在随机数序列的各个数之间缺少统计独立性. 在两 个近邻的随机数之间, 与下一个最近邻数、第 3 个、第 4 个最近邻数之间存在任何相关一般说都 是不可接受的(因为我们生活在三维世界里, 第 3 个最近邻数的相关性在物理应用中是特别不利 的). 伪随机数序列不可能完全独立, 因为它是由数学公式和算法生成的, 不过, 当接受一定的统 计检验时, 这种序列会显示出独立性(从实际情况出发). 这些关注在统计课程中都会得到最好的 解决.

 习题

1. 利用平方取中方法生成
   (a) 10 个随机数, 设 $x_0=1009$.
   (b) 20 个随机数, 设 $x_0=653\ 217$.
   (c) 15 个随机数, 设 $x_0=3043$.
   (d) 对上面得到的每个数列做出评论, 存在循环吗? 数列退化迅速吗?
2. 利用线性同余方法生成
   (a) 10 个随机数, 设 $a=5$, $b=1$, $c=8$.
   (b) 15 个随机数, 设 $a=1$, $b=7$, $c=10$.
   (c) 20 个随机数, 设 $a=5$, $b=3$, $c=16$.
   (d) 对上面得到的每个数列做出评论, 存在循环吗? 若存在, 何时出现?

 研究课题

1. 完成 UMAP 教学单元 269"蒙特卡罗: 随机数用于模拟试验"(Dale T. Hoffman)的要求, 文中提出并讲解了 用于求几个实际问题的近似解的蒙特卡罗方法, 还包括几个简单的实验用于学生实习.
2. 在教学单元 UMAP590"随机数"(Mark D. Myerson)中讨论了生成随机数的方法, 给出了确定数串随机性的 检验. 完成这个教学单元并准备一篇检验随机性的简短报告.
3. 按照下列算法编写一段生成均匀分布随机整数(在区间 $m<x<n$ 上, m、n 为整数)的计算机程序:
   第 1 步　设 $d=2^{31}$, 选定 N(要生成的随机数个数).
   第 2 步　任选一个整数 Y 作为种子, 满足 $100\ 000<Y<999\ 999$.
   第 3 步　令 $i=1$.
   第 4 步　令 $Y=(15\ 625Y+22\ 221)\ \mathrm{mod}(d)$.
   第 5 步　令 $X_i=m+\mathrm{floor}[(n-m+1)Y/d]$.
   第 6 步　i 增加 1: $i=i+1$.
   第 7 步　转第 4 步, 直至 $i=N+1$.
   其中 $\mathrm{floor}(p)$ 表示不超过 p 的最大整数.
   对于多数选定的 Y, X_1, X_2, $\cdots$ 形成一个(伪)随机整数列, 一个可行的选择是 $Y=568\ 731$. 为了生成区间 $[a,b]$ 内的随机数(不只是整数), 用下面的算法代替第 5 步.
   令

$$X_i = a + \frac{Y(b-a)}{d-1}$$

4. 编写一段程序以如下的随机方式生成从 1 到 5 的 1000 个整数：1 出现的次数占 22%，2 出现的次数占 15%，3 出现的次数占 31%，4 出现的次数占 26%，5 出现的次数占 6%. 你在哪个区间上生成随机数？你如何按照所指定的几率来决定生成的是从 1 到 5 中哪个整数？

5. 编写一段程序或利用电子制表软件（Spreadsheet）求 5.1 节习题 3～7 中的面积或体积.

5.3 随机行为的模拟

熟练运用蒙特卡罗模拟的关键之一是掌握概率论的原理，概率一词指研究随机性、不确定性及量化各种结果出现的可能性. 概率可以看作长期的平均值，例如，若一个事件 5 次中出现 1 次，那么长期看该事件出现的机会是 1/5. 从长期来看，一个事件的概率可以视为比值

$$\frac{\text{有效的事件数}}{\text{事件的总数}}$$

本节的目的是在建立融合在模拟中的随机过程的子模型（5.4 节和 5.5 节）之前，说明如何对简单的随机行为建模，以形成直觉和理解.

考察 3 个简单的随机模型：

1. 抛一枚正规的硬币.
2. 掷一个或一对正规的骰子.
3. 掷一个或一对不正规的骰子.

一枚正规的硬币

多数人都知道抛一枚硬币时得到正面或反面的机会是 1/2，如果我们真正地开始抛硬币会发生什么呢？抛两次会出现一次正面吗？大概不会. 再次说明，概率是长期平均值，于是抛很多次时出正面次数的比例接近 0.5. 设 x 为 $[0, 1]$ 内的随机数，$f(x)$ 定义如下：

$$f(x) = \begin{cases} \text{正面}, 0 \leqslant x \leqslant 0.5 \\ \text{反面}, 0.5 < x \leqslant 1 \end{cases}$$

$f(x)$ 将结果是正面或反面赋值到 $[0, 1]$ 内的一个数，随机赋值时我们可利用这个函数的累积性质. 抛很多次时能够得到如下的出现百分比：

随机数区间	出现的累积值	出现的百分比
$x < 0$	0	0.00
$0 < x < 0.5$	0.5	0.50
$0.5 < x < 1.0$	1	0.50

用下面的算法进行解释：

抛正规硬币的蒙特卡罗算法

输入　　模拟中生成的随机抛硬币的总次数 n.

输出　　抛硬币时得到正面的概率.

第 1 步　　初始化：COUNTER=0.

第 2 步　　对于 $i = 1, 2, \cdots, n$，执行第 3，4 步.

第 3 步　　得到 $[0, 1]$ 内的随机数.

第 4 步　　若 $0 \leqslant x_i \leqslant 0.5$，则 COUNTER=COUNTER+1. 否则，COUNTER 不变.

第 5 步	计算 P（正面）＝COUNTER/n.
第 6 步	输出正面的概率 P（正面）.
	停止．

表 5-3 给出了对于不同的 n 由随机数 x_i 得到的结果，随着 n 的变大，正面出现的概率为 0.5，即次数的一半．

表 5-3　抛一枚正规硬币的结果

抛硬币次数	正面出现的次数	正面出现的百分比	抛硬币次数	正面出现的次数	正面出现的百分比
100	49	0.49	1000	492	0.492
200	102	0.51	5000	2469	0.4930
500	252	0.504	10 000	4993	0.4993

掷一个正规的骰子

掷一个正规的骰子并加以旋转．抛硬币时只需定义一个事件（有两种回答：是或否），现在必须设计一种定义 6 个事件的方法，因为一个骰子由数 $\{1, 2, 3, 4, 5, 6\}$ 组成，每个事件出现的概率是 1/6，因为每个数值出现的可能性相等．与前面一样，一个指定的数值出现的概率定义为

$$\frac{\{1,2,3,4,5,6\} \text{ 中指定的数值出现的次数}}{\text{试验的总数}}$$

可以用下面的算法得到掷一个骰子的试验：

掷正规骰子的蒙特卡罗算法

输入	模拟中随机掷骰子的总数 n.
输出	掷出 $\{1, 2, 3, 4, 5, 6\}$ 的百分比或概率．
第 1 步	将 COUNTER1 到 COUNTER6 初始化为 0.
第 2 步	对于 $i=1, 2, \cdots, n$，执行第 3, 4 步．
第 3 步	得到一个随机数，满足 $0 \leqslant x_i \leqslant 1$.
第 4 步	若 x_i 属于如下的区间，则相应的 COUNTER 加 1.

$$0 \leqslant x_i \leqslant \frac{1}{6} \quad \text{COUNTER1=COUNTER1+1}$$

$$\frac{1}{6} < x_i \leqslant \frac{2}{6} \quad \text{COUNTER2=COUNTER2+1}$$

$$\frac{2}{6} < x_i \leqslant \frac{3}{6} \quad \text{COUNTER3=COUNTER3+1}$$

$$\frac{3}{6} < x_i \leqslant \frac{4}{6} \quad \text{COUNTER4=COUNTER4+1}$$

$$\frac{4}{6} < x_i \leqslant \frac{5}{6} \quad \text{COUNTER5=COUNTER5+1}$$

$$\frac{5}{6} < x_i \leqslant 1 \quad \text{COUNTER6=COUNTER6+1}$$

第 5 步	计算掷出 $j=\{1, 2, 3, 4, 5, 6\}$ 的概率为 COUNTER $(j)/n$.
第 6 步	输出这些概率.
	停止.

表 5-4 给出了掷 10、100、1000、10 000 和 100 000 次的结果,我们看到掷 100 000 次时接近期望的结果.

表 5-4　掷一个正规的骰子的结果(n=试验次数)

骰子出现的值	10	100	1000	10 000	100 000	期望结果
1	0.300	0.190	0.152	0.1703	0.1652	0.1667
2	0.00	0.150	0.152	0.1652	0.1657	0.1667
3	0.100	0.090	0.157	0.1639	0.1685	0.1667
4	0.00	0.160	0.180	0.1653	0.1685	0.1667
5	0.400	0.150	0.174	0.1738	0.1676	0.1667
6	0.200	0.160	0.185	0.1615	0.1652	0.1667

掷一个不正规的骰子

考虑每个事件不是等可能出现的随机模型,假定按照下面的经验分布给骰子的几个面加重使结果发生偏移:

骰子出现的值	出现概率	骰子出现的值	出现概率	骰子出现的值	出现概率
1	0.1	3	0.2	5	0.2
2	0.1	4	0.3	6	0.1

算法中采用的函数关系是:

x_i 的值	赋值	x_i 的值	赋值	x_i 的值	赋值
[0, 0.1]	1	(0.2, 0.4]	3	(0.7, 0.9]	5
(0.1, 0.2]	2	(0.4, 0.7]	4	(0.9, 1.0]	6

用下面的算法掷一个不正规的骰子:

掷不正规骰子的蒙特卡罗算法

输入	模拟中随机掷骰子的总次数 n.
输出	掷出 $\{1, 2, 3, 4, 5, 6\}$ 的百分比或概率.
第 1 步	将 COUNTER1 到 COUNTER6 初始化为 0.
第 2 步	对于 $i=1, 2, \cdots, n$,执行第 3,4 步.
第 3 步	得到一个随机数,满足 $0 \leqslant x_i \leqslant 1$.
第 4 步	若 x_i 属于如下的区间,则相应的 COUNTER 加 1.

$$0 \leqslant x_i \leqslant 0.1 \quad \text{COUNTER1} = \text{COUNTER1} + 1$$

$$0.1 < x_i \leqslant 0.2 \quad \text{COUNTER2} = \text{COUNTER2} + 1$$

$$0.2 < x_i \leqslant 0.4 \quad \text{COUNTER3} = \text{COUNTER3} + 1$$

$$0.4 < x_i \leqslant 0.7 \qquad COUNTER4 = COUNTER4 + 1$$
$$0.7 < x_i \leqslant 0.9 \qquad COUNTER5 = COUNTER5 + 1$$
$$0.9 < x_i \leqslant 1.0 \qquad COUNTER6 = COUNTER6 + 1$$

第 5 步　计算掷出 $j = \{1, 2, 3, 4, 5, 6\}$ 的概率为 $COUNTER(j)/n$.

第 6 步　输出这些概率.

　　　　　停止.

结果如表 5-5 所示，为使模型结果接近概率需要的试验次数很多.

表 5-5　掷一个不正规的骰子的结果

骰子出现的值	100	1000	5000	10 000	40 000	期望结果
1	0.080	0.078	0.094	0.0948	0.0948	0.1
2	0.110	0.099	0.099	0.0992	0.0992	0.1
3	0.230	0.199	0.192	0.1962	0.1962	0.2
4	0.360	0.320	0.308	0.3082	0.3081	0.3
5	0.110	0.184	0.201	0.2012	0.2011	0.2
6	0.110	0.120	0.104	0.1044	0.1045	0.1

下一节将看到如何利用这些概念模拟现实中的随机行为.

 习题

1. 你到海滨度假，沮丧地听到当地气象台预报每天下雨的机会是 50%. 用蒙特卡罗模拟预测你的假期中有 3 天连续下雨的可能性.

2. 用蒙特卡罗模拟近似计算抛 5 枚正规的硬币出现 3 个正面的概率.

3. 将一个正规骰子连续掷 100 次，用蒙特卡罗方法模拟总和的结果.

4. 按照下面的概率分布给骰子的几个面加重，将两只骰子掷 300 次，用蒙特卡罗方法模拟总和的结果.

骰子出现的值	骰子 1 出现概率	骰子 2 出现概率	骰子出现的值	骰子 1 出现概率	骰子 2 出现概率
1	0.1	0.3	4	0.3	0.1
2	0.1	0.1	5	0.2	0.05
3	0.2	0.2	6	0.1	0.25

5. 用抛一枚正规的硬币编排一个游戏，然后用蒙特卡罗模拟预测游戏的结果.

 研究课题

1. 纸牌游戏 21 点 (Blackjack). 构造并实施 21 点游戏的蒙特卡罗模拟. 21 点游戏的规则如下：

　　大多数赌场使用 6 副或 8 副牌玩这种游戏，以防止"数牌点"，在你的模拟中使用两副牌（共 104 张）. 只有两位参与者，你和庄家. 游戏开始时每人得到两张牌，对于牌面为 2～10 的牌，点数与面值相同；牌面为人脸（J、Q、K）的牌，点数为 10；牌面为 A 的牌，点数为 1 或 11. 游戏的目的是得到总数尽量接近 21 点的牌，不得超过（超过称"爆了"），并使你得到的总点数多于庄家.

　　如果开始两张牌的总点数恰是 21（A-10 或 A-人脸），称为 21 点，自动成为胜者（若你和庄家都得到 21 点，则为平局，你的赌注仍在台上）. 靠 21 点赢时，付给你 3 赔 2，即 1.5 赔 1（1 元赌注赢 1.5 元，且 1 元赌注仍保留）.

　　如果你和庄家都未得到 21 点，你想要多少张牌就可以取多少张，一次一张，使总数尽量接近 21 点. 如果你超过21点，就输了，游戏结束．一旦你对牌的点数满意，你就"打住"，然后庄家按照下列规则取牌：

当庄家牌的点数为17、18、19、20和21时，就打住．若庄家牌的点数小于或等于16，必须取牌．庄家总把A的点数记为11，除非这样使他或她爆了(这时A的点数记为1)．例如，庄家的A-6组合是17点，不是7点(庄家没有选择权)，且庄家必须打住在17点上．而若庄家有A-4组合(15点)，又拿到一张K，那么新的总点数是15，因为A回到点数1(使之不超过21)，庄家还要再取牌．

如果庄家超过21点，你就赢了(赢赌注的钱，每1元赌注赢1元)．如果庄家的总点数超过你，你将输掉全部赌注．如果庄家和你的总点数相同，为平局(你不输也不赢)．

赌场中这个游戏的刺激之处在于，庄家开始的两张牌一张明、一张暗，所以你不知道庄家牌的总点数，必须根据那张明牌赌一把．在这个研究课题的模拟中不用考虑这种情况，你需要做的是：用两副牌做12次游戏，你有无限的赌资(不希望吗？)，每次下赌2元．两副牌玩过一次后，用两副新牌(104张)继续玩．这时记录你的得分(加或减X元)，然后下一副从0开始．输出是12次游戏的12个结果，可以用平均值或总数决定你的总成绩．

你的策略是什么？完全由你决定！可是这里有一招——假定庄家的牌你都看不到(于是你没有庄家牌的一点信息)．选择一种游戏策略并在整个模拟中运行(Blackjack爱好者在模拟中可以考虑加倍和分对，但这不是必需的)．

给出模拟算法的说明书、计算机程序以及12次游戏的输出结果．

2. 飞镖．构造并完成飞镖游戏的蒙特卡罗模拟，其规则是

飞镖板的区域	分数	飞镖板的区域	分数	飞镖板的区域	分数
牛眼	50	蓝环	15	白环	5
黄环	25	红环	10		

以牛眼中心为圆心，每个环的半径为

环	宽度(英寸)	从圆心到环的外边缘的距离	环	宽度(英寸)	从圆心到环的外边缘的距离
牛眼	1.0	1.0	红环	3.0	8.0
黄环	1.5	2.5	白环	4.0	12.0
蓝环	2.5	5.0			

飞镖板的半径为1英尺(即12英寸)．

做出关于飞镖投中镖板的概率分布的假设，对你的选择写出算法并编程．模拟运行1000次，确定投5次飞镖的平均分数，以及哪个环的期望分数(分数乘以投中这个环的概率)最高．

3. 双骰子赌博．构造并完成普通赌场中双骰子赌博的蒙特卡罗模拟，其规则如下：

双骰子赌博有两种基本的设赌类型，通过和不通过．在"通过设赌"中你赌玩家(掷骰子者)将赢；在"不通过设赌"中你赌玩家将输．我们按照若第1次掷出12点(boxcars)，则"通过和不通过设赌"均输的规则进行．二者都是1对1的赌注．

赌博如下进行：

第1次掷出7或11点：玩家赢("通过设赌"赢，"不通过设赌"输)．

第1次掷出12点(boxcars)：玩家输("通过和不通过设赌"均输)．

第1次掷出2或3点：玩家输("通过设赌"输，"不通过设赌"赢)．

第1次掷出4，5，6，8，9，10点：形成牌点，然后再掷．

玩家继续掷骰子，直到第1次掷的那个点或者7点出现．如果在7点之前掷出第1次的那个点，则"通过设赌"者赢，如果在第1次的那个点之前掷出7点，则"不通过设赌"者赢．

写出算法并用你选择的计算机语言编程．通过模拟运行估计通过和不通过设赌者赢的概率，哪一种设赌类

型更好？随着试验次数的增加，这些概率收敛吗？

4. 赛马．构造并完成赛马的蒙特卡罗模拟．你可以利用报纸上提供的赔率，或者模拟由下面的参加者和赔率给出的数学赛马．

数学赛马[⊖]

参加者的名字	赔率	参加者的名字	赔率	参加者的名字	赔率
笨拙的 Euler	7-1	打节拍的 Cauchy	12-1	兴奋的 Stokes	15-1
跳跃的 Leibniz	5-1	鼓足气的 Poisson	4-1	手舞足蹈的 Dantzig	4-1
蹒跚的 Newton	9-1	大步慢跑的 L'Hopital	35-1		

构造并完成 1000 次赛马的蒙特卡罗模拟，哪一匹马胜的次数最多？哪一匹马胜的次数最少？这些结果令你惊奇吗？由输出结果给出每匹马胜多少次．

5. 轮盘赌．在美式轮盘赌中轮子上有 38 个位置：0、00 和 1～36．标记 1～36 的一半的位置为红色，一半的位置为黑色，0 和 00 两个位置为绿色．

模拟 1000 次轮盘赌，赌红或黑（均为 1 对 1 的赌注）．每次赌注 1 元，记录所赢的钱．按照模拟，赌红/黑时每次赢多少？最长的连赢和连输次数是多少？

模拟 1000 次轮盘赌，赌绿（赔率 17：1，于是若赢了，你的赌注中加 17 元，若输了，减 1 元）．按照模拟，赌绿时每次赢多少？与赌红/黑时有何不同？赌绿时最长的连赢和连输次数是多少？你建议用哪种策略，为什么？

6. 正确价格．在流行电视游戏节目"正确价格"（如猜某种商品的价格）中，每半个小时竞猜的最后，三位胜出的竞争者要登台亮相角逐一项大奖．这个竞争中旋转一个大转盘，转盘旁边有个指针，轮盘上有 20 格，从 5 美分到 1 美元按每 5 美分递增而无序地给每格标价，指针可以停在任一格上．角逐时，半个小时中赢钱最少的那个竞争者首先旋转轮盘，然后是赢钱次少的旋转轮盘，再接着是赢钱最多的旋转轮盘．

游戏的目的是在最多不超过两次的旋转中使所得价格之和尽可能接近 1 美元，但不能超过这个值．显然，如果第一个竞争者没有超过，其他两人将利用一或两次旋转试图赶上领先者．

然而第一个竞争者会怎样做呢？如果他或她是一位期望值决策者，第一次旋转得到多高的值就不必去转第二次了呢？记住，如果出现下面的情形，这个竞争者就失败了：

(a) 另两个竞争者的任一位的值超过这个竞争者两次值的总和；

(b) 这个竞争者再旋转一次，但是超过了 1 美元．

7. 让我们做个交换．你穿着喜爱的衣服去参加节目，主持人把你从观众中挑选出来．有 3 个皮夹供你选择，两个皮夹里各有一张 50 元的钞票，第 3 个皮夹里有一张 1000 元的钞票．你选中了一个皮夹：1、2 或者 3，主持人知道哪个皮夹里有 1000 元的钞票，他向你显示另两个皮夹中有 50 元钞票的那个．主持人是故意这样做的，因为他手中至少有一个其中有 50 元钞票的皮夹．如果他手中也有带 1000 元钞票的皮夹，他只向你显示手中有 50 元钞票的那个，否则，他可以向你显示手中两个皮夹中的任一个．然后，主持人问你是否想将你已经选中的皮夹与他手中拿着而未打开的那个皮夹交换．你要做这个交易吗？

建立一个算法并构造计算机模拟来支持你的回答．

8. 存储模型．钢带辐射形轮胎每周补给进货，其需求量如下表：

需求	频率	概率	累积概率
0	15	0.05	0.05
1	30	0.10	0.15
2	60	0.20	0.35
3	120	0.40	0.75

⊖ 这里，本书作者风趣地借用 Euler 等著名数学家来杜撰赛马的名字．——译者注

（续）

需求	频率	概率	累积概率
4	45	0.15	0.90
5	30	0.10	1.00

假定：补给进货的订货提前期为 1 至 3 天．当前有 7 个库存轮胎且无订单．确定订货量和订货点以减少总费用和平均费用．发出一个订单的费用是 20 元，每天每个轮胎的库存费是 0.02 元．每当不能满足一位顾客的需求时，顾客就离开，假定每位离开的顾客给公司带来 8 元的损失．公司每周运营 7 天，每天 24 小时．

5.4 存储模型：汽油与消费需求

上一节我们开始利用蒙特卡罗模拟对随机行为建模，本节将学习模拟随机性更强的过程，并且还将进行检验以确定这种模拟再现所考察过程的良好程度．从一个存储控制问题开始．

你受雇于一家加油站连锁店当顾问，要确定每隔多长时间及把多少汽油运送到各个加油站．每次运送汽油都要支付费用 d，它是与运送量无关的附加费用．加油站都在州际高速公路近旁，所以需求量可以合理地看作常数．决定费用的其他因素有：存储中冻结的资金、分期偿还的设备费用、保险费、税费、安全检测费．假定在短期运营中每个加油站汽油的需求和价格都是常数，只要加油站没有出现短缺，就可以得到不变的总收入．因为总利润等于总收入减去总费用，而按照假定，总收入为常数，所以最大化总利润可以通过最小化总费用达到，于是提出如下的问题：最小化每天平均的运费，并且每个加油站存储足够的汽油以满足消费需求．

在讨论了决定每天平均费用的各种因素的有关意义之后，我们建立以下的模型：

$$日平均费用 = f(存储费, 运费, 需求率)$$

现在来分析一下各个子模型，可以认为，虽然存储费随存储量而变，但是能够合理地假定，在问题涉及的数量范围内，单位存储量的费用是常数．类似地，假定每次运送的费用是常数，在问题涉及的数量范围内与运量无关．对一个特定加油站的日需求量做图，大致如图 5-4a 所示．若画出一定时间段（如一年）内的需求量的频率，则会得到类似于图 5-4b 的图形．

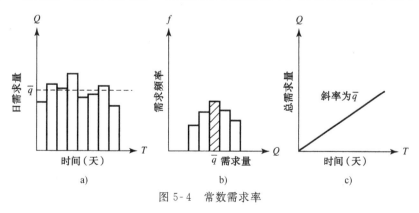

图 5-4 常数需求率

如果每天的需求都非常接近最常出现的那个需求量，我们就可以假设日需求量是常数．在某些情形下这种假设是合理的．最后，即使需求在离散时段出现，为方便起见，也可以利用连续需求的子模型．一个连续子模型如图 5-4c 所示，其中直线的斜率表示常数日需求量．注意上述的每个假定在得到线性子模型中的重要性.

根据这些假设我们将在第 13 章对日平均费用建立一个分析子模型,并用它得到最优的运送时间间隔和最优运量:

$$T^* = \sqrt{\frac{2d}{sr}}$$

$$Q^* = rT^*$$

其中 T^* =最优运送时间间隔(天)

　　　 Q^* =汽油最优运量(加仑)

　　　 r =汽油日需求量(加仑)

　　　 d =每次运送的费用(元)

　　　 s =每加仑汽油每天的存储费

我们将会看到,这个分析模型多么密切地依赖于一组条件,即使它们在某些情况下是合理的,在现实世界里也绝不会精确地满足.考虑到子模型的随机性,建立分析模型是很困难的.

假定要用一个特定加油站过去 1000 天的销售情况核查子模型中的常数需求率,收集的数据如表 5-6 所示.

表 5-6　一个特定加油站需求量记录

需求量(加仑)	出现天数	需求量(加仑)	出现天数
1000~1099	10	1500~1599	270
1100~1199	20	1600~1699	180
1200~1299	50	1700~1799	80
1300~1399	120	1800~1899	40
1400~1499	200	1900~1999	30
			1000

对于表 5-6 中 10 个需求区间的每一个,用出现的天数除总天数 1000 来计算频率,其结果给出了每个需求区间出现概率的估计值,这些概率列入表 5-7,并以直方图形式画在图 5-5 中.

表 5-7　每个需求量出现的概率

需求量(加仑)	出现概率	需求量(加仑)	出现概率
1000~1099	0.01	1500~1599	0.27
1100~1199	0.02	1600~1699	0.18
1200~1299	0.05	1700~1799	0.08
1300~1399	0.12	1800~1899	0.04
1400~1499	0.20	1900~1999	0.03
			1.00

如果我们对常数需求率的假设满意,从图 5-5 可以估计这个需求率为每天 1550 加仑,于是上面的分析子模型可由运费和存储费计算最优运送时间间隔和最优运量.

然而,如果不满意关于常数需求率的假设,如何从图 5-5 给出的需求量来模拟子模型呢?首先,把每个需求区间的概率依次加起来,得到一个累积直方图,如图 5-6 所示.注意到图 5-6 中相邻两个长方块高度之差表示后面那个需求量区间出现的概率,可以建立区间 $0 \leqslant x \leqslant 1$

内的数与各个需求区间出现之间的对应关系，如表 5-8 所示.

表 5-8　利用 $0 \leqslant x \leqslant 1$ 上均匀分布随机数复制各个需求区间的出现情况

随机数	相应的需求	出现的百分比	随机数	相应的需求	出现的百分比
$0 \leqslant x < 0.01$	1000~1099	0.01	$0.40 \leqslant x < 0.67$	1500~1599	0.27
$0.01 \leqslant x < 0.03$	1100~1199	0.02	$0.67 \leqslant x < 0.85$	1600~1699	0.18
$0.03 \leqslant x < 0.08$	1200~1299	0.05	$0.85 \leqslant x < 0.93$	1700~1799	0.08
$0.08 \leqslant x < 0.20$	1300~1399	0.12	$0.93 \leqslant x < 0.97$	1800~1899	0.04
$0.20 \leqslant x < 0.40$	1400~1499	0.20	$0.97 \leqslant x \leqslant 1.00$	1900~1999	0.03

这样，如果随机地生成 0、1 之间的数，使每个数出现的概率相同，就能近似得到图 5-5 的直方图. 利用手持可编程计算器上的随机数发生器生成 0、1 之间的随机数，然后用表 5-7 给出的赋值方式，按照每个随机数确定需求区间，1000 次和 10 000 次试验的结果列在表 5-9 中.

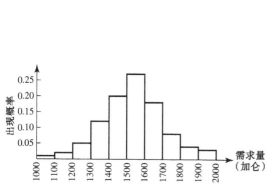

图 5-5　表 5-7 中每个需求区间的频率

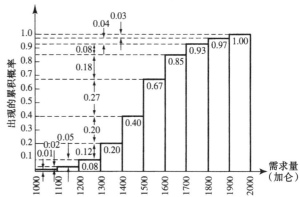

图 5-6　来自表 5-7 数据的需求子模型的累积直方图

表 5-9　需求子模型的蒙特卡罗近似

区间	模拟中的出现数/期望的出现数		区间	模拟中的出现数/期望的出现数	
	1000 次试验	10 000 次试验		1000 次试验	10 000 次试验
1000~1099	8/10	91/100	1500~1599	275/270	2681/2700
1100~1199	16/20	198/200	1600~1699	187/180	1812/1800
1200~1299	46/50	487/500	1700~1799	83/80	857/800
1300~1399	118/120	1205/1200	1800~1899	34/40	377/400
1400~1499	194/200	2008/2000	1900~1999	39/30	284/300
				1000/1000	10 000/10 000

在汽油存储问题中，对于模拟的每一天我们最终想要确定一个明确的需求量，而不是一个需求区间，怎样做到这一点呢？有几种选择. 考察图 5-7 给出的每个需求区间的中点，由于想得到的是能够反映图中数据趋势的连续模型，可以利用在第 4 章中讨论的方法.

在很多情况下，特别当子区间很小及数据相当靠近时，线性样条模型是合适的. 图 5-7 所示数据的线性样条模型显示在图 5-8 中，单个的样条函数由表 5-10 给出. 内样条函数——$S_2(q) \sim S_9(q)$——根据过两个相邻数据点的直线计算，$S_1(q)$ 根据过（1000，0）和第 1 个数据点（1050，0.01）的直线计算，$S_{10}(q)$ 根据过点（1850，0.97）和（2000，1.00）的直线计算．注意，如果我们利用区间的中点，就必须确定如何构造两个外样条函数，当区间很小时，通常容易构造反映数据趋势的线性样条函数．

表 5-10　经验需求子模型的线性样条

需求区间	线性样条	需求区间	线性样条
$1000 \leqslant q < 1050$	$S_1(q) = 0.0002q - 0.2$	$1450 \leqslant q < 1550$	$S_6(q) = 0.0027q - 3.515$
$1050 \leqslant q < 1150$	$S_2(q) = 0.0002q - 0.2$	$1550 \leqslant q < 1650$	$S_7(q) = 0.0018q - 2.12$
$1150 \leqslant q < 1250$	$S_3(q) = 0.0005q - 0.545$	$1650 \leqslant q < 1750$	$S_8(q) = 0.0008q - 0.47$
$1250 \leqslant q < 1350$	$S_4(q) = 0.0012q - 1.42$	$1750 \leqslant q < 1850$	$S_9(q) = 0.0004q + 0.23$
$1350 \leqslant q < 1450$	$S_5(q) = 0.002q - 2.5$	$1850 \leqslant q \leqslant 2000$	$S_{10}(q) = 0.0002q + 0.6$

为了模拟某一天的日需求量，生成一个 0、1 间的随机数 x，计算相应的需求 q，即 x 为自变量，由它计算相应的唯一的 q．因为图 5-8 中的函数是严格增加的，所以做这个计算（考虑是否总是这种情况）．这样，问题转化为求表 5-10 列出的样条函数的反函数，例如，对于 $x = S_1(q) = 0.002q - 0.2$，可以解出 $q = 5000(x + 0.2)$．在线性样条情况下，很容易得到表 5-11 给出的反函数．

我们来解释如何用表 5-11 描述日需求子模型．为模拟某一天的需求，生成一个 0、1 间的随机数，比如 $x = 0.214$，因为 $0.20 < 0.214 < 0.40$，用样条 $q = 500(x + 2.5)$ 算出 $q = 1357$ 加仑为该天的模拟需求．

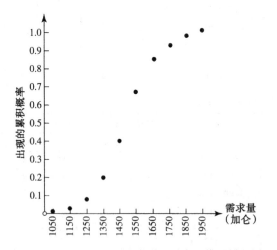

图 5-7　只标出每个区间中点的需求子模型累积图

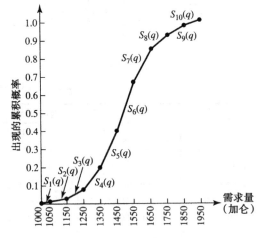

图 5-8　需求子模型线性样条模型

注意，表 5-11 的逆样条函数可以在图 5-6 中用 x 代替 q 作为自变量直接得到，稍后计算三次样条子模型时将按照这个办法去做（前面介绍的工作帮助你理解这个过程，也是因为它类似于你在学习概率之后将要做的事情）．图 5-6 是累积分布函数的一个例子，有很多种情况近似于众所周知的概率分布，用它们作为图 5-6 的依据，比实验数据要好．必须得到分布函数的反函数，用于模拟中的需求子模型，而且可以证明这是困难的．在这种情况下，反函数用经验模型如线性样条或三次样条近似. 列入本节末研究课题 UMAP340 Carroll Wilde 写的"泊松(Poission)随机过程", 是遵从众所周知的概率分布的某些情况的优秀入门读物.

表 5-11 由日需求量作为[0，1]随机数的函数给出的逆线性样条

随 机 数	逆线性样条	随 机 数	逆线性样条
$0 \leqslant x < 0.01$	$q = (x + 0.2)5000$	$0.40 \leqslant x < 0.67$	$q = (x + 3.515)370.37$
$0.01 \leqslant x < 0.03$	$q = (x + 0.2)5000$	$0.67 \leqslant x < 0.85$	$q = (x + 2.12)555.5\underline{5}$
$0.03 \leqslant x < 0.08$	$q = (x + 0.545)2000$	$0.85 \leqslant x < 0.93$	$q = (x + 0.47)1250$
$0.08 \leqslant x < 0.20$	$q = (x + 1.42)833.3\underline{3}$	$0.93 \leqslant x < 0.97$	$q = (x - 0.23)2500$
$0.20 \leqslant x < 0.40$	$q = (x + 2.5)500$	$0.97 \leqslant x \leqslant 1.00$	$q = (x - 0.6)5000$

如果想得到一个连续、光滑的需求子模型, 可以构造三次样条函数. 我们直接把样条作为随机数 x 的函数, 用计算机程序对以下数据计算三次样条:

x	0	0.01	0.03	0.08	0.2	0.4	0.67	0.85	0.93	0.97	1.0
q	1000	1050	1150	1250	1350	1450	1550	1650	1750	1850	2000

样条函数在表 5-12 中给出, 若生成的随机数为 $x = 0.214$, 则由经验三次样条模型得到 $q = 1350 + 715.5(0.014) - 1572.5(0.014)^2 + 2476(0.014)^3 = 1359.7$ 加仑.

表 5-12 经验的三次样条需求模型

随 机 数	三次样条
$0 \leqslant x < 0.01$	$S_1(x) = 1000 + 4924.92x + 750\,788.75x^3$
$0.01 \leqslant x < 0.03$	$S_2(x) = 1050 + 5150.18(x - 0.01) + 22\,523.66(x - 0.01)^2 - 1\,501\,630.8(x - 0.01)^3$
$0.03 \leqslant x < 0.08$	$S_3(x) = 1150 + 4249.17(x - 0.03) - 67\,574.14(x - 0.03)^2 + 451\,815.88(x - 0.03)^3$
$0.08 \leqslant x < 0.20$	$S_4(x) = 1250 + 880.37(x - 0.08) + 198.24(x - 0.08)^2 - 4918.74(x - 0.08)^3$
$0.02 \leqslant x < 0.40$	$S_5(x) = 1350 + 715.46(x - 0.20) - 1572.51(x - 0.20)^2 + 2475.98(x - 0.20)^3$
$0.40 \leqslant x < 0.67$	$S_6(x) = 1450 + 383.58(x - 0.40) - 86.92(x - 0.40)^2 + 140.80(x - 0.40)^3$
$0.67 \leqslant x < 0.85$	$S_7(x) = 1550 + 367.43(x - 0.67) + 27.12(x - 0.67)^2 + 5655.69(x - 0.67)^3$
$0.85 \leqslant x < 0.93$	$S_8(x) = 1650 + 926.92(x - 0.85) + 3081.19(x - 0.85)^2 + 11\,965.43(x - 0.85)^3$
$0.93 \leqslant x < 0.97$	$S_9(x) = 1750 + 1649.66(x - 0.93) + 5952.90(x - 0.93)^2 + 382\,645.25(x - 0.93)^3$
$0.97 \leqslant x \leqslant 1.00$	$S_{10}(x) = 1850 + 3962.58(x - 0.97) + 51\,870.29(x - 0.97)^2 - 576\,334.88(x - 0.97)^3$

经验的需求子模型可以用各种方式构造, 例如不用表 5-6 给出的汽油需求区间, 而用更小的区间. 如果区间足够小, 区间中点可作为整个区间需求量的合理的近似, 于是类似于图 5-6 的累积直方图能够直接用作子模型. 如果愿意, 连续子模型也容易由更精细的数据得到.

我们讨论的目的已经说明了如何利用蒙特卡罗模拟和实验数据建立随机行为的子模型. 现在看看这个存储问题怎样以一般的方式来模拟.

给定每加仑汽油每天的存储费 s 和每次运送的费用 d, 一个存储策略由规定的运量 Q 及运送的时间间隔 T 组成. 若 s 和 d 已知, 给定的存储策略可以用蒙特卡罗模拟算法检验如下:

蒙特卡罗存储算法术语一览

Q　汽油运量(加仑)

T　运送的时间间隔(天)

I	当前的存储量(加仑)
d	每次运送的费用(元)
s	每加仑汽油每天的存储费(元)
C	总费用
c	每天平均费用
N	模拟运行的天数
K	模拟中剩下的天数
x_i	[0，1]内的随机数
q_i	日需求量
Flag	用于终止计算的指标

蒙特卡罗存储算法

输入　　　Q，T，d，s，N

输出　　　c

第 1 步　　初始化:

$$K=N$$
$$I=0$$
$$C=0$$
$$\text{Flag}=0$$

第 2 步　　以一次运送开始下一个存储期:

$$I=I+Q$$
$$C=C+d$$

第 3 步　　确定这个存储期的模拟是否终止:

　　　　若 $T \geqslant K$，置 $T=K$，$\text{Flag}=1$

第 4 步　　模拟这个存储期(或剩余部分)的每一天

　　　　对于 $i=1$，2，$\cdots$，T，执行第 5~9 步

　第 5 步　　生成随机数 x_i

　第 6 步　　利用需求子模型计算 q_i

　第 7 步　　修正当前的存储量: $I=I-q_i$

　第 8 步　　若存储量用完，即 $I \leqslant 0$，置 $I=0$，转第 9 步;否则，计算日存储费和总费用:

$$C=C+I*s$$

　第 9 步　　减少模拟中剩下的天数

$$K=K-1$$

第 10 步　　若 $\text{Flag}=0$，转第 2 步;否则，转第 11 步

第 11 步　　计算每天平均费用 $c=C/N$

第 12 步　　输出 c

　　　　停止

可以用这个算法检验各种策略以确定每天平均费用. 你大概还想细化该算法以了解其他效能指标，如下面习题中提出的未满足的需求和短缺汽油的天数.

习题

1. 修正存储算法以了解未满足的需求，以及加油站短缺汽油的天数(至少一天中有部分时间短缺).

2. 多数加油站有存储容量 Q_{max}，不能超过．细化存储算法以考虑这个因素．由于需求子模型在存储期末的随机性，剩下的汽油量可能会不少．如果几个存储期连续出现这种情况，超出量就可能达到 Q_{max}，因为承受额外的存储时有财政支出，加油站不希望出现这种情况．你能提出另外的办法吗? 修正存储算法以考虑你的建议．

3. 在很多加油站运送的时间间隔 T 和运量 Q 不是固定的，而用一张订单代表一定的汽油量．根据在给定时间内有多少张订单，为订单制定不同的供货时间．没有理由认为送货机制的效能会有改变，所以检查了过去 100 次供货记录，发现下面的延迟时间，即为订单供货所需的时间:

延迟时间(天)	出现次数	延迟时间(天)	出现次数
2	10	5	20
3	25	6	13
4	30	7	2
		总数	100

构造延迟时间子模型的蒙特卡罗模拟，若你有合适的计算器或计算机，运行 1000 次检验这个子模型，并将各个延迟时间的出现次数与历史数据比较．

4. 习题 3 给出另一种存储策略，当存储量达到一定水平(订货点)时，发出最佳订货量的订单．构造一个算法模拟这个过程，以及合适的需求与延迟时间的随机子模型．如何利用这个算法寻求最优订货点和最优订货量?

5. 有时遇到加油站售完汽油，顾客就径直到另一家加油站．然而在许多情况下(说出几种这样的情况)，有些顾客会留下一个延期订单，或者拿走一个延期凭证．如果这个订单在一个随顾客不同而随机变化的时间内没有供货，顾客将取消他的订单．假定检查了 1000 个顾客的历史数据，得到表 5-13，即 200 个顾客甚至没有留下延期订单，还有 150 个顾客如果 1 天不供货就取消订单．

表 5-13 延期订单子模型的假设数据

顾客取消订单前等待的天数	出现次数	累积出现次数
0	200	200
1	150	350
2	200	550
3	200	750
4	150	900
5	50	950
6	50	1000
	1000	

(a) 构造延期订单子模型的蒙特卡罗模拟，若你有合适的计算器或计算机，运行 1000 次检验这个子模型，并将不同天数取消的出现次数与历史数据比较．

(b) 考察习题 1 中的修正算法，进一步修改它以考虑延期订单，你认为延期订单应该是某种形式的惩罚吗? 如果是，你会怎样做?

 研究课题

1. 完成 UMAP 教学单元 340"泊松(Poission)随机过程"(Carroll O. Wilde)的要求，引入概率分布以得到随机到达方式、到达间隔、等待队长及服务损失率的实际信息，要用到泊松分布、指数分布和 Erlang 公式．教学单元需要概率入门课程，应用求和符号以及微分和积分的概念．为课堂介绍准备一个 10 分钟的教学单元的概述．

2. 假设每加仑汽油每天的存储费为 0.001 元，每次运送的费用为 500 元，编制你在习题 4 中构造的算法的计算机代码，比较各种订货点和订货量策略．

5.5 排队模型

例 1 港口系统

考察一个带有船只卸货设备的小港口，任何时间仅能为一艘船只卸货．船只进港是为了卸货，相邻两艘船到达的时间间隔在 15 分钟到 145 分钟之间变化．一艘船只卸货的时间由所卸货物的类型决定，在 45 分钟到 90 分钟之间变化．需要回答以下问题：

1. 每艘船只在港口的平均时间和最长时间是多少？

2. 若一艘船的等待时间是从到达到开始卸货的时间，每艘船只的平均等待时间和最长等待时间是多少？

3. 卸货设备空闲时间的百分比是多少？

4. 船只排队最长的长度是多少？

为了得到一些合理的答案，利用计算机或可编程计算器来模拟港口的活动．假定相邻两艘船到达的时间间隔和每艘船只卸货的时间在它们各自的时间区间内均匀分布，例如两艘船到达的时间间隔可以是 15 到 145 之间的任何整数，且这个区间内的任何整数等可能地出现．在给出模拟这个港口系统的一般算法之前，考虑有 5 艘船只的假想情况．

对每艘船只有以下数据：

	船 1	船 2	船 3	船 4	船 5
相邻两艘船到达的时间间隔	20	30	15	120	25
卸货时间	55	45	60	75	80

因为船 1 在时钟于 $t=0$ 分钟开始计时后 20 分钟到达，所以港口卸货设备在开始时空闲了 20 分．船 1 立即开始卸货，卸货用时 55 分，其间，船 2 在时钟开始计时后 $t=20+30=50$ 分钟到达．在船 1 于 $t=20+55=75$ 分钟卸货完毕之前，船 2 不能开始卸货，这意味着船 2 在卸货前必须等待 $75-50=25$ 分钟．这个情况表示在下面的时间标记图中：

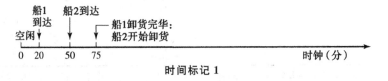

时间标记 1

在船 2 开始卸货之前，船 3 于 $t=50+15=65$ 分钟到达．因为船 2 在 $t=75$ 分钟开始卸货，并且卸货需时 45 分钟，所以在船 2 于 $t=75+45=120$ 分钟卸货完毕之前，船 3 不能开始卸货．这样，船 3 必须等待 $120-65=55$ 分钟．这个情况表示在下一个时间标记图中：

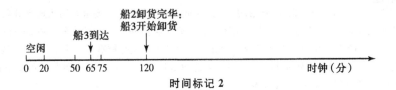

时间标记 2

船 4 在 $t=65+120=185$ 分钟之前没有到达，因此船 3 已经在 $t=120+60=180$ 分钟卸货完毕，港口卸货设备空闲 $185-180=5$ 分钟，并且，船 4 到达后立即卸货，如下图：

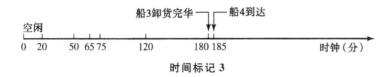

时间标记 3

最后，在船 4 于 $t=185+75=260$ 分钟卸货完毕之前，船 5 在 $t=185+25=210$ 分钟到达，于是船 5 在开始卸货前必须等待 $260-210=50$ 分钟. 最后这种情况表示在下一个时间标记图中：

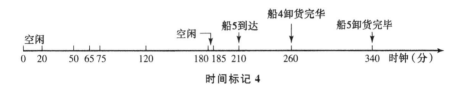

时间标记 4

在图 5-9 中总结了 5 艘假想到达船只的每一艘的等待时间和卸货时间. 表 5-14 总结了 5 艘假想船只整个模拟的结果. 注意，5 艘船总的等待时间是 130 分钟，这种等待时间对船主来说代表一笔费用，也是顾客对码头设备不满意的来源. 另一方面，码头设备总共只有 25 分钟的空闲时间，在模拟的 340 分钟内有 315 分钟，即大约 93% 的时间，设备是在利用中.

表 5-14　港口系统模拟概要

船只序号	相邻两艘船到达间隔	到达时间	开始服务	排队长度	等待时间	卸货时间	在港口的时间	设备空闲时间
1	20	20	20	0	0	55	55	20
2	30	50	75	1	25	45	70	0
3	15	65	120	2	55	60	115	0
4	120	185	185	0	0	75	75	5
5	25	210	260	1	50	80	130	0
总计（如果适宜）					130			25
平均（如果适宜）					26	63	89	

注：在时钟于 $t=0$ 开始计时后，给出的所有时间以分钟计.

设想码头设备的拥有者关心他们提供服务的质量，并且要评价各种管理模式以确定为了改善服务是否值得增加费用. 做一些统计可以帮助对服务质量的评价，例如，待在港口时间最长的船只是船 5，待了 130 分钟，而平均是 89 分钟（表 5-14）. 通常顾客对等待时间的长短非常在乎，例中最长的等待时间为 55 分钟，而平均是 26 分钟. 如果排队太长有些顾客会改到别处去做生意，例中最长的队是 2. 用下面的蒙特卡罗模拟算法可以做这些统计，对各种管理模式进行估价.

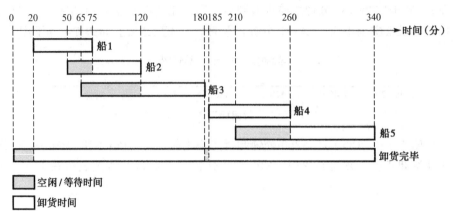

图 5-9 船只和码头设备的空闲和卸货时间

港口系统算法术语一览

between$_i$	船 i 与 $i-1$ 的到达时间间隔(在 15 和 145 之间变化的一个随机整数)
arrive$_i$	从时钟 $t=0$ 分开始计时,船 i 到达港口的时间
unload$_i$	船 i 在港口卸货所需的时间(在 45 和 90 之间变化的一个随机整数)
start$_i$	船 i 开始卸货的时间
idle$_i$	恰在船 i 开始卸货之前码头设备空闲的时间
wait$_i$	船 i 到达后开始卸货前在码头的等待时间
finish$_i$	船 i 卸货完毕的时间
harbor$_i$	船 i 待在港口总的时间
HARTIME	每艘船待在港口的平均时间
MAXHAR	一艘船待在港口的最长时间
WAITIME	每艘船卸货之前的平均等待时间
MAXWAIT	一艘船的最长等待时间
IDLETIME	卸货设备空闲时间占总模拟时间的百分比

港口系统模拟算法

输入	模拟中的船只总数 n
输出	HARTIME,MAXHAR,WAITIME,MAXWAIT 和 IDLETIME
第 1 步	随机生成 between$_1$ 和 unload$_1$,令 arrive$_1$ = between$_1$
第 2 步	全部输出初始化: HARTIME=unload$_1$,MAXHAR=unload$_1$, WAITIME=0,MAXWAIT=0,IDLETIME=arrive$_1$
第 3 步	计算船 1 卸货完毕的时间: finish$_1$ = arrive$_1$ + unload$_1$

第 4 步	对于 $i=2$，3，$\cdots$，n，执行第 5~16 步
第 5 步	分别在各自的区间上生成一对随机整数 $between_i$ 和 $unload_i$
第 6 步	假定时钟从 $t=0$ 分钟开始计时，计算船 i 的到达时间 $$arrive_i=arrive_{i-1}+between_i$$
第 7 步	计算船 i 到达与船 $i-1$ 卸货完毕的时间之差： $$timediff=arrive_i-finish_{i-1}$$
第 8 步	若 $timediff$ 非负，则卸货设备空闲： $$idle_i=timediff \text{ 且 } wait_i=0$$ 若 $timediff$ 为负，则船 i 在卸货前必须等待： $$wait_i=-timediff \text{ 且 } idle_i=0$$
第 9 步	计算船 i 开始卸货的时间 $$start_i=arrive_i+wait_i$$
第 10 步	计算船 i 卸货完毕的时间： $$finish_i=start_i+unload_i$$
第 11 步	计算船只待在港口的时间： $$harbor_i=wait_i+unload_i$$
第 12 步	将 $harbor_i$ 加入总的港口时间 HARTIME，平均时用到
第 13 步	若 $harbor_i >$ MAXHAR，则令 MAXHAR$=harbor_i$；否则 MAXHAR 不变
第 14 步	将 $wait_i$ 加入总的等待时间 WAITIME，平均时用到
第 15 步	将 $idle_i$ 加入总的空闲时间 IDLETIME
第 16 步	若 $wait_i >$ MAXWAIT，则令 MAXWAIT$=wait_i$；否则 MAXWAIT 不变
第 17 步	令 HARTIME$=$HARTIME$/n$，WAITIME$=$WAITIME$/n$，且 IDLETIME$=$IDLETIME$/finish_n$
第 18 步	输出(HARTIME，MAXHAR，WAITIME，MAXWAIT，IDLETIME) 停止

按照上面的算法，表 5-15 给出每次 100 艘船共 6 次独立模拟的结果．

表 5-15　100 艘船港口系统的模拟结果

一艘船待在港口的平均时间	106	85	101	116	112	94
一艘船待在港口的最长时间	287	180	233	280	234	264
一艘船的平均等待时间	39	20	35	50	44	27
一艘船的最长等待时间	213	118	172	203	167	184
卸货设备空闲时间的百分比	0.18	0.17	0.15	0.20	0.14	0.21

注：所有时间以分钟计．相邻两艘船到达的时间间隔为 15~145 分钟，每艘船卸货时间为 45~90 分钟．

现在假定你是码头设备拥有者的顾问，如果能够雇用更多的劳动力，或者得到更好的卸货设备，使卸货时间减少到每艘船 35~75 分钟，会有什么影响？表 5-16 给出了基于模拟算法的结果．

表 5-16   100 艘船港口系统的模拟结果

一艘船待在港口的平均时间	74	62	64	67	67	73
一艘船待在港口的最长时间	161	116	167	178	173	190
一艘船的平均等待时间	19	6	10	12	12	16
一艘船的最长等待时间	102	58	102	110	104	131
卸货设备空闲时间的百分比	0.25	0.33	0.32	0.30	0.31	0.27

注：所有时间以分钟计．相邻两艘船到达的时间间隔为 15~145 分钟，每艘船卸货时间为 35~75 分钟．

从表 5-16 可以看到，每艘船的卸货时间减少 15~20 分钟，使得船只待在港口的时间特别是等待时间缩短了，而设备空闲时间的百分比却增加了近一倍．船主对此是满意的，因为这提高了长期行驶时每艘船运送货物的效率．这样，入港贸易好像会增加．如果贸易量增加使得相邻两艘船到达的时间间隔缩短到 10 到 120 分钟之间，模拟结果如表 5-17．从这个表可以看到，随着贸易量的增加，船只又要在港口待更长的时间，但设备空闲时间少多了，于是船主和设备拥有者都随着贸易量的增加而受益．

表 5-17   100 艘船港口系统的模拟结果

一艘船待在港口的平均时间	114	79	96	88	126	115
一艘船待在港口的最长时间	248	224	205	171	371	223
一艘船的平均等待时间	57	24	41	35	71	61
一艘船的最长等待时间	175	152	155	122	309	173
卸货设备空闲时间的百分比	0.15	0.19	0.12	0.14	0.17	0.06

注：所有时间以分钟计．相邻两艘船到达的时间间隔为 10~120 分钟，每艘船卸货时间为 35~75 分钟．

假定我们对两艘船到达的时间间隔和每艘船的卸货时间分别在 $15 \leqslant between_i \leqslant 145$ 和 $45 \leqslant unload_i \leqslant 90$ 内均匀分布不满意，决定收集港口系统的经验数据，并将结果并入我们的模型，如在上一节讨论的需求子模型一样．设想观测了利用港口卸货的 1200 艘船，收集的数据见表 5-18．

表 5-18   利用港口设备的 1200 艘船的收集数据

两艘船到达的间隔	出现次数	出现概率	卸货时间	出现次数	出现概率
15~24	11	0.009			
25~34	35	0.029			
35~44	42	0.035	45~49	20	0.017
45~54	61	0.051	50~54	54	0.045
55~64	108	0.090	55~59	114	0.095
65~74	193	0.161	60~64	103	0.086
75~84	240	0.200	65~69	156	0.130
85~94	207	0.172	70~74	223	0.185
95~104	150	0.125	75~79	250	0.208
105~114	85	0.071	80~84	171	0.143
115~124	44	0.037	85~90	109	0.091
125~134	21	0.017		1200	1.000
135~145	3	0.003			
	1200	1.000			

注：所有时间以分钟计．

按照 5.4 节叙述的做法, 将船到达间隔的单个的概率连续地加在一起, 也将卸货时间的单个的概率连续地加在一起, 就得到累积直方图, 如图 5-10 所示.

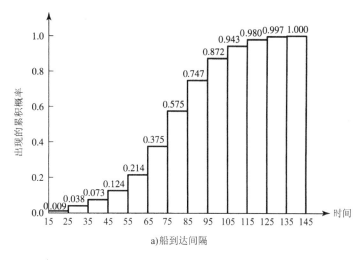

a)船到达间隔

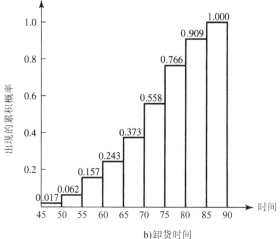

b)卸货时间

图 5-10 表 5-18 给出的船到达间隔和卸货时间的累积直方图

下一步利用 $0 \leqslant x \leqslant 1$ 区间上均匀分布随机数来重现由累积直方图给定的各个到达时间和卸货时间, 然后用每个区间的中点, 并通过相邻的数据点构造线性样条(将在习题 1 中完成). 逆样条很容易直接计算, 我们将结果摘要地列在表 5-19 和表 5-20 中.

表 5-19 以[0, 1]区间随机数为自变量、两艘船到达间隔为函数的分段线性子模型

随机数区间	相应的到达时间	逆线性样条
$0 \leqslant x < 0.009$	$15 \leqslant b < 20$	$b = 555.6x + 15.0000$
$0.009 \leqslant x < 0.038$	$20 \leqslant b < 30$	$b = 344.8x + 16.8966$
$0.038 \leqslant x < 0.073$	$30 \leqslant b < 40$	$b = 285.7x + 19.1429$

（续）

随机数区间	相应的到达时间	逆线性样条
$0.073 \leqslant x < 0.124$	$40 \leqslant b < 50$	$b = 196.1x + 25.6863$
$0.124 \leqslant x < 0.214$	$50 \leqslant b < 60$	$b = 111.1x + 36.2222$
$0.214 \leqslant x < 0.375$	$60 \leqslant b < 70$	$b = 62.1x + 46.7080$
$0.375 \leqslant x < 0.575$	$70 \leqslant b < 80$	$b = 50.0x + 51.2500$
$0.575 \leqslant x < 0.747$	$80 \leqslant b < 90$	$b = 58.1x + 46.5698$
$0.747 \leqslant x < 0.872$	$90 \leqslant b < 100$	$b = 80.0x + 30.2400$
$0.872 \leqslant x < 0.943$	$100 \leqslant b < 110$	$b = 140.8x - 22.8169$
$0.943 \leqslant x < 0.980$	$110 \leqslant b < 120$	$b = 270.3x - 144.8649$
$0.980 \leqslant x < 0.997$	$120 \leqslant b < 130$	$b = 588.2x - 456.4706$
$0.997 \leqslant x \leqslant 1.000$	$130 \leqslant b \leqslant 145$	$b = 5000.0x - 4855$

表 5-20　以[0，1]区间随机数为自变量、卸货时间为函数的分段线性子模型

随机数区间	相应的卸货时间	逆线性样条
$0 \leqslant x < 0.017$	$45 \leqslant u < 47.5$	$u = 147x + 45.000$
$0.017 \leqslant x < 0.062$	$47.5 \leqslant u < 52.5$	$u = 111x + 45.611$
$0.062 \leqslant x < 0.157$	$52.5 \leqslant u < 57.5$	$u = 53x + 49.237$
$0.157 \leqslant x < 0.243$	$57.5 \leqslant u < 62.5$	$u = 58x + 48.372$
$0.243 \leqslant x < 0.373$	$62.5 \leqslant u < 67.5$	$u = 38.46x + 53.154$
$0.373 \leqslant x < 0.558$	$67.5 \leqslant u < 72.5$	$u = 27x + 57.419$
$0.558 \leqslant x < 0.766$	$72.5 \leqslant u < 77.5$	$u = 24x + 59.087$
$0.766 \leqslant x < 0.909$	$77.5 \leqslant u < 82.5$	$u = 35x + 50.717$
$0.909 \leqslant x \leqslant 1.000$	$82.5 \leqslant u \leqslant 90$	$u = 82.41x + 7.582$

最后，按照表 5-19 和表 5-20 给出的规则生成 between_i 和 $\text{unload}_i (i = 1, 2, 3, \cdots, n)$，将线性样条子模型并入港口系统的模拟模型．用这些子模型，表 5-21 给出了每次 100 艘船共 6 次独立模拟的结果．

表 5-21　100 艘船的港口系统模拟结果

一艘船待在港口的平均时间	108	95	125	78	123	101
一艘船待在港口的最长时间	237	188	218	133	250	191
一艘船的平均等待时间	38	25	54	9	53	31
一艘船的最长等待时间	156	118	137	65	167	124
卸货设备空闲时间的百分比	0.09	0.09	0.08	0.12	0.06	0.10

注：根据表 5-18 的数据．所有时间以分钟计．■

例 2　早高峰时间

上一个例子中考察的是有单个卸货设备的港口系统，这类问题通常称为单服务台排队．下面考察有 4 部电梯的系统，作为多服务台排队的例子．我们讨论这个问题，并在附录 B 中给出算法．

考察某个城市繁华地区一座 12 层的写字楼，在早高峰时间，上午 7：50 到 9：10，人们进入一楼大厅并乘电梯到他们所在的楼层．有 4 部电梯为这座大楼服务，乘客到达大楼的时间间隔在 0～30 秒内随机地变化，到达后每个乘客选择第一部可乘的电梯（从 1 到 4 编号）．当某人

进入电梯并选择到达楼层后，电梯在关门前等待 15 秒，如果另一个人在这 15 秒内到来，这种等待将重新开始；如果 15 秒内无人到达，电梯就把全体乘客送上去．假定中途没有其他乘客要上电梯．送完最后一个乘客后，电梯回到大厅，途中也不上乘客．一部电梯的最大容量为 12 位乘客．当一位乘客来到大厅，没有电梯可乘时（因为全部 4 部电梯都在运送乘客），就开始在大厅排队．

写字楼的管理者希望为乘客提供优良的电梯服务．现在的服务状况是：有些乘客申诉，在电梯回来之前他们在大厅等待时间太长，另一些人则抱怨他们在电梯中待的时间太长，还有人说，早高峰时间大厅里人太挤．实际情况如何呢？管理者能够通过对电梯采取更有效的调度手段来解决这些抱怨吗？

我们希望借助计算机实现一种算法来模拟电梯系统，回答以下问题：

1. 在一个典型的早高峰时间，电梯实际上为多少乘客提供了服务？

2. 如果一个人的等待时间是他排在队伍中的时间，即从到达大厅到进入一部可乘电梯的时间，问一个人在队中等待的平均时间和最长时间是多少？

3. 最长的队长[⊖]是多少？（这个问题的回答将向管理者提供大厅拥挤程度的信息．）

4. 如果运送时间是一位乘客从到达大厅到他或她到达要去的楼层的时间，包括等电梯的时间，问平均运送时间和最长运送时间是多少？

5. 一位乘客实际上待在电梯中的平均时间和最长时间是多少？

6. 每部电梯停多少次？早高峰时间每部电梯实际上使用时间的百分比是多少？

附录 B 给出了一个算法．   ∎

 习题

1. 利用表 5-18 的数据和图 5-10 的累积直方图，构造船到达间隔和卸货时间的子模型累积图（如图 5-7 那样），计算每个随机数区间上的线性样条方程，将结果与表 5-19 和表 5-20 的逆样条做比较．

2. 用一个光滑的多项式拟合表 5-18 的数据，求出到达间隔和卸货时间，与表 5-19 和表 5-20 的结果比较．

3. 修正港口系统算法以跟踪排队等待的船只的数量．

4. 许多小的港口对于等待卸货的区域所能容纳的船只有最大数量限制 N_{max}，如果假定不能进入港口的船只将到别处卸货，改进港口系统算法以考虑这种情况．

5. 如果码头设备的拥有者决定购置第二台设备以容纳更多的船卸货，船进入港口后到可以使用的设备去．若两台设备都可用，就到设备 1 去．利用原有例子中关于船只到达间隔和卸货时间的假设，修正原有算法以适用于有两台设备的系统．

6. 建立棒球比赛的蒙特卡罗模拟，利用单次击球的统计数据来模拟一垒打、二垒打、三垒打、本垒打或出局的概率．在更精细的模型中，你如何处理击球员因投手投出四个坏球而移到第一垒、击出安打、偷垒（在一次投球后，没有击球员、游击手、传球手或外野手的帮助而安全跑入另一垒）和双杀？

 研究课题

1. 写出计算机模拟程序，实现港口系统算法．

2. 写出计算机模拟程序，实现你喜爱的两支球队的棒球比赛．

3. 选择一个有红绿灯的交通路口，收集车辆到达和离去的数据，用蒙特卡罗模拟建立这个路口的交通流模型．

4. 洛杉矶学区将代课教师纳入一储备机构中，不论他们是否教课都付给报酬．假定当对代课的需求超过储备机构的容量时，由正规教师来上课，但要付给较高的报酬．设 x 表示某一天需要代课教师的数量，S 表示

⊖ 队长即队伍的长度，指排队的人（或其他对象）的数目．——译者注

储备机构的容量，p 表示付给代课教师的报酬，r 表示每天加班费[一]，于是费用为

$$C(x,S) = \begin{cases} pS & \text{如果 } x < S \\ pS + (x-S)r & \text{如果 } x \geqslant S \end{cases}$$

其中假定 $p < r$.

(a)利用给出的星期一需要的代课教师的数量做模拟，来优化储备机构的容量．对该学区而言最优的储备机构应是期望费用最小的一个．设报酬 $p=45$ 美元，$r=81$ 美元．假定数据是均匀分布的[二]．

星期一对代课教师的需求

教师数量	相应的百分比	累积的百分比	教师数量	相应的百分比	累积的百分比
201～275	2.7	2.7	576～650	10.8	37.8
276～350	2.7	5.4	651～725	48.6	86.4
351～425	2.7	8.1	726～800	8.1	94.5
426～500	2.7	10.8	801～875	2.7	97.2
501～575	16.2	27.0	876～950	2.7	99.9

ⅰ)对于 $S=100$ 到 $S=900$(步长 100)的每个 S 做 500 次模拟，对每个 S 用 500 次的平均值估计其费用．

ⅱ)将 S 最优值的搜索变窄：对上面得到的 S 最优值取长度 200 的区间，将这个区间 10 等分，对每个等分点做 1000 次模拟．

ⅲ)继续 S 最优值搜索变窄过程，每次缩小步长，且增加迭代次数[三]．确定了 S 的最优值后，用具体的证据提交你的选择．

(b)设 $p=36$ 美元，$r=81$ 美元，重复(a)．

(c)利用给出的星期二的数据，设 $p=45$ 美元，$r=81$ 美元，重复(a)．

(d)利用星期二的数据，设 $p=36$ 美元，$r=81$ 美元，重复(c)．

星期二对代课教师的需求

教师数量	相应的百分比	累积的百分比	教师数量	相应的百分比	累积的百分比
201～275	2.5	2.5	576～650	17.5	47.5
276～350	2.5	5.0	651～725	42.5	90.0
351～425	5.0	10.0	726～800	5.0	95.0
426～500	7.5	17.5	801～875	2.5	97.5
501～575	12.5	30.0	876～950	2.5	100.0

[一]　即正规教师的报酬．——译者注

[二]　指在下表第 1 列的每个区间中．——译者注

[三]　指模拟次数．——译者注

第6章 离散概率模型

引言

我们已经利用比例和确定比例系数的方法建立了模型,但是,如果像加油站对汽油的需求量那样,实际过程中出现了变化怎么办? 本章中将允许比例系数以随机形式改变,而不是固定不变. 我们将从回顾离散动力系统开始,并介绍有随机参数的情况.

6.1 离散系统的概率模型

本节将回顾 1.4 节讨论的差分方程组,但是允许方程组的系数随机地变化. 一种特殊情况,称为马尔可夫链(Markov chain),是在任何给定时刻具有同样多个状态或结果的一个过程. 这些状态不会重叠,并且覆盖所有可能的结果. 在马尔可夫过程中,系统可以从一个状态转移到另一个,每个时段转移一次,并且这种向每个可能结果的转移存在一定的概率. 在每个时段对于每个状态,从当前状态向下一状态的转移概率之和等于 1. 有两个状态的马尔可夫过程如图 6-1 所示.

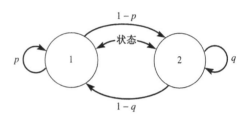

图 6-1 有两个状态的马尔可夫链;对每个状态从当前状态的转移概率之和为 1(如对状态 1, $p+(1-p)=1$)

例1 再论汽车租赁公司

考察一家在奥兰多和坦帕设有分店的汽车租赁公司,每个分店将汽车租给去佛罗里达的旅行者. 公司专门迎合打算安排旅行者在奥兰多和坦帕两地活动的旅行代理商的需要,所以,旅行者可以在一个城市租用公司的一辆车,到另一个城市归还. 旅行者在任一个城市开始他们的旅行. 汽车在任一处归还会引起可供出租的汽车数量的不平衡. 前几年收集的关于汽车出租和归还到这些地方的百分比的历史数据,如下所示:

下一状态 当前状态	奥兰多	坦帕
奥兰多	0.6	0.4
坦帕	0.3	0.7

这些数据的这种排列称为**转移矩阵**. 它表明在奥兰多出租的车,归还到奥兰多的概率为 0.6,而归还到坦帕的概率为 0.4;类似地,在坦帕出租的车,归还到奥兰多的概率为 0.3,归还到坦帕的概率为 0.7. 这给出一个带有两个状态,即奥兰多和

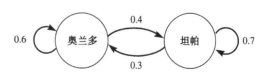

图 6-2 汽车租赁例中两状态的马尔可夫链

坦帕的马尔可夫过程. 注意, 从一个当前状态向下一状态的转移概率之和, 即每一行的概率之和, 等于 1, 因为所有可能的结果都考虑了. 这个过程如图 6-2 所示.

模型建立 定义如下变量:

$$p_n = 第\ n\ 时段末在奥兰多可供出租的汽车的百分比$$

$$q_n = 第\ n\ 时段末在坦帕可供出租的汽车的百分比$$

利用前面的数据和 1.4 节建立离散模型的思路, 我们构造下面的概率模型:

$$p_{n+1} = 0.6p_n + 0.3q_n$$
$$q_{n+1} = 0.4p_n + 0.7q_n \tag{6-1}$$

模型求解 假定最初全部汽车都在奥兰多, 式 (6-1) 的数值解给出了车辆在每个城市百分比的长期变化趋势, 这些百分比或概率之和等于 1, 表 6-1 和图 6-3 以表格和图形的形式表示了这些结果: 注意

$$p_k \rightarrow 3/7 = 0.428\ 571$$

$$q_k \rightarrow 4/7 = 0.571\ 429$$

表 6-1 汽车出租例题的迭代解

n	奥 兰 多	坦 帕	n	奥 兰 多	坦 帕
0	1	0	8	0.428 609	0.571 391
1	0.6	0.4	9	0.428 583	0.571 417
2	0.48	0.52	10	0.428 575	0.571 425
3	0.444	0.556	11	0.428 572	0.571 428
4	0.4332	0.5668	12	0.428 572	0.571 428
5	0.429 96	0.570 04	13	0.428 572	0.571 428
6	0.428 988	0.571 012	14	0.428 571	0.571 429
7	0.428 696	0.571 304			

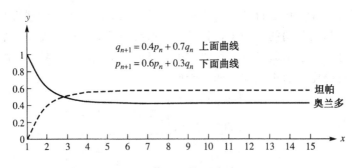

图 6-3 汽车出租例题求解的图形

模型解释 如果最初两个分店总共有 n 辆车, 那么 14 个时段或 14 天后大约 57% 的车将在坦帕, 43% 的车将在奥兰多, 于是, 若开始每个城市有 100 辆车, 则稳定状态下 114 辆车将在坦帕, 86 辆车将在奥兰多 (只需要大约 5 天就可达到这种状态). ∎

例 2 投票趋势

每隔 4 年总统投票意向就会引起注意. 过去十年来在总统竞选中, 独立候选人作为选民的

一种可行选择出现了，让我们考察共和党、民主党和独立候选人的三党系统．

识别问题 在总统选举中我们能找出选民投票意向的长期趋势吗？

假设 过去十年来投票意向很少严格按照党派区分，我们提供过去十年来全国选民投票意向的假想的历史数据，这些数据用以下假想的转移矩阵和图 6-4 表示：

下一状态 当前状态	共和党	民主党	独立候选人
共和党	0.75	0.05	0.20
民主党	0.20	0.60	0.20
独立候选人	0.40	0.20	0.40

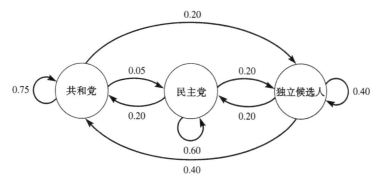

图 6-4 总统选举投票意向的三状态马尔可夫链

模型建立 定义以下变量：

$$R_n = 第\,n\,时段选民投共和党的百分比$$
$$D_n = 第\,n\,时段选民投民主党的百分比$$
$$I_n = 第\,n\,时段选民投独立候选人的百分比$$

利用上面的数据和第 1 章离散动力系统的概念，由每个时段选民投共和党、民主党和独立候选人的百分比，可以得到如下的方程组：

$$R_{n+1} = 0.75R_n + 0.20D_n + 0.40I_n$$
$$D_{n+1} = 0.05R_n + 0.60D_n + 0.20I_n$$
$$I_{n+1} = 0.20R_n + 0.20D_n + 0.40I_n \tag{6-2}$$

模型求解 假定开始时选民投共和党、民主党和独立候选人的百分比各占 1/3，可得在每个时段 n 投票百分比的数字结果，如表 6-2 所示．它表明从长期趋势看（大约 10 个时段之后）约有 56% 的选民投共和党候选人，19% 的选民投民主党候选人，25% 的选民投独立候选人．图 6-5 是它的图示结果．

我们概述马尔可夫链的概念．**马尔可夫链**是由具有以下性质的一系列事件构成的过程：

1. 一个事件有有限多个结果，称为状态，该过程总是这些状态中的一个．

2. 在过程的每个阶段或时段，一个特定的结果可以从它现在的状态转移到任何其他状态，或者保持原有状态．

3. 每个阶段从一个状态转移到其他状态的概率用一个**转移矩阵**表示，矩阵每行的各元素在 0 到 1 之间，每行的和为 1，这些概率只取决于当前状态，而与过去状态无关．

表 6-2 总统选举投票问题的迭代求解

n	共 和 党	民 主 党	独立候选人
0	0.333 33	0.333 33	0.333 33
1	0.449 996	0.283 331	0.266 664
2	0.500 828	0.245 831	0.253 331
3	0.526 12	0.223 206	0.250 664
4	0.539 497	0.210 362	0.250 131
5	0.546 747	0.203 218	0.250 024
6	0.550 714	0.199 273	0.250 003
7	0.552 891	0.1971	0.249 999
8	0.554 088	0.195 904	0.249 998
9	0.554 746	0.195 247	0.249 998
10	0.555 108	0.194 885	0.249 998
11	0.555 307	0.194 686	0.249 998
12	0.555 416	0.194 576	0.249 998
13	0.555 476	0.194 516	0.249 998
14	0.555 51	0.194 483	0.249 998

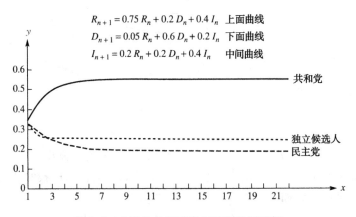

$$R_{n+1} = 0.75 R_n + 0.2 D_n + 0.4 I_n \quad 上面曲线$$
$$D_{n+1} = 0.05 R_n + 0.6 D_n + 0.2 I_n \quad 下面曲线$$
$$I_{n+1} = 0.2 R_n + 0.2 D_n + 0.4 I_n \quad 中间曲线$$

图 6-5 总统选举投票意向问题的图形解

 习题

1. 考虑美国大学生就餐习惯的长期趋势模型．发现在 Grease 餐厅就餐的学生有 25% 会回到这个餐厅，而在 Sweet 餐厅就餐的学生有 93% 的回头率．校园里只有这两个餐厅可用．建立模型求解学生在每个餐厅长期就餐的百分比．

2. 增加比萨饼外卖作为就餐的一种选择，根据一项学生调查，表 6-3 给出了转移的百分比．确定学生在每个地方长期就餐的百分比．

表 6-3 美国大学生就餐调查

当前状态 ＼ 下一状态	Grease 餐厅	Sweet 餐厅	比萨饼外卖
Grease 餐厅	0.25	0.25	0.50
Sweet 餐厅	0.10	0.30	0.60
比萨饼外卖	0.05	0.15	0.80

3. 例 1 中假定开始时所有汽车都在奥兰多，试验几个不同的初始值，每种情形都会达到平衡吗？如果是，每种情形下汽车的最终分布如何？

4. 例 2 中假定开始时选民投三个党派选票的比例相同，试验几个不同的初始值，每种情形都会达到平衡吗？如果是，每种情形下选民的最终分布如何？

研究课题

1. 两个湖泊只有一条河相连接，如图 6-6 所示，考察这两个湖泊的污染情况．为简单起见，假定湖 A 的水 100% 来自湖 B. 设 n 年后湖 A 和湖 B 总的污染量分别为 a_n 和 b_n，已经知道了污染从哪个湖发源，我们可以测量污染量，其示意图如图 6-7 所示．利用动力系统的马尔可夫链建立并求解这个模型．

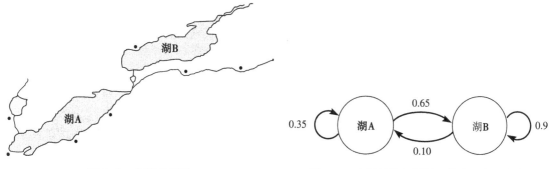

图 6-6   大湖的污染   图 6-7   大湖污染问题的两状态马尔可夫链

6.2   部件和系统可靠性建模

你的个人计算机和汽车在适度的长时间运行中性能正常吗？如果性能好，我们说这些系统是可靠的．一个部件或系统的可靠性是在指定的时间内没有失效的概率．记 $f(t)$ 为一个零件、部件或系统在时间 t 内的失效率，即 $f(t)$ 是一个概率分布，设 $F(t)$ 是相应于 $f(t)$ 的累积分布函数，如 5.3 节那样，定义一个零件、部件或系统的可靠性为

$$R(t) = 1 - F(t) \tag{6-3}$$

这样，在任何时间 t 的可靠性等于 1 减去在时间 t 的累积失效率．

人-机系统，无论是电子的还是机械的，都由若干部件组成，一些部件结合成为子系统（如你的个人计算机、立体声音响或汽车这样的系统）．我们想建立简单的模型来检查复杂系统的可靠性，计划考虑串联、并联或者串并联结合几种关系．虽然单个零件的失效率可能服从多个不同的分布，但下面只讨论几个基本的例子．

例 1   串联系统

串联系统是所有部件全都可使用时才运转正常的系统．图 6-8 所示的 NASA（美国国家航空航天局）宇宙火箭推进系统，是串联系统的例子，因为任何一个独立的助推火箭的失效都会导致一次失败的飞行．如果 3 个部件的可靠性分别是 $R_1(t) = 0.90$，$R_2(t) = 0.95$，$R_3(t) = 0.96$，那么**系统可靠性**是它们的乘积

$$R_s(t) = R_1(t)R_2(t)R_3(t) = (0.90)(0.95)(0.96) = 0.8208$$

注意，整个串联系统的可靠性小于任何单个部件的可靠性，因为每个部件的可靠性小于 1.

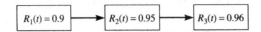

图 6-8   NASA 宇宙火箭推进系统(有 3 节串联助推火箭)   ■

例2   并联系统

并联系统是只要有一个部件可使用就运转正常的系统.图 6-9 所示的是 NASA 宇宙火箭通信系统,注意有两个分开的、独立的通信系统,两个中的任何一个都能为 NASA 提供满意的通信.如果两个独立部件的可靠性分别是 $R_1(t)=0.95$,$R_2(t)=0.96$,那么**系统可靠性**定义为

$$R_s(t) = R_1(t) + R_2(t) - R_1(t)R_2(t)$$
$$= 0.95 + 0.96 - (0.95)(0.96) = 0.998$$

注意,并联系统的可靠性大于任何单个部件的可靠性.   ■

例3   串并联组合系统

考虑一个串联和并联结合的系统,如将上面两个子系统连接成一个可控推进点火系统(图 6-10).检查每个子系统,子系统 1(通信系统)是并联的,可靠性为 0.998,子系统 2(推进系统)是串联的,可靠性为 0.8208.这两个子系统是串联的,所以整个系统的可靠性是两个子系统可靠性的乘积:

$$R_s(t) = R_{s_1}(t) \cdot R_{s_2}(t) = (0.998)(0.8208) = 0.8192$$ ■

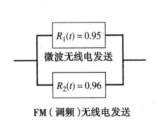

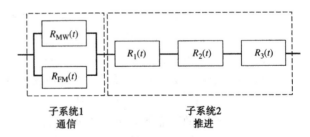

图 6-9   NASA 宇宙火箭通信系统(并联运行)   图 6-10   NASA 可控宇宙火箭推进点火系统

 习题

1. 考察由 CD 唱机、FM-AM 调谐装置、双音箱和功率放大器组成的立体声音响,它们的关系如图 6-11 所示.确定该系统的可靠性,你的模型需要哪些假设?

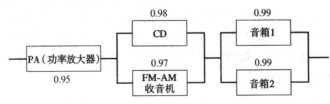

图 6-11   立体声音响部件的可靠性

2. 考察一部个人计算机，每个部件的可靠性如图 6-12 所示．确定该系统的可靠性，需要哪些假设？

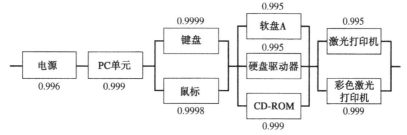

图 6-12　个人计算机的可靠性

3. 考察更先进的立体声音响系统，其部件的可靠性如图 6-13 所示．确定该系统的可靠性，需要哪些假设？

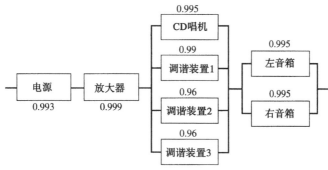

图 6-13　先进的立体声音响系统

 研究课题

1. 为设计能运送太空人到达火星表面的登陆舱提出了两个候选方案，登陆舱的任务是在火星安全着陆，从火星表面收集几百磅样品，然后回到环绕火星轨道的火箭上．候选设计及其可靠性如图 6-14 所示．你会将哪个设计推荐给 NASA？需要哪些假设？这些假设合理吗？

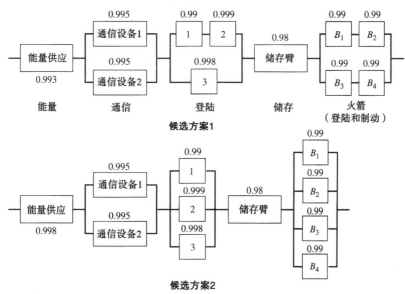

图 6-14　火星登陆舱的候选设计方案

6.3   线性回归

第 3 章讨论了对收集的数据拟合模型的几个准则,特别提出了使偏差平方和最小的最小二乘准则,并说明偏差平方和的最小化是一个优化问题. 在此之前对自变量的每一个值 x_i 只考虑一个观测值 y_i,然而如果有多个观测值呢? 这一节研究一种偏差平方和最小化的统计方法,称为**线性回归**,任务是

1. 阐述基本的线性回归模型和它的假设.

2. 定义并解释统计量 R^2.

3. 利用检查和解释残差散点图对拟合线性回归模型做图形说明.

这里只介绍基本概念和解释,关于线性回归更深入的研究请看进一步的统计教程.

线性回归模型

基本的线性回归模型定义为

$$y_i = ax_i + b \qquad \text{对于 } i = 1, 2, \cdots, m \text{ 数据点} \tag{6-4}$$

3.3 节中推导出正规方程组

$$a \sum_{i=1}^{m} x_i^2 + b \sum_{i=1}^{m} x_i = \sum_{i=1}^{m} x_i y_i \tag{6-5}$$

$$a \sum_{i=1}^{m} x_i + mb = \sum_{i=1}^{m} y_i$$

并且求解得到最小二乘拟合直线的斜率 a 和 y 轴截距 b:

$$a = \frac{m \sum x_i y_i - \sum x_i \sum y_i}{m \sum x_i^2 - (\sum x_i)^2}, \qquad \text{斜率} \tag{6-6}$$

及

$$b = \frac{\sum x_i^2 \sum y_i - \sum x_i y_i \sum x_i}{m \sum x_i^2 - (\sum x_i)^2}, \qquad \text{截距} \tag{6-7}$$

下面给出几个附加公式以便对基本模型(6-4)做统计分析.

第一个公式是**误差平方和**

$$\mathrm{SSE} = \sum_{i=1}^{m} [y_i - (ax_i + b)]^2 \tag{6-8}$$

它反映关于回归直线的偏差. 第二个概念是关于 y 的**总修正平方和**

$$\mathrm{SST} = \sum_{i=1}^{m} (y_i - \bar{y})^2 \tag{6-9}$$

其中 $\bar{y}$ 是数据点 $(x_i, y_i)(i = 1, \cdots, m)$ 的 y 平均值($\bar{y}$ 也是回归直线 $y = ax + b$ 在数据范围内的平均值⊖). 由式(6-8)和式(6-9)得到**回归平方和**

$$\mathrm{SSR} = \mathrm{SST} - \mathrm{SSE} \tag{6-10}$$

与 y 值相对于直线 $y = \bar{y}$ 的偏差相比较,SSR 反映 y 值由回归直线 $y = ax + b$ 解释的那部分偏差.

从(6-10)可知 SST 至少与 SSE 一样大,这提示我们定义下面的决定系数 R^2,它度量了回

⊖   指回归直线通过 $(\bar{x}, \bar{y})$ 点,这里 $\bar{x}$ 是 (x_i, y_i),$i = 1, 2, \cdots, m$ 的 x 平均值. ——译者注

归直线的拟合程度：

$$R^2 = 1 - \frac{\text{SSE}}{\text{SST}} \tag{6-11}$$

R^2 表示了实际数据的变量 y 的总偏差（相对于直线 $y=\bar{y}$）中能够被直线模型所解释的那一部分的比例，这个模型由 $ax+b$ 给出并可由变量 x 计算. 如若 $R^2=0.81$，则 y 总偏差（相对于直线 $y=\bar{y}$）的 81% 可以被 x 的线性关系所解释. 于是 R^2 越接近 1，用回归直线对实际数据的拟合越好. 如果 $R^2=1$，那么数据精确地与回归直线吻合（注意总有 $R^2 \leqslant 1$）. 下面是 R^2 的其他性质：

1. R^2 的大小与两个变量哪一个记作 x、哪一个记作 y 无关.

2. R^2 的大小与 x，y 的单位无关.

显示拟合程度的另一种办法是将**残差**对于自变量作图. 残差是实际值和预测值之间的误差：

$$r_i = y_i - f(x_i) = y_i - (ax_i + b) \tag{6-12}$$

如果将残差对于自变量作图，会得到一些有价值的信息：

1. 残差应随机地分布在与数据精度同量级的、相当小的界限内.

2. 遇到特别大的残差时，应对相应的数据点做进一步的研究，去发现其原因.

3. 残差的模式或趋势指出了可预测的影响因素仍有待建模，模式的性质常可提供使模型更精确的线索. 这些想法用图 6-15 解释.

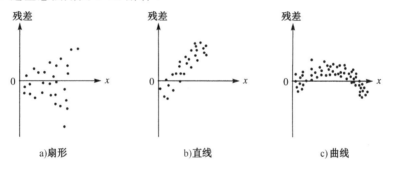

图 6-15 残差图的可能的模式

例 1　美国黄松

回顾来自第 2 章关于松树的讨论，数据由表 6-4 提供，数据的散点图（图 6-16）显示了一种向上弯曲增加的趋向，提醒我们可以使用幂函数或指数函数模型.

识别问题　根据美国黄松的直径预测它的板英尺数.

假设　各棵美国黄松几何上相似，呈正圆柱形，这使我们可以将直径作为特征量来预测体积. 合理地假定树的高度正比于它的直径.

模型建立　由几何相似性得到比例关系

$$V \propto d^3 \tag{6-13}$$

其中 d 是树的直径（在地面上量测）. 如果进一步假定各棵美国黄松的高度相同（而不是与直径成正比），则得到

$$V \propto d^2 \tag{6-14}$$

假设树的根部的体积是常数，那么将上面的比例模型再精细一些得到

$$V = ad^3 + b \tag{6-15}$$

及

$$V = \alpha d^? + \beta \tag{6-16}$$

我们用线性回归去求这 4 个模型中的参数，并比较其结果.

表 6-4　美国黄松的数据

直径(英寸)	木料(板英尺)	直径(英寸)	木料(板英尺)
36	192	31	141
28	113	20	32
28	88	25	86
41	294	19	21
19	28	39	231
32	123	33	187
22	51	17	22
38	252	37	205
25	56	23	57
17	16	39	265

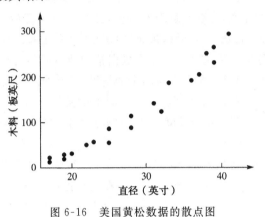

图 6-16　美国黄松数据的散点图

模型求解　用计算机做 4 个模型的线性回归得到以下的解:

$$V = 0.004\ 31d^3$$

$$V = 0.004\ 26d^3 + 2.08$$

$$V = 0.152d^2$$

$$V = 0.194d^2 - 45.7$$

表 6-5 给出这些回归模型的结果.

表 6-5　基于美国黄松数据的回归模型的主要信息

模　型	SSE	SSR	SST	R^2
$V = 0.004\ 31d^3$	3742	458 536	462 278	0.9919
$V = 0.004\ 26d^3 + 2.08$	3712	155 986	159 698	0.977
$V = 0.152d^2$	12 895	449 383	462 278	0.9721
$V = 0.194d^2 - 45.7$	3910	155 788	159 698	0.976

R^2 的值都相当大(接近 1)，显示出很强的线性关系. 按照式(6-12)计算残差，其图形由图 6-17 给出(回想一下，我们正在寻找没有明显模式的残差的随机分布). 注意到对应于模型 $V = 0.15d^2$ 的误差有明显的趋势，可能要根据这个图形拒绝(或改进)该模型，而接受看来合理的其他模型. ■

例 2　再论钓鱼比赛

回顾 2.3 节的钓鱼比赛问题，我们收集了很多数据，现在用 100 个数据点来拟合模型，这些数据由表 6-6 给出，并画在图 6-18 中. 根据 2.3 节的分析，假定以下形式的模型:

$$W = al^3 + b \tag{6-17}$$

其中 W 是鱼的重量，l 是它的长度.

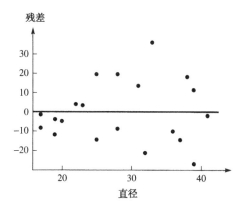

a) $V=0.004\,31d^3$的残差图，图未显示
明显的趋势，模型看来是恰当的

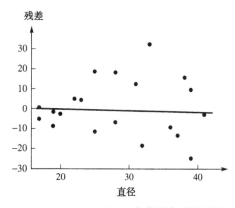

b) $V=0.004\,26d^3+2.08$的残差图，图未显示
明显的趋势，模型看来是恰当的

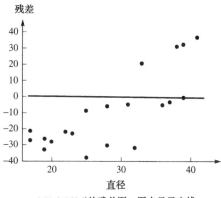

c) $V=0.152d^2$的残差图，图未显示出线
性趋势，模型看来是不恰当的

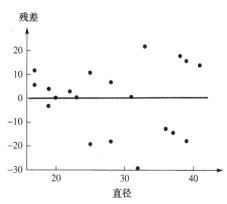

d) $V=0.194d^2-45.7$的残差图，图未显示
出明显的趋势，模型看来是恰当的

图 6-17　木料$=f$(直径)(美国黄松数据)各个模型的残差图

表 6-6　鱼的数据，重量(W)单位为盎司，长度(l)单位为英寸

W	13	13	13	13	13	14	14	15	15	15
l	12	12.25	12	12.25	14.875	12	12	12.125	12.125	12.25
W	15	15	15	16	16	16	16	16	16	16
l	12	12.5	12.25	12.675	12.5	12.75	12.75	12	12.75	12.25
W	16	16	16	16	16	17	17	17	17	17
l	12	13	12.5	12.5	12.25	12.675	12.25	12.75	12.75	13.125
W	17	17	17	18	18	18	18	18	18	18
l	15.25	12.5	13.5	12.5	13	13.125	13	13.375	16.675	13
W	18	19	19	19	19	19	19	20	20	20
l	13.375	13.25	13.25	13.5	13.5	13.5	13	13.75	13.125	13.75
W	20	20	20	20	20	20	21	21	21	22
l	13.5	13.75	13.5	13.75	17	14.5	13.75	13.5	13.25	13.765
W	22	22	23	23	23	24	24	24	24	24
l	14	14	14.25	14.375	14	14.75	13.5	13.5	14.5	14

（续）

W	24	25	25	26	26	27	27	28	28	28
l	17	14.25	14.25	14.375	14.675	16.75	14.25	14.75	13	14.75
W	28	29	29	30	35	36	40	41	41	44
l	14.875	14.5	13.125	14.5	12.5	15.75	16.25	17.375	14.5	13.25
W	45	46	47	47	48	49	53	56	62	78
l	17.25	17	18	16.5	18	17.5	18	18.375	19.25	20

这个线性回归模型的解是

$$W = 0.008l^3 + 0.95 \qquad (6\text{-}18)$$

方差分析由表 6-7 给出.

表 6-7　100 个数据点鱼的回归模型的主要信息

模型	SSE	SSR	SST	R^2
$W = 0.008l^3 + 0.95$	3758	10 401	14 159	0.735

R^2 的值是 0.735，考虑到建模的这个问题的性质，该值还是合理地接近 1 的．残差由式(6-12)计算，画在图 6-19 中，我们从图形看不出明显趋势，所以没有如何改进该模型的提示．

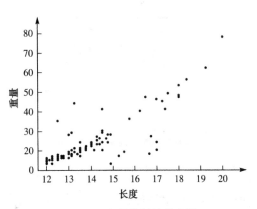

图 6-18　鱼的数据的散点图

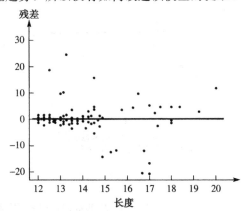

图 6-19　$W = 0.008l^3 + 0.95$ 的残差图；因为图未显示趋势，所以模型看来是恰当的

 习题

用基本的线性模型 $y = ax + b$ 拟合下面的数据，给出模型、SSE、SSR、SST 和 R^2 的数值以及残差图．

1. 对表 2-7，用身高预测体重．
2. 对表 2-7，用身高的立方预测体重．

 研究课题

1. 用线性回归对 2.3 节研究课题 1～5 进行建模和分析．

进一步阅读材料

Mendenhall, William, & Terry Sincich. *A Second Course in Statistics*：*Regression Analysis*，6th ed. Upper Saddle River，NJ：Prentice Hall，2003.

Neter，John，M. Kutner，C. Nachsheim，& W. Wasserman. *Applied Statistical Models*，4th ed. Boston：McGraw-Hill，1996.

第 7 章　离散模型的优化

引言

在第 3 章中，用选定的模型对一组数据进行拟合时，我们考虑过三种准则：

1. 最小化绝对偏差的和；
2. 最小化绝对偏差的最大值（切比雪夫准则）；
3. 最小化绝对偏差的平方和（最小二乘准则）．

在第 3 章中，对最小二乘准则导出的优化问题，我们还利用微积分的知识进行了求解．对第一种准则（最小化绝对偏差的和），虽然我们也建立了几个相应的优化问题，但没有给出这些数学问题的解法．在 7.6 节中，我们将研究一些求解方法，以便找到这种曲线拟合准则下比较好的解；同时我们也会研究许多其他优化问题的解法．

在第 3 章中，我们给出了一些切比雪夫准则下的模型．例如，给定 m 个数据点 (x_i, y_i)，$i = 1, 2, \cdots, m$，拟合一条直线 $y = ax + b$（即确定参数 a、b），使得所有数据点 (x_i, y_i) 和拟合直线上对应的点 $(x_i, ax_i + b)$ 之间距离的最大值 r_{max} 最小．也就是说，对整个这组数据点而言，最大绝对偏差 $r = \max\{|y_i - y(x_i)|\}$ 最小．这种准则实际上定义了如下优化问题：

$$\text{Min } r$$

s. t.

$$\left.\begin{array}{l} r - r_i \geqslant 0 \\ r + r_i \geqslant 0 \end{array}\right\} \quad i = 1, 2, \cdots, m$$

这是一个线性规划问题，具有很广泛的应用．在 7.2~7.4 节中，你将会学到如何用几何和代数方法求解线性规划，而在 7.5 节中，你将会学到如何确定线性规划的最优解对系数的敏感性．本章从离散优化问题的一般分类开始讨论，强调模型建立，使读者对建模过程的基本步骤得到实际训练，并同时预习一下高等数学课程中遇到的各种问题．

7.1　优化建模概述

为了提供一个框架以便讨论一类优化问题，我们首先对这类问题给出一个基本模型．这些问题可以根据实际问题中该基本模型的不同特征进行分类．我们也会讨论该基本模型的各种变形．该基本模型是

$$\text{Opt } f_j(\boldsymbol{X}) \qquad j \in J \tag{7-1}$$

s. t.

$$g_i(\boldsymbol{X}) \left\{\begin{array}{l} \geqslant \\ = \\ \leqslant \end{array}\right\} b_i \quad i \in I$$

现在我们解释一下上面符号的含义："opt"（Optimize）的意思是优化（最大化或最小化）；

下标"j"指出优化目标可以是一个或多个函数,这些函数是用属于有限集合 J 的整数下标来区分的. 我们的目的是找到向量 X_0, 使这些函数 $f_j(X)$ 取到最优值. 向量 X 的各个分量称为该模型的**决策变量**, 而函数 $f_j(X)$ 称为**目标函数**. "s. t."(subject to)的意思是决策变量必须满足某些边界条件. 例如, 如果目标是最小化生产某种产品的成本, 边界条件中就应该指出该产品的生产合同中规定的要求. 这些边界条件通常称为**约束**, 而整数下标"i"指出需要满足的约束关系可以是一个或多个. 一个约束可以是等式约束(例如精确满足产品的数量需求), 也可以是不等式约束(例如在食谱问题中不超过预算的限制或提供最小的营养需要). 最后, 每一个常数 b_i 表示的是相关的约束函数 $g_i(X)$ 必须满足的水平, 并且由于优化问题的这种典型写法, b_i 经常称为模型的**右端项**. 所以, 解向量 X_0 必须使每个目标函数 $f_j(X)$ 达到最优, 并同时满足每一个约束关系. 下面考虑一个简单的问题来说明这些基本的思想.

例1 确定生产计划方案

某木匠制作桌子和书架出售. 他希望确定每种家具每周制作多少, 即希望制订制作桌子和书架的周生产计划, 使获得的利润最大. 制作桌子和书架的单位成本分别为 5 美元和 7 美元, 每周收益可以分别用下面的表达式估计:

$50x_1 - 0.2x_1^2$, 其中 x_1 是每周生产的桌子数量;

$65x_2 - 0.3x_2^2$, 其中 x_2 是每周生产的书架数量.

在这个例子中, 问题就是确定每周制作多少桌子和书架. 因此, 决策变量就是每周制作的桌子和书架的数量. 我们假设在该生产计划中, 桌子和书架的生产数量取非整数数值也是合理的. 也就是说, 我们将允许 x_1 和 x_2 在它们对应的取值范围内取任何实数值. 目标函数表示的是一周生产销售桌子和书架得到的净利润, 是一个非线性表达式. 由于利润等于收益减成本, 利润函数为

$$f(x_1, x_2) = 50x_1 - 0.2x_1^2 + 65x_2 - 0.3x_2^2 - 5x_1 - 7x_2$$

这个问题中没有约束条件.

我们考虑上述情形的一种变形. 假设木匠销售桌子和书架的单位净利润分别为 25 美元和 30 美元, 他希望确定每种家具每周制作多少. 他每周最多有 690 张木板可以使用, 并且每周最多工作 120 小时. 如果木板和劳动时间不用于生产桌子和书架, 他能够将他们有效地使用在其他方面. 据估计, 生产一张桌子需要 20 张木板和 5 小时劳动时间, 生产一个书架需要 30 张木板和 4 小时劳动时间. 此外, 他已经签订了每周供应 4 张桌子和 2 个书架的交货合同. 他希望确定桌子和书架的周生产计划, 使获得的利润最大. 模型为

$$\text{Max } 25x_1 + 30x_2$$

$$\text{s. t.}$$

$$20x_1 + 30x_2 \leqslant 690 \text{(木板)}$$

$$5x_1 + 4x_2 \leqslant 120 \text{(劳动时间)}$$

$$x_1 \geqslant 4 \text{(合同)}$$

$$x_2 \geqslant 2 \text{(合同)}$$

优化问题分类

优化问题有多种分类方法. 这些分类方法并不是相互排斥的, 而仅仅是表明了所研究的问

题所具有的某些数学特征．我们下面给出一些分类方法．

如果一个优化问题没有约束条件，该优化问题称为**无约束的**；如果有一个或多个边界条件，该优化问题称为**有约束的**．例 1 中的第一个生产计划问题是无约束问题的例子．

如果一个优化问题满足以下性质，该优化问题称为**线性规划**：

1. 有唯一的目标函数．

2. 当一个决策变量出现在目标函数和任何约束函数中的时候，它只以一次幂的形式出现（可以乘以一个常数）．

3. 目标函数和任何约束函数中不包含决策变量的乘积项．

4. 目标函数和任何约束函数中决策变量的系数是常数．

5. 决策变量的取值可以是整数，也可以是分数．

这些性质保证了决策变量的影响效果与其取值是成比例的．下面对以上每条性质做进一步的说明．

性质 1 将问题限定为单一目标函数．目标函数多于 1 个的问题称为**多目标**或**目标规划**．性质 2 和 3 的含义是不言自明的，如果一个优化问题不满足其中的任何一条，它就是**非线性的**．例 1 中的第一个生产计划问题的目标函数中，两个决策变量都有二次项，因此不满足性质 2.对于你希望建模的许多情况，性质 4 是非常严格的．在考虑生产桌子和书架所需要的木板和劳动时间时，精确知道生产每种产品所需要的木板和劳动时间是可能的，因此可以将它们写进约束条件．然而经常遇到的情况是，事先准确预测模型必需的某些数值是不可能的（如预测玉米的市场价格），或者这些系数只是代表了实际值的平均值，而平均值与实际值可能有比较大的偏差．这些系数可能也是和时间相关的，有一类与时间相关的问题称为**动态规划**．如果系数不是常数，而是本质上是随机的，那么问题称为**随机规划**．最后，如果一个或多个决策变量被限定为只取整数值（因此不满足性质 5），这样的问题称为**整数规划**（如果只有部分决策变量限定为整数，问题称为**混合整数规划**）．例 1 中生产计划问题的变形问题中，在确定周生产计划时允许桌子和书架的生产数量取分数值是合理的，因为它们可以继续在下周完成．对优化问题进行分类是重要的，因为不同的求解技术适用于不同的问题类型．例如，线性规划问题可以用7.4 节介绍的单纯形方法有效求解．

无约束优化问题

数据点的拟合模型中考虑的一种准则是使绝对偏差的和最小．对模型 $y=f(x)$，如果 $y(x_i)$ 表示在 $x=x_i$ 点的函数值，(x_i, y_i) 表示对应的数据点，$i=1, 2, \cdots, m$，那么该准则可以表示如下：找到模型 $y=f(x)$ 的参数，使得

$$\text{Min} \sum_{i=1}^{m} | y_i - y(x_i) |$$

这是一个无约束优化问题．由于被极小化的函数的导数是不连续的（因为函数含有绝对值），所以不可能直接应用初等微积分来解决这个问题．在 7.6 节，将给出一种基于模式搜索的数值解法．

整数规划

在一个问题中，可能需要限定一个或多个决策变量必须取整数值．例如，当一家公司的运

输车队在某些条件下寻求不同大小的车辆(小汽车、货车、卡车)的数量组合,以便使得成本最小时,将车辆的数量取分数是不合理的. 整数优化问题还会出现在编码问题中,如用二进制变量(0 和 1)表示诸如是否、开关那样的特定状态.

例 2 航天飞机的载货问题

某航天飞机用于运载多种物品. 遗憾的是,允许运载的物品的重量和体积是有限制的. 假设共有 m 件不同的物品,每件物品的价值为 c_j(在实际中如何确定?),重量为 w_j,体积为 v_j. 假定目标是在不超出重量限制 W 和体积限制 V 的条件下,最大化装载的物品的价值. 可以如下建立模型:

$$令 \qquad y_j = \begin{cases} 1, & 如果物品 j 被装载(是) \\ 0, & 如果物品 j 不被装载(否) \end{cases}$$

那么,问题就是

$$\text{Max} \sum_{j=1}^{m} c_j y_j$$

s. t.

$$\sum_{j=1}^{m} v_j y_j \leqslant V$$

$$\sum_{j=1}^{m} w_j y_j \leqslant W$$

利用二进制变量(如 y_j)进行建模具有很大的灵活性. 二进制变量可以用来表示是或否的决策,如在资金预算问题中表示是否资助某个项目;也可以用于表示某个变量的开或关等. 例如,用二进制变量 y 作为乘子,变量 x 的取值可以限定为 0 和 a:

$$x = ay, \quad y = 0 或 1$$

另一个例子:用二进制变量 y,将变量 x 的取值限定为区间 (a, b) 和 0:

$$ay < x < yb, \quad y = 0 或 1$$

■

例 3 分段线性函数逼近

在使用分段线性函数逼近非线性函数时,利用二进制变量表示区间的方法是非常有用的. 具体来说,假定表示成本的非线性函数如图 7-1a 所示,我们希望找到它在区间 $[0, a_3]$ 上的最小值. 如果函数非常复杂,可以用如图 7-1b 所示的分段线性函数近似(在实际问题中也可能自然而然地出现分段线性函数,例如根据消耗的电能的多少,按照不同的费率收取费用).

利用图 7-1 中的近似方法,问题转化为求以下函数的最小点:

$$c(x) = \begin{cases} b_1 + k_1(x-0) & 0 \leqslant x \leqslant a_1 \\ b_2 + k_2(x-a_1) & a_1 \leqslant x \leqslant a_2 \\ b_3 + k_3(x-a_2) & a_2 \leqslant x \leqslant a_3 \end{cases}$$

针对三个区间定义三个新的变量 $x_1 = (x-0)$,$x_2 = (x-a_1)$,$x_3 = (x-a_2)$,用二进制变量 y_1,y_2,y_3 将 x_i 限定在对应的区间:

$$0 \leqslant x_1 \leqslant y_1 a_1$$

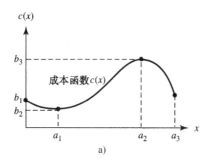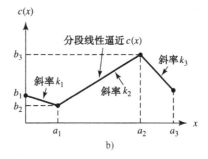

图 7-1 用分段线性函数逼近非线性函数

$$0 \leqslant x_2 \leqslant y_2(a_2 - a_1)$$
$$0 \leqslant x_3 \leqslant y_3(a_3 - a_2)$$

其中 y_1，y_2，y_3 等于 0 或 1. 因为任何情况下都只能有一个 x_i 是有效的，所以有下面的约束：

$$y_1 + y_2 + y_3 = 1$$

注意到任何情况下都只能有一个 x_i 是有效的，目标函数可以写成：

$$c(x) = y_1(b_1 + k_1 x_1) + y_2(b_2 + k_2 x_2) + y_3(b_3 + k_3 x_3)$$

可以看出，当 $y_i = 0$ 时，也有 $x_i = 0$，因此乘积项 $x_i y_i$ 是多余的. 所以目标函数可以进一步简化，得到如下模型：

$$\text{Min } k_1 x_1 + k_2 x_2 + k_3 x_3 + y_1 b_1 + y_2 b_2 + y_3 b_3$$

s. t.

$$0 \leqslant x_1 \leqslant y_1 a_1$$
$$0 \leqslant x_2 \leqslant y_2(a_2 - a_1)$$
$$0 \leqslant x_3 \leqslant y_3(a_3 - a_2)$$
$$y_1 + y_2 + y_3 = 1$$

其中 y_1，y_2，y_3 等于 0 或 1.

例 3 中的模型属于**混合整数规划**问题，因为只有部分决策变量限定为取整数值. 单纯形方法不能直接求解整数规划或混合整数规划问题. 求解这类问题会有很多困难，这会在更高级的课程中介绍. 一种被证明成功的方法是，设计一些规则来快速地找到好的可行解，然后测试检查剩余的解中哪些可行解可以直接丢弃掉. 遗憾的是，有些测试检查方法可能只对某类问题是有效的.

多目标规划：投资问题

考虑下面的问题：某投资者有 40 000 美元用于投资，她所考虑的投资方式的收益为：储蓄利率 7%，市政债券 9%，股票的平均收益为 14%，不同的投资方式的风险程度是不同的. 该投资者列出了她的投资组合的目标为：

1. 年收益至少为 5000 美元；

2. 股票投资额至少为 10 000 美元；

3. 股票投资额不能超过储蓄和市政债券投资额之和；

4. 储蓄额位于 5000～15 000 美元之间；

5. 总投资额不超过 40 000 美元．

可以看出，投资者的目标不止 1 个．遗憾的是，实际问题中经常出现的情况是，并不是所有目标都能同时达到的．如果该投资者将收益率最低的投资方式（储蓄）的投资额设定在最小值（本例中为储蓄 5000 美元），在不违反约束 2～5 的情况下，为了使年收益最大，应当购买 15 000 美元市政债券和 20 000 美元股票．但是，该投资组合的年收益达不到 5000 美元．那么，应当如何处理具有多个目标的问题呢？

下面把每个目标从数学角度进行描述：设 x 是储蓄额，y 是市政债券投资额，z 是股票投资额，则上述目标分别为：

目标 1 $\qquad\qquad\qquad 0.07x + 0.09y + 0.14z \geqslant 5000$

目标 2 $\qquad\qquad\qquad\qquad\qquad\qquad z \geqslant 10\,000$

目标 3 $\qquad\qquad\qquad\qquad\qquad\qquad z \leqslant x + y$

目标 4 $\qquad\qquad\qquad 5000 \leqslant x \leqslant 15\,000$

目标 5 $\qquad\qquad\qquad\qquad x + y + z \leqslant 40\,000$

该投资者为了找到一个可行解，将会在一个或多个目标上有所妥协．假设她认为年收益至少应该为 5000 美元、股票投资额至少应该为 10 000 美元、总投资额不能超过 40 000 美元，但愿意在目标 3、4 上有所妥协．然而，她希望这两个目标的偏差之和最小．下面把这种新的要求用数学的方法进行建模，并说明这样的处理方法也可以用到类似的问题中．用 G_3 表示目标 3 的偏差，G_4 表示目标 4 的偏差，那么模型为

$$\text{Min } G_3 + G_4$$

$$\text{s.t.}$$

$$0.07x + 0.09y + 0.14z \geqslant 5000$$

$$z \geqslant 10\,000$$

$$z - G_3 \leqslant x + y$$

$$5000 - G_4 \leqslant x \leqslant 15\,000$$

$$x + y + z \leqslant 40\,000$$

其中 x，y，z 是正数．

最后这个条件是为了保证不会出现负的投资额．该问题是一个线性规划问题，可以用 7.4 节介绍的单纯形算法求解．如果该投资者认为某些目标比另外一些目标更重要，目标函数中可以对不同的目标进行加权处理．此外，对目标函数中的加权系数可以进行敏感性分析，找到最优解发生变化时加权系数的分界点．这一过程将得到多个解，在做出投资决策前投资者应对这些解进行仔细的比较和考虑．通常来说，在进行定量决策的时候这是最佳的处理方法．

动态规划问题

一种经常出现的情况是，优化模型要求在不同的时间区间上分别进行决策，而不是一次做出全部决策．在 20 世纪 50 年代，美国数学家 Richard Bellman 发明了一种对这类模型分阶段

优化而不是一次优化的技术，这样的方法称为**动态规划**. 下面的问题就是一个可以用动态规划求解的例子:

　　某牧场主从事养牛业. 开始时他有 k 头牛，并计划 N 年后卖出全部牛而退休. 每年他都面临以下问题: 卖掉多少头牛? 保留多少头牛? 如果在第 i 年卖出若干头牛，估计每头牛利润为 p_i; 而第 i 年保留下来的牛，到第 $i+1$ 年的时候数量会翻倍.

　　虽然这里忽略了在现实中一个分析人员可能会考虑的许多实际因素(请你列出几个这样的因素)，该牧场主确实每年都面临如下两难决策: 立即卖牛获利，还是保留到以后?

　　后面的各节将集中精力求解线性规划问题，首先介绍几何解法，然后讨论单纯形算法.

 习题

用第 2 章中介绍的建模过程分析下面的情景. 当用该建模过程分析清楚需要解决的问题后，你会发现在建立优化模型前，用自然语言回答下面的问题是很有帮助的.

(a)识别决策变量: 需要做出什么样的决策?

(b)建立目标函数: 决策如何影响目标?

(c)建立约束集合: 必须满足什么样的约束? 请一定思考一下: 该问题中决策变量是否允许取负数? 并保证: 如果允许取负数，约束确实是这样建立的.

建立模型后，请检查线性规划的假设条件是否成立，并将模型的形式与本节给出的例子进行比较. 尽量确定什么样的优化方法能用于获得该问题的最优解.

1. 资源分配. 你刚刚成为一家生产塑料制品的工厂的经理. 虽然工厂在生产运作中牵涉到很多产品和供应件，你只关心其中的三种产品: (1)乙烯基石棉楼面料，产品以箱计量，每箱的面积一定; (2)纯乙烯基楼顶料，以码计量; (3)乙烯基石棉墙面砖，以块计量，每块砖面积 100 平方英尺.

在生产这些塑料制品所需要的多种资源中，你已经决定考虑以下四种资源: 乙烯基、石棉、劳动力、剪削机的机时. 最近的库存状态显示，每天有 1500 磅乙烯基、200 磅石棉可供使用. 此外，经过与车间管理人员和不同部门的人力资源负责人的谈话，你已经知道每天有 3 人日的劳动力和 1 机器日的剪削机可供使用. 下表中列出了每生产三种产品一个计量单位时所消耗的四种资源的数量，其中一个计量单位分别为 1 箱楼面料、1 码楼顶料和 1 块墙面砖. 可供使用的资源的数量也列在表中.

	乙烯基(磅)	石棉(磅)	劳动力(人日)	剪削机(机器日)	利润(美元)
楼面料(每箱)	30	3	0.02	0.01	0.8
楼顶料(每码)	20	0	0.1	0.05	5
墙面砖(每块)	50	5	0.2	0.05	5.5
可供应量(每天)	1500	200	3	1	—

建立数学模型，帮助确定如何分配资源，使利润最大.

2. 营养需求. 某牧场主知道，对于一匹体型中等的马来说，最低的营养需求为: 40 磅蛋白质、20 磅碳水化合物、45 磅粗饲料. 这些营养成分是从不同饲料中得到的，饲料及其价格在下表中列出:

	蛋白质(磅)	碳水化合物(磅)	粗饲料(磅)	价格(美元)
干草(每捆)	0.5	2.0	5.0	1.80
燕麦片(每袋)	1.0	4.0	2.0	3.50
饲料块(每块)	2.0	0.5	1.0	0.40
高蛋白浓缩料(每袋)	6.0	1.0	2.5	1.00
每匹马的需求(每天)	40.0	20.0	45.0	

建立数学模型，确定如何以最低的成本满足最低的营养需求.

3. 生产计划. 某工业品的制造商必须满足以下的发货计划:

月份	发货量(件)	月份	发货量(件)
一月	10 000	三月	20 000
二月	40 000		

每个月的生产能力为 30 000 件,每件产品的生产成本为 10 美元.由于该制造商没有仓库,因此需要库存产品时只能依靠其他仓储公司.仓储公司每月的收费标准为:对每月最后一天储存在仓库的物品,每件收 3 美元.该制造商在一月的第一天没有任何初始库存,也不希望在三月的最后一天留下任何库存.请建立数学模型,帮助极小化三个月的生产和存储费用之和.

如果当生产 x 件产品时,生产成本为 $10x + 10$ 美元,模型有什么变化?

4. 果仁混合. 一家糖果商店出售三种不同品牌的果仁糖,每个品牌含有不同比例的杏仁、核桃仁、腰果仁、胡桃仁.为了维护商店的质量信誉,每个品牌中所含有的果仁的最大、最小比例是必须满足的,如下表所示:

品　　牌	含 量 需 求	每磅售价(美元)
普通	腰果仁不超过 20% 胡桃仁不低于 40% 核桃仁不超过 25% 杏仁没有限制	0.89
豪华	腰果仁不超过 35% 杏仁不低于 40% 核桃仁、胡桃仁没有限制	1.10
蓝带	腰果仁含量位于 30%～50% 之间 杏仁不低于 30% 核桃仁、胡桃仁没有限制	1.80

下表列出了商店从供应商每周能够得到的每类果仁的最大数量和每磅的价格:

果仁类型	每磅价格 (美元)	每周最大供应量 (磅)	果仁类型	每磅价格 (美元)	每周最大供应量 (磅)
杏仁	0.45	2000	腰果仁	0.70	5000
核桃仁	0.55	4000	胡桃仁	0.50	3000

商店希望确定每周购进杏仁、核桃仁、腰果仁、胡桃仁的数量,使周利润最大.建立数学模型,帮助该商店管理人员解决果仁混合的问题.提示:有多少个决策变量?例如,是否需要区分普通品牌和豪华品牌中使用的腰果仁?

5. 电子设备的生产. 某电子厂生产三种产品供应给政府部门:晶体管、微型模块、电路集成器.该工厂从物理上分为四个加工区域:晶体管生产线、电路印刷与组装、晶体管与模块质量控制、电路集成器测试与包装.

生产中的要求如下:生产一件晶体管需要占用晶体管生产线 0.1 小时的时间,晶体管质量控制区域 0.5 小时的时间,另加 0.70 美元的直接成本;生产一件微型模块需要占用质量控制区域 0.4 小时的时间,消耗 3 个晶体管,另加 0.50 美元的直接成本;生产一件电路集成器需要占用电路印刷区域 0.1 小时的时间,占用测试与包装区域 0.5 小时的时间,消耗 3 个晶体管、3 个微型模块,另加 2.00 美元的直接成本.

假设三种产品(晶体管、微型模块、电路集成器)的销售量是没有限制的,销售价格分别为 2 美元、8 美元、25 美元.在未来的一个月里,每个加工区域均有 200 小时的生产时间可用,请建立数学模型,帮助确定生产计划,使工厂的收益最大.

6. 卡车采购. 某卡车公司拨款 800 000 美元用于购买新的运输工具，可供选择的运输工具有三种. 运输工具 A 载重量为 10 吨，平均时速为 45(英里/小时)，价格为 26 000 美元；运输工具 B 载重量为 20 吨，平均时速为 40(英里/小时)，价格为 36 000 美元；运输工具 C 是 B 的改进型，增加了可供一个司机使用的卧铺，这一改变使载重量降为 18 吨，平均运行速度仍然是 40(英里/小时)，但价格为 42 000 美元.

   运输工具 A 需要一名司机，如果每天三班工作，每天平均可以运行 18 小时. 当地法律规定，运输工具 B 和 C 均需要两名司机，三班工作时 B 每天平均可以运行 18 小时，而 C 可以运行 21 小时. 该公司目前每天有 150 名司机可供使用，而且在短期内无法招募到其他训练有素的司机. 当地的工会禁止任何一名司机每天工作超过一个班次. 此外，维修设备有限，所以购买的运输工具的数量不能超过 30 辆. 建立数学模型，帮助公司确定购买每种运输工具的数量，使工厂每天的总运力(吨英里)最大.

7. 农作问题. 某农户拥有 100 英亩土地和 25 000 美元可供投资. 每年冬季(九月中旬～五月中旬)，该家庭的成员可以贡献 3500 小时的劳动时间，而夏季为 4000 小时. 如果这些劳动时间有富裕，该家庭中的年轻成员将去附近的农场打工，冬季每小时 4.8 美元，夏季每小时 5.1 美元.

   现金收入来源于三种农作物(大豆、玉米和燕麦)以及两种家禽(奶牛和母鸡). 农作物不需要付出投资，但每头奶牛需要 400 美元的初始投资，每只母鸡需要 3 美元的初始投资. 每头奶牛需要使用 1.5 英亩土地，并且冬季需要付出 100 小时劳动时间，夏季付出 50 小时劳动时间，每年为该家庭产生的净现金收入为 450 美元；每只母鸡的对应数字为：不占用土地，冬季 0.6 小时，夏季 0.3 小时，年净现金收入 3.5 美元. 养鸡厂房最多只能容纳 3000 只母鸡，栅栏的大小限制了最多能饲养 32 头奶牛.

   根据估计，每种植一英亩三种农作物所需要的劳动时间和收入如下表所示：

农作物	冬季劳动时间	夏季劳动时间	年净现金收入(美元/英亩)
大豆	20	30	175.00
玉米	35	75	300.00
燕麦	10	40	120.00

   建立数学模型，帮助确定每种农作物应该种植多少英亩，以及奶牛和母鸡应该各蓄养多少，以使年净现金收入最多.

 研究课题

对研究课题 1～5，完成引用到的 UMAP 教学单元或文章中的要求.

1. "无约束优化"，作者：Joan R. Hundhausen 和 Robert A. Walsh，编号：UMAP 教学单元 522. 该单元介绍了梯度搜索算法，包括例子和应用，需要读者熟悉基本的偏导数、链式法则、泰勒级数、梯度、向量的点积.

2. "变分法及其在力学中的应用"，作者：Carroll O. Wilde，编号：UMAP 教学单元 468. 该单元简要介绍了如何寻找函数，使得某些定积分形式达到最大或最小值，并介绍了力学中的应用例子. 学生将从中学到某些定积分形式的欧拉方程和哈密顿原理，及其在守恒动力系统中的应用. 需要读者具有动力学和势能的基础物理知识，以及多变量链式法则、常微分方程的知识.

3. "清洁水的高成本：水质量管理的模型"，作者：Edward Beltrami，编号：UMAP 专论综述文献. 国家的人口增长和工业活动的增加，引起了严重的废水排放问题. 为了应对这一问题，美国环境保护署(Environmental Protection Agency, EPA)鼓励开发区域废水管理计划. 本文献讨论了为长岛(Long Island)开发的 EPA 计划，建立了数学模型，使得在费用和水质量方面的折中清晰化. 数学方面涉及偏微分方程和混合整数线性规划.

4. "几何规划"，作者：Robert E. D. Woolsey，编号：UMAP 教学单元 737. 该单元介绍包括几何规划在内的一些建模方法. 需要读者熟悉初等微积分学的知识.

5. "城市再循环：布局与最优"，作者：Jannett Highfill 和 Michael McAsey，编号：UMAP 杂志，第 15 卷第 1 期，1994 年. 本文考虑城市再循环系统的优化问题. 请阅读本文并准备 10 分钟的课堂讲演.

7.2 线性规划(一)：几何解法

根据下面的数据，考虑用切比雪夫准则拟合模型 $y = cx$：

x	1	2	3
y	2	5	8

确定参数 c 使绝对偏差 $r_i = |y_i - y(x_i)|$（残差或误差）中的最大者最小化的优化问题是一个线性规划：

$$\text{Min } r$$

s. t.
$$
\left.
\begin{array}{l}
r - (2 - c) \geqslant 0 \quad \text{（约束1）} \\
r + (2 - c) \geqslant 0 \quad \text{（约束2）} \\
r - (5 - 2c) \geqslant 0 \quad \text{（约束3）} \\
r + (5 - 2c) \geqslant 0 \quad \text{（约束4）} \\
r - (8 - 3c) \geqslant 0 \quad \text{（约束5）} \\
r + (8 - 3c) \geqslant 0 \quad \text{（约束6）}
\end{array}
\right\}
\qquad (7\text{-}2)
$$

本节将用几何方法求解这一问题.

线性规划的几何解释

线性规划中可以包含一系列线性等式和线性不等式约束. 自然，在只有两个变量的情形，一个等式约束表示线性规划的解正好位于该等式所表示的直线上. 那么不等式呢？为了获得一点启示，考虑如下约束：

$$
\begin{array}{l}
x_1 + 2x_2 \leqslant 4 \\
x_1, x_2 \geqslant 0
\end{array}
\qquad (7\text{-}3)
$$

非负约束 $x_1, x_2 \geqslant 0$ 意味着可能的解只能位于第一象限. 不等式 $x_1 + 2x_2 \leqslant 4$ 把第一象限分成两个区域，其中可行域是满足约束的半空间. 画出等式 $x_1 + 2x_2 = 4$ 所代表的直线，确定哪一个半平面是可行的，就可以找到可行域，如图 7-2 所示.

如果不能显而易见地判断哪一个半平面是可行的，选择一个方便的点(如原点)并将它代入约束条件，看看约束条件是否满足. 如果满足，则与该点位于直线同一边的所有点也是满足约束条件的.

线性规划有一个重要的性质，即满足约束条件的所有点组成一个凸集. 所谓凸集，是指该集合中的任意两个点用直线段连接起来时，该直线段上的所有点仍位于该集合中. 图 7-3a 所示的集合不是凸的，而图 7-3b 所示的集合是凸的.

凸集的极点(角点)是该集合的一个边界点，该边界点是两条直线段边界的唯一交点. 图 7-3b 中，点 A～F 都是极点. 下面让我们来寻找 7.1 节例 1 中建立的木匠问题的可行域和最优解.

例 1   木匠问题

考虑 7.1 节的木匠问题. 木匠销售桌子和书架的单位净利润分别为 25 美元和 30 美元，他希望确定每周生产的桌子数量 (x_1) 和书架数量 (x_2). 他每周最多有 690 张木板和 120 小时的劳动时间可以利用，如果木板和工时不用于生产桌子和书架，他能够将它们有效地使用在其他方面．他估计，生产一张桌子需要 20 张木板和 5 小时劳动时间，生产一个书架需要 30 张木板和 4 小时劳动时间．模型为

$$\text{Max } 25x_1 + 30x_2$$

s. t.

$$20x_1 + 30x_2 \leqslant 690 \qquad （木板）$$

$$5x_1 + 4x_2 \leqslant 120 \qquad （劳动时间）$$

$$x_1,\ x_2 \geqslant 0 \qquad （非负性）$$

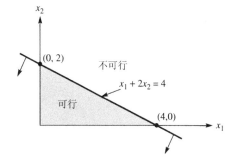

图 7-2　约束 $x_1 + 2x_2 \leqslant 4$，x_1，$x_2 \geqslant 0$ 的可行域

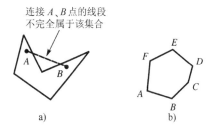

图 7-3　a 中所示的集合是凸的，而 b 中所示的集合不是凸的

木匠问题中的约束所代表的凸集在图 7-4 中用多边形区域 $ABCD$ 表示．请注意，约束所代表的直线有 6 个交点，但只有四个交点（即 $A \sim D$）满足所有约束从而属于该凸集．点 $A \sim D$ 是该多边形的**极点**．

如果一个线性规划存在最优解，它必然也会出现在约束所形成的凸集的某个极点上．极点上目标函数的值（木匠问题的利润）是

极点	目标函数值（美元）
$A(0,\ 0)$	0
$B(24,\ 0)$	600
$C(12,\ 15)$	750
$D(0,\ 23)$	690

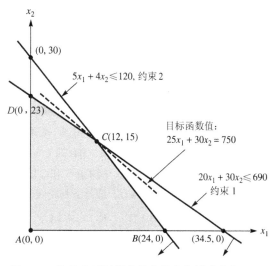

图 7-4　满足木匠问题的约束的点集形成凸集

因此，木匠每周应该制作 12 张桌子和 15 个书架，每周最大利润为 750 美元．本节后面将进一步从几何意义上说明极点 C 是最优解．

在考虑第二个例子之前，我们先总结一下到目前为止的想法．线性规划的约束集合是一个凸集，通常包含线性规划的无穷多个可行解．如果一个线性规划存在最优解，它必然也会出现在一个或多个极点上．因此，为了找到最优解，从所有极点中选择使目标函数值取到最优值的一个即可．

例 2   数据拟合问题

我们现在来求解式(7-2)所描述的线性规划. 给定模型 $y=cx$ 和数据

x	1	2	3
y	2	5	8

我们希望找到 c 的值, 使得最大绝对偏差 r 尽可能小. 图 7-5 中画出了 6 个约束

$$r-(2-c) \geqslant 0 \quad \text{(约束 1)}$$
$$r+(2-c) \geqslant 0 \quad \text{(约束 2)}$$
$$r-(5-2c) \geqslant 0 \quad \text{(约束 3)}$$
$$r+(5-2c) \geqslant 0 \quad \text{(约束 4)}$$
$$r-(8-3c) \geqslant 0 \quad \text{(约束 5)}$$
$$r+(8-3c) \geqslant 0 \quad \text{(约束 6)}$$

为了画这些约束, 必须先画出如下的等式所代表的直线:

$$r-(2-c) = 0 \quad \text{(约束 1 的边界)}$$
$$r+(2-c) = 0 \quad \text{(约束 2 的边界)}$$
$$r-(5-2c) = 0 \quad \text{(约束 3 的边界)}$$
$$r+(5-2c) = 0 \quad \text{(约束 4 的边界)}$$
$$r-(8-3c) = 0 \quad \text{(约束 5 的边界)}$$
$$r+(8-3c) = 0 \quad \text{(约束 6 的边界)}$$

我们注意到, 对约束 1、3、5 来说, 等式所代表的边界的右上部分是满足约束条件的. 类似地, 对约束 2、4、6 来说, 等式所代表的边界的左上部分是满足约束条件的.

如图 7-5 所示, 约束 1~6 的可行域的交集在 c、r 平面上构成一个凸集, 其中极点用 A~C 标示. A 点是约束 5 (即 $r-(8-3c)=0$) 和 r 轴(即 $c=0$)的交点, 所以 $A=(0, 8)$. 类似地, B 是约束 5 和 2 的交点:

$$r-(8-3c)=0 \quad \text{或} \quad r+3c=8$$
$$r+(2-c)=0 \quad \text{或} \quad r-c=-2$$

解得 $c=5/2$, $r=1/2$, 即 $B=(5/2, 1/2)$. 最后, C 是约束 5 和 4 的交点, 即 $C=(3, 1)$. 请注意这个可行集合是无界的(无界凸集将在以后讨论). 如果该问题存在最优解, 至少有一个极点能取到最优解. 我们对三个极点分别计算对应的目标函数值 $f(r)=r$:

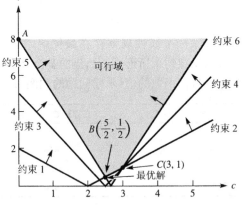

图 7-5 用 $y=cx$ 拟合一组数据时的可行域

极点	目标函数值
(c, r)	$f(r)=r$
A	8
B	1/2
C	1

使 r 值最小的极点是 $B(5/2, 1/2)$. 因此，c 的最优取值为 $c=5/2$，c 取其他值时不可能使最大绝对偏差小于 $|r_{max}|=1/2$.

模型的解释

下面解释一下例 2 中数据拟合问题的最优解. 解线性规划得到 $c=5/2$，对应的模型为 $y=(5/2)x$. 此外，目标函数值 $r=1/2$ 对应于拟合的最大偏差. 让我们检查一下这是否确实成立.

图 7-6 中画出了数据点和模型 $y=(5/2)x$. 注意到数据点 1 和 3 都达到了最大偏差 $r_i=1/2$. 把一把直尺的一端固定在原点，然后旋转这把尺子，你将会看到没有其他通过原点的直线能够产生更小的最大绝对偏差. 因此，模型 $y=(5/2)x$ 在切比雪夫准则下是最优的.

空可行域和无界可行域

我们曾经很仔细地讲过，如果一个问题存在最优解，至少有一个极点能取到目标函数的最优值. 那么什么时候最优解不存在呢？此外，什么时候有多于一个最优解呢？

如果可行域是空的，那就不存在可行解. 例如，给定约束

$$x_1 \leqslant 3$$

和

$$x_1 \geqslant 5$$

则不可能存在 x_1 的取值同时满足这两个约束. 这样的约束称为是不相容的.

不存在最优解还有另外一种可能性. 观察图 7-5 和数据拟合问题的约束集合可以发现，可行域是无界的（即 x_1 或 x_2 可以取到任意大的值）. 因此在该可行域上不可能优化

$$\text{Max } x_1 + x_2$$

因为 x_1 和 x_2 可以取到任意大的值. 然而，虽然可行域是无界的，对例 2 中讨论的目标函数而言，最优解确实存在. 因此，可行域有界并不是存在最优解的必要条件.

目标函数的等值曲线

再回顾一下木匠问题. 目标函数是 $25x_1+30x_2$，在图 7-7 中的第一象限画出了以下直线段：

$$25x_1 + 30x_2 = 650$$
$$25x_1 + 30x_2 = 750$$
$$25x_1 + 30x_2 = 850$$

注意到目标函数在这些直线段上的取值为常数，这些直线段称为目标函数的等值曲线. 当沿着与这些直线段垂直的方向移动时，目标函数要么增加，要么减少. 现在，进一步将木匠问题的约束

$$20x_1 + 30x_2 \leqslant 690 \quad （木板）$$
$$5x_1 + 4x_2 \leqslant 120 \quad （劳动时间）$$
$$x_1, x_2 \geqslant 0 \quad （非负性）$$

强加在这些等值曲线上（图 7-8）. 可以看出，取值为 750 的等值曲线与可行域正好相交于唯一的一点，即极点 $C(12, 15)$.

是否可能有多于 1 个的最优解呢？对木匠问题做一点小的改变，即只改变一下劳动时间的

约束，则可以有如下问题：

$$\text{Max } 25x_1 + 30x_2$$

s. t.

$$20x_1 + 30x_2 \leqslant 690 \quad \text{（木板）}$$

$$5x_1 + 6x_2 \leqslant 150 \quad \text{（劳动时间）}$$

$$x_1, x_2 \geqslant 0 \quad \text{（非负性）}$$

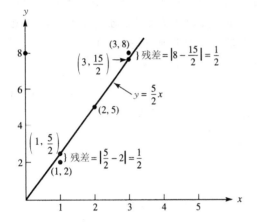

图 7-6　直线 $y = \dfrac{5}{2}x$ 导致最大绝对偏差 $r_{max} = \dfrac{1}{2}$，

这是最小可能的 r_{max}

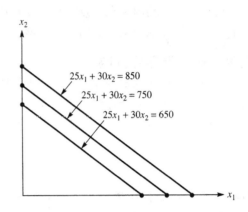

图 7-7　目标函数 f 的等值曲线是第一象限的平行
直线段，当沿着与这些直线段垂直的方
向移动时，目标函数要么增加，要么减少

图 7-9 中画出了约束集合和等值曲线 $25x_1 + 30x_2 = 750$. 可以看出，等值曲线与表示劳动时间
约束的边界线相重合. 因此，极点 B 和 C 取到相同的目标函数值 750，都是最优的. 实际上，
整条线段 BC 与等值曲线 $25x_1 + 30x_2 = 750$ 相重合，因此该线性规划有无穷多个最优解，最优
解位于线段 BC 上.

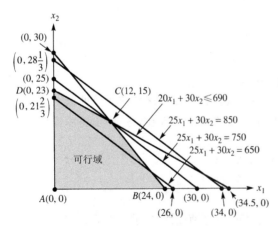

图 7-8　等值曲线 $25x_1 + 30x_2 = 750$
与可行域在极点 C 相切

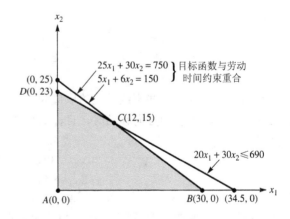

图 7-9　线段 BC 与等值曲线 $25x_1 + 30x_2 = 750$
相重合；极点 B 和 C 之间的每一点
（包括极点 B 和 C 本身）都是最优解

图 7-10 中对二维情形下，凸集上线性函数的优化进行了总结．图中画出了一个典型的凸集和线性目标函数的等值曲线．图 7-10 为如下的线性规划基本定理提供了一种几何直观图像．

定理 1　假设线性规划的可行域是非空有界凸集，则目标函数一定会在可行域的极点上取到最大值和最小值．如果可行域无界，目标函数不一定能取到最优值；然而，如果最大值和最小值确实存在，则一定也会在某个极点上取到．

这个定理保证了线性规划至少有 1 个最优解来自于非空有界凸集的极点．

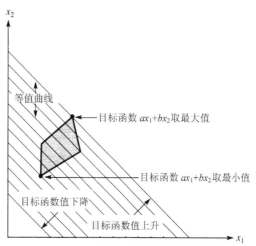

图 7-10　在非空有界凸集上，线性函数总是在极点上取到最大值和最小值

 习题

1. 某公司用木头雕刻士兵模型出售．公司的两大主要产品类型分别是"盟军"和"联军"士兵，每件利润分别为 28 美元和 30 美元．制作一个"盟军"士兵需要使用 2 张木板，花费 4 小时的木工，再经过 2 小时的整修．制作一个"联军"士兵需要使用 3 张木板，花费 3.5 小时的木工，再经过 3 小时的整修．该公司每周得到 100 张木板，可供使用的木工（机器时间）为 120 小时，整修时间为 90 小时．确定每种士兵的生产数量，使得周利润最大．

2. 当地的一家公司销售小轿车和卡车．每辆汽车都必须经过两个车间处理：表面整修/油漆车间，机器/主体车间．每辆小轿车平均可以贡献 3000 美元的利润，每辆卡车平均可以贡献 2000 美元的利润．表面整修/油漆车间有 2400 小时的劳动时间可供使用，机器/主体车间有 2500 小时的劳动时间．每辆小轿车需要消耗表面整修/油漆车间 50 小时的劳动时间，机器/主体车间 40 小时的劳动时间；每辆卡车需要消耗表面整修/油漆车间 50 小时的劳动时间，机器/主体车间 60 小时的劳动时间．用线性规划的图解法确定生产计划，使公司利润最大化．

3. 蒙大拿州的某农场主拥有 45 英亩土地，他打算全部种上小麦和玉米．每英亩小麦的利润为 200 美元，每英亩玉米的利润为 300 美元．种植小麦和玉米所需要的劳动力和肥料数量已知，而该农场主共有 100 个工人和 120 吨肥料．为了使利润最大，应该分别种植多少英亩小麦和玉米？

	小麦	玉米
劳动力（工人）	3	2
肥料（吨）	2	4

用图解法解习题 4～7．

4. Max $x+y$

　　s. t.

　　　　$x+y \leqslant 6$

　　　　$3x-y \leqslant 9$

　　　　$x, \ y \geqslant 0$

5. Min $x+y$

　　s. t.

　　　　$x+y \geqslant 6$

　　　　$3x-y \geqslant 9$

　　　　$x, \ y \geqslant 0$

6. Max $10x+35y$

　　s. t.

$$8x+6y\leqslant 48 \quad （木板张数）$$
$$4x+y\leqslant 20 \quad （木工工时）$$
$$y\geqslant 5 \quad （需求）$$
$$x,y\geqslant 0 \quad （非负性）$$

7. Min $5x+7y$

　　s. t.

$$2x+3y\geqslant 6$$
$$3x-y\leqslant 15$$
$$-x+y\leqslant 4$$
$$2x+5y\leqslant 27$$
$$x\geqslant 0$$
$$y\geqslant 0$$

对习题 8~12，用图解法找到最大解和最小解. 每个问题都假设 $x\geqslant 0$ 和 $y\geqslant 0$.

8. Opt $2x+3y$

　　s. t.

$$2x+3y\geqslant 6$$
$$3x-y\leqslant 15$$
$$-x+y\leqslant 4$$
$$2x+5y\leqslant 27$$

9. Opt $6x+4y$

　　s. t.

$$-x+y\leqslant 12$$
$$x+y\leqslant 24$$
$$2x+5y\leqslant 80$$

10. Opt $6x+5y$

　　s. t.

$$x+y\geqslant 6$$
$$2x+y\geqslant 9$$

11. Opt $x-y$

　　s. t.

$$x+y\geqslant 6$$
$$2x+y\geqslant 9$$

12. Opt $5x+3y$

　　s. t.

$$1.2x+0.6y\leqslant 24$$
$$2x+1.5y\leqslant 80$$

13. 对下列数据，用切比雪夫准则拟合模型，使最大偏差最小.

(a) $y=cx$

y	11	25	54	90
x	5	10	20	30

(b) $y=cx^2$

y	10	90	250	495
x	1	3	5	7

7.3　线性规划(二)：代数解法

木匠问题的图解法提出了在非空有界可行域上求线性规划问题最优解的基本步骤：

1. 找到约束的所有交点；

2. 判断哪个交点是可行解(如果有的话)，从而得到所有极点；

3. 计算每个极点的目标函数值；

4. 选择使目标函数值取到最大(或最小)的极点.

为了用代数方法实现这一过程，必须刻画出交点和极点的特征来.

图 7-11 所示的凸集由三个线性约束所组成(加上两个非负约束). 图中的非负变量 y_1，y_2，y_3 分别表示一个点满足约束 1、2、3 的程度，即变量 y_i 加到不等式约束 i 的左边，把它转变成等式. 因此，$y_2=0$ 刻画的正好是位于约束 2 的边界上的点，而 y_2 为负时表示与约束 2 相冲

突.同样,决策变量 x_1,x_2 限定为非负数,因此,决策变量 x_1,x_2 的值表示一个点满足非负约束 $x_1 \geqslant 0$,$x_2 \geqslant 0$ 的程度.请注意,沿着 x_1 轴,决策变量 x_2 是 0.现在考虑整个变量集合 $\{x_1,x_2,y_1,y_2,y_3\}$ 的取值问题.如果有两个变量同时取 0,在 x_1x_2 平面上表示的就是一个交点.这样,通过枚举所有可能的组合,可以系统化地确定所有可能的交点.将 5 个变量中的一对变量的取值设定为 0 后,需要解出其余三个相关变量的取值.如果导出的方程组有解,那就得到了一个交点,该交点可能是可行解,也可能不是.5 个变量中如果有任何一个为负,都表明有约束不满足,因此这样的交点是不可行的.例如,在交点 B,$y_2 = 0$,$x_1 = 0$,得到的 y_1 为负值,因此是不可行的.其他如 x_1 和 y_3 的变量对,因为它们表示的约束是平行线,因此不能同时为零.下面通过用代数方法求解木匠问题,说明以上过程.

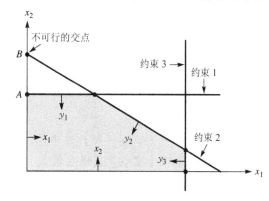

图 7-11 变量 x_1,x_2,y_1,y_2,y_3 表示每个约束满足的程度;交点 A 处 $y_1 = x_1 = 0$;交点 B 不可行,因为 y_1 是负的;包围阴影区域的所有交点都是可行的,因为五个变量都是非负的

例1 木匠问题的代数解法

木匠问题的模型是:

$$\text{Max } 25x_1 + 30x_2$$

s. t.

$$20x_1 + 30x_2 \leqslant 690 \quad (木板)$$
$$5x_1 + 4x_2 \leqslant 120 \quad (劳动力)$$
$$x_1, x_2 \geqslant 0 \quad (非负性)$$

通过增加新的非负"松弛"变量 y_1,y_2,可以将前两个不等式约束转化为等式.只要 y_1,y_2 中有一个为负,约束就不满足.因此,问题转化为

$$\text{Max } 25x_1 + 30x_2$$

s. t.

$$20x_1 + 30x_2 + y_1 = 690$$
$$5x_1 + 4x_2 + y_2 = 120$$
$$x_1, x_2, y_1, y_2 \geqslant 0$$

现在考虑四个变量 $\{x_1,x_2,y_1,y_2\}$,其几何意义见图 7-12.为了在 x_1x_2 平面上找到一个可能的交点,需要将四个变量中的两个赋值为 0.在四个变量中取两个,这样的取法可能产生的交点数为 $4!/(2!\ 2!) = 6$.首先令变量 x_1,

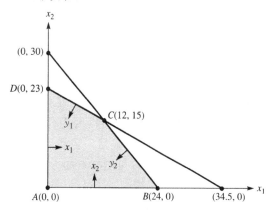

图 7-12 变量 x_1,x_2,y_1,y_2 表示每个约束满足的程度;将其中两个变量赋值为 0,得到一个交点

x_2 为 0，得到如下方程组：

$$y_1 = 690$$

$$y_2 = 120$$

得到的交点 $A(0，0)$ 是一个可行点，因为此时四个变量都是非负的．

为了得到第二个交点，选择变量 x_1，y_1 为 0，得到方程组

$$30x_2 = 690$$

$$4x_2 + y_2 = 120$$

从而得到解为 $x_2 = 23$，$y_2 = 28$，这也是一个可行的交点，即 $D(0，23)$．

为了得到第三个交点，选择变量 x_1，y_2 为 0，得到方程组

$$30x_2 + y_1 = 690$$

$$4x_2 = 120$$

从而得到解为 $x_2 = 30$，$y_1 = -210$，即第一个约束超过了 210 个单位，表明该交点是不可行的．

类似地，选择 y_1，y_2 并令其为 0，得到 $x_1 = 12$，$x_2 = 15$，对应的可行交点为 $C(12，15)$．选择 x_2，y_1 并令其为 0，得到 $x_1 = 34.5$，$y_2 = -52.5$，所以第二个约束不满足，因此交点 $(34.5，0)$ 是不可行的．

最后，通过将变量 x_2，y_2 设定为 0 来确定第六个交点，得到 $x_1 = 24$，$y_1 = 210$，因此交点 $B(24，0)$ 是可行的．

归纳起来，在 x_1x_2 平面上六个可能的交点中，有四个是可行的．对这四个交点，计算其对应的目标函数值如下：

极点	目标函数值(美元)	极点	目标函数值(美元)
$A(0，0)$	0	$C(12，15)$	750
$D(0，23)$	690	$B(24，0)$	600

这一过程确定了最大化利润的最优解是 $x_1 = 12$，$x_2 = 15$．也就是说，该木匠应制作 12 张桌子和 15 个书架，最大利润为 750 美元．

枚举交点的计算复杂性

现在我们将木匠问题的例子中介绍的方法加以概括．假定一个线性规划有 m 个非负决策变量和 n 个约束，其中每个约束都是 $\leqslant$ 形式的不等式．首先，通过对第 i 个约束增加新的非负"松弛"变量 y_i，将每个不等式约束转化为等式．因此现在总共有 $m+n$ 个非负变量．为了确定一个交点，从中选择 m 个变量(因为有 m 个决策变量)并令其为 0，一共有 $(m+n)! / (m! \, n!)$ 个可能的选择需要考虑．显然，当线性规划的规模增加的时候(即决策变量和约束的个数增加的时候)，这种枚举所有可能交点的方法即使对于高性能的计算机来说也是很笨拙的．如何改进这一方法呢？

注意到在木匠问题的例子中，一些不可行的交点也被枚举出来了，那么有没有办法快速判断一个可能的交点是不可行的呢？此外，如果已经找到了一个极点(即可行的交点)并知道它所对应的目标函数值，能否快速判定另一个极点是否能够进一步对目标函数值有所改进？归纳起来就是说，希望有一种方法能够不枚举不可行的交点，而只枚举那些能够对当前已经找到的最

好的解的目标函数值有所改进的极点. 下一节将研究这样的方法.

 习题

1～7. 用本节中的方法, 求解 7.2 节中的习题 1～6 和 13.

8. 在下面的情形下, 有多少个可能的交点?

    (a) 2 个决策变量和 5 个≤形式的不等式约束

    (b) 2 个决策变量和 10 个≤形式的不等式约束

    (c) 5 个决策变量和 12 个≤形式的不等式约束

    (d) 25 个决策变量和 50 个≤形式的不等式约束

    (e) 2000 个决策变量和 5000 个≤形式的不等式约束

7.4 线性规划(三): 单纯形法

到目前为止, 通过在用决策变量和松弛变量表示的交点中搜索, 我们已经学会了找到最优的极点. 能不能减少在搜索过程中考虑的交点的数量呢? 当然, 一旦找到了一个可行的初始交点, 就没有必要再考虑那些对目标函数值没有改进的潜在交点. 能不能检验当前解相对于其他可能的交点的最优性呢? 即使一个交点比当前解更优, 如果它不能满足约束条件, 我们对它也没有兴趣. 能不能检验一个交点是不可行的呢? George Dantzig 发明的**单纯形方法**, 融合了最优性检验和可行性检验, 从而找到线性规划问题的最优解(如果最优解存在的话).

所谓**最优性检验**, 是判断一个交点对应的目标函数值是否比当前找到的最好结果更优.

所谓**可行性检验**, 是确定一个交点是否可行.

为了实现单纯形方法, 首先将决策变量和松弛变量分成两个互不相交的集合, 即**独立变量**集合和**相关变量**集合. 对于我们考虑的特殊线性规划来说, 初始的独立变量集合由决策变量组成, 而松弛变量属于相关变量集合.

单纯形方法的步骤

1. 表格形式: 将线性规划放到表格形式中(后面将会具体解释).

2. 初始极点: 单纯形方法从一个已知的极点开始, 通常为原点(0, 0).

3. 最优性检验: 判断与当前极点相邻的交点是否能够改进当前的目标函数值. 如果不能, 则当前极点是最优的; 如果能够改进, 最优性检验将确定, 独立变量集合中的哪一个变量(当前取值为 0)应该进入相关变量集合并可能取值变为非零.

4. 可行性检验: 为了找到一个新的交点, 相关变量集合中应该有一个变量退出该集合, 以便让第 3 步中确定的变量进入相关变量集合. 可行性检验将确定, 应该选择哪一个相关变量退出, 而保证得到的交点的可行性.

5. 旋转: 在不包含第 4 步中确定的退出变量的方程中, 消去新进入的相关变量, 形成等价的新的方程组. 然后, 在新的方程组中, 令新的独立变量集合中的变量全部取值为 0, 从而解出新的相关变量集合中的所有变量的取值, 确定一个交点.

6. 重复步骤 3～5, 直到找到一个最优的极点.

在详细介绍上述步骤之前, 先回顾一下木匠问题(图 7-13). 原点是一个极点, 所以选它为起始点. 这样, x_1, x_2 是当前的独立变量, 取值为 0, 而 y_1, y_2 是当前的相关变量, 取值分别为 690, 120. 最优性检验就是要确定, 是否存在某个当前的独立变量(当前取值为 0), 当它变成相关变量并取值为正数以后, 能够使目标函数值得到改进. 例如本例中, 无论 x_1 还是 x_2 取值改为正数, 目标函数值都能够得到改进(因为在希望最大化的目标函数中, 它们的系数是正数). 因此, 最优性检验能找到一个可以进入相关变量集合的变量. 如果存在多个独立变量能进入相关变量集合, 以后将介绍一种经验法则, 来决定应该选择哪一个变量进入. 在木匠问题中, 我们选择 x_2 作为新的相关变量.

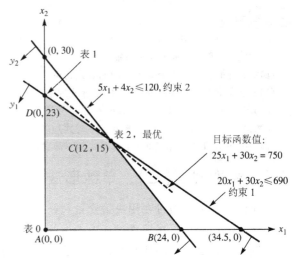

图 7-13　满足线性规划约束的点集(阴影区)形成凸集

根据最优性条件选择的准备进入相关变量集合的变量, 应替代当前相关变量集合中的一个变量, 而可行性条件决定了这个进入的变量应该替代哪个退出的变量. 最基本的条件是, 进入的变量替代当前相关变量集合中的退出变量以后, 退出变量取值变为 0, 而可以保证相关变量集合中的其他变量仍然取非负数值. 也就是说, 可行性条件保证新的交点是可行的, 因而是一个极点. 图 7-13 中, 可行性检验的结果将导致新的交点 (0, 23), 这是一个可行点; 而不会是 (0, 30), 这是一个不可行点. 因此, x_2 将代替 y_1 成为相关变量(非零变量), 也就是说 x_2 进入相关变量集合, 而 y_1 退出相关变量集合.

计算效率

在可行性检验中, 当选择一个退出变量并被替代以后, 并不需要实际计算相关变量集合中变量的取值. 实际上, 选取合适的退出变量的方法是, 快速确定当该相关变量被替代并将其取值设定为 0 以后, 是否会使相关变量集合中的任何其他变量取负数值(后面我们将解释经常使用的比例检验法). 如果会使任何其他变量取负数值, 则为了保持可行性, 所考虑的退出变量就不能被进入变量所替代. 一旦通过最优性检验和可行性检验找到了对应于更优的极点的新的相关变量集合, 新的相关变量集合中的变量的取值就可以通过旋转过程确定. 当交换了相关变量集合中的进入变量和退出变量以后, 旋转过程实际上是求解关于新的相关变量的方程组, 即通过将独立变量的取值设定为 0, 解出相关变量的取值. 请注意, 在每个阶段, 只有一个相关变量被替代. 从几何上看, 单纯形方法是从一个初始极点移动到一个相邻的极点, 直到没有更优的相邻极点. 这时, 当前的极点就是最优解. 下面详细给出单纯形方法的步骤.

第 1 步　构造单纯形表　实施单纯形方法可以有多种方式. 假定问题是最大化目标函数, 并且约束条件是用小于等于形式的不等式表示的(如果初始的问题不是用这种形式表示的, 很容易将它变成这种形式). 对木匠问题的例子, 问题是

$$\text{Max } 25x_1 + 30x_2$$

s. t.

$$20x_1 + 30x_2 \leqslant 690$$

$$5x_1 + 4x_2 \leqslant 120$$

$$x_1, x_2 \geqslant 0$$

下面先增加一个新约束，保证任何新的解都能改进目前为止找到的最好的目标函数值. 取原点为初始极点，则目标函数值为 0. 我们希望增加的约束保证目标函数值优于当前值，所以

$$25x_1 + 30x_2 \geqslant 0$$

因为所有的约束都是 ≤ 形式的，将上述新的约束两边乘以 −1，并加入原来的约束集合中：

$$20x_1 + 30x_2 \quad \leqslant 690 \quad （约束 1，木板）$$

$$5x_1 + 4x_2 \quad \leqslant 120 \quad （约束 2，劳动力）$$

$$-25x_1 - 30x_2 \quad \leqslant 0 \quad （目标函数约束）$$

单纯形方法隐含地假定所有变量是非负的，所以在后面的描述中，我们不再重复非负约束.

下一步，通过增加新的非负变量 y_i（或 z），将不等式约束转化成等式. 这些新增加的变量称为松弛变量，因为它表示的是约束满足的松紧程度，y_i 取负值表示约束不满足（对目标函数的约束，之所以用 z 表示松弛变量，是为了避免与其他约束混淆）. 经过这一过程，得到增广约束集

$$20x_1 + 30x_2 + y_1 = 690$$

$$5x_1 + 4x_2 + y_2 = 120$$

$$-25x_1 - 30x_2 + z = 0$$

其中 x_1，x_2，y_1，y_2 非负. 变量 z 表示的是目标函数值，这一点正如我们以后将看到的一样（从最后一个方程容易看出，$z = 25x_1 + 30x_2$ 就是目标函数值）.

第 2 步 选取初始极点 因为有两个决策变量，所以所有可能的交点都应该位于 $x_1 x_2$ 平面上，并可以通过将 $\{x_1, x_2, y_1, y_2\}$ 中的某两个变量设定为 0 得到（在该问题中，z 总是一个相关变量，表示的是极点的目标函数值）. 原点是一个可行点，对应于 $x_1 = x_2 = 0$，$y_1 = 690$，$y_2 = 120$ 所刻画的极点. 因此，x_1，x_2 是独立变量，取值为 0；y_1，y_2，z 是相关变量，取值随之确定. 正如我们所看到的，当我们用消元法计算 z 的时候，z 总是表示在 $x_1 x_2$ 平面上凸集的极点上的目标函数的当前取值.

第 3 步 最优性检验选择进入变量 在前面的表示形式中，最后的等式（即目标函数对应的等式）中如果含有负的系数，则该系数对应的变量能改进目标函数的当前取值. 因此，系数 −25 和 −30 表明无论 x_1 还是 x_2，都可以进入相关变量集合，使目标函数的当前取值 0 得到改进（当前的约束是 $z = 25x_1 + 30x_2 \geqslant 0$，其中 x_1，x_2 是当前的独立变量，取值为 0）. 当存在多个独立变量能进入相关变量集合时，一种经验法则是，选择目标函数对应的约束行中绝对值最大的负系数对应的变量，让它进入相关变量集合. 如果不存在负系数，则当前的解是最优的. 对我们这里考虑的问题，选 x_2 作为将要进入相关变量集合的新变量. 也就是说，x_2 将从当前取值为零开始增加. 下一步将决定这个增加值能达到多大.

第 4 步 可行性检验选择退出变量 在这里的例子中，进入变量 x_2 必须取代 y_1 或 y_2 而成为相关变量（因为 z 总是相关变量）. 为了确定哪一个变量退出相关变量集合，首先用原约束不等式的右端项的值 690 和 120，分别除以进入变量在每个不等式约束中对应的系数（在这里的例子中，分别为 30 和 4），从而得到比值 $690/30=23$ 和 $120/4=30$. 从取值为正数的比值中（本例中两个比值都是正数），选择比值最小的对应变量退出（即变量 y_1，对应的比值为 23）. 这样计算的比值表示的是，如果对应的变量退出相关变量集合并被赋值为 0 以后，新进入的变量所取的值. 因此，只需要考虑取值为正数的比值；而之所以选最小比值，是为了不至于使任何变量变成负值. 例如，如果选择 y_2 退出并被赋值为 0，则 x_2 作为新的相关变量，取值应为 30. 然而这样一来，y_1 必须取负数，说明交点 $(0,30)$ 不满足第一个约束. 在图 7-13 中也可以看出，交点 $(0,30)$ 是不可行的. 前面介绍的**最小正比值法则**能够避免对任何不可行的交点进行枚举. 在这里的例子中，最小比值 23 对应的相关变量是 y_1，所以它是退出变量. 因此，x_2，y_2，z 组成新的相关变量集合，而 x_1，y_1 组成新的独立变量集合.

第 5 步 通过旋转计算新的相关变量的取值 接着，对原来的约束方程组，我们通过在不含有退出变量 y_1 的所有方程中，消去新进入的变量 x_2，导出新的等价的约束方程组. 有许多方法可以实现这一步，例如 7.3 节中的消元法. 然后，在新方程组中令独立变量 x_1，y_1 的取值为 0，找到相关变量 x_2，y_2，z 的取值. 这一过程称为**旋转过程**. x_1，x_2 的值给出了新的极点 (x_1,x_2)，而 z 的值给出了在该点的目标函数值（比原来的值有所改进）.

旋转过程完成之后，再次应用最优性检验，判断是否存在其他的进入变量. 如果是，就适当地选一个，并通过可行性检验选一个退出变量. 然后，再次进行旋转变换. 该过程一直重复下去，直到目标函数行没有任何变量对应的系数为负数为止. 下面总结一下这个过程，并用它求解木匠问题.

单纯形方法的总结

第 1 步 将问题置于**表格形式**中. 如果有需要，增加松弛变量，将不等式约束转化成等式. 请记住，所有变量都是非负的. 将目标函数约束作为最后一个约束，包括它所对应的松弛变量 z.

第 2 步 找到一个**初始极点**（对我们所考虑的问题来说，原点是一个极点）.

第 3 步 进行**最优性检验**. 检查最后一个方程（对应于目标函数），如果所有系数都是非负的，则停机，当前极点是最优的；否则，有些变量对应的系数为负数，选择其中绝对值最大的负系数对应的变量，作为新的进入变量.

第 4 步 进行**可行性检验**. 用当前右端项的值，分别除以进入变量在每个等式中对应的系数，选择最小正比值对应的变量退出.

第 5 步 旋转：在不包含退出变量的方程中，消去进入变量（例如，可以采用 7.2 节中的消元过程）. 然后，令新的独立变量集合中的变量（包括退出变量，以及原独立变量集合中除进入变量以外的变量）全部取值为 0. 结果，得到了新的极点 (x_1,x_2) 以及在该点的目标函数值 z.

第 6 步 重复步骤 **3~5**，直到找到一个最优的极点.

例 1 再论木匠问题

第 1 步 表格形式为

$$20x_1 + 30x_2 + y_1 = 690$$

$$5x_1 + 4x_2 + y_2 = 120$$

$$-25x_1 - 30x_2 + z = 0$$

第2步 原点$(0, 0)$是一个初始极点,独立变量是$x_1 = x_2 = 0$,相关变量是$y_1 = 690$,$y_2 = 120$,$z = 0$.

第3步 进行最优性检验,选取x_2为进入相关变量集合的变量,因为它对应于绝对值最大的负系数.

第4步 进行可行性检验,用右端项的值690和120,除以进入变量x_2在每个方程中对应的系数(分别为30和4),得到比值$690/30 = 23$和$120/4 = 30$. 最小正比值为23,对应于第1个方程,松弛变量是y_1,所以选它作为退出变量.

第5步 通过旋转,令独立变量x_1,y_1的取值为0,找到新相关变量x_2,y_2,z的取值. 从不包含退出变量y_1的方程中,消去新的相关变量x_2,得到等价的方程组

$$\frac{2}{3}x_1 + x_2 + \frac{1}{30}y_1 = 23$$

$$\frac{7}{3}x_1 - \frac{2}{15}y_1 + y_2 = 28$$

$$-5x_1 + y_1 + z = 690$$

令$x_1 = y_1 = 0$,得到$x_2 = 23$,$y_2 = 28$,$z = 690$. 结果,得到了极点$(0, 23)$,目标函数值$z = 690$.

再次进行最优性检验,可以发现当前的极点不是最优的(因为在最后的方程中,变量x_1对应的系数-5为负数). 在继续讨论之前,我们注意到,实在没有必要把每一步计算中方程组的所有符号全部写出来. 我们只需要知道,方程组的每个方程中变量所对应的系数和右端项. 一种表格形式,即单纯形表,通常用来记录这些数据. 下面将用这种表格形式完成木匠问题的计算过程,其中每一列的表头表明对应的变量,而缩写 RHS 表示右端项取值所在列. 我们从对应于初始极点(原点)的单纯形表0开始计算.

单纯形表0(原始表)

x_1	x_2	y_1	y_2	z	右端项
20	30	1	0	0	$690 (= y_1)$
5	4	0	1	0	$120 (= y_2)$
-25	$\boxed{-30}$	0	0	1	$0 (= z)$

相关变量:$\{y_1, y_2, z\}$

独立变量:$x_1 = x_2 = 0$

极点:$(x_1, x_2) = (0, 0)$

目标函数值:$z = 0$

最优性检验 进入变量是x_2(对应于最后一行的系数-30).

可行性检验 用右端项除以x_2所在的列的系数,计算相应的比值,并确定正的最小比值.
正的最小比值为23,选择它对应的变量y_1作为退出变量.

旋转 将退出变量所在的行(这里是第1行)除以该行中进入变量的系数(这里是x_2的系数),

使得进入变量在本行中的系数变为 1. 然后从其他行中消去进入变量 x_2，这些行中不含有退出变量 y_1（对应的系数为 0）. 结果表示在下一张单纯形表中，数值计算的结果保留了 5 位小数.

单纯形表 1

x_1	x_2	y_1	y_2	z	右端项
0.666 67	1	0.033 33	0	0	23 $(= x_2)$
2.333 33	0	−0.133 33	1	0	28 $(= y_2)$
−5.000 00	0	1.000 00	0	1	690 $(= z)$

相关变量：$\{x_2, y_2, z\}$

独立变量：$x_1 = y_1 = 0$

极点：$(x_1, x_2) = (0, 23)$

目标函数值：$z = 690$

旋转变换确定了新的相关变量的取值为 $x_2 = 23$，$y_2 = 28$，$z = 690$.

最优性检验 进入变量是 x_1（对应于最后一行的系数 −5）.

可行性检验 计算右端项的比值.

正的最小比值为 12，选择它对应的变量 y_2 作为退出变量.

旋转 将退出变量所在的行（这里是第 2 行）除以该行中进入变量的系数（这里是 x_1 的系数），使得进入变量在本行中的系数变为 1. 然后从其他行中消去进入变量 x_1，这些行中不含有退出变量 y_2（对应的系数为 0）. 结果表示在下一张单纯形表中.

单纯形表 2

x_1	x_2	y_1	y_2	z	右端项
0	1	0.071 429	−0.285 71	0	15 $(= x_2)$
1	0	−0.057 143	0.428 57	0	12 $(= x_1)$
0	0	0.714 286	2.142 86	1	750 $(= z)$

相关变量：$\{x_2, x_1, z\}$

独立变量：$y_1 = y_2 = 0$

极点：$(x_1, x_2) = (12, 15)$

目标函数值：$z = 750$

最优性检验 因为最下面一行中没有负的系数，$x_1 = 12$ 和 $x_2 = 15$ 就是最优解，最优目标函数值为 750. 可以看出，从初始极点出发，我们只枚举了 6 个交点中的两个. 单纯形方法的威力，就在于降低计算量而找到最优极点. ■

例 2 **使用单纯形表**

求解问题

$$\text{Max } 3x_1 + x_2$$

$$\text{s. t.}$$

$$2x_1 + x_2 \leqslant 6$$
$$x_1 + 3x_2 \leqslant 9$$
$$x_1, x_2 \geqslant 0.$$

问题的表格形式为：

$$2x_1 + x_2 + y_1 = 6$$
$$x_1 + 3x_2 + y_2 = 9$$
$$-3x_1 - x_2 + z = 0$$

其中 x_1, x_2, y_1, y_2, $z \geqslant 0$

单纯形表 0(原始表)

x_1	x_2	y_1	y_2	z	右端项
2	1	1	0	0	6 (= y_1)
1	3	0	1	0	9 (= y_2)
(−3)	−1	0	0	1	0 (= z)

相关变量：$\{y_1, y_2, z\}$
独立变量：$x_1 = x_2 = 0$
极点：$(x_1, x_2) = (0, 0)$
目标函数值：$z = 0$

最优性检验 进入变量是 x_1(对应于最后一行的系数 −3).

可行性检验 用右端项除以 x_1 所在的列的系数，计算相应的比值，并确定正的最小比值.

x_1	x_2	y_1	y_2	z	右端项	比值
2	1	1	0	0	6	(3) (= 6/2) ← 退出变量
1	3	0	1	0	9	9 (= 9/1)
(−3)	−1	0	0	1	0	*

进入变量

正的最小比值为 3，选择它对应的变量 y_1 作为退出变量.

旋转 将退出变量所在的行(这里是第 1 行)除以该行中进入变量的系数(这里是 x_1 的系数)，使得进入变量在本行中的系数变为 1. 然后从其他行中消去进入变量 x_1，这些行中不含有退出变量 y_1(对应的系数为 0). 结果表示在下一张单纯形表中.

单纯形表 1

x_1	x_2	y_1	y_2	z	右端项
1	$\frac{1}{2}$	$\frac{1}{2}$	0	0	$3(\,=x_1)$
0	$\frac{5}{2}$	$-\frac{1}{2}$	1	0	$6(\,=y_2)$
0	$\frac{1}{2}$	$\frac{3}{2}$	0	1	$9(\,=z)$

相关变量：$\{x_1,\ y_2,\ z\}$

独立变量：$x_2=y_1=0$

极点：$(x_1,\ x_2)=(3,\ 0)$

目标函数值：$z=9$

旋转变换确定了新的相关变量的取值为 $x_1=3$，$y_2=6$，$z=9$.

最优性检验　因为最下面一行中没有负的系数，$x_1=3$ 和 $x_2=0$ 就是最优解，最优目标函数值为 9.

注释　我们前面假设了原点(起始点)是一个可行的极点．如果不是这种情况，就要在使用单纯形方法之前找到某个可行的极点．我们前面还假设了线性规划是非退化的，即不存在两个以上的约束交于同一点的情况．在对线性规划进行更高级的处理时，将研究这些限制以及其他一些问题．

 习题

1～12. 用单纯形方法，求解 7.2 节中的习题 1～6、13 和 8～12.

 研究课题

1. 编写基本的单纯形算法的计算机程序，并用你的程序求解习题 3.

7.5　线性规划(四)：敏感性分析

一个数学模型通常只是所研究的问题的一种近似．例如，线性规划中目标函数的系数可能只是估计值；对实际管理中约束生产能力的资源而言，根据对这些资源的单位投资额所得到的利润率的不同，这些资源可供使用的数量也可能会发生变化(如果额外购买某资源所获得的利润率足够高，管理者可能愿意额外购买更多的该类资源)．因此，管理者期望知道，额外购买某资源所获得的利润是否超过额外购买该资源所花费的费用．如果是的话，当资源数量在什么范围内时，这种分析得到的结果是有效的？因此，除了要求解线性规划外，我们还希望知道，随着线性规划中的各种常数发生变化，最优解发生变化的敏感性如何．本节中，我们将利用几何图形来说明，当目标函数中的系数和可供使用的资源数量发生变化时，对最优解有什么影响．用木匠问题作为例子，我们回答以下问题：

1. 每张桌子的利润在什么范围内取值时，当前最优解仍然是最优的？

2. 第 2 种资源(劳动时间)增加一个单位时，价值有多大？也就是说，如果能获得一个单位的额外劳动时间，总利润能增加多少？劳动时间在什么范围内取值时，这种分析得到的结果是有效的？在此范围之外，如果希望进一步增加总利润，需要有什么条件？

最优解对目标函数中的系数变化的敏感性

木匠问题中的目标函数是最大化总利润，其中每张桌子和每个书架的净利润分别为 25 美元和 30 美元. 用 z 表示，则我们希望

$$\text{Max } z = 25x_1 + 30x_2$$

注意到 z 是一个双变量函数，所以可以在 x_1x_2 平面上画出 z 的等值曲线. 例如，在图 7-14 中，我们画出了等值曲线 $z = 650$，$z = 750$，$z = 850$.

可以看出，每条等值曲线的斜率为 $-5/6$. 在图 7-15 中，我们进一步画出了木匠问题的约束集合，可以看出最优解为 $(12, 15)$，最优目标函数值为 750.

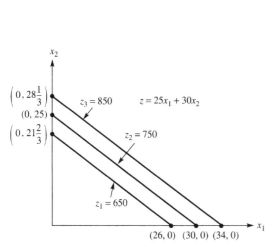

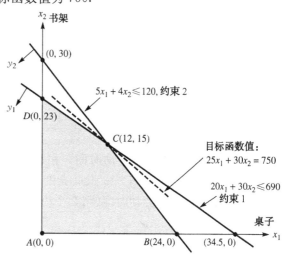

图 7-14　在 x_1x_2 平面上 $z = 25x_1 + 30x_2$ 的一些
等值曲线，它们的斜率为 $-5/6$

图 7-15　等值曲线 $z = 750$ 与可行解构成的
凸集在极点 $C(12, 15)$ 相切

现在我们提出如下问题：如果改变每张桌子的净利润，效果如何？直观上看，如果净利润增加到充分大，我们将只生产桌子（对应于生产 24 张桌子、0 个书架的极点），而不是生产当前的 12 张桌子和 15 个书架. 类似地，如果净利润减少到充分小，我们将只生产书架，对应极点为 $(0, 23)$. 再次提醒，每条等值曲线的斜率为 $-5/6$. 如果用 c_1 表示每张桌子的净利润，则目标函数是

$$\text{Max } z = c_1x_1 + 30x_2$$

在 x_1x_2 平面上其斜率为 $-c_1/30$. 当 c_1 变化时，目标函数的等值曲线的斜率也随着变化. 检查图 7-16 可以看出，只要目标函数的斜率位于两个边界约束的斜率之间，当前极点 $(12, 15)$ 仍然是最优的. 在这个例子中，只要目标函数的斜率大于 $-2/3$ 而小于 $-5/4$（它们分别是木板数量约束和劳动时间约束的斜率），极点 $(12, 15)$ 就是最优的. 从目标函数的斜率 $-2/3$ 开始，当 c_1 增加时，目标函数的等值曲线沿逆时针方向旋转. 如果我们顺时针方向旋转等值曲线，并且目标函数的斜率小于 $-5/4$，最优极点将变为 $(24, 0)$. 因此，为了让当前极点保持最优，净利润的取值范围可以用以下不等式表示：

$$-\frac{5}{4} \leqslant -\frac{c_1}{30} \leqslant -\frac{2}{3}$$

即

$$20 \leqslant c_1 \leqslant 37.5$$

这个结果的解释是，如果每张桌子的利润超过 37.5，木匠就只生产桌子（即 24 张桌子）；如果每张桌子的利润降到低于 20，木匠就只生产书架（即 23 个书架）；如果 c_1 位于 20 和 37.5 之间，他就应该生产 12 张桌子和 15 个书架．当然，当 c_1 在 [20，37.5] 的范围内变化时，虽然最优极点的位置不变，但是目标函数的最优值会变化．由于他将生产 12 张桌子，所以目标函数的变化是 c_1 的变化的 12 倍．注意到在极端情况 $c_1 = 20$ 时，两个极点 B 和 C 的目标函数值相同；类似地，如果 $c_1 = 37.5$，极点 D 和 C 的目标函数值相同．在这种情况下，我们说存在多个最优解．

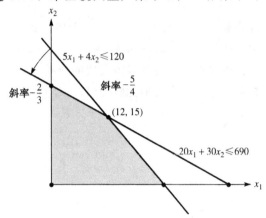

图 7-16　当目标函数的斜率位于 $-2/3$ 和 $-5/4$ 之间时，极点 (12, 15) 保持最优

可利用资源数量的变化

当前有 120 个小时的劳动时间，在最优解中他们全部被使用，用于生产 12 张桌子和 15 个书架．如果增加劳动时间，会有什么影响呢？如果用 b_2 表示可使用的劳动时间（第 2 个约束），该约束可以重新表示为

$$5x_1 + 4x_2 \leqslant b_2$$

当 b_2 变化时，从几何上看会发生什么现象呢？为了回答这个问题，对初始值 $b_2 = 120$ 和另一个值 $b_2 = 150$，分别画出木匠问题的约束集合（图 7-17）．可以看到，b_2 增加的结果是使约束集合朝右上方移动，而同时目标函数值沿着线段 AA' 移动，这一线段位于木板约束的边界线上．当最优解沿着这条线从 A 移动到 A' 的过程中，x_1 的值增加而 x_2 的值减少，目标函数值也在增加．但目标函数值增加多少呢？我们的目的是希望确定当 b_2 变化一个单位时，目标函数值改变多少．

然而值得注意的是，如果 b_2 的增加量超过 $5 \times 34.5 = 172.5$，最优解将保持在 (34.5, 0) 不再改变．也就是说，在 (34.5, 0) 点，如果想要进一步增加目标函数值，木板约束也必须要增加．因此，将劳动时间的约束增加到 200 个单位将导致过剩的劳动力无法使用，除非当前木板的数量 690 也增加（图 7-18）．类似地可以分析，如果 b_2

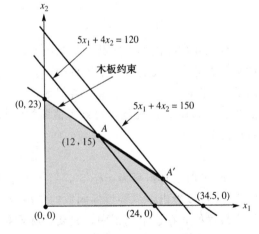

图 7-17　当劳动力资源的数量 b_2 从 120 增加到 150 时，最优解沿着木板约束的边界线从 A 移动到 A'，x_1 的值增加而 x_2 的值减少

减少，目标函数值将沿着木板约束的边界线移动，直到达到极点$(0，23)$．进一步减少，最优解将从$(0，23)$沿着y轴下降到原点．

现在让我们来找到b_2的取值范围，使得劳动时间在该取值范围内变化时，最优解沿着木板约束移动．从图7-19可以看到，我们需要找到b_2的取值，使得劳动时间约束与木板数量约束在轴上相交，即交点为$E(34.5，0)$．在点$E(34.5，0)$，劳动时间为$5×34.5+4×0=172.5$．我们希望找到点$D(0，23)$对应的b_2的取值，即$5×0+4×23=92$．归纳起来，只要b_2在下面范围内变化，最优解将沿着木板约束移动：

$$92 \leqslant b_2 \leqslant 172.5$$

然而，当b_2在以上范围内变化1个单位时，目标函数值会改变多少呢？我们将用两种方法分析这个问题．首先，假设$b_2=172.5$，则最优解是"新"极点$E(34.5，0)$，目标函数值是$34.5×25=862.5$．因此，当增加$172.5-120=52.5$个单位时，目标函数值增加$862.5-750=112.5$个单位．因此，劳动时间改变1个单位时，目标函数改变

$$\frac{862.5-750}{172.5-120}=2.14$$

现在用另一种方法分析劳动时间改变1个单位的价值．如果b_2从120增加到121，则新的极点A'表示的是以下约束的交点

$$20x_1+30x_2=690$$
$$5x_1+4x_2=121$$

即$A'(12.429，14.714)$，目标函数值为752.14．因此，b_2增加1个单位的结果是使目标函数值增加2.14个单位．

资源改变1个单位的经济学解释

在前面的分析中，我们说只要总的劳动时间不超过172.5个单位，当增加1个单位的劳动时间时，目标函数值增加2.14个单位．因此，从目标函数值的角度来看，1个单位的额外劳动时间的价值是2.14个单位．如果管理者能够以小于2.14个单位的价格买到1个单位的劳动时间，那么这么做就是有利可图的．反过来说，如果管理者能够以高于2.14个单位的价格卖出劳动时间，那么也应该考虑这么做（直到劳动时间降到92个单位）．注意到我们的分析按照目标函数在最优极点处的值给出了单位资源的价值，这是一个边际值．

在对线性规划进行解释的时候，敏感性分析是一种强有力的方法．仔细地进行敏感性分析所得到的信息，对决策者来说至少和线性规划的最优解具有同等的价值．在高级的优化课程里，你可以学到如何用代数方法进行敏感性分析．此外，与右端项一样，对约束集合的系数，也能够进行敏感性分析．

7.2～7.5节讨论了一类优化问题的求解方法：这类问题具有线性约束和线性目标函数．遗憾的是，实际中遇到的很多优化问题不属于这一类．例如，与允许变量取任何实数值不同，我们有时限定它们只能取离散的数值．这些例子包括允许变量取任何整数值，以及只允许取二进制值（0或者1）．我们将在下一章考虑一些离散优化问题．

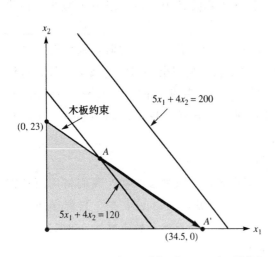

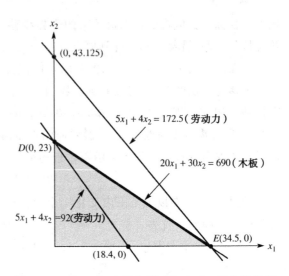

图 7-18　当资源 b_2 从 120 增加到 172.5 时，最优解　　　图 7-19　当 b_2 从 92 增加到 172.5 时，最优解沿着
　　　　沿着线段 AA' 从 A 移动到 A'；在 $b_2 = 172.5$　　　　　　　木板约束的边界线段 DE 从点 $D(0，23)$
　　　　以外增加 b_2，不会改变目标函数值，除非　　　　　　　　移动到点 $E(34.5，0)$
　　　　木板约束也增加(即向右上方移动)

当我们允许目标函数和(或)约束是非线性时，就会遇到另一类优化问题．回忆一下 7.1 节，如果优化问题不满足"优化问题分类"小节中的性质 2 和 3，则优化问题是非线性的．在下一节中，我们简要介绍无约束非线性优化问题的求解方法．

 习题

1. 对本节中的例子，考虑目标函数 $25x_1 + c_2 x_2$，确定最优解对 c_2 变化的敏感性．
2. 对 7.2 节中的木雕士兵玩具问题(习题 1)，进行全面的敏感性分析(目标函数的系数以及右端项的值)．
3. 为什么线性规划的敏感性分析很重要？

 研究课题

1. 随着汽油成本的上升和消费者面对的汽油价格不断上涨，可能会考虑利用添加剂改善汽油的性能．假设有两种添加剂(添加剂 1 和添加剂 2)，使用它们必须遵循的一些限制条件是：首先，每辆汽车使用的添加剂 2 的添加量，加上两倍的添加剂 1 的添加量，必须至少是 1/2 磅．其次，每添加 1 磅添加剂 1 将使每箱油增加 10 单位的辛烷，每添加 1 磅添加剂 2 将使每箱油增加 20 单位的辛烷．辛烷的增加总量不能超过 6 单位．最后，添加剂是很昂贵的，每磅添加剂 1 的成本是 1.53 美元，每磅添加剂 2 的成本是 4.00 美元．
   (a)建立一个线性规划模型，确定每种添加剂的数量，满足上述限制条件并最小化成本．
   (b)对成本系数和资源值进行敏感性分析．根据你的敏感性分析撰写一封信，讨论你的结论．
2. 某农场主有 30 英亩土地可用于种植西红柿和玉米．每 100 蒲式耳(1 蒲式耳的容量等于 8 加仑)的西红柿需要 1000 加仑的水和 5 英亩土地，每 100 蒲式耳的玉米需要 6000 加仑的水和 2.5 英亩土地．1 蒲式耳西红柿和 1 蒲式耳玉米所需要的劳动力成本都是 1 美元．该农场主有 30 000 加仑的水和 750 美元的资金，并且知道他的西红柿销售量不能超过 500 蒲式耳，玉米销售量不能超过 475 蒲式耳．他估计销售 1 蒲式耳西红柿的利润是 2 美元，销售 1 蒲式耳玉米的利润是 3 美元．
   (a)为了最大化利润，应该分别种植多少蒲式耳的西红柿和玉米？
   (b)假设这个农场主有机会与一个食品杂货店签订一份供货合同，向杂货店提供至少 300 蒲式耳的西红柿和至少 500 蒲式耳的玉米. 这个农场主是否应该签这份合同? 请给出支持你的建议的理由.

(c)假设这个农场主可以以 50 美元的成本额外获得 10 000 加仑的水, 他是否应该购买这些水? 请给出支持你的建议的理由.

3. 总部位于俄亥俄州阿克伦城的 Firestone 公司在南卡罗来纳州佛罗伦萨有一座工厂, 生产两种类型的轮胎 (SUV 225 和 SUV 205). 由于最近轮胎市场回暖, 需求量很大. 每批 100 个 SUV 225 轮胎需要 100 加仑的复合塑料和 5 磅的橡胶, 每批 100 个 SUV 205 轮胎需要 60 加仑的复合塑料和 2.5 磅的橡胶. 每种类型的每个轮胎需要 1 美元的劳动成本. 该制造商每周有 660 加仑的复合塑料、750 美元的资金、300 磅的橡胶. 公司估计每个 SUV 225 轮胎的利润是 3 美元, 每个 SUV 205 轮胎的利润是 2 美元.

(a)为了最大化利润, 公司每周每种轮胎分别应该生产多少?

(b)假设该制造商有机会与一个轮胎销售商签订一份供货合同, 向销售商提供至少 500 个 SUV 225 轮胎和至少 300 个 SUV 205 轮胎. 该制造商是否应该签这份合同? 请给出支持你的建议的理由.

(c)如果该制造商可以以 50 美元的总成本额外获得 1000 加仑的复合塑料, 他是否应该购买这些复合塑料? 请给出支持你的建议的理由.

7.6 数值搜索方法

考虑在某个区间 (a, b) 上使可微函数 $f(x)$ 最大化. 学过微积分的学生会回忆起, 我们可以令 $f(x)$ 的一阶导数为 0, 求出驻点. 然后, 可以用二阶导数判断这些驻点的特性. 我们还知道, 必须检查区间的端点, 以及区间内不存在一阶导数的点. 然而, 设定一阶导数为 0 以后所导出的方程, 可能没有代数方法可以求解. 在这样的情况下, 可以采用搜索过程来逼近最优解.

对于只含有一个独立变量的非线性优化问题, 可以用不同的方法逼近最优解. 二分法和黄金分割法是两种常用的方法, 它们与大多数搜索方法有许多共同的特点.

一个区间上的单峰函数, 在该区间上正好只有一个最大值点或最小值点. 如果已知(或假设)函数是多峰的, 那么必须将它分解为多个单峰函数处理(在多数实际问题中, 已知最优解位于自变量的一些特定范围). 更精确地说, 如果在区间 $[a, b]$ 上存在一点 x^*, 使得函数 $f(x)$ 在区间 $[a, x^*]$ 上严格增加, 而在区间 $[a, x^*]$ 上严格减少, 就称 $f(x)$ 是在区间 $[a, b]$ 内取局部极大值的**单峰函数**. 类似地可以定义取局部极小值的单峰函数. 这些概念用图 7-20 说明.

在最大化(或最小化) $f(x)$ 时, 为了找到包含最优点 x 的子区间 $[a, b]$, 假设 $f(x)$ 是单峰函数是很重要的.

搜索方法概貌

对大多数搜索方法来说, 总是根据一定的目标, 在原区间 $[a, b]$ 上设定两个检查点 x_1 和 x_2, 把区间 $[a, b]$ 分成两个相交的区间 $[a, x_2]$ 和 $[x_1, b]$, 如图 7-21 所示. 然后利用函数值 $f(x_1)$ 和 $f(x_2)$, 判断最优解所在的子区间, 并对该子区间继续搜索. 根据选定的搜索方法(后面再详细讨论), 设定 $[a, b]$ 内两个检查点 x_1 和 x_2 后, 对最大化问题(最小化问题类似)有三种可能的情形(图 7-22):

情形 1: $f(x_1) < f(x_2)$. 因为 $f(x)$ 是单峰的, 最优解不能位于区间 $[a, x_1]$, 只能位于区间 $(x_1, b]$.

情形 2: $f(x_1) > f(x_2)$. 因为 $f(x)$ 是单峰的, 最优解不能位于区间 $[x_2, b]$, 只能位于区间 $[a, x_2]$.

情形 3：$f(x_1) = f(x_2)$. 最优解只能位于区间 (x_1, x_2).

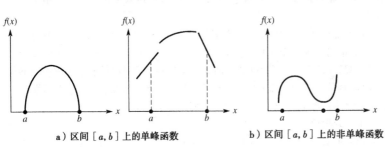

a) 区间 $[a,b]$ 上的单峰函数   b) 区间 $[a,b]$ 上的非单峰函数

图 7-20   单峰函数的例子

图 7-21   搜索方法中检查点的
位置（相交的区间）

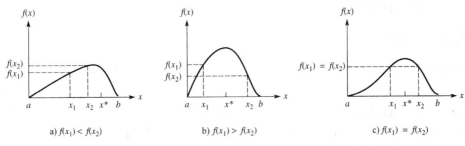

a) $f(x_1) < f(x_2)$ b) $f(x_1) > f(x_2)$ c) $f(x_1) = f(x_2)$

图 7-22 $f(x_1) < f(x_2)$，$f(x_1) > f(x_2)$，$f(x_1) = f(x_2)$ 三种情形

二分搜索方法

假设在区间 $[a, b]$ 上最大化函数 $f(x)$. 二分法计算中点 $(a+b)/2$ 的函数值，并计算中点两边的两个点 $(a+b)/2 \pm \varepsilon$ 的函数值，其中 ε 是一个非常小的实数. 实际计算中，ε 取为计算设备所允许的最小精度，目的是为了让两个检查点尽可能靠近. 图 7-23 对最大化问题说明了这一过程，该过程一直重复下去，直到找到包含最优解的一个很小的区间. 表 7-1 列出了该算法的步骤.

表 7-1   在区间 $a \leqslant x \leqslant b$ 上最大化 $f(x)$ 的二分法

步骤 1   初始化：选一个小的数 $\varepsilon > 0$，如 0.01，在 $[a, b]$ 上选一个小的 $t > 0$，称为搜索的精度. 用下式计算迭代次数 n：
$$(0.5)^n = t/[b-a]$$

步骤 2   从 $k = 1$ 到 n，做步骤 3 和 4.

　步骤 3
$$x_1 = \left(\frac{a+b}{2}\right) - \varepsilon \quad 和 \quad x_2 = \left(\frac{a+b}{2}\right) + \varepsilon$$

步骤 4   （对最大化问题）
　　a. 若 $f(x_1) \geqslant f(x_2)$，则令
$$a = a$$
$$b = x_2$$
$$k = k+1$$

　　返回步骤 3.
　　b. 若 $f(x_1) < f(x_2)$，则令
$$b = b$$
$$a = x_1$$
$$k = k+1$$

（续）

返回步骤 3.

步骤 5　令 $x^* = \dfrac{a+b}{2}$，MAX $= f(x^*)$.

停止

　　在以上叙述中，迭代次数是由希望得到的不定区间长度的下降速度决定的．另一种策略是，一直迭代下去，直到因变量的改变量是一个很小的量，如 Δ；也就是说，迭代到 $f(a) - f(b) \leqslant \Delta$ 为止．例如，如果 $f(x)$ 表示生产 x 件产品的利润，那么当利润的差别小于某个可接受的量后，停止迭代是合理的．对极小化函数 $y = f(x)$ 的问题，可以改为最大化 $-y$，或者改变步骤 4a 和 4b 中的不等号的方向．

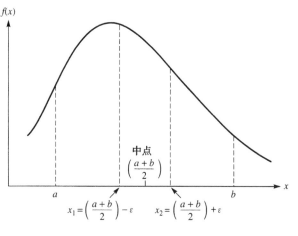

图 7-23　二分法计算区间中点两边的两个点

例 1　**二分搜索方法**

　　假设我们要在区间 $[-3, 6]$ 上最大化 $f(x) = -x^2 - 2x$，希望的误差限为小于 0.2. 我们随意地选择用于区分的常数 ε 为 0.01，用关系式 $(0.5)^n = 0.2/(6-(-3))$ 确定迭代次数 n，即 $n\ln(0.5) = \ln(0.2/9)$，得到 $n = 5.49$（我们将它舍入到下一个较大的整数 $n = 6$）．表 7-2 给出了这种算法的计算结果．

表 7-2　二分法求解例 1 的结果[①]

a	b	x_1	x_2	$f(x_1)$	$f(x_2)$
-3	6	1.49	1.51	-5.2001	-5.3001
-3	1.51	-0.755	-0.735	0.9400	0.9298
-3	-0.735	-1.8775	-1.8575	0.2230	0.2647
-1.8775	-0.735	-1.3163	-1.2963	0.9000	0.9122
-1.3163	-0.735	-1.0356	-1.0156	0.9987	0.9998
-1.0356	-0.735	-0.8953	-0.8753	0.9890	0.9845
-1.0356	-0.8753				

①本节中的数值计算结果是在具有 13 位精度的计算设备上得到的；在显示时四舍五入到 4 位小数．

　　最后得到的区间的长度小于给定的误差限 0.2，从第 5 步迭代可以估计，最大值点是

$$x^* = \frac{-1.0356 - 0.8753}{2} = -0.9555$$

此时 $f(-0.9555) = 0.9980$（从表中还可以看出 $f(-1.0156) = 0.9998$，因此这是一个更好的估计）．我们注意到，$n = 6$ 是搜索的区间的个数（对本例，用微积分的方法可以找到最优解 $x = -1$，$f(-1) = 1$）．　■

黄金分割搜索方法

黄金分割搜索方法采用黄金比值（黄金数）进行搜索．为了更好地理解什么是黄金比值，将区间$[0，1]$分成长度分别为 r 和 $1-r$ 的两个区间，如图 7-24 所示．当整个区间的长度与较长线段的长度的比值等于较长线段的长度与较短线段的长度的比值时，我们就称这两个区间以黄金比值分割．用数学符号表示，就是 $1/r=r/(1-r)$，即 $r^2+r-1=0$，这里 $r>1-r$．

图 7-24　线段上的黄金比值

解最后的方程得到两个根

$$r_1 = (\sqrt{5}-1)/2 \quad r_2 = (-\sqrt{5}-1)/2$$

只有正根 r_1 位于区间$[0，1]$，r_1 的值近似为 0.618，这个值就是黄金比值．

黄金分割法有下面一些假定：

1. 在指定的区间$[a，b]$上函数 $f(x)$ 是单峰的．

2. 函数必须在已知的不定区间上有最大值（或最小值）．

3. 该方法给出最大值点的近似值，而不是精确值．

该方法最后将确定一个包含最优解的区间，通过选择误差限，可以控制该区间的长度到任意小，最后得到的区间的长度将小于给定的误差限．

该搜索方法是以迭代方式找到近似的最大值的，需要在检查点 $x_1=a+(1-r)(b-a)$ 和 $x_2=a+r(b-a)$ 计算目标函数值，确定新的搜索区间（图 7-25）．与二分法一样，如果 $f(x_1)<f(x_2)$，则新区间是 $(x_1，b)$；如果 $f(x_1)>f(x_2)$，则新区间是$(a，x_2)$．迭代一直进行下去，直到最后的区间长度小于给定的误差限，则最后的区间包含了最优解（最优点）．最后的区间长度决定了近似最优解的精确程度，达到误差限所需要的迭代次数是大于 $k=\ln[$ 误

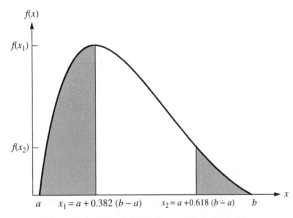

图 7-25　黄金分割法中 x_1 和 x_2 的位置

差限$/(b-a)]/\ln[0.618]$ 的最小整数．或者说，当区间$[a，b]$的长度小于误差限时，停止搜索．表 7-3 总结了黄金分割法的计算步骤．

对极小化函数 $y=f(x)$ 的问题，可以改为最大化$-y$，或者改变步骤 4a 和 4b 中的不等号的方向．黄金分割法的优点在于，每次迭代中只有一个新的检查点及其函数值需要计算；而在二分法中，每次有两个新的检查点及其函数值需要计算．黄金分割法中下一个区间的长度是前一个区间的长度的 61.8%，因此对比较大的 n，当检查过 n 个点以后，区间的长度近似下降了 $(0.618)^n$（对二分法来说，为 $(0.5)^{n/2}$）．

表 7-3 在区间 $[a, b]$ 上最大化 $f(x)$ 的黄金分割法

第 1 步 初始化：选择误差限 $t > 0$.

第 2 步 令 $r = 0.618$，并定义检查点：
$$x_1 = a + (1 - r)(b - a)$$
$$x_2 = a + r(b - a)$$

第 3 步 计算 $f(x_1)$ 和 $f(x_2)$.

第 4 步 （对最大化问题）比较 $f(x_1)$ 和 $f(x_2)$：
(a) 如果 $f(x_1) \leqslant f(x_2)$，则新区间是 (x_1, b)：
    a 被赋值成 x_1.
    b 不变.
    x_1 被赋值成 x_2.
    用第 2 步中的公式计算新的 x_2.
(b) 如果 $f(x_1) > f(x_2)$，则新区间是 (a, x_2)：
    a 不变.
    b 被赋值成 x_2.
    x_2 被赋值成 x_1.
    用第 2 步中的公式计算新的 x_1.

第 5 步 对新的区间——无论是 (x_1, b) 还是 (a, x_2)——如果区间长度小于误差限 t，停止迭代，转第 6 步. 否则，转第 3 步.

第 6 步 用最后区间的中点 $x^* = (a + b)/2$ 作为近似最优解，计算近似最优值 $\text{MAX} = f(x^*)$.
停止

例 2 黄金分割搜索方法

假设需要在区间 $[0, 25]$ 上最大化 $f(x) = -3x^2 + 21.6x + 1$ 其中误差限 $t = 0.25$. 确定头两个检查点并计算对应的函数值：
$$x_1 = a + 0.382(b - a) \rightarrow x_1 = 0 + 0.382(25 - 0) = 9.55$$
$$x_2 = a + 0.618(b - a) \rightarrow x_2 = 0 + 0.618(25 - 0) = 15.45$$

因此
$$f(x_1) = -66.3275 \quad f(x_2) = -381.3875$$

由于 $f(x_1) > f(x_2)$，不需要考虑区间 $[x_2, b]$ 中的点，选择新区间 $[a, b] = [0, 15.45]$. 此时，$x_2 = 9.55$（前一步 x_1 的值），$f(x_2) = -66.2972$. 现在计算新的 x_1 及其函数值：
$$x_1 = 0 + 0.382(15.45 - 0) = 5.9017$$
$$f(x_1) = 23.9865$$

此时仍有 $f(x_1) > f(x_2)$，所以新区间 $[a, b] = [0, 9.5592]$，新的 $x_2 = 5.9017$，$f(x_2) = 23.9865$，新的 x_1 及其函数值 $f(x_1)$ 为
$$x_1 = 0 + 0.382(9.55 - 0) = 3.6475$$
$$f(x_1) = 39.8732$$

由于 $f(x_1) > f(x_2)$，不需要考虑区间 $[x_2, b]$ 中的点，新搜索区间为 $[a, b] = [0, 5.9017]$. 此时，$x_2 = 3.6475$，$f(x_2) = 39.8732$，新的 x_1 及其函数值 $f(x_1)$ 为
$$x_1 = 0 + 0.382(5.9017 - 0) = 2.2542$$

$$f(x_1) = 34.4469$$

由于 $f(x_2) > f(x_1)$，不需要考虑区间 $[a, x_1]$ 中的点，新区间为 $[a, b] = [2.2542, 5.9017]$. 此时，新的 $x_1 = 3.6475$，$f(x_1) = 39.8732$，新的 x_2 及其函数值 $f(x_2)$ 为

$$x_2 = 2.2545 + (0.618)(5.9017 - 2.2542) = 4.5085$$

$$f(x_2) = 37.4039$$

这一过程一直进行下去，直到区间长度 $b - a$ 小于误差限 $t = 0.25$，这需要经过 10 次迭代. 例 2 中黄金分割法的计算结果见表 7-4.

表 7-4　例 2 中黄金分割法的计算结果

k	a	b	x_1	x_2	$f(x_1)$	$f(x_2)$
0	0	25	9.5491	15.4509	−66.2972	−381.4479
1	0	15.4506	5.9017	9.5491	23.9865	−66.2972
2	0	9.5592	3.6475	5.9017	39.8732	23.9865
3	0	5.9017	2.2542	3.6475	34.4469	39.8732
4	2.2542	5.9017	3.6475	4.5085	39.8732	37.4039
5	2.2542	4.5085	3.1153	3.6475	39.1752	39.8732
6	3.1153	4.5085	3.6475	3.9763	39.8732	39.4551
7	3.1153	3.9763	3.4442	3.6475	39.8072	39.8732
8	3.4442	3.9763	3.6475	3.7731	39.8732	39.7901
9	3.4442	3.7731	3.5698	3.6475	39.8773	39.8732
10	3.4442	3.6475				

最后得到的区间 $[a, b] = [3.4442, 3.6475]$，这是我们计算中 $[a, b]$ 区间长度首次小于误差限 0.25. 在给定的区间上使目标函数最大化的 x，一定位于最后得到的区间 $[3.4442, 3.6475]$ 中. 估计 $x^* = (3.4442 + 3.6475)/2 = 3.60$，$f(3.60) = 39.88$. ■

可以看出，当区间长度首次小于误差限 0.25 以后，计算停止了. 达到误差限所需要的迭代次数也可以直接计算：因为迭代时下一个区间的长度是前一个区间的长度的 61.8%，所以

$$\frac{最后区间长度（误差限 t）}{初始区间长度} = 0.618^k$$

$$\frac{0.25}{25} = 0.618^k$$

$$k = \frac{\ln 0.01}{\ln 0.618} = 9.57, \quad 即 10 次迭代$$

一般来说，迭代次数 k 为

$$k = \frac{\ln[误差限/(b-a)]}{\ln 0.618}$$

例 3　再论模型拟合准则

回顾一下第 3 章中使用以下拟合准则的曲线拟合过程：

$$\text{Min} \sum |y_i - y(x_i)|$$

现在对以下数据，根据该准则，用黄金分割法拟合模型 $y = cx^2$：

x	1	2	3
y	2	5	8

需要极小化的函数为

$$f(c) = |2 - c| + |5 - 4c| + |8 - 9c|$$

我们在闭区间$[0, 3]$上搜索最优值c，选定的误差限t为0.2. 黄金分割法将一直迭代到使区间长度小于0.2，计算结果见表 7-5.

表 7-5 找到的最佳值，使模型 $y = cx^2$ 的绝对偏差的和最小

迭代 k	a	b	c_1	c_2	$f(c_1)$	$f(c_2)$
1	0	3	1.1459	1.8541	3.5836	11.2492
2	0	1.8541	0.7082	1.1459	5.0851	3.5836
3	0.7082	1.8541	1.1459	1.4164	3.5836	5.9969
4	0.7082	1.4164	0.9787	1.1459	2.9149	3.5836
5	0.7082	1.1459	0.8754	0.9787	2.7446	2.9149
6	0.7082	0.9787	0.8115	0.8754	3.6386	2.7446
	0.8115	0.9787				

最后区间的长度小于0.2，估计$c^* = (0.8115 + 0.9787)/2 = 0.8951$，$f(0.8951) = 2.5804$. 在习题中，将要求你用解析方法证明，$c$ 的最优值是 $c = 8/9 = 0.8889$. ■

例 4   工业流程优化

某物理系统的工程师需要考虑某工业流程．如图 7-26 所示，x 表示棉织物着色过程中染料的流入速率．速率不同，染料与着色过程中其他物质的反应程度也是不同的，如图中的阶梯函数所示．该阶梯函数的定义如下：

$$f(x) = \begin{cases} 2 + 2x - x^2 & 0 < x \leqslant \dfrac{3}{2} \\ -x + \dfrac{17}{4} & \dfrac{3}{2} < x \leqslant 4 \end{cases}$$

该函数是单峰的．公司希望找到速率x，使染料与其他物质的反应程度 $f(x)$ 最大．通过实验，该工程师已经

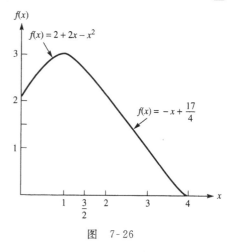

图 7-26

发现，该工艺过程对实际x值发生 0.20 个单位的变化是敏感的，且染料的流入要么关闭（$x = 0$），要么开启（$x > 0$）. 该工艺过程也不允许流入速率超过 $x = 4$ 的湍流出现．因此，$x \leqslant 4$，所以我们选择在$[0, 4]$上最大化 $f(x)$，误差限为 0.20. 采用黄金分割法，头两个检查点为

$$x_1 = 0 + 4(0.382) = 1.5279$$
$$x_2 = 0 + 4(0.618) = 2.4721$$

检查点上的函数值为

$$f(x_1) = 2.7221$$
$$f(x_2) = 1.7779$$

搜索结果见表 7-6.

表 7-6　例 4 中黄金分割法的结果

a	b	x_1	x_2	$f(x_1)$	$f(x_2)$
0	4	1.5279	2.4721	2.7221	1.7779
0	2.4721	0.9443	1.5279	2.9969	2.7221
0	1.5279	0.5836	0.9443	2.8266	2.9969
0.5836	1.5279	0.9443	1.1672	2.9969	2.9720
0.5836	1.1672	0.8065	0.9443	2.9626	2.9969
0.8065	1.1672	0.9443	1.0294	2.9969	2.9991
0.9443	1.1672	1.0294	1.0820	2.9991	2.9933
0.9443	1.0820				

　　因为 $(1.0820-0.9443)<0.20$，所以计算结束. 该区间的中点是 1.0132，对应的函数值为 2.9998. 在习题中，将要求你用解析方法证明，$x=1$ 时取到最大值 $f(x^*)=3$. ∎

 习题

1. 取误差限 $t=0.2$，$\varepsilon=0.01$，用二分法计算下面的问题.
   (a) Min $f(x)=x^2+2x$，$-3\leqslant x\leqslant 6$　　　　(b) Max $f(x)=-4x^2+3.2x+3$，$[-2\leqslant x\leqslant 2]$

2. 取误差限 $t=0.2$，用黄金分割法计算下面的问题.
   (a) Min $f(x)=x^2+2x$，$-3\leqslant x\leqslant 6$　　　　(b) Max $f(x)=-4x^2+3.2x+3$，$[-2\leqslant x\leqslant 2]$

3. 对下面的模型和数据，根据使绝对偏差的和最小的准则，进行曲线拟合：
   (a) $y=ax$　　　　　(b) $y=ax^2$　　　　　(c) $y=ax^3$

x	7	14	21	28	35	42
y	8	41	133	250	280	297

4. 对例 3，证明 c 的最优值是 $c^*=8/9$. 提示：根据绝对值的定义，可以得到一个分段连续函数；然后在区间 $[0,3]$ 上找到该函数的最小值.

5. 对例 4，证明 x 的最优值是 $x^*=1$.

 研究课题

1. 斐波那契(Fibonacci)搜索——一种使用斐波那契数列的很有趣的搜索方法. 即使函数不连续，该方法仍然能够使用. 该方法在搜索时根据斐波那契数设定检查点. 斐波那契数的定义如下：$F_0=F_1=1$，$F_n=F_{n-1}+F_{n-2}$ $(n=2，3，4，\cdots)$，因此产生以下序列：1，1，2，3，5，8，13，21，34，55，89，144，233，377，510，887，1397，$\cdots$.
   (a) 根据该序列，找到相邻的两个斐波那契数的比值，并确定当 n 变大时该比值的极限. 该比值与黄金分割法有什么关系？
   (b) 研究斐波那契搜索方法，并准备一份简短的讲稿，在班上介绍你的结果.

2. 使用导数的方法：牛顿(Newton)法——一种最有名的插值方法是牛顿法，它在给定点 x_1 处对函数进行二次逼近. 二次逼近 q 如下定义：
$$q(x)=f(x_1)+f'(x_1)(x-x_1)+\frac{1}{2}f''(x_1)(x-x_1)^2$$
令 x_2 是使 q' 等于 0 的点，并重复这一过程：
$$x_{k+1}=x_k-[f'(x_k)/f''(x_k)]$$
其中 $k=1，2，3，\cdots$. 该过程当 $|x_{k+1}-x_k|<\varepsilon$ 或 $|f'(x_k)|<\varepsilon$ 时停止，其中 ε 是一个很小的数. 该方

法只能用于二次可微函数，并要求 $f''(x)$ 不等于 0.

(a)取误差限 $\varepsilon=0.01$，从 $x=4$ 开始，在区间 $[-3，6]$ 上用牛顿法极小化 $f(x)=x^2+2x$.

(b)取误差限 $\varepsilon=0.01$，从 $x=4$ 开始，用牛顿法极小化

$$f(x) = \begin{cases} 4x^3 - 3x^4 & x > 0 \\ 4x^3 + 3x^4 & x < 0 \end{cases}$$

(c)从 $x=0.6$ 开始，重做(b). 讨论使用该方法时会发生什么现象.

进一步阅读材料

Bazarra, M. , Hanif D. Sherali, & C. M. Shetty. *Nonlinear Programming： Theory and Algorithms*, 2nd ed. New York：Wiley, 1993.

Rao, S. S. *Engineering Optimization： Theory and Practice*, 3rd ed. New York：Wiley, 1996.

Winston, Wayne. *Operations Research： Applications and Algorithms*, 3rd ed. Belmont, CA：Duxbury Press, 1994.

Winston, Wayne. *Introduction to Mathematical Programming： Applications and Algorithms(for Windows)*, 2nd ed. Belmont, CA：Duxbury Press, 1997.

Winston, Wayne. *Mathematical Programming： Applications and Algorithms*, 4th ed. Belmont, CA：Duxbury Press, 2002.

第8章 图论建模

引言

一个娱乐休闲性垒球队的主教练的花名册上有 15 个队员：Al，Bo，Doug，Ella，Fay，Gene，Hal，Ian，John，Kit，Leo，Moe，Ned 和 Paul. 她必须挑选 11 个队员的首发阵容，把她们放到 11 个位置上：投手(1)，接手(2)，一垒(3)，二垒(4)，三垒(5)，游击手(6)，左外场手(7)，左中外场手(8)，右中外场手(9)，右外场手(10)和追加的击球员(11). 表 8-1 总结了每个队员可以打的位置.

表 8-1 队员可以打的位置

Al	Bo	Che	Doug	Ella	Fay	Gene	Hal	Ian	John	Kit	Leo	Moe	Ned	Paul
2,8	1,5,7	2,3	1,4,5,6,7	3,8	10,11	3,8,11	2,4,9	8,9,10	1,5,6,7	8,9	3,9,11	1,4,6,7		9,10

你能够找到一种使得 11 个首发队员都能在她们能打的位置上的指派吗？如果可能的话，这是唯一可能的指派吗？你能够确定"最好"的指派吗？假设队员的特长都综述在代替表 8-1 的表 8-2 中了. 表 8-2 中除了现在 Hal 不能打二垒（位置 4）外和表 8-1 是一样的. 现在你能够找到一种可行的指派吗？

表 8-2 队员可以打的位置（修正后）

Al	Bo	Che	Doug	Ella	Fay	Gene	Hal	Ian	John	Kit	Leo	Moe	Ned	Paul
2,8	1,5,7	2,3	1,4,5,6,7	3,8	10,11	3,8,11	2,9	8,9,10	1,5,6,7	8,9	3,9,11	1,4,6,7		9,10

这正是可以用图论来建模的几乎是无限多种实际情形中的一种. 图是本章中我们将要学习的用来解决有关问题的数学对象.

在讲授图的课程内容时，我们不想面面俱到. 事实上，我们将只考虑称为图论的数学分支中的几个概念.

8.1 作为模型的图

迄今为止我们在本书中已经知道了各种数学模型. 图也是数学模型. 本节我们将仔细考察两个例子.

哥尼斯堡⊖七桥问题

著名的瑞士数学家 Leonhard Euler(发音为 Oiler(奥依勒)，中译名为欧拉)在 1736 年的一篇论文"Solutio problematic ad geometriam situs pertinenis"(有关位置的几何问题的解法)⊜中

⊖ 哥尼斯堡原属普鲁士，后来归属原苏联的加里宁格勒. ——译者注

⊜ Leonhard Euler(莱昂哈德·欧拉，1707—1783)，伟大的瑞士数学家和物理学家. 该文出处为：Euler, L. "Solutio problematic ad geometriam situs pertinenis." *Comment. Acad. Sci. U. Petrop.* 8，128—140，1736. ——译者注

提出了一个普鲁士的哥尼斯堡(Königsberg)的市民都感兴趣的问题．那时候，横跨流经该市的 Pregel 河的各个支流上有七座桥．图 8-1 是根据欧拉论文中的图画的．哥尼斯堡的市民喜欢散步走过该城市，特别是走过那些桥．他们希望从该市的某处出发，走过每座桥而且只走一次，并且最后回到(出发)原地．你认为这能做到吗？欧拉利用图研究了这个问题的表示或数学模型．借助于这个模型，他就能够回答这个散步者的问题．

欧拉问题　从该市的某处出发，走过每座桥而且只走一次，最后回到(出发)原地可能吗？在继续读下去之前，请你试着自己来回答这个问题．

实际上这里要解决两个问题．一个就是把图 8-1 的地图变换成一个图．**图**就是描述事物间关系的一种数学方法．在七桥问题中，我们有一组桥和一组陆地块．我们还有桥和陆地块之间的关系，即每座桥正好连接两个陆地块．图 8-2 中的图就是 1736 年哥尼斯堡的散步过桥问题的一个数学模型．

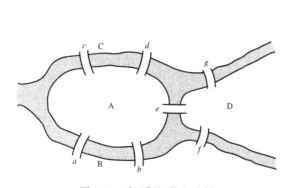

图 8-1　哥尼斯堡的七座桥

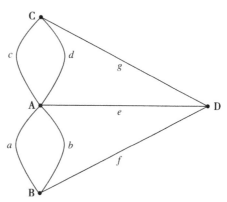

图 8-2　哥尼斯堡的图模型

但是图 8-2 并没有直接回答我们原来的问题．这就把我们带到了第二个问题．给定一个建立了桥和陆地块的模型的图，你怎么能够告诉人们是否有可能从某个陆地块出发，经过而且只经过每座桥一次，并最终回到你出发的地方？它和你从什么地方出发有关吗？欧拉在 1736 年回答了这些问题，如果你想一会儿，你也有可能回答这些问题．

欧拉确切地证明了要以所述的方式走过哥尼斯堡是不可能的．欧拉的解法不仅对哥尼斯堡而且对地球上的每个其他的城市都回答了散步过桥问题！事实上，从某种意义上说，对于也许会建造的具有陆地块并具有把陆地块连接起来的桥梁的任何可能的城市，他都回答了同样的问题．这是因为他选择了去求解下面的替代问题．

欧拉问题(重述)　给定一个图，在什么样的条件下有可能找到一条封闭的散步路线，能走过它的每一条边，而且只走一次？我们把可能具有这样的散步路径的图称为**欧拉图**．

什么样的图是欧拉图？如果你想一下，很明显这个图必须是连通的，即任何一对顶点之间一定有一条路径．你可能得到的另一个观察结论是，当你走过陆地块之间的桥并回到起点时，你进入陆地块的次数和离开陆地块的次数是一样的．如果把进入陆地块的次数和离开陆地块的次数相加的话，你得到的是偶数．就表示桥和陆地块的图而言，这就意味着每个顶点需要偶数个边关联. 用图论的语言, 我们说每个顶点有偶数次或者图有偶数次.

因此我们已经推理得到欧拉图一定是连通的而且一定有偶数次. 换言之, 一个图是欧拉图, 必须既是连通的又有偶数次. 反之, 一个图是欧拉图的充分条件也是这个图既是连通的又有偶数次. 建立两个概念——在这里, 就是"所有的欧拉图"和"具有偶数次的所有连通图"——之间的必要和充分条件是一个具有实际应用的数学思想. 一旦我们建立了一个图是欧拉图的必要和充分条件是连通且有偶数次的结论, 我们就只需要对实际情景用图来建模, 然后验证该图是否是连通的以及图的每个顶点有偶数次就可以了. 几乎所有的图论教科书都包含欧拉的结果的证明, 参见 8.2 节的"进一步阅读材料".

图的着色问题

我们的第二个例子也是容易描述的.

四色问题 给定一张地图, 是否可以用四种颜色对任何共享共同边界(边界长度大于0)的两个地区指派不同的颜色? 图 8-3 图示说明了这个问题.

图 8-3 美国地图

四色问题可以用图来建模. 图 8-4 展示了美国大陆部分用顶点来表示每个州的一个图以及对应于共享共同(陆地)边界的州的顶点之间的边. 注意, 比如说, 犹他州和新墨西哥州被认为不是相邻的, 因为它们的共同边界只是一个点.

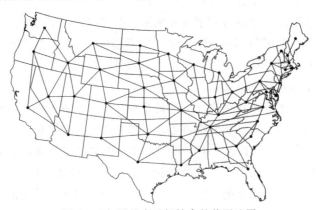

图 8-4 与图的表示相结合的美国地图

图 8-5 只展示了图本身．现在我们原来提出的美国地图问题已经转换成了一个图的问题．

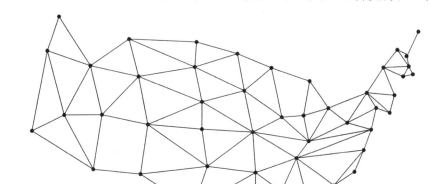

图 8-5　图的着色问题

四色问题（重述）　　你能利用四种颜色对一个边没有交叉的图的顶点着色使得没有相邻的顶点会有相同的颜色吗？对图 8-5 中的图试着做做看．我们把一种着色称为**适当的**，如果没有两个相邻的顶点颜色相同．假定你能找到图的适当的四色着色，那么相应地就容易对地图着色了．

易见边没有交叉的图（称这样的图为平面图）可以用至多 6 种颜色对之适当着色．为了证明这个结论，我们将代之以假设：存在一个平面图，它需要多于 6 种的颜色对其顶点适当着色．现在考虑所有这种图中（按照顶点数目而言）最小的一个图，我们称它为 G．我们需要利用以下事实，即每个平面图有一个顶点，其关联边数目为 5 或少于 5（可以从任何图论教材中得知这一事实）．

令 x 是 G 中关联边数目为 5 或少于 5 的顶点．考虑通过剔除 x 及其所有（至多 5 条）关联边形成的新图 H．新图 H 严格小于 G，所以根据假设，H 一定可以用 6 种颜色对其顶点适当着色．现在我们来看看这样做对 G 意味着什么．应用对 H 所用的着色方法对除了 x 外的 G 的所有顶点着色．因为 x 在 G 中至多有 5 个相邻点，所以至多用 5 种颜色对其着色就够了．这就留下了可以自由用于顶点 x 着色的第 6 种颜色．这就意味着我们已经用 6 种颜色对 G 的顶点适当着色了．但是在上面我们假设平面图 G 是需要多于 6 种的颜色对其顶点适当着色的．这个矛盾意味着我们假设的需要多于 6 种的颜色对其顶点适当着色的平面图 G **不可能存在**．这就证明了所有的平面图都可以用 6 种（或者更少的）颜色对其顶点适当着色．

人们知道上段中的结果已经有 100 多年了，地图制作者和其他人都知道实际中出现的地图（即地球上真实地方的地图）只需要用 4 种颜色就可以对其适当着色，但是对任何平面图都可以用 4 种颜色对其顶点适当着色却没有数学上的证明．1879 年英国数学家 Alfred Kempe 发表了对所谓**四色定理**的证明，不过在 1890 年被人发现证明中的一个错误，从而证明 Kempe 定理是错的．

直到信息时代到来，Appel、Haken 和 Koch 发表了一个四色定理的有效证明．这个特定时间出现证明有一个很好的理由——他们的证明实际上利用了计算机！他们的证明依赖于对非常多"构形"（configuration）的可能情形的计算机分析，所以从 1890 年到 20 世纪 70 年代**四色定**

理称为四色猜想，事实上这是 20 世纪最重要、最著名的数学猜想.

图 8-6 展示了关于图 8-5 中的图的四色问题的一种解法.

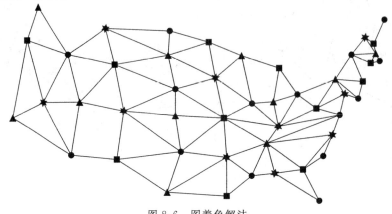

图 8-6　图着色解法

　　四色问题实际上是更一般的图着色问题的一种特殊情形：给定一个图，求对顶点适当着色所需要的最少数目的颜色. 图的着色最终成为一大类实际问题的很好的模型. 下面我们来探究少数几个这样的模型.

　　图着色的应用　用图着色来建模的一个有代表性的问题就是期末考试的时间安排问题. 假设某所大学期末要考 n 门课程，学校希望在避免"冲突"的同时，所用的考试时间段的段数最少. 当一个学生被安排在同一时间考两门课程时，冲突就发生了. 可以用图对这个问题建模如下. 我们从给每门课程创建一个顶点开始. 然后，如果一个学生同时选了某两个顶点对应的课程的话，就在这两个顶点之间画一条边. 现在我们来解这个图着色问题，即以如下的方式给所得到的图的顶点进行适当着色，使得所用的颜色最少. 着色的课程就是考试时间段. 如果某些顶点在适当着色中着的是蓝色，那么它们之间的任何一对顶点之间就不能有边. 这就是说，与这些顶点对应的课程中学生最多只能选其中的一门. 于是每门着色的课程就能在自己的考试时间段进行考试.

　习题

1. 求解本章引言中所陈述的两种情形下的垒球主教练的问题.

2. 某城市的桥和陆地块可以用图 8-7 中的图 G 来建模.

　(a)G 是欧拉图吗？为什么是或者为什么不是？

　(b)假设我们放松散步的要求，使得散步者不一定开始并终止在同一个陆地块上，但是仍然必须走过每一座桥而且只走过一次. 在图 8-7 中用图来建模的城市里，这样的散步方式可能吗？如果可能，应该怎么走？如果不可能，为什么？

3. 找一张澳大利亚的行政地图. 创建一个图模型使得 6 个大陆地区的每个州(维多利亚、南澳大利亚、西澳大利亚、北部领土、昆士兰和新南威尔士)用一个顶点来表示，如果两个州有共同的边界，那么与州对应的顶点之间就画一条边. 所得到的图是欧拉图吗？现在假定你加了一个州(塔斯马尼亚)，认为该州是(可以通过船只)与南澳大利亚、北部领土、昆士兰和新南威尔士相邻接的. 这个新的图是欧拉图吗？如果是的话，找出一张"徒步旅行"(通过各州的表列)来证明新的图是欧拉图.

4. 你自己能够想到用关于哥尼斯堡桥的方法来求解的其他实际问题吗？

5. 考虑习题3中的两个澳大利亚行政地图. 为了对这两张地图着色最少需要几种颜色?

6. 考虑图 8-8 的图.

(a)用三种颜色对该图着色.

(b)现在假设顶点 1 和 6 必须着成红色. 你仍然能够用(包括红色在内的)三种颜色对该图着色吗?

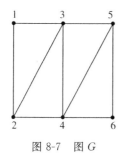
图 8-7　图 G

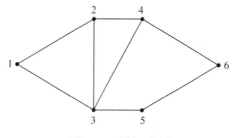
图 8-8　习题 6 的图

7. 一个较小的学院的数学系计划安排期末考试的时间表. 高年级数学课程的选修名单列在表 8-3 中. 找出能够使所用的考试时间段的数目最少的考试时间安排表.

表 8-3　Sunnyvale 州立学院数学课程的选修名单

Course	Students			
math 350	Jimi	B. B.	Eric	
math 365	Ry	Jimmy P.	Carlos	
math 385	Jimi	Chrissie	Bonnie	Brian
math 420	Bonnie	Robin	Carlos	
math 430	Ry	B. B.	Buddy	Robin
math 445	Brian	Buddy		
math 460	Jimi	Ry	Brian	Mark

 研究课题

1. 紧随着一场大风暴,一位检查员必须步行走过一个地区以检查是否有损坏的输电线. 假设这位检查员要检查的地区可以用图 8-9 来描述. 顶点表示街道的交汇点,而边则表示街道. 标注在边上的数字称为边权,它们表示这位检查员为检查相应的街道必须行走的距离. 这位检查员应该采取怎样的走法才能走完全部街道并使其走距离最短? 提示:可以利用哥尼斯堡七桥问题来做一些事情.

进一步阅读材料

Appel, K. , W. Haken, & J. Koch. "Every planar map is four-colorable."*Illinois J. Math.* , 21(1977):429—567.

Chartrand G. & P. Zhang, *Introduction to Graph Theory*. New York:McGraw-Hill, 2005.

四色定理(网址) http://people. math. gatech. edu/~ FC/fourcolor. html.

Robertson, N. , D. Sanders, P. Seymour, & R. Thomas. "The four colour theorem. "*J. Combin. Theory Ser. B.* , 70(1997):2—44.

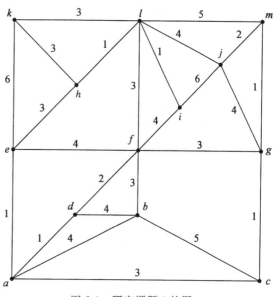
图 8-9　研究课题 1 的图

8.2 图的描述

在继续讲下去之前，我们需要形成一些可以用来描述图的基本记号和术语．我们的意图是讲述刚刚够的信息以开始用图来建模的讨论．

正如我们已经指出过的，**图**是描述事情之间的关系的一种数学方法．图 G 包括两个集合：**顶点集** $V(G)$ 和**边集** $E(G)$．$E(G)$ 中的每个元素就是 $V(G)$ 中的一对元素．图 8-10 展示了一个例子．当我们说到图的顶点时，常常采用集合的记号．在我们这个例子中，记为 $V(G) = \{a, b, c, d, e, f, g, h, i\}$．边集也常常表示为一对顶点的集合；在我们这个例子中，记为 $E(G) = \{ac, ad, af, bd, bg, ch, di, ef, ei, fg, gh, hi\}$．顶点不一定要用字母来标记，可以用数字标记，或者用它们所表示的事情的名称来标记，等等．注意，当我们画一张图时，可以画一张边相交的图（或者由于图的性质迫使我们画出一张边相交的图）．边相交的地方无须是顶点；图 8-10 展示了一个不是顶点的交点的例子．

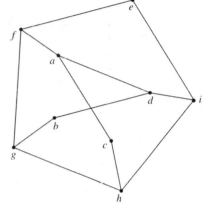

图 8-10 图的例子

当边 ij 有一个顶点 j 作为其端点时，我们就说边 ij 是与顶点 j **关联的**．例如，在图 8-10 的图中，边 bd 是与顶点 b 关联的但并不与顶点 a 关联．当两个顶点之间有一条边 ij 时，我们就说顶点 i 和 j 是**相邻的**．在我们的例子中，顶点 c 和 h 是相邻的，但是 a 和 b 不是相邻的．顶点 j 的**次** $\deg(j)$，是 j 和边的关联的数目．在我们的例子中，$\deg(b) = 2$，$\deg(a) = 3$．正如我们在前一节中所看到的，如果 $\deg(v)$ 是偶数（可以被 2 除尽的数），那么就说顶点 v 有**偶数次**．类似地，如果一个图的所有顶点都是偶数次，那么就说这个图是偶数次．

因为常常用集合来描述图，所以我们需要介绍一些集合的记号．如果 S 是一个集合，那么 $|S|$ 就表示 S 中元素的数目．在我们的例子中，$|V(G)| = 9$ 而 $|E(G)| = 12$．我们用记号 $\in$ 表示"是……的元素"而 $\notin$ 表示"不是……的元素"．在我们的例子中，$c \in V(G)$ 而 $bd \in E(G)$，但是 $m \notin V(G)$ 且 $b \notin E(G)$（因为 b 是顶点，不是边）．

我们还要用到求和记号．希腊字母 $\sum$（σ（西格玛）的大写）用来表示相加的意思．例如，我们有集合 $Q = \{q_1, q_2, q_3, q_4\} = \{1, 3, 5, 7\}$．我们可以利用下列求和符号简洁地表达把 Q 中的元素相加的概念：

$$\sum_{q_i \in Q} q_i = 1 + 3 + 5 + 7 = 16$$

如果要把上式大声地念出来的话，我们会说，"对集合 Q 中所有 q 下标 i 求 q 下标 i 的和，等于 1 加 3 加 5 加 7，它等于 16."表示同样的概念的另一种方法就是

$$\sum_{i=1}^{4} q_i = 1 + 3 + 5 + 7 = 16$$

这时我们会说，"对于 i 等于 1 到 4 的 q 下标 i 之和，等于 1 加 3 加 5 加 7，它等于 16."我们也可以对 q 的其他函数完成求和的运算．例如

$$\sum_{i=1}^{4}(q_i^2+4)=(1^2+4)+(3^2+4)+(5^2+4)+(7^2+4)=100$$

 习题

1. 考虑图 8-11 中的图.

   (a)写下边集 $E(G)$.

   (b)哪条边是与 b 关联的?

   (c)哪些顶点是与 c 相邻的?

   (d)计算 $\deg(a)$.

   (e)计算 $\mid E(G)\mid$.

2. 假设 $r_1=4$, $r_2=3$ 而 $r_3=7$.

   (a)计算 $\displaystyle\sum_{i=1}^{3}r_i$.

   (b)计算 $\displaystyle\sum_{i=1}^{3}r_i^2$.

   (c)计算 $\displaystyle\sum_{i=1}^{3}ir_i$.

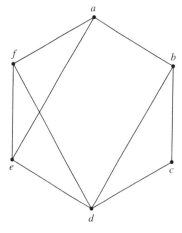

图 8-11 习题 1 的图

3. 在一个公司执行官的大型会议上,许多人都要和人握手.与会的每个人都被要求记下他或她和人握手的次数,当会议结束时,这些数据被收集起来.如果把收集到的所有人的握手次数相加的话,试解释为什么得到的总是偶数.什么是必须用图来处理的呢?利用本节中介绍的记号来解释这些想法.

进一步阅读材料

Buckley, F., & M. Lewinter. *A Friendly Introduction to Graph Theory*. Upper Saddle River, NJ: Pearson Education, 2003.

Chartrand, G., & P. Zhang. *Introduction to Graph Theory*. New York: McGraw Hill, 2005.

Chung, F., & R. Graham. *Erdös on Graphs*. Wellesley, MA: A. K. Peters, 1998.

Diestel, R. *Graph Theory*. Springer Verlag, 1992.

Goodaire, E., & M. Parmenter. *Discrete Mathematics with Graph Theory*, 2nd ed. Upper Saddle River, NJ: Prentice Hall, 2002.

West, D. *Introduction to Graph Theory*, 2nd ed. Upper Saddle River, NJ: Prentice Hall, 2001.

8.3 图模型

Bacon(贝肯)数

你可能听说过广为流行的难题问答游戏——"Kevin Bacon 的六度分隔[⊖]"游戏.在该游戏中,参与者试图用少量的联系尽快地把一个演员与 Kevin Bacon 联系起来.在这里,一个联系就是一部电影,你联系的两个演员都出现在其中.一个演员的 Bacon 数就是要把他或她与 Kevin Bacon 联系起来所需要的最少数目的联系.Bacon 数问题就是计算 Bacon 数的问题.所谓 Bacon 数问题的一个案例就是对特定的演员计算 Bacon 数.例如,考虑演员 Elvis Presley. Elvis 于 1969 年和 Ed Asner 在电影《Change of Habit》中一起演出,而 Ed Asner 于 1991 年在电影

⊖ "Kevin Bacon 的六度分隔"游戏是基于小世界现象的概念并依赖于任何演员都可以通过他或她在电影里的角色与演员 Kevin Bacon 联系起来. Kevin Bacon(凯文·贝肯,1958——)是美国电影和话剧演员. ——译者注

《JFK》中和 Kevin Bacon 一起演出. 这就意味着 Elvis Presley 的 Bacon 数至多是 2. 因为 Elvis 从来没有和 Kevin Bacon 一起出现在任何一部电影中, 他的 Bacon 数不可能是 1, 所以我们知道 Elvis Presley 的 Bacon 数为 2.

另一个例子, 考虑 20 世纪 30 年代纽约 Yankees 棒球队的明星 Babe Ruth. "Babe"确实有几次演出, 他的 Bacon 数为 3. 他和 Teresa Wright 于 1942 年一起出现在电影《The Pride of the Yankees》中；Teresa Wright 在《Somewhere in Time》(1980) 中和 JoBe Cerny 一起出现, 而 JoBe Cerny 在《Novocaine》(2001) 中和 Kevin Bacon 一起出现. 我们怎么能确定其他演员的 Bacon 数呢? 现在, 当你听说可以用图来对这个问题进行建模就不会感到吃惊了.

为了对确定演员 Bacon 数问题进行建模, 令 $G=(V(G),E(G))$ 是对曾经在一部电影中演出过的每个演员都有一个顶点的一张图(这里我们在现代的意义下使用演员一词, 即包括了男演员和女演员). 如果两个演员出现在同一部电影中, 那么与这两个演员相应的顶点之间就有一条边.

我们应该暂停一下, 来考虑所得到的图的实际大小的状况. 有一点可以肯定, 那就是这个图可以非常大! 互联网电影数据库(The Internet Movie Database(www. imdb. com))列出了超过 100 万个演员的名字——意即图中有超过 100 万个顶点——以及超过 30 万部电影. 在一部电影中每个不同的演员对可以有潜在的新的边. 例如, 考虑一部有 10 个演员的小电影. 假定这些演员都没有在另外一部电影中一起出现过, 那么与第一个演员相应的顶点就有连到另外 9 个演员相应的顶点之间的 9 条新的边. 与第二个演员相应的顶点将有 8 条新的边, 因为我们不需要重复考虑第一个演员和第二个演员之间的连接. 继续这样的模式, 于是这部电影就创建了 9+8+7+⋯+1=45 条新的边. 一般来说, 一部有 n 个演员的电影潜在增加到图中的边数为 $\frac{n(n-1)}{2}$. 我们说"潜在的"是指 n 个演员中的某几个演员出现在另一部电影中的可能性. 当然, 图的顶点的总数也会增加, 因为随着时间的推移在一部电影中出现的演员的表列会增大.

不管相应的图的大小怎样, 求解一个给定演员的 Bacon 数问题从概念上说是简单的. 你只需要在图中寻找从与给定演员相应的顶点到与 Kevin Bacon 相应的顶点之间的一条最短路径的长度就可以了. 注意, 我们说的是一条最短路径而不是最短路径. 图可能有几条"连接起来"的路径都是最短的. 我们在 8.4 节中将考虑寻找两个顶点之间的最短路径的问题.

Bacon 数图只不过是称为社会网络的更为广泛的模型中的一个模型. 一个**社会网络**是由一组个体、小组或组织以及它们之间的某种关系组成的. 这些网络可以用图来建模. 例如, 一个**友谊网络**就是一个图, 其中的顶点就是人, 如果两个人是朋友的话, 他们之间就有一条边. 一旦构建了一个社会网络模型, 就可以用各种各样的数学方法来获得所研究的实际情景的深刻的洞察和领悟. 例如, 哈佛医学院最近的一项研究利用友谊网络来研究过度肥胖的问题. 研究发现有肥胖朋友是过度肥胖的一个很强的预报因子, 即有肥胖朋友的人他们自己更可能比没有肥胖朋友的人变成过度肥胖. 有许多其他的社会关系可以用这种方法来建模并进行分析. 为了掌握并分析巨大的社会网络, 最近已经研制出来了强大的计算工具. 这类分析是称为**网络科学**的新兴研究领域的一部分, 它可能使我们能够进一步了解许多老的问题.

用分段线性函数拟合数据

假设你有一组数据 p_1，p_2，$\cdots$，p_n，其中每个 p_i 是一个有序对 (x_i,y_i)．进一步假设数据是按序排列的，所以 $x_1 \leqslant x_2 \leqslant \cdots \leqslant x_n$．可以把每个 p_i 设想为 xy 平面上的一个点，从而把这些数据画出来．图 8-12 给出了一个数据集为 $S=\{(0,0),(2,5),(3,1),(6,4),(8,10),(10,13),(13,11)\}$ 的小例子．

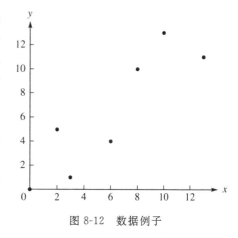

图 8-12　数据例子

希望通过某些点的分段线性函数有许多应用．一方面，我们可以构造只通过第一个和最后一个点的模型．为此，可以简单地画从第一个点 $p_1=(x_1,y_1)$ 到最后一个点 $p_n=(x_n,y_n)$ 的一条直线，得到下列模型

$$y=\frac{y_n-y_1}{x_n-x_1}(x-x_1)+y_1 \qquad (8\text{-}1)$$

图 8-13 展示了画在数据散点图上的模型 (8-1)．

另一方面，可以画从 (x_1,y_1) 到 (x_2,y_2) 的直线段，(x_2,y_2) 到 (x_3,y_3) 的直线段，如此下去，直到 (x_n,y_n)．总共有 $n-1$ 个直线段，可以把它们描述如下：

$$y=\frac{y_{i+1}-y_i}{x_{i+1}-x_i}(x-x_i)+y_i \qquad x_i \leqslant x \leqslant x_{i+1} \qquad (8\text{-}2)$$

其中 $i=1$，2，$\cdots$，$n-1$．图 8-14 展示了画在数据散点图上的模型 (8-2)．

在这两种极端的选择之间存在一种平衡．模型 (8-1) 容易得到而且用起来也简单，但是它可能偏离了很多的点．模型 (8-2) 没有偏离任何的点，但太复杂，特别是当数据集，即 n 很大时，就更为复杂了．

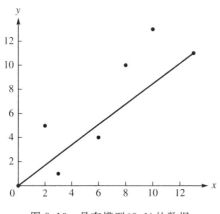

图 8-13　具有模型 (8-1) 的数据

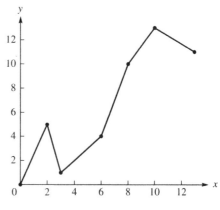

图 8-14　具有模型 (8-2) 的数据

一种选择是利用比模型 (8-1) 多一点的点，但是利用比模型 (8-2) 少一点的点来建立模型．假设我们假定模型至少要通过第一个点和最后一个点（在本例中分别为 p_1 和 p_7）．对于给定的特定数据集的一个可能的模型是选择通过点 $p_1=(0,0)$，$p_4=(6,4)$，$p_5=(8,10)$ 和 $p_7=$

$(13，11)$. 下面就是这种想法的代数表示：

$$y=\begin{cases} \dfrac{2}{3}x & 0\leqslant x<6 \\ 3(x-6)+4 & 6\leqslant x<8 \\ \dfrac{1}{5}(x-8)+10 & 8\leqslant x\leqslant13 \end{cases} \tag{8-3}$$

同样想法的图解展示在图 8-15 中.

现在的问题是哪个模型是最好的？对这个问题没有万能的回答；实际情况和周围的环境一定会影响到哪种选择是最好的. 但是我们可以研究出一种分析一个给定的模型有多好的框架. 假设有一个与没有经过一个给定点的模型相联系的费用. 这时，我们说该模型"偏离了"那个点. 有许多方法来形成这种思想，但是一种自然的方法就是应用第 3 章中讨论的最小二乘准则. 为掌握这种妥协平衡的思想，还需要与我们的模型中用到的每个线段相联系的费用. 模型 $(8-1)$ 对于偏离的点有相对高的费用，但是对于用到的线段费用最小. 模型 $(8-2)$ 对于偏离的点费用最小(事实上其费用为 0！)，但是对于线段有最大合理的费用.

我们将所讨论的问题稍微特定一点，并来看看怎样能够找到最好可能的模型. 首先回忆一下，我们总是要求通过 p_1 和 p_n 的. 所以必须决定我们要考虑其余的点 p_2，$\cdots$，p_{n-1}中的哪些点. 假设我们考虑的是直接从 p_1 到 p_4，就像在模型 $(8-3)$ 中所做的那样. 什么是这种决定的费用？我们必须为在我们的模型中加进一条线段付出固定的费用. 用 α 来表示费用参数. 我们还必须为用这种方法所偏离的点付费. 我们将用 $f_{i,j}$ 来表示从 p_i 到 p_j 的线段. 在模型 $(8-3)$ 中，$f_{1,4}(x)=\dfrac{2}{3}x$ 而 $f_{4,5}(x)=3(x-6)+4$，因为分别有从 p_1 到 p_4 和从 p_4 到 p_5 的线段的代数表示式. 相应地，我们可以利用 f 来计算与模型的特定部分相关联的 y 值. 例如，$f_{1,4}(x_4)=\dfrac{2}{3}x_4=\dfrac{2}{3}(6)=4$. 这一点也不奇怪. 回想一下 $p_4=(x_4，y_4)=(6，4)$，所以我们预期 $f_{1,4}(x_4)$ 等于 4 是因为我们选择的模型是通过 p_4 的. 另一方面，$f_{1,4}(x_3)=\dfrac{2}{3}x_3=\dfrac{2}{3}(3)=2$，

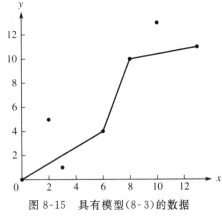

图 8-15　具有模型(8-3)的数据

但是 $y_3=1$，所以从 p_1 到 p_4 的直线忽略了 p_3. 事实上，它偏离的量(或者说**误差**)就是 $f_{1,4}(x_3)$ 和 y_3 的绝对差，即 $|2-1|=1$. 为了避免处理绝对值函数的某些复杂性，我们把这些误差平方，就像我们在第 3 章中所做的那样. 当我们在模型 $(8-3)$ 中选择跳过 p_2 和 p_3 时，我们相信付出偏离这两个点的费用去换来只用区间 x_1 到 x_4 上的直线段是合理的. 对于我们在这个区间上偏离的点的标准最小二乘度量是

$$\sum_{k=1}^{4}(f_{1,4}(x_k)-y_k)^2 \tag{8-4}$$

式 $(8-4)$ 只不过是把线段 $f_{1,4}$ 和原来的数据点之间的平方垂直距离(即平方误差)简单地相加. 它对

每个点 p_1，p_2，p_3，p_4 都做了．表 8-4 展示了平方误差的和是怎样用来计算(8-4)的值的．

表 8-4　计算(8-4)的平方误差的和

k	x_k	$f_{1,4}(x_k)$	y_k	$(f_{1,4}(x_k) - y_k)^2$
1	0	0	0	0
2	2	$\frac{4}{3}$	5	$\frac{121}{9}$
3	3	2	1	1
4	6	4	4	0

因此

$$\sum_{k=1}^{4} (f_{1,4}(x_k) - y_k)^2 = 0 + \frac{121}{9} + 1 + 0 = \frac{130}{9} \approx 14.4444$$

它的意思是说从 $p_1 = (0, 0)$ 到 $p_4 = (6, 4)$ 的直线段(我们称之为线段 $f_{1,4}$)完全没有偏离 p_1，但是偏离了 $p_2 \frac{11}{3}$ 个单位(注意 $\left(\frac{11}{3}\right)^2 = \frac{121}{9}$)，偏离了 p_3 1 个单位(如同我们在前节所证明的)，而且完全没有偏离 p_4．总的偏离 $\frac{130}{9} \approx 14.4444$ 刻画了 $f_{1,4}$ 不能对第 1 个点到第 4 个点之间的数据行为精确地建模的偏离程度的一种度量．

　　尽管这个平方误差之和可能没有描述按这种方式偏离的点的"费用"，但是我们能够通过调整和的表示式使之做到这一点．我们将用 β 来表示每个求和平方误差的费用．这样建模者就能够选择 β 的值以反映他对偏离的点的厌恶，同时还考虑到点被偏离的程度．类似地，我们可以令 α 表示与每个线段相应的固定费用，只用到一个线段的模型只付费用 α 一次，而一个有 5 个线段的模型则要付 5 倍的 α．于是从 p_1 到 p_4 的模型部分的总费用为

$$\alpha + \beta \sum_{k=1}^{4} (f_{1,4}(x_k) - y_k)^2 \tag{8-5}$$

　　如果我们选择参数值 $\alpha = 10$ 和 $\beta = 1$，那么 p_1 到 p_4 区间上模型的总费用为

$$\alpha + \beta \sum_{k=1}^{4} (f_{1,4}(x_k) - y_k)^2 = 10 + 1 \frac{130}{9} \approx 24.4444 \tag{8-6}$$

　　对于我们模型的其他可能选择也容易应用同样的方法，尽管多少有点冗长．在我们已经做成的基础上，容易计算从 p_4 到 p_5 的模型部分的费用．它等于 10，因为只要付线段的费用(这时在该区间上没有点被偏离)．最后，我们就能计算模型其余部分的费用．所以我们只需计算

$$\alpha + \beta \sum_{k=5}^{7} (f_{5,7}(x_k) - y_k)^2 = 10 + 1 \frac{169}{25} = 16.76 \tag{8-7}$$

详细的全部计算留给读者了．因此模型(8-3)的总费用约为 24.4444 + 10 + 16.76 = 51.2044．

　　我们也能计算模型(8-3)没有做出的选择的费用．事实上，如果我们计算出创建一个类似的模型时能做的每个可能选择的费用，那么在给定数据以及我们所选取的 α 和 β 的值时，我们就能比较各种选择，来看看哪个模型是最好的．表 8-5 展示了对我们的数据和参数值的分段线性模型计算的所有可能线段的费用．

表 8-5　每个线段的费用

	2	3	4	5	6	7
1	10	28.7778	24.4444	36.0625	38.77	55.503
2		10	24.0625	52.1389	61	56.9917
3			10	15.76	14.7755	51
4				10	12.25	51
5					10	16.76
6						10

现在我们就能利用表 8-5 来计算我们用以下方式考虑的任何分段线性模型的总费用. 令 $c_{i,j}$ 是从点 p_i 到点 p_j 的线段的费用. 换言之, $c_{i,j}$ 是表 8-5 中 i 行 j 列处的表列值. 回顾我们的第一个模型 (8-1). 因为这个模型只有从 p_1 到 p_7 的一个线段, 所以我们只要看一下表 8-5 中 1 行 7 列处的表列值就可以算得费用 $c_{1,7} = 55.503$. 我们的下一个模型 (8-2) 包括 6 个线段: 从 p_1 到 p_2, 从 p_2 到 p_3, 直到从 p_6 到 p_7. 这些对应于表 8-5 中各列最下面位置处的值, 所以该模型的总费用为 $c_{1,2} + c_{2,3} + c_{3,4} + c_{4,5} + c_{5,6} + c_{6,7} = 10 + 10 + 10 + 10 + 10 + 10 = 60$. 其他的模型可以同样地计算. 例如, 假设我们决定从 p_1 到 p_3 到 p_6 到 p_7. 该模型的费用为 $c_{1,3} + c_{3,6} + c_{6,7} = 28.7778 + 14.7755 + 10 = 53.5533$.

这时自然要问在所有可能的模型中哪个模型是最好的. 我们正在寻找一个具有最小可能费用的从 p_1 开始在 p_7 终止的分段线性模型. 我们只需决定要通过哪些点. 我们可以选择通过或不通过 p_2, p_3, p_4, p_5, p_6 中的任何一个点, 因为问题的条件迫使我们必须通过 p_1 和 p_7. 你可以把这设想为寻找一条从 p_1 到 p_7 的通过 5 个中间点的任何几个点的**路径**.

寻求最好的模型的一种方法就是审视每个可能的模型并从中挑出最好的模型. 对于我们的例子, 这不能算是一种坏的想法. 因为通过或不通过 p_2, p_3, p_4, p_5, p_6 中的每个点, 总共有 $2^5 = 32$ 条从 p_1 到 p_7 的可能的路径. 检验所有 32 条路径并从中挑出最好的不算太难. 但是设想一下, 如果原来的数据集包含的不是 7 个点而是例如说 100 个点, 我们面对的将是什么情况. 这时会有 $2^{98} = 316\,912\,650\,057\,350\,374\,175\,801\,244$ 种可能的模型. 即使我们每秒能检测 100 万个模型, 也要用超过 $10\,000\,000\,000\,000\,000$ 年的时间才能检测完. 这几乎要大于自大爆炸以来的时间的 100 万倍! 幸运的是, 有更好的方法来求解这类问题.

结论是, 我们也可以用一个简单的图问题来寻找最好的模型. 请看图 8-16. 它把从 p_1 到 p_7 的各种路径表示为一个有向图. 在图 8-16 中, 前面几节中叙述的每条路径都用一条从顶点 1 到顶点 7 的路径来表示. 再看一下表 8-5. 如果我们用该表中的数据作为图 8-16 中对图的边的权重, 那么就可以通过寻找该图中的最短路径来解决寻找最优分段线性函数拟合的数据拟合问题.

我们将在本章后面来学习怎样求解最短路径问题. 利用表 8-5 的费用数据的图 8-16 中图的最短路径问题一旦得到解决, 就很清楚这个特殊情形下的最优解就是从 p_1 到 p_2 到 p_3 到 p_6 到 p_7 的路径. 该模型的总费用为 $c_{1,2} + c_{2,3} + c_{3,6} + c_{6,7} = 10 + 10 + 14.7755 + 10 = 44.7755$, 这个最优模型如图 8-17 所示.

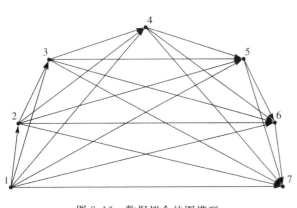

图 8-16　数据拟合的图模型

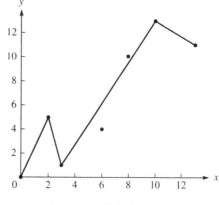

图 8-17　最优分段线性模型

回顾一下我们在 8.3 节中发现 Bacon 数问题可以通过求图中两个顶点之间的距离来解决．求图中两个顶点之间的距离实际上非常类似于求图中两个顶点之间的最短路径——我们将在 8.4 节一开始就会更加确切地说明这个问题．数学的一个引人注目的方面就是你能在课堂学习的严格的方法和手段(诸如求解最短路径问题)可以直接应用于许多实际问题(诸如求 Bacon 数以及数据拟合的线性模型等)．注意到数学能把两种极为不同的情景联系起来也是十分有趣的．数据拟合问题和 Bacon 数问题是非常相似的，它们都归为最短路径问题．在 8.4 节我们将学习求解图的最短路径问题的步骤．

再论垒球的例子

回忆一下本章引言中的垒球的例子．每个队员只能打表 8-6 中规定的位置．

表 8-6　队员能够打的位置

Al	Bo	Che	Doug	Ella	Fay	Gene	Hal	Ian	John	Kit	Leo	Moe	Ned	Paul
2,8	1,5,7	2,3	1,4,5,6,7	3,8	10,11	3,8,11	2,4,9	8,9,10	1,5,6,7	8,9	3,9,11	1,4,6,7		9,10

这个问题可以用图来建模．我们从表 8-6 构造如下的一个图．对于每个队员，建立一个顶点．我们把这些顶点称为队员顶点．我们还要对每个位置建立一个顶点并把它们称为位置顶点．如果令 A 表示队员顶点而 B 表示位置顶点，可以写 $V(G)=\langle A, B\rangle$ 以表示我们的图有两个不同类型的顶点集．现在可以在我们的图中对表 8-6 中的每个表列值建立一条边．也就是说，在特定的队员顶点和特定的位置顶点之间有一条边，如果根据表 8-6 该队员能够打那个位置的话．例如，我们的图有一条从表示 Che 的顶点到表示位置 3(一垒)的顶点的边，但是从 Che 到位置 6 是没有边的．

垒球问题的图展示在图 8-18 中．注意 A 顶点在左边而 B 顶点在右边．还要注意图中所有的边的一个端点在 A 而另一个端点在 B．具有这种特殊性质的图称为**二部图(二分图)**．起名是因为顶点集可以分割为两个集合(A 和 B)，使得所有的边的一个端点在 A 而另一个端点在 B．我们将在 8.4 节看到，可以特别容易地求解某些类型的二分图问题．

我们回到求解垒球主教练的问题．我们希望对所有的位置有一种能够把队员指派到位置(或把位置指派到队员)的指派．根据图 8-18 来思考一下这个问题．例如说，可以把从 Che 到

位置 3 的边认为是把 Che 指派到位置 3 的选择．注意一旦你决定把 Che 放到位置 3 上，Che 就
不能被指派到不同的位置上去，别的队员也不
能打位置 3 了．用图的语言来说，可以认为是
选择某几条边使得对于同一个顶点来说没有两
条边是关联的．如果能够选到足够的边（在本
问题中是 11 条边）的话，我们已经解决了垒球
主教练的问题．

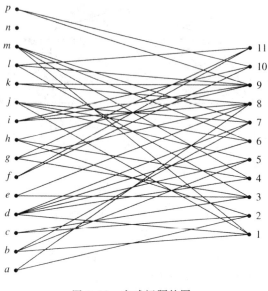

图 8-18　垒球问题的图

　　给定任何图 $G=(V(G),E(G))$，子集 $M\subseteq$
$E(G)$ 称为**匹配集**，如果 M 的任何两个成员关
于同一个顶点都不是关联的．具有这种性质的
边的集合称为是**独立的**．**最大匹配集**就是最大
可能的匹配．当 G 是两部分为 $\langle A,B\rangle$ 的二分
图时，显然，匹配集的数目不能大于 $|A|$ 也不
能大于 $|B|$．所以，如果我们能够在垒球问题
的图中找到有 11 条边的匹配集，那么垒球主
教练的问题就有一个可行解．而且，如果图的
最大匹配集少于 11 条边，那么垒球主教练的
问题就不可能有可行解．也就是说，该图有一个 11 条边的匹配集**当且仅当**垒球主教练的问题
有一个可行解．

　　我们已经说明了垒球主教练的问题和二分图的匹配集之间的关系．在 8.4 节中，我们将说
明怎样去找二分图的最大匹配集．

0－1 矩阵问题

　　非正式地说，一个**矩阵**就是一个具有行和列的阵列或表．一个矩阵通常在每个可能的行列
对处有一个表列值．表列值本身通常是数．一个"$m\times n$ 的 0－1 矩阵"就是一个有 m 行和 n 列的
矩阵，它的每个表列值或为 0 或为 1．在数学模型中使用 0 和 1 是表示诸如"是"或"否"、"真"
或"假"、"开"或"关"等概念的常用方法．在本节中我们将分析一个与 0－1 矩阵有关的问题．

　　考虑一个 $m\times n$ 的 0－1 矩阵．对于 $i\in\{1,2,\cdots,m\}$，令 r_i 是第 i 行的表列值之和，或
者等价地说是第 i 行 1 的个数．类似地，对于 $j\in\{1,2,\cdots,n\}$，令 s_j 是第 j 列的表列值之
和，或者等价地说是第 j 列 1 的个数．在下面的例子中，$m=4$，$n=6$，$r_1=3$，$r_2=2$，$r_3=3$，
$r_4=4$，$s_1=3$，$s_2=2$，$s_3=2$，$s_4=3$，$s_5=1$，$s_6=1$．

$$\begin{pmatrix} 1 & 0 & 0 & 1 & 1 & 0 \\ 1 & 1 & 0 & 0 & 0 & 0 \\ 1 & 0 & 1 & 1 & 0 & 0 \\ 0 & 1 & 1 & 1 & 0 & 1 \end{pmatrix}$$

　　现在考虑下面的问题．

　　0－1 矩阵问题　给定 m 和 n 以及 r_1，r_2，$\cdots$，r_m 和 s_1，s_2，$\cdots$，s_n 的值，是否存在满足
这些条件的 0－1 矩阵？如果所给的数据为

$$m=4，n=6$$

$$r_1=3，r_2=2，r_3=3，r_4=4 \tag{8-8}$$
$$s_1=3，s_2=2，s_3=2，s_4=3，s_5=1，s_6=1$$

答案显然是"是"，因为前面的矩阵已经表明了这一点．如果 $r_1+r_2+\cdots+r_m \neq s_1+s_2+\cdots+s_n$ 就很容易说"否"，因为各行之和的和等于各列之和的和．(为什么?)但是如果给你 m 和 n 以及 $r_1，r_2，\cdots，r_m$ 和 $s_1，s_2，\cdots，s_n$ 的值，它们满足 $r_1+r_2+\cdots+r_m = s_1+s_2+\cdots+s_n$，那么就不容易决定是否可能存在这样一个矩阵了．

我们暂停一下来考虑为什么要关心这个矩阵问题．某些实际问题可以用这种方法来建模．例如，假设一个供应网络有供应小机械的供应商和需要小机械的需求者．每个供应商最多能供应给每个需求者一个小机械．

0－1 矩阵问题(重述)　是否存在一种方法来确定每个供应商以满足以下约束的方式向哪个需求者提供小机械？约束为每个供应商要拿出多少小机械以及每个需求者需要多少小机械？

我们可以用某种图对这种情形建模．首先画 m 个"行"顶点和 n 个"列"顶点，同时画两个额外的顶点：一个称为 s，另一个称为 t．从 s 到第 i 行的顶点画一条容量为 r_i 的有向边．从第 j 列的顶点到 t 画一条容量为 s_j 的有向边．然后从每个行顶点到每个列顶点画一条容量为 1 的有向边．

为决定这是否是一个满足所规定性质的 $0-1$ 矩阵，我们要在上面创建的有向图中求从 s 到 t 的最大流．如果存在一个大小为 $r_1+r_2+\cdots+r_m$ 的流，那么对原来矩阵问题的回答是"是".此外，在最大流问题的求解中，从行顶点到列顶点流为 1 的有向边对应于矩阵中 1 所放置的位置以满足所要求的性质．如果求得的最大流小于 $r_1+r_2+\cdots+r_m$，那么对原来矩阵问题的回答是"否".图 8-19 展示了对(8-8)规定的数据按照这种变换构建的图．

维护城市的治安

假设你是一个宪兵连的指挥员，要对该城市某个地区所有的道路治安负责．该地区的道路治安问题可以用图 8-20 中的图来建模，其中城市道路的交叉点是顶点，而交叉点之间的道路是边．假设该城市的道路足够直、足够短，致使部署在一个交叉点处的宪兵可以对与该交叉点关联的道路进行立即的治安维护．例如，部署在顶点(交叉点)7 处的宪兵可以对 4 与 7 之间的道路、6 与 7 之间的道路以及 7 与 8 之间的道路进行治安维护．

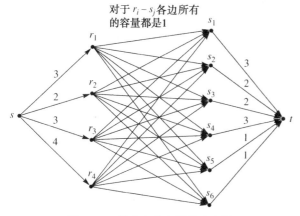

图 8-19　具有有向容量的有向图

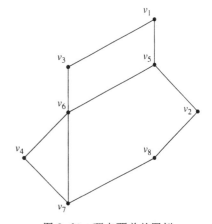

图 8-20　顶点覆盖的图例

顶点覆盖问题　为完成所有道路治安维护的使命，所需要的最少的宪兵数是多少?

易见在每个顶点安排一个宪兵就可以维护所有道路的治安. 这就需要 8 个宪兵, 但是这可能不是所需要的宪兵的最少个数. 在交叉点 3, 4, 5, 6 和 8 安排宪兵是一个比较好的解法——只用了 5 个宪兵. 注意我们不可能简单地移动一个宪兵(而不移动另一个宪兵)来改进这个解法. 一种更好的解法是把宪兵安排在交叉点 1, 2, 6 和 7 处. 结果是只用了 4 个宪兵, 这是你能对这个图做得最好的解法.

我们用数学的术语来叙述这个问题.

顶点覆盖问题(重述)　给定一个图 $G = (V(G), E(G))$, 顶点覆盖问题就是要寻找一个成员数目最少的子集 $S \subseteq V(G)$ 使得图中的每条边与 S 中至少一个成员关联.

说边 e 与顶点 v **关联**, 如果 e 的一个端点就是 v. 如果 G 是一个图, 我们把最小的顶点覆盖记为 $\beta(G)$ 另一种表示方法就是 $\beta(G) = \min\{|S| : S$ 是一个顶点覆盖$\}$.

 习题

1. 假设你是一个演员而你的 Bacon 数为 3. 未来发生的事件能使你的 Bacon 数大于 3 吗? 一般来说, 有关你的 Bacon 数随着时间的推移可能发生怎样的变化, 你能说什么?

2. 和演员有他们的 Bacon 数一样, 在作者的学术论文和高产的匈牙利数学家 Paul Erdös⊖ 之间存在着明确的关系. 通过互联网寻找有关 Paul Erdös 和 Erdös 数的信息. 考虑你最喜欢的数学教授(请注意, 这里可不是开玩笑!), 你能确定他或她的 Erdös 数吗?

3. 你能想到人们会考虑的其他关系吗?

4. 对于本节的例子, 表 8-5 中行 3 列 7 和行 4 列 7 的表列值是相同的, 解释一下为什么. 提示: 画出数据的散点图, 画从点 3 到点 7 以及从点 4 到点 7 的直线段.

5. 利用课文例子中的同样数据

$$S = \{(0,0), (2,5), (3,1), (6,4), (8,10), (10,13), (13,11)\}$$

对 $\alpha = 2$ 和 $\beta = 1$ 重新计算表 8-5.

6. 考虑数据集 $S = \{(0,0), (2,9), (4,7), (6,10), (8,20)\}$. 利用 $\alpha = 5$ 和 $\beta = 1$, 确定 S 的最优分段线性函数.

7. 写一个对给定数据集 S 以及 α 和 β 求最优分段线性函数的计算机软件.

8. 在本节中有这样一句话: "当 G 是两部分为 $\langle A, B \rangle$ 的二分图时, 显然, 匹配集的数目不能大于 $|A|$ 也不能大于 $|B|$." 解释为什么这是对的.

9. 求图 8-21 中的图的最大匹配. 在最大匹配中有多少条边? 现在假设我们把边 bh 加到图中去. 你能找到一个更大的匹配吗?

10. 一个篮球教练要为她的球队找出一个首发阵容. 有 5 个位置必须要有队员: 组织后卫(1), 得分后卫(2), 游动前锋(3), 力量型前锋(4), 中锋(5). 表 8-7 中给出了数据, 建立一个图模型并找到一个可行的首发阵容. 如果教练决定 Hermione 不能打位置 3 的话, 会有什么变化?

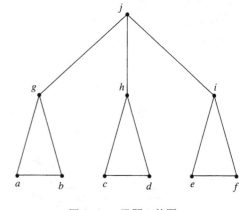

图 8-21　习题 9 的图

⊖ Paul Erdös(爱尔迪希, 1913—1996)是著名的匈牙利数学家, 他在组合论、图论、数论、经典分析、逼近论、集合论和概率论方面做研究工作, 写了 1500 多篇论文. 据说他的直接合作者就有 511 位. ——译者注

表 8-7　队员能够打的位置

Alice	Bonnie	Courtney	Deb	Ellen	Fay	Gladys	Hermione
1, 2	1	1, 2	3, 4, 5	2	1	3, 4	2, 3

11. 用做出图 8-18 中的图的步骤形成的图，不管数据怎样，总是二分图吗？说明为什么是或者为什么不是.

12. 考虑下面式 (8-9) 给出的数值，是否可以由此确定存在一个行和为 r_i，列和为 s_j 的 m 行 n 列的 $0-1$ 矩阵？如果存在这样一个矩阵，把它写出来.

$$m=3, \quad n=6$$
$$r_1=4, \quad r_2=2, \quad r_3=3 \tag{8-9}$$
$$s_1=2, \quad s_2=2, \quad s_3=1, \quad s_4=0, \quad s_5=3, \quad s_6=1$$

13. 考虑下面式 (8-10) 给出的数值，是否可以由此确定存在一个行和为 r_i，列和为 s_j 的 m 行 n 列的 $0-1$ 矩阵？如果存在这样一个矩阵，把它写出来.

$$m=3, \quad n=5$$
$$r_1=4, \quad r_2=2, \quad r_3=3 \tag{8-10}$$
$$s_1=3, \quad s_2=0, \quad s_3=3, \quad s_4=0, \quad s_5=3$$

14. 用你自己的话来解释为什么最大流算法能解决本节中的矩阵问题.

15. 在 n 个顶点处的一条路径 P_n 是顶点可以标记为 $v_1, v_2, v_3,$ $\cdots, v_n$ 的图，使得在 v_1 和 v_2, v_2 和 v_3, v_3 和 $v_4, \cdots, v_{n-1}$ 和 v_n 之间有一条边. 例如，在图 8-22 中出现的图 P_5. 计算 $\beta(P_5)$. 计算 $\beta(P_6)$. 计算 $\beta(P_n)$ (你的答案应该是 n 的函数).

图 8-22　P_5

16. 这里考虑加权顶点覆盖问题. 假设图 8-23 中的图表示顶点覆盖的一个案例，其中对于 $i=1, 2, 3, 4, 5$，顶点 i 在 S 中的费用是 $w(i)=(i-2)^2+1$. 例如，如果 v_4 在 S 中，必须使用 $w(4)=(4-2)^2+1=5$ 个单位的我们的资源. 现在不是要你使 S 中的顶点数目最少，而是要寻找一个能使所用的资源总量 $\sum_{i \in S} w(i)$ 最小的解. 利用我们安排宪兵在交叉路口守卫的类似想法，可以把 $w(i)$ 看成是需要守卫在交叉路口 i 处宪兵的数目. 给定图 8-23 中的图和权函数 $w(i)=(i-2)^2+1$，求一个费用最小的加权顶点覆盖.

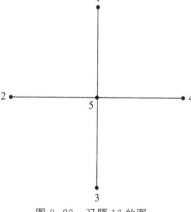

图 8-23　习题 16 的图

 研究课题

1. 研究一个你感兴趣的社会网络. 仔细地定义顶点是什么以及边是什么. 有任何你必须要用的新的建模技巧吗？

2. 写一个计算机程序，其中整数 $m, n, r_i (1 \le i \le m)$ 和 $s_j (1 \le j \le n)$ 是输入，或者输出是 m 行 n 列的行和为 r_i 以及列和为 s_j 的 $0-1$ 矩阵，或者回答说这样的矩阵不存在 (需要某些编程经验).

3. 给定一个图 $G=(V(G), E(G))$，仔细考虑下面求图 G 的最小顶点覆盖的策略.

　　第 0 步　从 $S=\varnothing$ 开始.

　　第 1 步　找次数最大的顶点 v (具有最大数目关联边的顶点). 把这个顶点加到 S 去.

　　第 2 步　从 G 中去掉 v 和所有与它关联的边. 如果现在 G 没有边了，就停止. 否则重复第 1 步和第 2 步.

或者证明这种策略总能求得 G 的最小顶点覆盖，或者找到使用这种策略一定失败的一个图.

4. 考虑垒球主教练问题的一种修改，现在感兴趣的是最佳首发阵容. 怎样修改我们的数学模型来解决这个问题？为求解这类模型需要什么样的新技巧？

进一步阅读材料

Ahuja, R., T. Magnanti, & J. Orlin. *Network Flows: Theory, Algorithms, and Applications*. Englewood Cliffs, NJ: Prentice Hall, 1993.

Huber, M., & S. Horton. "How Ken Griffey, Jr. is like Kevin Bacon or, degrees of separation in baseball." *Journal of Recreational Mathematics*, 33(2006): 194—203.

Wilf, H. *Algorithms and Complexity*, 2nd ed. Natick, MA: A. K. Peters, 2002.

8.4　利用图模型来解问题

　　在 8.3 节中我们知道了可以用图问题来表示的若干实际问题. 例如, 可以通过求图的两个顶点之间的距离来求解 Bacon 数问题的案例. 我们还知道数据拟合问题可以转化为最短路径问题. 我们知道了垒球主教练问题以及 0—1 矩阵问题可以应用最大流来求解. 最后, 我们还建立了在街角处部署宪兵和求图的顶点覆盖问题之间的关系.

　　在本节中, 为了求解某些这样的图问题我们将学习一些简单的方法. 这是与我们在第 1 章用的方法类似的问题解决方法的一部分. 我们从常常是用非数学术语表述的实际问题开始. 运用来自实践、经验和创造性的洞察, 我们识别出问题可以用数学术语来表示——在这些问题中, 可以用图的语言来表示. 对我们来说所得到的图问题常常是熟悉的. 如果是这样的话, 我们就解决这个问题并把解翻译回到原来问题的语言表述和背景中去.

例 1　求解最短路径问题

　　给定图 $G=(V(G), E(G))$ 以及 $V(G)$ 中的一对顶点 u 和 v, 我们可以把 u 到 v 的距离定义为 u 到 v 的一条边数最少的路径. 用记号 $d(u, v)$ 来表示这个距离. 于是距离问题就是计算给定图 G 的 $d(u, v)$ 以及两个特定的顶点 u 和 v.

　　我们先不考虑求解距离问题的方法, 而是考虑这个问题的推广. 令 c_{ij} 表示边 ij 的长度. 现在我们就可以把图中 u 到 v 的最短路径的长度定义为 u 到 v 的一条路径的所有边长之和(在所有可能的路径上)的最小值. 给定图 G, 对每条边 $ij \in V(G)$ 的边长 c_{ij}, 以及两个特定的顶点 u 和 v, 最短路径问题就是要计算 G 中 u 到 v 的最短路径的长度. 容易看出前一节的距离问题就是最短路径问题的特殊情形——所有的 $c_{ij}=1$ 的情形. 因此, 我们将把注意力集中在求解最短路径问题的方法上, 因为这种方法也能解决距离问题.

　　例如, 考虑图 8-24 中的图. 先不考虑显示在图上的边长, 容易知道 $d(u, y) = 2$, 因为从顶点 u 到顶点 y 有一条两条边的路径. 但是当考虑边长时, G 中从 u 到 y 的最短路径经过顶点 v 和 w, 而其总长度为 $1+2+3=6$. 因此 $d(i, j)$ 只考虑了 i 和 j 间边的数目, 而最短路径要考虑边的长度.

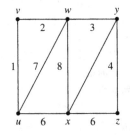

图 8-24　最短路径图例

　　最短路径问题有一种简单的结构使得我们可以用非常直观的方法来求解. 考虑以下的物理类比. 给定一个有两个特定顶点 u 和 v 的图, 以及每条边的边长. 我们要找从顶点 u 到顶点 v 的最短路径. 我们将全部用细绳来做模型. 把绳子通过不会滑脱的打结系在一起. 结与顶点对应, 而绳子就是边．绳子的长度等于边的权重（距离）（把绳子加到足够长打结就可以了）．当然，如果图中表示的距离是以英里计的话，那么我们就要，例如说，按比例把英里改变为英寸，来建立我们的绳子模型了．现在为了求得最短路径的长度，我们握紧表示顶点 u 和 v 的两个结，并把所有的绳子向外拉开直到有些绳子被拉紧为止．于是，原来图中最短路径的长度就对应于两个结之间的距离．而且这个模型还显示了哪些路径是最短的（那些拉紧的绳子）．松的绳子称为有"松弛"，这就是说即使它们稍微短一点，最短路径的长度也不会改变．

这个类比就是我们要用到的求解最短路径问题算法的基础．注意，我们将要提出的求对所有的 $ij \in E(G)$ 满足 $c_{ij} \geqslant 0$ 的任何图的最短路径的步骤都是可行的．给定非负边长 c_{ij}，下面的步骤将求得图 G 中从顶点 s 到顶点 t 的最短路径的长度．

Dijkstra 最短路径算法

输入　　图 $G = (V(G), E(G))$ 有一个源顶点 s 和一个汇顶点 t，以及对所有的边 $ij \in E(G)$ 的非负边长 c_{ij}．

输出　　G 中从 s 到 t 的最短路径的长度．

第 0 步　从对每个顶点做临时标记 L 开始，做法如下：$L(s) = 0$，且对除 s 外所有的顶点 $L(i) = \infty$．

第 1 步　找带有最小临时标记的顶点（如果有结，随机地取一个）．使该标记变成永久标记，意即该标记不再改变．

第 2 步　对每个没有永久标记但是又与带有永久标记的顶点相邻的顶点 j，按如下方法计算一个新的临时标记：$L(j) = \min\{L(i) + c_{ij}\}$，求最小是对所有带有永久标记的顶点 i 做的．重复第 1 步和第 2 步，直到所有的顶点都打上了永久标记为止．

这个算法是由荷兰计算机科学家 Edsger Dijkstra(1930—2002)[⊖] 提出的．当 Dijkstra 算法停止时，所有的顶点都打上了永久标记，每个标记 $L(j)$ 就是从 s 到 j 的最短路径的长度．我们现在就图 8-24 中的图来演示 Dijkstra 算法．

先从一些记号开始．令 $L(V) = (L(u), L(v), L(w), L(x), L(y), L(z))$ 是图 8-24 中的图的顶点的当前标记，按规定的次序列出．我们还将对任何标记加上星号使之成为永久标记．因此 $L(V) = (0^*, 1^*, 3^*, 6, 6, \infty)$ 的意思是顶点 u, v, w, x, y, z 的标记分别是 0，1，3，6，6，∞，而 u, v, w 的标记是永久的．

我们已经准备好来执行求图 G 中从 u 到任何一个其他的顶点的最短距离的 Dijkstra 算法了．首先，在第 0 步我们初始化标记 $L(V) = (0, \infty, \infty, \infty, \infty, \infty)$．然后在第 1 步中使最小的标记成为永久标记，所以 $L(V) = (0^*, \infty, \infty, \infty, \infty, \infty)$．在第 2 步中我们对每个与一个带有永久标记的顶点相邻的但是没有永久标记的顶点计算一个新的临时标记．仅有的带有永久标记的顶点是 u，与之相邻的顶点有 v, w 和 x．我们可以计算 $L(v) = \min\{L(i) + c_{iv}\} =$

　⊖　Edsger Wybe Dijkstra(艾兹格·迪科斯彻，1930—2002)是荷兰计算机科学家，毕业于莱顿大学并就职于该大学，早年钻研物理学和数学，后转向计算机科学．1972 年获享有计算机科学界诺贝尔奖之称的图灵奖．——译者注

$L(u) + c_{uv} = 0 + 1 = 1$. 类似地，$L(w) = \min\{ L(i) + c_{iw} \} = L(u) + c_{uw} = 0 + 7 = 7$, $L(x) = \min\{ L(i) \mid c_{ix} \} = L(u) + c_{ux} = 0 + 6 = 6$. 相应地，新的标记列表就是 $L(V) = (0^*, 1, 7, 6, \infty, \infty)$.

现在我们重复第 1 步和第 2 步. 先考察一下当前的 $L(V)$ 并注意到最小的临时标记是 $L(v) = 1$. 所以我们使标记 $L(v)$ 成为永久标记并更新标记列表：$L(V) = (0^*, 1^*, 7, 6, \infty, \infty)$. 在第 2 步，有两个带有永久标记的顶点要考虑：u 和 v. 顶点 x 处的情况不会改变，$L(x)$ 仍等于 6. 但是当我们重新计算 w 处的标记时，有两个新的情形要考虑：$L(w) = \min\{ L(i) + c_{iw} \} = \min\{ L(u) + c_{uw}, L(v) + c_{vw} \} = \min\{0 + 7, 1 + 2\} = \min\{7, 3\} = 3$. 于是新的标记列表为 $L(V) = (0^*, 1^*, 3, 6, \infty, \infty)$.

我们继续重复第 1 步和第 2 步. 计算机科学家会说我们现在处于算法主要步骤的"第三次迭代". 首先在标记列表中加进一个永久标记，得到 $L(V) = (0^*, 1^*, 3^*, 6, \infty, \infty)$. 第 2 步后我们得到 $L(V) = (0^*, 1^*, 3^*, 6, 6, \infty)$. 在第四次迭代，我们选 $L(i) = 6$ 的顶点中的一个顶点；我们的算法说要随机地去掉结，所以选 y 而得到永久标记. 结果是标记列表成为 $L(V) = (0^*, 1^*, 3^*, 6, 6^*, \infty)$. 经过下一步，我们得到 $L(V) = (0^*, 1^*, 3^*, 6, 6^*, 10)$，由第五次迭代得到 $L(V) = (0^*, 1^*, 3^*, 6^*, 6^*, 10)$，于是 $L(V) = (0^*, 1^*, 3^*, 6^*, 6^*, 10)$. 注意第五次迭代第 2 步的结果没有改变 $L(V)$，因为路径 $u\,x\,z$ 并没有改善我们在上一次迭代中认定的从 u 到 z 的路径 $u\,v\,w\,y\,z$. 最后，在第六次迭代中我们使最后一个临时标记成为永久标记. 至此再也没有什么可以做了，算法停止在 $L(V) = (0^*, 1^*, 3^*, 6^*, 6^*, 10^*)$. 这个列表给出了图中 u 到每个顶点的最短路径的长度.

例 2   求解最大流问题

在 8.3 节中我们知道无论是数据拟合问题还是 $0 - 1$ 矩阵问题都可以通过求相关图的最大流来得到解决. 我们将在 8.4 节中看到垒球主教练问题也可以用这种方法解决. 实际上，许多实际问题都可以修改为图的最大流问题. 本小节我们将提出求解图的最大流问题的一种简单方法.

迄今为止我们考虑过的图都有顶点和边，但是所考虑的边没有方向的概念. 即一条边就是某对顶点之间的连线，而不是特别规定从一个顶点指向另一个顶点. 本节中，我们将讨论有向图. 有向图就像其无向图的兄弟姐妹，除了每条边有一个特别指定的方向外. 我们将用术语**有向边**来指有方向的边. 更正式地说，把**有向图** $G = (V(G), A(G))$ 定义为两个集合：**顶点集合** $V(G)$ 和**有向边集合** $A(G)$. $A(G)$ 中的每个元素都是 $V(G)$ 中的**有序元素对**. 用记号 (i, j) 来表示从 i 指向 j 的有向边. 注意，无向图可以用多种方式转换成有向图. 给定一个无向图，可以选择 $E(G)$ 中每条边的指向. 每一条边 $ij \in E(G)$ 可以变换成两条有向边：一条从 i 指向 j，另一条从 j 指向 i.

现在回到求解有向图的最大流问题. 恰如最短路径问题一样，有许多求图的最大流问题的算法——从非常简单且直观的算法到在理论优势或计算优势上都超过其他方法的更为细致的算法. 这里我们将集中注意力于非常简单且直观的算法. 有兴趣的读者可以从本章末的参考文献中探究更复杂的算法.

给定一个有向图 $G=(V(G),A(G))$，两个特定的顶点 s 和 t，以及对每条有向边 (i,j) 的有限流容量 u_{ij}，我们可以用一种非常简单的方法来求 G 中从 s 到 t 的最大流．我们用第一个例子来演示这种方法，然后用更一般的术语来描述我们所做过的事情．

在开始之前我们需要定义有向路径的概念．一条**有向路径**就是要考虑路径的有向边的方向的路径．例如，考虑图 8-25 中的图．这个有向图 G 有顶点集合 $V(G)=\{s,a,b,c,d,t\}$ 和有向边集合 $A(G)=\{sa,sb,ab,ac,bc,bd,ct,dc,dt\}$．注意，$ab\in A(G)$ 但是 $ba\notin A(G)$．相应地，s-a-b-d-t 是从 s 到 t 的一条有向路径，但是 s-b-a-c-t 不是从 s 到 t 的一条有向路径（因为 $ba\notin A(G)$）．该图还有在每条有向边上标注的有向流容量．

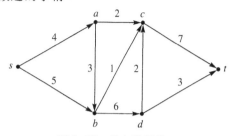

图 8-25　最大流图例

现在我们准备好开始做我们的例子．再次考虑图 8-25 中的图．我们通过寻找从 s 到 t 的一条有向路径开始．可以有若干选择，我们挑选路径 s-a-c-t．观察到在这条路径上的最低容量有向边是 ac，它的容量为 $u_{ac}=2$．因此，我们创建一个表示余下的容量，或者说是在 2 个单位的流沿路径 s-a-c-t 被剔除后的剩余容量的一个新图．我们所做的一切就是对于路径上的每条有向边去掉剩余容量中为 2 之后的流．注意，这就把有向边 ac 上的剩余流减到零，所以我们在下一个图中剔除这条有向边．这样改变的结果展示在图 8-26 中．此刻我们从 s 到 t 得到了 2 个单位的流．这就完成了最大流算法的第一次迭代．

现在我们准备开始第二次迭代．我们再次从上一次迭代得到的剩余图中寻找从 s 到 t 的一条有向路径．有向路径 s-b-d-t 是一种可能．在这个剩余图中，最小的有向边容量 $u_{dt}=3$．所以我们通过减去沿该路径所有这样的容量来创建另一个剩余图．在这次迭代中我们又从 s 到 t 剔除了 3 个单位的流，至今总的剔除的流为 5 个单位．结果展示在图 8-27 中，从而结束了第二次迭代．

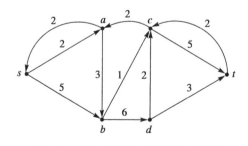

图 8-26　第一次迭代后的最大流图例

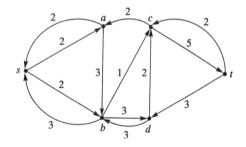

图 8-27　第二次迭代后的最大流图例

类似地做第三次迭代．在图 8-27 的剩余图中有最小容量为 2 个单位的流的有向路径 s-b-d-c-t．我们现在从 s 到 t 剔除了 7 个单位的流，留给我们的适当的图的修改为图 8-28．

此刻从 s 到 t 只有一条有向路径了，即 s-a-b-c-t．因为图 8-28 中 $u_{bc}=1$．我们在剔除总数中又加了 1 个单位流，达到 8 个单位流．在有向路径的每条边的容量中减去 1 后，得到的图展示在图 8-29 中．

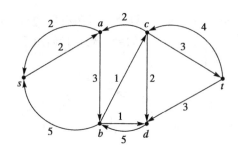

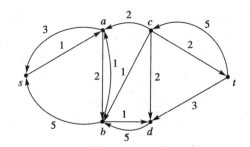

图 8-28 第三次迭代后的最大流图例   图 8-29 最大流图例，最后的剩余图

我们继续在图 8-29 中寻找从 s 到 t 的有向路径．显然没有这样的路径了．因此，停止算法的执行并断言在原来图 8-25 中的图，从 s 到 t 的最大流是 8.

最后，可以推广最大流算法．但是我们首先需要稍微确切一点描述我们的问题．

最大流问题 给定一个有向图 $G=(V(G)，A(G))$，源顶点 s 和汇顶点 t，以及对每条有向边 $ij \in A(G)$ 的有限的流容量 u_{ij}，求图中从顶点 s 到顶点 t 的最大流．

我们把上面用到的算法更为正式、更一般地叙述如下．

最大流算法

输入	有向图 $G=(V(G)，A(G))$，源顶点 s 和汇顶点 t，以及对每条有向边 $ij \in A(G)$ 的有限的流容量 u_{ij}．
输出	G 中从顶点 s 到顶点 t 的最大流．
第 0 步	设当前的流为零：$f_c \leftarrow 0$．
第 1 步	在当前的图中找一条从 s 到 t 的有向路径．如果没有这样的路径，停止．G 中从 s 到 t 的最大流就是 f_c．
第 2 步	计算 $u_{\min}$，即有向路径的所有有向边在当前的图中的最小容量．
第 3 步	对有向路径中的每条有向边 ij，更新当前图中的剩余容量 $u_{ij} \leftarrow u_{ij} - u_{\min}$．
第 4 步	令 $f_c \leftarrow f_c + u_{\min}$ 并回到第 1 步．

现在我们用最大流算法来求解其他的问题．

利用最大流求解二分图匹配问题 在 8.3 节中我们学习了垒球主教练问题可以通过寻找从该问题导出的二分图的最大匹配来解决．在本小节中我们将发现前节的最大流算法可以用来求二分图的最大匹配．两者相结合利用我们的最大流算法就能解决垒球主教练问题．这是数学建模的令人激动的方面：用正确的方法审视问题，就可以用初看似乎是无关的方法来解决这些问题．

回顾一下，图 G 的一个匹配就是子集 $S \subseteq E(G)$，使得 S 中没有两条边有共同的顶点．换言之，S 中的边都是独立的．最大匹配就是 S 的边数最多的匹配．如果图 G 是二分图，则可以利用最大流算法来求解最大匹配问题．回忆一下，一个图是二分图，如果顶点集可以分割成两个集合 X 和 Y 使得所有边的一个端点在 X 而另一个端点在 Y．图 8-30 是二分图的一个例子．哪些边应该放到 S 中使得 $|S|$ 尽可能大？

可以从把 $x_1 y_1$ 纳入 S 开始．这种选择消除了进一步考虑所有与 $x_1，y_1$ 关联的边．因此我们也

可以把 $x_2 y_3$ 纳入 S. 现在 S 中有两条边. 不幸的是, 我们再也不能把更多的边加进 S 中去了, 至
少在不移走早已在 S 中的边的情况下不能把更多的边加进 S 中去.

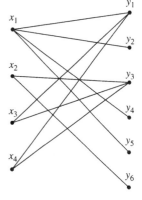

你能找到 G 中比两条边还多的匹配吗? 看来我们做的这种初始选择
在如下意义下很差, 即它阻挡了太多的其他可能的选择. 就这个小
问题而言, 可能很容易看出怎样得到一个更大的匹配. 事实上你大
概只要审视一下问题就可以找到最大匹配; 从 8.3 节的习题 8 知道
这个图的匹配不可能大于 $\min\{|X|, |Y|\} = 4$ 条边.

图 8-30　最大匹配问题

　　这种问题的更大案例 (即更大的图) 可能很难通过审视来解决.
本节的标题提出用最大流算法来求解二分图匹配问题. 下面就讲
怎样来解. 从具有两部分的 (无向的) 二分图 $V(G) = \langle X, Y \rangle$, 我
们给每条边定向使之都从 X 到 Y. 使每条这样的有向边都具有无
限的容量. 然后创建两个新顶点 s 和 t. 最后, 建立从 s 到 X 的每
个顶点的有向边, 以及从 Y 的每个顶点到 t 的有向边. 每条这样的有向边具有容量 1. 图 8-31
展示了这种想法. 现在我们对所得到的从 s 到 t 的有向图求最大流, 而且这个最大流就是原来
图中的最大匹配的大小.

　　最短路径问题和最大流问题共有的一个重要特征就是可以用计算机来有效地求解. 不幸的
是, 并非所有的图问题都具有这种特征. 我们现在来考虑几个容易描述但是看来很难用算法手
段求解的问题. 在 8.3 节中我们已经知道了一个这样的问题: 顶点覆盖问题. 这里我们再介绍
一个这样的问题, 然后要做出一个有关这两个问题的令人吃惊的观察结论.

　　考虑一家给顾客送货的百货公司. 每天, 一组送货人员根据每天的订单在公司的仓库往货
车上装货, 然后货车挨家挨户送货并最后回到仓库. 送货组主管要决定送到每家客户而且只走
一次并最后回到起点的送货路径. 要求送货的客户数目每天都在变化, 所以主管每天都有一个
新的案例要解决. 我们可以把这个问题叙述如下.

　　旅行推销员问题　一个推销员必须访问表列中的每个地方并且回到出发的地方. 推销员应
该按什么样的次序去访问表列中的每个地方使得旅行的距离最短?

　　易见这个问题可以用图来建模. 首先我们注意到这个问题通常是用称为完全图的图来建模
的. 完全图在任意两个顶点之间都有一条边. 我们还需要每条边的费用 c_{ij}, 它表示从顶点 i 到
顶点 j 的旅行费用. 可以把费用设想为距离、时间或实际钱数. 以任何次序排列的任何要访问
的地方的表列定义了一个**旅程**. 旅程的**费用**就是旅程中每条边的费用之和. 例如, 考虑图 8-32
中的图. 例如说, 我们从顶点 a 出发 (其实从何处出发没有关系). 先到顶点 b 看似合理, 因为
所需费用少: 只要 1 个单位. 由此出发到顶点 c 的边有吸引力. 至此, 我们为走了这么远付出
了 $1+2=3$ 个单位的费用. 从 c 可以到 d, 然后到 e (仅有的一个没有访问过的顶点). 现在的累
积费用为 $1+2+4+8=15$. 最后要回到起点, 要再加 3, 所以总费用为 18.

　　最终证明这不是最优旅程. 旅程 a-d-c-b-e-a 的费用为 17 (读者自己应该可以验证这点). 注
意, 这个得到改进的旅程并没有用到有吸引力的从 a 到 b 的那条边. 现在我们可以用图论术语
来重述这个问题.

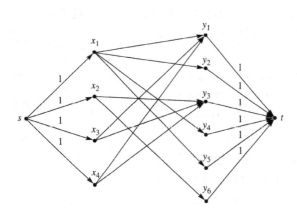

图 8-31   匹配问题表示为最大流问题

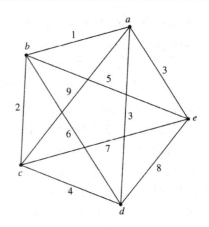

图 8-32   旅行推销员问题的图例

旅行推销员问题(重述)   给定一个完全图 $G = (V(G), E(G))$，以及 $E(G)$ 中每条边 ij 的费用 c_{ij}，求最小费用的一条旅程.

最后，重要的是要理解这个问题和我们曾经考虑过的最短路径问题是不同的. 尽管某些同样的方法看似可用，但结论并非如此. 最短路径问题的案例总可以有效地求解，但是旅行推销员问题(以及顶点覆盖问题)并不容易处理. 事实上，本节讲的是求解各种图问题的描述性算法. 求解旅行推销员问题或顶点覆盖问题并没有已知的有效算法，这可能会令读者感到惊讶. 对于小的案例，常常可以通过枚举各种可能性，即验证所有可能的解来解决. 不幸的是，对于大的案例，因为这种策略要花很长的时间，所以注定要失败. 我们将在下一节详细论述这种想法.

 习题

1. 求图 8-33 中的图从结点 a 到结点 j 的最短路径，边的权重显示在图上.

2. 一个郊区小镇正在试验一种新的方法以保持其主要公园的清洁. 从 5 月到 10 月每天都需要一组人员来收拣和运送垃圾. 在这个整段时间里，他们不是只和一家公司签订合同，小镇的经理在网上向公司招标. 公司投标提出他们愿意做清洁工作的日期和费用. 在某个公布的日期，小镇的经理评阅所有提交的投标并决定接受哪些投标. 例如，一家公司的投标是在 6 月 7 日到 20 日工作，费用为 1200 美元，而另一家公司的投标是在 6 月 5 日到 15 日工作，费用为 1000 美元. 因为投标的时间有重叠，不可能同时接受两个投标. 小镇的经理怎样运用 Dijkstra 算法来选择应该接受哪个投标以使费用最小？还需要做什么假定吗？

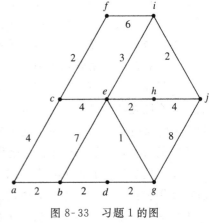

图 8-33   习题 1 的图

3. 用最大流算法来求图 8-31 中的图从 s 到 t 的最大流.

4. 解释用最大流算法的步骤来求二分图的最大匹配的大小为什么是可行的. 可以用它来求最大匹配(而不是匹配的大小)吗？可以用于并非二分图的图吗？为什么是或者为什么不是？

5. 在野外定向运动(orienteering)⊖ 中，给参赛者("野外定向运动员")一张地图上标出要运动员去寻找的位置

⊖ Orienteering 又名定向越野运动，是一种在野外或公园里利用地图和罗盘(指南针)快速地寻找目的地的运动. 对 orienteering problem(团队定向问题)有很多研究. ——译者注

("点")的列表．野外定向运动通常选择诸如森林或公园那样的天然区域．目标是要尽可能快地访问（找到）每个点并回到出发点．假设一位参赛者估计她在每一对点之间需要花的时间在表 8-8 中给出．求使得参赛者能够顺利通过竞赛场地所花的时间最少的旅程．

表 8-8　参赛者对两点间所需时间（按分计算）的估计

	开始	a	b	c	d
开始	—	15	17	21	31
a	14	—	19	14	17
b	27	22	—	18	19
c	16	19	26	—	15
d	18	22	23	29	—

6. 当有向边带负的权值时，Dijkstra 算法仍然可行吗？

进一步阅读材料

Ahuja，R．，T. Magnanti，& J. Orlin. *Network Flows：Theory，Algorithms，and Applications*. Englewood Cliffs，NJ：Prentice Hall，1993.

Buckley，F．，& F. Harary. *Distance in Graphs*. NY：Addison-Wesley，1990.

Lawler，E．，J. Lenstra，A. R. Kan，& D. Shmoys，eds. *The Traveling Salesman Problem*. NY：Wiley，1985.

Skiena，S．，& S. Pemmaraju. *Computational Discrete Mathematics：Combinatorics and Graph Theory with Mathematica*. Cambridge：Cambridge University Press，2003.

Winston，W．，& M. Venkataramanan. *Introduction to Mathematical Programming：Applications and Algorithms*，Volume 1，4th ed. Belmont，CA：Brooks-Cole，2003.

8.5　与数学规划的联系

在上一章里，我们了解到用线性规划来建模决策问题，然后用单纯形法来求解相关的线性规划问题．本节中，我们将考虑怎样用线性规划和整数规划对上一节提出的某些问题进行建模．

例1　顶点覆盖

回忆一下 8.3 节中讨论过的顶点覆盖问题．用语言来说，我们要找 $V(G)$ 的子集 S 使得图中的每条边与 S 中的一个成员关联，而且要求 $|S|$ 尽可能小．我们知道这可能是一个很难解的问题，但是有时候整数规划会对我们有所帮助．

考虑图 8-34 中的图．我们试图求一个最小顶点覆盖．我们在如下意义上把一个顶点放到 S 中，即它减少了未被覆盖的边数．也许我们应该从贪婪一点的想法开始，即通过寻找次数最高的顶点（顶点的次数就是与之关联的边数）．这是一个贪婪的选择，因为它给了加进一个顶点到 S 中去的"投资"的最大可能的回报．顶点 9 是唯一能覆盖 4 条边的一个顶点，所以这看似极好的开始．但是不幸的是，结果表明这种选择不是最优的；这个图的仅

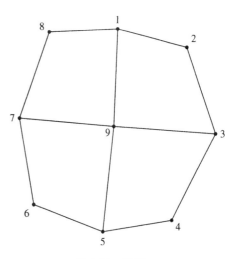

图 8-34　图例

有的最小顶点覆盖是 $S=\{1,3,5,7\}$，从而我们的初始选择顶点 9 显然是不行的.

我们的小例子当然可以用尝试法来求解，但是对于大的图这种尝试法很快就变成完全没有用的求解策略了：只因为需要验证的可能的解太多了. 有时整数规划可以提供另一种方法.

顶点覆盖问题的整数规划模型　整数规划建模的关键和其他建模的关键是一样的. 任何建模问题的最重要的一步是定义变量. 我们现在就来做这件事. 可以令

$$x_i = \begin{cases} 1 & \text{如果 } i \in S \\ 0 & \text{如果 } i \notin S \end{cases} \tag{8-11}$$

变量 x_i 有时称为**决策变量**，因为指派给 x_i 的每个可行值表示可以对图 8-33 中的图的 S 中的顶点做出的决策. 例如，设 $x_5=1$ 就表示把顶点 5 包括在 S 中，而 $x_7=0$ 就表示把顶点 7 排除在 S 外. 如果定义向量 $x=\langle x_1,x_2,\cdots,x_9 \rangle$，则任何长度为 9 的二进制串都可以认为是包括在顶点覆盖 S 中的顶点的一种选择.

作为旁白，我们来考虑这时有多少种可能的决策. 每个 x_i 必须取两个可能值之一. 因此有 $2^9 = 512$ 种可能性. 这不算太坏，但是要对稍大一点的图，例如有 100 个顶点的图，来用这种方法，那么为了确定哪些顶点应该进入 S，我们就必须考虑 $2^{100} = 1\ 267\ 650\ 600\ 228\ 229\ 401\ 496\ 703\ 205\ 376$ 种不同的可能选择. 显然，即使有极快的计算机，要逐个验证所有这些可能性的任何求解策略也注定要用太多的时间.（你可以做一点计算来验证感受一下. 见本节末的习题 3.）

当然，某些选择优于另一些选择！事实上，当我们做出选择时有两个大问题. 首先我们的选择必须是可行的，即必须满足每条边与 S 中的一个顶点关联. 实际上我们必须验证所有的边以确认这个要求，也称为约束，是得到满足的. 这样说有助于理解怎样用整数规划的语言来写约束. 考虑与顶点 4 和 5 关联的边. 这条边的出现要求或者 x_4 或者 x_5（或两者）都等于 1. 代数地写下这个约束的一种方法是

$$(1-x_4)(1-x_5)=0 \tag{8-12}$$

你应该花一点时间来令自己信服这个等式确实等价于上面用语言表述的约束. 换言之，验证满足 (8-12) 当且仅当 $x_4=1$ 或 $x_5=1$（或两者都等于 1）.

不幸的是，结果表明式 (8-12) 不是表示该约束的最好方法. 一般来说，把约束写成线性不等式（等式也行），求解整数规划的软件会做得更好. 表示式 (8-12) 不是线性的，因为这要把两个决策变量相乘. 表示式 (8-12) 的更好表述是：

$$x_4+x_5 \geqslant 1 \tag{8-13}$$

可以再次验证当 $x_4=1$ 或 $x_5=1$（或两者都等于 1）时恰好满足式 (8-13).

显然可以把同样的做法用于该图的全部 12 条边. 下面就是全部约束的表示.

$$x_1+x_2 \geqslant 1$$
$$x_2+x_3 \geqslant 1$$
$$x_3+x_4 \geqslant 1$$
$$x_4+x_5 \geqslant 1$$
$$x_5+x_6 \geqslant 1$$
$$x_6+x_7 \geqslant 1$$
$$x_7+x_8 \geqslant 1$$

$$x_8 + x_1 \geq 1$$
$$x_1 + x_9 \geq 1$$
$$x_3 + x_9 \geq 1 \qquad\qquad (8\text{-}14)$$
$$x_5 + x_9 \geq 1$$
$$x_7 + x_9 \geq 1$$

不用写这么长的表列，可以用一个单个的更一般的方法来表示同样的事情：

$$x_i + x_j \geq 1 \qquad \forall\, ij \in E(G) \qquad\qquad (8\text{-}15)$$

不等式(8-15)精确地表示了式(8-14)中的 12 个不等式.

因为我们定义的决策变量总是取值 0 或 1，所以在整数规划中需要考虑到这种情况的约束. 我们可以这样写出这种约束：

$$x_i \in \{0, 1\} \qquad \forall\, i \in V(G) \qquad\qquad (8\text{-}16)$$

这就迫使每个 x_i 按我们模型的规定或者等于 0 或者等于 1.

注意我们已经顾及了所有的约束. 选择满足式(8-15)和式(8-16)所有约束的 $x = \langle x_1, x_2, \cdots, x_9 \rangle$ 称为可行的或**可行点**. 现在我们只要从所有的可行点中找最优点(或者一个最优点)就可以了. 我们需要确定 x 的哪个选择是最优的某种"优"的度量. 如同我们早先说过的，需要使 $|S|$ 最小的解. 根据我们对整数规划的阐明，要求 $\sum_{i \in V(G)} x_i$ 最小. $\sum_{i \in V(G)} x_i$ 称为**目标函数**.

最后，把目标函数与约束(8-15)和(8-16)收集在一起，得到一种以一般的方式写下的作为整数规划的任何顶点覆盖问题.

$$\mathrm{Min}\ z = \sum_{i \in V(G)} x_i$$
$$\text{s. t.} \qquad\qquad\qquad\qquad\qquad\qquad\qquad (8\text{-}17)$$
$$x_i + x_j \geq 1 \qquad \forall\, ij \in E(G)$$
$$x_i \in \{0, 1\} \qquad \forall\, i \in V(G)$$

注意没有最后一行 $x_i \in \{0, 1\}$, $\forall\, i \in V(G)$ 的(8-17)是一个线性规划而不是一个整数规划. 结果是，求解整数规划常常包含先求解一个通过放弃整体性要求得到的线性规划问题. 有关怎样形成和求解线性和整数规划问题，以及怎样解释解的结果方面有着丰富的知识和技巧. 本章末的"进一步阅读材料"向读者提供了额外的信息.

有关利用整数规划来求解顶点覆盖问题的大型实例，还有一点要考虑. 式(8-17)表明我们至少可以把任何顶点覆盖问题表示为一个整数规划问题. 不幸的是，我们不知道是否存在求解所有整数规划问题的快速方法. 计算复杂性就是考虑诸如此类问题的理论计算机科学的一个分支. 本章末的"进一步阅读材料"提供了更多的信息.

例2   最大流

现在考虑有向图的最大流问题. 在前一节中已经定义了这个问题. 给定有向图 $G = (V(G), A(G))$，源顶点 s 和汇顶点 t，以及对每条有向边 $ij \in A(G)$ 的流容量 u_{ij}. 我们从定义表示流的变量开始. 令 x_{ij} 表示从顶点 i 到顶点 j 的流.

有几类约束要考虑. 首先我们只考虑非负的流，所以

$$x_{ij} \geqslant 0 \qquad \forall\, ij \in A(G) \tag{8-18}$$

回忆一下符号 ∀ 的意思是"对于所有的";因此,约束 $x_{ij} \geqslant 0$ 是对图的有向边集合 $A(G)$ 的每条有向边 ij 适用.

我们还知道在每条有向边上的流是由容量制约的,或者说在该有向边上容量是有上界的.下面的约束抓住了这个概念.

$$x_{ij} \leqslant u_{ij} \qquad \forall\, ij \in A(G) \tag{8-19}$$

在我们考虑下一种类型的约束之前,需要做一个关键的观察.在图中除 s 和 t 外的每个顶点处流是守恒的(保持不变的),即在(除 s 和 t 外的)每个顶点处流进等于流出.现在我们就可以来写流平衡的约束了.

$$\sum_i x_{ij} = \sum_k x_{jk} \qquad \forall\, j \in V(G) - \{s,t\} \tag{8-20}$$

集合 $V(G) - \{s, t\}$ 只不过是从 $V(G)$ 中拿掉了 s 和 t;在图 8-25 的例子中,$V(G) - \{s, t\} = \{a, b, c, d\}$.

现在我们把注意力转向目标函数.我们要求从 s 到 t 的最大流.因为除 s 和 t 外流是处处守恒的,所以我们观察到任何从 s 流出的流最终会流到 t.也就是说,我们要最大化的量就是所有从 s 流出的流之和(也可代之以最大化所有流到 t 的流之和——结果是一样的).所以,我们的目标函数为

$$\text{Max} \sum_j x_{sj} \tag{8-21}$$

结合式(8-18)、式(8-19)、式(8-20)和式(8-21),就可以把最大流问题写成如下的线性规划问题:

$$\text{Max } z = \sum_j x_{sj}$$

s. t.

$$\sum_i x_{ij} = \sum_k x_{jk} \qquad \forall\, j \in V(G) - \{s,t\} \tag{8-22}$$

$$x_{ij} \leqslant u_{ij} \qquad \forall\, ij \in A(G)$$

$$x_{ij} \geqslant 0 \qquad \forall\, ij \in A(G)$$

当线性规划问题(8-22)已经得到解决时,所得到的流 x 就是 G 中的最大流,而能够从 s 到 t 的最大流量就是 $\sum_j x_{sj}$.

为了方便起见,把图 8-25 复制为图 8-35.

首先注意到类型(8-18)的约束要求在每条有向边上的流是非负的.因此 $x_{ac} \geqslant 0$ 是这个案例中 9 个这样的约束中的一个.类型(8-19)的约束要求流满足给定的上界.

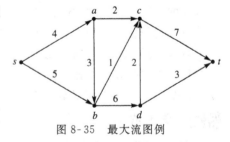

图 8-35 最大流图例

本例中这种类型的 9 个约束中包括 $x_{ac} \leqslant 2$ 和 $x_{ct} \leqslant 7$.类型(8-20)的约束是因为流是平衡的.因为有 4 个顶点,所以有 4 个这样的约束,不包括 s 和 t 在内.在顶点 c 处流平衡约束为 $x_{ac} + x_{bc} + x_{dc} = x_{ct}$.本案例的目标函数是使 $x_{sa} + x_{sb}$ 最大.

习题

1. 考虑图 8-36 中的图 G.

   (a)求图 G 的最小顶点覆盖.

   (b)形成一个求图 G 的最小顶点覆盖的整数规划.

   (c)用计算机软件来求解(b)中的整数规划.

2. 再次考虑图 8-36 中的图. 现在假设在置于 S 的顶点处的费用是变化的. 假设对于 $i \in \{1, 2, 3, 4, 5\}$，置于 S 的顶点 i 处的费用为 $g(i) = (-i^2 + 6i - 5)^3$. 对这个新情况重做习题1的(a)、(b)和(c). 这是一个加权顶点覆盖的案例.

3. 假设为求解一个问题计算机要验证所有 2^{100} 种可能性. 假设计算机每秒可以验证 1 000 000 种可能性.

   (a)计算机要用多少时间求解这个问题?

   (b)假设计算机公司生产出了一种新型号的计算机，其速度比老型号的计算机要快 1000 倍. 问题(a)的答案会有什么改变? 新计算机在这样解决问题时的实际影响是什么?

4. 写出求解与图 8-37 中的图相关的从 s 到 t 的最大流的线性规划.

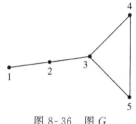

图 8-36　图 G

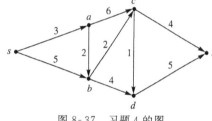

图 8-37　习题 4 的图

 研究课题

1. 把垒球主教练问题表示为线性或整数规划问题，并用计算机软件求解.

进一步阅读材料

Garey，M. ，& D. Johnson. *Computers and Intractability*. W. H. Freeman, 1978.

Nemhauser，G. ，& L. Wolsey. *Interger and Combinatorial Optimization*. New York：Wiley, 1988.

第9章 决策论建模

引言

在第 2 章数学建模过程中讨论了假设条件对于模型以及我们可能用到的方法的重要性.决策论,或称决策分析,是在机会和风险并存的复杂情况下,帮助人们选择各种办法的数学模型和数学工具的结合.在很多情况下我们的选择显然是明确的,信息也是确定的,例如 7.3 节分析了一个木匠在木板数量和劳动时间约束下,生产桌子和书架使利润最大化的决策,我们假定每个桌子和书架总是耗用同样的资源,回报同样的利润,这种情况和假设称为**确定性的**.

然而,很多情况下**机会**和**风险**并存,建立模型用以帮助我们作出决策时,需要考虑机会或风险,或者同时考虑二者.很多这样的情况包含随机因素,也存在一些有明确含义的成分.随机因素的存在使得这种情况呈现本质的不确定性,称为**随机性的**,因为其未来的状态由可预测的因素和随机因素共同决定.例如,你在露天游乐场上看到图 9-1 所示的转轮,4 美元转一次,只要愿意可以随便玩多少次.假定转轮是"公平"的,你玩这个游戏吗?如果玩,一个晚上你期望能赢或输多少钱?

如果转轮是公平的,会有一半的次数转到 $0,另一半转到 $10,平均每次得到 $5,因为转一次要付费 $4,而结果是 $0 或 $10,所以或者输 $4,或者赢 $6,于是转一次的平均收益或称期望 E 为

$$E = (0 - \$4) \times 0.5 + (\$10 - \$4) \times 0.5 = \$1$$

这样,如果玩这个游戏 100 次,可以期望得到大约 $100.考虑到任何结果都可能出现,所以存在着风险,例如你可能开始转到一连串的 $0,付费会超过你带的钱.

在决策论中一个重要的差别是,决策是实施一次还是像刚才讨论的那样重复多次.例如在 Deal 或 No Deal 游戏(http://www.nbc.com/Deal_or_No_Deal/game/flash.shtml)中有 26 个盒子,每个盒子里有 $0.01 到 $1 000 000 之间不同数额的钱(详见网站).玩家开始选一个盒子放在身旁,然后打开剩下的 25 个盒子中的 6 个,展示其中的钱数,并将它们移开.在每一轮打开指定数量的盒子后,庄家会拿出一个"deal"作为报酬即让玩家在停止游戏并得到一笔报酬与继续打开剩下的盒子这二者之间选一.现在我们假定只剩下 2 个盒子,里面或是 $0.01 或是 $1 000 000,并且你可以等可能地打开其一.如果你接受那个 deal,那么庄家拿给你的报酬是 $400 000,你应该要那个 deal 还是继续玩?如果继续玩,平均收益或期望是

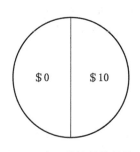

图 9-1 有两种结果的转轮

$$E = \$0.01 \times 0.5 + \$1\,000\,000 \times 0.5 \approx \$500\,000$$

这个数额超过 $400 000 的报酬.如果你多次玩这个游戏,就应该不要那个 deal 去得到平

均每次＄100 000⊖的收益，但是如果你只玩一次并且拒绝庄家的报酬，在接受报酬与继续玩游戏之间的区别是

$$A：\$ 0.01-\$ 400\ 000 \approx -\$ 400\ 000$$

或

$$B：\$ 1\ 000\ 000-\$ 400\ 000=\$ 600\ 000$$

于是你冒＄400 000的风险换取＄600 000的外快，该如何抉择呢？我们将研究更适合一次性抉择而非使平均收益最大化的决策准则.

另一个重要区别是，每个事件出现的概率**已知**还是**未知**，比如在可能的企业收益中考虑如下决策问题：

Hardware & Lumber 是一家盈利相当不错的大公司，管理层认为向制造业扩展将新产品推向市场是个好主意，计划中的新产品是小型室外木质库房，考虑以下可供选择的方案：(1)修建一个大工厂来建造库房；(2)修建一个小工厂来建造库房；(3)不修建任何工厂也不扩展公司业务. 关键的假设是对库房的需求是高的、中等的还是低的，这依赖于经济的发展. 将结果概括成下表：

方案	结果(美元)		
	高需求	中等需求	低需求
修建大工厂	200 000	100 000	−120 000
修建小工厂	90 000	50 000	−20 000
不建厂	0	0	0

如果无法估计需求的概率，公司应做出什么样的决策？如果市场部门能估计出未来需求是高、中、低的概率分别是 25％、40％和 35％，这个决策将怎样改变？这些估计是基于**相关的频率**还是一位专家的**主观判断**？这个决策对可能结果的估计以及估计概率的**敏感性**如何？决策从一种方案到另一方案的**转折点**在哪里？一个只有很少资本、刚起步的公司与一家拥有雄厚资本、成立很久的公司其决策会不同吗？以下各节将讨论这些问题. 我们从概率和期望值开始.

9.1 概率和期望值

首先看看与机会有关的游戏. 假定一次掷一对骰子，掷出两颗骰子点数之和为 7 你就赢，否则输. 玩一次付费＄1，如果赢，除拿回＄1 外再得到＄5，否则输掉＄1. 如果一个晚上赌 100 次，你能赢或输多少钱？回答这样的问题需要两个概念：**事件的概率**和**期望值**.

我们利用事件概率的**频率定义**. 事件 7 的频率是掷出 7 的次数除以可能结果的总数，即

事件的概率＝有利结果的次数/结果总数

显然，一个事件(掷出 7)的概率必定大于或等于 0 且小于或等于 1，并且所有可能事件的结果(掷出 2，3，…，12)的概率之和等于 1，即

⊖ 原文如此，而按照上面的计算应为＄500 000.——译者注

$$0 \leqslant p_i \leqslant 1$$

且

$$p_2 + p_3 + p_4 + \cdots + p_{10} + p_{11} + p_{12} = 1$$

或

$$\sum_{i=2}^{12} p_i = 1, \qquad i = 2, 3, \cdots, 12$$

于是我们需要计算掷两颗骰子所有可能的结果，然后确定有多少结果的点数之和为 7. 用树形图便于对结果的想象. 第 1 颗骰子可能的结果是 1，2，3，4，5，6，第 2 颗骰子也如此，并且每个数等可能地出现. 画出树形图的一部分，如图 9-2 所示.

所有可能的结果如下表.

骰子 1 的结果	骰子 2 的结果					
	1	2	3	4	5	6
1	2	3	4	5	6	**7**
2	3	4	5	6	**7**	8
3	4	5	6	**7**	8	9
4	5	6	**7**	8	9	10
5	6	**7**	8	9	10	11
6	**7**	8	9	10	11	12

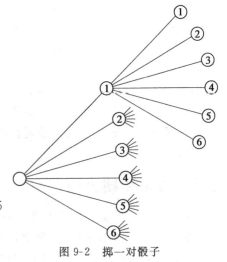

图 9-2　掷一对骰子

我们看到总共有 36 个等可能的结果，其中 6 个为 7，掷出 7 的概率是

概率＝有利结果数/结果总数＝6/36＝1/6

于是玩很久以后会有大约 1/6 的次数出现 7. 在确定是赢还是输之前需要理解期望值的概念.

加权平均

如果有 2 次测验的分数 80 和 100，显而易见，将它们相加再除以 2，得到平均分 90. 如果 5 次测验，3 个 80 分，2 个 100 分，将它们相加除以 5，得到

平均分＝(80＋80＋80＋100＋100)/5＝(3×80＋2×100)/5

重排以后得

加权平均分＝(3/5)×80＋(2/5)×100

在上述形式中有两个**报酬** 80 和 100，每个乘以**权重** 3/5 和 2/5，这类似于**期望值**的定义.

假设一个游戏的**结果**是 $a_1, a_2, \cdots, a_n$，每个结果得到的**报酬**为 $w_1, w_2, \cdots, w_n$，出现的概率为 $p_1, p_2, \cdots, p_n$，且 $p_1 + p_2 + \cdots + p_n = 1$，$0 \leqslant p_i \leqslant 1$，则游戏所得的**期望值**是

$$E = w_1 p_1 + w_1 p_2 + \cdots + w_1 p_n$$

注意：期望值类似于加权平均，但是权重必须是概率($0 \leqslant p_i \leqslant 1$)，且权重之和等于 1.

例1 掷骰子

回到掷骰子游戏，我们关心的是输赢的结果．赢的报酬是 \$5，输的报酬是 $-$\$1，即玩一次的费用．赢(点数 7)的概率如前计算是 1/6，输(其他点数)的概率是 5/6，即 $1-1/6=5/6$，或者由定义计算：36 种结果中的 30 种，概率为 $30/36=5/6$，所以期望值是

$$E=(\$5) \times 1/6 + (-\$1) \times 5/6 = 0$$

结果为 0 的解释是，如果玩很长时间就会不赢不输，游戏是公平的．但若玩一次付费 \$2，期望值就是

$$E=(\$5) \times 1/6 + (-\$2) \times 5/6 = -\$5/6$$

平均每次输 \$0.83．如果玩 100 次，就会输掉大约 \$83，游戏对玩家是不公平的．当期望值为 0 时游戏才是公平的． ■

例2 人寿保险

定期人寿保单对保险客户的死亡要付给受益人一笔一定数额的钱，保单要每年收取保费．假设一家人寿保险公司打算将一年期 \$250 000 的保单卖给 49 岁的女性，保费是 \$550．按照"全国人口统计报告"(第 47 卷 28 期)，这个年龄的女性一年的存活率是 0.997 91．计算这个保单给保险公司带来的期望收益．

解 假定所有保险客户都付 \$550 的保费，估计有 $(100-99.791)\%$ 的客户将得到 \$250 000，于是期望值是

$$E=(\$550) \times 0.997\ 91 - \$250\ 000 \times (1-0.997\ 91) = \$25.201$$

保险公司每卖出一份保单可得到 25 美元多一点的收益．若卖出 1000 份就得到 \$25 000．因为期望值是正的，保单将盈利；若期望值为负，就会亏损． ■

例3 轮盘赌

期望值一个常见的应用是博彩，例如，美式轮盘赌有 38 个等可能出现的结果：0，00，1，2，3，…，34，35，36，赌单个数字的赢家的赔率是 35 对 1，表示可得到赌注的 35 倍并且拿回你的赌注，即在收回赌注后总共得到 36 倍的赌注．当对单个数字下注 \$1 时，对于所有 38 种可能的结果求玩家收益的期望值．

解 在美式轮盘赌中玩家对单个数字下注，赢钱的概率是 1/38，赢的钱是 \$36 减去 \$1 的赌注，输钱的概率是 37/38，输 \$1，期望值为

$$E=(-\$1) \times 37/38 + (\$36-\$1) \times 1/38 = -\$0.0526$$

因此，每 \$1 的赌注平均输掉 5 美分多一点，即 \$1 赌注的期望值是 $(\$1-\$0.0526)=\$0.9474$．这种情况下期望值($-\$0.0526$)是负的，游戏是不公平的，庄家获益，"庄家优势"为 5.26%． ■

例4 改建现有的高尔夫球场还是建造新的高尔夫球场

一家建筑公司要在改建现有的高尔夫球场还是建造新的高尔夫球场之间做出抉择．如果从长期看二者均能获益，则选择获益大的；如果均不能获益，公司就不做什么．公司必须花一定

费用来竞标，并且不一定能赢得合同．如果竞标建造新的高尔夫球场，有 20％ 的机会赢得合同，并且赢得合同后会得到 $ 50 000 的净利润，但是一旦没有赢得合同，就会损失准备竞标的费用 $ 1000．关于改建现有的高尔夫球场的数据如下表：

新建（NC）	改建（R）
赢得合同：净利润 $ 50 000	赢得合同：净利润 $ 40 000
未赢得合同：－ $ 1000	未赢得合同：－ $ 500
赢得合同的概率：20％	赢得合同的概率：25％

对于新建，**结果**是赢得和未赢得合同的相应**报酬**分别为 $ 50 000 和－ $ 1000，相应的**概率**分别为 0.20 和 0.80，期望值是

$$E(\text{NC}) = (\$ 50\,000) \times 0.2 + (-\$ 1000) \times 0.8 = \$ 9200$$

于是，从长期看竞标新建是获益的，平均来说每次竞标的报酬为 $ 9200．对于改建现有的高尔夫球场，得到 $ 40 000 报酬的概率是 0.25，－ $ 500 报酬的概率是 0.75，期望值是

$$E(\text{R}) = (\$ 40\,000) \times 0.25 + (-\$ 500) \times 0.75 = \$ 9625$$

从长期看，改建现有的高尔夫球场更赚钱．

敏感性分析

我们看到，典型的决策模型依赖于很多假设，如例 4 中赢得建造新高尔夫球场或者改建现有高尔夫球场合同的概率，一般是根据过去的经验估计的．这些概率或多或少会改变公司做出竞标抉择或者得到竞标的机会．改建现有的高尔夫球场的决策对于赢得竞标的概率有多敏感？赢得竞标对净利润有多敏感？

例 5　**再论改建现有的高尔夫球场还是建造新的高尔夫球场**

先看对赢得建造新高尔夫球场合同的概率的估计，现在的估计是 20％，这个概率增加到多少，就能使建造新高尔夫球场（的决策）胜过改建现有高尔夫球场？记赢得建造新高尔夫球场合同的概率为 p，未赢得的概率为 $1-p$，将建造新高尔夫球场的期望值重新表示为

$$E(\text{NC}) = (\$ 50\,000)p + (-\$ 1000)(1-p)$$

为使建造新高尔夫球场有望竞争，其期望值必须等于改建现有高尔夫球场的期望值（现在是 $ 9625），即

$$E(\text{NC}) = (\$ 50\,000)p + (-\$ 1000)(1-p) = \$ 9625$$

解出 $p = 0.2083$，即 20.83％，于是只需赢得建造新高尔夫球场合同的概率有一个很小的增加，就能改变决策，这使决策者把 20.83％ 视为转折点，只要他觉得现在的概率可以高一点，他就应该建造新的高尔夫球场．

如果赢得建造新高尔夫球场的合同，这个决策对净利润的敏感性如何呢？用 x 表示利润的大小，仍用例 4 中赢得合同的概率，对于建造新高尔夫球场

$$E(\text{NC}) = x \times 0.2 + (-\$ 1000) \times 0.8$$

为使建造新高尔夫球场有望竞争，其期望值必须等于改建现有高尔夫球场的期望值，即

$$E(\text{NC}) = x \times 0.2 + (-\$ 1000) \times 0.8 = \$ 9625$$

解出 $x =$ \$52 125，比 \$50 000 增加 4.25％，这也是决策的转折点．下面针对事件概率或期望值的概念做一些练习．

 习题

1. 一门课程得到以下分数：100，90，80，95，100，计算平均分．

2. 一个班级中有 8 人得 100 分，8 人得 95 分，3 人得 90 分，2 人得 80 分，1 人得 75 分，计算平均分．

3. 每人每月打算使用 ATM 的次数和概率如下表，计算期望值并给予解释．讨论如何做类似的计算来确定所需 ATM 的数量．

使用次数	1	2	3	4
概率	0.5	0.33	0.10	0.07

4. 要从事一项风险事业，假定成功的概率是 $P(s) = 2/5$，且若成功可赚 \$55 000，若不成功则会赔 \$1750，求风险事业的期望值．

5. 定期人寿保单对保险客户的死亡要付给受益人一笔一定数额的钱，保单要每年收取保费．假设一家人寿保险公司打算将一年期 \$550 000 的保单卖给一位 59 岁的男性或者女性，保费是 \$1050．按照"全国人口统计报告"（第 58 卷 21 期），这个年龄的男性一年的存活率是 0.989 418，女性一年的存活率是 0.993 506，计算男性和女性的保单给保险公司带来的期望值（每个保单的收益或损失）．如果公司为男性和女性都提供保单，且买保单的客户中有 51％是女性，公司的期望值是多少？

6. 一家具有体育项目特许权的公司经营者决定进咖啡还是可乐时，要针对天气预报制定策略．当地的协定限制公司只能出售一种饮料．公司估计，若天气凉出售可乐的利润是 \$1500，若天气热出售可乐的利润是 \$5000；若天气凉出售咖啡的利润是 \$4000，若天气热出售咖啡的利润是 \$1000．天气预报称冷风到来的几率为 30％，其他情况下天气是热的．构造一个决策树形图来协助做出决策，公司应该做什么？

7. 对习题 6 找出并解释基于天气预报概率的决策的转折点，讨论在什么样的预报概率的条件下，公司应该出售咖啡或者可乐．

8. 参考掷一对骰子的例子，确定掷出 7 或 11 的概率．如果掷出 7 或 11 赢 \$5，掷出其他点输 \$1，求游戏的期望值．

9. 一家建筑公司决定修建一所中学或者一所小学，或者二者都做．公司必须竞标，这要花钱准备，并且不能保证赢得竞标．若公司竞标中学，有 35％的机会赢得，能得到 \$162 000的净利润，但若赢不到竞标，则要损失 \$11 500．若公司竞标小学，有 25％的机会赢得，能得到 \$140 000 的净利润，但若赢不到竞标，则要损失 \$5750．公司应该怎么办？

10. 考察习题 9，在多大的概率下，公司赢得哪种竞标是没有差别的？

9.2 决策树

决策树常用来表述和分析决策者可以采取的抉择，当需要做出一系列的决策时决策树尤其能够提供信息．将要用到的标记表示在图 9-3 至图 9-5 中．

例 1 **建造新的高尔夫球场还是改建现有的高尔夫球场**

对 9.1 节例 4 构造决策树，要做的决策是，建造新的高尔夫球场还是改建现有的高尔夫球场，决策准则是通过期望值最大化使得长期的总利润最大．回顾下列数据：

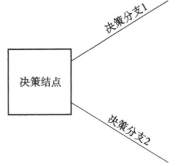

图 9-3 **决策结点**，对每个可选择的行为（策略）带有一个**决策分支**

新建（NC）	改建（R）
赢得合同：净利润 $ 50 000	赢得合同：净利润 $ 40 000
未赢得合同：－ $ 1000	未赢得合同：－ $ 500
赢得合同的概率：20％	赢得合同的概率：25％

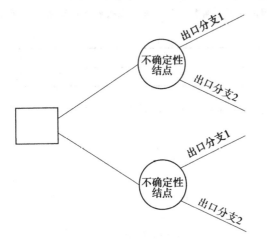

图 9-4 **不确定性结点**，对每个可能的
出口有一个**出口分支**，以反映
发生的可能性（自然状态）

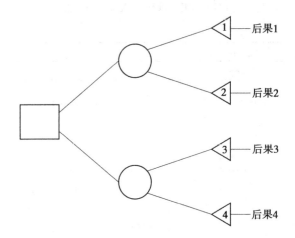

图 9-5 **终结点**，带有一个表示
报酬的**后果分支**

从有两个分支的决策结点开始，每个结点可选择的行为是一个分支（见图 9-6）.

然后加上不确定性结点，对每个可能的结果，每个结点带有一个出口分支，每个出口分支
伴有相应的概率（见图 9-7）.

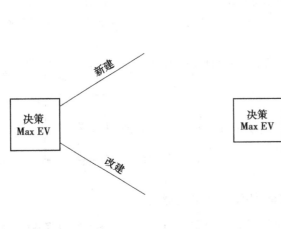

图 9-6 用最大化期望值选择新建或改建

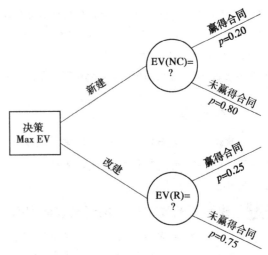

图 9-7 2 个不确定性结点，带有 2 个出口分支

最后加上终结点，每个终结点带有一个后果分支及报酬(见图 9-8).

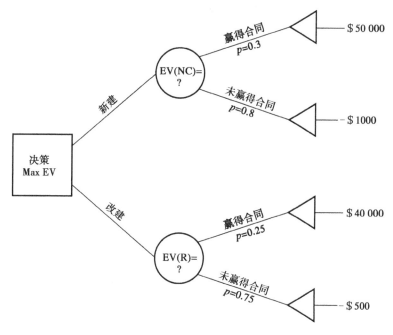

图 9-8 例 1 的决策树

这种情形下只有一个决策，决策准则是像例 2 所做的，计算每个可选择行为的期望值，并取较大的，即计算每个**不确定性结点**的**期望值**，然后根据较高的期望值做出决策(见图 9-9).

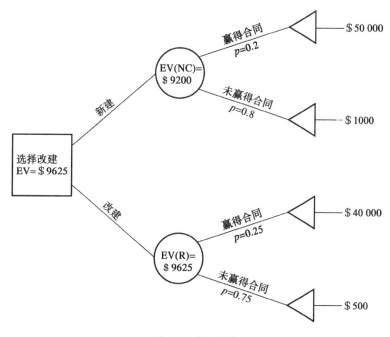

图 9-9 例 1 的解

如这个例子所示，求解决策树的方法是，从终点开始，将期望值代入每个不确定性结点，然后选取较大期望值的不确定性结点作为决策，这个步骤通常称为折返方法，如图9-10所示.

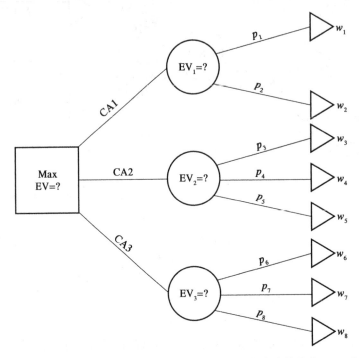

图 9-10　折返方法：从最后的决策结点开始，沿每条决策分支(CA)计算
不确定性结点的期望值，然后对每条决策分支选择最大的期望值

例 2　再论 Hardware ＆ Lumber 公司的决策

回顾本章引言中生产和出售室外木质库房的决策，所计划的 3 种方案及其相应的收益或损失，以及估计的需求概率如下：

方案	结果(美元)		
	高需求（$p=0.25$）	中等需求（$p=0.40$）	低需求（$p=0.35$）
修建大工厂（L）	200 000	100 000	−120 000
修建小工厂（S）	90 000	50 000	−20 000
不建厂（NP）	0	0	0

决策准则是，如果有收益的话选择期望值最高的方案，构造一个树形图且按照树的反向运行，得到决策. 如图9-11修建大工厂的期望值为 ＄48 000，大于修建小工厂的 ＄35 500 及不建厂的 ＄0，决策是修建大工厂.

例 3　地方电视台

一家向全国播送节目的地方电视台得到 ＄1 500 000 的投资，要决定是否将新节目推向市场，有 3 种选择：

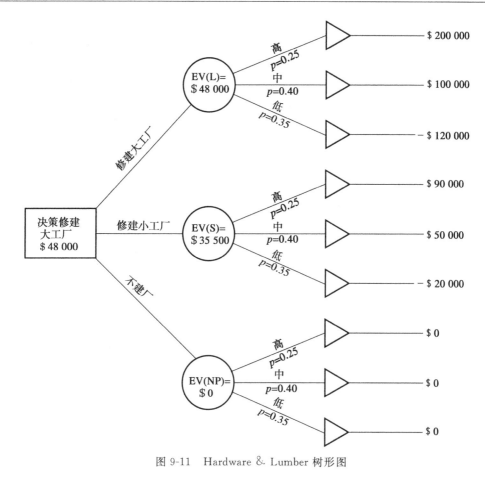

图 9-11　Hardware & Lumber 树形图

方案1　在当地试播新节目并做市场调查，根据调查结果决定将新节目推向全国还是取消新节目.

方案2　不进行试播，将新节目推向全国.

方案3　不试播，决定不向市场推出新策略.

在不做市场调查的情况下，电视台估计新节目推向全国有 55% 的可能成功，45% 的可能失败.如果成功，得到额外 $1 500 000 的收益⊖；如果失败，损失 $1 000 000.

如果电视台进行市场调查(费用为 $300 000)，有 60% 的概率预测乐观结果(新节目在当地成功)，40% 的概率预测悲观结果(当地失败).如果预测当地成功，有 85% 的概率推向全国成功；如果预测当地失败，有 10% 的概率推向全国成功(见图 9-12).若电视台想使期望值最大，应采取哪个方案？

说明　最高的期望值 $2 700 000 在不进行试播、直接将新节目推向全国下达到.

决策常是一系列的，即决策依赖于前面的一个或几个决策.9.3 节将用决策树考察序列决策.

⊖　原文如此，但从图 9-12 看，应是额外 $3 000 000 的收益.——译者注

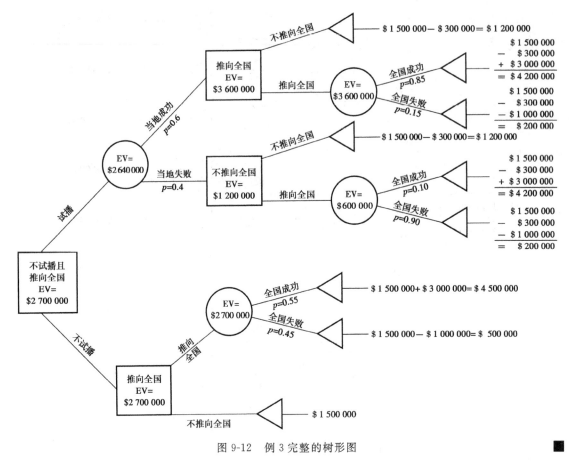

图 9-12 例 3 完整的树形图

 习题

对于 9.1 节的下面两个习题，完成树形图并求解．

1. 9.1 节习题 6.

2. 9.1 节习题 9.

3. 位于 Squaw 山谷的滑雪胜地的经济利润取决于秋冬季早期的下雪量，如果雪量大于 40 英寸(40″)，滑雪胜地总有一个成功的滑雪季节；如果雪量在 30″ 到 40″ 之间，雪季是平庸的；如果雪量小于 30″，是一个糟糕的雪季，滑雪胜地要赔钱．气象部门对雪量的预报以及前 10 个季度的期望收益如下表．一家连锁旅店提出以 $100 000 的价格租用该滑雪胜地，该滑雪胜地需要决定是自己经营还是出租，建立决策树帮助其做出决策．

	自然环境		
	雪量 $\geqslant 40''$($p_1 = 0.40$)	雪量 $30''$ 到 $40''$($p_2 = 0.20$)	雪量 $\leqslant 30''$($p_3 = 0.40$)
自己经营的利润(美元)	280 000	100 000	−40 000
出租胜地的收入(美元)	100 000	100 000	100 000

4. 对于习题 3，给出使得决策者不选择有较大期望值的因素．

5. 一家新能源公司(All Green)要建立新的能源生产线，顶层管理者要决定生产和经营策略．所考虑的 3 种策略记作 A(积极)、B(基本)和 C(谨慎)，实施的条件分为 S(强)和 W(弱)．管理者对净利润的最好估计如下表(单位: $100 000). 建立决策树帮助公司确定最好策略.

策略	强($p=0.45$)	弱($p=0.55$)
A	30	−8
B	20	7
C	5	15

6. 假定草莓的日需求量(单位: 蒲式耳)的概率分布如下表:

日需求量	0	1	2	3
概率	0.2	0.3	0.3	0.2

再假定每蒲式耳的成本为 $3, 出售价格为 $5, 未能出售的回收价格为 $2, 可以存储 0, 1, 2 或 3 个单位, 并且任何一天剩下的不能在第二天出售. 建立决策树并确定每天存储多少单位使得从长期看净利润最大.

7. 一家石油公司考虑竞标由政府授权的新能源合同, 标价 $2.10 ($\times 10^8$), 公司有好的声誉, 估计有 70% 的机会赢得合同. 如果赢得合同, 公司管理者决定从设计电动汽车或者开发新的燃料代用品这二者中选一种经营. 电动汽车的设计费用是 $300 ($\times 10^6$), 估计发展和经营成功的收益和概率如下表:

事件	概率	收益($\times 10^6$)
非常成功	0.7	$4500
中等成功	0.2	$2000
勉强成功	0.1	$90

开发新的燃料的费用是 $170 ($\times 10^6$), 估计成功的收益和概率如下表:

事件	概率	收益($\times 10^6$)
非常成功	0.6	$3000
中等成功	0.2	$2000
勉强成功	0.2	$100

建立决策树并确定公司的最好策略.

8. 一家地方电视台得到 $150 000 的研发经费, 要决定是否将新广告推向市场. 电视台位于某市, 而其观众是全国性的. 管理者提出 3 种选择方案供分析:

方案 1 在当地小范围做试验, 根据结果决定是否推向全国.

方案 2 不进行试验, 推向全国.

方案 3 不实施新的策略(维持现状).

在不做试验的情况下, 电视台估计新广告推向全国有 65% 的可能成功, 35% 的可能失败, 如果成功, 将得到额外 $300 000 的收益; 如果失败, 损失 $100 000. 如果电视台进行试验(费用为 $30 000), 有 60% 的概率得到满意结果(当地成功), 40% 的概率得到不满意结果(当地失败). 如果试验表明当地成功, 有 85% 的概率推向全国成功; 如果试验表明当地失败, 只有 10% 的概率推向全国成功. 建立树形图确定电视台的决策.

9.3 序列决策和条件概率

很多情形下决策必须按顺序地做出. 下面看一个例子.

例 1 拉斯维加斯赌场轮盘赌

在拉斯维加斯赌场有如下随机旋转的轮盘赌游戏:

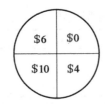

假定各种结果等可能地出现，得到的报酬和概率为

报酬(美元)	概率
0	25%
4	25%
6	25%
10	25%

每一盘游戏最多可以转 3 次，但是可以在第 1 次或第 2 次后停止，并得到第 1 次或第 2 次转出的结果．决定玩 100 盘．显然，如果第 1 次转出 $10 就应停止，而第 1 次转出 $0 就应再转，但是如果转出 $4 或 $6 怎么办呢？并且第 2 次转出后的策略是什么呢？当然，第 3 次转出后不论结果如何就停止了．要寻求的是最优决策，即

第 1 次转出后取哪个报酬？

第 2 次转出后取哪个报酬？

第 3 次转出后取任一报酬．

如果目标是玩 100 盘的最大报酬，怎么做？如果只考虑一次的报酬，玩一盘你愿意付出费用的最大值是多少？

为解决这个问题从最后一转开始，反过来进行，即如果知道第 3 转能得到多少钱，就能决定第 2 转后应做什么．当然若转第 3 次就会取得任何一种报酬．计算第 3 转的期望值，有

$$E(\text{第 3 转}) = (\$10) \times 0.25 + (\$6) \times 0.25 + (\$4) \times 0.25 + (\$0) \times 0.25 = \$5.00$$

说明 如果转第 3 次，将平均得到 $5.00，因此第 2 转后应该取任何大于 $5.00 的报酬，即

第 2 次若转出 $10 或 $6，则停止，否则，转第 3 次

现在计算第 2 转开始时的期望值．若转出 $10 或 $6，就取得；若转出 $4 或 $0，就转第 3 次，而已知第 3 转的期望值是 $5.00，于是

$$E(\text{第 2 转}) = (\$10) \times 0.25 + (\$6) \times 0.25 + (\$5.00) \times 0.50 = \$6.50$$

如果能期望第 2 转和第 3 转得到 $6.50，那么第 1 转后只能在转出 $10 才停止．综上，取得最大期望值的最优策略是：

第 1 次转出后只取 $10.

第 2 次转出后取 $10 或 $6.

第 3 次转出后取任一报酬．

有了最优策略，仍然没有确定这个游戏的期望值，为此，必须计算第 1 转开始时的期望值．若转出 $10，就取得；否则转第 2 次，而已知第 2 转的期望值是 $6.50，于是

$$E(\text{第 1 转}) = (\$10) \times 0.25 + (\$6.50) \times 0.75 \approx \$7.375$$

如果按照最优策略玩，平均每盘得到 $7.375，若玩很多盘，如 100，大约可得 $737.50.

如果玩一盘要付的钱大于 $ 7.375，就会赔钱．下面用决策树表示这个过程．

例 2　再论拉斯维加斯赌场轮盘赌

首先，对整个决策过程作图，假定任一次转出 $ 10 即取得并停止，第 1、2 次转出 $ 0 则到下一次（见图 9-13）．

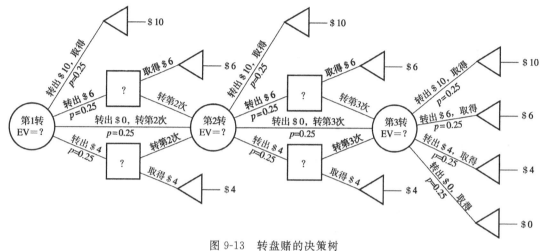

图 9-13　转盘赌的决策树

其次，计算最后一个不确定性结点的期望值 E（第 3 转）＝ $ 5.00，并得到第 2 次若转出 $ 10 或 $ 6 则停止，否则转第 3 次的决策（见图 9-14）．

再次，计算不确定性结点第 2 转的期望值 E（第 2 转）＝ $ 6.50，并得到第 1 次若转出 $ 10 则停止，否则转第 2 次的决策．

最后，计算不确定性结点第 1 转的期望值 E（第 1 转）＝ $ 7.375．

注意，只要画出决策树，从树的末端开始计算每个不确定性结点的期望值，并向前推算，即可得到最优策略．

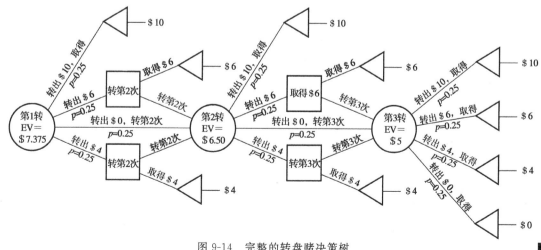

图 9-14　完整的转盘赌决策树

例3 再论 Hardware & Lumber 公司序列决策

回顾 9.2 节例 2 的 Hardware & Lumber 公司，假定公司在决策前可选择雇用市场研究部门，费用为 $4 000. 市场研究部门将进行市场调查，为公司确定新的室外木质库房的吸引力. Hardware & Lumber 公司知道该部门不能提供绝对正确的信息，公司需决定是否雇用这个研究部门. 如果市场研究部门进行调查，假定提供乐观结果(修建新的库房)的概率为 0.57，提供悲观结果(不修建新的库房)的概率为 0.43. 进而，由于有了更多的信息，产品的需求概率将改变. 在提供乐观结果时，高需求的概率为 0.509，中等需求的概率为 0.468，低需求的概率为 0.023；在提供悲观结果时，高需求的概率为 0.023，中等需求的概率为 0.543，低需求的概率为 0.434. 利用决策树为 Hardware & Lumber 公司做出决策(见图 9-15). 结论是公司应该雇用市场研究部门进行调查，可得到期望值 $87 961.

利用决策树的条件概率

常见的是，一个事件的概率依赖于先决条件，例如在很多医药检验中，检验结果的正确性取决于病人是否真的有这种病.

假定已经知道一个群体有 4.7% 的人服用类固醇，一项针对类固醇的检验对服用者的正确度是 59.5%，对未服用者的正确度是 99.5%. 建立决策树，如图 9-16 所示.

有 4 种结果，从上到下标记为："真阳性"——服用者被正确辨别；"假阴性"——服用者被错误辨别；"真阴性"——未服用者被正确辨别；"假阳性"——未服用者被错误辨别. 这样，"真"、"假"指检验的正确性，"阳"、"阴"指检验的结论.

可以计算 4 种结果的概率，如 4.7% 的人服用类固醇，其中 59.5% 被正确辨别，$0.047 \times 0.595 = 0.027\,965$，即有 2.8% 的人被正确辨别为类固醇服用者. 如图 9-16 所标记，检验结果将人群分为 4 类，以百分比表示如下：

分类	概率及百分比
真阳性(确认的服用者)	0.027 965 即 2.7965%
假阴性(未查出的服用者)	0.019 035 即 1.9035%
真阴性(确认的未服用者)	0.948 235 即 94.8235%
假阳性(被错判的未服用者)	0.004 765 即 0.4765%

如果人群共 1000 人，可以用这些结果计算每一类(平均)有多少人.

分类	概率及百分比
真阳性(确认的服用者)	$0.027\,965 \times 1000 = 27.965 \approx 28$
假阴性(未查出的服用者)	$0.019\,035 \times 1000 = 19.035 \approx 19$
真阴性(确认的未服用者)	$0.948\,235 \times 1000 = 948.235 \approx 958$
假阳性(被错判的未服用者)	$0.004\,765 \times 1000 = 4.765 \approx 5$

假定一个人被检验为服用者，他真的是服用者的概率多大？利用概率的相对频率的定义：

$$概率 = 有利结果次数 / 总数$$

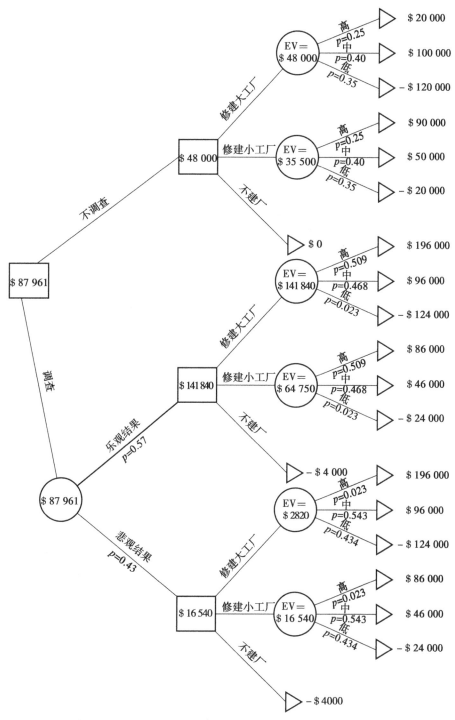

图 9-15   Hardware & Lumber 公司的序列决策树

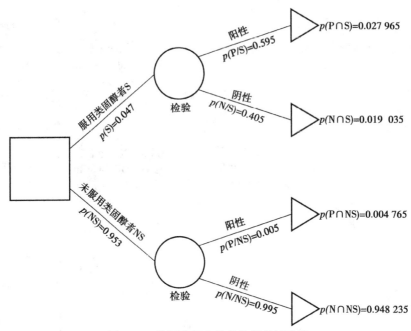

图 9-16　类固醇检验的条件概率树形图

考察检验结果为阳性的人，分子是正确辨别为服用者的，即 27.965，分母是所有检验为阳性的，即检验辨别为服用者的，是 27.965 加 4.765.

$$概率 = 27.965/(27.965 + 4.765) = 0.854\ 415$$

当然，可以直接从相应的概率算出这个结果：

$$概率 = \frac{0.047 \times 0.595}{0.047 \times 0.595 + 0.953 \times 0.005} = 0.854\ 415$$

现在来解释这个结果．如果一个人经检验被告知是类固醇服用者，那么他真是服用者的可能性为 85.4%，于是他不是服用者的可能性仍有 14.6%．在很多情况下，这种约 15% 的误判会引起很大的焦虑(对严重疾病做检验时)．在习题中将涉及体育官员面临的决策：是否需要对 100% 的运动员进行药检，处于明明知道有些人将会被误判为服药者，还错误地问责那些名声受到损害的清白的运动员的两难境地．检验的正确度需要多高，才适合对所有运动员作药检？

在这个例子中我们从概率开始构造树形图，然后计算每种可能结果的概率，再利用这些数除以总人数得到各类人数．有些情况下可以直接从每类人数出发．

　习题

1. 在例 1 拉斯维加斯的轮盘赌游戏中，假定各种结果不再是等可能地出现，而有如下报酬和概率：

报酬(美元)	概率
0	0.23
4	0.37
6	0.15
10	0.25

仍然转 3 次, 求最优策略.

2. 在例 1 拉斯维加斯的轮盘赌游戏中, 假定新的报酬和概率如下:

报酬(美元)	概率
5	0.25
10	0.35
15	0.28
20	0.12

仍然转 3 次, 求最优策略.

3. 一家大的私营石油公司需要决定是否在墨西哥湾开采石油, 钻井的费用是 \$1 000 000, 如果发现油田, 估计价值 \$6 000 000, 现在公司相信油田存在的概率为 45%. 在开钻前, 公司可以花 \$100 000 雇用地质学家得到油田的样本, 而地质学家提供有利报告的可能性仅为 60%. 如果他提供的是有利报告, 那么油田存在的概率为 85%. 而如果他提供的是不利报告, 则油田存在的概率有 22%. 确定这家大的私营石油公司应该怎么做.

4. 考察州立学院的招生计划. 加利福尼亚一所学院有一笔 \$750 000 的资金, 董事会面临几种选择. 可以选择什么都不做而把这笔资金放回学院的运营预算; 可以直接做广告, 将 \$250 000 投入州内外的一项积极的社会媒体宣传运动, 这项运动有 75% 的可能成功, 学院把成功定义为招收每年学费 \$43 500 的 100 名学生. 董事会与社会媒体方面的市场运作专家联系, 再加 \$150 000 市场运作专家就能提供一个强有力的社会媒体宣传策略, 他们自称有 65% 的机会得到有利的结果. 如果成功, 有 90% 的可能把新生数量从 100 名提升到 200 名; 如果不成功, 就只有 15% 的可能做到这种提升. 如果学院要使期望资金最大, 董事会应怎么做?

5. 加利福尼亚的一家核电公司在建造一座新的核电站时考虑两个可能的站址, 称为 A 和 B. 日本的核事故使核电公司非常担心由于自然灾害给核电站带来潜在的灾难. 在 A 和 B 建造核电站的费用分别是 \$15 000 000 和 \$25 000 000. 如果在 A 建造, 并且未来 5 年在 A 附近发生地震, 核电站将停止运行, 公司将损失 \$10 000 000 的费用, 这时公司必须在非地震带的 B 建造核电站. 最初公司认为 5 年内发生小到中等地震的可能性为 20%. 用 \$1 000 000 公司可以雇用知名的地质学家和他的事务所来分析 A 的地质构造, 地质学家的分析能预测地震能否在 5 年内发生, 地质学家的经历表明他的预测是相当准确的, 能以 95% 的把握预测地震发生, 以 90% 的把握预测地震不发生. 构造决策树帮助公司对上述选择做出决策.

6. 一家地方电视台要决定是否制作一个新的电视节目, 若节目成功, 可盈利 \$450 000; 如果失败, 会损失 \$150 000. 电视台过去 100 个节目中有 25 个成功, 75 个不成功. 电视台可以花 \$45 000 雇用一个市场研究团队, 团队可组织观众进行试看以确定节目能否成功. 过去的记录表明, 该团队预测成功的电视节目中有 90% 是实际播放也成功的, 预测不成功的电视节目有 80% 是实际播放也不成功的. 电视台怎样使利润最大化?

7. **棒球运动中的类固醇检验**. 棒球引人注目地修改了对类固醇检验不通过的惩罚, 新提议的惩罚办法可称为 "三次击中你出局", 具体如下:

第一次阳性, 禁赛 50 场.

第二次阳性, 禁赛 100 场.

第三次阳性, 全美棒球协会终身禁赛.

利用决策树进行检查与选择. 首先考虑对棒球运动员的类固醇检验, 检验结果为阳性或阴性. 但检验不是完美的, 有的运动员未服类固醇呈阳性, 有的运动员服了类固醇却呈阴性, 前者称为假阳性, 后者称为假阴性. 我们将从棒球运动员类固醇检验数据抽取一部分来分析. 建立条件概率树, 帮助计算与以下关键问题有关的概率:

如果某些运动员检验结果为阳性, 他们服用类固醇的概率多大?

如果某些运动员检验结果为阳性, 他们未服用类固醇的概率多大?

如果检验结果为阴性, 运动员服用类固醇的概率多大?

如果检验结果为阴性，运动员未服用类固醇的概率多大？

这些结果对这次药检有什么启发？

棒球运动员类固醇检验数据

	阳性结果	阴性结果	总计
服用者	28	3	31
未服用者	19	600	619
总计	47	603	650

8. 对棒球运动员来说最坏情况是终身禁赛。最初假定只考虑两种选择：检验所有人和一个也不检验。在分析中假设收益和费用如下：

B＝正确辨别一个类固醇服用者并将其禁赛的收益

C_1＝包括材料和人力在内的检验费用

C_2＝错误地问责一个未服用者及后续事故引起的费用

C_3＝未能正确辨别一个服用者的费用（通过检验或者是假阴性）

C_4＝侵犯隐私的费用

这些费用和收益很难度量，我们假设 C_1 和其他费用及收益之间存在比例关系，以帮助体育官员进行决策。

费用/收益假定

$$C_2＝25C_1；C_3＝20C_1；C_4＝2C_1；B＝50C_1$$

建立树形图帮助做出检验的决策。

9. 对于习题 8，修改比例关系如下，确定决策树新的结果：

(a)$C_2＝C_1；C_3＝C_1；C_4＝C_1；B＝C_1$

(b)$C_2＝35C_1；C_3＝10C_1；C_4＝C_1；B＝65C_1$

10. 考察习题 7 的棒球运动员类固醇检验。假定从扩充的花名单中收集了新的数据如下，建立新的决策树并解释其结果：

	阳性结果	阴性结果	总计
服用者	18	5	23
未服用者	49	828	877
总计	67	833	900

11. 9.2 节习题 5 的能源公司(All Green)要请一家市场研究部门进行市场调研，该部门一个月内提交报告，说明从事新的经营的结果会是好(G)还是不好(D)。过去这种调研是趋于正确方向的，当能源市场变强时调研结果是好的概率为 60％，不好的概率为 40％。当能源市场变弱时调研结果是不好的概率为 70％，好的概率为 30％。这项研究的费用是 $500 000。管理者在做出决策前应该聘请市场研究部门吗？

研究课题

1. 考察棒球运动员的类固醇检验。

(a)在怎样的改变下体育官员才能证明其检验结果 100％正确？

(b)增加第二种药物检验，重新确定决策树的结果。在检验第二种药物后，体育官员能证明其检验结果 100％正确吗？

9.4 利用各种准则的决策

前面几节中用期望值最大作决策，如果在长时间内重复这个决策很多次，这样做当然是有吸引力的，但是即使如此，也有很多情况要明确地考虑包含的风险，如在建造新的高尔夫球场还是改建现有的高尔夫球场的例子中，若建造新场地的净利润增加而赢得合同的概率降低，改

建现有场地的数据不变，即

新建（NC）	改建（R）
赢得合同：净利润 $100 000	赢得合同：净利润 $40 000
未赢得合同：－$1000	未赢得合同：－$500
赢得合同的概率：12.5%	赢得合同的概率：25%

$$E(NC) = (\$100\ 000) \times 0.125 + (-\$1000) \times 0.875 = \$11\ 625$$

且

$$E(R) = (\$40\ 000) \times 0.25 + (-\$500) \times 0.75 = \$9625$$

根据期望值最大化准则，应该重新选择建造新场地，长期来看可以得到更多的总利润．但是如果这是一家刚开张的公司，短期内资本有限，就存在着用期望值（只简单地比较了 $11 625和$9625）没有表示出来的**风险**．这家公司能在最初经过 7～10 次竞标，每次 $1000 的费用，为了一份得不到的合同而存活下来吗？从短期看，改建现有场地有着较高的赢得合同的概率及较低的未赢得合同的损失，这对刚开张的公司不是更好的选择吗？在这样的情况下如何度量风险呢？

什么是"一次性"决策？再看引言中讨论的流行电视节目 Deal 或 No Deal 游戏，其中有 26 个盒子，每个盒子里有从 $0.01 到 $1 000 000 的钱．玩家开始选一个盒子放在身旁，然后打开不同数量的盒子．在打开指定数量的盒子后，庄家会报一个出价，玩家或者接受（deal）或者拒绝（no deal）．现在假定玩家一直玩到底，并且知道只剩下最后两个盒子，一个里面有 $0.01，另一个有 $1 000 000，庄家出价 $400 000，玩家应该接受还是拒绝这个出价呢？如果拒绝，就要打开最后两个盒子，看看是否挑出正确的一个．继续玩的期望值是

$$E = \$1\ 000\ 000 \times 0.5 + \$0.01 \times 0.5 = \$500\ 000.005 \approx \$500\ 000.01$$

比 $400 000 多大约 25%．按照期望值准则应该选择继续玩，但是要明白：有一半的可能只得到 $0.01，怎么向亲友解释拒绝了 $400 000，虽然这样做是"数学上正确的"！对于只玩一次的玩家，不需要从长期看最优．

考察另外的决策准则．下面是一个虚拟的表，反映初始投资 $100 000 在 5 年后的资金，A，B，C，D 是 4 种不同的有效的投资策略，资金的变化取决于未来 5 年的经济状态．在这种情况下，投资限定在 5 年，所以是一次性决策．

例1 **投资与状态**

下表给出 5 年期投资各种策略的预测结果，可看作经济状态的函数：

计划	经济状态			
	E	F	G	H
A	2	2	0	1
B	1	1	1	1
C	0	4	0	0
D	1	3	0	0

第 1 种情形：一次性决策，概率已知，最大化期望值

最大化期望值准则　计算每种策略的期望值，选取最大值．假定一位成熟的经济学家估计出了主观概率．主观概率与前面用到的相对频率定义不同，因为经验数据无法得到，所以它不是有利结果数与结果总数之比，而大体上是有资格专家的最好的估计．假设经济状态 E，F，G，H 的概率分别是 0.2，0.4，0.3，0.1，于是 E(A)＝1.3，E(B)＝1.0，E(C)＝1.6，E(D)＝1.4，我们应选择 C．虽然期望值并不反映包含的风险，但是对一次性决策仍然有合适准则的情况．例如，假定某人有**一次性**的机会靠只**投掷一次**一对骰子的办法去赢 $1000，他可以选择赌出现概率最大的数 7，这样可以得到最高的期望值．其他人可以做不同的选择．

第 2 种情形：一次性决策，概率未知

拉普拉斯准则　这个准则假定未知概率都是相等的，因此可以简单地将每项投资的回报加以平均（期望值），这等价于选择总和最大的投资策略，因为权重相等．上例中每项策略回报总和是 A＝5，B＝4，C＝4，D＝4，于是按照拉普拉斯准则应该选择 A（加权平均 5/4＞4/4）．在各个状态都等同的情况下拉普拉斯方法与期望值最大化方法相同，这样它也有与期望值最大化同样的优点和缺点．

最大最小准则　这是我们研究博弈论时反复运用的一个非常重要的准则．这里要计算选择每个策略时所得到的最坏结果，可以将它作为该策略的**下限**，并且选取具有最高下限的策略．也就是计算每个策略的最小，然后选取这些最小的最大，称之为**最大最小**(maximin)．在上面的例子中，写下每行的最小，选最大的．最小是 0，1，0，0，于是应该选策略 B．注意，我们选取的是这样的策略，即它的"最坏"情况尽可能好，这是一种保守的策略．如果在短期内最保守的策略能让新公司积累足以度过困难时期的资金，那么它可能会考虑最大最小准则，虽然从长期看较积极的策略可能更为合适，而短期则受制于严重的风险．从只考虑每个策略的最坏情形看，最大最小策略是悲观的，它完全忽略会有较好的情况出现．当进行比如为孩子的高等教育的保守性投资时，最大最小策略可能是你要考虑的．

最大最大准则　对于那些想要努力争取最佳结果的情形，这种乐观的准则可能就是你所喜欢的．在上面的例子中，写下每行的最大，再选最大的，即**最大最大**(maximax)．本例中最大是 2，1，4，3，于是应该选策略 C．显然这个策略是乐观的，因为只考虑最好的情况而忽略每个策略的风险．如果在照顾到你的所有投资需求的同时，又用额外的钱作投资，并且愿意承担包含着很大收益可能的风险，那么最大最大准则可能适合你．

乐观系数准则　这是悲观的最大最小准则与乐观的最大最大准则相结合的、非常主观的准则．简单地选择一个乐观系数 $0 < x < 1$，对每个策略计算

$$x(每行的最大)+(1-x)(每行的最小)$$

然后取具有最大加权值的行．对本例设 $x＝3/4$，有

$$A=2\times 3/4+0\times 1/4=1.5$$
$$B=1\times 3/4+1\times 1/4=1.0$$
$$C=4\times 3/4+0\times 1/4=3.0$$
$$D=3\times 3/4+0\times 1/4=2.25$$

于是应该选择策略 C．乐观系数准则在 $x＝0$ 时变为最大最小准则，在 $x＝1$ 时变为最大最

大准则.

第 3 种情形："费用"最小化

上面的情形中目标是使像收益这样的数值最大，也有很多情形是使像费用这样的数值最小，对这种情形考虑两种准则.

最小最大准则　这是我们研究博弈论时反复运用的一个决策准则. 假定前面表中的数字代表在各种经济状态下公司完成一个合同的费用，如经济状态为 H 时策略 A 需要费用 $100 000. 最小最大准则对每个策略给出一个**上限**（每个策略的最大费用），然后选取这些上限的最小，即**最小最大**(minimax). 本例中对策略 A，B，C，D 的最大分别是 2，1，4，3，用最小最大准则应该选策略 B，不管经济状态如何保证费用不大于 1. 使最大费用最小的最小最大(minimax)类似于使最小收益最大的最大最小(maximin). minimax 用于费用，而 maximin 用于收益.

最小最大缺憾准则　在上面的讨论中，假定选择策略 C 而经济状态是 E，将得到 0. 如果选择 A 就会得到 2，于是**缺憾**（或**"机会"费用**）是 2. 最小最大缺憾准则使最大缺憾尽可能小. 首先从每一列的最大值（如果知道经济状态，那么最大值是能够得到的最优）中减去每一列的数值本身来计算缺憾矩阵，对于本例有

缺憾矩阵

计划	经济状态				最大缺憾
	E	F	G	H	
A	0	2	1	0	2
B	1	3	0	0	3
C	2	0	1	1	2
D	1	1	1	1	1

然后，如上表所示，对每个策略计算可能得到的最大缺憾. 最后，选择策略 D 使最大缺憾最小. 显然这是一个非常主观的准则，但对于希望避免事后再说"应该怎样、可以怎样"的放马后炮的人来说，可能会有兴趣.

概要　对于本例的投资策略，在给定的经济状态下，用上面的方法之一分别选择了策略 A，B，C，D.

结论　对于概率未知的一次性决策，不存在像概率已知、长期决策、具有严谨性的期望值模型那样的通用方法，每种情况需要仔细考察目标、机会和风险. ■

例2　投资策略

假定将 $100 000 用于投资（一次性），有 3 种途径：股票、债券或储蓄，估计的回报用支付矩阵表示.

投资途径	条件		
	快速增长	正常增长	低速增长
股票	$10 000	$6500	− $4000
债券	$8000	$6000	$1000
储蓄	$5000	$5000	$5000

拉普拉斯准则假定 3 个条件的未知概率都相等，每一个的概率都是 1/3，计算期望值：

$$E(股票) = (\$10\ 000) \times 1/3 + (\$6500) \times 1/3 + (-\$4000) \times 1/3 \approx \$4167$$
$$E(债券) = (\$8000) \times 1/3 + (\$6000) \times 1/3 + (\$1000) \times 1/3 = \$5000$$
$$E(储蓄) = (\$5000) \times 1/3 + (\$5000) \times 1/3 + (\$5000) \times 1/3 = \$5000$$

债券和储蓄出现平局，在拉普拉斯准则下无法决策．

最大最小准则假定决策者对未来是悲观的，按照这个准则比较每个策略的最小回报，选择其中最大者．

股票 — $4000

债券 $1000

储蓄 $5000

这些回报的最大者是储蓄 $5000．

最大最大准则假定决策者是乐观的，比较每个策略的最大回报，选择其中最大者．

股票 $10 000

债券 $8000

储蓄 $5000

这些回报的最大者是股票 $10 000．

乐观系数准则是最大最小准则与最大最大准则的折中，它需要一个乐观系数 $0 < x < 1$．在本例中假定乐观系数为 0.6．

	行最大	行最小
股票	$10 000	— $4000
债券	$8000	$1000
储蓄	$5000	$5000

利用

$$(行最大)x + (行最小)(1-x)$$

计算期望值：

$$E(股票) = (\$10\ 000) \times 0.6 + (-\$4000) \times 0.4 = \$4400$$
$$E(债券) = (\$8000) \times 0.6 + (\$1000) \times 0.4 = \$5200$$
$$E(储蓄) = (\$5000) \times 0.6 + (\$5000) \times 0.4 = \$5000$$

其中 $5200 是最好的结果，因此取 $x = 0.6$ 时应选择债券．

最小最大缺憾准则使机会损失最小．构造机会损失表，在每种状态下以最大缺憾为基准，本例的缺憾矩阵如下：

缺憾矩阵

投资途径	条件		
	快速增长	正常增长	低速增长
股票	$10 000 — $10 000 = $0	$6500 — $6500 = $0	$5000 — (— $4000) = $9000
债券	$10 000 — $8000 = $2000	$6500 — $6000 = $500	$5000 — $1000 = $4000
储蓄	$10 000 — $5000 = $5000	$6500 — $5000 = $1500	$5000 — $5000 = $0

每个决策的最大缺憾是：

股票　＄9000

债券　＄4000

储蓄　＄5000

最小的最大缺憾是债券．

将利用每个准则的决策总结如下：

拉普拉斯准则：债券或储蓄

最大最小准则：储蓄

最大最大准则：股票

乐观系数准则：债券（$x=0.6$）

最小最大缺憾准则：债券

综上所述，由于不存在一致的决策，必须考虑决策者的投资目的．

 习题

1. 给定如下的支付矩阵，写出计算过程来回答问题：

   (a) 如果准则是期望值最大，应选哪个策略？

   (b) 构造机会损失（缺憾）表，计算每个策略的机会损失（缺憾）的期望值，如果准则是期望缺憾最小，应选哪个策略？

策略	$p=0.35$ 1	$p=0.3$ 2	$p=0.25$ 3	$p=0.1$ 4
A	1100	900	400	300
B	850	1500	1000	500
C	700	1200	500	900

2. 在不确定条件下考虑 3 个策略 A，B，C，支付矩阵如下：

策略	条件		
	1	2	3
A	3000	4500	6000
B	1000	9000	2000
C	4500	4000	3000

按照下列准则确定最好的策略，并写出计算过程：

(a) 拉普拉斯准则

(b) 最大最小准则

(c) 最大最大准则

(d) 乐观系数准则（设 $x=0.65$）

(e) 最小最大缺憾准则

3. 有两种投资策略：股票和债券，在两种可能的经济条件下回报为：

策略	条件 1	条件 2
股票	＄10 000	− ＄4000
债券	＄7000	＄2000

(a)假定条件 1，2 的概率分别为 $p_1=0.75$，$p_2=0.25$，计算期望值并选取最好策略．

(b)条件 1，2 在什么概率下使投资股票和债券的回报(期望值)一样？

(c)要考虑其他的决策准则吗？解释原因．

4. 给出如下的支付矩阵：

策略	条件		
	1	2	3
A	$1000	$2000	$500
B	$800	$1200	$900
C	$700	$700	$700

按照下列准则确定最好的策略，并写出计算过程：

(a)拉普拉斯准则

(b)最大最小准则

(c)最大最大准则

(d)乐观系数准则(设 $x=0.55$)

(e)最小最大缺憾准则

5. 在一块新的发展区域，地方投资者考虑 3 种地产投资策略：旅店、酒店和便利店．将于近期建成的加油站距离的远近，对旅店和便利店经营的影响很大，对酒店的影响较小．投资的支付矩阵如下：

策略	条件		
	1. 距加油站很近	2. 与加油站中等距离	3. 距加油站很远
旅店	$25 000	$10000	− $8000
便利店	$4000	$8000	− $12 000
酒店	$5000	$6000	$6000

按照下列准则确定最好的策略：

(a)拉普拉斯准则

(b)最大最小准则

(c)最大最大准则

(d)乐观系数准则(设 $x=0.45$)

(e)最小最大缺憾准则

6. 未来赛季 ESPN 打算在美国南部地区电视直播下列 3 场橄榄球比赛中的一场：Alabama 对 Auburn，Florida 对 Florida 州，Texas A&M 对 LSU，按照这些球队的国内排名对球赛观众数量(以百万家庭计)的估计如下表．利用不同的准则确定策略，给 ESPN 提出建议并说明理由．

比赛场次	条件		
	1：两队排名均在前 5	2：其中一队排名前 5	3：两队排名均不在前 5
Alabama 对 Auburn	10.2	7.3	5.4
Florida 对 Florida 州	9.6	8.1	4.8
Texas A&M 对 LSU	12.5	6.5	3.2

(a)拉普拉斯准则

(b)最大最小准则

(c)最大最大准则

7. Golf Smart 公司销售一种特殊品牌的驱动器，每个售价 $200. 下一年估计售出 15, 25, 35, 45 个驱动器的概率分别为 0.35, 0.25, 0.20, 0.20. 他们从制造商那里只能以 10 个为一批地购进，10, 20, 30, 40, 50 个驱动器的购进价分别为每个 $160, $156, $148, $144, $136. 每年制造商会设计一种新的"热门"驱动器，使去年的产品贬值，因此 Golf Smart 公司在每年年底要清仓甩卖，以每个 $96 出售剩下的驱动器. 假设任一消费者在这一年中前来购买但由于缺货而买不到时，将导致 Golf Smart 公司 $24 的信誉损失. 按照以下准则确定应该采取的策略：

(a)期望值准则

(b)拉普拉斯准则

(c)最大最小准则

(d)最大最大准则

(e)最小最大缺憾准则

 研究课题

1. 许多学校面临运动员的药检问题，假定我们关心以下费用：

$$c_1 = 一个运动员被错误地问责服用药物引起的费用$$

$$c_2 = 一个运动员未能被正确辨别为药物服用者引起的费用$$

$$c_3 = 一个未服用者被检验，由于侵犯隐私引起的费用$$

假设所有运动员中有 5% 的药物服用者，且 90% 的检验是可靠的. 这意味着如果一个运动员服了药物，就有 90% 的机会被检出，如果一个运动员未服药，也有 90% 的机会被药检证实. 问在什么条件下学校应进行药检？

2. **退休与社会保险**. 美国公民应该通过 401K 法案设立自己的退休计划，还是利用现有的社会保险项目？建立模型对此进行比较，提供决策以帮助人们安排更好的退休计划.

3. 帮助总统和议会考虑平衡预算和削减赤字. 哪些变量是重要的？

4. NBC 电视网从一个热门节目平均盈利 $400 000，而一个冷门节目(不能保持收视率，必须撤销)平均损失 $100 000. 电视网不经过市场评估播放一个节目，25% 为热门，75% 为冷门. 花 $40 000 雇用一家调研公司可以帮助确定节目是热门还是冷门，如果一个节目实际上是热门，那么被调研公司预报为热门的概率是 90%，如果一个节目实际上是冷门，那么被调研公司预报为冷门的概率是 80%. 从长期看，确定电视网应如何使盈利最大化.

5. 考虑是否要加入如 Facebook 这样的社交网站，列出一些准则以及与这些准则相关联的变量.

进一步阅读材料

Bellman, R. *Dynamic Programming*. New York：Dover, 1957.

Bellman, R., & S. Dreyfus. *Applied Dynamic Programming*. Princeton, NJ：Princeton University Press, 1962.

Hellier, F., & M. Hillier. *Introduction to Management Science：A Modeling and Case Studies Approach with Spreadsheets*, 4th ed. New York：McGraw-Hill, 2010.

Lawrence, J., & B. Pasterneck, B. *Applied Management Science：Modeling, Spreadsheet Analysis, and Communication for Decision Making*, 2nd ed. New York：Wiley, 2002.

第10章 博 弈 论

引 言

在前一章中,我们讨论了决策论,其中决策者面对的结果和支付只依赖于他本人的决策,而不依赖于一个或多个其他参与者的决策. 决定结果时可能存在机会和风险,但不会与另一个参与者的决策有关系. 但是假定两个国家在军备竞赛中陷入僵局而希望裁军,如果其中一方裁军,这个国家的结果不仅依赖于该国的决策,而且也依赖于第二个国家的决策:第二个国家也裁军,或是保持武装? 如图 10-1 所示,如果结果只依赖于一个参与者,我们把这类决策模型称为**决策论**;如果结果依赖于多于一个参与者的决策,我们把这类决策模型称为**博弈论**.

10.1 博弈论:完全冲突

博弈论研究这类决策问题:决策者面对的结果不仅依赖于他本人的决策,而且依赖于一个或多个其他参与者的决策. 我们按照参与者之间的冲突是完全冲突还是部分冲突对博弈进行分类. 如下面的例子所示,我们进一步把完全冲突的博弈按照最优策略是纯策略还是混合策略进行分类. 如图 10-2 所示.

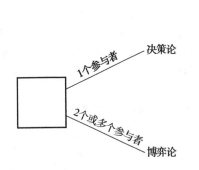

图 10-1 博弈论研究依赖于多于一个
参与者的决策的结果

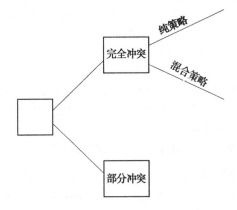

图 10-2 我们把博弈分成完全冲突(纯策略或者
混合策略)或者部分冲突

例1 一个有纯策略的完全冲突博弈

假定某个大城市位于某个小城市附近,当地的一家五金连锁店(例如 Ace)将在其中一个城市设立一家特许经营店. 此外,一家大型的五金连锁店(例如 Home Depot)也正在做同样的决策——特许店也将设在其中一个城市. 每家店都有其"竞争优势":Ace 店比较小但可能位置更方便,而 Home Depot 店能存储更多的商品. 据专家估计,市场份额如下:

Home Depot	Ace	
	大城市	小城市
大城市	60	68
	⇑	⇑
小城市	52	60

也就是说，如果 Ace 和 Home Depot 的店位于同一个城市，不管是位于大城市还是小城市，Home Depot 将占有 60％的市场．如果 Home Depot 的店位于大城市而 Ace 的店位于小城市，Home Depot 将占有 68％的市场．如果 Home Depot 的店位于小城市而 Ace 的店位于大城市，Home Depot 将占有 52％的市场．可以看出，Home Depot 所能挣到的利润不仅取决于它自己的决策，也取决于 Ace 的决策．这是 Home Depot 和 Ace 之间的博弈．还可以看出，Home Depot 获得额外 1％市场份额的唯一方式是 Ace 失去 1％市场份额．也就是说，这个博弈是完全冲突的，因为市场份额之和总是 100％． ■

定义　**纯策略**是参与者可采取的行动的集合．每个参与者选定的策略共同决定博弈的**结果**及每个参与者的**支付**．

考察一下 Home Depot 面对的情形，当 Ace 在大城市设店时，Home Depot 应该在大城市设店（60＞52）；当 Ace 在小城市设店时，Home Depot 还是应该在大城市设店（68＞60）．无论 Ace 在哪个城市设店，Home Depot 都应该在大城市设店，正如上表中的纵向箭头所示．这是它的占优策略．

定义　策略 A **占优**于策略 B，是指策略 A 的每一个结果至少和 B 的对应结果一样好，并且至少 A 的某一个结果严格优于 B 的对应结果．**占优原理**：在严格冲突的博弈中，一个理性的参与者应该永远不要采用被占优的策略．

Ace 对应的支付表如下：

Home Depot	Ace		
	大城市		小城市
大城市	40	⇐	32
小城市	48	⇐	40

现在我们可以问，Ace 应该采取什么策略？

如果我们把上述两个支付表列成一个统一的博弈矩阵，其中行参与者的支付列在前面，我们得到下表：

Home Depot	Ace		
	大城市		小城市
大城市	(60, 40)	⇐	68, 32
	⇑		⇑
小城市	52, 48	⇐	60, 40

可以看出在结果(大城市，大城市)处，所有箭头指向这个点，而没有箭头离开这个结果．这表明没有任何一个参与者可以单方面改变策略而获得改善，这种稳定情形我们称为纳什均衡．

定义 纳什均衡是这样一种结果，其中任何一个参与者都不可能通过单方面偏离与该结果相对应的策略获得好处．

还可以看出，每一个可能结果的支付之和总是100．冲突是完全的，Home Depot 获得 1 分的唯一方式是 Ace 失去 1 分．完全冲突的博弈也称为常数和博弈．特别地，如果该常数为 0，该完全冲突的博弈也称为零和博弈．

定义 如果对每一个可能的结果，每个参与者的支付之和是同一个常数(我们的例子中是100%)，这个博弈称为**完全冲突博弈**．

我们刚刚展示过的箭头构成了转移图(movement diagram)．

定义 对任何一个博弈，在每一列中，我们画一个纵向箭头从较小数值的行指向较大数值的行，再在每一行中，画一个横向箭头从较小数值的列指向较大数值的列．当所有箭头指向同一个数值时，我们得到一个**纯策略纳什均衡**．

例 2 一个有混合策略的完全冲突博弈：投球手和击球手的较量

在棒球比赛中，投球手希望以智取胜击球手．对某个击球手，投球手的最佳策略可能总是投出快球，但对于另一个击球手，投球手可能总是投出弧线球更好．而对于第三个击球手，投球手的最佳策略可能是以某种随机的方式混合地投出快球和弧线球．那么，面对每个击球手，投球手的最佳混合策略是什么？

考虑下面的表．击球手可以预计(猜测)投球手要么投出快球，要么投出弧线球．如果他预计是快球，按照投球手实际掷出的是快球或是弧线球，他击球将分别得到 0.400 或是 0.200 分．如果他预计是弧线球，按照投球手实际掷出的是快球或是弧线球，他击球将分别得到 0.100 或是 0.300分．在这个例子中，投球手希望使击球手的平均得分最小，而击球手希望使自己的平均得分最大．

击球手	投球手	
	快球	弧线球
快球	0.400 $\Rightarrow$	0.200
	$\Uparrow$	$\Downarrow$
弧线球	0.100 $\Leftarrow$	0.300

可以看出在这种情形下，如果击球手预计是快球，那么投球手应该掷出弧线球；如果击球手预计是弧线球，那么投球手应该掷出快球，正如表中的**横向箭头**所示．与前一个例子不同，投球手需要采用**两种**策略，即快球和弧线球．从击球手的角度看，如果投球手总是投出快球，击球手将转换到总是预计是快球的策略，而如果投球手总是投出弧线球，击球手将转换到总是预计是弧线球的策略．击球手需要采用两种策略，正如表中的**纵向箭头**所示．可以看出从每一个结果出发都有一个离开的箭头：一个参与者总是可以通过单方面改变策略使自己得到改善．那么，对击球手和投球手而言，最佳混合策略是什么？我们将在 10.2 节学习建立具有混合策略或纯策略的完全冲突博弈模型．

定义　混合策略是对一个参与者的纯策略的随机化，即对参与者的每一个纯策略指定一定的概率，该概率表示这个纯策略被采用的相对频率.

博弈论：部分冲突

在前两个例子中，决策者的冲突是完全的，意思是没有参与者在不伤害其他参与者的前提下能够使自己得到改善. 如果不是这种情况，我们称博弈是部分冲突的，如下面例子所示.

例 3　一个部分冲突的博弈：囚徒困境

考虑两个国家(国家 A 和 B)在军备竞赛中陷入僵局. 我们从国家 A 开始考虑，它可以保持军备或者裁军. 结果依赖于国家 B 是否裁军. 我们把结果用 4，3，2，1 排序，其中 4 表示最好的结果而 1 表示最坏的结果.

国家 A	国家 B	
	裁军	保持军备
裁军	3	1
保持军备	4	2

对国家 A 最佳的结果(4)对应于它保持军备而国家 B 裁军. 对它最坏的结果(1)对应于它裁军而国家 B 保持军备. 现在我们必须比较两个国家都保持军备和都裁军的情形. 按理说，都裁军好于都保持军备，因为都裁军时发生冲突的机会较少，并且花费较少. 所以，我们对于都裁军用结果 3 表示，而都不裁军用结果 2 表示. 对国家 B，情形是类似的，正如下表中所示：

国家 A	国家 B	
	裁军	保持军备
裁军	3	4
保持军备	1	2

现在我们把两个国家的支付放到一个矩阵中，其中国家 A 的支付在前. 也就是说，如果国家 A 裁军而国家 B 保持军备，支付(1，4)表示国家 A 的支付是 1 而国家 B 的支付是 4.

国家 A	国家 B		
	裁军		保持军备
裁军	3，3	$\Longrightarrow$	1，4
	$\Downarrow$		$\Downarrow$
保持军备	4，1	$\Longrightarrow$	(2，2)

如果两个国家都保持军备，对每个国家，支付都是 2，这是他们次坏的结果. 如果双方都裁军，**两个**国家都可以改进到(3，3)，对每个国家都是次好的结果. 因此，这个博弈不是完全冲突的，每个国家都可以在不伤害另一个参与者的情况下使自己得到改善. 我们将研究为了使每个国家都得到改善，需要克服怎样的障碍. 我们将看到，虽然在许多博弈中合作是有益的，但可能会存在很强的不合作的动机.

定义　如果对于每一个可能的结果，每个参与者的支付之和不是同一个常数，这类博弈是**部分冲突**的.

在研究部分冲突博弈时的一个重要区别是博弈是如何进行的：有没有交流，有没有仲裁者. 考虑前面例 3 中讨论的囚徒困境，每个国家是否可以通过交流承诺裁军？每个参与者能否让这一承诺可信？

交流的形式可能是自己先出招并告知另一个参与者你已经出招，以便威胁阻止对手选择对你不利的策略，或者承诺当对手选择你所喜欢的策略时你会选择某个特定的策略. 最后，仲裁是一种根据每个参与者的策略优势找到一个基于协商获得的公平解的方法.

刻画完全冲突和部分冲突的特征

在图 10-3a 中，我们以横轴表示 Home Depot 的支付、纵轴表示 Ace 的支付画出了双方的支付. 可以看出，由于支付之和是常数，所以双方的支付位于一条直线上. 如果这条线通过原点，这个博弈就是零和博弈. 在图 10-3b 中，我们以横轴表示国家 A 的支付、纵轴表示国家 B 的支付画出了双方的支付. 可以看出，支付对应的点不在一条直线上.

图 10-3c 总结了本节内容.

 习题

1. 按照以转移图方式给出的纯策略纳什均衡的定义，确定以下零和博弈是否存在纯策略纳什均衡. 如果博弈确实存在纯策略纳什均衡，指出纳什均衡. 假设表中列出的是行参与者的最大化支付.

（a）

Rose	Colin	
	C1	C2
R1	10	10
R2	5	0

（b）

Rose	Colin	
	C1	C2
R1	1/2	1/2
R2	1	0

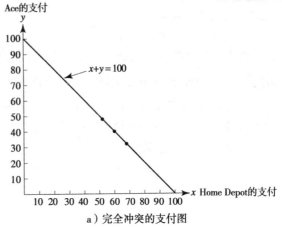

a）完全冲突的支付图

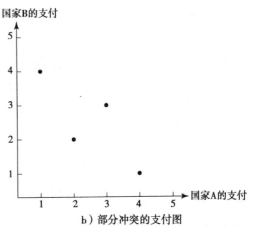

b）部分冲突的支付图

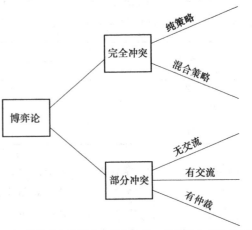

c）部分冲突的博弈分为无交流、有交流和有仲裁三类

图 10-3　完全冲突和部分冲突

(c)

击球手	投球手	
	快球	弹指球
快球	0.400	0.100
弹指球	0.300	0.250

(d)

Rose	Colin	
	C1	C2
R1	2	1
R2	3	4

(e) 捕食者有两种策略捕食食饵(伏击或者追捕),而食饵有两种策略逃避(躲藏或者逃跑).下面支付矩阵中的元素表示食饵的生存机会,食饵希望使之最大化而捕食者希望使之最小化.

食饵	捕食者	
	伏击	追捕
逃跑	0.20	0.40
躲藏	0.80	0.60

(f)

Rose	Colin	
	C1	C2
R1	5	1
R2	3	0

(g)

Rose	Colin	
	C1	C2
R1	1	3
R2	5	2

(h)

Rose	Colin		
	C1	C2	C3
R1	80	40	75
R2	70	35	30

(i)

Rose \ Colin	C1	C2	C3	C4
R1	40	80	35	60
R2	65	90	55	70
R3	55	40	45	75
R4	45	25	50	50

2. 根据 10.1 节给出的占优策略的定义,确定在习题 1 给出的博弈中,是否有的行策略或者列策略应该被剔除掉.

3. 对本题给出的每个博弈,画出支付图,并通过该图确定相应的博弈是完全冲突博弈还是部分冲突博弈.

(a)

Rose	Colin	
	C1	C2
R1	(2, −2)	(1, −1)
R2	(3, −3)	(4, −4)

(b)

Rose	Colin	
	C1	C2
R1	(2, 2)	(4, 1)
R2	(1, 4)	(1, 1)

(c)

击球手	投球手	
	快球	弹指球
快球	(0.400, −0.400)	(0.100, −0.100)
弹指球	(0.300, −0.300)	(0.250, −0.250)

(d)

食饵	捕食者	
	伏击	追捕
躲藏	(0.3, −0.3)	(0.4, −0.4)
逃跑	(0.5, −0.5)	(0.6, −0.6)

(e)

Rose	Colin	
	C1	C2
R1	(3, 5)	(0, 1)
R2	(6, 2)	(−1, 4)

4. 考虑下面被称为囚徒困境的博弈．博弈如下进行：假设针对某个犯罪，警方抓到了两名嫌疑犯．两个囚徒可以选择坦白或者不坦白他们所实施的犯罪．检察官只有足够证据对两名犯人给以很轻的判罚，而能否按其所实际实施的犯罪判罚则依赖于罪犯是否坦白．小的判罚最多只能判 1 年监禁，而犯人所实施的犯罪则最多可判 20 年监禁．两个囚徒被关在不同的审讯间进行审问，无法相互进行交流．他们被告知：如果其中一人坦白而另一人保持沉默，坦白者将直接获得自由，而沉默者将被逮捕并被以 20 年监禁的犯罪起诉．如果两人都坦白，那么每人都将只得到 5 年的刑期．博弈表如下：

囚徒 1	囚徒 2	
	坦白	不坦白
坦白	$(-5, -5)$	$(0, -20)$
不坦白	$(-20, 0)$	$(-1, -1)$

(a) 指出囚徒 1 的占优策略．

(b) 指出囚徒 2 的占优策略．

(c) 使用转移图，找出纳什均衡．

(d) 你认为这个纳什均衡是对两个囚徒最优的解吗？

10.2   完全冲突博弈的线性规划模型：纯策略与混合策略

在这一节，我们对每个参与者的决策进行建模，并将了解到这个模型是一个线性规划模型，其最优解是每个参与者的纯策略或是混合策略．在前一节，我们已经知道如下击球手和投球手的较量没有纯策略解．也就是说，每个参与者都没有占优策略．

例 1   投球手和击球手的较量

击球手	投球手		
	快球		弧线球
快球	0.400	⟹	0.200
		⇑	⇓
弧线球	0.100	⟸	0.300

我们现在必须解出策略的最优混合方式，每个参与者据此决定如何采用每个策略．首先，我们观察下面的**博弈树**（图 10-4）．

可以看出，如果我们知道每个参与者采用其两个策略的概率，计算击球平均分就是求**期望值**．例如，如果投球手以 1/2 的概率采用快球策略、以 1/2 的概率采用弧线球策略，而击球手以 3/4 的概率采用快球策略、以 1/4 的概率采用弧线球策略，则击球平均分应该是 0.275，正如图 10-5 所示．

对击球手的决策进行建模

我们首先考虑击球手的决策．他希望选择猜测快球或者弧线球的某种组合，使击球平均分最大．我们定义以下变量：

A——击球平均分

x——击球手猜测快球的比例

$1-x$——击球手猜测弧线球的比例

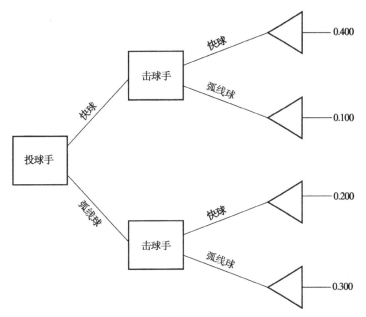

图 10-4　投球手和击球手的决策节点构成的博弈树

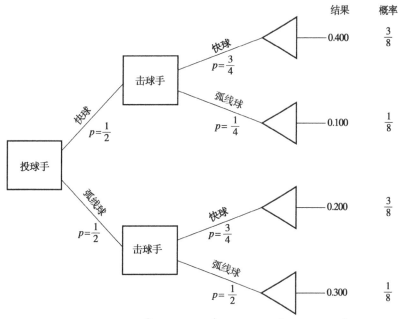

图 10-5　平均 $EV=(0.400)\dfrac{3}{8}+(0.100)\dfrac{1}{8}+(0.200)\dfrac{3}{8}+(0.300)\dfrac{1}{8}=0.275$

目标函数　击球手的目标是

$$\text{Max } A$$

约束　击球手为了使击球平均分最大，面临什么样的约束？投球手可以全部投出快球或者弧线球．也就是说，投球手可以采用他的两个纯策略之一应对击球手的混合策略．这两个纯策略给击球手最大化击球平均分的能力施加了一个上限．首先，如果投球手采用纯快球策略（记为 PF），我们得到图 10-6 所示的结果．

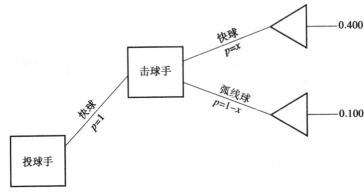

图 10-6　　EV(PF)＝0.400x＋0.100(1－x)

由于击球平均分不能超过投球手采用纯快球策略时对应的期望值，我们有约束
$$A \leqslant 0.400x + 0.100(1-x)$$
下一步，如果投球手采用纯弧线球策略（记为 PC），我们得到图 10-7 所示的结果．

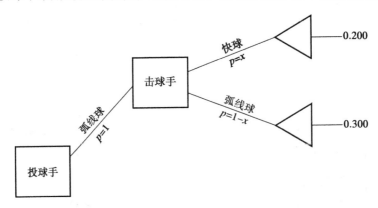

图 10-7　　EV(PC)＝0.200x＋0.300(1－x)

由于击球平均分不能超过投球手采用纯弧线球策略时对应的期望值，我们有约束
$$A \leqslant 0.200x + 0.300(1-x)$$
最后，击球手猜测是快球还是弧线球的比例是概率，所以我们有
$$x \geqslant 0$$
$$x \leqslant 1$$
组合起来，我们有如下针对击球手的优化问题：
$$\text{Max } A$$
s. t.
$$A \leqslant 0.400x + 0.100(1-x) \qquad \text{投球手的快球策略}$$
$$A \leqslant 0.200x + 0.300(1-x) \qquad \text{投球手的弧线球策略}$$

$$x \geqslant 0$$
$$x \leqslant 1$$

这是一个线性规划问题,我们现在就来求解它.

几何方法求解击球手的决策模型

我们从画出约束 $x \geqslant 0$ 和 $x \leqslant 1$ 的图形开始.

如图 10-8 所示,如果 $x = 0$,击球手采用他的**纯弧线球策略**,而当 $x = 1$ 时,击球手采用他的**纯快球策略**.

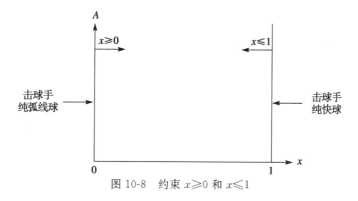

图 10-8　约束 $x \geqslant 0$ 和 $x \leqslant 1$

我们现在考虑投球手的纯快球策略所代表的约束:

$$A \leqslant 0.400x + 0.100(1-x) \qquad \text{投球手的快球策略}$$

从线性规划的研究中得知,我们希望知道约束的所有交点.因此,我们计算方程 $A = 0.400x + 0.100(1-x)$ 和约束 $x = 0$ 以及 $x = 1$ 的交点.

x	A
0	0.100
1	0.400

现在我们画出交点 $(0,0.100)$ 和 $(1,0.400)$,并把它们与表示投球手的纯快球策略的线段 $A = 0.400x + 0.100(1-x)$ 相连(见图 10-9).

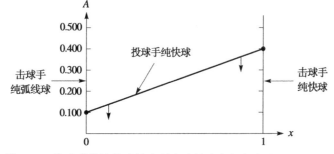

图 10-9　投球手的纯快球策略所表示的约束与击球手的纯快球和纯弧线球策略相交,并代表了击球平均分的上限

可以看出，投球手的纯快球策略所表示的约束与击球手的纯弧线球策略相交于$A=0.100$，而与纯快球策略相交于 $A=0.400$.

我们现在考虑投球手的纯弧线球策略所代表的约束：

$$A \leqslant 0.200x + 0.300(1-x) \qquad \text{投球手的弧线球策略}$$

与前面一样，我们计算方程 $A=0.200x+0.300(1-x)$ 和约束 $x=0$ 以及 $x=1$ 的交点.

x	A
0	0.300
1	0.200

现在我们画出交点 $(0，0.300)$ 和 $(1，0.200)$，并画出线段 $A=0.200x+0.300(1-x)$（见图 10-10）.

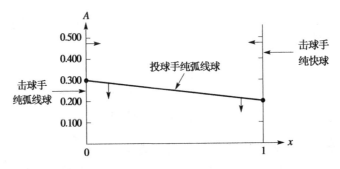

图 10-10　投球手的纯弧线球策略所表示的约束与击球手的
纯快球和纯弧线球策略相交

可以看出，投球手的纯弧线球策略所表示的约束与击球手的纯弧线球策略相交于 $A=0.300$，而与纯快球策略相交于 $A=0.200$.

在图 10-11 中，我们把紧约束用浪纹线标识. 因为击球手希望最大化得分，我们看到唯一的最优解在内部交点上取到，我们估计交点是 $(0.5，0.250)$.

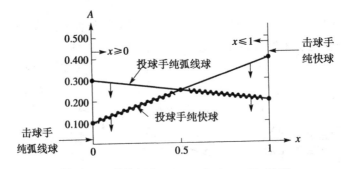

图 10-11　最优解在 $x=0.5$ 和 $A=0.250$ 取到

我们对此解释如下：

$A=0.250$　击球平均分

$x=0.5$　　击球手猜测快球的比例

$1-x=0.5$　　击球手猜测弧线球的比例

因此，击球手应当 50% 的时间猜测快球，50% 的时间猜测弧线球，并**保证**得到 0.250 的击球平均分．从图 10-11 可以看出，如果击球手 50% 的时间猜测快球，无论投球手采用纯快球策略还是纯弧线球策略，他都能得到 0.250 的分数．如果投球手采用混合策略而击球手采用 50% 的快球策略，情况又会如何呢？假设投球手以概率 y 掷出快球而以概率 $1-y$ 掷出弧线球．由于无论投球手掷出快球还是弧线球，结果分数都是 0.250，所以我们有击球平均分的期望值

$$A=0.250y+0.250(1-y)=0.250(y+1-y)=0.250$$

所以，无论投球手采用何种策略，只要击球手采用他的最优策略，他都能得到 0.250 的分数．击球手的结果不再依赖于投球手的策略——无论投球手的策略如何，他都能保证实现他的结果．

敏感性分析　图 10-11 中不仅包含了对击球手非常重要的信息，也包含了对投球手非常重要的信息．假定投球手观察到击球手猜测快球的时间低于 50%，例如只有如图 10-12 中的 A 所示的 25%．

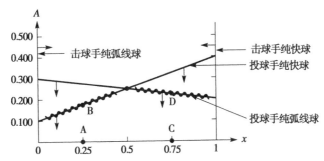

图 10-12　当击球手不采用他的最优策略时，投球手能占到便宜

投球手可以通过改为采用如图中 B 点所示的纯快球策略，对击球手不采用其最优策略进行惩罚，此时击球平均分降到 0.200 之下．这是符合常识的：如果击球手猜测快球不够频繁，投球手就会对他掷出更多的快球．类似地，如果击球手猜测快球的时间多于 50%，如图中 C 点所示，则投球手可以通过改为采用如图中 D 点所示的纯弧线球策略或者至少在混合策略中增加弧线球的比例，对击球手进行惩罚．需要注意的很重要的一点是，即使对手并不通过推理得到其最优解，你也需要知道他的策略的最优混合方式，以便你能从他的草率行为中占到最大便宜．因此，只有一个参与者必须是进行推理的人，而且进行推理的参与者能从不进行推理的参与者处占到便宜．

从图 10-11 还可以看出，内部交点依赖于击球手的纯策略与投球手的纯策略相截的四段截距．如果针对投球手的一个或者两个纯策略，击球手的球技得到了改善，会发生什么情况呢？针对哪个策略的球技改善将给他的击球平均分带来最大的边际回报？他应该在击打弧线球还是快球上下工夫？

实施　我们注意到保密是很重要的．击球手必须猜测投球手以 50% 的概率混合掷出快球和弧线球，但投球手没有必要弄清楚击球手的击球模式．击球手可能会利用时钟或者随机数发

生器来决定什么时候猜测是快球. 例如, 如果他利用时钟的秒针, 他可能会每当秒针位于 0～30 秒时, 就猜测是快球.

维持 在实际中, 每个参与者的球技肯定会发生变化. 例如, 针对某个特定的击球手, 如果所有的投球手的最优混合策略是只掷出弧线球, 那么这个击球手很可能会改进他击打弧线球的能力. 这就会使投球手应对击球手的最优混合策略发生改变, 相应的击球平均分也会变化.

代数方法求解击球手的决策模型

从线性规划的学习中我们知道, 用代数方法求解线性规划的一个基本方法是

1. 确定所有的交点;

2. 确定哪些交点是可行解;

3. 确定哪个可行的交点对应的目标函数具有最佳的函数值.

在击球手的问题中, 一共有 4 个约束. 每次从 4 个不同约束中取两个相交, 总共有 6 种可能的方式. 对本例的情形, 约束 $x \geqslant 0$ 和 $x \leqslant 1$ 的边界是平行的. 因此, 我们只剩下 5 个交点. 如前所述, 把 $x=0$ 和 $x=1$ 分别代入表示投球手纯策略的两个约束, 得到 4 个交点.

x	A	x	A
0	0.100	0	0.300
1	0.400	1	0.200

第 5 个交点是以下方程的交点:

$$A = 0.400x + 0.100(1-x) \qquad \text{投球手的快球策略}$$
$$A = 0.200x + 0.300(1-x) \qquad \text{投球手的弧线球策略}$$

联立求解这两个方程, 我们得到第 5 个交点 $x=0.5$ 和 $A=0.250$. 检验每个交点确定哪些是可行的, 并对每个可行交点计算目标函数值, 我们得到

x	A	可行性	x	A	可行性
0	**0.100**	**可行**	**1**	**0.200**	**可行**
1	0.400	不可行	**0.5**	**0.250**	**可行**
0	0.300	不可行			

请注意对这里的情形, 目标函数值就是 A 的值. 选择具有最佳的目标函数值的可行点, 我们得到 $x=0.5$ 和 $A=0.250$.

对投球手的决策进行建模

我们现在考虑投球手的决策. 他希望选择掷出快球或者弧线球的某种组合, 使击球平均分最小. 我们定义以下变量:

A——击球平均分

y——投球手掷出快球的比例

$1-y$——投球手掷出弧线球的比例

目标函数 投球手的目标是

$$\text{Min } A$$

约束 投球手为了使击球平均分最小，面临什么样的约束？击球手可以全部猜测快球或者弧线球．也就是说，击球手可以采用他的两个纯策略之一应对投球手的混合策略．这两个纯策略给投球手最小化击球平均分的能力施加了一个下限．首先，如果击球手采用纯快球策略（记为 BF），我们得到图 10-13 所示的结果．

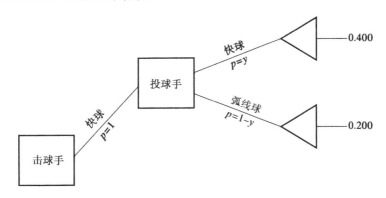

图 10-13 $EV(BF)=0.400y+0.200(1-y)$

由于击球平均分不会低于击球手采用纯快球策略时对应的期望值，我们有约束

$$A\geqslant 0.400y+0.200(1-y)$$

下一步，如果击球手采用纯弧线球策略（记为 BC），我们得到图 10-14 所示的结果．

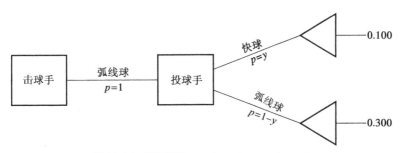

图 10-14 $EV(BC)=0.100y+0.300(1-y)$

由于击球平均分不会低于击球手采用纯弧线球策略时对应的期望值，我们有约束

$$A\geqslant 0.100y+0.300(1-y)$$

最后，投球手掷出快球还是弧线球的比例是概率，所以我们有

$$y\geqslant 0$$
$$y\leqslant 1$$

组合起来，我们有如下针对投球手的优化问题：

$$\text{Min } A$$

s. t.

$$A \geqslant 0.400y + 0.200(1-y) \qquad \text{击球手的快球策略}$$

$$A \geqslant 0.100y + 0.300(1-y) \qquad \text{击球手的弧线球策略}$$

$$y \geqslant 0$$

$$y \leqslant 1$$

这是一个线性规划问题.

几何方法求解投球手的决策模型

我们从画出约束 $y \geqslant 0$ 和 $y \leqslant 1$ 的图形开始(见图 10-15).

如图 10-15 所示,如果 $y=0$,投球手采用他的**纯弧线球策略**,而当 $y=1$ 时,投球手采用他的**纯快球策略**.

我们现在考虑击球手的纯快球策略所代表的约束:

$A \geqslant 0.400y + 0.200(1-y) \qquad$ 击球手的快球策略

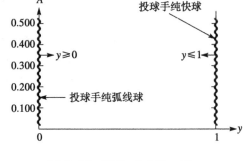

图 10-15　约束 $y \geqslant 0$ 和 $y \leqslant 1$

我们计算方程 $A = 0.400y + 0.200(1-y)$ 和约束 $y=0$ 以及 $y=1$ 的交点.

y	A
0	0.200
1	0.400

在图 10-16 中,我们画出交点 $(0, 0.200)$ 和 $(1, 0.400)$ 以及线段 $A = 0.400y + 0.200(1-y)$.

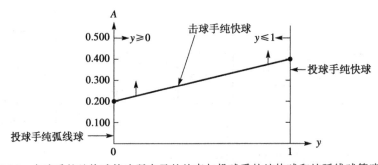

图 10-16　击球手的纯快球策略所表示的约束与投球手的纯快球和纯弧线球策略相交

可以看出,击球手的纯快球策略所表示的约束与投球手的纯弧线球策略相交于 $A = 0.200$,而与纯快球策略相交于 $A = 0.400$.

我们现在考虑击球手的纯弧线球策略所代表的约束:

$$A \geqslant 0.100y + 0.300(1-y) \qquad \text{击球手的弧线球策略}$$

与前面一样,我们计算方程 $A = 0.100y + 0.300(1-y)$ 和约束 $y=0$ 以及 $y=1$ 的交点.

y	A
0	0.300
1	0.100

现在我们画出交点(0，0.300)和(1，0.100)(见图10-17).

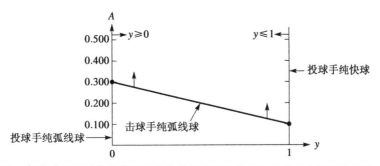

图 10-17 击球手的纯弧线球策略所表示的约束与投球手的纯快球和纯弧线球策略相交

可以看出，击球手的纯弧线球策略所表示的约束与投球手的纯弧线球策略相交于 $A=0.300$，而与纯快球策略相交于 $A=0.100$.

在图 10-18 中，我们把紧约束用浪纹线标识．因为投球手希望最小化 A，我们看到最优解在内部交点上取到，估计交点是(0.25，0.250).

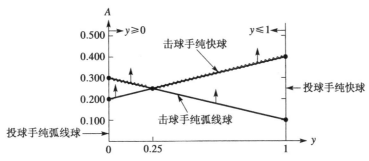

图 10-18 最优解在 $y=0.25$ 和 $A=0.250$ 取到

我们对此解释如下：

$A=0.250$ 击球平均分

$y=0.25$ 投球手掷出快球的比例

$1-y=0.75$ 投球手掷出弧线球的比例

因此，投球手应当 25％ 的时间掷出快球，75％ 的时间掷出弧线球，并保证 0.250 的击球平均分．从图 10-18 可以看出，如果投球手 25％ 的时间掷出快球，无论击球手采用纯快球策略还是纯弧线球策略，击球平均分都是 0.250. 如果击球手采用混合策略而投球手采用 25％ 的快球策略，情况又会如何呢？我们假设击球手以概率 x 猜测快球而以概率 $1-x$ 猜测弧线球．由于无论击球手猜测快球还是弧线球，结果分数都是 0.250，所以我们有击球平均分的期望值

$$A=0.250x+0.250(1-x)=0.250(x+1-x)=0.250$$

所以，无论击球手采用何种策略，只要投球手采用他的最优策略，他都能使击球平均分是 0.250. 投球手的结果不再依赖于击球手的策略——无论击球手的策略如何，他都能保证实现他的结果.

敏感性分析 图 10-18 中不仅包含了对投球手非常重要的信息，也包含了对击球手非常重要的信息．假定击球手观察到投球手掷出快球的时间低于 25％，例如只有如图 10-19 中 A 点所示的 10%. 也就是，他比最优解掷出了更多的弧线球. 击球手可以通过改为采用如图中 B 点所示的纯弧线球策略，对投球手不采用其最优策略进行惩罚. 类似地，如果投球手掷出快球的时间多于 25%，如图中 C 点所示，则击球手可以通过改为采用如图中 D 点所示的纯快球策略或者至少在混合策略中增加猜测快球的比例，对投球手进行惩罚. 同样，需要注意的很重要的一点是，即使对手并不通过推理得到其最优解，你也需要知道他的策略的最优混合方式，以便你能从他的最优行为中占到最大便宜. 此外，前面分析过的有关实施和维持的讨论也适用于投球手.

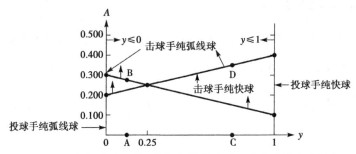

图 10-19　当投球手不采用他的最优策略时，击球手能占到便宜

代数方法求解投球手的决策模型

与击球手的问题一样，这里一共有 5 个交点，其中 4 个是前面已经得到的：

y	A	y	A
0	0.200	0	0.300
1	0.400	1	0.100

第 5 个交点是以下方程的交点：

$$A=0.400y+0.200(1-y)\qquad \text{击球手的快球策略}$$
$$A=0.100y+0.300(1-y)\qquad \text{击球手的弧线球策略}$$

联立求解这两个方程，我们得到第 5 个交点 $y=0.25$ 和 $A=0.250$. 检验每个交点确定哪些是可行的，并对每个可行交点计算目标函数值，我们得到

y	A	可行性	y	A	可行性
0	0.200	不可行	1	0.100	不可行
1	**0.400**	**可行**	**0.25**	**0.250**	**可行**
0	**0.300**	**可行**			

选择具有最佳的目标函数值的可行点，我们得到 $y=0.25$ 和 $A=0.250$.

最优解的几何解释

如果同时考虑击球手和投球手的决策，我们有图 10-20 所示的博弈树.

期望值是 $A=0.400xy+0.100x(1-y)+0.200(1-x)y+0.300(1-x)(1-y)$，其中 x 是击球手猜测快球的比例，y 是投球手掷出快球的比例. 让 x 从 0 到 1 以 0.05 的增量增加，并类似地对 y 处理，我们得到表 10-1.

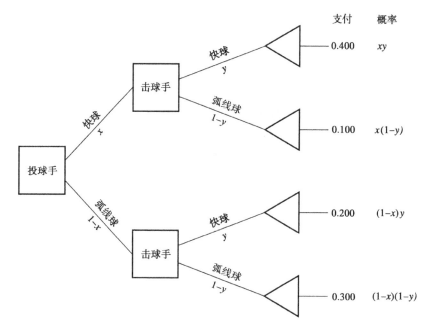

图 10-20 考虑击球手和投球手决策的博弈树

表 10-1 按增量 0.05 表示的击球手-投球手较量的期望值

							x						
		0	0.05	0.1	...	0.2	0.25	0.3	...	**0.5**	0.55	...	0.95	1
y	0	0.300	0.295	0.29	...	0.28	0.275	0.27	...	**0.25**	0.245	...	0.205	0.2
	0.05	0.290	0.286	0.282	...	0.274	0.270	0.266	...	**0.25**	0.246	...	0.214	0.21
	0.1	0.280	0.277	0.274	...	0.268	0.265	0.262	...	**0.25**	0.247	...	0.223	0.22
	...	...	...	...	...	...	...	...	...	**0.25**	...		...	...
	0.2	0.260	0.259	0.258	...	0.256	0.255	0.254	...	**0.25**	0.249	...	0.241	0.24
	0.25	**0.250**	**0.25**	**0.25**	...	**0.25**	**0.25**	**0.25**	...	**0.25**	**0.25**	...	**0.25**	**0.25**
	...	...	...	...	...	...	...	...	...	**0.25**	...		...	...
	0.95	0.110	0.124	0.138	...	0.166	0.180	0.194	...	**0.25**	0.264	...	0.376	0.390
	1	0.100	0.115	0.130	...	0.160	0.175	0.190	...	**0.25**	0.265	...	0.385	0.400

从表 10-1 可以看出，如果 $x=0.5$，无论投球手只掷出快球或是弧线球，或者任意混合地掷出快球与弧线球，击球手都能得到 0.250 分．类似地，如果投球手掷出 25% 的快球和 75% 的弧线球，无论击球手只猜测快球或是弧线球，或者任意混合地猜测快球与弧线球，击球手都能得到 0.250 分．此外，任何参与者都可以从不采用最优策略的对手处占到便宜．

我们在图 10-21 中画出表 10-1 中的数据．可以看出函数 $A=0.400xy+0.100x(1-y)+0.200(1-x)y+0.300(1-x)(1-y)$ 的鞍点位于 $x=0.5$ 和 $y=0.25$. 鞍点代表了一个均衡，此时投球手不能单方面地使平均分降低，而击球手不能单方面地使平均分增加．

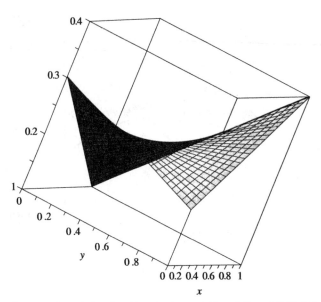

图 10-21 函数 $A=0.400xy+0.100x(1-y)+0.200(1-x)y+0.300(1-x)(1-y)$的鞍点位于 $x=0.5$ 和 $y=0.25$

线性规划模型的纯策略

可以看出，在击球手策略的模型中，击球手的决策变量 x 被限定在区间 $0 \leqslant x \leqslant 1$. 因此，如果我们求解线性规划并且 $x=1$ 是最优解，那么击球手应该总是猜测快球. 类似地，如果最优解是 $x=0$，那么击球手应该总是猜测弧线球. 线性规划的解将直接告诉我们击球手是否应该采用他的纯策略而不是混合策略. 我们考虑下面的例子.

例 2 再论 Home Depot 和 Ace 五金店的位置

再次考虑 10.1 节中的例 1. 下面的矩阵表示了市场份额的百分比，每个单元中的第一个数表示 Home Depot 的市场份额，第二个数表示 Ace 的市场份额.

Home Depot	Ace	
	大城市	小城市
大城市	60，40	68，32
小城市	52，48	60，40

Home Depot 希望最大化它的市场份额，而 Ace 也是如此. 这个博弈是完全冲突的，因为每个单元的数字之和是常数 100. 因此为了最大化它的市场份额，Ace 必须最小化 Home Depot 的市场份额——Ace 增加 1% 的唯一方式是 Home Depot 失去 1%. 为了简化，我们只考虑 Home Depot 的市场份额，即 Home Depot 最大化它的市场份额而 Ace 最小化 Home Depot 的市场份额，与击球手最大化击球平均分而投球手希望最小化击球平均分非常相像. 当只列出一组支付的数值时，我们将采用行参与者的结果对应的数值，即行参与者希望使这些数值最大，而列参与者希望使行参与者的结果对应的数值最小. 因此，我们有如下博弈：

Home Depot	Ace	
	大城市	小城市
大城市	60	68
小城市	52	60

对 Home Depot，我们定义以下变量：

S——市场份额的百分比

x——在大城市开店的时间所占的比例

$1-x$——在小城市开店的时间所占的比例

如果 Ace 采用大城市开店的纯策略（ALC），期望值是

$$EV(ALC)=60x+52(1-x)$$

类似地，如果 Ace 采用小城市开店的纯策略（ASC），期望值是

$$EV(ASC)=68x+60(1-x)$$

由于 Ace 的纯策略限制了 Home Depot 的市场份额的上限，我们可以得到针对 Home Depot 的线性规划：

Max S

s. t.

$$S \leqslant 60x+52(1-x)$$
$$S \leqslant 68x+60(1-x)$$
$$x \geqslant 0$$
$$x \leqslant 1$$

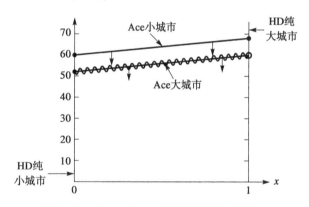

图 10-22 Home Depot 的博弈问题的几何解

这个线性规划可以如图 10-22 从几何上进行求解，最优解是 $x=1$，这意味着

Home Depot 应该总是采用在大城市开店的策略，对应的市场份额是 60%.

对于代数解，在区间 $0 \leqslant x \leqslant 1$ 上只有如下 4 个交点：

x	S	可行性	x	S	可行性
0	**52**	**可行**	0	60	不可行
1	**60**	**可行**	1	68	不可行

对 Ace 的分析是类似的，结果就是纯大城市的策略. ∎

 习题

1. 考虑例 2. 针对 Ace 的决策建立模型，并采用几何方法和代数方法进行求解.

2. 对问题(a)～(g)，针对每个参与者的决策建立线性规划模型，并采用几何方法和代数方法进行求解. 假设行参与者希望最大化他的支付，这些支付列在下面的矩阵中.

(a)

Rose	Colin	
	C1	C2
R1	10	10
R2	5	0

(b)

Rose	Colin	
	C1	C2
R1	1/2	1/2
R2	1	0

(c)

击球手	投球手	
	快球	弹指球
快球	0.400	0.100
弹指球	0.300	0.250

(d)

Rose	Colin	
	C1	C2
R1	2	1
R2	3	4

(e)捕食者有两种策略捕食食饵(伏击或者追捕),而食饵有两种策略逃避(躲藏或者逃跑).

食饵	捕食者	
	伏击	追捕
逃跑	0.20	0.40
躲藏	0.80	0.60

(f)

Rose	Colin	
	C1	C2
R1	5	1
R2	3	0

(g)

Rose	Colin	
	C1	C2
R1	1	3
R2	5	2

3. 对问题(a)～(g),针对每个参与者的决策建立线性规划模型,并采用几何方法和代数方法进行求解. 假设行参与者希望最大化他的支付,这些支付列在下面的矩阵中.

(a)

Rose	Colin	
	C1	C2
R1	2	3
R2	5	2

(b)

Rose	Colin	
	C1	C2
R1	−2	2
R2	3	0

(c)

Rose	Colin	
	C1	C2
R1	0.5	0.3
R2	0.6	1

(d)

Rose	Colin	
	C1	C2
R1	2	−3
R2	0	4

(e)

Rose	Colin	
	C1	C2
R1	−2	5
R2	3	−3

(f)

Rose	Colin	
	C1	C2
R1	4	−4
R2	−2	−1

(g)

Rose	Colin	
	C1	C2
R1	17.3	11.5
R2	−4.6	20.1

 研究课题

1. 假设支付矩阵表示食饵的生存概率,如下所示:

食饵	捕食者	
	伏击	追捕
逃跑	0.3	0.6
躲藏	0.5	0.4

分析这个博弈并给出结果. 哪些捕食者和食饵可能会面临这种情形? 研究两种捕食者-食饵物种,找到数据

生成支付矩阵并求解博弈.

2. 从同一年代的同一球队中找出你最喜欢的棒球击球手和投球手. 对每个参与者统计击球和投球得分. 当他们面对面比赛时, 确定每个人的最佳策略.

3. 在网球中, 统计先手和后手的成功比例, 选择两个网球对手, 确定每个人的最佳策略.

10.3　再论决策论: 与大自然的博弈

在前一节, 我们看到击球手从他的最优化问题中得到了有用的信息: 如何找到一个策略保证他希望的结果, 而无论他面对的投球手采用什么策略. 在经济领域和其他应用中, "保证能够得到的结果"的想法是一种重要的思想. 但是我们看到, 通过考察投球手希望最小化击球手的击球平均分的优化问题, 击球手可能会得到更为有用的信息. 击球手也确定了投球手的最优解. 如果投球手采用最优策略, 击球手不可能得到比他所能保证得到的击球平均分更好的分数, 在我们的例子中就是 0.250 的平均分. 但是如果投球手不采用最优策略, 击球手可以通过改用他的纯策略之一增加他的分数, 从投球手的草率行为中占到最大便宜. 从这个意义上讲, 投球手的最优策略代表了击球手的一个临界点. 如果投球手不采用最优策略, 击球手也可以不采用他的最优混合策略并使其击球平均分超过 0.250, 这是他所能保证得到的分数. 重要的一点在于, 投球手并不一定是一个理性的参与者. 击球手可以从一个无法推理出最优解并采用最优解的投球手身上占到便宜.

现在我们考虑第 9 章讨论过的决策论的情形. 决策者是一个单一的参与者, 其结果不依赖于第二个决策者. 例如, 假设有一个商业企业可以采用多种策略, 分别对应不同的利润回报, 且利润还与经济的自然状况有关. 我们可以把经济作为第二个参与者. 我们这样做的目的是, 首先考察商业企业最大化利润的博弈, 以便确定一个策略保证企业得到一定利润的结果, 而无论经济状况如何. 我们将称其为企业的"保守"策略. 下一步, 企业检查经济最小化企业利润的博弈, 确定为了使企业的利润最低, 经济应该采用什么样的策略. 现在, 企业有多种选择. 可以采用保守策略, 无论经济状况如何, 保证企业得到的结果. 或者, 企业也可以确定(观察或预测)经济是否会比其最优策略更好或是更坏. 无论哪种情况, 企业都可以从保守策略转向更乐观的策略, 从而比它采用从博弈分析中推导出来的保守策略获得更大的利润, 这与击球手可以转向他的纯快球策略或者纯弧线球策略很相像. 我们把这种第二个参与者并不一定是一个有推理能力的参与者的博弈称为与大自然的博弈. 我们首先考虑一个简单的例子, 其中企业有两个策略, 经济也有两个策略.

例 1　一个制造企业与经济

我们考虑下面的情形. 一个制造企业正在考虑是进行小规模生产还是大规模生产. 企业计划实施的这一决策将在未来几年的一段时间得到执行. 经济(大自然)在所关注的时间内可能差也可能好. 假设企业的经济学家所预测的企业净利润如下(以 10 万美元为单位):

企业	大自然: 经济	
	差	好
小	$500	$300
大	$100	$900

我们可以把这个问题看成是一个单参与者决策，与我们在第 9 章中所做的一样采用决策树分析，假设经济差的概率是 y 而经济好的概率是 $1-y$. 如图 10-23 所示.

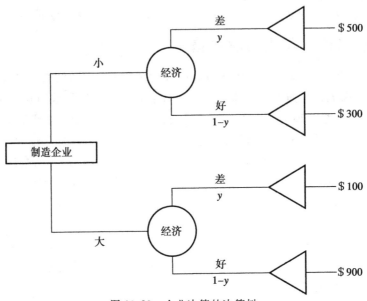

图 10-23　企业决策的决策树

例如，如果经济差的概率 $y=0.4$，那么企业小规模生产(FS)的期望利润是

$$EV(FS)=(\$500)0.4+(\$300)0.6=\$380$$

而企业大规模生产(FL)的期望利润是

$$EV(FL)=(\$100)0.4+(\$900)0.6=\$580$$

在这样的假设下，企业应该实施大规模生产策略，平均利润为 $\$580\,000$.

现在我们把企业的决策看成是与大自然(经济)的博弈. 首先，为企业找到一个策略，无论经济状况如何，保证企业得到的结果.

企业的博弈　我们定义

V——以 10 万美元为单位的净利润；

x——企业采用小规模生产(FS)策略的时间所占的比例；

$1-x$——企业采用大规模生产(FL)策略的时间所占的比例.

首先，经济可以采用经济差(EP)的纯策略应对企业的混合策略，对应的利润期望值代表了企业所能获得利润的一个上限.

$$V\leqslant EV(EP)=\$500x+\$100(1-x)$$

其次，经济可以采用经济好(EG)的纯策略应对企业的混合策略，对应的利润期望值代表了企业所能获得利润的一个上限.

$$V\leqslant EV(EG)=\$300x+\$900(1-x)$$

因为 x 是概率，所以 x 被限定在 $0\leqslant x\leqslant 1$，得到企业决策的线性规划：

$$\text{Max } V$$

s. t.

$$V \leqslant \$500x + \$100(1-x) \qquad 经济差的策略$$
$$V \leqslant \$300x + \$900(1-x) \qquad 经济好的策略$$
$$x \geqslant 0$$
$$x \leqslant 1$$

这个线性规划的几何解如图 10-24 所示.

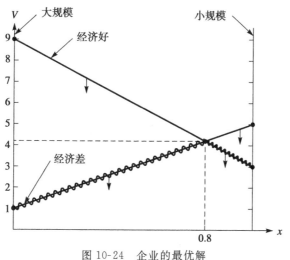

图 10-24　企业的最优解

我们估计解是(0.8，$420)，即企业的策略是 80% 的概率进行小规模生产，20% 的概率进行大规模生产. 因此，如果企业采用以 80% 的概率进行小规模生产、20% 的概率进行大规模生产的混合策略，它的净利润是 $420 000，而无论经济总是差、总是好，或者是差与好的任意混合. 在这一点上，企业有一个保守策略，保证获得 $420 000. 现在我们从经济的观点考虑这个博弈.

经济的博弈　经济针对企业所能够做的最坏情形是什么？我们定义如下变量：

V——以 10 万美元为单位的净利润；

y——经济采用经济差(EP)策略的时间所占的比例；

$1-y$——经济采用经济好(EG)策略的时间所占的比例.

首先，企业可以采用小规模生产(FS)的纯策略应对经济的混合策略，对应的利润期望值代表了经济所能限定的企业利润的一个下限.

$$V \geqslant \mathrm{EV}(\mathrm{FS}) = \$500y + \$300(1-y)$$

其次，企业可以采用大规模生产(FL)的纯策略应对经济的混合策略，对应的利润期望值代表了经济所能限定的企业利润的一个下限.

$$V \geqslant \mathrm{EV}(\mathrm{FL}) = \$100y + \$900(1-y)$$

因为 y 是概率，所以 y 被限定在 $0 \leqslant y \leqslant 1$，得到经济决策的线性规划：

$$\mathrm{Min}\ V$$

s. t.

$$V \geqslant \$500y + \$300(1-y) \qquad \text{企业小规模生产的策略}$$
$$V \geqslant \$100y + \$900(1-y) \qquad \text{企业大规模生产的策略}$$
$$y \geqslant 0$$
$$y \leqslant 1$$

这个线性规划的几何解在图 10-25 中给出.

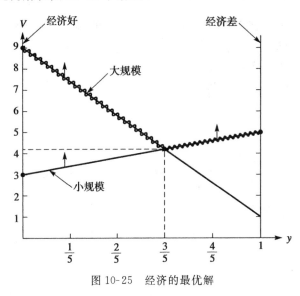

图 10-25 经济的最优解

我们估计解是 (0.6，$420)，即经济的策略是 60% 的概率为差，40% 的概率为好. 为了最小化企业的利润，经济应该在 60% 的时间为差. 如果这样的话，经济可以把企业的利润限制在 $420 000.

现在企业可以同时利用企业的博弈和经济的博弈来为自己定义一些选项. 如果企业不能确定经济状况如何，应该采用保守策略，80% 的概率进行小规模生产，20% 的概率进行大规模生产，保证获得 $420 000. 然而，从经济的博弈看，如果企业认为经济将会在超过 60% 的时间为差，应该采用小规模生产策略从而获得超过 $420 000 的利润. 如果企业相信经济将会在少于 60% 的时间为差，应该采用大规模生产策略从而获得超过 $420 000 的利润，正如图 10-24 中所示.

总之，综合从企业的观点和从经济的观点的分析，企业可以采用保守的混合策略保证得到 $420 000 的净利润，或者赌一下经济将会在多于还是少于 60% 的时间为差，并相应地采用合适的纯策略(小规模生产或大规模生产)进行机会主义的决策. 虽然经济不是一个进行推理的参与者，但是知道其最优策略仍是有好处的.

在习题中，要求你用代数方法推导出企业和经济的最优解. 虽然我们只考虑了企业和经济只有两种策略的情形，但是针对更大规模的问题也很容易建立模型并用线性规划进行求解，这在习题中可以看到.

例2 再论投资策略

我们再次考虑 9.4 节的例 2. 假定有 $100\ 000$ 需要投资，有 3 种途径：股票、债券、储蓄. 我们把估计的一段时间的利润列入支付矩阵中.

投资途径	条件		
	快速增长（风险）	正常增长	低速增长
股票	$10 000	$6500	$-$4000
债券	$8000	$6000	$1000
储蓄	$5000	$5000	$5000

现在，与在 9.4 节例 2 中所做的不同，我们不再对经济的增长条件做出假设，而是看成一个与大自然的博弈决策并问两个问题：

1. 无论经济条件如何，你能保证得到多少利润？你应该采用什么样的策略？
2. 什么样的经济条件是对你的投资最差的情形？

我们首先对投资决策进行建模，为此定义以下变量：

V——以 10 万美元为单位的利润；

x_1——股票投资的比例；

x_2——债券投资的比例；

$1-x_1-x_2$——储蓄投资的比例.

我们将要求 $V>0$，保证只考虑有利可图的投资组合. 如果没有可行解，那么投资组合是无利可图的. 我们现在建立决策的线性规划模型.

$$\text{Max } V$$

s. t.

$$V \leqslant \$10x_1 + \$8x_2 + \$5(1-x_1-x_2) \qquad \text{经济快速增长}$$
$$V \leqslant \$6.5x_1 + \$6x_2 + \$5(1-x_1-x_2) \qquad \text{经济正常增长}$$
$$V \leqslant \$-4x_1 + \$1x_2 + \$5(1-x_1-x_2) \qquad \text{经济低速增长}$$
$$x_1,\ x_2,\ 1-x_1-x_2 \geqslant 0$$
$$x_1,\ x_2,\ 1-x_1-x_2 \leqslant 1$$
$$V \geqslant 0$$

为了技术处理上的方便，我们把这个模型写成标准形式：

$$\text{Max } V$$

s. t.

$$\$10x_1 + \$8x_2 + \$5(1-x_1-x_2) - V \geqslant 0 \qquad \text{经济快速增长}$$
$$\$6.5x_1 + \$6x_2 + \$5(1-x_1-x_2) - V \geqslant 0 \qquad \text{经济正常增长}$$
$$\$-4x_1 + \$1x_2 + \$5(1-x_1-x_2) - V \geqslant 0 \qquad \text{经济低速增长}$$
$$x_1,\ x_2,\ 1-x_1-x_2 \geqslant 0$$
$$x_1,\ x_2,\ 1-x_1-x_2 \leqslant 1$$
$$V \geqslant 0$$

使用求解技术，我们找到最优策略是不投资债券和股票，100％用于储蓄，利润为＄5000.

大自然的博弈　我们首先建立大自然的决策模型，最小化投资利润，为此定义以下变量：

V——以 10 万美元为单位的利润；

y_1——快速增长的比例；

y_2——正常增长的比例；

$1-y_1-y_2$——低速增长的比例.

我们现在建立经济决策的线性规划模型.

$$\text{Min } V$$

s. t.

$$\$10y_1 + \$6.5y_2 - \$4(1-y_1-y_2) - V \leqslant 0 \qquad \text{股票投资}$$

$$\$8y_1 + \$6y_2 + \$1(1-y_1-y_2) - V \leqslant 0 \qquad \text{债券投资}$$

$$\$5y_1 + \$5y_2 + \$5(1-y_1-y_2) - V \leqslant 0 \qquad \text{储蓄投资}$$

$$y_1,\ y_2,\ 1-y_1-y_2 \geqslant 0$$

$$y_1,\ y_2,\ 1-y_1-y_2 \leqslant 1$$

$$V \geqslant 0$$

最优解是 $V = \$5000$，与前面一样，表明大自然不采用快速增长和正常增长策略，100％为低速增长. 如果大自然采用与此不同的策略，投资者可以增加利润到 $5000 以上. ■

 习题

1. 参见例 1，先进行建模，然后用代数方法分别求解企业的博弈问题和经济的博弈问题.

2. 给出以下支付矩阵，投资选项为 A，B，C，自然状态为 ♯1，♯2，♯3，♯4，建模并求解投资者的博弈问题和自然的博弈问题.

投资选项	条件			
	♯1	♯2	♯3	♯4
A	1100	900	400	300
B	850	1500	1000	500
C	700	1200	500	900

3. 我们在经济的不确定条件下考虑投资选项 A，B，C 或者其组合，相应的支付矩阵如下：

投资选项	条件		
	♯1	♯2	♯3
A	3000	4500	6000
B	1000	9000	2000
C	4500	4000	3500

建模并求解投资者的博弈问题和经济的博弈问题.

4. 在变化的环境条件{♯1，♯2，♯3}下考虑在可能的地点 A，B，C 建厂，支付矩阵如下，建模并求解建设者的博弈问题和环境的博弈问题.

建厂地点	条件		
	♯1	♯2	♯3
A	＄1000	＄2000	＄500

（续）

建厂地点	条件		
	#1	#2	#3
B	$800	$1200	$900
C	$700	$700	$700

5. 一个当地的投资人正在考虑在新开发区的三种可能的房地产投资——酒店、饭店和便利店. 酒店和便利店会受到它们与不久将要建立的加油站位置的远近的负面或者正面影响. 假设饭店投资是相对稳定的. 投资者的利润如下:

投资选项	条件		
	#1 离加油站很近	#2 离加油站距离中等	#3 离加油站很远
酒店	$25 000	$10 000	−$8000
便利店	$4000	$8000	−$12 000
饭店	$5000	$6000	$6000

建模并求解当地投资者的博弈问题和自然条件的博弈问题.

6. 在不确定条件下考虑 A，B，C 三种投资选项之一，相应的支付矩阵如下:

投资选项	条件		
	#1	#2	#3
A	3000	4500	6000
B	1000	9000	2000
C	4500	4000	3500

确定最佳的投资选项.

7. 我们有两种投资途径，即股票和债券. 在两种可能的经济条件下每种投资的回报如下:

投资途径	条件 1	条件 2
股票	$10 000	−$4000
债券	−$7000	−$2000

你应该选择哪个决策? 用博弈论解释你的理由.

8. Golf Smart 公司销售一种特别品牌的驱动器，每个 $200. 下一年，估计能卖 15，25，35，45 个驱动器的概率分别是 0.35，0.25，0.20，0.20. 从制造商处只能按 10 的倍数购买驱动器. 购买 10，20，30，40，50 个驱动器的价格分别是每个 $160，$156，$148，$144，$136. 每年，制造商设计一种新的热销驱动器，使得前一年的驱动器的价值贬值. 结果，在每年结束的时候，Golf Smart 公司进行清仓销售，任何没有卖完的驱动器都可以按每个 $96 的价格卖掉. 假设一年中每个来到 Golf Smart 公司买驱动器的顾客如果由于缺货而买不到，公司将损失 $24 的商业信誉. 用博弈论确定应该采取什么样的决策.

10.4 确定纯策略解的其他方法

在前一节中，我们看到通过求解完全冲突博弈的线性规划模型，能够直接得到解，这个解中参与者要么采用纯策略，要么采用混合策略. 本节中，我们考虑用其他方法确定解是纯策略还是混合策略. 如果存在纯策略的解，这个方法将直接告诉我们纯策略的解是什么. 我们首先考虑最大最小–最小最大(Maximin-Minimax)方法.

最大最小–最小最大方法

在第 9 章，我们研究过最大最小准则，并学习过它对于最大化结果(如利润)是合适的，为了使用这一准则，我们在每行中选择最小值，然后从这些最小值中选择最大值，从而确定一个**最大最小值**．这种策略就是**最大最小策略**．我们再次考虑 10.1 节的例 1，行参与者是 Home Depot，列参与者是 Ace 五金店，支付值是 Home Depot 的市场份额．因此，Home Depot 希望最大化而 Ace 希望最小化结果的支付值．

Home Depot	Ace		行最小值
	大城市	小城市	
大城市	60	68	**60**
小城市	52	60	52

每行最小值中的最大值是 60，表示 Home Depot 的最大最小值．对应的策略，即在大城市开店的策略是 Home Depot 的最大最小策略．可以看出，如果 Home Depot 采用最大最小策略，这个博弈中 Home Depot 的支付值，即他的市场份额 S 必须等于或者大于 60．也就是说

$$S \geqslant 60$$

在第 9 章，我们还研究过最小最大准则，并发现它对于最小化结果（如成本）是合适的．为了使用这一准则，我们对每个策略选择对应的最大值，然后从这些最大值中选择最小值，从而确定一个**最小最大值**．这种策略就是**最小最大策略**．在前面的例子中，Ace 是列参与者并希望最小化支付值．为了确定对 Ace 的每个策略的最坏结果，我们从每一列中选择最大值，因为每一列代表了 Ace 的一个策略．

Home Depot	Ace	
	大城市	小城市
大城市	60	68
小城市	52	60
列最大值	**60**	68

每列最大值中的最小值是 60，表示最小最大支付值．Ace 对应的策略是在大城市开店．可以看出，如果 Ace 采用最小最大策略，Ace 可以保证 Home Depot 的市场份额 S 不大于 60．也就是说

$$S \leqslant 60$$

可以看出在这种情况下，最大最小值和最小最大值是相等的．如果 $S \geqslant 60$ 且 $S \leqslant 60$，则 $S = 60$．Home Depot 应该采用最大最小策略（在大城市开店），Ace 应该采用最小最大策略（也在大城市开店）．可以看出，左上角的数值 60 是该列中的最大值．如果 Ace 选择大城市策略，60 是这列中对 Home Depot 最大的值．也可以看出，左上角的数值 60 是第一行中的最小值．如果 Home Depot 选择大城市策略，60 是 Ace 限定在第一行中能达到的最小值．因此，60 同时是行最小值和列最大值．

定义　当最大最小值和最小最大值相同的时候，相应的结果称为**鞍点**．如果一个博弈有一个鞍点（本例中是 60），它就给出了博弈的支付值．参与者通过选择最大最小策略和最小最大策略，可以保证至少达到这个值．

我们考虑第二个例子．下面的博弈表示食饵和捕食者之间较量或相遇的情形，它们都有如

下表所示的 3 种策略. 9 种可能结果中的每一个所对应的值表示食饵在相遇后的生成概率. 食饵是行参与者, 希望最大化结果对应的值. 捕食者是列参与者, 希望最小化食饵的成功机会.

食饵	捕食者		
	伏击	追捕	退却
躲藏	0.2	0.4	0.5
逃跑	0.8	0.6	0.9
搏斗	0.5	0.5	0

我们计算行最小值以便确定最大最小值是 **0.6**, 食饵的最大最小策略是逃跑. 我们计算列最大值以便确定最小最大值是 **0.6**, 捕食者的最小最大策略是追捕. 由于最大最小值和最小最大值是相等的, 这是一个鞍点, 博弈的值是 0.6. 食饵总是应该逃跑而捕食者应该总是追捕, 如果双方都采用最佳策略, 食饵有 60% 的生存机会.

食饵	捕食者			行最小值
	伏击	追捕	退却	
躲藏	0.2	0.4	0.5	0.2
逃跑	0.8	0.6	0.9	**0.6**
搏斗	0.5	0.5	0	0
列最大值	0.8	**0.6**	0.9	

再看图 10-26, 我们在竖向轴 (z 轴) 画出结果对应的支付值 (以 $1/10$ 为间距), 而在水平轴 (x 轴和 y 轴) 画出食饵和捕食者的策略.

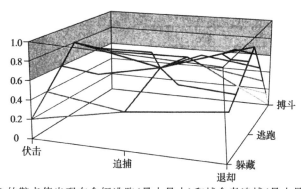

图 10-26 6/10 的鞍点值出现在食饵逃跑 (最大最小) 和捕食者追捕 (最小最大) 策略的交点

现在, 我们再来考虑击球手和投球手的较量问题. 我们计算击球手的最大最小值和相应的策略, 他希望使击球平均分最大; 再算出投球手的最小最大值和相应的策略, 他是列参与者并希望尽量使击球手的击球平均分最小.

击球手	投球手		行最小值
	快球	弧线球	
快球	0.400	0.200	**0.200**
弧线球	0.100	0.300	0.100
列最大值	0.400	**0.300**	

在这种情况下，击球手的最大最小值是 0.200. 如果他采用最大最小策略，即快球策略，他可以保证得到击球平均分 $A \geq 0.200$. 投球手的最小最大值是 0.300. 如果投球手采用最小最大策略，即弧线球策略，他可以保证击球平均分 $A \leq 0.300$. 此时最大最小值和最小最大值不相等，我们得不到纯策略构成的鞍点使得 $0.200 \leq A \leq 0.300$. 回顾图 10-21，可知存在混合策略构成的鞍点使得 $A = 0.250$，其中击球手采用最优的一半时间为快球而另一半时间为弧线球的混合策略，投球手采用最优的 1/4 时间为快球而 3/4 时间为弧线球的混合策略.

转移图

确定是否存在纯策略构成的鞍点的另一种方法是使用转移图. 假定我们给出了行参与者的结果对应的支付值，行参与者希望最大化这些值而列参与者希望最小化这些值. 对于每一列，行参与者从每一个结果值画一个箭头指向该列中的最大值，也就是该列中他的最佳结果，而每一列表示的是列参与者的一个策略. 我们用 Home Depot 的例子来进行说明.

Home Depot	Ace	
	大城市	小城市
大城市	60	68
	⇧	⇧
小城市	52	60

我们可以注意到此时两个箭头都指向大城市策略对应的值. Home Depot 的大城市策略占优于他的小城市策略.

定义 一个策略 A 占优于策略 B，是指策略 A 的每一个结果至少和 B 的对应结果一样好，并且至少 A 的某一个结果严格优于 B 的对应结果. 在严格冲突的博弈中，参与者应该永远不采用被占优的策略.

类似地，对于每一行，列参与者从每一个结果值画一个箭头指向该行中的最小值，也就是该行中他的最佳结果，而每一行表示的是行参与者的一个策略. 以 Ace 为例，我们有

Home Depot	Ace		
	大城市		小城市
大城市	60	⇦	68
小城市	52	⇦	60

我们注意到对于 Ace，大城市策略占优于小城市策略. 现在我们同时来看 Home Depot 和 Ace 的箭头：

Home Depot	Ace		
	大城市		小城市
大城市	(60)	⇦	68
	⇧		⇧
小城市	52	⇦	60

我们注意到没有从位于左上角的数值 60 出发的箭头. 这意味着，对于这个位置，没有参

与者能单方面得到改善．这是一个均衡点．

现在我们来画出食饵和捕食者博弈的转移图：

食饵	捕食者		
	伏击	追捕	退却
躲藏	0.2	⟵ 0.4	0.5
	⇓	⇓	⇓
逃跑	0.8 ⟹	(0.6) ⟸	0.9
	⇑	⇑	⇑
搏斗	0.5 ⟷	0.5 ⟸	0

我们注意到存在一个唯一的均衡，位于食饵逃跑和捕食者追捕策略的交点处，对应的值是 0.6．我们也可以看出逃跑策略占优于躲藏和搏斗策略，因此是食饵的占优策略．

在习题部分，你将会看到有可能存在多于一个鞍点的情形．然而，在完全冲突的博弈中，所有鞍点对应的值一定相等，在习题中会要求证明这一点．

定义 在完全冲突的博弈中，任何两个**鞍点**对应的值一定相等．如果行参与者和列参与者都采用包含鞍点结果的策略，结果将总是一个鞍点．

正如我们所看到的，完全冲突的博弈可能没有纯策略形式的鞍点．画出击球手和投球手较量的转移图，则有

击球手	投球手	
	快球	弧线球
快球	0.400 ⟹	0.200
	⇑	⇓
弧线球	0.100 ⟸	0.300

正如箭头所示，没有纯策略均衡．如果击球手猜测纯快球，投球手将改为弧线球策略．如果投球手掷出纯弧线球，击球手将改为弧线球策略．然后投球手将改为纯快球策略．最后，击球手将改为纯快球策略．所以我们可以看出此时不存在纯策略均衡——参与者只有采用混合策略才是最优的．

 习题

在下面的习题中，用最大最小与最小最大方法和转移图方法确定是否存在纯策略解．假设行参与者希望最大化他的支付，这些支付列在以下矩阵中．

1.

Rose	Colin	
	C1	C2
R1	10	10
R2	5	0

2.

Rose	Colin	
	C1	C2
R1	$\frac{1}{2}$	$\frac{1}{2}$
R2	1	0

3.

击球手	投球手	
	快球	弹指球
快球	0.400	0.100
弹指球	0.300	0.250

4.

Rose	Colin	
	C1	C2
R1	$(2, -2)$	$(1, -1)$
R2	$(3, -3)$	$(4, -4)$

5. 捕食者有两种策略捕食食饵(伏击或者追捕),而食饵有两种策略逃避(躲藏或者逃跑).下面支付矩阵中的元素表示食饵的生存机会,食饵希望使之最大化而捕食者希望使之最小化.

食饵	捕食者	
	伏击	追捕
逃跑	0.20	0.40
躲藏	0.80	0.60

6.

Rose	Colin	
	C1	C2
R1	5	1
R2	3	0

7.

Rose	Colin	
	C1	C2
R1	1	3
R2	5	2

8. 找出以下博弈的所有纯策略解:

Rose	Colin			
	C1	C2	C3	C4
R1	4	3	1	5
R2	-8	2	0	-1
R3	7	5	1	3
R4	0	8	-3	-6

9. 找出以下博弈的所有纯策略解:

(a)

Rose	Colin			
	C1	C2	C3	C4
R1	3	1	4	1
R2	2	1	3	0
R3	0	0	0	0

(b)

Rose	Colin			
	C1	C2	C3	C4
R1	3	2	4	2
R2	2	1	3	0
R3	2	2	2	2

(c)

Rose	Colin		
	C1	C2	C3
R1	−2	0	4
R2	2	1	3
R3	3	−1	−3

10.5 2×2 完全冲突博弈的其他简便解法

如果完全冲突博弈中有两个参与者，每人有两个策略，可以有一些简便解法. 只有当不存在纯策略鞍点时才需要使用这些方法. 我们将考虑两种简便解法：

1. 让对手的策略对应的期望值相等；

2. 零头法，也称为 William 方法.

让对手策略对应的期望值相等

在 10.2 节，我们把击球手和投球手的完全冲突博弈建模成线性规划问题，并考虑了求解线性规划问题的以下基本步骤：

1. 确定所有交点；

2. 确定哪些交点是可行的；

3. 确定哪些可行的交点代入目标函数后具有最佳的函数值.

我们再来考虑击球手的问题：

$$\text{Max } A$$

s. t.

$$A \leqslant 0.400x + 0.100(1-x) \qquad \text{投球手的快球策略}$$

$$A \leqslant 0.200x + 0.300(1-x) \qquad \text{投球手的弧线球策略}$$

$$x \geqslant 0$$

$$x \leqslant 1$$

找到所有交点：因为有 4 个约束，因此有 6 个可能的交点. 由于 $x=0$ 和 $x=1$ 不相交，所以最多有 5 个交点. 交点中的 4 个对应于投球手的纯快球策略和纯弧线球策略与 $x=0$（击球手的纯弧线球策略）和 $x=1$（击球手的纯快球策略）的交点. 这 4 个交点对应于**纯策略解**. 如果我们预先确定没有纯策略解存在，我们就知道这 4 个交点中的任何一个都不会是最优解. 但最小最大定理能够保证对于完全冲突博弈，一定存在一个解.

定理（最小最大定理） 对每一个完全冲突的 $m \times n$ 两人博弈，存在一个唯一值 V，并存在两个参与者的最优（纯的或者混合的）策略满足：

（ⅰ）如果 Rose 采用她的最优策略，无论 Colin 怎么做，Rose 的期望支付将大于等于 V；

（ⅱ）如果 Colin 采用他的最优策略，无论 Rose 怎么做，Rose 的期望支付将小于等于 V.

因此，第 5 个交点，即投球手的快球策略与投球手的弧线球策略的交点存在并且是最优的. 对于两个参与者、每人只有两个策略的情形，方法如下：

1. 检查纯策略解.
2. 如果纯策略解不存在,就让对手的两个策略对应的期望值相等.

例 1　让击球手和投球手较量中的期望值相等

首先,检查纯策略鞍点.

击球手	投 球 手		行最小值	最大最小
	快球	弧线球		
快球	0.400　　⟹	0.200	0.200	**0.200**
	⟰	⟱		
弧线球	0.100　　⟸	0.300	0.100	
列最大值	0.400	0.300		
最小最大	**0.300**			

由于最大最小值与最小最大值不相等,不存在纯策略鞍点,从转移图也可以看出这一点.下面我们让对手的策略对应的期望值相等. 令 x 表示击球手猜测是快球的比例,$1-x$ 表示猜测是弧线球的比例,我们有

$$EV(PF) = 0.400x + 0.100(1-x) \quad \text{投球手的快球策略}$$
$$EV(PC) = 0.200x + 0.300(1-x) \quad \text{投球手的弧线球策略}$$

令它们相等并求解,得到

$$0.400x + 0.100(1-x) = 0.200x + 0.300(1-x)$$
$$x = 0.5$$

因此,击球手应该猜测 50% 的快球和 50% 的弧线球. 我们可以通过计算投球手的快球策略或者弧线球策略对应的期望值确定博弈的值,即击球平均分:

$$EV(PF) = 0.400x + 0.100(1-x) = 0.400(0.5) + 0.100(0.5) = 0.250$$

对于投球手,令 y 表示他掷出快球的比例,$1-y$ 表示他掷出弧线球的比例. 我们给出对手(即击球手)的策略的期望值:

$$EV(BF) = 0.400y + 0.200(1-y) \quad \text{击球手的快球策略}$$
$$EV(BC) = 0.100y + 0.300(1-y) \quad \text{击球手的弧线球策略}$$

令它们相等并求解,得到

$$0.400y + 0.200(1-y) = 0.100y + 0.300(1-y)$$
$$y = 0.25$$

因此,投球手应该掷出 25% 的快球和 75% 的弧线球. 与前面一样,击球平均分是 0.250,这可以通过计算 $EV(BF)$ 或者 $EV(BC)$ 进行验证.

$$EV(BF) = 0.400y + 0.200(1-y) = (0.400)0.25 + (0.200)0.75 = 0.250 \quad ■$$

零头法:几何方法

对于两个参与者、每人只有两个策略并且不存在纯策略鞍点的完全冲突博弈,零头法提供了另一种简便解法来确定最优的交点. 考虑 10-27 中投球手的问题.

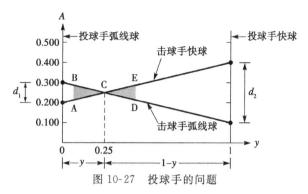

图 10-27　投球手的问题

如图 10-27 所示，三角形 ABC 与 CED 相似，因此

$$\frac{d_1}{d_2} = \frac{y}{1-y}$$

经过替换，我们有

$$\frac{d_1}{d_2} = \frac{0.100}{0.300} = \frac{1}{3} = \frac{y}{1-y}$$

求解得到 $y=1/4$ 和 $1-y=3/4$，即 3 次弧线球对 1 次快球的比例. 注意投球手的快球与弧线球之比的分子正是投球手的弧线球策略对应的截距差的长度. 现在我们考虑其代数解释.

零头法：代数方法

如图 10-28 所示，对于两个参与者、每人只有两个策略并且不存在纯策略鞍点的完全冲突博弈，有两种情形.

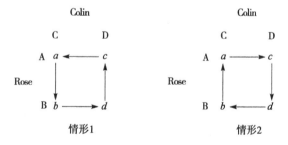

图 10-28　不存在纯策略解的情形

我们考虑情形 1. 令 x 表示 Rose 采用策略 A 的比例，而 $1-x$ 表示采用策略 B 的比例. 因为不存在纯策略的鞍点，我们让 Colin 的策略 C 和 D 对应的期望值相等.

$$EV(C) = EV(D)$$

$$ax + b(1-x) = cx + d(1-x)$$

$$x = \frac{d-b}{(a-c)+(d-b)}$$

$$1-x = \frac{(a-c)+(d-b)}{(a-c)+(d-b)} - \frac{d-b}{(a-c)+(d-b)} = \frac{a-c}{(a-c)+(d-b)}$$

博弈的值可以通过计算 EV(C) 或者 EV(D) 得到.

$$EV(C) = ax + b(1-x) = a\left(\frac{d-b}{(a-c)+(d-b)}\right) + b\left(\frac{a-c}{(a-c)+(d-b)}\right)$$

$$= \frac{ad-bc}{(a-c)+(d-b)}$$

在习题中,要求你证明情形 2 的解是

$$x = \frac{b-d}{(c-a)+(b-d)}$$

$$1-x = \frac{c-a}{(c-a)+(b-d)}$$

$$EV(C) = \frac{bc-ad}{(c-a)+(b-d)}$$

比较情形 1 和情形 2 的解,我们看到两种情形的解都可以表示为

$$x = \frac{\mid b-d \mid}{\mid a-c \mid + \mid b-d \mid}$$

$$1-x = \frac{\mid a-c \mid}{\mid a-c \mid + \mid b-d \mid}$$

$$EV(C) = \frac{\mid ad-bc \mid}{\mid a-c \mid + \mid b-d \mid}$$

令 $\mid \Delta \mid$ 表示截距之差的绝对值,我们可以方便地将 Rose 的这些值在博弈矩阵中表示(见图 10-29).

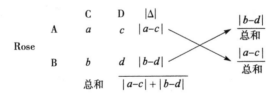

图 10-29 使用零头法得到 Rose 的混合策略的形式

在习题中,要求你计算 Colin 对应的方程.

例 2 击球手和投球手的零头法

为了使用零头法,我们首先需要说明不存在纯策略鞍点,正如我们在如图 10-30 中采用转移图所做的一样.然后,我们在图 10-31 中做同样的事情.

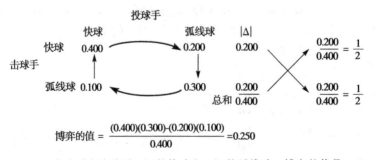

图 10-30 击球手应该猜测 1/2 的快球和 1/2 的弧线球,博弈的值是 0.250

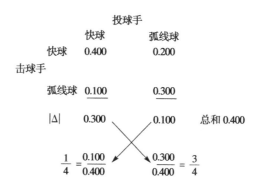

图 10-31 投球手应该掷出 1/4 的快球和 3/4 的弧线球，博弈的值是 0.250

总结 本节的两种方法只适用于 2×2 的完全冲突博弈并且不存在纯策略鞍点的情形，认识到这点很重要. 如果你想找到与 $x=0$ 和 $x=1$ 的内部交点而不先检查纯策略鞍点，你可能会遇到图 10-32 的情形.

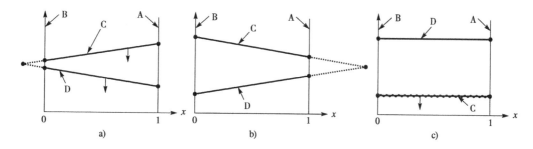

图 10-32 每种图形对应于纯策略鞍点，其中第 5 个交点
可能为负(a)，可能大于 1(b)，可能不存在(c)

 习题

对下面的博弈，分别用(a)期望值相等方法和(b)零头法找到解. 假设行参与者希望最大化他的支付，这些支付列在以下矩阵中.

1.

Rose	Colin	
	C1	C2
R1	2	3
R2	5	2

2.

Rose	Colin	
	C1	C2
R1	-2	2
R2	3	0

3.

Rose	Colin	
	C1	C2
R1	0.5	0.3
R2	0.6	1

4.

Rose	Colin	
	C1	C2
R1	2	-3
R2	0	4

5.

Rose	Colin	
	C1	C2
R1	−2	5
R2	3	−3

6.

Rose	Colin	
	C1	C2
R1	4	−4
R2	−2	−1

7.

Rose	Colin	
	C1	C2
R1	17.3	11.5
R2	−4.6	20.1

8. 如果博弈不存在鞍点解，需要什么样的假设成立？证明最大的两个元素必须是相互位于对角线上．

Rose	Colin	
	C1	C2
R1	a	c
R2	b	d

9. 给定

Rose	Colin	
	C1	C2
R1	a	c
R2	b	d

其中 $a>d>b>c$. 证明如果 Colin 以概率 y 和 $1-y$ 采用策略 C1 和 C2，那么

$$y = \frac{d-b}{(a-c)+(d-b)}$$

10. 在习题 9 的博弈中，证明博弈的值是

$$v = \frac{ad-bc}{(a-c)+(d-b)}$$

对习题 11~14 中的博弈进行求解．

11.

Rose	Colin	
	C1	C2
R1	6	4
R2	4	2

12.

Rose	Colin	
	C1	C2
R1	−2	3
R2	2	−2

13.

Rose	Colin	
	C1	C2
R1	3	7
R2	8	5

14. 对下面的参与者求解击球手和投球手较量的博弈：

Derek Jeter	Roy Haliday	
	快球 C1	叉指快速球 C2
猜测快球 R1	0.330	0.250
猜测叉指快速球 R2	0.180	0.410

10.6 部分冲突博弈：经典的两人博弈

囚徒困境

在 10.1 节，我们针对国家 A 和国家 B 都可以裁军或者保持军备的例子，建立了称为囚徒困境的博弈问题．

国家 A	国家 B	
	裁军	保持军备
裁军	(3, 3)	(1, 4)
保持军备	(4, 1)	(2, 2)

在图 10-33 中，我们注意到每个参与者的支付画在图上不位于一条线上，说明博弈不是完全冲突的．我们还可以注意到两个参与者都保持军备的支付之和为 $2+2=4$，而都裁军的支付之和为 $3+3=6$，不是常数．注意到如果能够从(2, 2)转到(3, 3)，两个参与者都会得到改善，这在完全冲突博弈中是不可能出现的.

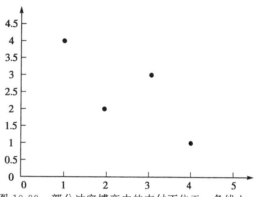

图 10-33　部分冲突博弈中的支付不位于一条线上

在部分冲突博弈中，参与者的目标是什么？在完全冲突情形，每个参与者希望最大化他的支付，在这个过程中同时最小化了另一个参与者的支付．但是在部分冲突博弈中，一个参与者可能会有以下目标中的任意一个目标：

1. **最大化他的支付**．每个参与者选择一个策略，希望最大化他的支付．当一个参与者推理另一个参与者会如何应对时，这个参与者不会把保证另一个参与者得到"公平的"结果作为目标．相反，参与者"自私地"最大化他自己的支付.

2. **找到一个稳定的结果**．参与者通常会有兴趣找到一个稳定的结果．纳什均衡结果是任何一个参与者都不能单方面得到进一步改善的结果，因此代表了一种稳定的结果．例如，我们可能对于某一栖息地的两个物种能否找到一个均衡并共存，或者是一个物种占优而导致另一个消亡感兴趣．纳什均衡是为了纪念 John Nash 而命名的，他(Nash，1950)证明了每个两人博弈至少有一个纯策略或者混合策略均衡.

3. **最小化对手的支付**．假定有两家公司，他们的产品市场相互作用，但不是完全冲突的．每家公司可能从最大化其支付开始，但如果对结果不满意，一家或者两家公司可能会变为敌视对方，并选择最小化另一方支付的目标．也就是说，一个参与者可能会放弃它最大化自己利润的长期目标，并选择最小化对手利润的短期目标．例如，考虑一家很成功的大型公司，可能会希望让一个刚启动的风险投资项目破产从而让风险投资退出其业务，或者可能会激励风险投资同意某个经过仲裁的"公平"解.

4. **找到一个"共同公平"的结果，这可能是在仲裁人的帮助下达到**．两个参与者可能都对当前的状况不满意．相互最小化对方所得的结果可能对双方都是很差的．或者如我们在下面将要学习的，可能一方已经施加了一种"威胁"，导致两个参与者都受损．在这种情况下，参与者可能会同意接受仲裁者的决策，而仲裁者必须确定一个公平的解(Nash，1950).

在这部分关于部分冲突博弈的引言中，我们将假设两个参与者的目标都是最大化其支付．接下来，我们必须确定博弈过程中是有交流还是没有交流的．没有交流意味着参与者必须在不知道对手选择的情况下选择自己的策略. 例如, 可能他们是同时选择策略. 术语有交流意味着可能一个参与者先出招而让另一参与者知道自己的出招, 或者参与者在出招前相互交谈. 正如我们将要看到的, 交流的形式可能有先出招、保证先出招、威胁、一方或双方的承诺. 我们从囚徒困境开始讨论.

例 1 没有交流的囚徒困境

我们将假设在没有交流的情况下每个参与者都将"保守地"出招. 也就是说, 每个参与者采用其最大最小策略. 下表中国家 A 的支付列在前面, 其中排序为 4 是最佳的.

国家 A	国家 B		参与者 A: 行最大值
	裁军	保持军备	
裁军	(3, 3) $\Longrightarrow$	(1, 4)	1
保持军备	(4, 1) $\Longrightarrow$	(2, 2)	2
参与者 B: 列最大值	1	2	

我们看到国家 A 的最大最小策略是保持军备, 因为如果它保持军备, 可以保证至少达到 2. 类似地, 国家 B 的最大最小策略也是保持军备. 如果两个参与者在没有交流的情况下都保守出招, 我们可以预期的结果将是(保持军备, 保持军备), 对应的支付是(2, 2). 从转移图也可以注意到(2, 2)是一个均衡结果, 所以任何参与者都不可能单方面得到改善. 从转移图还可以注意到两个参与者都有一个占优策略, 即保持军备. 悖论在于(3, 3)对每个参与者都更好. 在习题中, 要求你说明只有参与者做出承诺, 才能产生结果(3, 3). 我们可以通过考虑策略分别是背叛与合作对囚徒困境博弈进行推广. 在这个应用例子中, 保持军备是背叛, 而裁军是合作. 术语**囚徒困境**由普林斯顿数学家 Albert Tucker 于 1950 年提出, 用于描述两个被分开囚禁的囚徒所面对的情形, 他们都可以告密(背叛)或者不告密(与作为同伴的囚徒合作). 这种情形在 10.1 节的习题 4 中已经描述过. 下面总结一下这个悖论:

定义 **囚徒困境**是一个部分冲突的两人博弈, 其中每个参与者有两个策略, 即背叛与合作; 对每个参与者来说, 背叛占优于合作, 虽然双方同时背叛的结果——这个博弈的唯一纳什均衡——对每个人来说都坏于双方同时合作的结果.

囚徒困境广泛用于全球气候变暖、香烟广告、毒瘾、生物进化和石油公司定价策略等模型中.   ∎

斗鸡博弈

两辆汽车相向而行, 首先转向的司机就算在较量中输了. 每个参与者有两个选项, 即转向或者不转向. 最坏的结果是两人都不转向, 导致发生碰撞. 对每个参与者最好的结果是赢得博弈, 也就是这个参与者不转向而对手选择转向. 每个参与者次优的结果是两人都转向, 结果是平局. 用排序为 4 表示最佳结果, 而 1 表示最坏结果, 我们有

Rose	Colin	
	转向	不转向
转向	(3，3)	(2，4)
不转向	(4，2)	(1，1)

没有交流的斗鸡博弈

我们再次假设在没有交流的情况下每个参与者都将采用其最大最小策略.

Rose	Colin		Rose：
	转向	不转向	行最大值
转向	(3，3) ⇒	(2，4)	**2**
	⇓	⇑	
不转向	(4，2) ⇐	(1，1)	1
Colin：列最大值	**2**	1	

我们看到 Rose 的最大最小策略是转向，因为如果她转向，可以保证至少达到 2. 类似地，Colin 的最大最小策略也是转向. 如果两个参与者在没有交流的情况下都保守出招，我们可以预期的结果将是(转向，转向)，对应的支付是(3，3). 从转移图还可以注意到两个参与者都没有占优策略，(3，3)不是一个纳什均衡，每个参与者都可以通过单方面地变为采用其不转向策略而得到改善. 然而如果双方都改变策略，将产生灾难性的结果(不转向，不转向)，对应的支付是(1，1). 这个博弈有两个纳什均衡，支付分别是(4，2)和(2，4). 现在想象一下两个国家对抗的情形，如古巴导弹危机，这将在 10.7 节讨论. 两个国家正采用转向策略，但都有动机在最后一分钟改变为不转向策略. 而如果双方都改变策略，灾难就会发生.

下面总结一下斗鸡博弈：

定义 斗鸡博弈是一个部分冲突的两人博弈，其中每个参与者有两个策略：转向以避免碰撞或者不转向企图赢得博弈. 每个参与者都不具有占优策略. 如果两人都选择转向，结果不是纳什均衡，因此是不稳定的. 这个博弈有两个纳什均衡，其中两个参与者之一选择转向而第二个参与者选择不转向.

斗鸡博弈常用于对两个国家或者物种对抗的情形进行建模.

有交流的斗鸡博弈

先出招或者保证先出招 现在我们假设每个参与者可以同第二个参与者交流彼此的计划或者出招. 如果 Rose 可以先出招，她可以选择转向或者不转向. 考察转移图，她应该希望 Colin 的反应如下：

如果 Rose 转向，Colin 就不转向，导致结果是(**2**，4)

如果 Rose 不转向，Colin 就转向，导致结果是(**4**，2)

因为 Rose 的目标是最大化她的结果，她应该选择先出招，并告诉对手她已经选择了不转向. 然后 Colin 的最佳反应是转向，导致结果是(4，2). 她赢得了争斗. 当然，我们讨论的情形必须是 Rose 可以先出招的情形，或者她可以告知对手她保证会采用不转向策略，而如果这种保证是可信的，也会出现对她最好的结果(4，2).

发出威胁　如果 Colin 有机会先出招，或者保证(或可能正在考虑)不转向，Rose 可能会通过威胁来阻止 Colin 采用不转向策略．威胁必须满足三个条件：

Rose 的威胁需要满足以下条件：

1. Rose 告知对方，她将依据 Colin 先前的行动来决定采用某个策略；

2. Rose 的行动对 Rose 是有害的；

3. Rose 的行动对 Colin 是有害的．

在斗鸡博弈中，Rose 希望 Colin 采取转向策略．因此，她向 Colin 发出威胁——如果 Colin 采取不转向策略，她也将采取不转向策略来阻止 Colin 选择不转向策略．

正常情况下，如果 Colin 选择不转向，Rose 应该选择转向，结果是(2，4)．

要伤害自己，Rose 必须选择不转向．因此潜在的威胁必须具有以下形式：

　　如果 Colin 选择不转向，那么 Rose 选择不转向，结果是(1，1)．

这是威胁吗？它依赖于 Colin 选择不转向而定．比较(2，4)和(1，1)，我们看到这个威胁对 Rose 是有害的，对 Colin 也是有害的．因此这是威胁并有效地消除了结果(2，4)，使得博弈变为

Rose	Colin		
	转向		不转向
转向	(3，3)		被威胁所消除
	$\Downarrow$		
不转向	(4，2)	$\Longleftarrow$	(1，1)

Colin 仍然可以选择转向或者不转向．通过使用转移图，他如下分析他的选择：

　　如果 Colin 选择转向，Rose 选择不转向，导致结果是(4，**2**)

　　如果 Colin 选择不转向，Rose 选择不转向，导致结果是(1，**1**)(因为 Rose 的威胁)

因此 Colin 是在支付 2 和 1 之间选择．他应该选择转向，产生结果(4，2)．如果 Rose 能够使她的威胁变得可信，她能得到她最好的结果．

做出承诺　同样，如果 Colin 有机会先出招，或者保证(或可能正在考虑)不转向，Rose 可能会通过承诺来鼓励 Colin 采用转向策略．承诺必须满足三个条件：

Rose 的承诺需要满足以下条件：

1. Rose 告知对方，她将依据 Colin 先前的行动来决定采用某个策略；

2. Rose 的行动对 Rose 是有害的；

3. Rose 的行动对 Colin 是有益的．

在斗鸡博弈中，Rose 希望 Colin 采取转向策略．因此，她向 Colin 做出承诺，让 Colin 采取转向策略，她也将采取转向策略来"让锅变甜"．

正常情况下，如果 Colin 选择转向，Rose 应该选择不转向，结果是(4，2)．

要伤害自己，Rose 必须选择转向．因此承诺必须具有以下形式：

　　如果 Colin 选择转向，那么 Rose 选择转向，产生结果(3，3)

这是承诺吗？它依赖于 Colin 选择转向而定．比较正常的结果(4，2)和承诺的结果(3，

3)，我们看到这个承诺对 Rose 是有害的，对 Colin 是有益的．因此这是承诺并有效地消除了结果(4，2)，使得博弈变为

Rose	Colin		
	转向		不转向
转向	(3，3)	$\Longrightarrow$	(2，4)
			$\Uparrow$
不转向	被承诺所消除		(1，1)

Colin 仍然可以选择转向或者不转向．通过使用转移图，他如下分析他的选择：

如果 Colin 选择转向，Rose 选择转向，导致结果是承诺的(3，**3**)

如果 Colin 选择不转向，Rose 选择转向，导致结果是(2，**4**)

因此 Colin 是在支付 3 和 4 之间选择．他应该选择不转向，产生结果(2，4)．Rose 确实做出了承诺，但她的目的是让 Colin 选择转向．即使她的承诺消除了一个结果，Colin 仍然选择不转向，因此承诺达不到效果．在习题中，要求你证明如果 Rose 和 Colin 都做出承诺，则结果是(3，3)．

总之，斗鸡博弈提供了很多选项．如果参与者在没有交流的情况下进行保守选择，最大最小策略将给出结果(3，3)，这是不稳定的：两个参与者都可以单方面地改善他们的结果．如果任一个参与者先出招，或者保证先出招，他可以保证得到他的最优结果．例如，Rose 可以得到(4，2)，这是一个纳什均衡．如果 Rose 发出威胁，她可以消除(2，4)并获得(4，2)．Rose 的承诺可以消除(4，2)但结果是(2，4)，这并不能改善到没有交流很可能会出现的结果(3，3)．

例2 威胁与承诺的组合

考虑以下博弈：

Rose	Colin		
	C1		C2
R1	(2，4)	$\Longleftarrow$	(3，3)
	$\Uparrow$		$\Downarrow$
R2	(1，2)	$\Longleftarrow$	(4，1)

在习题中，要求你证明在没有交流的情况下，如果两个参与者都采用最大最小策略，结果是(2，4)，这是一个纳什均衡，而且 Colin 有一个占优策略 C1．在没有交流的情况下，Colin 得到了他的最佳结果，但 Rose 是否可以采用一种战略型的招数得到比(2，4)更好的结果？

Rose 先出招 如果 Rose 选择 R1，Colin 应该用 C1 应对，产生结果(2，4)．如果 Rose 选择 R2，Colin 也应该用 C1 应对，产生结果(1，2)．Rose 的最佳选择是(2，4)，与没有交流时的保守结果相比并没有变好．

Rose 威胁 Rose 想要让 Colin 选择 C2．正常情况下，如果 Colin 采用 C1，Rose 应选择 R1，产生结果(2，4)．为了伤害自己，她必须选择 R2，产生结果(1，2)．比较正常的结果(2，

4)和(1，2)，这个威胁依赖于 Colin 采用 C1，既伤害 Rose 也伤害 Colin．这是一个威胁并有效地消除了(2，4)，产生

Rose	Colin	
	C1	C2
R1	消除	(3，3)
		⇓
R2	(1，2) ⇐	(4，1)

　　这个威胁能否阻止 Colin 采用 C1？考察转移图发现，如果 Colin 采用 C1，结果是(1，**2**)．如果 Colin 采用 C2，结果是(4，**1**)．Colin 的最佳选择仍然是 C1．因此这是一个威胁，但达不到效果．Rose 是否有一个能达到效果的承诺？

　　Rose 承诺　　Rose 想要让 Colin 选择 C2．正常情况下，如果 Colin 采用 C2，Rose 应选择 R2，产生结果(4，1)．为了伤害自己，她必须选择 R1，产生结果(3，3)．比较正常的结果(4，1)和承诺的结果(3，3)，这一招依赖于 Colin 采用 C2，伤害 Rose 但对 Colin 有好处．这是一个承诺并有效地消除了(4，1)，产生

Rose	Colin	
	C1	C2
R1	(2，4) ⇐	(3，3)
	⇑	
R2	(1，2)	消除

　　这个承诺能否激励 Colin 采用 C2？考察转移图发现，如果 Colin 采用 C1，结果是(2，**4**)．如果 Colin 采用 C2，结果是(3，**3**)．Colin 的最佳选择仍然是与结果(2，4)对应的 C1．因此这是一个承诺，但达不到效果．如果把威胁和承诺结合起来，会怎样呢？

　　威胁与承诺的组合　　我们看到 Rose 可以发出威胁消除一个结果，但仅有威胁还达不到效果．她也可以做出承诺消除一个结果，但仅有承诺也达不到效果．这种情况下，我们可以看看既发出威胁又做出承诺，从而消除两个结果后是否能确定一个更好的结果．Rose 的威胁消除了(2，4)而其承诺消除了(4，1)．如果她既发出威胁又做出承诺，就只剩下以下结果：

Rose	Colin	
	C1	C2
R1	消除	(3，3)
R2	(1，2)	消除

　　如果 Colin 采用 C1，结果是(1，2)；而如果 Colin 采用 C2，结果是(3，3)．他应该选择 C2，而结果(3，3)表示 Rose 与没有交流很可能会出现的(2，4)相比得到了改善．

　　可信性　　当然，要保证先出招、威胁和承诺都必须是可信的．如果 Rose 发出威胁但 Colin

仍然选择不转向，Rose 是否会兑现她的威胁导致碰撞并得到(1，1)，即使这一行动不再使她得到结果(4，2)？如果 Colin 相信 Rose 不会兑现她的威胁，他会忽略这个威胁．在斗鸡博弈中，如果 Rose 和 Colin 都承诺转向，并且 Colin 相信 Rose 的承诺并选择转向，Rose 是否还会兑现她的承诺选择转向从而得到(3，3)，即使她可以选择得到(4，2)？Rose 得到可信性的一种方法是使她的一个或者多个支付值降低，以便让 Colin 显而易见地知道她将会选择她所说的策略．或者，如果可能，她也可以给 Colin 一些额外的补贴增加他所选择的支付，从而诱惑他选择某个策略，该策略对她有利并且由于额外补贴的存在，该策略对他也有利．这些想法将在习题中进一步探究．

对每个参与者都可行的战略型出招对决定参与者如何行动是至关重要的．每个参与者都想知道什么战略型出招是可行的．例如，如果 Rose 先出招，并且 Colin 有一个威胁，在 Colin 发出威胁之前，Rose 想执行她的第一个出招．对两个参与者来说，要分析这个问题需要知道可能结果的排列顺序．一旦一个参与者决定了想让对手采用的策略，这个参与者就可以确定对手将以什么招数应对．在学习如何组织问题、如何应对以决定哪个战略型出招对每个参与者可行时，表 10-2 是非常有用的．

表 10-2 战略型出招的分析

- **没有交流的同时博弈**
  - 如果两个参与者都采用最大最小策略，很可能结果是(＿＿，＿＿)．
- **从 Rose 角度考虑有交流的博弈**（采用战略型出招）
- **先出招**
  - Rose 先出招：
    如果 Rose 采用 R1 策略，那么 Colin 采用＿＿策略，结果是(＿＿，＿＿)．
    如果 Rose 采用 R2 策略，那么 Colin 采用＿＿策略，结果是(＿＿，＿＿)．
    所以 Rose 会选择结果(＿＿，＿＿)．
  - Rose 迫使 Colin 先出招：
    如果 Colin 采用 C1 策略，那么 Rose 采用＿＿策略，结果是(＿＿，＿＿)．
    如果 Colin 采用 C2 策略，那么 Rose 采用＿＿策略，结果是(＿＿，＿＿)．
    所以 Colin 会选择结果(＿＿，＿＿)．
    结论：
    Rose 先出招的结果是(＿＿，＿＿)．
    Rose 迫使 Colin 先出招的结果是(＿＿，＿＿)．
- **威胁**：例如，假定 Rose 想让 Colin 采用 C2 策略：
  如果 Colin 采用 C1 策略，而 Rose 采用按逻辑推理她应该采用的策略相反的策略(伤害她自己)，那么 Rose 应该采用＿＿策略，结果是(＿＿，＿＿)．
  这是否也会伤害 Colin？如果是，这是一个威胁并消除了结果(＿＿，＿＿)．
  实施这个威胁后，Colin 选择＿＿策略，结果是(＿＿，＿＿)．
  单独采用这个威胁能达到效果吗？(实际上她能让 Colin 采用 C2 策略吗？)
- **承诺**：例如，假定 Rose 想让 Colin 采用 C2 策略：
  如果 Colin 采用 C2 策略，而 Rose 伤害她自己，那么 Rose 应该采用＿＿策略，结果是(＿＿，＿＿)．
  这对 Colin 有好处吗？如果是，这是一个承诺并消除了结果(＿＿，＿＿)．
  实施这个承诺后，结果是(＿＿，＿＿)．
  单独采用这个承诺能达到效果吗？(实际上她能让 Colin 采用 C2 策略吗？)

（续）

- **威胁与承诺的组合**
  威胁消除了结果(＿＿，＿＿)，且承诺消除了结果(＿＿，＿＿)。
  逻辑上看，结果是(＿＿，＿＿)。
- **总结 Rose(以及 Colin)可采用的战略型出招**

性别战

第三类部分冲突的两人博弈是称为性别战的博弈，所说的是他喜欢去看拳击，而她喜欢去看芭蕾。他们确实希望一起去参加同一场活动，而不希望单独行动。他从最好到最坏的排序是：(4)一起去看拳击；(3)一起去看芭蕾；(2)他去看拳击而她去看芭蕾；(1)他去看芭蕾而她去看拳击。

他	她		
	拳击		芭蕾
拳击	(4, 3)	⇐	(2, 2)
	⇑		⇓
芭蕾	(1, 1)	⇒	(3, 4)

在习题中，要求你证明如果这个博弈在没有交流的情况下采用保守策略，很可能是他去看拳击而她去看芭蕾，支付是(2, 2)。每个人都可以先出招从而达到他(或她)的最佳结果。(他打电话说他的电话将没电了，并说他正去拳击场。这一招用一次是有用的，但对于重复博弈就不好了。)双方都没有威胁或者承诺。很明显，混合采用(拳击，拳击)和(芭蕾，芭蕾)的仲裁结果是有必要的。

本节我们介绍了部分冲突中经典的两人博弈。每种博弈都有很多应用。因此，知道博弈是如何进行的很重要。你是否喜欢在没有交流的情况下进行博弈？如果可以交流，你和对手分别有哪些战略型出招？ ■

 习题

采用转移图，找出习题 1~5 中所有的稳定结果。然后使用战略型出招(参照表 10-2)确定 Rose 是否能得到更好的结果。

1.

Rose	Colin	
	C1	C2
R1	(2, 3)	(3, 1)
R2	(1, 4)	(4, 2)

2.

Rose	Colin	
	C1	C2
R1	(1, 2)	(3, 1)
R2	(2, 4)	(4, 3)

3.

Rose	Colin	
	C1	C2
R1	(2, 2)	(4, 1)
R2	(1, 4)	(3, 3)

4.

Rose	Colin	
	C1	C2
R1	(2, 6)	(10, 5)
R2	(4, 8)	(0, 0)

5. 考虑 2×2 的非零和博弈，找到纳什均衡.

Rose	Colin	
	C1	C2
R1	(2, 4)	(1, 0)
R2	(3, 1)	(0, 0)

6. 对性别战博弈给出如下支付矩阵：

Rose	Colin	
	C1	C2
R1	(4, 3)	(2, 2)
R2	(1, 1)	(3, 4)

如果 Rose 和 Colin 之间没有交流，找出纳什均衡. 如果我们允许他们交流并使用战略型出招，可能会出现什么样的结果？

 研究课题

1. 考虑如下 2×2 的非零和博弈：

Rose	Colin	
	C1	C2
R1	(3, 5)	(0, 1)
R2	(6, 2)	(−1, 4)

(a) 如果两个参与者采用最大最小策略，找出解.

(b) 使用战略型出招，看看是否有参与者可以改善他的结果.

2. 生成你自己的情景，使之分别满足性别战、斗鸡博弈和囚徒困境的形式. 指出所有的策略，并用排序给出对应的支付值. 彻底地求解你所给出的博弈.

10.7　建模例子

在本节中，我们介绍博弈论的一些例子. 我们给出相应的情景，讨论支付矩阵的结果，并给出博弈的可能的解. 在大多数博弈论问题中，解为如何进行博弈提供了建议，而不是"赢得"博弈的确定方式.

在本节中，我们既给出几个完全冲突博弈的例子，也给出几个部分冲突博弈的例子.

例1　Bismarck 海战

Bismarck 海战发生在 1943 年的南太平洋（见图 10-34）. 历史上的实际情况是，今村 (Imamura) 将军接到命令运送日本军队穿过 Bismarck 海前往新几内亚，而位于这一地域的美军指挥官肯尼 (Kenney) 将军希望在运送的军队到达目的地之前对其进行轰炸. 对于通往新几内亚的路线，今村有两种选择：路程较短的北线和路程较长的南线. 肯尼必须决定把他的侦察机和轰炸机置于何处以便发现日军舰队. 如果肯尼将他的飞机放错了位置，他可以事后将它们召回，但执行轰炸的天数就会减少.

图 10-34　Bismarck 海战的地域，日本军队从 Rabaul 运往 Lae

　　我们假设两位指挥官（今村和肯尼）都是理性的参与者，每人都希望尽量得到自己最好的结果．此外，我们假设不存在交流与合作，这是可以想见的，因为两人是交战中的双方．进一步，每人都知道对方所拥有的情报来源以及这些情报来源所能提供的情报信息．我们假设美军

飞机所能实施轰炸的天数以及将日军送往新几内亚需要的天数都是精确的估计．

　　两位参与者（今村和肯尼）对于线路都有同样的策略集{北，南}，它们对应的支付如表 10-3 所示，其中数字表示暴露于轰炸之下的天数．今村输掉的正是肯尼所赢得的，所以这是一个完全冲突博弈，如图 10-35 所示．

　　作为一个完全冲突博弈，为了找到解，我们只需要列出肯尼面对的结果，这些支付值列在表 10-4 中．

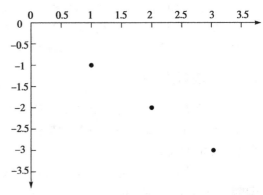

图 10-35　Bismarck 海战的支付图

表 10-3　Bismarck 海战中今村和肯尼的支付矩阵

肯尼	今村	
	北	南
北	$(2, -2)$	$(2, -2)$
南	$(1, -1)$	$(3, -3)$

表 10-4　作为零和博弈的 Bismarck 海战

肯尼	今村	
	北	南
北	2	2
南	1	3

今村有一个占优策略，即走北线，因为北线所在列中的数值小于等于南线所在列中的对应值．这将消去南线所在列．注意到这一点，肯尼将侦察北线，因为这一选择比侦察南线能提供更好的结果，即 2＞1．我们也可以采用 10.3 节的最小最大定理找到一个纳什均衡，即如表 10-5 所示的肯尼侦察北线而今村走北线．

表 10-5　最小最大方法（鞍点方法）

肯尼	今村		行最小值	最大值
	北	南		
北 南	2 1	2 3	2 1	②
列最大值	2	3		
最小值	②			

应用于 Bismarck 海战，这个纳什均衡{北，北}表明没有参与者能通过单方面地改变策略而做得更好．解是日军走北线而肯尼侦察北线，结果是轰炸两天．这一结果（北，北）正是 1943 年实际发生的结果．

下面我们假设允许交流．我们将考虑每个参与者先出招的情形．如果肯尼先出招，（北，北）仍然是结果．但是，此时（北，南）也是一个有效的应对，对应天数也是 2.

如果今村先出招，（北，北）仍然是结果．在零和博弈中很重要的一点是，虽然先出招提供了更多信息，但没有参与者能够比在原始的零和博弈中的纳什均衡做得更好．从我们的简要分析中可以总结出：先出招没有改变博弈的均衡．这一点对零和博弈是成立的：先出招不会改变博弈的均衡策略． ∎

例 2　足球中的罚点球

这个例子是根据 Chiappori、Levitt 和 Croseclose 2002 年的文章（参见"进一步阅读材料"）改编的．我们考虑足球中的罚点球，这是在两个参与者（罚球队员及其对手——守门员）之间的博弈．我们考虑罚球队员有两种基本的选择或策略，即把球踢向左侧或者右侧．守门员也有两种策略，即扑向左侧或者右侧以便把球阻挡在球门外．我们将非常简单地从如下构造支付矩阵开始讨论：成功的球员得到 1 分而失败的球员得到 −1 分．支付矩阵可能会如下所示：

罚球队员	守门员	
	扑向左侧	扑向右侧
踢向左侧	(−1, 1)	(1, −1)
踢向右侧	(1, −1)	(−1, 1)

或者，从罚球队员的角度看：

罚球队员	守门员	
	扑向左侧	扑向右侧
踢向左侧	−1	1
踢向右侧	1	−1

此问题不存在纯策略. 我们可以采用线性规划或者零头法找到这个零和博弈的混合策略. 混合策略的结果是罚球队员随机地以 50% 的概率把球踢向左侧、以 50% 的概率把球踢向右侧, 守门员也随机地以 50% 的概率扑向左侧、以 50% 的概率扑向右侧. 这个博弈对每个参与者的博弈值都是 0.

我们利用实际数据把这个博弈精细化. 2002 年, Ignacio Palacios-Huerta 针对意大利足球联赛做过一项研究, 他观察到罚球队员可以把球踢向守门员的左侧或者右侧, 守门员也可以扑向左侧或者右侧. 踢球速度足够快, 罚球队员和守门员的决策可以认为是同时做出的. 基于这些决策, 罚球队员可能会得分或者不得分. 这个博弈的结构与我们上面的简化博弈非常类似. 如果守门员扑向踢球的方向, 守门员有很大机会能阻止进球; 如果守门员扑错了方向, 罚球队员就很可能进球了.

基于对大概 1400 次罚球的分析, Ignacio Palacios-Huerta 确定了四种结果 (罚球队员把球踢向左侧或者右侧, 守门员扑向左侧或者右侧) 下每种情形的经验得分概率, 得到了如下支付矩阵:

罚球队员	守门员	
	扑向左侧	扑向右侧
踢向左侧	0.58, −0.58	0.95, −0.95
踢向右侧	0.93, −0.93	0.70, −0.70

正如我们所期望的, 这个博弈不存在纯策略. 由于博弈是一次又一次地进行的, 罚球队员和守门员必须采用混合策略. 任何一名队员都不想显示出他的决策存在一定模式. 基于这些数据, 我们利用零头法来确定每个队员的混合策略.

罚球队员	守门员		零头法	概率
	扑向左侧	扑向右侧		
踢向左侧	0.58	0.95	0.37	0.23/0.60＝0.383
踢向右侧	0.93	0.70	0.23	0.37/0.60＝0.6166
零头法	0.35	0.25		
概率	0.25/0.60＝0.416	0.35/0.60＝0.5833		

我们发现罚球队员的混合策略是以 38.3% 的概率向左侧踢球, 61.7% 的概率向右侧踢球, 而守门员以 58.3% 的概率向右侧扑球, 41.7% 的概率向左侧扑球. 如果我们只对 Palacios-Huerta 收集的 5 年中 459 次罚球的数据计算百分比, 发现罚球队员以 40% 的概率向左侧踢球, 60% 的概率向右侧踢球, 而守门员以 42% 的概率向左侧扑球, 58% 的概率向右侧扑球. 有趣的是, 我们的博弈论模型的结果是实际罚球分析的一个很接近的近似. ■

例 3 再论击球手和投球手的较量

我们回到 10.1 节关于击球手和投球手较量问题中的一些概念. 在这个例子中, 我们首先扩展模型中每个参与者的策略. 我们考虑宾夕法尼亚 Phillies 球队的 Ryan Howard 与国家联赛中多个投球手之间的博弈. 投球手可能投出快球、叉指快速球、弧线球、变速球. 击球手知道这些投球方式, 并必须为这些投球方式做好适当准备. 可以从很多网页上找到我们可能会用到的数据. 在本例中, 我们从因特网(www. STATS. com)获取数据. 我们在分析中分别考虑右手投球手(RHP)和左手投球手(LHP).

针对国家联赛中 RHP 与 Ryan Howard 较量的情形, 我们编译了以下数据, 其中 FB 表示快球, CB 表示弧线球, CH 表示变速球, SF 表示叉指快速球.

Howard ＼ RHP	FB	CB	CH	SF
FB	0.337	0.246	0.220	0.200
CB	0.283	0.571	0.339	0.303
CH	0.188	0.347	0.714	0.227
SF	0.200	0.227	0.154	0.500

击球手和投球手都想要最可能的结果, 我们把这个问题设定成一个线性规划问题.

决策变量是 x_1, x_2, x_3, x_4, 分别表示猜测 FB, CB, CH, SF 的百分比, 而用 V 表示 Howard 的击球平均分.

$$\text{Max } V$$

s. t.

$$0.337x_1 + 0.283x_2 + 0.188x_3 + 0.200x_4 - V \geqslant 0$$
$$0.246x_1 + 0.571x_2 + 0.347x_3 + 0.227x_4 - V \geqslant 0$$
$$0.220x_1 + 0.339x_2 + 0.714x_3 + 0.154x_4 - V \geqslant 0$$
$$0.200x_1 + 0.303x_2 + 0.227x_3 + 0.500x_4 - V \geqslant 0$$
$$x_1 + x_2 + x_3 + x_4 = 1$$
$$x_1, x_2, x_3, x_4, V \geqslant 0$$

求解这个线性规划问题, 找到最优解(策略)是 27.49% 的时间猜测 FB, 64.23% 的时间猜测 CB, 从不猜测 CH, 8.27% 的时间猜测 SF, 获得 0.291 的击球平均分.

投球手想使击球平均分尽可能低. 我们把投球手的问题设定成一个如下的线性规划问题:

决策变量是 y_1, y_2, y_3, y_4, 分别表示掷出 FB, CB, CH, SF 的百分比, 而用 V 表示 Howard 的击球平均分.

$$\text{Min } V$$

s. t.

$$0.337y_1 + 0.246y_2 + 0.220y_3 + 0.200y_4 - V \leqslant 0$$
$$0.283y_1 + 0.571y_2 + 0.339y_3 + 0.303y_4 - V \leqslant 0$$
$$0.188y_1 + 0.347y_2 + 0.714y_3 + 0.227y_4 - V \leqslant 0$$
$$0.200y_1 + 0.227y_2 + 0.154y_3 + 0.500y_4 - V \leqslant 0$$
$$y_1 + y_2 + y_3 + y_4 = 1$$
$$y_1, y_2, y_3, y_4, V \geqslant 0$$

我们发现 RHP 应该随机地在 65.93% 的时间掷出 FB, 从不掷出 CB, 3.25% 的时间掷出 CH, 30.82% 的时间掷出 SF, 使 Howard 只能获得 0.291 的击球平均分.

现在我们也有 Howard 与 LHP 较量的统计数据：

Howard \ LHP	FB	CB	CH	SF
FB	0.353	0.185	0.220	0.244
CB	0.143	0.333	0.333	0.253
CH	0.071	0.333	0.353	0.247
SF	0.300	0.240	0.254	0.450

我们与前面一样设定并求解一个线性规划问题.

$$\text{Max } V$$

s. t.

$$0.353x_1 + 0.143x_2 + 0.071x_3 + 0.300x_4 - V \geqslant 0$$
$$0.185x_1 + 0.333x_2 + 0.333x_3 + 0.240x_4 - V \geqslant 0$$
$$0.220x_1 + 0.333x_2 + 0.353x_3 + 0.254x_4 - V \geqslant 0$$
$$0.244x_1 + 0.253x_2 + 0.247x_3 + 0.450x_4 - V \geqslant 0$$
$$x_1 + x_2 + x_3 + x_4 = 1$$
$$x_1, x_2, x_3, x_4, V \geqslant 0$$

我们找到 Howard 与 LHP 较量的最优解. Howard 应该如下猜测：从不猜测 FB，24% 猜测 CB，从不猜测 CH，76% 猜测 SF，获得 0.262 的击球平均分. 对于遇到 Howard 的 LPH 投球手，我们设定以下线性规划问题：

$$\text{Min } V$$

s. t.

$$0.353y_1 + 0.185y_2 + 0.220y_3 + 0.244y_4 - V \leqslant 0$$
$$0.143y_1 + 0.333y_2 + 0.333y_3 + 0.253y_4 - V \leqslant 0$$
$$0.071y_1 + 0.333y_2 + 0.353y_3 + 0.247y_4 - V \leqslant 0$$
$$0.300y_1 + 0.240y_2 + 0.254y_3 + 0.450y_4 - V \leqslant 0$$
$$y_1 + y_2 + y_3 + y_4 = 1$$
$$y_1, y_2, y_3, y_4, V \geqslant 0$$

投球手应该随机地掷出 37.2% 的 FB，62.8% 的 CB，0% 的 CH，0% 的 SF，使 Howard 的击球平均分保持在 0.262.

假设你是对手球队的经理，并且处于最后一局比赛的中间阶段. 已有两名出局者和处于得分位置的跑垒者，此时 Ryan Howard 作为击球手出场. 你在比赛中是继续让你的 LHP 出场还是换一名 RHP 出场？上述百分比告诉你应该换一名 RHP 出场，因为 0.262 < 0.291. 你告诉你的接球手和投球手随机地选择投向 Howard 的投球方式.

N. Y. Yankees 进行深入分析后能得到最优策略，并在世界职业棒球大赛中选定投球手对抗 Howard 吗？我们已经收集了一些关于 Howard 对抗仅投 FB 和 CB 的 RHP 和 LHP 时的统计数据，如下表：

年代	总 FB 数	猜测 FB 的百分比	击球平均分(BA)	总 CB 数	猜测 CB 的百分比	BA
			Howard 与 RHP			
2005	620	85.87	0.336	102	14.13	0.217
2006	880	82.47	0.399	187	17.53	0.297
2007	767	81.16	0.386	178	18.84	0.074
2008	875	81.10	0.286	205	18.90	0.270
2009	802	75.66	0.337	258	24.34	0.283
			Howard 与 LHP			
2005	117	78.52	0.172	32	21.48	0.250
2006	437	77.89	0.323	124	22.11	0.276
2007	517	83.11	0.264	105	16.89	0.133
2008	512	83.11	0.266	104	16.89	0.160
2009	465	72.77	0.225	174	27.23	0.143

上表表明 Howard 面对 RHP CB 和 LHP 时表现较差. N. Y. Yankees 利用更多 LHP 投向 Howard 和更多的 CB，得到了 0.174 的击球平均分.

作为 Howard 队的经理，你需要提高队员面对 CB 和 LHP 的击球能力. 只有提高了面对 这些策略的能力，情况才能发生变化. ∎

例4　古巴导弹危机

"我们眼球对眼球，而我认为另一个家伙只是个瞎子."这是 1962 年 10 月古巴导弹危机时 国务卿 Dean Rusk 的怪异言论. 他这里指的是苏联为了缓和发生在超级大国间最危险的核对抗 而发出的信号，很多分析人员把这解释为核对抗"斗鸡博弈"的经典实例.

我们这里扼要介绍一下 1962 年的形势. 古巴导弹危机是 1962 年 10 月苏联企图在古巴部 署中程和中远程核弹头弹道导弹而引发的，这些导弹有打击美国很大一部分地区的能力. 美国 的目标是立即移走这些苏联导弹，而美国的政策制定者们认真考虑了达成这一目标的两种策 略：海面封锁或者空中打击.

从图 10-36 和图 10-37 中的地图可以看出，古巴与佛罗里达距离之近使得形势很恐怖.

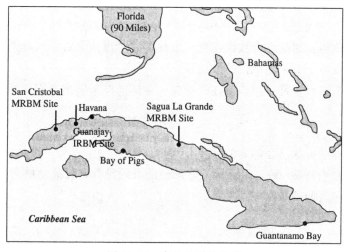

图 10-36　古巴导弹的地点

CRITICAL

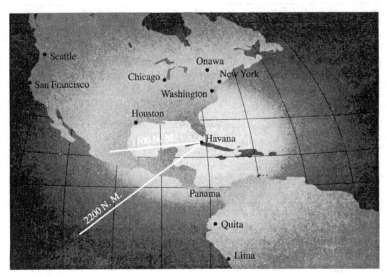

图 10-37   古巴导弹射程覆盖北美和南美大部分地区

古巴导弹的射程范围使得主要的政治、人口和经济中心成为被打击的目标.

在肯尼迪总统向国人发表的演说中,他对这种形势和美国的目标进行了解释.他设定了几个初始步骤:首先,为了阻止这一挑衅性的部署,正在启动对运往古巴的攻击性军事设备的严格隔离.他继续说,从古巴发射的任何导弹都将被认为是苏联对美国的战争行为,并将导致对苏联的完全报复性的核打击.他呼吁赫鲁晓夫停止这一针对世界的威胁,恢复世界和平.

我们将使用古巴导弹危机来部分说明博弈的理论,这个理论不仅仅是一个抽象的数学模型,还是实际抉择和有血有肉的决策者的基本思维的反映.实际上,Theodore Sorensen(约翰·肯尼迪总统的特别顾问)使用了"出招"的语言来描述古巴导弹危机期间肯尼迪总统的关键建议执行委员会(EXCOM)的思考:

我们讨论了对于美国任何可能的出招,苏联的反应会是什么,而我们对苏联的这些反应又会怎样反应,如此等等,尽量沿着这样的每一条路径得出相应的最后结论.

问题的识别与陈述:建立一个数学模型,以便能够考虑两个对手的可选决策.

假设:我们假设两个对手是理性的参与者.

模型建立:美国的目标是立即移走苏联导弹,美国的政策制定者们认真考虑了达成这一目标的两种策略:

1. **海面封锁**(B),或者委婉地称之为"隔离",防止更多的导弹运往古巴,可能还有跟进的强有力的行动迫使苏联拆除已经部署的导弹.

2. **"手术式的"空中打击**(A),尽可能扫除已经部署的导弹,可能随后入侵这个岛国.

苏联的政策制定者们的选项有:

拆除(W)导弹.

维持(M)导弹.

我们列出支付(x, y),分别表示美国和苏联的支付,其中 4 表示最好结果,3 其次,2 再其次，而 1 最差．

美国	苏联	
	拆除导弹(W)	维持导弹(M)
封锁(B)	(3，3)	(2，4)
空中打击(A)	(4，2)	(1，1)

我们在图 10-38 中给出了转移图，其中有两个均衡，即(4，2)和(2，4)．

美国	苏联		
	拆除导弹(W)		维持导弹(M)
封锁(B)	(3，3)	⇒	((2，4))
			⇑
空中打击(A)	((4，2))	⇐	(1，1)

图 10-38　作为斗鸡博弈例子的古巴导弹危机

纳什均衡用圆圈标出．可以看出两个均衡(4，2)和(2，4)可以通过我们画出的箭头找到．

正如斗鸡博弈一样，如果两个参与者都期望达到均衡，博弈的结果是(1，1)，这对两个国家及其领导人都是灾难性的．最好的结果是折中的位置(3，3)，然而(3，3)是不稳定的，这将让我们最后回到(1，1)．在这样的情形下，避免出现斗鸡博弈困境的一种方法是尝试战略型出招．

双方并不是同时、独立地选择他们的策略．苏联是在美国实施封锁后才响应．即使在实施封锁后，美国还保留着空中打击的可行选择．如果苏联同意从古巴撤走武器，美国可能会同意：1)解除隔离；2)不入侵古巴．如果苏联维持他们的导弹，美国更倾向于空中打击而不是封锁．代言人罗伯特·肯尼迪将军说，“如果他们不移走导弹，那么我们将代其移走．”美国使用了承诺与威胁的混合策略．苏联知道我们在这两方面的信誉度是很高的(坚决兑现)．因此，他们移走了导弹，危机结束了．赫鲁晓夫和肯尼迪都很聪明．

无须指出，图 10-38 中显示的策略选择、可能的结果及其相关的支付只是提供了这场历时 13 天的危机的一个概貌．双方都会考虑比列出的两种选择更多的选择，以及每种选择的一些变化形式．例如，作为他们自己从古巴移走导弹的补偿，苏联要求美国从土耳其移走导弹，这一要求被美国公开地拒绝了．

然而，这场危机的大部分观察者相信两个超级大国处于冲突之中，这实际上是描写这场核遭遇的一本书的书名．他们也同意任何一方都不急于采取不可逆转的步骤，例如如同在斗鸡博弈中，其中一名驾驶员在完全看清楚另一名驾驶员后，可能会挑战性地弄坏其转向装置，从而提前终结转向的选项．

虽然从一定意义上来说美国通过迫使苏联移走其导弹而“赢”了，苏联总理尼基塔·赫鲁晓夫也同时从肯尼迪总统处得到了不入侵古巴的承诺，这似乎表明这一事件的结果是某种妥协，但是这不是博弈论对斗鸡博弈的预测结果，因为与妥协相对应的策略不构成纳什均衡．

为了看清这一点，假设博弈局势处于妥协点(3，3)，即美国封锁古巴、苏联移走导弹．这个策略是不稳定的，因为双方都有动机背叛到他们的更好战的策略．如果美国通过改用空中打击的策略而背叛，局势将变为(4，2)，美国得到的支付得以改善；如果苏联通过改用维持导弹的策略而背叛，局势将变为(2，4)，苏联得到的支付是 4．(这一经典的博弈模型无法为哪一个结果将会被选择提供信息，因为支付表对于两个参与者来说是对称的．这是在解释用博弈论分析得到的结果时经常会遇到的一个问题，其中出现了多于一个的均衡位置．)最后，假设参与者都处于最坏的结果(1，1)，即核战争，显然双方都希望远离它，这使得相应的策略可能会是不稳定的(3，3)．   ■

例5   2007～2008 年的编剧协会罢工事件

2007～2008 年的美国编剧协会罢工是由美国编剧协会东部分会(WGAE)和美国编剧协会西部分会(WGAW)于 2007 年 11 月 5 日发起的．WGAE 和 WGAW 是代表在美国工作的电影、电视、电台作家的两个劳工工会．超过 12 000 个作家参与了罢工．在这个模型中把这些实体称为编剧协会．

罢工所针对的是电影与电视制片人联盟(AMPTP)，它是一个代表美国 397 个电影与电视制片人的贸易组织．其中最有影响的是 8 家公司：CBS 公司，米高梅(Metro-Goldwyn-Mayer)，NBC 环球，新闻公司/Fox，Paramount 电影公司，Sony 电影娱乐公司，华特·迪士尼公司，华纳兄弟公司．我们把这个组织称为管理者．

编剧协会指出他们的产业行动将会是一场"马拉松"．AMPTP 的谈判专家 Nick Counter 指出，只要罢工行动还在继续，就不会启动谈判，他开始就表明："我们不会在我们头上顶着一支枪的时候进行谈判——这是愚蠢的．"

发生在 1988 年的类似罢工持续了 21 周零 6 天，估计美国娱乐产业的损失高达 5 亿美元(相当于 2007 年的 8.7 亿美元)．根据 2008 年 1 月 13 日《NBC 晚间新闻》的报道，如果考虑到受到这次罢工影响的每一个人，罢工到目前为止已经造成了高达 10 亿美元损失．这包括影视产业演职员工的工资损失，以及支付给管理服务、餐饮、道具和服装租赁等公司的费用．

影视公司有产品储备，所以他们可能会在罢工中更长久地硬撑下去，而不是努力去满足编剧们的要求而避免罢工．

博弈方法   我们从说明每一方的策略开始．两个理性的参与者是编剧协会与管理者．我们列出每一方的策略．

策略：
- 编剧协会：其策略是罢工(S)或者不罢工(NS)．
- 管理者：其策略是增加工资和收益分享(IN)或者维持现状(SQ)．

首先，我们按照偏好顺序为每一方排序．(这些排序是序效用．)

编剧协会的可能选项与排序：
- 罢工-维持现状(S SQ)：编剧协会的最差结果(1)
- 不罢工-维持现状(NS SQ)：编剧协会的次差结果(2)
- 罢工-增加工资和收益分享(S IN)：编剧协会的次优结果(3)
- 不罢工-增加工资和收益分享(NS IN)：编剧协会的最优结果(4)

管理者的可能选项与排序：

- 罢工-维持现状（S SQ）：管理者的次优结果（3）
- 不罢工-维持现状（NS SQ）：管理者的最优结果（4）
- 罢工-增加工资和收益分享（S IN）：管理者的次差结果（2）
- 不罢工-增加工资和收益分享（NS IN）：管理者的最差结果（1）

这给出了由排序值组成的支付矩阵（参见图 10-39）．我们将把编剧协会称为 Rose，而把管理者称为 Colin.

编剧协会（Rose）	管理者（Colin）	
	SQ	IN
S	(1，3)	(3，2)
NS	(2，4)	(4，1)

图 10-39　编剧协会罢工问题的支付矩阵

我们使用转移图（参见图 10-40）找出可能的结果（2，4）．

编剧协会（Rose）	管理者（Colin）	
	SQ	IN
S	(1，3) ⇐	(3，2) ⇓
NS	(2，4) ⇐	(4，1) ⇓

图 10-40　编剧协会罢工问题的转移图

注意到转移图的箭头指向纯纳什均衡（2，4）．我们也注意到这一结果对编剧协会是不满意的，似乎应该有更好的结果．支付矩阵中的（3，2）和（4，1）对编剧协会来说都是更好的结果．

可以采用一些选项来使编剧协会得到更好的结果．我们可以首先尝试采用战略型出招，如果这一招不能产生更好的结果，那么可以继续尝试纳什仲裁．这两种方法都需要在博弈中进行交流．对于战略型出招，我们分析这个博弈，看看"先出招"是否会改变结果，威胁对手是否会改变结果，向对手做出承诺是否会改变结果，或者为了改变结果是否需要组合使用威胁与承诺．

我们分析战略型出招．当编剧协会先出招时，其最优结果仍然是（2，4）．当管理者先出招时，其最优结果也是（2，4）．先出招让我们仍然停留在纳什均衡点．当编剧协会考虑威胁战略并告诉管理者如果选择 SQ 就将罢工时，使参与者处于（1，3）．这一结果确实是一个威胁，因为对于编剧协会和管理者来说都更差．然而，在 IN 下管理者的选择都比（1，3）更差，所以管理者不会接受这个威胁．编剧协会也不存在承诺的出招．在这种情形下，可能会申请仲裁．

 习题

1. 考虑两个参与者的"决斗"．我们称他们为 H 和 D．由于这不是他们第一次决斗，我们现在有关于每个参与者的历史信息．H 在长距离时有 0.3 的概率击毙对手，在短距离时的概率为 0.8．D 在长距离时有 0.4 的概率击毙对手，在短距离时的概率为 0.6. 把每个参与者击毙对手的报酬记为 10 分. 通过计算每个参与者支付的期望值，建立支付矩阵并求解这个博弈.

2. Colin 必须用一支不可分割的军队防守两座城市. 他的敌人 Rose 计划用她的一支不可分割的军队攻击一座城市. 城市 1 价值 10 点，城市 2 价值 5 点. 如果 Rose 攻击有防守的城市，她在战争中将失败而一无所获. 如果 Rose 攻击没有防守的城市，她将获得这座城市的价值，而 Colin 失去这座城市的价值. 每一方都不知道对手计划怎么做. 建立支付矩阵并求解这个博弈.

3. 本习题采用 Doc Holiday 与 Ike Clanton 较量的博弈（两个参与者、每人有 3 个策略的博弈）. 1881 年 10 月 26 日，Earp 兄弟、Clanton 兄弟和 McLaury 兄弟之间的积怨在 O. K. Corral 小镇爆发，Billy Clanton、Frank McLaury 和 Tom McLaury 被杀，Doc Holiday、Virgil Earp 和 Morgan Earp 受伤. 神奇的是 Wyatt Earp 没有受伤，而没有武器的 Issac (Ike) Clanton 逃离现场而活了下来. 很多人相信当没有武器的 Tom McLaury 企图逃离现场时，Doc Holiday 用猎枪从后面射杀了他.

Ike Clanton 与他的朋友和同伴以"牛仔"著称，发誓要找 Earp 兄弟和 Holiday 复仇. 在接下来的几个月中，Morgan Earp 被谋杀了，Virgil Earp 在一次伏击中受了重伤. 几天以后，Wyatt Earp 显然射杀了 Clanton 的同伴 Frank Stillwell 和另一个相信是参与了伏击的人. 在接下来的几年中，许多牛仔被杀.

到了 1887 年，虽然 Doc Holiday 得了肺结核临近死亡，但他决定找到 Ike Clanton，一次性地为所有人解决掉他们之间的争斗. 1887 年 6 月 1 日，Doc Holiday 和 J. V. Brighton 在亚利桑那州的 Springerville 附近将 Ike Clanton 逼入死角. Doc 告诉 J. V. 暂时不要插手.

Ike 和 Doc 每人都有一把手枪和一杆猎枪. Ike 和 Doc 都蔑视他们的手枪而更倾向于使用猎枪，向前开枪相互射击. 在长距离时，与 Doc 相比有牛仔背景的 Ike 是更好的射手. 在中等距离时，老练的枪手 Doc 胜过 Ike. 在近距离时，两个亡命徒都能置对方于死地. 每个无赖通过单管猎枪射击能够杀死对手的概率如下表所示：

	杀死的概率		
	长距离	中等距离	近距离
Ike Clanton	0.5	0.6	1.0
Doc Holiday	0.3	0.8	1.0

在这个问题中，如果 Doc 活下来而 Ike 被杀死，则 Doc 的支付是 10 分；如果 Doc 被杀死而 Ike 活下来，则 Doc 的支付是 −10 分. Ike 和 Doc 的策略如下：

    L   长距离射击

    M   如果敌人没有射击，就在中等距离射击；否则，就在近距离射击

    C   在近距离射击敌人

计算 Doc Holiday 的支付矩阵并求解这个博弈.

4. 职业高尔夫球赛中的高尔夫（承认推杆或不承认）是本习题所要讨论的. 在如总统杯、Ryder 杯及其他比赛中，经常看到参赛选手承认另一名选手的推杆. 有时的问题在于，是在 4 英尺之内还是 4~8 英尺之内承认推杆？每个队的最佳策略是什么？在每场比赛开始前，对于选手承认推杆或不承认推杆是否应该有一个协议？我们将对每一方采用 10 分制以及如下的概率：

	美国队	欧洲队
P(4 英尺内承认推杆)	95%	94%
P(4~8 英尺内承认推杆)	59%	61%

填写以下支付矩阵并求解这个博弈.

比赛结果	欧洲队			
	4 英尺内承认推杆 C1	4 英尺内不承认推杆 C2	4~8 英尺内承认推杆 C3	4~8 英尺内不承认推杆 C4
美国队 4 英尺内承认推杆 R1				
4 英尺内不承认推杆 R2				
4~8 英尺内承认推杆 R3				
4~8 英尺内不承认推杆 R4				

5. 游击队计划攻击警察局. 假设游击队的火力大小是 m, 警察的火力大小是 n. 进一步假设他们使用同样的武器. 如果游击队的火力大于警察的火力, 游击队胜 ($m>n$). 如果警察的火力大于等于两倍游击队的火力 ($n \geqslant 2m$), 警察胜. 我们需要知道当警察的火力位于游击队的火力与两倍游击队的火力之间时会发生什么情况 ($m \leqslant n < 2m$). 建立支付矩阵并进行讨论.

6. 假设有两个处于战争中的国家——红国与蓝国. 假设红国希望摧毁蓝国的基地, 红国一共有四枚导弹, 其中两枚有真的弹头, 另两枚是假的弹头. 蓝军需要防御其基地, 但只有两枚反导拦截导弹. 我们想知道红国应该以什么顺序发射其真弹头和假弹头的导弹, 而蓝国应该如何发射其两枚拦截导弹. 给赢的一方赋予价值 1, 而输的一方赋予价值 0.

7. 考虑 Bismarck 海战, 假设由于该区域可能出现的坏天气, 智囊们对天数的估计不正确. 如果修正后的估计如下所示, 每一方应该怎么做?

(肯尼，今村)的支付

肯尼	今村	
	北	南
北	2.5, −2.5	2.75, −2.75
南	3, −3	3.5, −3.5

8. 考虑编剧协会罢工的例子. 让编剧协会 6 个月以后重新考虑其所处的位置, 支付变为如下支付矩阵所示. 确定博弈的最佳策略.

编剧协会/管理者的支付矩阵

编剧协会(Rose)	管理者(Colin)	
	SQ	IN
S	(4, 5)	(8, 2)
NS	(−4, 10)	(12, 0)

 研究课题

1. 找一个你感兴趣的适合于应用博弈论模型的场景. 确定参与者、策略和支付矩阵中的数值, 使用本章中介绍的方法找出博弈的解.

2. 研究 1962 年的古巴导弹危机, 确定美国和苏联的可能策略, 给出支付矩阵中的数值, 确定每一方应该怎么做.

3. 针对"军备竞赛的几何"(UMAP 311)准备一份报告.

4. 在进一步阅读材料中, 阅读 Straffin 关于纳什仲裁的文章 (104~110 页). 纳什仲裁在数学上就是在支付的凸包中找到一个点 N, 使得满足 $x>x^*$, $y>y^*$ 且 $(x-x^*)(y-y^*)$ 最大, 其中 (x^*, y^*) 是当前的状态点. 将纳什仲裁的方法用于例 5 中的编剧协会问题, 假设支付是区间上的标量数值, 证明当前状态是 (2, 3) 时, 纳什仲裁的解是 (2.3333, 3.5).

进一步阅读材料

Braum, Steven J. *Theory of Moves*. New York：Cambridge University Press, 1994.

Chiappori, A., S. Levitt, & T. Groseclose. "Testing Mixed-Strategy Equilibria When Players Are Heterogeneous:

The Case of Penalty Kicks in Soccer. ”*American Economic Review* 92(2002): 1138-1151.

Dorfman, Robert. “Application of the Simplex Method to a Game Theory Problem. ”In *Activity Analysis of Production and Allocation Conference Proceeding*, T. Koopman (ed.). New York: Wiley, 1951, pp. 348-358.

Fox, William P. “Mathematical Modeling of Conflict and Decision Making ‘the Writers Guild Strike 2007-2008’. ” *Computers in Education Journal* 18 (2008): 2-11.

Fox, William P. “Teaching the applications of optimization in game theory’s zero-sum and non-zero sum games,” *International Journal of Data Analysis Techniques and Strategies*, 2(3), (2010). pp. 258-284.

Gale, David, Harold Kuhn, & Albert Tucker. “Linear Programming and the Theory of Games. ”In *Activity Analysis of Production and Allocation Conference Proceeding*, T. Koopman (ed.). New York: Wiley, 1951, pp. 317-329.

Gillman, Rick, & David Housman. *Models of Conflict and Cooperation. Providence*, RI: American Mathematical Society, 2009, pp. 189-195.

Nash, John. “The Bargaining Problem. ”*Econometrica* 18(1950): 155-162.

Nash, John. “Non-Cooperative Games. ”*Annals of Mathematics* 54 (1951): 289-295.

Straffin, Philip D. *Game Theory and Strategy*. Washington, DC: Mathematical Association of America, 2004.

Williams, J. D. *The Compleat Strategyst*. New York: Dover Press, 1986. (Original edition by RAND Corporation, 1954.)

Winston, Wayne L. *Introduction to Mathematical Programming*, 2nd ed. Belmont, CA: Duxbury Press, 1995, Chapter 11.

第 11 章 用微分方程建模

引言

我们经常能遇到一个因变量相对于一个或多个自变量变化率的有关信息，并且对发现这些相关变量的函数很有兴趣．比如，若 P 代表一大群居民在某个时刻 t 的人数，那么有理由假设人数随时间的变化率依赖于当前量 P 的大小以及在 11.1 节中要讨论的其他一些因素．由于生态学、经济学和其他重要原因，我们希望确定 P 和 t 之间的关系，从而用来预测 P．如果用 $P(t)$ 表示当前的人口数量，$t+\Delta t$ 时刻的人口数量为 $P(t+\Delta t)$，那么在 Δt 期间人数的变化 ΔP 由下式给出

$$\Delta P = P(t + \Delta t) - P(t) \tag{11-1}$$

影响人口增长的因素在 11.1 节中详细研究．现在，我们设想有一个简单的比例关系：$\Delta P \propto P$．比如，迁入、迁出、年龄和性别因素都被忽略，我们可以假设在单位时期内，出生人数和死亡人数都有一定的百分比．设比例常数 k 表示单位时间的百分比．则上述比例假设给出

$$\Delta P = P(t + \Delta t) - P(t) = kP\Delta t \tag{11-2}$$

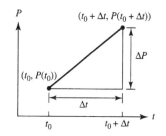

图 11-1　在长度为 Δt 的未来时间段内的种群数量给出了离散点组

方程(11-2)是一个**差分方程**，我们用它来处理离散时间组情况，而没有让 t 在某个区间内连续变化．此时离散时间组能给出未来几年内在不同时刻的种群数量（或许是春季产卵后的鱼的数量）．如图 11-1，观察到点 $(t_0, P(t_0))$ 和点 $(t_0 + \Delta t, P(t_0 + \Delta t))$ 间的水平距离为 Δt，这在鱼群数量增长问题中表示两个产卵期之间的时间，也可以是预算增长问题中的财政期的长度．时间 t_0 表示一个特别时刻．而垂直距离 ΔP 此时表示了因变量的变化．

假设时间 t 是连续改变的，以便我们可利用微积分．对方程(11-2)两边除以 Δt，得到

$$\frac{\Delta P}{\Delta t} = \frac{P(t + \Delta t) - P(t)}{\Delta t} = kP$$

我们可以把 $\Delta P/\Delta t$ 从物理上解释成 P 在时间段 Δt 上的平均变化率．例如，$\Delta P/\Delta t$ 可以表示预算的日平均增长．但在其他有些场合它可以没有物理意义．比如，鱼只在春季产卵，谈鱼群的日平均增长率就没有什么意义．再来看图 11-1，$\Delta P/\Delta t$ 可以从几何上解释为连接点 $(t_0, P(t_0))$ 和点 $(t_0 + \Delta t, P(t_0 + \Delta t))$ 的线段的斜率．然后让 Δt 趋于零．由导数的定义得到下面的微分方程

$$\lim_{\Delta t \to 0} \frac{\Delta P}{\Delta t} = \frac{\mathrm{d}P}{\mathrm{d}t} = kP \tag{11-3}$$

其中 $\mathrm{d}P/\mathrm{d}t$ 表示瞬时变化率．在很多情况下瞬时变化率有着确定的物理意义，比如太空船进入

海洋后的热流，或者把汽车速度计上的读数作为汽车的加速度．但是，对于有着离散产卵期的鱼群数量，或者有着离散财政周期的预算过程，瞬时变化就没有什么意义．在这些场合下用差分方程建模更合适，但有时用微分方程去逼近差分方程会很有利．

导数起着两种不同的作用：

1. 在连续问题中表示瞬时变化率．
2. 在离散问题中逼近平均变化率．

用导数去逼近平均变化率的好处在于，常能利用微积分来揭示所求变量之间的函数关系．比如，模型(11-3)的解是 $P = P_0 e^{kt}$，其中 P_0 是 $t=0$ 时刻的种群数量．但是，很多微分方程不容易用解析方法来求解．此时就用离散的方法去逼近解．在 11.5 节中我们将会介绍数值方法．对于作为差分方程逼近的微分方程，在求它的逼近解时，建模者应当考虑利用直接针对有限差分方程的离散方法(见第 1 章)．

把导数解释成瞬时变化率在许多建模的应用问题中很有用．把导数从几何上解释成曲线切线的斜率，这也有助于构造出数值解．我们来简单复习一下这些微积分中的重要概念．

导数作为变化率

导数起源于人们对运动的好奇以及我们对运动进一步深入理解的需要．寻求行星运动的规律、钟摆的研究及其对钟表制造业的应用，以及炮弹飞行轨迹的研究，这些问题激发了 16 和 17 世纪的数学家和科学家的智慧，促进了微积分的发展．

为了引入对导数的一种解释，我们考虑一个质点，它与一个固定位置的距离 s 依赖于时间 t．图 11-2 中的图形就表示了距离 s 作为时间 t 的函数，而 (t_1, s_1) 和 (t_2, s_2) 表示图上的两个点．

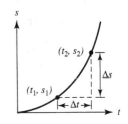

图 11-2　距离 s 作为时间 t 的函数图

定义 $\Delta t = t_2 - t_1$ 和 $\Delta s = s_2 - s_1$，得到比例 $\Delta s / \Delta t$．注意到这个比例代表一个比率，即距离移动的增量 Δs 关于某个时间的增量 Δt 之比．这也就是说，比例 $\Delta s / \Delta t$ 表示问题中这段时间内的平均速度．现在回忆在 $t = t_1$ 处运算的导数 $\mathrm{d}s/\mathrm{d}t$ 定义为：

$$\frac{\mathrm{d}s}{\mathrm{d}t}\bigg|_{t=t_1} = \lim_{\Delta t \to 0} \frac{\Delta s}{\Delta t} \tag{11-4}$$

在物理上，当 $\Delta t \to 0$ 时会发生什么呢？通过对平均速度的解释中我们可以看到，在每次用较小的 Δt 时，我们总是在以 t_1 为左端点的越来越小的区间上来计算平均速度，直到在极限意义下得到 $t = t_1$ 时刻的瞬时速度．如果我们考虑的是车辆的运动，这个瞬时速度就对应于(完好的)速度计在 t_1 时刻的精确读数．

更一般地，如果 $y = f(x)$ 是可微函数，那么在任一给定点处的导数 $\mathrm{d}y/\mathrm{d}x$ 就可以解释为 y 相对于 x 在该点的瞬时变化率．把导数解释为瞬时变化率在很多建模的应用问题中都有用．

导数作为切线的斜率

我们来考虑导数的另一种解释．学者们在寻求关于行星运动规律的知识时，主要是需要观察和测量天体．但是，制作用于望远镜的透镜是一项十分艰巨的任务．要把透镜磨成正确的曲率以得到想要的光线折射率，就需要知道刻画透镜表面曲线的切线．

我们来考察方程(11-4)中的极限的几何含义．把 $s(t)$ 简单看成是一条曲线．我们考虑从曲线上的点 $A(t_1, s(t_1))$ 发出的一组割线．每一条割线对应于一对增量 $(\Delta t_i, \Delta s_i)$，如图 11-3 所示．直线 AB、AC 和 AD 都是割线．当 $\Delta t \to 0$ 时，这些割线趋近于曲线在 A 点处的切线．因为每一条割线的斜率都是 $\Delta s/\Delta t$，我们就可以把导数解释为曲线 $s(t)$ 在 A 点处的切线的斜率．把一点处求得的导数解释为曲线上过该点的切线的斜率，对于构造数值逼近微分方程的解是很有用的．数值逼近的方法将在 11.5 节中讨论．

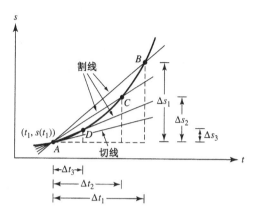

图 11-3　过 A 点的每条割线的斜率逼近曲线在该点的切线的斜率

11.1　人口增长

18 世纪末马尔萨斯(Thomas Malthus，1766—1834)发表了著作《人口原理》，从此激发起人们研究人口增长趋势的兴趣．马尔萨斯在他的这本书里提出了人口按指数增长的模型，并断言人口数量最终将超出食物增长所能提供的容纳能力．虽然马尔萨斯模型的假设忽略了人口增长中的一些重要因素(因而这个模型已证明对技术发达的国家是不适合的)，但是把这个模型用于以后的改进模型的基础是很有价值的．

识别问题　假设我们知道在某个给定时刻的人口数量，比如在 $t=t_0$ 时刻为 P_0，我们感兴趣的是，预测在未来某个 $t=t_1$ 时刻的人口数量 P. 换句话说，我们要想对于 $t_0 \leqslant t \leqslant t_1$，找到人口关于时间的函数 $P(t)$，满足 $P(t_0)=P_0$.

假设　考虑一些有关人口增长的因素．两个明显的因素是出生率和死亡率．出生率和死亡率是由不同的因素决定的．出生率受到婴儿死亡率、对避孕的态度及措施效果、对堕胎的态度、怀孕期间的健康护理等影响．死亡率受到卫生设施与公共卫生状况、战争、污染、医疗水平、饮食习惯、心理压力和焦虑等影响．影响人口在一个地区增长的其他因素是迁入与迁出、生存空间的限制、可利用的水与食物及传染病．在我们的模型中，忽略了这些其他因素(如果我们对结果不满意，还可以在更精确、可能是仿真的模型中把这些因素再添加进来)．现在我们只考虑出生率和死亡率．由于知识和技术使得人们能把死亡率降低到出生率之下，所以人口一直在增长．

我们先假设在一个小的单位时间间隔内，新出生的人口百分率为 b. 类似地，人口死亡的百分率为 c. 换句话说，新的人数 $P(t+\Delta t)$ 是原有人数 $P(t)$ 加上在 Δt 时间内新出生的人数减去死亡的人数．即

$$P(t + \Delta t) = P(t) + bP(t)\Delta t - cP(t)\Delta t$$

或

$$\frac{\Delta P}{\Delta t} = bP - cP = kP$$

由上述假设可知，在一个时间段内人口的平均变化率与人口数量成比例．用瞬时变化率来逼近平均变化率，我们就得到下面的微分方程模型：

$$\frac{\mathrm{d}P}{\mathrm{d}t} = kP, \quad P(t_0) = P_0, \quad t_0 \leqslant t \leqslant t_1 \tag{11-5}$$

其中 k(对于增长)是正常数.

求解模型 我们可以分离变量,通过把含 P 和 $\mathrm{d}P$ 的项都移到方程的一边,而把含 t 和 $\mathrm{d}t$ 的项移到另一边,从而改写方程(11-5).这给出

$$\frac{\mathrm{d}P}{P} = k\mathrm{d}t$$

对该方程两边积分,得到

$$\ln P = kt + C \tag{11-6}$$

C 为某个常数.对方程(11-6)利用条件 $P(t_0) = P_0$ 求 C,得到

$$\ln P_0 = kt_0 + C$$

或

$$C = \ln P_0 - kt_0$$

于是,将 C 代入方程(11-6),得到

$$\ln P = kt + \ln P_0 - kt_0$$

或通过代数运算化简为

$$\ln \frac{P}{P_0} = k(t - t_0)$$

最后,对上述方程两边求指数并乘以 P_0,就得到解

$$P(t) = P_0 \mathrm{e}^{k(t-t_0)} \tag{11-7}$$

方程(11-7)就是**马尔萨斯人口增长模型**,它预测人口随时间按指数增长.

检验模型 因为 $\ln(P/P_0) = k(t-t_0)$,则我们的模型预测,如果作出 $\ln P/P_0$ 关于 $t-t_0$ 的图形,就会得到一条经过原点斜率为 k 的直线.但是,如果我们画出美国在若干年内人口数据图形,就会发现与此模型不十分吻合,尤其是在后面几年.事实上,美国 1990 年的人口普查的结果是 248 710 000,而 1970 年是 203 211 926.把这些值代入方程(11-7)中,并把前面的结果用后面的相除,得到

$$\frac{248\ 710\ 000}{203\ 211\ 926} = \mathrm{e}^{k(1990-1970)}$$

于是

$$k = \left(\frac{1}{20}\right)\ln \frac{248\ 710\ 000}{203\ 211\ 926} \approx 0.01$$

这就是说,从 1970 年到 1990 年的 20 年里,美国人口的年平均增长率为 1.0%.我们可以利用这个结果与方程(11-7)一起来预测 2000 年的人口.此时 $t_0 = 1990$,$P_0 = 248\ 710\ 000$ 和 $k = 0.01$,得到

$$P(2000) = 248\ 710\ 000\mathrm{e}^{0.01(2000-1990)} = 303\ 775\ 080$$

而美国 2000 年的人口普查的结果是 281 400 000(四舍五入到 10 万).可以看出我们的预测偏离了近 8%.我们的模型预测到 2300 年美国的人口数量是 552 090 亿,远远超过了现在人们对地球能维持的最多人口的估计!我们不得不认为这个模型从长期来讲是不合理的.

有些人口数量确是按照指数增长，只要人口数量并不太大．但在大多数人群中，个体最终是在和别的个体竞争食物、生存空间和其他自然资源．我们来改进马尔萨斯的人口增长模型使它反映这种竞争．

反映有限增长的改进模型　我们考虑方程(11-5)中度量人口增长率的比例因子 k，现在不再是常数，而是人口的函数．随着人口的增长并接近最大值 M，比率 k 逐渐减小．关于 k 的一个简单情形是线性的子模型

$$k = r(M - P), \quad r > 0$$

其中 r 是常数．代入方程(11-5)得到

$$\frac{\mathrm{d}P}{\mathrm{d}t} = r(M - P)P \tag{11-8}$$

或

$$\frac{\mathrm{d}P}{P(M - P)} = r\mathrm{d}t \tag{11-9}$$

我们仍然设初始条件 $P(t_0) = P_0$（模型(11-8)最早是由丹麦生物数学家 Pierre-Francois Verhulst (1804—1849)提出的，称为**逻辑斯谛增长**）．由初等代数运算知

$$\frac{1}{P(M - P)} = \frac{1}{M}\left(\frac{1}{P} + \frac{1}{M - P}\right)$$

因而，方程(11-9)可以改写为：

$$\frac{\mathrm{d}P}{P} + \frac{\mathrm{d}P}{M - P} = rM\mathrm{d}t$$

对它积分得：

$$\ln P - \ln |M - P| = rMt + C \tag{11-10}$$

C 是某个任意常数．利用初始条件，我们求得 $P < M$ 时的 C 为：

$$C = \ln\frac{P_0}{M - P_0} - rMt_0$$

代入方程(11-10)并化简，得到：

$$\ln\frac{P}{M - P} - \ln\frac{P_0}{M - P_0} = rM(t - t_0)$$

或

$$\ln\frac{P(M - P_0)}{P_0(M - P)} = rM(t - t_0)$$

对该方程两边求指数得：

$$\frac{P(M - P_0)}{P_0(M - P)} = \mathrm{e}^{rM(t - t_0)}$$

或

$$P_0(M - P)\mathrm{e}^{rM(t - t_0)} = P(M - P_0)$$

于是有：

$$P_0 M \mathrm{e}^{rM(t - t_0)} = P(M - P_0) + P_0 P \mathrm{e}^{rM(t - t_0)}$$

从而解得人口数量 P 为:

$$P(t) = \frac{P_0 M e^{rM(t-t_0)}}{M - P_0 + P_0 e^{rM(t-t_0)}}$$

为了估计当 $t \to \infty$ 时的 P,我们把上一个方程改写成:

$$P(t) = \frac{MP_0}{[P_0 + (M - P_0) e^{-rM(t-t_0)}]} \qquad (11\text{-}11)$$

注意,由方程(11-11),当 t 趋于无穷时 $P(t)$ 趋于 M. 进而,由方程(11-8),我们计算二阶导数

$$P'' = rMP' - 2rPP' = rP'(M - 2P)$$

使得当 $P = M/2$ 时 $P'' = 0$. 这表明当人口数 P 达到极限人口 M 的一半时,增长率 dP/dt 最大,然后再减少到零. 认识到在 $P = M/2$ 时的增长率达到最大是很有利的,这一信息可以用来估计 M. 建模者感到满意的情况是,所说的增长实质上是逻辑斯谛增长,如果已达到最大增长率的点,则就可估计 $M/2$. $P < M$ 情形的有限增长方程(11-11)的图形如图 11-4 所示($P > M$ 的情形见习题 2). 这样的曲线称为**逻辑斯谛曲线**.

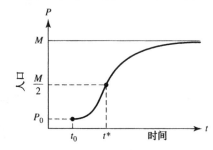

图 11-4　有限增长模型的图形

有限增长模型的检验　我们用一些现实的数据来检验模型(11-11). 方程(11-10)说明了 $\ln[P/(M-P)]$ 对于 t 的直线关系. 我们用表 11-1 中给出的关于培养物中酵母菌增长的数据来检验这个模型. 为了画出 $\ln[P/(M-P)]$ 关于 t 的图形,我们需要估计极限数量 M. 从表 11-1 中的数据我们看到其数量不会超过 661.8. 我们估计 $M \approx 665$,并画出 $\ln[P/(665-P)]$ 关于 t 的图形. 如图 11-5 所示,图形确实近似于一条直线. 所以,我们接受关于细菌的逻辑斯谛增长的假设. 现在方程(11-10)给出

$$\ln \frac{P}{M-P} = rMt + C$$

并由图 11-5,我们可以估计斜率 $rM \approx 0.55$,这样,由估计 $M \approx 665$ 得 $r \approx 0.000\ 827\ 1$.

表 11-1　酵母菌在培养物中的增长

时间 (小时)	观察到的 酵母菌生物量	由逻辑斯谛方程(11-13)计算得到的生物量	误差 百分比	时间 (小时)	观察到的 酵母菌生物量	由逻辑斯谛方程(11-13)计算得到的生物量	误差 百分比
0	9.6	8.9	−7.3	10	513.3	510.9	−4.7
1	18.3	15.3	−16.4	11	559.7	566.4	1.2
2	29.0	26.0	−10.3	12	594.8	604.3	1.6
3	47.2	43.8	−7.2	13	629.4	628.6	−0.1
4	71.1	72.5	2.0	14	640.8	643.5	0.4
5	119.1	116.3	−2.4	15	651.1	652.4	0.2
6	174.6	178.7	2.3	16	655.9	657.7	0.3
7	257.3	258.7	0.5	17	659.6	660.8	0.2
8	350.7	348.9	−0.5	18	661.8	662.5	0.1
9	441.0	436.7	−1.0				

数据取自 R. Pearl, "The Growth of Population," *Quart. Rev. Biol.* 2(1927): 532—548.

将逻辑斯谛方程(11-11)表示为另一种形式往往会更方便.为此,设 t^* 表示种群 P 达到极限值 M 一半的时刻,即 $P(t^*)=M/2$. 由方程(11-11)得

$$t^* = t_0 - \frac{1}{rM}\ln\frac{P_0}{M-P_0}$$

(见本节末习题 1(a)).解这个关于 t_0 的方程,把结果代入方程(11-11),并用代数法化简,得到

$$P(t) = \frac{M}{1+e^{-rM(t-t^*)}} \qquad (11\text{-}12)$$

(见本节末习题 1(b)).

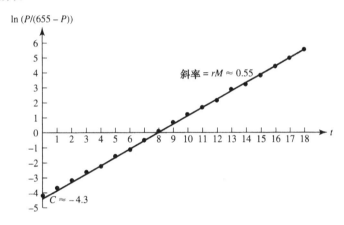

图 11-5　表 11-1 中数据的 $\ln[P/(665-P)]$ 关于 t 的图形

我们可以用方程(11-10)和图 11-5 中的图形对表 11-1 中酵母菌培养的数据估计 t^*:

$$t^* = -\frac{C}{rM} \approx \frac{4.3}{0.55} \approx 7.82$$

把 $M=665$, $r=0.000\,827\,1$ 和 $t^*=7.82$ 代入方程(11-12),就给出了逻辑斯谛方程

$$P(t) = \frac{665}{1+73.8e^{-0.55t}} \qquad (11\text{-}13)$$

逻辑斯谛模型被认为是十分符合具有相当简单生命史的生物体种群模型,比如,在有限空间的培养物中生长的酵母菌.表 11-1 给出了逻辑斯谛方程(11-13)的计算结果,从计算的误差我们可以看出与原始数据之间非常一致.描出的曲线如图 11-6 所示.

然后,我们考虑一些人口的数据.一个关于美国人口增长的逻辑斯谛方程是由 Pearl 和 Reed 在 1920 年给出的.他们的逻辑斯谛曲线的一个形式为

$$P(t) = \frac{197\,273\,522}{1+e^{-0.031\,34(t-1914.32)}} \qquad (11\text{-}14)$$

这里 $M=197\,273\,522$, $r=1.5887\times10^{-10}$, $t^*=1914.32$,这些数据是由 1790 年、1850 年和 1910 年的人口普查数字确定的(请对本节最后习题 4 中的 M, r 和 t^* 做出估计).

表 11-2 比较了美国人口在 1920 年用逻辑斯谛方程(11-14)预测的数据和实际观察到的数据,在 1950 年以前,预测值一直与观测值符合得很好,但是对 1970 年、1980 年、1990 年和

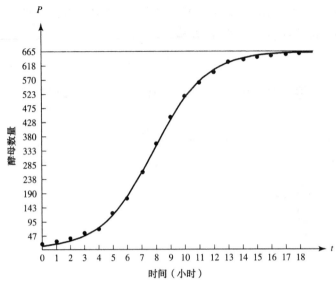

图 11-6   根据表 11-1 中的数据和模型(11-13),表示酵母菌在培
养物中生长的逻辑斯谛曲线;小的点表示观察值

2000 年,预测值要小得多.这并不奇怪,因为我们的模型忽略了很多因素,诸如到美国的移民、战争以及医疗技术的进步.对于有着复杂生命史和个体生长期较长的高等动植物种群,可能有多种响应来对种群增长做较大的改动.

表 11-2   用方程(11-14)预测的 1790~2000 年的美国人口

年	观察值	预测值	误差 百分比	年	观察值	预测值	误差 百分比
1790	3 929 000	3 929 000	0.0	1910	91 972 000	91 970 000	−0.0
1800	5 308 000	5 336 000	0.5	1920	105 711 000	107 393 000	1.6
1810	7 240 000	7 227 000	−0.2	1930	122 755 000	122 396 000	−0.3
1820	9 638 000	9 756 000	1.2	1940	131 669 000	136 317 000	3.5
1830	12 866 000	13 108 000	1.9	1950	150 697 000	148 677 000	−1.3
1840	17 069 000	17 505 000	2.6	1960	179 323 000	159 230 000	−11.2
1850	23 192 000	23 191 000	−0.0	1970	203 212 000	167 943 000	−17.4
1860	31 443 000	30 410 000	−3.3	1980	226 505 000	174 941 000	−22.8
1870	38 558 000	39 370 000	2.1	1990	248 710 000	180 440 000	−27.5
1880	50 156 000	50 175 000	0.0	2000	281 416 000	184 677 000	−34.4
1890	62 948 000	62 767 000	−0.3	2010	308 746 000	187 905 000	−39.1
1900	75 995 000	76 867 000	1.1				

 习题

1. (a)证明逻辑斯谛方程中的种群 P 达到最大种群 M 的一半时的时刻 t^* 为

$$t^* = t_0 - (1/rM)\ln[P_0/(M-P_0)]$$

(b)对于按逻辑斯谛法则增长的种群,推出形如(11-12)的表达式.

(c)由方程(11-12)推出方程 $\ln[P/(M-P)]=rMt-rMt^*$.

2. 考虑方程(11-8)的解. 若对所有的 t, 都有 $P>M$, 计算方程(11-10)中常数 C 的值. 画出这种情况下的解曲线. 并画出在 $M/2<P<M$ 情况下的解曲线.

3. 下面是投放到塔斯马尼亚岛上新环境后的绵羊群增长的数据(选自 J. Davidson, "On the Growth of the Sheep Population in Tasmania," *Trans, R. Soc. S. Australia* 62(1938): 342-346.):

t(年)	1814	1824	1834	1844	1854	1864
$P(t)$	125	275	830	1200	1750	1650

(a)通过作出 $P(t)$ 的图来估计 M.

(b)画出 $\ln[P/(M-P)]$ 关于 t 的图形. 如果逻辑斯谛曲线合理, 估计 r, M 和 t^*.

4. 利用表 11-2 中美国的人口数据, 并用本书相同的方法来估计 M, r 和 t^*. 假设你对 1951 年所作的预测用的是之前的人口普查数据, 请用 1960~2000 年的数据来检验你的模型.

5. 现代哲学家卢梭(Jean-Jacques Rousseau)基于以下假设建立了 18 世纪的英国的人口增长的一个简单模型:

    伦敦市的出生率低于英国农村的出生率.

    伦敦的死亡率高于英国农村的死亡率.

    由于英国的工业化, 越来越多的人从农村移居到伦敦.

由此, 卢梭推出, 由于伦敦的出生率偏低、死亡率偏高, 以及农村人口移居伦敦, 因而英国的人口数量最终会变为零. 请评价卢梭的这个结论.

6. 考虑在一个人口数量为 N 的孤岛上, 有一种高传染性的疾病在蔓延. 一部分到岛外旅游的居民回来使该岛感染了这种疾病. 请预测在某时刻 t 将会被感染的人数 X. 考虑以下模型, 其中 $k>0$ 为常数:

$$\frac{\mathrm{d}X}{\mathrm{d}t} = kX(N-X)$$

(a)列出这个模型所隐含的两条主要假设. 这些假设有什么依据?

(b)画出 $\mathrm{d}X/\mathrm{d}t$ 关于 X 的图形.

(c)若初始被感染人数为 $X_1<N/2$, 画出 X 关于 t 的图形; 若初始被感染人数为 $X_2>N/2$, 画出 X 关于 t 的图形.

(d)把 X 作为 t 的函数, 解出前面给出的模型.

(e)由(d), 当 t 趋于无穷时求 X 的极限.

(f)设岛上的人口有 5000 人. 在传染期的不同时刻被感染人数如下表:

天数 t	2	6	10
被感染的人数 X	1887	4087	4853
$\ln(X/(N-X))$	-0.5	1.5	3.5

问这些数据能否支持所给的模型?

(g)利用(f)的结果估计模型中的常数, 并预测 $t=12$ 天时被感染的人数.

7. 我们考虑鲸的生存情况. 假定鲸的数量减少到最低存活量级 m 以下时, 就会导致灭绝. 还假定鲸的数量受到环境容纳量 M 的限制. 这就是说, 当鲸的数量超过 M 时就会减少, 因为环境承受不了那么多数量的鲸.

(a)讨论下面关于鲸数的模型

$$\frac{\mathrm{d}P}{\mathrm{d}t} = k(M-P)(P-m)$$

其中 $P(t)$ 代表鲸在 t 时刻的数量, k 是正常数.

(b)做出 $\mathrm{d}P/\mathrm{d}t$ 关于 P 和 P 关于 t 的图形. 考虑初始数量 $P(0)=P_0$ 满足 $P_0<m$、$m<P_0<M$ 和 $M<P_0$ 的三种情形.

(c)假设对所有时刻都满足 $m<P<M$, 解(a)中的模型. 证明 t 趋于无穷时, P 的极限是 M.

(d)讨论如何检验(a)中的模型. 如何确定 M 和 m.

(e)假设该模型合理地估计了鲸数变化情况,那么这对捕鱼有什么启示? 建议如何控制?

8. 社会学家发现了一种被称为社会流传的现象,指的是一条信息、一项技术创新或一种文化时尚在人群中的传播. 这样的人群可以分为两类:一类接收到该信息,另一类没有. 在一个人口数量已知的固定人群中,有理由假设流传率与已接收到信息的人数和待接收的人数的乘积成正比. 若 X 表示 N 个人的居民中已接收到信息的人数,那么关于社会流传的数学模型为 $dX/dt = kX(N-X)$,其中 t 表示时间,k 是正常数.

(a)解这个模型,并证明它的解是一条逻辑斯谛曲线.

(b)什么时候此信息传播最快?

(c)最终会有多少人接收到此信息?

 研究课题

1. 完成 UMAP 教学单元的要求:Robert Geitz,"Cobb-Douglas 生产函数",UMAP 509. 一个将经济系统的产量与劳动和资本联系起来的数学模型,它由下面的假设构造出:(a)劳动的边际生产力与单位劳动的产量成正比;(b)资本的边际生产力与单位资本的产量成正比;(c)若劳动或资本趋于零,则产量也趋于零.

2. 完成 UMAP 教学单元:Kathryn N. Harmon,"The Diffusion of Innovation in Family Planning(计划生育中革新的传播)",UMAP 303. 该模型将有限差分方程巧妙地应用到研究公共政策的传播过程,使人们弄清国民政府会采取怎样的计划生育政策.

3. 完成 UMAP 教学单元:Donald R. Sherbert,"差分方程与应用",UMAP 322. 该模型对于解一阶和二阶线性差分方程,包括非齐次方程的待定系数法,提供了很好的引论. 包含对种群与经济学建模问题的应用.

进一步阅读材料

Frauenthal,James C. *Introduction to Population Modeling*. Lexington,MA:COMAP,1979.

Hutchinson,G. Evelyn. *An Introduction to Population Ecology*. New Haven,CT:Yale University Press,1978.

Levins,R. "The Strategy of Model Building in Population Biology." *American Scientist* 54(1966):421-431.

Pearl,R.,& L. J. Reed. "On the Rate of Growth of the Population of the United States since 1790." *Proceedings of the National Academy of Science* 6(1920):275-288.

11. 2   对药剂量开处方⊖

在药理学中,开多少剂量的药以及确定用多少次药是一个十分重要的问题. 对大多数的药,浓度低于一定程度是无效的,而浓度高于一定程度则会发生危险.

识别问题   药的剂量和用药间隔时间应该如何调节,才能保证在血液中维持安全有效的药物浓度?

单次用药在血液中产生的浓度通常随着时间降低,最后药物从体内消失(图 11-7). 我们关心的是,在正规的间隔用药,血液中药物浓度会怎样. 若 H 表示药物的最高安全量级,L 表示最低有效量级,那么,所开的药物的剂量 C_0 及用药间隔的时间 T 应当希望使血液中的药物浓度在每个间隔中一直保持在 L 和 H 之间.

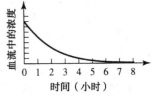

图 11-7   血液中药物的浓度随时间减少

我们来考虑几种可能的用药方式. 在图 11-8a 中,两次用药间

⊖ 本节改编自 Brindell Horelick 和 Sinan Koont 的研究工作 UMAP 教学单元 72,并得到 COMAP 的允许.

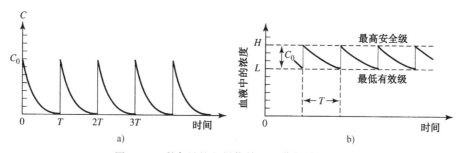

图 11-8　剩余量的积累依赖于用药的时间间隔

隔的时间使得药物无法在体内有效积累．换句话说，上一次用药的剩余浓度趋近于零．另一方面，如图 11-8b，用药的间隔相对于用量及浓度减小率而言较短，使得（从第一次后）每次用药时以前的残余浓度还存在．更进一步，如图所示，药物的剩余量似乎趋近于一个极限．我们关心的是这种情况是否真能确定，如果是的话，极限是多少．我们的最终目的是在开处方时要确定用药剂量和间隔时间，使得药物浓度尽快达到最低有效级 L，并在此后维持在最低有效级 L 和最高安全级 H 之间，如图 11-9 所示．我们首先来确定极限剩余量，它依赖于我们关于药物在血液中的吸收率及被吸收后的排出率所做的假设．

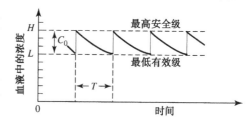

图 11-9　血液中药物的安全有效级；C_0 为一次用药产生的浓度变化，T 为用药时间间隔

假设　为了解决上面提出的问题，我们来考虑在任一 t 时刻决定药物在血液中浓度 $C(t)$ 的因素．首先，有

$$C(t) = f(\text{排出率}，\text{吸收率}，\text{剂量}，\text{用药间隔}，\cdots)$$

以及其他种种因素，包括体重和血量．为了简化假设，我们设体重和血量为常数（例如，某个特别年龄段的平均），而浓度量级是决定药物效果的关键因素．接着，我们来确定排出率和吸收率的子模型．

排出率子模型　考虑药物从血液中排出．这也许是一种离散现象，但是我们用一个连续函数来逼近．临床实验显示，血液中药物浓度的减少与浓度成比例．这个假定从数学上说，如果我们假定血液中药物在 t 时刻的浓度是一个可微函数 $C(t)$，则有

$$C'(t) = -kC(t) \tag{11-15}$$

这里 k 是正常数，称为药物的**排出常数**．注意 $C'(t)$ 是负的，因为它描述了浓度是否在减少．方程（11-15）中的各种量通常如下度量：时刻 t 以小时（hr）为单位，$C(t)$ 以每毫升血液多少毫克（mg/ml）为单位，$C'(t)$ 为 $\mathrm{mg\,ml^{-1}hr^{-1}}$，而 k 为 $\mathrm{hr^{-1}}$．

假设对于一个给定的人群，比如一个年龄段的人，浓度 H 和 L 能够通过实验确定（我们下面的讨论中还要做更多假设）．于是令单次用药的药物浓度位于量级

$$C_0 = H - L \tag{11-16}$$

若我们设 C_0 是 $t=0$ 时刻的浓度，则得到模型

$$\frac{\mathrm{d}C}{\mathrm{d}t} = -kC, \quad C(0) = C_0 \tag{11-17}$$

方程(11-17)中的变量可以分离，该模型可以用上一节关于人口增长的马尔萨斯模型中的同样方法来求解. 模型的解为：

$$C(t) = C_0 e^{-kt} \tag{11-18}$$

将初始浓度 C_0 乘以 e^{-kt}，就得到了 $t>0$ 时刻的浓度. $C(t)$ 的曲线如图 11-10 中所示.

吸收率子模型 我们在做出药物浓度如何随时间减少的假设后，再来考虑用药后浓度是如何增长的. 我们最初的假设是，一旦用药后，药物就在血液中迅速扩散，使得吸收期的浓度曲线从实用的角度来讲是竖直上升的. 这就是说，我们假设用药物后，浓度就瞬时上升. 这个假设是对于直接注射到血管的药剂而言的，对于口服药可能不太合理. 现在我们来看多次用药时，药物在血液内是如何积累的.

多次用药的药物积累 考虑在每次用药能使血液中浓度上升 $C_0\,\mathrm{mg/ml}$ 时，在长度为 T 的固定时间间隔内，药物浓度 $C(t)$ 会发生什么变化.

设 $t=0$ 时用第一剂药物. 根据模型(11-18)，T 小时之后，血液中药物的剩余量为 $R_1 = C_0 e^{-kT}$，然后第二次用药. 因为我们的假设与之前讨论的关于药物浓度的增加有关，浓度量级瞬时跳跃至 $C_1 = C_0 + C_0 e^{-kT}$. 然后再过 T 个小时，血液中药物的剩余浓度为 $R_2 = C_1 e^{-kT} = C_0 + C_0 e^{-2kT}$. 药物在血液中可能的积累方式如图 11-11 所示.

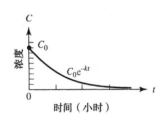

图 11-10　药物浓度随时间衰减的指数模型

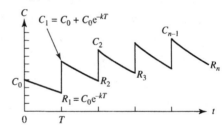

图 11-11　每次用等量的药剂可能效果

然后，我们来确定第 n 次剩余量 R_n 的公式. 若令 C_{i-1} 为第 i 次间隔开始时的药物浓度，R_i 为该次结束时的剩余浓度，我们就很容易得到表 11-3.

表 11-3　剩余药物浓度的计算

i	C_{i-1}		R_i
1	C_0 ——	乘以 e^{-kT} 加上 C_0	$\rightarrow C_0 e^{-kT}$
2	$C_0 + C_0 e^{-kT}$		$C_0 e^{-kT} + C_0 e^{-2kT}$
3	$C_0 + C_0 e^{-kT} + C_0 e^{-2kT}$		$C_0 e^{-kT} + C_0 e^{-2kT} + C_0 e^{-3kT}$
$\vdots$	$\vdots$		$\vdots$
n			$C_0 e^{-kT} + \cdots + C_0 e^{-nkT}$

由表得

$$R_n = C_0 e^{-kT} + C_0 e^{-2kT} + \cdots + C_0 e^{-nkT}$$

$$= C_0 e^{-kT} (1 + r + r^2 + \cdots + r^{n-1}) \tag{11-19}$$

其中 $r = e^{-kT}$. 从代数上容易验证

$$1 + r + r^2 + \cdots + r^{n-1} = \frac{1 - r^n}{1 - r}$$

则替代方程(11-19)中的 r, 得到结果

$$R_n = \frac{C_0 e^{-kT} (1 - e^{-nkT})}{1 - e^{-kT}} \tag{11-20}$$

注意到当 n 很大时数 e^{-nkT} 接近零. 事实上, n 越大, e^{-nkT} 越接近零. 于是序列 R_n 有极限值, 记为 R:

$$R = \lim_{n \to \infty} R_n = \frac{C_0 e^{-kT}}{1 - e^{-kT}}$$

或

$$R = \frac{C_0}{e^{kT} - 1} \tag{11-21}$$

总之, 如果每 T 小时用一次药物, 能使浓度上升 $C_0 \, \text{mg/ml}$, 则剩余浓度的极限值 R 由方程 (11-21)给出. 公式中的数 k 是药物的排出常数.

确定用药时间表 从表 11-3 知, 第 n 次间隔开始时的浓度 C_{n-1} 为

$$C_{n-1} = C_0 + R_{n-1} \tag{11-22}$$

如果期望的药物量级要求接近于如图 11-9 所示的最高安全级 H, 则我们希望当 n 很大时, C_{n-1} 趋近于 H. 这就是说

$$H = \lim_{n \to \infty} C_{n-1} = \lim_{n \to \infty} (C_0 + R_{n-1}) = C_0 + R$$

由上式以及 $C_0 = H - L$, 得

$$R = L \tag{11-23}$$

检验不同的用药间隔 T 对剩余浓度 R 的影响的一个有效方式是将 R 与每次药剂浓度的变化 C_0 进行比较. 为做出这种比较, 我们提出无量纲的比例

$$\frac{R}{C_0} = \frac{1}{e^{kT} - 1} \tag{11-24}$$

方程(11-24)表明, 当用药间隔时间 T 足够大, 使得 $e^{kT} - 1$ 也足够大时, 比值 R/C_0 就会接近于 0. 作为 R_n 的中间值, 从表 11-3 可以看出, 每次 R_n 是由上一次的 R_{n-1} 加上一个正量 $C_0 e^{-nkT}$ 得到的. 这就是说, R_n 总是正的, 因为 R_1 是正的. 这也说明了 R 大于每次的 R_n. 用符号表示为

$$0 < R_n < R, \quad \text{对所有} \ n$$

药物剂量的这种含义是, 只要 R 很小, R_n 就会更小. 特别是, 当 T 足够长使得 $e^{kT} - 1$ 也非常大时, 每次用药的剩余浓度几乎为零. 于是, 各次用药基本上是独立的, $C(t)$ 的曲线如图 11-12 中所示.

另一方面, 假设用药间隔时间 T 很短, 使得 e^{kT} 略大于 1, 这就使 R/C_0 远大于 1. 因为 R_n 越大, 每次用药后的浓度 C_n 也越大. 由方程(11-17)可知, 随着 C_n 增大, 每次用药后间隔时的揭失也增加. 最后, 每次用药后浓度下降会略接近于每次用药得到的浓度 C_0 的增加. 当这

个条件达到时(浓度的消耗等于增加),药物的浓度就会在每次间隔结束时的 R 和每次开始时的 $R+C_0$ 之间摆动.这一情况如图 11-13 所示.

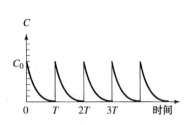

图 11-12 用药间隔很长时的药物浓度

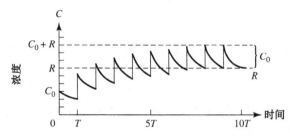

图 11-13 用药间隔很短时药物浓度的积累

如前所述,假设药物浓度低于 L 时无效,而高于某个较大的 H 时有害.假定 L 和 H 是安全线,既不使病人因药物浓度稍高于 H 而受到过量用药的伤害,也不必在浓度略低于 L 时再重新开始积累过程.那么,从病人的方便出发,正如以前所指出的,我们可以通过设置 $R=L$ 和 $C_0=H-L$ 来选择最长的用药间隔时间.于是把 $R=L$ 和 $C_0=H-L$ 代入方程(11-21),得到

$$L = \frac{H-L}{e^{kT}-1}$$

对该方程解 e^{kT},得到

$$e^{kT} = H/L$$

对上式两边取对数,再除以 k,这给出所期望的用药间隔为

$$T = \frac{1}{k}\ln\frac{H}{L} \tag{11-25}$$

为了迅速达到有效程度,第一次用药,常称为承载剂量,就立即使血液的药物浓度达到 Hmg/ml(比如,承载剂量为 $2C_0$).然后再按照每次用药间隔 $T=(1/k)\ln(H/L)$ 小时,将浓度提高 $C_0=H-L$mg/ml 进行治疗.

模型的检验 我们的模型提供了一种安全有效的药剂浓度配方,这似乎是好的.这与开药方的通常医疗实践一致:初次用药的量比以后每次药量多几倍.而且,模型所依据的假设是,药剂在血液中浓度的减少与该浓度成正比,这已得到临床验证.此外,排出常数 k 作为此关系中比例的正常数,是一个容易测量到的参数(见 11-2 习题组中的习题 1).方程(11-21)可以在各种药剂比率的情况下预测浓度量级.所以药物是可以测试的,可以通过实验来确定最低有效级 L 和最高安全级 H,它们具有适当的安全因素,以容许建模过程中的不精确性.因而,用方程(11-16)和(11-25)可以开出一个安全有效的用药配方(假设承载用药量比 C_0 多若干倍).可见我们的模型是有用的.

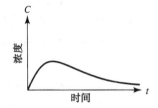

图 11-14 单次口服用药在血液中的药物浓度

模型的一个缺陷是假设用药后浓度就瞬时上升.而有的药物,如阿司匹林,口服后需要一段有限时间才能扩散到血液中;所以,该假设对此类药并不实用.

对于此类情况，单次用药的浓度关于时间的曲线可以如图 11-14 所示．

 习题

1. 讨论对于给定的药物，方程(11-15)中的排出常数 k 如何用实验的方法得到．

2. (a)若 $k=0.05\mathrm{hr}^{-1}$，且最高安全浓度等于最低有效浓度乘以 e，求两次用药间隔的时间长度，以保证安全有效的浓度．

   (b)请问(a)是否给出了足够的信息以确定每次用药的剂量？

3. 设 $k=0.01\mathrm{hr}^{-1}$ 和 $T=10\mathrm{hr}$. 找出满足 $R_n>0.5R$ 的最小 n.

4. 给定 $H=2\mathrm{mg/ml}$，$L=0.5\mathrm{mg/ml}$ 和 $k=0.02\mathrm{hr}^{-1}$，假定当药物浓度低于 L 时不仅无效而且有害．请(用剂量的浓度和次数)制定一个用药计划．

5. 设 $k=0.2\mathrm{hr}^{-1}$ 且最低有效浓度是 $0.03\mathrm{mg/ml}$. 单次用药使浓度上升 $0.1\mathrm{mg/ml}$. 大约多少小时能保持药物有效？

6. 举出可以用上本书所述模型的其他一些现象．

7. 根据图 11-14 中给出的浓度曲线，简述一组药物会怎样积累．

8. 每到常规间隔为 T 的时刻，给病人用一次 Q 剂量的药物．实验表明血液中的药物浓度满足规律
$$\frac{\mathrm{d}C}{\mathrm{d}t}=-k\mathrm{e}^{C}$$

   (a)若在第 $t=0$ 小时注入第一剂药，证明 T 小时之后，血液中的剩余浓度为：
$$R_1=-\ln(kT+\mathrm{e}^{-Q})$$

   (b)假设用药后药物浓度瞬时上升，证明在用第二剂药物后再过 T 小时，血液中的剩余浓度为
$$R_2=-\ln[kT(1+\mathrm{e}^{-Q})+\mathrm{e}^{-2Q}]$$

   (c)证明：若每隔 T 小时用剂量为 $Q\mathrm{mg/ml}$ 的药物，则剩余浓度的极限值 R 由下式给出：
$$R=-\ln\frac{kT}{1-\mathrm{e}^{-Q}}$$

   (d)假设药物在低于浓度 L 时无效，高于某个较高浓度 H 时有害，证明对于药物在血液中的安全有效浓度，用药间隔 T 应满足公式：
$$T=\frac{1}{k}(\mathrm{e}^{-L}-\mathrm{e}^{-H})$$

   其中 k 是正常数．

 研究课题

1. 对于文章 J. R. Usher and D. A. Abercrombie, "Case Studies in Cancer and Its Treatment by Radiotherapy," *International Journal of Mathematics Education in Science and Technology* 12，no. 6(1981)，pp. 661-682，写一篇综述报告，并在课堂上宣读．

在研究课题 2～5 中完成所给 UMAP 教学单元的要求．

2. Brindell Horelick and Sinan Koont，UMAP 70，给出"基因选择(Selection in Genetics)"．该教学单元介绍了遗传学术语及关于相继代基因型分布的基本结果．从可以确定隐性基因的第 n 代频率得到一个递归关系．用微积分推导出使这种频率降到任意给定正数以下所要求的基因数的近似方法．

3. Brindell Horelick and Sinan Koont，UMAP 73，给出"传染病(Epidemic)". 这个单元提出两个问题：(1)感染者以什么比率从人群中隔离开来以保证传染病得到控制？(2)哪一部分人在流行病期间容易感染？讨论阈值移出率，并且在移出率稍低于阈值时讨论疾病会发展到什么程度．

4. Brindell Horelick and Sinan Koont，UMAP 74，给出"渗透性追踪方法(Tracer Methods in Permeability)". 该教学单元用放射性追踪描述了度量红细胞表面 K^{42} 离子渗透性的技术．学生们学习到如何用放射性追踪来监视体内的物质，并学到本单元所述模型的某些限制和加强．

5. Brindell Horelick and Sinan Koont，UMAP 67，给出"神经系统建模．反应时间与中央神经系统(Modeling the Nervous System. Reaction Time and the Central Nervous System)". 该教学单元对中央神经系统对刺激

的反应过程建立模型,并把模型的预测与实验数据进行比较. 学生们学习到如何从关于反应时间的模型中提取结论,并有机会讨论关于兴奋强度与刺激强度之间关系的各种假设的优点.

11.3 再论刹车距离

在我们的关于车辆的总停车距离的模型中(见 2.2 节),有一个子模型是关于刹车距离的:

$$刹车距离 = h(重量, 速度)$$

刹车系统所做的功必等于动能的变化,以此为论据我们得知,刹车距离 d_b 与速度的平方成正比. 现在我们运用导数工具来建立同样的结果.

我们假设刹车系统是这样设计的:最大刹车力的增加与汽车质量成正比. 这基本上是说,如果刹车液压系统所施加的单位面积的力保持不变,与刹车接触的表面积将与汽车质量成正比. 从工程观点来看,这个假设是有道理的.

这个假设意味着乘客感觉到的减速是不变的,这似乎是个合理的设计准则. 如果进一步假设应急停车时所施加的最大刹车力 F 是连续作用的,则我们得到

$$F = -km$$

k 是某个正的比例常数. 因为依据假设 F 是作用于车上的唯一的力,这给出

$$ma = m\frac{\mathrm{d}v}{\mathrm{d}t} = -km$$

(负号表示减速). 所以:

$$\frac{\mathrm{d}v}{\mathrm{d}t} = -k$$

积分得

$$v = -kt + C_1$$

若 v_0 表示 $t=0$ 时刻开始刹车时的速度,通过代换给出 $C_1 = v_0$,使得

$$v = -kt + v_0 \tag{11-26}$$

若 t_s 表示车从刹车开始到车停下来所需的时间,则当 $t=t_s$ 时 $v=0$,代入方程(11-26)得

$$t_s = \frac{v_0}{k} \tag{11-27}$$

若 x 代表刹车后车辆移动的距离,则 x 是 $v=\mathrm{d}x/\mathrm{d}t$ 的积分. 故由方程(11-26)得

$$x = -0.5kt^2 + v_0 t + C_2$$

当 $t=0$ 时 $x=0$,这推出 $C_2 = 0$,所以

$$x = -0.5kt^2 + v_0 t \tag{11-28}$$

然后,令 d_b 表示刹车距离,即 $t=t_s$ 时 $x=d_b$. 代入方程(11-28)得:

$$d_b = -0.5kt_s^2 + v_0 t_s$$

对此式再利用方程(11-27),我们有

$$d_b = \frac{-v_0^2}{2k} + \frac{v_0^2}{k} = \frac{v_0^2}{2k} \tag{11-29}$$

所以,d_b 和速度平方成比例,这与 2.2 节中的子模型一致.

在第 2 章里,我们曾用一些数据检验了子模型 $d_b \propto v^2$,发现它是合理的. 比例常数的估值为 0.054 英尺·小时²/英里²,它对应于方程(11-29)中的 k 值,近似为 19.9 英尺/秒²(见习题 1). 如果我们把 k 解释成乘客感觉到的减速(因由假设 $F = -km$),就会发现把这个常数看成

$0.6g$ 是合理的(g 为重力加速度).

 习题

1. (a)利用估计 $d_b = 0.054v^2$，其中 0.054 的量纲是英尺·小时^2/英里^2，证明方程(11-29)中的常数 k 值为 19.9 英尺/秒^2.

    (b)利用表 4-4 中的数据，画出 d_b(ft)关于 $v^2/2$(英尺/秒^2)的图形，进而直接估计 $1/k$.

2. 考虑用单级火箭发射卫星到轨道. 火箭的质量连续减少，这些物质被高速推出. 我们关注的是预测火箭能达到的最大速度[⊖].

    (a)假设质量为 m 的火箭以速度 v 运动. 它在一个很小的时间增量 Δt 内减少了一个很小的质量 Δm_p，这些质量的物质以速度 u 沿 v 的反方向离开火箭. 这里，Δm_p 是推进燃料的质量. 火箭的后来速度变为 $v+\Delta v$. 忽略所有外力(重力，大气阻力等)，并且假设牛顿第二运动定律成立：

    $$力 = \frac{d}{dt}(系统的动量)$$

    其中动量等于质量乘以速度. 请推导模型

    $$\frac{dv}{dt} = \left(\frac{-c}{m}\right)\frac{dm}{dt}$$

    其中 $c=u+v$ 是排气的相对速度(燃烧气体相对于火箭的速度).

    (b)假设初始时刻 $t=0$ 时速度 $v=0$，且火箭质量为 $m=M+P$，其中 P 是承载卫星的质量，而 $M=\varepsilon M+(1-\varepsilon)M(0<\varepsilon<1)$ 为初始的燃料质量 εM 加上火箭的外壳与设备质量 $(1-\varepsilon)M$. 解(a)中的模型可得速度为

    $$v = -c\ln\frac{m}{M+P}$$

    (c)证明当所有的燃料都耗尽时，火箭的速度为

    $$v_f = -c\ln\left[1-\frac{\varepsilon}{1+\beta}\right]$$

    其中 $\beta=P/M$ 是承载质量与火箭质量之比.

    (d)若 $c=3$ 千米/秒，$\varepsilon=0.8$ 及 $\beta=1/100$(这些是卫星发射的典型数值)，求 v_f.

    (e)假定科学家计划往离地表高 h 公里的圆形轨道发射一颗卫星. 假设地心引力由牛顿的平方反比吸引律给出：

    $$\frac{\gamma m M_e}{(h+R_e)^2}$$

    其中 γ 为宇宙万有引力常数，m 为卫星质量，M_e 为地球质量，R_e 为地球半径. 假设引力需与离心力 $mv^2/(h+R_e)$ 平衡，其中 v 是卫星的速度. 火箭需要达到多大的速度才能把卫星发射到离地表 100 公里高的轨道？根据(d)中的计算，一个单级火箭能否把卫星发射到这样高度的轨道？

3. 国民生产总值(GNP)表示商品与服务的消费额、政府对商品与服务的收购，以及私人的总投资(它是库存加上建筑物及所需设备的增长量)之和. 假设 GNP 以每年 3% 的速率增长，而国债随着 GNP 成比例增长.

    (a)用含两个常微分方程的系统建立 GNP 和国债模型.

    (b)假设在第 0 年时的 GNP 为 M_0，国债为 N_0，求解(a)中的系统.

    (c)国债是否最终会超过 GNP？考虑国债与 GNP 之比.

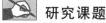 **研究课题**

完成所指出的 UMAP 教学单元的要求.

1. Brindell Horelick 和 Sinan Koont，UMAP 232，给出"单个反应物反应的动力学(Kinetic of Single Reactant Reactions)". 本单元讨论不可逆的单个反应物的反应阶. 对所选的 n 值解方程 $a'(t) = -k(a(t))^n$；从试验数据找出各种反应的反应阶，并讨论半寿命的概念. 需要具备相关化学背景知识.

⊖ 该问题的提出见 D. N. Burghes and M. S. Borrie, *Modelling with Differential Equations*. West Sussex, UK: Horwood, 1981.

2. Brindell Horelick 和 Sinan Koont，UMAP 234，给出"放射性链：母体与子体(Radioactive Chains：Parents and Daughters)"．当放射性物质 A 衰变为物质 B 时，A 与 B 分别称为母体与子体．有可能 B 是放射的，且是新子体 C 的母体．有三个放射性链在一起，组成了除周期表中铊之外的所有自然发生的放射性物质．本单元研究用于计算放射性链中的物质总量的模型，并讨论母体与子体之间平衡的暂态和长期态．

3. John E. Prussing 给出"汽车定向标和方向盘偏转之间的关系(The Relationship between Directional Heading of an Automobile and Steering Wheel Deflection)"，UMAP 506．本单元利用基础的几何与动力学的原理研究了有关罗盘头与方向盘偏转的模型．

11.4　自治微分方程的图形解

本章的模型都是形如

$$\frac{\mathrm{d}y}{\mathrm{d}x} = g(x, y)$$

的一阶微分方程，它把导数 $\mathrm{d}y/\mathrm{d}x$ 与某个自变量与因变量的函数 g 相连．在有些情况下，变量 x 与 y 可能不同时出现．

斜率域：观察解曲线

每次我们对微分方程 $y' = g(x, y)$ 的解指定一个初始条件 $y(x_0) = y_0$ 时，要求**解曲线**(即解的图形)通过点 (x_0, y_0)，且在该点的斜率为 $g(x_0, y_0)$．我们可以在 xy 平面上 g 的定义域中，在所选点 (x, y) 处画一条斜率为 $g(x, y)$ 的短线段，通过这些线段画出斜率图．每一条线段都有着与过该点解曲线相同的斜率，因而与解曲线在此处相切．我们现在根据这些切线来看曲线的性态(图 11-15)．

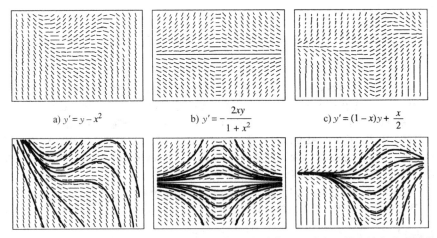

a) $y' = y - x^2$　　　b) $y' = -\dfrac{2xy}{1 + x^2}$　　　c) $y' = (1 - x)y + \dfrac{x}{2}$

图 11-15　斜率域(上行)和所选定的解曲线(下一行)．在计算机显示中，斜率线段有时用带箭头的图形表示，就像图中那样．这并非指斜率就有方向，它们其实没有

用纸笔画出一个斜率域是十分麻烦的．我们的所有图例都是用计算机生成的．让我们把基点放在如何用导数确定曲线形状的微积分知识上，以便通过图形求解微分方程．

平衡点与相直线

我们在第 9 章中已经看到临界点在确定函数性态及寻求其极值点中所起的作用．现在从稍不同的观点来研究当函数的导数为零时会发生什么情况. 这里的导数 $\mathrm{d}y/\mathrm{d}x$ 仅仅是 y(因变量)的函数. 比如, 对方程

$$y^2 = x + 1$$

进行微分, 得到

$$2y\frac{\mathrm{d}y}{\mathrm{d}x} = 1 \quad \text{或} \quad \frac{\mathrm{d}y}{\mathrm{d}x} = \frac{1}{2y}$$

微分方程当 $\mathrm{d}y/\mathrm{d}x$ 仅仅是 y 的函数时, 就称为**自治微分方程**.

定义 若 $\mathrm{d}y/\mathrm{d}x = g(y)$ 是自治微分方程, 则使得 $\mathrm{d}y/\mathrm{d}x = 0$ 的 y 值就称为**平衡点**或**静止点**.

因而, 平衡点是使因变量不再发生变化的那些点, 所以 y 是静止的. 这里强调的是使 $\mathrm{d}y/\mathrm{d}x = 0$ 的 y 值, 而不是上节中所用的 x 值. 比如, $\mathrm{d}y/\mathrm{d}x = (y+1)(y-2)$ 的平衡点是 $y = -1$ 和 $y = 2$.

为构造自治微分方程的图形解, 我们先作方程的一条**相直线**(phase line), 它是 y 轴上的图, 且标明了方程的平衡点及使 $\mathrm{d}y/\mathrm{d}x$ 和 $\mathrm{d}^2y/\mathrm{d}x^2$ 取正负的区间. 于是我们就能知道解在何处增减, 以及解曲线的凸性. 这些就是在不必求出解公式的情况下来确定解曲线形状所需的基本特征.

例 1 **画相直线及解曲线的草图**

画出下面方程的相直线:

$$\frac{\mathrm{d}y}{\mathrm{d}x} = (y+1)(y-2)$$

并用它描绘出方程的解.

解

第一步 作 y 轴, 并标记平衡点 $y = -1$ 和 $y = 2$, 这里 $\mathrm{d}y/\mathrm{d}x = 0$.

第二步 寻求并标出使 $y' > 0$ 和 $y' < 0$ 的区间. 这一步类似我们在微积分中所做的, 只不过现在我们用 y 轴来代替 x 轴.

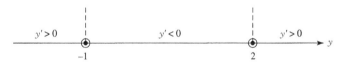

我们可以在相直线上加进关于 y' 符号的信息. 因为在 $y = -1$ 左边区间上 $y' > 0$, 所以 y 的值小于 -1 时微分方程在 y 小于 -1 处的解会朝着 -1 增大. 我们在这区间上画出指向 -1 的箭头以标明这一点.

类似地, 在 $y = -1$ 和 $y = 2$ 之间 $y' < 0$, 所以在这个区间上的任一解会朝着 -1 减小.

对 $y > 2$, 我们有 $y' > 0$, 所以 y 值大于 2 时的解会从这里不断增大, 没有上界.

简而言之，在 xy 平面的水平线 $y=-1$ 以下的解曲线会朝着 $y=-1$ 上升．在 $y=-1$ 和 $y=2$ 线之间的解曲线从 $y=2$ 下降到 $y=-1$．$y=2$ 以上的解曲线会从 $y=2$ 开始上升，并保持升势．

第三步　计算 y'' 并标出使 $y''>0$ 和 $y''<0$ 的区间．为求 y''，我们用隐式微分法对 y' 关于 x 求导．

$$y'=(y+1)(y-2)=y^2-y-2$$
$$y''=\frac{\mathrm{d}}{\mathrm{d}x}(y')=\frac{\mathrm{d}}{\mathrm{d}x}(y^2-y-2)$$
$$=2yy'-y'$$
$$=(2y-1)y'$$
$$=(2y-1)(y+1)(y-2)$$

从这个公式我们看到，y'' 在 $y=-1$、$y=1/2$ 和 $y=2$ 处变号．我们在相直线上标出这些符号．

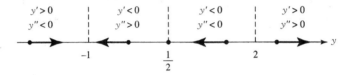

第四步　在 xy 平面上画出各类解曲线．水平线 $y=-1$，$y=1/2$ 和 $y=2$ 把平面分成几个水平带，在这些带中 y' 和 y'' 的符号是已知的．这些信息能告诉我们解曲线在每一条带中是上升还是下降，以及它们随着 x 的增加是如何弯曲的(图 11-16)．

平衡线 $y=-1$ 和 $y=2$ 也是解曲线（常值函数 $y=-1$ 和 $y=2$ 满足微分方程）．穿过线 $y=1/2$ 的解曲线在交点处有一拐点．凸性从(线上方的)下凸变为(线下方的)上凸．

正如第二步中所预示的，在中下两个水平带中的解曲线随着 x 的增长而趋近于平衡点 $y=-1$．在最上面的水平带中的解曲线平稳上升，并远离 $y=2$．

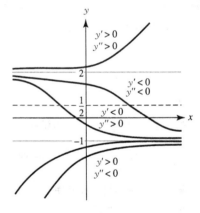

图 11-16　自治微分方程 $\mathrm{d}y/\mathrm{d}x=(y+1)(y-2)$ 的解曲线

稳定与不稳定平衡点

再来看图 11-16，特别是解曲线在平衡点附近的性态．在 $y=-1$ 点附近的解曲线平稳地趋向该点；$y=-1$ 为**稳定平衡点**．在 $y=2$ 点附近的解曲线的性态正相反：除平衡解 $y=2$ 外的所有解都随着 x 的增加而远离该点．我们称 $y=2$ 是**不稳定平衡点**．若解正好在 $y=2$，则它一直在此处，但是如果移出一个量，不论有多小，解都将移去(有时候平衡点的不稳定性在于解只从该点的一边移去)．

现在我们知道要寻求什么了，我们在初始相直线上已经可以看到这种性态．箭头背离 $y=2$，并且解曲线一旦到 $y=2$ 的左边，就会朝着 $y=-1$ 移动．

牛顿指出，冷或热的物体的温度变化率同它与环境介质的温度差成正比．我们可以利用这个观点来描述物体温度随时间变化的情况．

例2 汤的冷却

一碗放在房间里桌上的热汤，它的温度会怎样变化呢？我们知道汤会冷却，但作为时间的函数时，一般的温度曲线会是什么样的呢？

解：我们假设汤的摄氏温度 H 是关于时间 t 的可微函数．适当选择 t 的单位（比如分钟），在 $t=0$ 时刻开始测量．我们还假设环境介质体积足够大以至于汤的热量对环境温度几乎没有影响．

设环境介质保持 15℃ 的恒温．则我们可将温差表示成 $H(t)-15$．按牛顿冷却定律，有比例常数 $k>0$，使得

$$\frac{\mathrm{d}H}{\mathrm{d}t}=-k(H-15) \tag{11-30}$$

（$-k$ 在 $H>15$ 时给出负导数）．

因为在 $H=15$ 处 $\mathrm{d}H/\mathrm{d}t=0$，所以 15℃ 是平衡点．若 $H>15$，则方程（11-30）告诉我们 $(H-15)>0$ 且 $\mathrm{d}H/\mathrm{d}t<0$．若物体比房间热，则会变冷．类似地，如果 $H<15$，则 $(H-15)<0$ 且 $\mathrm{d}H/\mathrm{d}t>0$．物体比房间冷，则会变暖．所以，由方程（11-30）描述的性态与我们关于温度变化的直觉一致．以上描述如图 11-17 中的初始相直线所示．

我们通过对方程（11-30）两边关于 t 求导来确定解曲线的凸性：

$$\frac{\mathrm{d}}{\mathrm{d}t}\left(\frac{\mathrm{d}H}{\mathrm{d}t}\right)=\frac{\mathrm{d}}{\mathrm{d}t}(-k(H-15))$$

$$\frac{\mathrm{d}^2H}{\mathrm{d}t^2}=-k\,\frac{\mathrm{d}H}{\mathrm{d}t}$$

因为 $-k$ 是负的，我们看到当 $\mathrm{d}H/\mathrm{d}t<0$ 时，$\mathrm{d}^2H/\mathrm{d}t^2$ 是正的；而当 $\mathrm{d}H/\mathrm{d}t>0$ 时，$\mathrm{d}^2H/\mathrm{d}t^2$ 是负的．图 11-18 把这个信息加到相直线上．

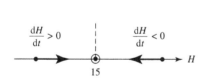

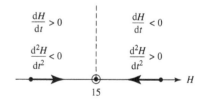

图 11-17　对于牛顿冷却定律做出相直线的第一步．温度终究趋于（环境介质的）平衡点

图 11-18　关于牛顿冷却定律模型的完整的相直线

完整的相直线表明，如果物体的温度在 15℃ 的平衡点之上，则 $H(t)$ 的图形会减小，并且是下凸的．如果温度低于 15℃（环境介质温度），则 $H(t)$ 的图形就会递增，并且是上凸的．我们利用此信息画出典型的解曲线（图 11-19）．

从图 11-19 中上解的曲线我们看到，物体冷却时，冷却率因 $\mathrm{d}H/\mathrm{d}t$ 趋于零而下降，所以冷却得越来越慢．这一观察蕴涵在牛顿冷却定律中，并且包含在微分方程中，但按时间方向延伸的图形对这一现象给出了直觉表示．通过图形来看清物理性态的技能是我们理解真实世界系统的一种强有力的工具．

例 3 再论逻辑斯谛增长

我们用相直线的方法来获得在 11.1 节研究过的逻辑斯谛增长方程

$$\frac{\mathrm{d}P}{\mathrm{d}t}=r(M-P)P \qquad (11\text{-}31)$$

的解曲线.

自治方程(11-31)的平衡点为 $P=M$ 和 $P=0$. 我们可以看到当 $0<P<M$ 时 $\mathrm{d}P/\mathrm{d}t>0$, 而 $P>M$ 时 $\mathrm{d}P/\mathrm{d}t<0$. 这一结果如图 11-20 中的相直线所示.

我们通过对下面方程求导来确定种群曲线的凸性:

$$\frac{\mathrm{d}P}{\mathrm{d}t}=r(M-P)P=rMP-rP^2$$

于是有

$$\frac{\mathrm{d}^2 P}{\mathrm{d}t^2}=\frac{\mathrm{d}}{\mathrm{d}t}(rMP-rP^2)$$

$$=rM\frac{\mathrm{d}P}{\mathrm{d}t}-2rP\frac{\mathrm{d}P}{\mathrm{d}t}=r(M-2P)\frac{\mathrm{d}P}{\mathrm{d}t}$$

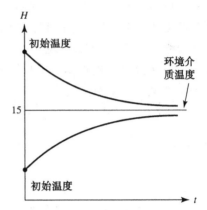

图 11-19 温度关于时间的曲线. 不论初始温度是多少,物体的温度 $H(t)$ 最终将趋于环境温度 15℃

若 $P=M/2$, 则 $\mathrm{d}^2 P/\mathrm{d}t^2=0$. 若 $P<M/2$, 则 $(M-2P)$ 和 $\mathrm{d}P/\mathrm{d}t$ 为正, 而 $\mathrm{d}^2 P/\mathrm{d}t^2>0$. 若 $M/2<P<M$, 则 $(M-2P)<0$, $\mathrm{d}P/\mathrm{d}t>0$, 而 $\mathrm{d}^2 P/\mathrm{d}t^2<0$. 若 $P>M$, 则 $(M-2P)$ 和 $\mathrm{d}P/\mathrm{d}t$ 都为负, 而 $\mathrm{d}^2 P/\mathrm{d}t^2>0$. 我们把这些情况都添加到相直线上(图 11-21).

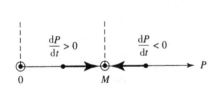

图 11-20 逻辑斯谛增长的初始相直线

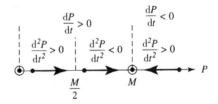

图 11-21 关于逻辑斯谛增长的完整的相直线

$P=M/2$ 和 $P=M$ 线把 tP 平面的第一象限分成了三个水平带,我们知道在每条带中 $\mathrm{d}P/\mathrm{d}t$ 和 $\mathrm{d}^2 P/\mathrm{d}t^2$ 的符号,以及解曲线随时间的升降情况与弯曲方式. 平衡线 $P=0$ 和 $P=M$ 都是种群曲线. 穿过直线 $P=M/2$ 的种群曲线在相交处有一个拐点,形成一条 S 形的曲线. 图 11-22 表示出典型的种群曲线. 它们和 11-1 节图 11-6 中表示出的培养物中酵母菌的增长曲线非常

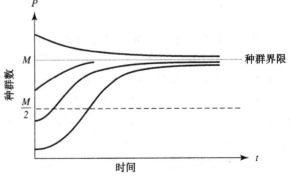

图 11-22 表示逻辑斯谛增长的种群曲线

类似．

 习题

1. 对以下微分方程构造方向场并画出解曲线：

(a)$\mathrm{d}y/\mathrm{d}x=y$　　　　(b)$\mathrm{d}y/\mathrm{d}x=x$　　　　(c)$\mathrm{d}y/\mathrm{d}x=x+y$

(d)$\mathrm{d}y/\mathrm{d}x=x-y$　　(e)$\mathrm{d}y/\mathrm{d}x=xy$　　(f)$\mathrm{d}y/\mathrm{d}x=1/y$

对习题2～5，

(a)确定平衡点及其稳定性．

(b)画出相直线．标出 y' 和 y'' 的正负号．

(c)画出若干条解曲线．

2. $\dfrac{\mathrm{d}y}{\mathrm{d}x}=(y+2)(y-3)$　　　　　　　3. $\dfrac{\mathrm{d}y}{\mathrm{d}x}=y^2-2y$

4. $\dfrac{\mathrm{d}y}{\mathrm{d}x}=(y-1)(y-2)(y-3)$　　　5. $\dfrac{\mathrm{d}y}{\mathrm{d}x}=y-\sqrt{y}$，$y>0$

习题6～9中的自治微分方程代表了一些种群增长的模型．对每道练习题选择不同的初值 $P(0)$，利用相直线法分析法画出解曲线 $P(t)$（如例 3 中）．哪些平衡点是稳定的，哪些是不稳定的？

6. $\dfrac{\mathrm{d}P}{\mathrm{d}t}=1-2P$　　　　　　　　　　7. $\dfrac{\mathrm{d}P}{\mathrm{d}t}=P(1-2P)$

8. $\dfrac{\mathrm{d}P}{\mathrm{d}t}=2P(P-3)$　　　　　　　　9. $\dfrac{\mathrm{d}P}{\mathrm{d}t}=3P(1-P)\left(P-\dfrac{1}{2}\right)$

10. 例 3 的灾变续篇．设有一些物种中有一群健康物种生长在有限的环境中，其当前数量 P_0 非常接近容纳量 M_0．可以想象是一群生活在野外纯净湖中的鱼．突如其来的灾变，如圣希伦斯火山爆发，使湖水受到污染，鱼失去了所依赖的食物和氧气的主要来源．结果导致了新环境的容纳量 M_1 远小于 M_0，事实上还小于当前数量 P_0．从灾变前某个时刻开始，画出"前后"曲线，以表明鱼的数量是如何受环境变化影响的．

11. 种群控制．某地区渔猎部门决定发放捕猎许可证，用以控制鹿的数量(一张许可证只能捕猎一头鹿)．已知如果鹿的数量降到一定级 m 以下，鹿就会灭绝．又知如果鹿的数量超过了容纳量 M，它们的数量就会由于疾病和缺乏营养而降回到 M.

(a)将鹿的增长率看成时间的函数，讨论下面模型的合理性

$$\frac{\mathrm{d}P}{\mathrm{d}t}=rP(M-P)(P-m)$$

其中 P 是鹿的数量，r 是正的比例常数．包括相直线．

(b)解释该模型与逻辑斯谛模型 $\mathrm{d}P/\mathrm{d}t=rP(M-P)$ 有什么不同．它比逻辑斯谛模型好还是差？

(c)证明若对所有的 t，$P>M$，则 $\lim\limits_{t\to\infty}P(t)=M$.

(d)若对所有的 t 都有 $P<M$，会发生什么情况？

(e)讨论该微分方程的解．模型的平衡点是什么？解释 P 的定态值对 P 的初值的依赖性．应发放大约多少张捕猎许可证？

11.5　数值近似方法

在本章前几节介绍的模型中，我们看到的方程、导数都与自变量和因变量的某个函数相连，即

$$\frac{\mathrm{d}y}{\mathrm{d}x}=g(x,y)$$

其中 g 是某函数，x 和 y 可以不同时出现在 g 中．此外，我们给定某个初值，即 $y(x_0)=y_0$．最后，我们关注的 y 值是对 x 值所在的一个特定区间而言的，即 $x_0\leqslant x\leqslant b$．总之，所确定的模

型有下面的一般形式

$$\frac{\mathrm{d}y}{\mathrm{d}x} = g(x, y), \quad y(x_0) = y_0, \quad x_0 \leqslant x \leqslant b$$

我们把具有上述条件的一阶常微分方程称为**一阶初值问题**. 从以前的模型可以看到, 一阶初值问题是一类很重要的问题. 我们现在来讨论该模型的三个方面.

一阶初值问题

微分方程 dy/dx＝g(x, y)　如该模型中所讨论的, 我们感兴趣的是寻求其导数满足微分方程 dy/dx＝g(x, y)的函数 y＝f(x). 虽然我们还不知道 f 是怎么样的, 但是我们可以根据给定的 x 和 y 值计算其导数. 这样, 我们就能求得解曲线 y＝f(x)在一些特殊点(x, y)处的切线斜率.

初值 y(x₀)＝y₀　初值式表明在初始点 x_0 处我们知道的 y 值是 $f(x_0) = y_0$. 从几何上说, 这表示点(x_0, y_0)位于解曲线上(图 11-23). 所以, 我们就知道了解曲线从哪里开始. 此外, 由微分方程 dy/dx＝g(x, y)我们知道解曲线上在点(x_0, y_0)处的切线斜率为数 $g(x_0, y_0)$. 也如图 11-23 所示.

区间 x₀≤x≤b　条件 $x_0 \leqslant x \leqslant b$ 给出了 x 轴上我们所关注的特别区间. 于是, 我们通过寻找过点(x_0, y_0)且斜率为 $g(x_0, y_0)$ 解函数, 来确定区间 $x_0 \leqslant x \leqslant b$ 上的 x 和 y 的关系(如图 11-24). 注意到函数 y＝f(x)在区间 $x_0 \leqslant x \leqslant b$ 上是连续的, 因为它的导数存在.

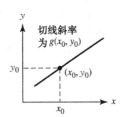

图 11-23　穿过点(x_0, y_0)并以 $g(x_0, y_0)$ 为斜率的解曲线

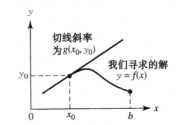

图 11-24　初值问题的解 y＝f(x)在从 x_0 到 b 的区间上是连续函数

初值问题的近似解

如果不需要求初值问题 dy/dx＝g(x, y), $y(x_0) = y_0$ 的精确解, 那么我们大致可用计算机在一个适当的区间 $x_0 \leqslant x \leqslant b$ 上对一些 x 值作出一个 y 近似数值的表. 这样的表我们称为问题的**数值解**, 而生成这种表的方法称为**数值方法**. 其中有一种称为欧拉法, 介绍如下.

给定微分方程 dy/dx＝g(x, y)及其初值条件 $y(x_0) = y_0$, 我们可以用它的切线

$$T(x) = y_0 + g(x_0, y_0)(x - x_0)$$

来逼近解.

值 $g(x_0, y_0)$ 是解曲线及其切线在该点处的斜率. 函数 T(x)给出了解 y(x)在 x_0 附近一个小区间上很好的近似(图 11-25). 欧拉法的基础就是用这样一段段的切线来逼近解曲线. 具体方法介绍如下:

我们知道点(x_0, y_0)位于解曲线上. 设我们对自变量指定一个新值, 为 $x_1 = x_0 + \Delta x$. 如果增量 Δx 很小, 那么

$$y_1 = T(x_1) = y_0 + g(x_0, y_0)\Delta x$$

是精确解 $y = y(x_1)$ 的一个很好的近似. 所以, 从恰位于解曲线上的点 (x_0, y_0) 开始, 我们得到了点 (x_1, y_1), 它非常接近于解曲线上的点 $(x_1, y(x_1))$ (图 11-26).

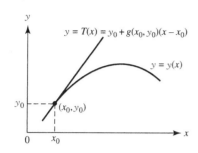

图 11-25　切线 $T(x)$ 是解曲线 $y(x)$ 在 x_0 附近
一个小区间上很好的近似

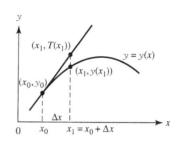

图 11-26　欧拉法首步逼近 $y(x_1)$ 和
位于切线上的 $T(x_1)$

利用点 (x_1, y_1) 和过该点的解曲线的斜率 $g(x_1, y_1)$, 我们进行第二步. 设 $x_2 = x_1 + \Delta x$, 我们利用解曲线过 (x_1, y_1) 的切线计算

$$y_2 = y_1 + g(x_1, y_1) \Delta x$$

这给出了沿解曲线 $y = f(x)$ 值的下一个近似 (x_2, y_2) (图 11-27). 继续这样做, 我们进行第三步: 从点 (x_1, y_1) 和斜率 $g(x_1, y_1)$ 得到第三次逼近

$$y_3 = y_2 + g(x_2, y_2) \Delta x$$

以此类推. 我们通过下面的微分方程斜率域的方向逐步建立起一个近似解.

例1　欧拉法的运用

利用欧拉法, 从 x_0 出发并取 $\Delta x = 0.1$, 先对下面的初值问题求出三个近似值 y_1、y_2、y_3

$$y' = 1 + y, \quad y(0) = 1$$

解　我们有 $x_0 = 0$, $y_0 = 1$, $x_1 = x_0 + \Delta x = 0.1$, $x_2 = x_0 + 2\Delta x = 0.2$ 和 $x_3 = x_0 + 3\Delta x = 0.3$.

第一步: $y_1 = y_0 + g(x_0, y_0) \Delta x = y_0 + (1 + y_0)\Delta x = 1 + (1 + 1)(0.1) = 1.2$

第二步: $y_2 = y_1 + g(x_1, y_1) \Delta x = y_1 + (1 + y_1)\Delta x = 1.2 + (1 + 1.2)(0.1) = 1.42$

第三步: $y_3 = y_2 + g(x_2, y_2) \Delta x = y_2 + (1 + y_2)\Delta x = 1.42 + (1 + 1.42)(0.1) = 1.662$ ∎

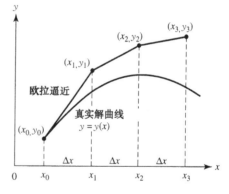

图 11-27　对初值问题 $y' = g(x, y)$, $y(x_0) = y_0$ 的
解用欧拉法进行逼近的三步. 随着步数
的增加, 误差通常在积累, 但并不像图
上那么夸大

一步步这样的过程很容易继续下去. 对表中的自变量使用等间隔值, 并生成其 n 个值, 令

$$x_1 = x_0 + \Delta x$$
$$x_2 = x_1 + \Delta x$$
$$\vdots$$
$$x_n = x_{n-1} + \Delta x$$

然后计算解的近似值

$$y_1 = y_0 + g(x_0, y_0) \Delta x$$

$$y_2 = y_1 + g(x_1, y_1)\Delta x$$
$$\vdots$$
$$y_n = y_{n-1} + g(x_{n-1}, y_{n-1})\Delta x$$

步数 n 可以任意大，但若 n 太大，会有误差积累.

欧拉法很容易在计算机或程序计算器上编程实现. 只要我们输入 x_0 和 y_0、步数 n 和步长 Δx，程序就会生成初值问题数值解的表. 然后，像刚才所说的，用迭代方式来逼近解值 y_1，$y_2, \cdots, y_n$.

例 2   再论储蓄存单

我们再来讨论第 1 章中研究过的作为离散动力系统的储蓄模型. 这里，我们设初期存款数为 1000 美元，以年利率为 12% 计算积累的复利（而不是如 1.1 节例 1 中的每月 1%）. 我们想知道 10 年的存款的金额. 如果 $Q(t)$ 代表任一 t 时刻存款的金额，则模型为

$$\frac{\mathrm{d}Q}{\mathrm{d}t} = 0.12Q, \quad Q(0) = 1000$$

设

(a) $\Delta t = 1$ 年   (b) $\Delta t = 1$ 月   (c) $\Delta t = 1$ 周

用欧拉法逼似 10 年的值. 对于 $t=10$ 情形，把结果与解析解做比较.

解   我们先求出解析解. 然后对上述三种情况分别使用欧拉法，并就每年 $t=1$，2，3，$\cdots$，10 的结果进行比较. 如我们在 11.1 节中求解人口问题时那样，我们可以对初值问题

$$\frac{\mathrm{d}Q}{\mathrm{d}t} = 0.12Q, \quad Q(0) = 1000, \quad 0 \leqslant t \leqslant 10$$

分离变量和积分，得到

$$Q = C_1 e^{0.12t}$$

我们利用初值条件 $Q(0) = 1000$ 求得 $C_1 = 1000$. 则精确解为

$$Q(t) = 1000 e^{0.12t}$$

我们在表 11-4 中用计算机对下面三种情况生成欧拉近似解：(a) $\Delta t = 1$，(b) $\Delta t = 1/12$，(c) $\Delta t = 1/52$. 各项均用百分近似. 注意到随着 Δt 减小，欧拉逼近的精度越来越高. 当 $\Delta t = 1/52$（表示按周计算）时，欧拉逼近给出 10 年后的存款值为 $Q(10) = 3315.53$，离解析解值的误差为 4.59. 图 11-28 给出欧拉逼近的点与精确解曲线.

把步长变小似乎会使结果更精确. 但是，每一次增加的计算不仅要求增加计算机机时，更重要的是还出现截断误差. 由于这些误差积累，一个理想的方

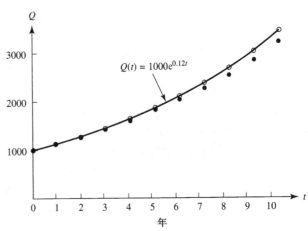

图 11-28   例 2 中储蓄问题的精确解曲线与
表 11-4 中的欧拉逼近

法是改进逼近的精度并减少计算量. 因此, 欧拉法是不能够令人满意的. 一些更好的解初值问题的数值方法会在微分方程数值解的课程中介绍. 我们这里就不涉及了. ■

表 11-4 $dQ/dt = 0.12$, $Q(0) = 1000$ 的欧拉解

年	(a) $\Delta t = 1$	(b) $\Delta t = 1/12$	(c) $\Delta t = 1/52$	精确解
0	1000.00	1000.00	1000.00	1000.00
1	1120.00	1126.83	1127.34	1127.50
2	1254.40	1269.73	1270.90	1271.25
3	1404.93	1430.77	1432.74	1433.33
4	1573.52	1612.23	1615.18	1616.07
5	1762.34	1816.70	1820.86	1822.12
6	1973.82	2047.10	2052.73	2054.43
7	2210.68	2306.72	2314.13	2316.37
8	2475.96	2599.27	2608.81	2611.70
9	2773.08	2928.93	2941.02	2944.68
10	3105.85	3300.39	3315.53	3320.12

分离变量法

本章所用的直接积分法只适用于能通过代数方法将自变量和因变量分离的情形. 这一类的微分方程可以写成如下形式

$$p(y)\mathrm{d}y = q(x)\mathrm{d}x$$

比如, 给定微分方程

$$u(x)v(y)\mathrm{d}x + q(x)p(y)\mathrm{d}y = 0$$

我们能把它变成如下形式

$$\frac{p(y)}{v(y)}\mathrm{d}y = \frac{-u(x)}{q(x)}\mathrm{d}x$$

由于方程的右边是仅含 x 的函数, 而左边是仅含 y 的函数, 因此通过对两边直接作简单积分就能得到解. 从微积分可知, 即使我们成功地分离了变量, 也很有可能得不到显式积分. 所说的这种方法称为分离变量法. 我们在下一节来学习这种方法.

 习题

在习题 1~4 中, 用欧拉法对初值问题按指定的增量计算前三个近似值, 精确到四位小数.

1. $y' = x(1-y)$, $y(1) = 0$, $\Delta x = 0.2$　　　　2. $y' = 1 - \dfrac{y}{x}$, $y(2) = -1$, $\Delta x = 0.5$

3. $y' = 2xy + 2y$, $y(0) = 3$, $\Delta x = 0.2$　　　　4. $y' = y^2(1+2x)$, $y(-1) = 1$, $\Delta x = 0.5$

5. 在计算复利时, 所得的利息作为本金继续产生利息. 对于 1 年期, 存款金额 Q 为

$$Q = \left(1 + \frac{i}{n}\right)^n Q(0)$$

其中 i 是年利率(十进位), n 是一年中计算复利的次数.

为了吸引存款人, 银行设置了计算复利的几种不同期限: 半年期、按季度或按日. 某个银行声明它的复利是连续计算的. 若最初存入 100 美元, 请建立一个数学模型来描述初期存款在一年内的增长情况. 设年利

率为 10%.

6. 利用上题建立的微分方程模型回答以下问题:

　　(a)从 $t=0$ 求得的导数来确定过点$(0,100)$的切线 T 的方程.

　　(b)通过求 $T(1)$ 来估计 $Q(1)$,其中 $Q(t)$ 代表 t 时刻的存款金额(假定不取款).

　　(c)使用步长 $\Delta t=0.5$ 来估计 $Q(1)$.

　　(d)使用步长 $\Delta t=0.25$ 来估计 $Q(1)$.

　　(e)用 $\Delta t=1.0$、0.5 和 0.25 来逼近 $Q(t)$ 的图,画出所得到的估计点.

7. 对习题 5 中得到的微分方程模型,用分离变量和积分的方法求 $Q(t)$.

　　(a)计算 $Q(1)$.

　　(b)将前面对 $Q(1)$ 的估计与精确值进行比较.

　　(c)年利率为 10% 连续计复利时,求实际年利率.

　　(d)把(c)中求得的实际年利率与以下复利做比较:

　　　ⅰ)按半年:$(1+0.1/2)^2$

　　　ⅱ)按季度:$(1+0.1/4)^4$

　　　ⅲ)按日:$(1+0.1/365)^{365}$

　　　ⅳ)通过对 $n=1000,10\,000,100\,000$ 求得的式子,估计$(1+0.1/n)^n$ 当 $n\to\infty$ 时的极限.

　　　ⅴ)$\lim\limits_{n\to\infty}(1+0.1/n)^n$ 的极限是多少?

 研究课题

完成所指 UMAP 教学单元的要求.

1. Brindell Horelick and Sinan Koont,"Feldman 模型(Feldman's Model),"UMAP 75. 本单元发展了 G. A. Feldman 关于生产工具都归国家所有的计划经济增长模型. Feldmen 最初提出的模型与前苏联经济的计划有关. 请对于产出量率、国民收入、它们的变化率及对储蓄的倾向做出数值计算,并讨论模型参数与度量单位的改变造成的影响.

2. Brindell Horelick and Sinan Koont,"羊的消化过程(The Digestive Process of Sheep,"UMAP 69. 本单元对羊的消化过程引进微分方程模型. 该模型利用收集到的数据与最小二乘方判据进行测试和拟合.

3. 考虑改进欧拉法,它对两个斜率取平均,一个是这步开始时得到的斜率,另一个是该步结束时得到的斜率,以便改进我们的精度. 假定 $y_{n+1}=y_n+(h/2)*\left[g(t_n,y_n)+g(t_{n+1},y_{n+1})\right]$. 设 $y'=0.25ty,y(0)=2$,用改进欧拉法,步长取为 $1,0.5$ 和 0.1.

4. 在对终点处的导数估计进行平均时,我们可以改进对于解的逼近. 一类逼近方式是对区间中不同点的导数进行估计,然后计算加权平均,这是以两个德国数学家命名的龙格-库塔法. 龙格-库塔法按阶分类,这个阶取决于每一步对斜率所做的估计次数. 最常用的是四阶龙格-库塔法. 设

$$y_{n+1}=y_n+\frac{K_1+2K_2+2K_3+K_4}{6}$$

$$K_1=g(t_n,y_n)h$$

$$K_2=g(t_n+h/2,y_n+K_1/2)h$$

$$K_3=g(t_n+h/2,y_n+K_2/2)h$$

$$K_4=g(t_n+h,y_n+K_3)h$$

解 $y'=0.25ty,y(0)=2$,用四阶龙格-库塔法,步长取为 $1.0,0.5$ 和 0.1.

5. 接触感染的疾病传播. 考虑下面传染性疾病传播的常微分方程模型:

$$\frac{\mathrm{d}N}{\mathrm{d}t}=0.25N(10-N),N(0)=2 \tag{a}$$

其中 N 的量度至 100. 分析该微分方程的如下性态:

　　(a)因为这是一个自治微分方程,像 11.4 节中所讨论的那样,进行定性的图像分析.

ⅰ）作 dN/dt 对 N 的图．找出并标记所有的静止点（平衡点）．

ⅱ）对于疾病变化率最快的值做出估计．判别你的解答．

ⅲ）对下面的每个初始条件，画出 N 对 t 的图：

$$N(0)=2,\ N(0)=7,\ N(0)=14$$

ⅳ）描述每个静止点（平衡点）的稳定性．

(b) 得出该微分方程的斜率场图．大致分析该斜率场图，把它与(a)中的定性图进行比较．

(c) 用变量分离法解该微分方程．在[0,10]的时间区间上画出这个解．把你的实际解与定性图解进行比较会如何？

(d) 用初始条件 $N(0)=2$ 计算 N 的变化最快时的时间 t．把你的解答与上面ⅲ)中的定性估计进行比较．

(e) 用欧拉法取步长 $h=1$，然后取 $h=0.1$，来逼近该微分方程关于 $N(0.5)$ 和 $N(5)$ 的解．寻求这些值的相对误差．画出该数值解的图像，把它们与实际解图进行比较会如何？

(f) 运用改进欧拉法或者龙格-库塔法，重复(e)．

进一步阅读材料

Fox, William P., & George Schnibben, "Using Euler's Method in Autonomous Ordinary Differential Equations: The Importance of Step Size." *COED Journal* (January-March 2000): 44-50.

11.6 分离变量法

设有一物体从高楼下落．物体的初始速度为零($v(0)=0$)，我们想知道该物体在任一时刻 $t>0$ 的速度．如果忽略所有的阻力，由牛顿第二定律得

$$m\frac{\mathrm{d}v}{\mathrm{d}t}=mg$$

其中 m 为该物体的质量，g 为重力产生的加速度．在这个公式中，从楼顶往下的度量取为正向位移．对该微分方程作简单积分，直接得

$$v=gt+C$$

由已知 $v(0)=0$ 我们可求得 C：

$$v(0)=0=g\cdot 0+C$$

或

$$C=0$$

这样，如果仅考虑重力的作用，解函数 $v=gt$ 预测了物体在初始速度为零时的下坠速度．

这个很简单的落体例子说明了一阶微分方程的两个典型特征．首先，为从导数 y' 得到 y，需要进行积分．其次，积分过程中引进了一个任意的积分常数，而它可以在初始条件已知的情形下计算出来．

我们总能（至少从理论上）对下面形式的一阶微分方程进行积分：

$$y'=f(x)$$

这里 f 为连续函数．然而，考虑微分方程

$$\frac{\mathrm{d}y}{\mathrm{d}x}=f(x,\ y) \tag{11-32}$$

这里的导数是两个变量 x 和 y 的函数．我们也许能将 $f(x,\ y)$ 分解成仅含 x 或 y 项的因式

$$f(x,\ y)=p(x)q(y)$$

在这种情形，我们有可能将 p 或 q 看成是一个常值函数．在变量可以这样分离时，微分方程 (11-32) 变成

$$\frac{\mathrm{d}y}{\mathrm{d}x} = p(x)q(y)$$

它可以重新写成

$$\frac{\mathrm{d}y}{q(y)} = p(x)\mathrm{d}x \qquad (11-33)$$

为解可分离的方程 (11-33)，只需对两边 (关于同一个变量 x) 进行积分．

对两边进行积分是容许的，因为我们假定 y 是 x 的函数．这样，方程 (11-33) 的左边为

$$\frac{\mathrm{d}y}{q(y)} = \frac{y'(x)}{q(y(x))}\mathrm{d}x$$

将该式代入方程 (11-33) 得到

$$\frac{y'(x)}{q(y(x))}\mathrm{d}x = p(x)\mathrm{d}x$$

如果设 $u = y(x)$ 和 $\mathrm{d}u = y'(x)\mathrm{d}x$，则对两边积分得到解

$$\int \frac{\mathrm{d}u}{q(u)} = \int p(x)\mathrm{d}x + C \qquad (11-34)$$

当然，我们应当关注当 $q(y(x))$ 为零时的 x 的任意值．我们来考虑几个例子．

例 1

解 $y' = 3x^2 \mathrm{e}^{-y}$．

解 对变量进行分离，写成

$$\mathrm{e}^y \mathrm{d}y = 3x^2 \mathrm{d}x$$

对每一边积分得到

$$\mathrm{e}^y = x^3 + C$$

对每边取自然对数，得到

$$y = \ln(x^3 + C) \qquad (11-35)$$

我们来检验 y 解出了所给的微分方程．对方程 (11-35) 微分，我们有

$$y' = \frac{3x^2}{x^3 + C}$$

将 y 和 y' 代入原来的方程就给出

$$\frac{3x^2}{x^3 + C} = 3x^2 \mathrm{e}^{-\ln(x^3 + C)} \qquad (11-36)$$

因为

$$\mathrm{e}^{-\ln(x^3 + C)} = \mathrm{e}^{\ln(x^3 + C)^{-1}}$$

$$= \frac{1}{x^3 + C}$$

方程 (11-36) 对所有满足 $x^3 + C > 0$ 的 x 值均成立，该微分方程得到满足．∎

例 2

解 $y'=2(x+y^2x)$.

解 该方程可以改写成

$$\frac{\mathrm{d}y}{\mathrm{d}x}=2x(1+y^2)$$

对变量进行分离给出

$$\frac{\mathrm{d}y}{1+y^2}=2x\mathrm{d}x$$

对两边积分得到

$$\tan^{-1}y=x^2+C$$

或

$$y=\tan(x^2+C) \tag{11-37}$$

为检验方程(11-37)是所给方程的解,我们对 y 微分:

$$
\begin{aligned}
y' &=2x\sec^2(x^2+C)\\
&=2x[1+\tan^2(x^2+C)]\\
&=2x(1+y^2)
\end{aligned}
$$

代入原来的微分方程给出等式

$$2x(1+y^2)=2(x+y^2x) \qquad ■$$

此后,为节省篇幅,我们将不总像在前面例子中所做的那样来检验通过解法得到的函数是否实际就是微分方程的解.但是,特别是解法有些麻烦时,这种做法是很好的练习.

微分形式

在许多情形,一阶微分方程以**微分形式**

$$M(x,\ y)\mathrm{d}x+N(x,\ y)\mathrm{d}y=0 \tag{11-38}$$

出现.例如,方程

$$y\mathrm{e}^{-x}\mathrm{d}y+x\mathrm{d}x=0 \tag{11-39}$$

$$\sec x\mathrm{d}y-x\cot y\mathrm{d}x=0 \tag{11-40}$$

$$(x\mathrm{e}^y-\mathrm{e}^{2y})\mathrm{d}y+(\mathrm{e}^y+x)\mathrm{d}x=0 \tag{11-41}$$

都具有微分形式.如果将分离变量法用于方程(11-38),先把该方程写成形如

$$\frac{\mathrm{d}y}{\mathrm{d}x}=-\frac{M(x,\ y)}{N(x,\ y)}$$

然后设法消去分子和分母的公共项,可能的话,再进行变量分离.最后,像前面那样对每边积分.注意,方程(11-39)和方程(11-40)事实上都是可分离的,而方程(11-41)不行.

例 3

解 $\sec x\mathrm{d}y-x\cot y\mathrm{d}x=0$.

解 经用 $\sec x\cot y$ 相除,该方程变成

$$\tan y\mathrm{d}y-x\cos x\mathrm{d}x=0$$

积分则得

$$\ln|\cos y| + x\sin x + \cos x = C$$

用分离变量法并不涉及新的想法，只要能够分辨出因式并进行积分就行．如果能找到正确的因式分解，解的技巧就只是求积分．在微积分课程中学过各种积分技巧，一些较重要的方面也许你已忘记．附录 D 简单复习了本书所需的主要积分技术，包括简单的 u 替代、分部积分和需要进行部分分式分解的有理函数积分．其中需要注意分部积分的表格方法，及适用于某些部分分式分解的 Heaviside 方法．下面的例子说明了解可分离微分方程的那些积分技术．

例 4

解 $e^{-x}y' = x.$

解 对变量分离得到（见附录 D 以复习积分技术）

$$\mathrm{d}y = xe^x\mathrm{d}x$$

用表格法对右边积分，我们有

符号	导数	积分
+	x	e^x
−	1	e^x
+	0	e^x

这样，通过对该表的解释，我们有

$$\int xe^x\mathrm{d}x = +xe^x - 1\cdot e^x + \int 0\cdot e^x\mathrm{d}x + C$$
$$= (x-1)e^x + C$$

因而

$$y = (x-1)e^x + C$$

例 5

解 $e^{x+y}y' = x.$

解 该方程可以写成

$$e^x e^y\mathrm{d}y = x\mathrm{d}x$$

对变量进行分离，得到

$$e^y\mathrm{d}y = xe^{-x}\mathrm{d}x$$

对右边进行分部积分，在例 4 的表格中用 e^{-x} 代替 e^x，得到

$$\int xe^{-x}\mathrm{d}x = -xe^{-x} - e^{-x} + \int 0\cdot e^{-x}\mathrm{d}x$$

这样，对可分离方程积分得

$$e^y = -xe^{-x} - e^{-x} + C = -(x+1)e^{-x} + C$$

我们现在通过对每边取对数来解 y，得到

$$y = \ln[C - (x+1)e^{-x}] \qquad (11\text{-}42)$$

我们来检验 y 解出了原微分方程. 对方程(11-42)微分, 得到

$$y'=[C-(x+1)e^{-x}]^{-1} \cdot [-e^{-x}+(x+1)e^{-x}]=e^{-y} \cdot xe^{-x}=xe^{-(x+y)}$$

把这个结果代入微分方程, 得到等式

$$e^{(x+y)} x e^{-(x+y)} = x$$

∎

例 6

解微分方程 $dy/dx = \ln x$, 这里 $x>0$.

解 对右边积分得

符号	导数	积分
+ ⟶	$\ln x$	1
− ⟶	$1/x$ ⟶	x

因而

$$y = \int \ln x \, dx$$
$$= x\ln x - \int \left(\frac{1}{x}\right) x \, dx + C$$
$$= x\ln x - x + C$$

∎

例 7

解初值问题 $x^2 y y' = e^y$, 这里 $y(2)=0$.

解 分离变量, 并对每边积分, 得到

$$y e^{-y} dy = x^{-2} dx$$
$$-(y+1)e^{-y} = -\frac{1}{x} + C$$

为计算任意常数, 代入 $y=0$ 和 $x=2$, 得到

$$-(0+1)1 = -\frac{1}{2} + C$$

或

$$C = -\frac{1}{2}$$

这样,

$$-(y+1)e^{-y} = -\frac{1}{x} - \frac{1}{2}$$

或

$$2x(y+1) = (2+x)e^y$$

∎

例 8

解 $y' = x(1-y^2)$, 这里 $-1<y<1$.

解 分离变量, 我们有

$$\frac{\mathrm{d}y}{1-y^2}=x\mathrm{d}x.$$

经部分分式分解，得到

$$\frac{1}{1-y^2}=\frac{1}{(1+y)(1-y)}$$
$$=\frac{1/2}{1+y}+\frac{1/2}{1-y}$$

积分，则得

$$\frac{1}{2}\ln|1+y|-\frac{1}{2}\ln|1-y|=\frac{x^2}{2}+C$$

或

$$\ln\left(\frac{1+y}{1-y}\right)=x^2+C_1$$

其中 $C_1=2C$. 对每边取指数，得

$$\left(\frac{1+y}{1-y}\right)=\mathrm{e}^{x^2}\mathrm{e}^{C_1}$$

令 $\mathrm{e}^{C_1}=C_2$ 并用代数方法解 y，我们有

$$1+y=C_2\mathrm{e}^{x^2}-yC_2\mathrm{e}^{x^2}$$

或

$$y=\frac{C_2\mathrm{e}^{x^2}-1}{C_2\mathrm{e}^{x^2}+1}$$

这里 $C_2=\mathrm{e}^{C_1}$ 为任意常数.

例 9 再论牛顿冷却定律

考虑下面一碗热汤的冷却模型：

$$\frac{\mathrm{d}T_m}{\mathrm{d}t}=-k(T_m-\beta),\ k>0$$

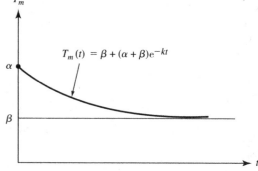

其中 $T_m(0)=\alpha$. 这里 T_m 为汤在任一时刻 $t>0$ 的温度，β 为环境温度（常温），α 为汤的初始温度，而 k 为与汤的热性质相关的比例常数. 我们来解上面关于 T_m 的微分方程.

解 经分离变量，我们得到

$$\frac{\mathrm{d}T_m}{T_m-\beta}=-k\mathrm{d}t$$

积分得到

$$\ln|T_m-\beta|=-kt+C$$

两边取指数，我们得到

图 11-29 该 $T_m(t)$ 图假定初始温度 $T_m(0)=\alpha$ 大于周围介质的温度 β

$$|T_m-\beta|=\mathrm{e}^{-kt+C}=\mathrm{e}^{-kt}\mathrm{e}^{C}$$

因为 e^C 是常数，我们将 $C_1 = e^C$ 代入上面的方程中：

$$|T_m - \beta| = C_1 e^{-kt}$$

由初始条件 $T_m(0) = \alpha$，我们计算 C_1：

$$|\alpha - \beta| = C_1$$

将这个结果代入解，得到

$$|T_m - \beta| = |\alpha - \beta| e^{-kt}$$

假定该物体最初比环境介质热，我们有

$$T_m = \beta + (\alpha - \beta) e^{-kt}$$

$T_m(t)$ 的图如图 11-29 所示．当 $t \to \infty$ 时可以看到 $T_m \to \beta$，与 11.4 节中所给的图像分析一致．

$\blacksquare$

例 10 再论资源有限的人口增长

在 11.1 节中我们研究了如下在有限环境中的人口增长模型：

$$\frac{\mathrm{d}P}{\mathrm{d}t} = r(M - P)P = rMP - rP^2$$

其中 $P(t_0) = P_0$．这里 P 表示在 $t > 0$ 时刻的人口，M 为环境承载的容量，r 为比例常数．我们来解这个模型．

解 经分离变量，我们得到

$$\frac{\mathrm{d}P}{P(M - P)} = r\mathrm{d}t$$

对左边通过部分分式分解，给出

$$\frac{1}{M}\left(\frac{\mathrm{d}P}{P} + \frac{\mathrm{d}P}{M - P}\right) = r\mathrm{d}t$$

用 M 相乘并进行积分，则得

$$\ln P - \ln|M - P| = rMt + C$$

对任意常数 C．注意，因为 $P > 0$，所以表达式 $\ln|P|$ 中的绝对值符号没有必要加．利用初始条件，我们在 $0 < P_0 < M$ 情形计算 C：

$$C = \ln\left(\frac{P_0}{M - P_0}\right) - rMt_0$$

将 C 代入该解，通过代数化简，给出

$$\ln\left[\frac{P(M - P_0)}{P_0(M - P)}\right] = rM(t - t_0)$$

对该方程两边取指数，我们得到

$$\frac{P(M - P_0)}{P_0(M - P)} = e^{rM(t - t_0)}$$

或

$$P_0(M - P)e^{rM(t - t_0)} = P(M - P_0)$$

最后，用代数方法解这个关于人口 P 的方程，得到**逻辑斯谛曲线**

$$P(t) = \frac{P_0 M e^{rM(t-t_0)}}{M - P_0 + P_0 e^{rM(t-t_0)}}$$

如果在上式中用 $e^{rM(t-t_0)}$ 除以分子和分母，然后取 $t \to \infty$ 时的极限，你会看到 $P(t) \to M$，即人口趋于最大的恒定人口．我们的分析与图 11-4 所描述的 $0 < P_0 < M$ 情形的图像分析一致． ∎

解的唯一性

一阶微分方程的解常能表示成显式 $y = f(x)$，这里的每个解依任意积分常数的不同取值而有所区别．例如，如果我们对方程

$$\frac{dy}{dx} = \frac{2y}{x}, \ x \neq 0 \tag{11-43}$$

分离变量，得到

$$\frac{dy}{y} = 2\frac{dx}{x}$$

然而注意，当 $y = 0$ 时代数式不成立．然后，对上面结果两边进行积分，给出

$$\ln|y| = 2\ln|x| + C_1 \tag{11-44}$$

对方程(11-44)的两边取指数得到

$$|y| = C_2 x^2$$

其中 $C_2 = e^{C_1}$ 为常数．最后，运用绝对值的定义，我们有

$$y = C x^2 \tag{11-45}$$

其中 $C = \pm C_2$ 按 y 正或负而取正或负．然而，还有方程(11-45)没有给出的其他解．方程(11-45)表示一族抛物线，每条抛物线由于常数 C 取不同值而不同．如果 $C > 0$，则曲线 $y = C x^2$ 开口朝上，而如果 $C < 0$，则它们开口朝下（见图 11-30）．平面上除原点外的每一点恰好有一条抛物线通过．这样，利用指定的初始条件 $y(x_0) = y_0$，从方程(11-45)表示的族中选出唯一的解曲线通过点 (x_0, y_0)．

是否可以有多条解曲线通过在平面上指定的点 (x_0, y_0)？这个问题是很重要的．为保证唯一性，确定微分方程 $y' = f(x, y)$ 的函数 $f(x, y)$ 必须满足某些条件．从几何上来说，唯一性的条件意味着两条解曲线不能相交于所涉及

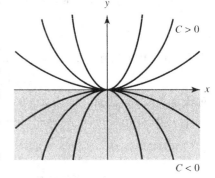

图 11-30　抛物线族 $y = C x^2$

的一个点．图 11-30 中，通过平面上原点之外的每一点存在唯一的解抛物线．在原点处有无穷多条解抛物线连同其他的解曲线一起穿过．例如，注意常值函数 $y \equiv 0$ 是该微分方程的一个解．这个事实是很容易看出的，只需要把方程(11-43)写成形如

$$xy' = 2y \tag{11-46}$$

$y \equiv 0$ 时显然满足．但是，解 $y \equiv 0$ 并不是由方程(11-45)给出的解族中的一个，因为 C_2 总为正．难点在于函数 $f(x, y) = 2y/x$ 在原点不连续．然而，如果我们在方程(11-45)中设 $C = 0$，就可以取到解 $y \equiv 0$．即使如此，也有些其他的解并不是从方程(11-45)对任意 C 值给出的．

解的唯一性问题与非线性一阶方程颇有关系. 而对于很重要的线性一阶方程情形, 这个问题是很容易解决的. 这体现出线性与非线性微分方程之间的一个重大差异. 在下一节我们将研究线性一阶方程的特性.

 习题

在习题 1~8 中, 用 u 替换来解可分离微分方程.

1. $\dfrac{\mathrm{d}y}{\mathrm{d}x} = y^2 - 2y + 1$　　　　2. $\dfrac{\mathrm{d}y}{\mathrm{d}x} = \sqrt{y}\cos^2\sqrt{y}$　　　　3. $y' = \dfrac{3y(x+1)^2}{y-1}$

4. $yy' = \sec y^2 \sec^2 x$　　　　5. $y\cos^2 x\,\mathrm{d}y + \sin x\,\mathrm{d}x = 0$　　　　6. $y' = \left(\dfrac{y}{x}\right)^2$

7. $y' = xe^y\sqrt{x-2}$　　　　8. $y' = xye^{x^2}$

在习题 9~16 中, 用分部积分法解可分离微分方程.

9. $\sec x\,\mathrm{d}y + x\cos^2 y\,\mathrm{d}x = 0$　　　　10. $2x^2\,\mathrm{d}x - 3\sqrt{y}\csc x\,\mathrm{d}y = 0$　　　　11. $y' = \dfrac{e^y}{xy}$

12. $y' = xe^{x-y}\csc y$　　　　13. $y' = e^{-y}\ln\left(\dfrac{1}{x}\right)$　　　　14. $y' = y^2\tan^{-1}x$

15. $y' = y\sin^{-1}x$　　　　16. $\sec(2x+1)\,\mathrm{d}y + 2xy^{-1}\,\mathrm{d}x = 0$

在习题 17~24 中, 用部分分式法解可分离微分方程.

17. $(x^2 + x - 2)\,\mathrm{d}y + 3y\,\mathrm{d}x = 0$　　　　18. $y' = (y^2 - 1)x^{-1}$　　　　19. $x(x-1)\,\mathrm{d}y - y\,\mathrm{d}x = 0$

20. $y' = \dfrac{(y+1)^2}{x^2 + x - 2}$　　　　21. $9y\,\mathrm{d}x - (x-1)^2(x+2)\,\mathrm{d}y = 0$　　　　22. $e^x\,\mathrm{d}y + (y^3 - y^2)\,\mathrm{d}x = 0$

23. $\sqrt{1-y^2}\,\mathrm{d}x + (x^2 - 2x + 2)\,\mathrm{d}y = 0$　　　24. $(2x - x^2)\,\mathrm{d}y + e^{-y}\,\mathrm{d}x = 0$

在习题 25~32 中, 解可分离微分方程.

25. $\sqrt{2xy}\,\dfrac{\mathrm{d}y}{\mathrm{d}x} = 1$　　　　26. $(\ln x)\dfrac{\mathrm{d}x}{\mathrm{d}y} = xy$　　　　27. $x^2\,\mathrm{d}y + y(x-1)\,\mathrm{d}x = 0$

28. $ye^x\,\mathrm{d}y - (e^{-y} + e^{2x-y})\,\mathrm{d}x = 0$　　　29. $(x\ln y)\,y' = \left(\dfrac{x+1}{y}\right)^2$　　　30. $y' = \dfrac{\sin^{-1}x}{2y\ln y}$

31. $y' = e^{-y} - xe^{-y}\cos x^2$　　　　32. $(1 + x + xy^2 + y^2)\,\mathrm{d}y = (1-x)^{-1}\,\mathrm{d}x$

在习题 33~39 中, 解初值问题.

33. $y^{-2}\dfrac{\mathrm{d}x}{\mathrm{d}y} = \dfrac{e^x}{e^{2x}+1}$, $y(0) = 1$　　　34. $\dfrac{\mathrm{d}y}{\mathrm{d}x} + xy = x$, $y(1) = 2$　　　35. $y' - 2y = 1$, $y(2) = 0$

36. $2(y^2 - 1)\,\mathrm{d}x + \sec x\csc x\,\mathrm{d}y = 0$, $y\left(\dfrac{\pi}{4}\right) = 0$　　　37. $\dfrac{\mathrm{d}P}{\mathrm{d}t} + P = Pte^t$, $P(0) = 1$

38. $\dfrac{\mathrm{d}P}{\mathrm{d}t} = (P^2 - P)t^{-1}$, $P(1) = 2$　　　　39. $x\,\mathrm{d}y - (y + \sqrt{y})\,\mathrm{d}x = 0$, $y(1) = 1$

11.7　线性方程

水污染是工业化国家面临的严重问题. 如果受污染的是一条河流, 一旦污染终止, 它就可以相当快地自身清洁, 只要不再度出现污染. 但是, 湖泊或水库中的污染问题就不那么容易克服. 一个污染的湖泊, 例如世界五大湖之一, 含有大量必须设法清洁的水. 现今, 政府仍要靠自然过程来净化. 本节我们将建立如下模型, 对于一个给定的湖, 只通过自然过程, 要多长的时间才能恢复到可接受的污染程度; 对于这个问题的建模可以使我们检验线性方程的某些特征.

我们来做一些简化的假定以便对这种情形建模. 设想这个湖是一个大的容器或水池, 它在任一时刻 t 储有 $V(t)$ 体积的水. 假定水进入湖后会完全混合, 致使污染物在任何时刻都均匀分布在整个湖水中. 还假定污染物并不会通过沉淀、腐烂或任何其他天然的方式排出湖外, 除非水从湖中溢出. 而且, 污染物在湖水中自由流动(不是像 DDT 那样, 会浓缩在动物的脂肪组织中, 从而遗留在生物系统中). 用 $p(t)$ 表示 t 时刻湖中的污染物总量. 则污染物的**浓度**为比率 $c(t) = p(t)/V(t)$.

在时间区间 $[t, t+\Delta t]$ 上污染物总量的变化 Δp 是进入湖中的污染物量减去排出的量:

$$\Delta p = 进入量 - 排出量$$

如果水是以每公升 c_{in} 克的常数浓度, 以每秒 r_{in} 公升的速率流入湖中, 则

$$进入量 \approx r_{in} c_{in} \Delta t = \alpha \Delta t$$

其中 $\alpha = r_{in} c_{in}$ 为常数. 例如, 若受污染的水污染物浓度为 9g/L, 以 10L/s 进入湖中, 则污染物每秒进入湖中 $\alpha = 90g$.

如果水以常速率 r_{out} L/s 流出湖外, 则由于湖中污染物的浓度由 p/V 给出, 我们有

$$排出量 \approx r_{out} \frac{p}{V} \Delta t$$

于是

$$\Delta p \approx \left(\alpha - \frac{p r_{out}}{V} \right) \Delta t$$

两边除以 Δt, 并取 $\Delta t \to 0$ 时的极限, 得到

$$\frac{dp}{dt} = \alpha - \frac{r_{out}}{V} p \tag{11-47}$$

假定 $V(0) = V_0$ 是湖水的初始体积. 则 $V(t) = V_0 + (r_{in} - r_{out})t$ 表示任一时刻 t 的体积. 将 V 代入方程(11-47)中, 并重排项, 给出

$$\frac{dp}{dt} + \frac{p r_{out}}{V_0 + (r_m - r_{out})t} = \alpha \tag{11-48}$$

其中 α, r_{out}, V_0 和 $(r_{in} - r_{out})$ 都为常数. 方程(11-48)是线性一阶微分方程的例子. 注意, 若 $r_{in} - r_{out} = 0$, 则方程(11-48)是可分离方程. 但若 $r_{in} - r_{out} \neq 0$, 则方程(11-48)表示一类新的一阶方程.

我们将在本节最后回到污染问题, 以便求得湖水在任一时刻 t 污染物的量 $p(t)$. 为了解决这个问题, 我们现在来处理解线性一阶方程的一般问题.

一阶线性方程

具有下面形式的方程称为**一阶线性方程**

$$a_1(x) y' + a_0(x) y = b(x) \tag{11-49}$$

其中 $a_1(x)$, $a_0(x)$ 和 $b(x)$ 仅依赖于自变量 x, 而不依赖于 y. 例如

$$2xy' - y = x e^{-x} \tag{11-50}$$

$$(x^2 + 1) y' + xy = x \quad 和 \tag{11-51}$$

$$y' + (\tan x)y = \cos^2 x \tag{11-52}$$

都是一阶线性方程. 方程

$$y' - x^2 e^{-2y} = 0 \tag{11-53}$$

不是线性的, 虽然它是可分离的. 方程

$$(2x - y^2)y' + 2y = x \tag{11-54}$$

既不是线性的, 也不可分离.

假定在方程(11-49)中函数 $a_1(x)$, $a_0(x)$ 和 $b(x)$ 在区间上连续, 且在该区间上 $a_1(x) \neq 0$. 用 $a_1(x)$ 除(11-49)的两边, 给出线性方程的**标准形式**

$$y' + P(x)y = Q(x) \tag{11-55}$$

其中 $P(x)$ 和 $Q(x)$ 在该区间上连续. 我们从这个标准形式着手提出线性方程的解法.

为了对解的形式提供一种思路, 我们分三步来解方程(11-55). 第一步是 $P(x) \equiv$ 常数, 且 $Q(x) \equiv 0$ 情形. (符号 $\equiv$ 表示"恒等于", 因而 $P(x) \equiv$ 常数表明 $P(x)$ 对 x 的所有值都是常数.) 然后考虑 $P(x) \equiv$ 常数且 $Q(x) \not\equiv 0$ 情形. 最后我们考虑由方程(11-55)给出的一般情形.

情形 1: $y' + ky = 0$, $k =$ 常数   这个微分方程是可分离的, 为

$$\frac{dy}{y} = -k \, dx$$

则

$$y = Ce^{-kx}$$

是对任意常数 C 的解. 如果把上面的方程写成

$$e^{kx}y = C$$

并进行隐式微分, 得到

$$e^{kx}y' + ke^{kx}y = 0$$

或

$$e^{kx}(y' + ky) = 0$$

这样, 在方程 $y' + ky = 0$ 两边乘以指数函数 e^{kx} 得到

$$\frac{d}{dx}(e^{kx}y) = \frac{d}{dx}(C)$$

现在容易通过对两边积分得到解. 有了这种思想准备, 我们来考虑第二种情形.

情形 2: $y' + ky = Q(x)$, $k =$ 常数   从情形 1 可以看到, 如果在方程(11-55)两边乘以 e^{kx}, 我们得到

$$e^{kx}(y' + ky) = e^{kx}Q(x)$$

或

$$\frac{d}{dx}(e^{kx}y) = e^{kx}Q(x) \tag{11-56}$$

积分, 则给出

$$e^{kx}y = \int e^{kx}Q(x) \, dx + C \tag{11-57}$$

这里 C 是任意常数.

我们抽空来思考一下这个程序. 用自变量的一个函数 e^{kx} 乘以方程 $y'+ky=Q(x)$，则左边变为积的导数：

$$e^{kx}y'+ke^{kx}y=\frac{\mathrm{d}}{\mathrm{d}x}(e^{kx}y)$$

于是，为了得到解，所需做的就是对所得的方程(11-56)进行积分，得到方程(11-57).

情形 3：一般线性方程 $y'+P(x)y=Q(x)$ 我们想用情形 2 的同样思路：在方程两边乘以某个函数 $\mu(x)$，使得左边为积的导数 μy. 也就是说，

$$\mu(x)[y'+P(x)y]=\frac{\mathrm{d}}{\mathrm{d}x}[\mu(x)y]$$
$$=\mu(x)y'+\mu'(x)y$$

函数 $\mu(x)$ 还不知道，但由上述方程，它应当满足

$$\mu(x)P(x)y=\mu'(x)y$$

或

$$\frac{\mu'(x)}{\mu(x)}=P(x) \tag{11-58}$$

在这个过程中我们只要寻求一个函数 $\mu(x)$，故假定 $\mu(x)$ 在区间上为正. 然后对方程(11-58)进行积分，给出

$$\ln\mu(x)=\int P(x)\mathrm{d}x$$

或两边取指数

$$\mu(x)=e^{\int P(x)\mathrm{d}x} \tag{11-59}$$

这就是说，方程(11-59)正好确定了一个对我们程序有效的函数 $\mu(x)$. 注意，由方程(11-59)定义的函数 $\mu(x)$ 事实上为正. 函数 $\mu(x)$ 称为线性一阶方程(11-55)的**积分因子**.

现在对方程(11-55)整个乘以积分因子(11-59)，得到

$$\mu(x)[y'+P(x)y]=\mu(x)Q(x)$$

或

$$\frac{\mathrm{d}}{\mathrm{d}x}[\mu(x)y]=\mu(x)Q(x) \tag{11-60}$$

为了解方程(11-60)，只要在两边积分：

$$\mu(x)y=\int\mu(x)Q(x)\mathrm{d}x+C \tag{11-61}$$

这里 $\mu(x)$ 由方程(11-59)给出. 于是，通过对方程(11-61)的每一边除以积分因子 $\mu(x)$，我们就可以得到显式解 y.

线性一阶方程所提出的解法需要两次积分. 方程(11-59)中的第一次积分得到积分因子 $\mu(x)$；第二次积分引出方程(11-61)的通解 y. 两次积分都是可能的，因为假定 $P(x)$ 和 $Q(x)$ 在区间上都连续. 利用微积分基本定理容易验证，由方程(11-61)确定的函数 y 就满足原方程(11-55)(见本节最后的习题23). 我们现在来总结一下这种解法.

解线性一阶方程

第一步 把线性一阶方程写成标准形式：

$$y' + P(x)y = Q(x) \tag{11-62}$$

第二步 计算积分因子

$$\mu(x) = e^{\int P(x)\mathrm{d}x} \tag{11-63}$$

第三步 用 μ 乘方程(11-62)的右边，并积分：

$$\int \mu(x)Q(x)\mathrm{d}x + C \tag{11-64}$$

第四步 写出通解

$$\mu(x)y = \underbrace{\int \mu(x)Q(x)\mathrm{d}x + C}_{}$$

第二步中的积分因子　　　第三步的结果

$$\tag{11-65}$$

注意到在第二步中，我们在确定积分因子 μ 时并没有引进任意积分常数．其理由是只需寻求单个函数而不是整个函数族作为积分因子．我们现在把这种方法用于一些例子．

例 1

求

$$xy' + y = e^x, \quad x > 0$$

的通解．

解

第一步 把该线性方程写成标准形式：

$$y' + \left(\frac{1}{x}\right)y = \left(\frac{1}{x}\right)e^x$$

因而 $P(x) = 1/x$ 和 $Q(x) = e^x/x$.

第二步 积分因子为

$$\mu(x) = e^{\int P(x)\mathrm{d}x} = e^{\int \mathrm{d}x/x}$$
$$= e^{\ln x} = x$$

第三步 把 $\mu = x$ 乘到第一步中方程的右边，并对它积分，得

$$\int \mu(x)Q(x)\mathrm{d}x = \int x \cdot \left(\frac{1}{x}\right)e^x\mathrm{d}x$$
$$= \int e^x\mathrm{d}x$$
$$= e^x + C$$

第四步 由方程(11-65)给出通解：

$$xy = e^x + C$$

或

$$y = \frac{e^x + C}{x}, \quad x > 0$$

我们来检验 y 的确解出了原方程．对 y 微分给出

$$y' = \frac{-1}{x^2}(e^x + C) + \frac{1}{x}e^x$$

因而

$$xy' + y = \left[\frac{-1}{x}(e^x + C) + e^x\right] + \left(\frac{1}{x}\right)(e^x + C)$$

$$= e^x$$

故微分方程得到满足.

例 2

求

$$y' + (\tan x)y = \cos^2 x$$

在区间 $-\pi/2 < x < \pi/2$ 上的通解。

解

第一步 该方程具有标准形式，这里 $P(x) = \tan x$ 且 $Q(x) = \cos^2 x$.

第二步 积分因子为

$$\mu(x) = e^{\int P(x)dx} = e^{\int \tan x dx} = e^{-\ln|\cos x|} = \sec x$$

因在区间 $-\pi/2 < x < \pi/2$ 上 $\cos x > 0$.

第三步 下面我们对乘积 $\mu(x)Q(x)$ 进行积分：

$$\int \sec x \cos^2 x dx = \int \cos x dx = \sin x + C$$

第四步 给出通解

$$(\sec x)y = \sin x + C$$

或

$$y = \sin x \cos x + C\cos x$$

例 3

求

$$3xy' - y = \ln x + 1, \; x > 0$$

满足 $y(1) = -2$ 的解.

解 在这个例子中我们省去步骤的记法．由 $x > 0$，我们把该方程改写成标准形式：

$$y' - \frac{1}{3x}y = \frac{\ln x + 1}{3x}$$

然后给出积分因子

$$\mu = e^{\int -dx/3x} = e^{(-1/3)\ln x} = x^{-1/3}$$

可见

$$x^{-1/3}y = \frac{1}{3}\int (\ln x + 1)x^{-4/3}dx$$

经分部积分，得到(细节留给读者)

$$x^{-1/3}y = -x^{-1/3}(\ln x + 1) + \int x^{-4/3}\mathrm{d}x + C$$

因而

$$x^{-1/3}y = -x^{-1/3}(\ln x + 1) - 3x^{-1/3} + C$$

或

$$y = -(\ln x + 4) + Cx^{1/3}$$

用 $x = 1$ 和 $y = -2$ 代入通解，算出任意常数 C：

$$-2 = -(0 + 4) + C$$

或

$$C = 2$$

因而

$$y = 2x^{1/3} - \ln x - 4$$

就是我们所要的特解.   ■

例4 水污染

我们现在回到本节开始时引入的大湖水污染问题. 假定一个由河流堤坝形成的大湖最初容纳 1 亿加仑水. 因为附近的农田喷洒了杀虫剂，湖水受到污染. 杀虫剂的浓度已经测出，为 35ppm（每百万所占的成分）或 35×10^{-6}. 河水以 300 加仑/分钟的速率不断地流入湖中. 河水仅受到杀虫剂的轻微污染，浓度为 5ppm. 堤坝上流出的水是可以控制的，设定为 400 加仑/分钟. 假定没有其他的喷洒物使湖水遭受更多的污染. 要过多长时间，湖水才会达到浓度为 15ppm 的可接受程度？

解 从本节最初的讨论，回忆

$$V(t) = V_0 + (r_{\text{in}} - r_{\text{out}})t$$

就目前这个湖，我们有 $V_0 = 100 \times 10^6$ 和 $r_{\text{in}} - r_{\text{out}} = 300 - 400 = -100$ 加仑/分钟. 因而

$$V(t) = 100 \times 10^6 - 100t$$

表示湖水在 t 时刻的体积. 由于 $r_{\text{in}} - r_{\text{out}} = -100$，注意到 $V(t) = 0$，或 $t = 10^6 \text{min} \approx 1.9$ 年时湖水会枯竭. 希望在湖水枯竭前湖水的污染能减少到可接受的水平 $15/10^6$.

运用起初讨论时引进的记号，我们有 $\alpha = r_{\text{in}}c_{\text{in}} = 300(5/10^6)$. 因而，由方程 (11-48)，控制污染变化的微分方程为

$$\frac{\mathrm{d}p}{\mathrm{d}t} + \frac{400p}{100 \times 10^6 - 100t} = 15 \times 10^{-4} \tag{11-66}$$

方程 (11-66) 的积分因子为

$$\mu = \mathrm{e}^{\int 4\mathrm{d}t/(10^6 - t)} = \mathrm{e}^{-4\ln(10^6 - t)} = (10^6 - t)^{-4}$$

这里假定 $t < 10^6$. 因而，解满足

$$(10^6 - t)^{-4}p(t) = \int 15 \times 10^{-4}(10^6 - t)^{-4}\mathrm{d}t = 5 \times 10^{-4}(10^6 - t)^{-3} + C$$

于是，

$$p(t) = 5 \times 10^{-4}(10^6 - t) + C(10^6 - t)^4 \tag{11-67}$$

由初始条件，$t=0$ 时浓度为 $c_0=p(0)/V_0=35\times10^{-6}$. 于是

$$p(0)=(35\times10^{-6})\times100\times10^6=3500$$

将这个结果代入方程(11-67)，我们计算积分常数 C：

$$3500=5\times10^{-4}\times10^6+C\times10^{24}$$

或 $C=3\times10^{-21}$. 于是，在任一时刻 $t<10^6$ 污染程度的特解为

$$p(t)=5\times10^{-4}(10^6-t)+3\times10^{-21}(10^6-t)^4 \qquad (11\text{-}68)$$

该问题要寻求的是在污染程度达到 $c(t)=p(t)/V(t)=15\times10^{-6}$ 时的时刻 t. 这里 t 以分钟为单位. 用 $V(t)$ 除以方程(11-68)，运用这个条件得

$$15\times10^{-6}=\frac{5\times10^{-4}(10^6-t)+3\times10^{-21}(10^6-t)^4}{100(10^6-t)}$$

用代数方法化简，我们得到

$$3\times10^{-18}(10^6-t)^3-1=0$$

用计算器或计算机解这个关于 t 的方程，给出

$$t\approx306\ 650\text{min}\approx7\ \text{个月}$$

在本节最后，我们对线性一阶方程的初值问题做一个简短的讨论.

解的唯一性

与我们在解(非线性)可分离方程时会遇到的困难不同，线性一阶方程总是有且仅有一个满足指定初始条件的解. 这个结果确切地表述成下面的定理.

定理 1 假定 $P(x)$ 和 $Q(x)$ 为区间 $\alpha<x<\beta$ 上的连续函数. 则在该区间上对于指定区间中的一点 x_0 存在唯一的函数 $y=y(x)$ 满足一阶线性方程

$$y'+P(x)y=Q(x)$$

和初始条件

$$y(x_0)=y_0$$

定理 1 称为线性一阶方程的**存在唯一性定理**. 任一实值都可以指定成 y_0，而该定理会得到满足. 这样，例 3 中求得的特解就是那里满足所给的微分方程和初始条件的仅有的函数. 习题 23 和 24 基于微积分基本定理概述了存在唯一性定理的证明.

 习题

在习题 1~15 中，求所给一阶线性微分方程的通解. 写出使通解成立的区间.

1. $y'+2xy=x$

2. $y'-3y=e^x$

3. $2y'-y=xe^{x/2}$

4. $\dfrac{y'}{2}+y=e^{-x}\sin x$

5. $xy'+2y=1-x^{-1}$

6. $xy'-y=2x\ln x$

7. $y'=y-e^{2x}$

8. $y'=\dfrac{2y}{x}+x^3e^x-1$

9. $x^2\dfrac{dy}{dx}+xy=2$

10. $(1+x)\dfrac{dy}{dx}+y=\sqrt{x}$

11. $x^2dy+xydx=(x-1)^2dx$

12. $(1+e^x)dy+(ye^x+e^{-x})dx=0$

13. $e^{-y}dx+(e^{-y}x-4y)dy=0$

14. $(x+3y^2)dy+ydx=0$

15. $ydx+(3x-y^{-2}\cos y)dy=0,\ y>0$

在习题 16~20 中，解初值问题.

16. $y'+4y=1,\ y(0)=1$

17. $\dfrac{dy}{dx}+3x^2y=x^2,\ y(0)=-1$

18. $xdy+(y-\cos x)dx=0,\ y\left(\dfrac{\pi}{2}\right)=0$

19. $xy' + (x-2)y = 3x^3 e^{-x}$，$y(1) = 0$ 20. $y\,dx + (3x - xy + 2)\,dy = 0$，$y(2) = -1$，$y < 0$

21. 氧气通过一根管子流入充满空气的一升细颈瓶中，而氧气与空气的混合气（看成充分搅和）通过另一根管子逸出．假定空气含 21% 氧气，在有 5 升氧气通过吸管后，细颈瓶中还含有百分之多少的氧气？

22. 如果平均一个人每分钟呼吸 20 次，每次呼出含 4% 二氧化碳的 100 in³（立方英寸）空气．在一个 10 000ft³（立方英尺）空气的封闭教室中，有 30 个学生的班进入 1 小时后，求二氧化碳所含的百分比．假定开始时空气是新鲜的，通风设备每分钟送进 1000 ft³ 新鲜空气，且新鲜空气含 0.04% 二氧化碳．

23. **存在性**．在定理 1 的假定下．

   (a)由微积分基本定理，我们有

   $$\frac{\mathrm{d}}{\mathrm{d}x}\left[\int \mu(x)Q(x)\,\mathrm{d}x\right] = \mu(x)Q(x)$$

   利用这个事实证明，由方程(11-61)给出的任一函数 y 解出线性一阶方程(11-55)．**提示**：在方程(11-61)两边微分．

   (b)如果方程(11-61)中的常数 C 由

   $$C = y_0\mu(x_0) - \int_{x_0}^{x} \mu(t)Q(t)\,\mathrm{d}t$$

   给出，证明由方程(11-61)所得的函数 y 满足初始条件 $y(x_0) = y_0$．

24. **唯一性**．在定理 1 的假定下，设 $y_1(x)$ 和 $y_2(x)$ 都是满足初始条件 $y(x_0) = y_0$ 的线性一阶方程的解．

   (a)验证 $y(x) = y_1(x) - y_2(x)$ 满足初值问题

   $$y' + P(x)y = 0，\quad y(x_0) = 0$$

   (b)对于由方程(11-63)定义的积分因子 $\mu(x)$，证明

   $$\frac{\mathrm{d}}{\mathrm{d}x}(\mu(x)[y_1(x) - y_2(x)]) = 0$$

   得出结论 $\mu(x)[y_1(x) - y_2(x)] \equiv$ 常数．

   (c)由(a)，我们有 $y_1(x_0) - y_2(x_0) = 0$．因对于 $\alpha < x < \beta$，$\mu(x) > 0$，利用(b)证明，在区间 (α, β) 上，$y_1(x) - y_2(x) \equiv 0$．因而对所有 $\alpha < x < \beta$，$y_1(x) = y_2(x)$．

第 12 章 用微分方程组建模

引言

在研究经济学、生态学、电路、机械系统、天体力学、控制系统等领域的问题时，会遇到相互作用的情形．比如，研究各种动植物数量增长的动力学就是数学在生态学上的一个重要应用．不同的物种以各种方式相互作用．一种动物可以是另一种动物的主要食物来源，这通常称为捕食关系．两个物种可以相互依赖、相互支持，如蜜蜂以植物的花蜜为食物，同时替植物传播花粉，这种关系称为互利共生．另一种可能性是两个或多个物种为共同的食物源相互竞争，甚至为生存而竞争．在本章我们将逐步提出一些基本模型，来解释这些相互作用情形，同时用图形的方法来分析模型．

在对有关种群增长动力学的相互作用情形建模时，我们感兴趣的是要回答所研究物种的一些相关问题．比如，一个物种是否总优于另一物种而导致后者的灭绝？这些物种是否能共存？如果是的话，它们的数量能否达到平衡的程度，还是以一种可预测的方式变化？此外，上述问题的解答对于物种初期数量的敏感度有多大，或对于外部干扰（如自然灾害，以及用于控制种群的生化制剂的发展等）的敏感程度有多大？

由于我们是对关于时间的变化率来建模的，所以模型总是要涉及微分方程（或在离散分析中的差分方程）．即使是根据非常简单的假设，得到的方程也经常是非线性的，并且通常不会有解析解，虽然可以通过数值方法求解．不过，关于变量性态的定性信息经常能通过简单的图形分析得到．我们将说明图形分析是如何被用于解决如上所提到的一些问题的．我们也将指出这种分析的局限性，以及进行更精细的数学分析所需的条件．我们关于微分方程组的图形分析法是将 11.4 节中关于图形的做法推广到二维情况．

12.1 一阶自治微分方程组的图形解

在第 11 章中，我们用变量分离和积分的方法来解微分方程．但是解微分方程组通常就不那么简单了；事实上，当方程是非线性的时候，我们很难找到解析解，虽然求数值解的方法还是有的．所以，像我们在单个方程研究的那样，考虑微分方程组解的定性图形分析就很有价值了．我们限定在只含两个一阶微分方程的特殊系统来讨论．

系统

$$\frac{\mathrm{d}x}{\mathrm{d}t} = f(x, y)$$

$$\frac{\mathrm{d}y}{\mathrm{d}t} = g(x, y)$$

$$(12\text{-}1)$$

称为**自治**微分方程组．在这个系统中，不含自变量 t（即 t 不明显出现在方程（12-1）的右边）．为了强调自治系统的物理意义，可以设想自变量 t 表示时间，而因变量则给出笛卡儿平面上的位置 (x, y).

所以，自治方程组是与时间无关的．为了使系统有更合适的性质，我们通篇假定所讨论的函数 f 和 g，以及它们的一阶偏导数 $\frac{\partial f}{\partial x}$，$\frac{\partial f}{\partial y}$，$\frac{\partial g}{\partial x}$ 和 $\frac{\partial g}{\partial y}$ 在 xy 平面上的一个适当的区域上均连续．

把自治系统(12-1)的解看成是 xy 平面上的一条曲线是很有用的．这就是说，方程组(12-1)的**解**是导数满足该系统的一对参数方程 $x=x(t)$ 和 $y=y(t)$．当 t 按时间变化时，坐标为 $(x(t)$，$y(t))$ 的解曲线称为系统的**轨线、路径**或**轨道**．xy 平面则称为**相平面**．为方便起见，把轨线看成是运动质点的路径，在本章中我们将一直持这种想法．注意到质点随着时间 t 的增长而在相平面上移动，它在 $(x$，$y)$ 点处运动的方向仅仅由坐标 $(x$，$y)$ 确定，而与到达的时间无关．

若 $(x$，$y)$ 是相平面上的一个点，同时满足 $f(x$，$y)=0$ 和 $g(x$，$y)=0$，则 $\mathrm{d}x/\mathrm{d}t$ 和 $\mathrm{d}y/\mathrm{d}t$ 同时为零．所以，在 x 方向和 y 方向上均没有运动，该质点是静止的．这样的点称为系统的**静止点**或**平衡点**．注意到若 $(x_0$，$y_0)$ 是系统(12-1)的静止点，那么方程 $x=x_0$ 和 $y=y_0$ 给出了该系统的解．事实上，这个常数解是相平面上通过点 $(x_0$，$y_0)$ 的唯一解．解的轨线只是静止点 $(x_0$，$y_0)$ 本身．称一个轨线 $x=x(t)$，$y=y(t)$ 趋于静止点 $(x_0$，$y_0)$，若 $t\to\infty$ 时，$x(t)\to x_0$ 和 $y(t)\to y_0$．在实际应用中，观察轨线接近静止点时所发生的情形是十分有趣的．

稳定性的想法在静止点附近轨线习性的讨论中居中心地位．粗略地讲，静止点 $(x_0$，$y_0)$ 是**稳定的**，只要从它附近出发的任一轨线在以后的所有时间内总在该点附近．若它是稳定的，且若在点 $(x_0$，$y_0)$ 附近开始的任一轨线当 t 趋于无穷时趋于该点，则它是**渐近稳定的**．若静止点不是稳定的，则它称为**不稳定的**．在本章的后面研究到特定的建模应用问题时，我们还会阐明这些概念．现在的目标是要有一种定性讨论微分方程组模型的语言．我们并不是要来研究稳定性的理论方面，这需要比这里所说到的更深入的数学知识．

下面的结果对于研究自治方程组(12-1)的解十分有用．我们不加证明地给出：

1. 过相平面上任意一点，最多只有一条轨线．

2. 若一条轨线的初始点不是静止点，那么该轨线不能在有限的时间段内到达静止点．

3. 轨线不会与自身相交，除非它是一条闭曲线．若轨线是一条闭曲线，则它是一个周期解．

由上面的三条性质可以得出，从一个非静止点的初始点出发的运动满足：

a. 将会沿着同一条轨线运动，而与初始时间无关；

b. 不会再回到初始点，除非运动是周期的；

c. 不会穿过另一条轨线；

d. 只能趋近（而不能到达）静止点．

所以，质点沿着一条轨线的运动特性为以下三种方式之一：(1)质点趋于一个静止点；(2)质点沿着或渐进地趋近一条闭路径运动；(3)当 t 趋于无穷时，轨线的分量中至少有一个，$x(t)$ 或 $y(t)$，趋于无穷．

例1 **线性自治微分方程组**

一对函数

$$x = \mathrm{e}^{-t}\sin t$$
$$y = \mathrm{e}^{-t}\cos t$$

是线性自治系统

$$dx/dt = -x + y$$
$$dy/dt = -x - y$$

的解．容易验证它们是解，只要对 x 和 y 进行微分，并证明满足该系统的微分方程：

$$\frac{dx}{dt} = \frac{d}{dt}(e^{-t}\sin t) = -e^{-t}\sin t + e^{-t}\cos t$$
$$= -x + y$$

和

$$\frac{dy}{dt} = \frac{d}{dt}(e^{-t}\cos t) = -e^{-t}\cos t - e^{-t}\sin t$$
$$= -y - x$$

若 $dx/dt = 0$ 且 $dy/dt = 0$，则 $x = y = 0$．所以原点 $(0, 0)$ 是方程组唯一的静止点．由于

$$x^2 + y^2 = e^{-2t}\sin^2 t + e^{-2t}\cos^2 t = e^{-2t}$$

每一条轨线都是一条半径递减的围绕原点的螺旋线，且当 t 趋于正无穷时，该螺旋线趋近于原点．所以，$(0, 0)$ 是一个渐近稳定的静止点．在相平面上，该方程组的一条从初始点 $x(0) = x_0$，$y(0) = y_0$ 出发的典型轨线如图 12-1 所示． ∎

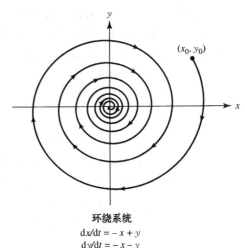

环绕系统
$$dx/dt = -x + y$$
$$dy/dt = -x - y$$
静止点为$(0，0)$的螺旋线

图 12-1　原点是渐近稳定的静止点（例 1）

例 2　非线性自治微分方程组

对 $-\infty < t < \infty$，两对函数

$$x = -a \operatorname{csch} at$$
$$y = -a \coth at \tag{12-2}$$

和

$$x = a \operatorname{csch} at$$
$$y = -a \coth at \tag{12-3}$$

满足非线性自治系统

$$dx/dt = xy$$
$$dy/dt = x^2 \tag{12-4}$$

由下面的微分公式很容易验证该结论

$$\frac{d}{dt}(a \operatorname{csch} at) = -a^2 \operatorname{csch} at \coth at$$

$$\frac{d}{dt}(-a \coth at) = a^2 \operatorname{csch}^2 at$$

(12-2)和(12-3)的每对函数均满足方程

$$y^2 - x^2 = a^2$$

这是由于

$$\coth^2 u - \operatorname{csch}^2 u = 1$$

因而, 函数对(12-2)和(12-3)就是图 12-2 中所示双曲线的上下分支. 而半直线 $y=x$, $y=-x$ 和 $x \neq 0$ 也是系统(12-4)的解.

我们来求系统(12-4)的静止点. 因为当 $x=0$ 时, $\mathrm{d}x/\mathrm{d}t=0$ 和 $\mathrm{d}y/\mathrm{d}t=0$ 同时成立, 所以, y 轴上的点都是系统的静止点. 我们现在把这些静止点分类.

首先考虑原点. 如果我们选择一个靠近原点的初始点, 比如说 $(a, 0)$ 使得 $a>0$, 则当 t 增大时, 穿过该点的双曲轨线的分支向右上方延伸, 如图 12-2 中箭头方向所示. 事实上, 注意到当 t 趋于 $\pi/2a$ 时, x 和 y 均趋于正无穷. 所以, 静止点 $(0,0)$ 是不稳定的.

若 $(0, a)$ 是 y 轴上的任一点, $a>0$, 则 $(0, a)$ 是不稳定的. 比如说, 只要质点沿着 $(0, a)$ 附近的轨线运动, 都将向上延伸并远离点 $(0, a)$, 如图 12-2 中轨线所示; 至于轨线向左还是向右运动分别取决于我们选择的初始点是在第二象限还是在第一象限.

静止点 $(0, b)$, $b<0$, 则具有完全不同的性质. 对于相平面上在 $(0, b)$ 附近的初始点, 其轨线在 t 趋于正无穷时将趋近 y 负半轴上的某个点 $(0, a)$. 比如, 一个从点 $(0, b)$ 左边附近某处开始的质点运动轨线为

$$x = -a \operatorname{csch} at$$
$$y = -a \coth at$$

这里 $a<0$ 且 $t>0$(图 12-2). 当 $t \to +\infty$ 时, 我们有 $at \to -\infty$. 则 $(\operatorname{csch} at) \to 0^-$, 故 $x \to 0^-$. 又有 $(\coth at) \to -1$, 故 $y \to a$. 随着时间增加, 质点越来越接近静止点 $(0, a)$, 但是永远不能到达该点. 若 $(0, a)$ 很接近 $(0, b)$, 则质点从 $(0, b)$ 附近开始运动, 且以后一直保持在它附近(因为该质点也会保持在点 $(0, a)$ 附近运动). 所以负半 y 轴上的静止点都是稳定的. 但它们不是渐近稳定的, 因为不是每一条以 $(0, b)$ 附近的点为初始点的轨线最终都趋近 $(0, b)$. 只有两条

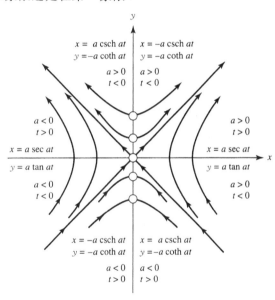

图 12-2　非线性自治方程组 $\mathrm{d}x/\mathrm{d}t=xy$ 和 $\mathrm{d}y/\mathrm{d}t=x^2$ (例 2)的几条轨线

轨线有这样的性质; 即只有双曲线下分支的左边或右边才会趋近该静止点, 如图 12-2 所示. 没有一条轨线能穿过 y 轴, 因为 y 轴上的所有点都是静止点, 从而都是原自治方程组的解, 注意到这点也是重要的. 我们将把前面讨论过的想法应用到下面几节进一步引进的模型中.

习题

在习题 1~4 中, 验证所给的函数对是一阶方程组的解.

1. $x=-\mathrm{e}^t$, $y=\mathrm{e}^t$

$$\frac{\mathrm{d}x}{\mathrm{d}t}=-y, \quad \frac{\mathrm{d}y}{\mathrm{d}t}=-x$$

2. $x=-\dfrac{1}{2}+\dfrac{\mathrm{e}^{2t}}{2}$, $y=-\dfrac{3}{4}+\dfrac{3\mathrm{e}^{2t}}{8}+\dfrac{3\mathrm{e}^{-2t}}{8}$

$$\frac{\mathrm{d}x}{\mathrm{d}t}=2x+1, \quad \frac{\mathrm{d}y}{\mathrm{d}t}=3x-2y$$

3. $x = e^{2t}$, $y = e^t$

$$\frac{\mathrm{d}x}{\mathrm{d}t} = 2y^2, \quad \frac{\mathrm{d}y}{\mathrm{d}t} = y$$

4. $x = b \tanh bt$, $y = b \operatorname{sech} bt$, $b =$ 任意实数

$$\frac{\mathrm{d}x}{\mathrm{d}t} = y^2, \quad \frac{\mathrm{d}y}{\mathrm{d}t} = xy$$

在习题 5～8 中，找出所给自治系统的静止点并进行分类.

5. $\dfrac{\mathrm{d}x}{\mathrm{d}t} = 2y$, $\dfrac{\mathrm{d}y}{\mathrm{d}t} = -3x$

6. $\dfrac{\mathrm{d}x}{\mathrm{d}t} = -(y-1)$, $\dfrac{\mathrm{d}y}{\mathrm{d}t} = x-2$

7. $\dfrac{\mathrm{d}x}{\mathrm{d}t} = -y(y-1)$, $\dfrac{\mathrm{d}y}{\mathrm{d}t} = (x-1)(y-1)$

8. $\dfrac{\mathrm{d}x}{\mathrm{d}t} = \dfrac{1}{y}$, $\dfrac{\mathrm{d}y}{\mathrm{d}t} = \dfrac{1}{x}$

9. 做出下列自治系统相应的轨线，并标出随 t 增加的运动方向. 确定静止点，并按稳定的、渐近稳定的、或不稳定进行分类.

(a) $\mathrm{d}x/\mathrm{d}t = x$, $\mathrm{d}y/\mathrm{d}t = y$

(b) $\mathrm{d}x/\mathrm{d}t = -x$, $\mathrm{d}y/\mathrm{d}t = 2y$

(c) $\mathrm{d}x/\mathrm{d}t = y$, $\mathrm{d}y/\mathrm{d}t = -2x$

(d) $\mathrm{d}x/\mathrm{d}t = -x+1$, $\mathrm{d}y/\mathrm{d}t = -2y$

 研究课题

1. 完成 UMAP 教学单元的要求：Raymond N. Greenwell，"鲸和磷虾：数学模型（Whales and Krill：A Mathematical Model)"，UMAP 610. 本教学单元是用微分方程组对于鲸和磷虾的捕食系统进行建模. 虽然该方程组不可解，但通过量纲分析和平衡点的研究可以提取有用的信息. 引进可维持的最大产量概念并用于获得关于捕鱼策略的结论. 你将学习构造微分方程组模型、从一组方程中降低维数、寻求微分方程组的平衡点并了解其重要性，以及代数与分析的实用操作技巧.

12.2 竞争捕猎模型⊖

至今为止，我们已经看到怎样用马尔萨斯模型或有限增长模型来对单个物种的数量增长建立数学模型. 现在，我们把注意力转向两个不同物种如何竞争同一种资源的情形.

识别问题 设想一个小池塘，它的环境足以维持一些野生动植物的存活. 我们想在池塘里放置一些供垂钓的鱼，如鳟鱼和鲈鱼. 设 $x(t)$ 表示鳟鱼在时刻 t 时的数量，$y(t)$ 表示鲈鱼的数量. 问这两种鱼是否能在池塘中共存？如果是的话，那么这两种鱼数量的最终解受到一开始放入池塘的鱼的数量以及外部干扰的敏感程度有多大？

假设 鳟鱼的数量 $x(t)$ 依赖于许多变量：初始量级 x_0、竞争有限资源的总量以及是否存在食肉动物等. 首先，我们假设环境能够支持无限条鳟鱼，于是得到单个方程

$$\frac{\mathrm{d}x}{\mathrm{d}t} = ax \qquad \text{对 } a > 0$$

(以后我们会看到可望改进这个模型，并用到有限增长的假设.) 然后，我们考虑鳟鱼和鲈鱼一同竞争生存空间和公共的食饵，来修改这个方程. 鲈鱼的作用是降低鳟鱼的增长率. 这种减少与两个物种之间可能的作用大致成比例关系，因此假定在一个子模型中的减少量与 x 和 y 的乘积成正比. 这种想法可以用下面的方程来建模：

$$\frac{\mathrm{d}x}{\mathrm{d}t} = ax - bxy = (a - by)x \tag{12-5}$$

固有增长率 $k = a - by$ 随着鲈鱼量级的增长而降低. 常数 a 和 b 分别表示鳟鱼数量的自我调节能力及其与鲈鱼的竞争程度. 这些系数必须通过实验或者分析历史数据得到.

⊖ 本节材料取自 UMAP Unit 628，是基于 Stanley C. Leja 和本书的一个作者的工作.

用同样的方式可以对鲈鱼数量的情况进行分析．就此模型我们得到下面含两个一阶微分方程的自治系统：

$$\frac{\mathrm{d}x}{\mathrm{d}t} = (a - by)x \qquad \frac{\mathrm{d}y}{\mathrm{d}t} = (m - nx)y \qquad (12\text{-}6)$$

其中 $x(0)=x_0$，$y(0)=y_0$，且 a，b，m 和 n 都是正常数．这个模型对于研究诸如鳟鱼和鲈鱼这样有竞争行为的物种增长模式很有用．

模型的图形分析　我们所关心的一个问题是鳟鱼和鲈鱼的数量是否会到达平衡状态．如果是的话，那么我们就能知道这两个物种是否可能在池塘中共存．达到这种状态的唯一方式就是这两个物种都停止增长，即 $\mathrm{d}x/\mathrm{d}t = 0$ 和 $\mathrm{d}y/\mathrm{d}t = 0$．所以，我们要寻求系统(12-6)的静止点或平衡点．

令方程组(12-6)的右端同时为零，并解出 x 和 y，我们得到相平面上的静止点 $(x, y) = (0, 0)$ 和 $(x, y) = (m/n, a/b)$．沿着相平面上的竖直线 $x = m/n$ 和 x 轴，鲈鱼数量的增长率 $\mathrm{d}y/\mathrm{d}t$ 为零；沿着相平面上的水平线 $y = a/b$ 和 y 轴，鳟鱼的增长 $\mathrm{d}x/\mathrm{d}t$ 为零．如果最初的投入量就处于静止点状态的话，那么每一种鱼的数量都不会增加．这一特征如图 12-3 所示．

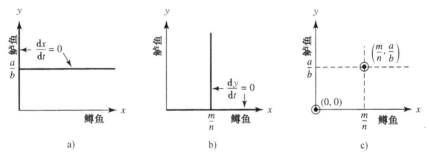

图 12-3　由系统(12-6)给出的竞争狩猎模型的静止点

考虑到任意模型中都有一定程度的近似，我们不可能对系统(12-6)中的常数 a，b，m 和 n 值做出精确的估计．所以，我们所要研究的相关性态就是解的轨线在静止点 $(0, 0)$ 和 $(m/n, a/b)$ 附近的性质．特别是这些静止点是稳定的还是不稳定的？

为了用图形来研究这个问题，我们来分析 $\mathrm{d}x/\mathrm{d}t$ 和 $\mathrm{d}y/\mathrm{d}t$ 在相平面上的符号(虽然 $x(t)$ 和 $y(t)$ 分别表示鳟鱼和鲈鱼的数量，但正如上一节中我们所讨论的那样，把轨线看成是质点运动的路径是很有帮助的)．如果 $\mathrm{d}x/\mathrm{d}t$ 是正的，那么轨线的水平分量 $x(t)$ 就增加并且质点向右移动；如果 $\mathrm{d}x/\mathrm{d}t$ 是负的，质点就向左移动．类似地，如果 $\mathrm{d}y/\mathrm{d}t$ 是正的，那么分量 $y(t)$ 增加且质点向上运动；如果 $\mathrm{d}y/\mathrm{d}t$ 是负的，那么质点就向下运动．在系统(12-6)中，竖直线 $x = m/n$ 把相平面分成了两个半平面．在左半平面内，$\mathrm{d}y/\mathrm{d}t$ 是正的，而在右半平面内，它是负的．相应轨线的方向如图 12-4 所示．水平线 $y = a/b$ 同样决定了 $\mathrm{d}x/\mathrm{d}t$ 为正或负的半平面．相应轨线的方向如图 12-5 所示．沿着直线 $y = a/b$ 有 $\mathrm{d}x/\mathrm{d}t = 0$．所以，任意轨线穿过这条线时一定是竖直的．类似地，沿着直线 $x = m/n$，有 $\mathrm{d}y/\mathrm{d}t = 0$，所以轨线将水平地穿过这条线．最后，沿着 y 轴的运动一定是竖直的，而沿着 x 轴的运动一定是水平的．将以上信息都组合在一幅图形中，就能得到四个不同的区域 A～D，它们分别有着不同的轨线延伸方向，如图 12-6 所示．

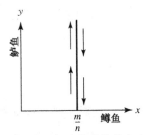

图 12-4　在 $x=m/n$ 左边的轨线向上延伸；
　　　　右边轨线向下延伸

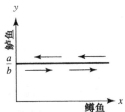

图 12-5　在 $y=a/b$ 线上面的轨线向左延伸；
　　　　在该线下面的轨线向右延伸

　　现在我们分析轨线在静止点附近的运动情况．对于 $(0,0)$，我们可以看到所有的运动都是远离它的——向上或是向右．在静止点 $(m/n,a/b)$ 附近，轨线的运动行为取决于初始点位于哪个区域．比如，若轨线从区域 B 开始，则它将向左下方朝着静止点运动．但是，当它靠近静止点时，导数 $\mathrm{d}x/\mathrm{d}t$ 和 $\mathrm{d}y/\mathrm{d}t$ 接近于零．至于之后轨线是绕过静止点向下移动到区域 D，还是向左移动到区域 A，就取决于轨线的初始点与常数 a，b，m 和 n 的相对大小了．一旦轨线进入了上述两个区域之一，它就将远离静止点．所以，这两个静止点都是不稳定的．这些特点如图 12-7 所示．

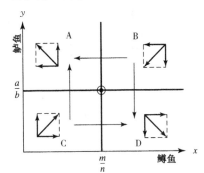

图 12-6　由 $x=m/n$ 和 $y=a/b$ 确定的四个
　　　　区域中轨线方向的组合图形分析

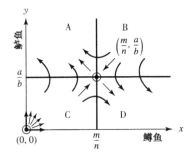

图 12-7　在静止点 $(0,0)$ 和 $(m/n,a/b)$
　　　　附近沿轨线的运动

　　模型的解释　现在我们考虑半平面 $y<a/b$ 和 $y>a/b$．在每个半平面中，恰只有一条轨线趋于静止点 $(m/n,a/b)$．这一事实的证明详见习题 7 中．这两条趋于静止点的轨线之上，鲈鱼的数量增加，之下则鲈鱼的数量减少．在半平面 $y<a/b$ 上的轨线如图 12-8 中连接 $(0,0)$ 到 $(m/n,a/b)$ 的直线所示．这里为了简便画成了直线，实际上可能不是直线．

　　上述的图形分析使我们得到初步结论，即在原模型的假设下这两个物种几乎达不到平衡状态．而且，最初投放的量级对于决定哪个物种能获得生存是重要的．系统的扰动也会影响到竞争的结果．所以，这两个物种相互共存几乎是不可能的．这个现象称为**竞争排斥原理**，或称 Gause 原理⊖．此外，如图 12-8 所示，初始条件完全决定了结果．从该图中我们可以看到，任

<hr />

⊖　G. F. Gause 在他的书《生存斗争》(*The Struggle for Existence*)(Baltimore：Williams & Wilkens，1934)中进一步发
　　展了 Joseph Grinnel、Alfred Lotka 和 Vita Volterra 在种群生态学方面的研究工作．事实上，Grinnel 在 1904 年首次
　　表述了排斥原理．关于其历史的一个有趣报告，见 G. Hardin 的文章"The Competitive Exclusion Principle,"Science
　　131(1960)：1291—1297.

何使得轨线从一个区域(比如,在两条趋于静止点(m/n,a/b)的轨线的下面)移到另一个区域(在这两条轨线的上面)的扰动都会改变最终结果.我们图形分析的一个局限性就是没有精确地定出这两条分界轨线.如果我们对模型感到满意,就很希望能定出这两个区域的分界线.

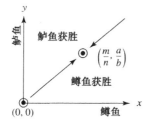

图 12-8 竞争捕食模型分析的定性结果.恰有两条轨线趋近点(m/n,a/b)

图 12-9 在静止点附近的轨线方向

图形分析的局限性 并不是仅凭图形分析就总能确定在静止点附近运动性质的.为了理解这种局限性,考虑如图 12-9 所示的静止点和轨线运动方向.该图中所给的信息不足以区分图 12-10 中所示的三种可能的运动方式.此外,即使是通过其他一些方法确知图 12-10c 是正确地描绘了静止点附近的运动,我们还是可能得出轨线会朝着 x 和 y 方向无界增长的结论.但是,考虑下面的系统

$$\frac{\mathrm{d}x}{\mathrm{d}t} = y + x - x(x^2 + y^2)$$

$$\frac{\mathrm{d}y}{\mathrm{d}t} = -x + y - y(x^2 + y^2) \tag{12-7}$$

可以证明,(0,0)是方程组(12-7)唯一的静止点.但从单位圆 $x^2 + y^2 = 1$ 上出发的每一条轨线会以周期解的形式在单位圆上运动,每一个周期绕一圈,这是由于此时 $\mathrm{d}y/\mathrm{d}x = -x/y$(见本节的习题2).而且,如果轨线在单位圆内(除原点外)出发,它将逐渐向外旋转,当 t 趋于无穷时,它将不断增加,并且接近于圆形路径.类似地,如果轨线在单位圆外开始,它将向内旋转,还是趋近于圆形的路径.解 $x^2 + y^2 = 1$ 称为**极限环**.轨线的性态如图 12-11 所示.所以,如果用系统(12-7)对两个竞争物种的数量变化行为建模,我们就会得出物种数量最终将呈周期性变化的结论.这个例子说明了,图形分析的结果仅在确定平衡点邻近的运动时是有用的(这里我们假设图 12-11 中的 x 和 y 的负值是有物理意义的,不然就认为点(0,0)表示静止点已从第一象限平移到原点).

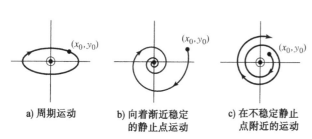

图 12-10 三种可能的轨线运动

a) 周期运动
b) 向着渐近稳定的静止点运动
c) 在不稳定静止点附近的运动

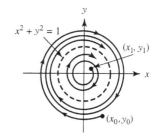

图 12-11 (12-7)的解 $x^2 + y^2 = 1$ 是一个极限环

✍ **习题**

1. 列举出本节的竞争狩猎模型讨论中所忽略的三点重要的想法.

2. 对方程组(12-7)证明:在单位圆 $x^2+y^2=1$ 上开始的任一轨线会以周期解形式绕单位圆运动. 先引入极坐标,再将方程组改写为 $dr/dt=r(1-r^2)$ 和 $d\theta/dt=1$.

3. 扩展鳟鱼和鲈鱼的增长模型,假设鳟鱼在孤立的情况下呈指数衰减(故方程(12-6)中$a<0$),而鲈鱼的数量实际按逻辑斯谛的方式增长,有数量上限 M. 用图形法分析你的模型在静止点附近的运动情况. 这两个物种能否共存?

4. 怎样才能使竞争狩猎模型(方程组(12-6))有效?包括讨论如何估计各个常数 a,b,m 和 n. 环保当局怎样用此模型来保证两个物种的生存?

5. 考虑下面的竞争狩猎模型

$$\frac{dx}{dt} = a(1-x/k_1)x - bxy$$

$$\frac{dy}{dt} = m(1-y/k_2)y - nxy$$

其中 x 表示鳟鱼的数量,y 表示鲈鱼的数量.

(a)鳟鱼和鲈鱼在没有竞争情形隐含着什么假设?

(b)通过物理问题来解释常数 a、b、m、n、k_1 和 k_2.

(c)运用图形分析法回答下列问题:

ⅰ)可能的平衡状态是什么?

ⅱ)能否共存?

ⅲ)在相平面上选取一些典型的初始点并画出相应的轨线.

ⅳ)通过常数 a,b,m,n,k_1 和 k_2 解释用图形分析法预测的结果.

注:在做步骤(ⅰ)时应考虑到至少有五种情况. 应当分析所有这五种情况. 其中一种是重合线情形.

6. 考虑下面的经济学模型:设 P 是某物品市场价格,Q 是该物品在市场上的数量. P 和 Q 都是时间的函数. 如果把价格和数量看成是两个相互作用的物种,则可以提出下面的模型:

$$\frac{dP}{dt} = aP(b/Q - P)$$

$$\frac{dQ}{dt} = cQ(fP - Q)$$

其中 a,b,c 和 f 为正常数. 判断并讨论模型的合理性.

(a)若 $a=1$,$b=20\,000$,$c=1$ 和 $f=30$,找出方程组的平衡点. 对每个平衡点按稳定性进行可能的分类. 如果有的平衡点不易分类,请解释原因.

(b)通过图形的稳定性分来确定 P 和 Q 的量级当时间增加时所发生的情况.

(c)对于确定平衡点的曲线,给出经济上的解释.

7. 证明图 12-8 中指向点 $(m/n,a/b)$ 的两条轨线是唯一的.

(a)由系统(12-6)推出下面的方程:

$$\frac{dy}{dx} = \frac{(m-nx)y}{(a-by)x}$$

(b)分离变量,积分并求幂得到

$$y^a e^{-by} = Kx^m e^{-nx}$$

其中 K 是积分常数.

(c)设 $f(y)=y^a/e^{by}$ 和 $g(x)=x^m/e^{nx}$. 证明 $f(y)$ 在 $y=a/b$ 处有唯一的最大值 $M_y=(a/eb)^a$,如图 12-12 所示. 类似地,证明在 $x=m/n$ 时 $g(x)$ 有唯一的最大值 $M_x=(x/en)^m$,也如图 12-12 所示.

(d)考虑当 (x,y) 趋于 $(m/n,a/b)$ 时所出现的情况. 对(b)中的方程取极限,令 $x\to m/n$ 和 $y\to a/b$,证明

$$\lim_{\substack{y \to a/b \\ x \to m/n}} \left[\left(\frac{y^a}{e^{by}} \right) \left(\frac{e^{nx}}{x^m} \right) \right] = K$$

或 $M_y/M_x = K$. 所以，趋于 $(m/n, a/b)$ 的任一条解轨必满足：

$$\frac{y^a}{e^{by}} = \left(\frac{M_y}{M_x} \right) \left(\frac{x^m}{e^{nx}} \right)$$

(e)证明在直线 $y = a/b$ 下方只有一条轨线能趋于 $(m/n, a/b)$. 取 $y_0 < a/b$. 由图 12-12 可知 $f(y_0) < M_y$，由此可得

$$\frac{M_y}{M_x} \left(\frac{x^m}{e^{nx}} \right) = y_0^a / e^{by_0} < M_y$$

又可以得到：

$$\frac{x^m}{e^{nx}} < M_x$$

图 12-12 表明，对 $g(x)$ 有唯一的值 $x_0 < m/n$ 满足上面最后一个不等式. 这就是说，对任意的 $y < a/b$，有唯一的 x 的值满足(d)中的方程. 因而，只能存在一条解轨从下方趋近 $(m/n, a/b)$，如图 12-13 所示.

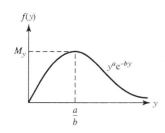

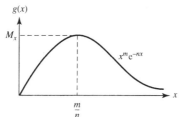

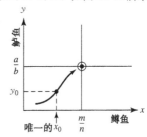

图 12-12　函数 $f(y) = y^a / e^{by}$ 和 $g(x) = x^m / e^{nx}$ 的图形

图 12-13　对任意的 $y < a/b$，只有一条解轨线指向静止点 $(m/n, a/b)$

(f)用类似的讨论证明：当 $y_0 > a/b$ 时，指向 $(m/n, a/b)$ 的解轨线是唯一的.

 研究课题

完成所指的 UMAP 教学单元的要求.

1. Thomas W. Likens，"预算过程：渐进主义(The Budgetary Process：Incrementalism)，"UMAP 332；"竞争(Competition)，"UMAP 333. 预算政策的中心议题是如何将有限的资源分配给竞争的部门与集团. UMAP332 叙述的模型解释了如果议会或联邦机构通过对现状做边际调整来决定新的预算，则应以何种程度才能从一个阶段适当转变到下个阶段. 该模型假定由一个部门获得的份额将不影响或不依赖于另一个机构获得的份额. 在 UMAP333 中对该模型做了改进，着重处理政策的冲突性质和在预算决策方面必要的相互依赖性问题.

2. Carol Weitzel Kohfeld，"党派支持的增长Ⅰ：模型与评价(The Growth of Partisan Support Ⅰ：Model and Estimation)，"UMAP 304；"党派支持的增长Ⅱ：模型分析学(The Growth of Partisan Support Ⅱ：Model Analytics)"UMAP 305. UMAP304 提出了政治动员的一个简单模型，并改进为包括党派的支持者与可吸收的非支持者之间的作用. UMAP305 研究了一阶四次差分方程模型的数学性质. 该模型通过美国三个县的数据来验证. 要求懂得常系数线性一阶差分方程.

3. Ron Barnes，"随机散步：随机过程引论(Random Walks：An Introduction to Stochastic Processes)，"UMAP 520. 该模块通过一个赌博的例子引进随机散步. 在引进期望增益的同时叙述并解决了相关的有限差分方程. 讨论对马尔可夫链和连续过程的推广. 注意对生命科学和遗传学的应用.

进一步阅读材料

Tuchinsky，Philip M. "人在云杉蚜虫竞争中(Man in Competition with the Spruce Budworm)，" UMAP

Expository Monograph. 小毛虫群在东加拿大和缅因州的常绿树林发生周期性的爆发. 它们吞吃针叶树林,造成对作为当地经济核心的森林资源的极大破坏. 新伯伦瑞克(New Brunswick)省利用蚜虫-森林相互作用的数学模型试图对这种破坏进行防控. 本书概述了生态情况, 并对正在采用的计算机仿真与微分方程模型给出检验.

12.3 捕食者-食饵模型

本节我们研究两个物种的数量增长模型, 其中一个物种是另一物种的主要食饵. 这种情况的一个例子发生在南方的海洋中, 在那里须鲸捕食南极的磷虾(磷虾目浮游甲壳动物)作为其主要食物来源. 另一个例子是在封闭的森林中的狼和兔子; 狼吃兔子, 为其主要食物来源, 而兔子又吃森林中的植物. 还有一些例子, 包括作为捕食者的水獭和被捕食者的鲍鱼; 作为捕食者的螵虫和被捕食者的棉蚜虫.

识别问题 我们来详细地分析一下须鲸和磷虾的情况. 鲸捕食磷虾, 而磷虾以海中的浮游生物为食. 如果鲸捕食了过多的磷虾, 使得磷虾的数量不再充足, 那么鲸的食物来源就会大大减少. 于是, 鲸就会因饥饿而死, 或离开这片区域去寻找别处的磷虾. 随着须鲸数量的减少, 由于磷虾不再被过多的捕食, 它们的数量逐渐回升. 随着磷虾数量的增长, 鲸的食物资源又变丰富了, 因此, 须鲸的数量也开始回升. 于是, 更多的须鲸再捕食增长着的磷虾. 在这个质朴的环境中, 这种循环是一直进行下去还是会有一个物种消失? 在南极的海洋中, 须鲸被过度捕猎, 它们现在的数量大约是原来最初情形的六分之一. 所以南极磷虾就出现过剩(磷虾每年被捕捞 10 万吨). 鲸的捕猎对于鲸和磷虾数量的平衡会产生什么影响? 磷虾的捕捞业对于须鲸以及其他一些以磷虾为主要食物的物种, 如海鸟、企鹅、鱼等, 会产生什么影响? 弄清这些问题对于多种群水产管理是十分重要的. 我们来看一下图形建模方法能提供什么样的答案.

假设 设 $x(t)$ 表示在任一时刻 t 南极磷虾的数量, $y(t)$ 表示南极海洋中须鲸的数量. 磷虾群的量级依赖于一些因素, 包括海洋对磷虾的承载能力, 摄取浮游动物的竞争者的存在, 以及捕食者的存在及其规模. 作为一个粗糙的初步模型, 我们先假设海洋能够支持无限量的磷虾, 于是有

$$\frac{\mathrm{d}x}{\mathrm{d}t} = ax \qquad 对 \ a > 0$$

(之后我们还会加上有限增长假设以改进模型. 这种改进见 12.1 研究课题中的 UMAP 610.)然后, 假设磷虾主要被须鲸捕食(故忽略其他捕食者). 那么, 磷虾的数量就会减少, 减少的量与它们和须鲸相互接触程度成正比. 由这种接触的假设得到微分方程

$$\frac{\mathrm{d}x}{\mathrm{d}t} = ax - bxy = (a - by)x \tag{12-8}$$

注意到磷虾的**固有增长率** $k = a - by$ 随着须鲸数量的增加而减少. 常数 a 和 b 分别表示磷虾数量的自动调节能力和须鲸的捕食. 这些系数应通过实验或者分析历史数据来确定. 至此, 方程 (12-8)所描述的磷虾数量增长情况看起来很像上一节的一种竞争狩猎模型中的方程.

接下来考虑须鲸的数量 $y(t)$. 一旦没有了磷虾, 鲸就没有食物了, 所以我们假设它们数量的下降与其个数成比例. 由这一假设得到指数衰减方程

$$\frac{dy}{dt} = -my \quad 对 \quad m > 0$$

但是，磷虾的存在使得须鲸的数量增长、增长的速率与须鲸和食饵磷虾的相互接触程度成比例．所以，上面的方程可以改写成

$$\frac{dy}{dt} = -my + nxy = (-m + nx)y \tag{12-9}$$

注意到从方程(12-9)可知须鲸的**固有增长率** $r = -m + nx$ 随着磷虾数量的增加而增加．正系数 m 和 n 可通过实验或者分析历史数据确定．把(12-8)和(12-9)放在一起就得到了关于捕食模型的自治微分方程组：

$$\frac{dx}{dt} = (a - by)x$$
$$\frac{dy}{dt} = (-m + nx)y \tag{12-10}$$

其中 $x(0) = x_0$，$y(0) = y_0$，a，b，m 和 n 都是正常数．系统(12-10)就给出了在数量增长不受限制且没有其他竞争者和捕食者的假设下，磷虾和须鲸的相互作用模型．

模型的图形分析 我们来讨论磷虾和须鲸的数量是否会达到平衡态．静止点或平衡态在 $dx/dt = dy/dt = 0$ 时出现．令方程组(12-10)的右边为零，同时求解 x 和 y，得到静止点 $(x, y) = (0, 0)$ 和 $(x, y) = (m/n, a/b)$．沿着相平面上的竖直线 $x = m/n$ 和 x 轴，须鲸数量的增长率 dy/dt 为零；沿着水平线 $y = a/b$ 和 y 轴，磷虾数量的增长率 dx/dt 为零．这些性质如图 12-14 所示．

由于方程组(12-10)中常数 a、b、m 和 n 的值只能由估计得到，我们需要研究解的轨线在两个静止点 $(0, 0)$ 和 $(m/n, a/b)$ 附近的性态．所以，我们要分析 dx/dt 和 dy/dt 在相平面上的符号．在方程组(12-10)中，竖直线 $x = m/n$ 把相平面分成了两个半平面．在左半平面 dy/dt 是负的，而在右半平面 dy/dt 是正的．类似地，水平线 $y = a/b$ 也决定了两个半平面．在上半平面，dx/dt 是负的，在下半平面，dx/dt 是正的．

相应的轨线的方向如图 12-15 所示．沿着 y 轴的运动必竖直指向静止点 $(0, 0)$，而沿着 x 轴的运动必水平远离静止点 $(0, 0)$．

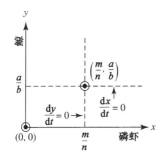
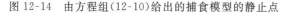
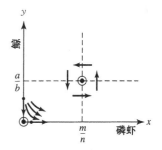

图 12-14　由方程组(12-10)给出的捕食模型的静止点　　图 12-15　捕食模型中轨线的方向

从图 12-15 可以看到静止点 $(0, 0)$ 是不稳定的．要进到静止点就要沿着直线 $x = 0$，这里的磷虾的数量为零．而由于没有主要的食物来源，须鲸的数量也减为零．其他所有的轨线都将远离这

个静止点. 静止点 $(m/n, a/b)$ 分析起来更加复杂. 图中所给的信息不足以把上一节图12-10中三种可能的运动区分开来. 我们无法得知运动是周期的、渐近稳定的、还是不稳定的. 所以, 我们必须进行更深入的分析.

模型的解析解   由于须鲸的数量依赖于作为食物的南极磷虾的数量, 我们假设 y 是 x 的函数. 则由导数的锁链法则, 我们得到

$$\frac{dy}{dx} = \frac{dy/dt}{dx/dt}$$

或

$$\frac{dy}{dx} = \frac{(-m+nx)y}{(a-by)x} \tag{12-11}$$

方程(12-11)是一个可分离的一阶微分方程, 可以改写为

$$\left(\frac{a}{y} - b\right)dy = \left(n - \frac{m}{x}\right)dx \tag{12-12}$$

对方程(12-12)积分得

$$a\ln y - by = nx - m\ln x + k_1$$

或

$$a\ln y + m\ln x - by - nx = k_1$$

其中 k_1 是常数.

运用自然对数和指数函数的性质, 上面最后的方程可以改写为:

$$\frac{y^a x^m}{e^{by+nx}} = K \tag{12-13}$$

其中 K 是常数. 方程(12-13)即确定了相平面上的解轨. 我们现在来证明这些轨线是闭的, 它们表示周期运动.

周期性的捕食轨线   方程(12-13)可以改写成

$$\left(\frac{y^a}{e^{by}}\right) = K\left(\frac{e^{nx}}{x^m}\right) \tag{12-14}$$

我们来确定函数 $f(y) = y^a/e^{by}$ 的性态. 通过求一阶导数(见习题1), 我们容易看出, $f(y)$ 在 $y = a/b$ 处有一相对最大值, 且没有其他临界点. 为了使符号简便, 记此最大值为 M_y. 此外, $f(0) = 0$, 且由洛毕达法则知, 当 y 趋于无穷时 $f(y)$ 趋于 0. 类似的讨论适用于函数 $g(x) = x^m/e^{nx}$, 在 $x = m/n$ 时, 它达到最大值 M_x. 函数 f 和 g 的图形如图12-16所示.

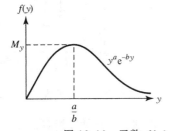
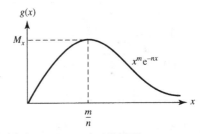

图 12-16   函数 $f(y) = y^a/e^{by}$ 和 $g(x) = x^m/e^{nx}$ 的图形

由图 12-16 可知，$y^a \mathrm{e}^{-by} x^m \mathrm{e}^{-nx}$ 的最大值是 $M_y M_x$. 所以，当 $K>M_y M_x$ 时方程(12-14)没有解，而当 $K=M_y M_x$ 时方程(12-14)有唯一解 $x=m/n$，$y=a/b$. 我们接下来考虑 $K<M_y M_x$ 时的情况.

设 $K=sM_y$，其中 $s<M_x$ 为正常数. 则方程

$$x^m \mathrm{e}^{-nx} = s$$

恰有两个解：$x_m < m/n$ 和 $x_M > m/n$（如图 12-17）. 若 $x<x_m$，则 $x^m \mathrm{e}^{-nx}<s$，即 $sx^{nx} x^{-m}>1$ 以及

$$f(y) = y^a \mathrm{e}^{-by} = K\mathrm{e}^{nx} x^{-m} = sM_y \mathrm{e}^{nx} x^{-m} > M_y$$

所以，当 $x<x_m$ 时方程(12-14)关于 y 没有解. 同样，当 $x>x_M$ 时也没有解. 若 $x=x_m$ 或 $x=x_M$，则方程(12-14)恰有一个解 $y=a/b$.

最后，若 x 位于 x_m 和 x_M 之间，方程(12-14)恰有两个解. 较小的解 $y_1(x)$ 小于 a/b，较大的解 $y_2(x)$ 大于 a/b，如图 12-18 所示. 此外，当 x 趋近 x_m 或 x_M 时，$f(y)$ 趋近 M_y，即 $y_1(x)$ 和 $y_2(x)$ 都趋近 a/b. 由此可知：由方程(12-14)定义的轨线具有周期性，如图 12-19 所示.

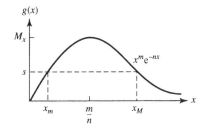

图 12-17　对于 $s<M_x$，方程 $x^m \mathrm{e}^{-nx} = s$
　　　　　恰有两个解

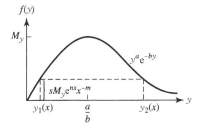

图 12-18　当 $x_m<x<x_M$ 时，方程(12-14)
　　　　　关于 y 恰有两个解

模型的解释　由图 12-19 中的轨线能得出什么结论呢？首先，由于轨线是闭曲线，这就预言了在模型(12-10)的假设条件下，须鲸和磷虾都不会灭绝(注意，该模型建立在最初的情况下). 其次可以观察到的是，沿着一条轨线，这两个物种的数量在最大值与最小值之间波动. 这就是说，如果两个物种的初始数量是在 $x>m/n$ 和 $y>a/b$ 的区域中，则磷虾的数量会减少而须鲸的数量会增加，直到磷虾的数量减少到 $x=m/n$ 的量级，此时须鲸的数量再开始减少. 两个物种继续减少，直到须鲸的数量达到 $y=a/b$ 的量级，磷虾的数量开始增加，如此循环往复，围绕轨线做逆时针方向的运动. 回忆我们在 12.1 节中的讨论，轨线是不会相交的. 在图 12-20 中描绘了这两个物种的曲线. 从图中我们可以看到，在一个完整的循环内，磷虾的数量在其最大值与最小值之间波动. 注意

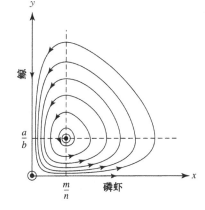

图 12-19　在静止点 $(m/n, a/b)$ 附近的
　　　　　轨线具有周期性

到，当磷虾十分充裕时，须鲸有最大的增长率，但是，在磷虾的数量减少后，须鲸的数量才达到最大值．在这种循环方式中，捕食者数量的变化总是滞后于被捕食者的变化．

捕捞的后果　给定初始量级 $x(0)=x_0$ 和 $y(0)=y_0$，须鲸和磷虾的数量会随时间沿着如图 12-19 所示的一条闭轨线波动．设 T 表示经过一个完整的周期返回初始点的时间．磷虾和须鲸关于一个时间周期的平均量分别由以下积分给定

$$\bar{x} = \frac{1}{T}\int_0^T x(t)\,\mathrm{d}t \ \text{和}\ \bar{y} = \frac{1}{T}\int_0^T y(t)\,\mathrm{d}t$$

于是，由方程 (12-8) 得

$$\left(\frac{1}{x}\right)\left(\frac{\mathrm{d}x}{\mathrm{d}t}\right) = a - by$$

对两边从 $t=0$ 到 $t=T$ 积分，得

$$\int_0^T \left(\frac{1}{x}\right)\left(\frac{\mathrm{d}x}{\mathrm{d}t}\right)\mathrm{d}t = \int_0^T (a - by)\,\mathrm{d}t$$

或

$$\ln x(T) - \ln x(0) = aT - b\int_0^T y(t)\,\mathrm{d}t$$

由轨线的周期性，$x(T)=x(0)$，上面最后的方程给出了平均值

$$\bar{y} = \frac{a}{b}$$

用类似的方法，可以得到：

$$\bar{x} = \frac{m}{n}$$

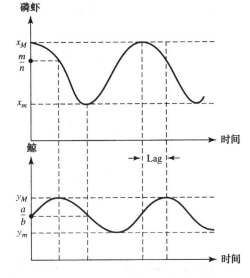

(见习题 2)．因而，捕食者和被捕食者的平均量实际上就是它们的平衡量．我们下面来看捕捞磷虾会带来什么结果．

图 12-20　须鲸的数量滞后于磷虾的数量，而两者均在各自的最大值和最小值之间做周期性的波动

　　我们假设，捕捞使磷虾的数量以速率 $rx(t)$ 减少．常数 r 表示捕捞的强度，包括海中渔船数和渔民撒网捕捞磷虾的次数等因素．现在，由于须鲸食物短缺，设鲸数也以 $ry(t)$ 的速率减少．将这些有关捕捞的假设合并到模型中，我们得到改进的模型

$$\frac{\mathrm{d}x}{\mathrm{d}t} = (a - by)x - rx = [(a - r) - by]x$$

$$\frac{\mathrm{d}y}{\mathrm{d}t} = (-m + nx)y - ry = [-(m + r) + nx]y \tag{12-15}$$

自治方程组 (12-15) 和方程组 (12-10) 有同样的形式 (倘若 $a-r>0$)，仅是用 $a-r$ 代替 a，$m+r$ 代替 m．因而，新的平均量为

$$\bar{x} = \frac{m + r}{n} \ \text{和}\ \bar{y} = \frac{a - r}{b}$$

可见适度地捕捞磷虾 (使得 $r<a$) 事实上增加了磷虾的平均量而降低了须鲸的数量 (据我们模型

中的假设). 磷虾数量增加使得南极海洋中的其他以磷虾为主要食饵的物种(海豹、海鸟、企鹅和鱼类)受益. 适度捕捞会使磷虾数量增加的事实称为 **Volterra 原理**. 自治系统(12-10)最初是由 Lotka(1925)和 Volterra(1931)作为简单的捕食作用的模型提出的.

对 Lotka-Volterra 模型做一些改进, 就可用来反映由于某种外部力量的干涉而使得捕食者和被捕食者的数量同时减少的情形, 比如使用杀虫剂的同时破坏了昆虫和捕食昆虫的物种. 在习题 3 中给出了一个这样的例子.

一些生物学家和经济学家指出, Lotka-Volterra 模型(12-10)并不现实, 因该系统不是渐近稳定的; 而自然界中大多数可观察到的捕食与被捕食系统随着时间推移是趋于平衡状态的. 但是, 如图 12-19 中轨线所示的正常的种群循环在自然界中确实存在. 一些科学家提出了不同于 Lotka-Volterra 模型的, 既呈现出波动、又是渐近稳定的模型(即轨线趋于平衡解). 以下就是这样的一个模型

$$\frac{\mathrm{d}x}{\mathrm{d}t} = ax + bxy - rx^2$$

$$\frac{\mathrm{d}y}{\mathrm{d}t} = -my + nxy - sy^2$$

在这个自治方程组中, rx^2 项表示被捕食者内部为争夺有限资源(如食物和空间)的内部竞争程度, 而 sy^2 项表示捕食者为争夺有限量食饵的竞争程度. 这个模型的分析比 Lotka-Volterra 模型的分析更困难, 但是可以证明这个模型的轨线不是周期的, 而是趋于平衡状态. 常数 r 和 s 是正的, 且由实验或历史数据确定.

 习题

1. 用一阶和二阶导数来判别函数 $f(y) = y^a/e^{by}$, 证明 $y = a/b$ 是产生相对最大值 $f(a/b)$ 的唯一的临界点. 再证明当 y 趋于无穷时 $f(y)$ 趋于 0.

2. 证明用 Lotka-Volterra 系统(12-10)建模确定的关于被捕食者数量的平均值 $\bar{x}$ 是 m/n.

3. 1968 年, 从澳大利亚进入美国的棉蚜虫几乎毁掉了美国的柑橘产业. 为了缓解这种情况, 一种来自澳大利亚的天然的捕食者——螵虫被引进了美国. 螵虫使得棉蚜虫的数量减少到一个相对低的程度. 当 DDT 的发明用来杀灭棉蚜虫后, 农民们希望用它来消灭更多的棉蚜虫. 但是, DDT 对螵虫也有致命的伤害, 结果是使用杀虫剂反而使棉蚜虫的数量增加了.

   改进 Lotka-Volterra 模型, 使得在农民(继续)使用杀虫剂, 造成捕食者和被捕食者的现有数量都以相同的比率减少时, 该模型能够反映出这两种昆虫组成的捕食系统情况. 考虑使用杀虫剂的影响, 你能从中得到什么样的结论? 用图形分析法来确定使用杀虫剂的作用.

4. 1969 年, E. R. Leigh 在研究中发现, 由 Hudson 海湾公司(Hudson's Bay Company)在 1847 至 1903 年圈养的加拿大山猫及其主要食饵野兔, 它们的数量波动是周期性的. 这两个物种的实际数量与用 Lotka-Volterra 捕食模型预测的有很大的不同.

   通过完整的建模过程来改进 Lotka-Volterra 模型, 以得到一个关于这两个物种增长率的更真实的模型. 在建模过程中回答下列问题:

   (a)你是如何改进捕食模型基本假设的?

   (b)为什么你的改进是对基本模型的一种完善?

   (c)你的模型的平衡点是什么?

   (d)能否对每个平衡点按其是否稳定来分类? 若能, 给出分类.

   (e)根据你的平衡分析, 当 t 趋于无穷时, 山猫和野兔的数量会是多少?

(f)如何用你所改进的模型来考虑加拿大山猫与野兔的狩猎政策？提示：在系统中引入人作为第二个捕食者．

5. 考虑两个依赖于相互合作而生存的物种．比如一种蜜蜂主要以某种植物的花蜜为食，同时也为该植物传播花粉．下面的自治系统给出了这种**互利共生**的简单模型

$$\frac{\mathrm{d}x}{\mathrm{d}t} = -ax + bxy$$

$$\frac{\mathrm{d}y}{\mathrm{d}t} = -my + nxy$$

(a)在没有合作的情况下，对物种的增长而言隐含着要做出什么样的假设？

(b)解释常数 a，b，m 和 n 的物理意义．

(c)平衡状态是什么？

(d)运用图形分析，并在相平面上标出轨线的方向．

(e)求出解析解，并在相平面上画出典型的轨线．

(f)通过图形分析解释你所预测的结果．你认为该模型是否真实？为什么？

研究课题

1. 完成 UMAP 教学单元的要求：Martin Eisen，"生物学中一些差分方程的图形分析（Graphical Analysis of Some Difference Equations in Biology），" UMAP 553．用差分方程对多种生物种群的增长建立模型．本模块用图形方法预测某些方程解的性态．

2. 从本节所列的"进一步阅读材料"中选一篇 May 等人的论文，并写出综述．

进一步阅读材料

Clark，Colin W. *Mathematical Bioeconomics*：*The Optimal Management of Renewable Resources*. New York：Wiley，1976.

May，R. M. *Stability and Complexity in Model Ecosystems*，Monographs in Population Biology VI. Princeton，NJ：Princeton University Press，1973.

May，R. M.，ed. *Theoretical Ecology*：*Principles and Applications*. Philadelphia：Saunders，1976.

May，R. M. *Stability and Complexity in Model Ecosystems*. Princeton，NJ：Princeton University Press，2001.

May，R. M.，J. R. Beddington，C. W. Clark，S. J. Holt，& R. M. Lewis. "Management of Multispecies Fisheries." *Science* 205（July 1979）：267—277.

12.4　两个军事方面的例子

在 1.4 节中，我们用差分方程组来研究了 1805 年时特拉法尔加的一场战争．在这里我们要用微分方程组来研究两支部队的战斗．我们的图形分析则揭示出一支部队可能最终战胜另一支的条件．

例 1　Lanchester 战斗模型

考虑两支同类部队之间的战斗形势：X 类部队（如坦克）与 Y 类部队（如反坦克武器）对抗．我们所想要知道的是，一支部队是否会最终战胜另一支，还是会战成平局？另一些令人感兴趣的问题是：在战争中，部队的战斗力水平是如何随时间降低的？胜利一方能有多少生还者？战斗最终会持续多久？最初的力量对比以及武器系统等因素的变化会怎样影响结局？在这个例子中，我们考虑基本的战斗模型，以及它的一些改进．

假设　设 $x(t)$ 和 $y(t)$ 分别表示部队 X 和 Y 在 t 时刻的战斗力．通常 t 从战斗开始起以小时或天数计算．我们来考察一下两支部队 X 和 Y 的战斗力是什么意思．比如，战斗力 $x(t)$ 包括

许多因素. 如果 X 是一支坦克部队，那么它的战斗力依赖于有效的坦克数量、坦克设计中所使用的技术水平、制造工艺质量、坦克操作人员的训练程度与技术水平等. 出于我们的需要，假设战斗力 $x(t)$ 仅为 t 时刻投入战斗的坦克数量. 同样，战斗力 $y(t)$ 是指 t 时刻投入战斗的反坦克武器的数量.

在现实中，$x(t)$ 和 $y(t)$ 都是非负的整数. 但是，在理想化的情况下，假设 $x(t)$ 和 $y(t)$ 是关于时间的连续函数，这样会很方便. 比如，如果在 14：00（即军事时间的下午 2 点）有 500 辆坦克，到 15：00 时有 487 辆坦克，那么，有理由假设在 14：12 时有 497.4 辆坦克（如果我们在数据点之间用线性插值的话）. 这就是说，在战斗进行的 1 小时中所损失的 13 辆坦克，在最初的 12 分钟里占了 2.6 辆. 我们还假设 $x(t)$ 和 $y(t)$ 是 t 的可微函数，于是 $x(t)$ 和 $y(t)$ 的图形就很光滑，没有任何角点或尖点. 这样的理想化处理使得我们能够对战斗力函数用微分方程组来建模.

由于战斗引起力量的变化，对此我们应当做出什么假设呢？对于基本的战斗模型，我们假设 X 部队的战斗伤亡率与 Y 部队的战斗力成正比. 影响 X 部队战斗力随时间变化的其他因素比如有：带来新增坦克的援军（或者对地面部队而言则是新增部队），由于机械或电子故障，或者由于操作失误或逃亡而导致坦克数量的损失.（你还能说出其他因素吗？）在初始模型中，我们将忽略这所有的其他因素，于是 $x(t)$ 的变化率为

$$\frac{\mathrm{d}x}{\mathrm{d}t} = -ay, a > 0 \tag{12-16}$$

方程（12-16）中的正常数 a 称为反坦克武器的杀伤率或磨损率系数，它反映了能用一件反坦克武器摧毁坦克的程度. 所以，我们先用最简单的假设来分析：损失率与对方射手数目成正比. 之后我们再假设射手与目标间的相互关系是必要（射手在射击前必须瞄准目标），由此来改进我们的模型. 在改进的模型中，磨损率系数与目标个数成比例.

用类似的假设，Y 部队的变化率是

$$\frac{\mathrm{d}y}{\mathrm{d}t} = -bx, b > 0 \tag{12-17}$$

在这里，常数 b 表示一辆坦克所能摧毁反坦克武器的程度. 由方程（12-16）和（12-17）组成的自治系统，连同初始的战斗力水平 $x(0) = x_0$ 和 $y(0) = y_0$，称为 **Lanchester 战斗模型**，这是由 F. W. Lanchester 研究了第一次世界大战的空战情况而得出的. 方程（12-16）和（12-17）就是根据我们的假设而建立起的基本模型. 我们通篇还假设 $x \geqslant 0$ 和 $y \geqslant 0$，因为负的战斗力量级是没有物理意义的.

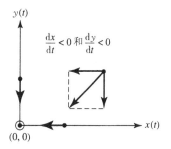

图 12-21 Lanchester 基本战斗模型的静止点 $(0, 0)$

模型的分析 令方程（12-16）和（12-17）的右边为零，我们看到 $(0, 0)$ 是基本战斗模型的一个静止点. 观察到 $x > 0$ 和 $y > 0$ 时 $\mathrm{d}x/\mathrm{d}t < 0$ 和 $\mathrm{d}y/\mathrm{d}t < 0$，由此可确定相平面上的轨线方向. 此外，若 $x = 0$，则 $\mathrm{d}y/\mathrm{d}t = 0$（我们仍设 $\mathrm{d}x/\mathrm{d}t = 0$ 是因为 $x < 0$ 没有物理意义）. 由此我们得到如图 12-21 中的轨线方向. 注意到，我们的假设意味着当轨线到达任一坐标轴时将会停止（否则，静止点 $(0, 0)$ 是不稳定的）.

很容易找到基本模型的解析解. 由链式法则

$$\frac{\mathrm{d}y}{\mathrm{d}x} = \frac{\mathrm{d}y/\mathrm{d}t}{\mathrm{d}x/\mathrm{d}t}$$

并用方程组(12-16)和(12-17)做代换，我们得到

$$\frac{\mathrm{d}y}{\mathrm{d}x} = \frac{-bx}{-ay}$$

分离变量得

$$-ay\,\mathrm{d}y = -bx\,\mathrm{d}x \tag{12-18}$$

对方程(12-18)的两边积分，并利用初始的战斗力量 $x(0)=x_0$ 和 $y(0)=y_0$，得到 **Lanchester 二次律模型**

$$a(y^2 - y_0^2) = b(x^2 - x_0^2) \tag{12-19}$$

令 $C = ay_0^2 - bx_0^2$，我们得到方程

$$ay^2 - bx^2 = C \tag{12-20}$$

方程(12-20)在相平面上所代表的典型的轨线如图 12-22 所示. 对 $C \neq 0$，轨线是双曲线，而当 $C=0$ 时轨线是直线 $y = \sqrt{b/a}\,x$. 当 $C<0$ 时轨线与 x 轴交于 $x = \sqrt{-C/b}$；则 X(坦克)部队获胜，因为 Y 部队已被完全消灭. 另一方面，若 $C>0$，则 Y 部队最终因战斗力强出 $y = \sqrt{C/a}$ 而获胜. 这些情况如图 12-22 所示.

我们来研究(反坦克)部队 Y 获胜的情况. 此时常数 C 必为正，而

$$\left(\frac{y_0}{x_0}\right)^2 > \frac{b}{a} \tag{12-21}$$

不等式(12-21)给出了在我们的模型假设下(比如不允许有援军)，Y 部队获胜的充分必要条件. 从这个不等式我们可以看到，假设对于常数 a 和 b，X 部队的初始数量 x_0 保持不变，则 Y 部队的初始兵力加倍就会产生四倍的优势. 这就是说，在兵力 x_0 保持同样水平条件下，X 部队必须将 b(它的技术)增加到四倍，才能抵消 Y 部队由于规模增加而产生的优势. 图 12-23 描述了当不等式(12-21)满足时，战斗力 $x(t)$ 和 $y(t)$ 曲线的典型图. 从图形观察得到，Y 要确保胜利，并不一定要使自己的初始战斗力水平 y_0 超过 X 部队的水平 x_0. 这一重要的关系是由不等式(12-21)给出的.

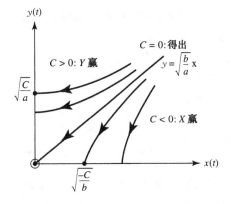

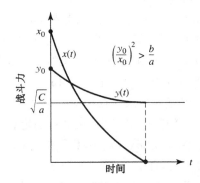

图 12-22　Lanchester 基本战斗模型的轨线：满足　　　图 12-23　当 $C>0$ 且 Y 部队获胜时，Lanchester 基本
　　　　　Lanchester 二次律(12-19)时轨线是双曲线　　　　　　　战争模型的战斗力水平曲线 $x(t)$ 和 $y(t)$

由方程(12-16)和(12-17)给出的模型可以按如下方法化成一个关于因变量 y 的二阶微分方程：对方程(12-17)求导，得到：

$$\frac{\mathrm{d}^2 y}{\mathrm{d}t^2} = -b \frac{\mathrm{d}x}{\mathrm{d}t}$$

然后将方程(12-16)代入上式，得

$$\frac{\mathrm{d}^2 y}{\mathrm{d}t^2} = aby$$

或

$$\frac{\mathrm{d}^2 y}{\mathrm{d}t^2} - aby = 0 \tag{12-22}$$

在本节习题中，还会要求你证明函数

$$y(t) = y_0 \cosh \sqrt{ab}\, t - x_0 \sqrt{a/b} \sinh \sqrt{ab}\, t \tag{12-23}$$

满足在条件 $y(0)=y_0$ 下的微分方程(12-22). 类似地，在初始量 $x(0)=x_0$ 条件下，X 部队战斗力的解是

$$x(t) = x_0 \cosh \sqrt{ab}\, t - y_0 \sqrt{a/b} \sinh \sqrt{ab}\, t \tag{12-24}$$

方程(12-23)可以写成更明显的形式

$$\frac{y(t)}{y_0} = \cosh \sqrt{ab}\, t - \left(\frac{x_0}{y_0} \right) \sqrt{\frac{a}{b}} \sinh \sqrt{ab}\, t \tag{12-25}$$

表达式(12-25)是 Y 部队的现存战斗力被初始量相除，为正规化了的战斗力水平，它依赖于两个参数：一是无量纲的交战参数 $E=(x_0 y_0)\sqrt{a/b}$，另一个是时间参数 $T=\sqrt{ab}t$. 常数 $\sqrt{ab}$ 代表着战斗的剧烈程度，以及对战斗持续时间的控制. 比率 a/b 代表了双方战士的相对效能[⊖].

对 Lanchester 基本战争模型的提炼　在 Lanchester 基本战争模型

$$\frac{\mathrm{d}x}{\mathrm{d}t} = -ay$$

$$\frac{\mathrm{d}y}{\mathrm{d}t} = -bx \tag{12-26}$$

中，已经假设了单个武器磨损率 a 和 b 是与时间无关的常量. 但在许多情况下，X 军和 Y 军的阵地在变化，而武器的效力也依赖于射手与目标的距离. 所以，$a=a(t)$ 和 $b=b(t)$ 与时间有关. 此时，模型(12-26)不再是自治的了，从模型要得到确切的信息也更难了.

在有些情况，单个武器的磨损率 a 不但依赖于时间，还依赖于目标个数 x. 比如，当目标的侦察依赖于目标数时，就会出现这种情况. 此时，$a=a(t,x)$ 是时间和目标数的函数. 这样模型就很难用解析方法处理，但是，能够用数值的方法得到关于军力水平的结果.

我们还可以进一步丰富基本模型(12-26). 比如，对于 $a=a(t, x/y)$，单个武器的磨损率

⊖　进一步的研究见 James G. Taylor 的优秀论文"An Introduction to Lanchester-Type Models of Warfare,"Naval Postgraduate School，Monterey. CA(1993).

就依赖于时间和军力比 x/y. 另一种操作环境可能是 $a=a(t, x, y)$，这样，磨损率就依赖于时间、目标数和射手数.

当一种武器系统用于面积射击，而敌方的目标在一个不变的区域防卫时，则相应的 Lanchester 磨损率系数就依赖于目标数. 于是，基本的模型就变为

$$\frac{\mathrm{d}x}{\mathrm{d}t} = -gxy$$

$$\frac{\mathrm{d}y}{\mathrm{d}t} = -hyx \tag{12-27}$$

其中 g 和 h 是正常数，而 $x(0)=x_0$ 和 $y(0)=y_0$ 为初始战斗力水平. 假设双方都没有运作失误，也没有援军，模型(12-27)反映了两支游击队间的战斗.

方程组(12-27)很容易求解. 由链式法则得到

$$\frac{\mathrm{d}y}{\mathrm{d}x} = \frac{h}{g}$$

分离变量，得到方程

$$g\mathrm{d}y = h\mathrm{d}x$$

通过积分就得到**线性战斗律**

$$g(y-y_0) = h(x-x_0) \tag{12-28}$$

令 $K=gy_0-hx_0$，我们得到方程

$$gy-hx = K \tag{12-29}$$

若 $K>0$，则 Y 军获胜；若 $K<0$，则 X 军获胜. 模型(12-27)的轨线如图 12-24 所示. 注意由方程(12-29)，当满足

$$\frac{y_0}{x_0} > \frac{h}{g} \tag{12-30}$$

时 Y 军会获胜. 此时，在 X 军的初始水平 x_0 不变情形下，把 Y 军的初始兵力加倍，只会产生两倍的优势.

可以证明(见习题 3)，满足模型(12-27)的 X 军的战斗力水平由下式给出

$$x(t)= \begin{cases} x_0\left[\dfrac{hx_0-gy_0}{hx_0-gy_0\mathrm{e}^{-(hx_0-gy_0)t}}\right] & \text{当} \quad hx_0\neq gy_0 \\ \dfrac{x_0}{1+hx_0t} & \text{当} \quad hx_0=gy_0 \end{cases} \tag{12-31}$$

对 Y 军也有类似的结果.

我们来考虑一些对基本战争模型(12-26)的更简单而又自然的扩充. 比如，X 军以 $q(t)\geqslant 0$ 的速率不断增加兵力，那么 X 军战斗力的变化率就会变成

$$\frac{\mathrm{d}x}{\mathrm{d}t} = -ay + q(t) \tag{12-32}$$

这里，$q(t)<0$ 表示部队的持续撤退. 那么函数 $q(t)$ 的形式

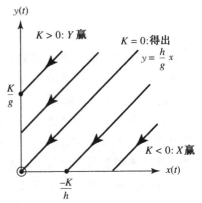

图 12-24　磨损系数率与目标的数量成正比时的轨线

是怎么样的呢? 我们首先观察到, 所补充的兵力来自有限的军营和武器库. 于是, 我们可以假设, 提供给战斗的补充资源将以固定的速率 m 持续整个补给过程. 若 R 表示可投入战斗的总储备量, 那么这些想法就转换成下面的子模型

$$q(t) = \begin{cases} m & \text{当 } 0 \leqslant t \leqslant \dfrac{R}{m} \\ 0 & \text{当 } t > \dfrac{R}{m} \end{cases} \tag{12-33}$$

另一种想法是可能出现运作失误. 这里运作失误是指一些非战争的因素, 比如疾病、逃兵以及机械的损坏. 运作的失误率涉及很多因素, 比如由于心理因素而产生逃兵, 是很难精确度量的. 但是, 我们可以假设运作失误率与部队的战斗力成比例. 在此, 仍旧假设存在兵员的补充, 则 X 部队战斗力的变化率将是

$$\frac{\mathrm{d}x}{\mathrm{d}t} = -cx - ay + q(t) \tag{12-34}$$

其中 a 和 c 是正常数, 而 $q(t) \geqslant 0$. 同样的想法也适用于 Y 军. ∎

例2　军备竞赛的经济方面

在这个例子中, 我们研究两国的军备竞赛对防御经费方面的影响.

识别问题　考虑两个参加军备竞赛的国家. 我们试图定性地评价军备竞赛对于防御经费方面的影响. 特别是我们很有兴趣要知道, 军备竞赛是否会导致不可控的经费支出, 并且最终由最具经济实力的国家支配. 还是最终会达到一个平衡的支出水平, 使得每个国家维持一个稳态的防御费用?

假设　定义变量 x 是国家1每年的防御支出, 变量 y 是国家2每年的防御支出. 我们假设每一个国家都只准备防御, 且考虑必要的防御预算. 我们用国家1的观点来分析一下形势, 它的经费支出率依赖于若干因素. 不考虑国家2或与1不和的国家的任何支出, 有理由假设防御支出率按已经支出额的比例减少. 比例常数代表了维护现有军火库(现有支出的一个百分比)的需要及对防御支出在经济上的限制(政府要把钱花在诸如卫生和教育等事业上). 所以

$$\frac{\mathrm{d}x}{\mathrm{d}t} = -ax \qquad \text{对 } a > 0$$

这个方程从定性方面表明防御支出不会增长. 现在, 当国家1察觉到国家2也在进行防御支出时会发生什么呢? 国家1将会被迫增加它的防御预算, 以抵消它的对手积累起来的防御力量, 并保障自身的安全. 我们假设国家1所增加的防御支出率和国家2支出的成比例, 其中的比例系数是对国家2的武器的威力的一种估计. 这个假设看起来是合理的, 至少切中了要点. 在国家2给它的军火库添加武器时, 国家1也会感到需要给它的武器库增加武器, 而增加的数量取决于对国家2的武器威力的估计. 所以, 上面的方程就改进为

$$\frac{\mathrm{d}x}{\mathrm{d}t} = -ax + by$$

我们假设 b 是常数, 虽然这一假设有点不现实. 我们可以想象, 当国家2在不断地增加武器时, 对于意识到的有效性所做出的回应会有某种减势. 这就是说, 如果国家2给武器库添加

100 件武器，国家 1 可能觉得它需要给自己添加 40 件武器．但是，如果国家 2 给武器库添加 200 件武器，国家 1 可能觉得它只需要添加 75 件武器．所以，从现实出发，常数 b 更应该是一个关于 y 的减函数（在有些例子中，也许是一个增函数）．我们下面想把模型进行改进，以考虑到这种可能的呈减势的回应．

最后，我们添加一个常数项，以反映国家 1 对国家 2 感到的所有潜在的不安因素．这就是说，即使两个国家的防御支出为零，国家 1 仍觉得有必要武装自己以对抗国家 2，也许是出自于对敌方未来可能的侵略行为的一种担心．如果 $y=0$，那么 $c-ax$ 代表了国家 1 防御支出的增加率，直到 $c=ax$ 时，才停止增加，消除顾虑．由这些假设，得到微分方程

$$\frac{\mathrm{d}x}{\mathrm{d}t} = -ax + by + c$$

其中 a，b 和 c 是非负常数．常数 a 表示防御支出的经济限制，b 表示与国家 2 的敌对的强度，而 c 表示威慑或不安因素．虽然我们假设 c 是常数，但其实应该是变量 x 和 y 的函数．

对国家 2 进行完全类似的讨论，就得到微分方程

$$\frac{\mathrm{d}y}{\mathrm{d}t} = mx - ny + p$$

其中 m，n 和 p 为非负常数，其意义分别与 b，a 和 c 相同．这两个方程就组成了我们的军费支出模型．

模型的图形分析　我们感兴趣的是防御支出是否会达到平衡程度．如果是，我们就知道军备竞赛不会导致支出失控．这一情况表明两个国家的防御预算必都停止增加，故 $\mathrm{d}x/\mathrm{d}t=0$ 和 $\mathrm{d}y/\mathrm{d}t=0$．于是，我们来寻求模型的静止点或平衡点．

首先，考虑如下情况：任何一国既不对他国感到不安，也不需要保持任何威慑．则 $c=0$ 和 $p=0$，我们的模型就变为

$$\frac{\mathrm{d}x}{\mathrm{d}t} = -ax + by$$

$$\frac{\mathrm{d}y}{\mathrm{d}t} = mx - ny$$

(12-35)

对自治方程组(12-35)，$(x，y)=(0，0)$ 是静止点．在这种情形，两国都没有防御支出，且都生活在永远的和平之中，以非军事的方式解决一切争端（这样一种和平状态存在于 1817 年以来的美国和加拿大之间）．然而，如果出现的不安并没有得到使双方都满意的解决，那么这两个国家就会被迫武装自己，由此得到方程

$$\frac{\mathrm{d}x}{\mathrm{d}t} = c \text{ 和} \frac{\mathrm{d}y}{\mathrm{d}t} = p$$

于是，当 c 和 p 都为正时，$(x，y)$ 将不再保持在静止点 $(0，0)$，静止点不稳定．

现在考虑一般的模型

$$\frac{\mathrm{d}x}{\mathrm{d}t} = -ax + by + c$$

$$\frac{\mathrm{d}y}{\mathrm{d}t} = mx - ny + p$$

(12-36)

令此方程组的右端为零，得到线性方程组

$$ax - by = c$$
$$mx - ny = -p$$

(12-37)

方程组(12-37)中的每一个都代表相平面上的一条直线．如果系数行列式 $bm-an$ 不为零，则这两条直线交于唯一的一个静止点，记为$(X，Y)$．容易解方程组(12-37)，得到静止点

$$X = \frac{bp + cn}{an - bm}$$

$$Y = \frac{ap + cm}{an - bm}$$

假设 $an-bm>0$，则静止点位于相平面的第一象限，如图 12-25 所示．图中所示的四个区域 A～D 由这两条相交的直线确定．我们来考察每个区域中轨线的方向．

区域 A 中的任一点$(x，y)$位于由方程组(12-37)所代表的两条直线上方．所以 $ny-mx-p>0$ 且 $by-ax+c>0$．由方程组(12-36)知，在区域 A 中，$dy/dt<0$ 且 $dx/dt>0$．对于区域 B 中的任意点$(x，y)$，$ny-mx-p>0$ 且 $by-ax+c<0$，所以 $dy/dt<0$ 且 $dx/dt<0$．类似地，在区域 C 中 $dy/dt>0$ 且 $dx/dt>0$；而在区域 D 中 $dy/dt>0$ 且 $dx/dt<0$．这些特征如图 12-26 所示．

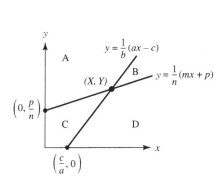

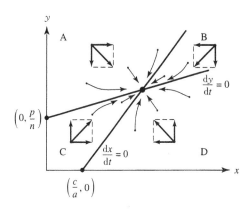

图 12-25　若 $an-bm>0$，模型(12-36)在第一象限有唯一的静止点$(X，Y)$．沿直线 $by=ax-c$ 有 $dx/dt=0$；而沿着直线 $ny=mx+p$ 有 $dy/dt=0$

图 12-26　复合的图形分析：由两条相交直线(方程组 12-37)确定的四个区域中的轨线方向

对于图 12-26 中静止点$(X，Y)$附近的轨线的运动所做的分析揭示出相平面上的每条轨线都趋于静止点．所以，根据我们假设 $a/b>m/n$，交点$(X，Y)$位于第一象限，它作为静止点是稳定的．因而，我们可以推断这两个国家的防御支出将会趋于一个平衡点(稳态)$x=X$，$y=Y$（在本节习题中要研究 $a/b<m/n$ 情形，你将看到会出现经费失控）．

我们来考察不等式 $a/b>m/n$(即 $an-bm>0$)的意义．在国家 1 看来，经济上的限制 a 与察觉到的敌国强度 b 之比，一定高于国家 2 的某个比率 m/n．常数 b 是和感觉有关的，其中一部分是心理因素．如果降低 b，那么静止点落在第一象限的机会就增加，防御支出达到稳态程度，其结果是两个国家都受益．我们模型的价值不在于能够做出预测言，而在于它弄清了在不同的条件下，即调节参数 a，b，c，m，n 和 p，会发生什么样的情况．当然，我们可以看到，

国家之间通过相互合作、相互尊重和实行裁军政策，以降低紧张的程度与威胁感，避免出现失控的军备竞赛的局面，这些都是十分重要的．此外，持久的和平只能通过各国都满意的方式来解决争端才能取得．

 习题

1. 验证函数(12-23)满足微分方程(12-22)．

   (a)从方程(12-29)解出 y，并把结果代入模型(12-27)中的微分方程 $dx/dt = -gxy$ 中．

   (b)对(a)小题中得到的微分方程分离变量并用部分分式积分，给出方程(12-31)确定的战斗力水平．

2. 在 Lanchester 基本战斗模型(12-26)中，假设两支部队的效能是一样的，故 $a = b$．Y 部队最初有 50 000 个士兵．X 部队的士兵在地理位置上分成 40 000 人和 30 000 人两部分．利用基本模型与结果(12-20)证明：如果 Y 部队的指挥官与 X 的两部分部队分别作战的话，他将会获得一场平局．

3. 设 X 表示一支游击队，Y 表示一支正规部队．自治方程组

$$\frac{dx}{dt} = -gxy$$

$$\frac{dy}{dt} = -bx$$

是关于正规-游击部队战斗的 Lanchester 模型，其中没有运作失误，也没有援军．

   (a)讨论评判这个模型所需的假设和相关关系．这个模型合理吗？

   (b)解这个微分方程组，并给出抛物线

$$gy^2 = 2bx + M$$

   其中 $M = gy_0^2 - 2bx_0$．

   (c)正规部队 Y 要获胜的话，初始战斗力水平 x_0 和 y_0 必须满足什么条件？如果 Y 部队确实赢了，那么它能剩下多少人？

4. (a)假设方程组(12-26)中的单个武器磨损率 a 和 b 与时间无关，讨论子模型

$$a = r_y p_y \text{ 和 } b = r_x p_x$$

   其中 r_y 和 r_x 分别是 Y 部队和 X 部队的射击率（每个战士每天的射击数），p_y 和 p_x 分别是每次射击消灭一个对手的概率．

   (b)你怎样建立模型(12-27)中的磨损率系数 g 和 h 模型？把方程组(12-27)看成是对游击队之间的战斗进行建模会有所帮助．

5. 在军备竞赛模型(12-36)中，假设 $an - bm < 0$，于是静止点位于相平面的第四象限而不是第一象限．在相平面上画出 $dx/dt = 0$ 和 $dy/dt = 0$ 所表示的线，并标出这两条线及其与坐标轴的交点．用图形的稳定性分析回答以下问题：

   (a)对于防御支出是否存在任何潜在的平衡状态？列举出这样的点，并按稳定或不稳定分类．

   (b)至少选取四个位于第一象限的初始点，并描绘它们在相平面上的轨线．

   (c)你的图形分析预测了怎样的防御支出结果？

   (d)从国家1的角度考虑，用模型(12-36)中的参数的相对值解释你通过图形分析得到的结果．

研究课题

1. 完成 Dina A. Zinnes，Jonh V. Gillespie 和 G. S. Tahim 的"Richardson 军备竞赛模型，"UMAP 308．本单元根据 Lewis Fry Richardson 的经典假设构造一个模型，并引进差分方程．学生在分析一个相互作用模型的平衡点、稳定性和敏感性中获得经验．

进一步阅读材料

Callahan，L. G. "Do We Need a Science of War?" *Armed Forces Journal* 106.36(1969)：16-20.

Engel，J. H. "A Verification of Lanchester's Law." *Operations Research* 2(1954)：163-171.

Lanchester, F. W. "Mathematics in Warfare." *The World of Mathematics*. Edited by J. R. Newman, vol. 4. New York: Simon & Schuster, 1956. 2138-2157.

McQuie, R. "Military History and Mathematical Analysis." *Military Review* 50.5(1970): 8-17.

Richardson, L. R. "Mathematics of War and Foreign Politics." *The World of Mathematics*. Edited by J. R. Newman, vol. 4. New York: Simon & Schuster, 1956. 1240-1253.

U. S. General Accounting Office (GAO). "Models, Data, and War: A Critique of the Foundation Defense Analysis," PAD-80-21. Washington, DC: GAO, March 1980.

12.5 微分方程组的欧拉方法

我们在本章已经研究了一阶自治微分方程组. 由两个含因变量 x 和 y 及自变量 t 的一阶常微分方程组成的更一般的微分方程组如下给出

$$\frac{\mathrm{d}x}{\mathrm{d}t} = f(t, x, y)$$

$$\frac{\mathrm{d}y}{\mathrm{d}t} = g(t, x, y) \tag{12-38}$$

如果变量 t 明显地出现在函数 f 或 g 中, 则该方程组称为是**非自治的微分方程组**, 否则就是自治的. 在这一节中, 我们给出欧拉的数值方法, 来逼近以 $x(t_0)=x_0$ 和 $y(t_0)=y_0$ 为初值条件的方程组(12-38)的解函数 $x(t)$ 和 $y(t)$. 和 11.5 节中关于单个的微分方程的情形一样, 方程组的欧拉法也是把一系列的切线连起来, 用以逼近区间 I: $t_0 \leqslant t \leqslant b$ 上的每条曲线 $x(t)$ 和 $y(t)$.

为了对方程组用欧拉法, 我们先把自变量 t 所在的区间 I 细分成 n 个等间隔点:

$$t_1 = t_0 + \Delta t$$
$$t_2 = t_1 + \Delta t$$
$$\vdots$$
$$t_n = t_{n-1} + \Delta t = b$$

然后计算解函数的逐次逼近

$$x_1 = x_0 + f(t_0, x_0, y_0)\Delta t$$
$$y_1 = y_0 + g(t_0, x_0, y_0)\Delta t$$
$$x_2 = x_1 + f(t_1, x_1, y_1)\Delta t$$
$$y_2 = y_1 + g(t_1, x_1, y_1)\Delta t$$
$$\vdots$$
$$x_n = x_{n-1} + f(t_{n-1}, x_{n-1}, y_{n-1})\Delta t$$
$$y_n = y_{n-1} + g(t_{n-1}, x_{n-1}, y_{n-1})\Delta t.$$

于是, 对方程组的欧拉法和 11.5 节中研究过的方法是一样的, 只不过我们这里是对方程组(12-38)中的两个方程都进行迭代, 而不是单个方程. 和以前一样, 步数 n 可以取得任意大, 但若 n 太大, 就会有积累误差. 这里给出一个例子来说明该方法的应用.

例 1 方程组的欧拉方法应用

对捕食模型

$$\frac{\mathrm{d}x}{\mathrm{d}t} = 3x - xy$$

$$\frac{\mathrm{d}y}{\mathrm{d}t} = xy - 2y$$

用欧拉法求出前三次逼近 (x_1, y_1), (x_2, y_2), (x_3, y_3), 初值条件为：$t_0 = 0$ 处 $x_0 = 1$ 和 $y(t_0) = y_0$, 并取 $\Delta t = 0.1$.

解 我们有 $t_0 = 0$, $t_1 = t_0 + \Delta t = 0.1$, $t_2 = t_1 + \Delta t = 0.2$, $t_3 = t_2 + \Delta t = 0.3$ 和 $(x_0, y_0) = (1, 2)$.

第一组点：
$$\begin{aligned}
x_1 &= x_0 + f(t_0, x_0, y_0)\Delta t \\
&= x_0 + (3x_0 - x_0 y_0)\Delta t \\
&= 1 + (3 - 2)(0.1) = 1.1 \\
y_1 &= y_0 + g(t_0, x_0, y_0)\Delta t \\
&= y_0 + (x_0 y_0 - 2y_0)\Delta t \\
&= 2 + (2 - 4)(0.1) = 1.8
\end{aligned}$$

第二组点：
$$\begin{aligned}
x_2 &= x_1 + f(t_1, x_1, y_1)\Delta t \\
&= x_1 + (3x_1 - x_1 y_1)\Delta t \\
&= 1.1 + (3.3 - (1.1)(1.8))(0.1) = 1.232 \\
y_2 &= y_1 + g(t_1, x_1, y_1)\Delta t \\
&= y_1 + (x_1 y_1 - 2y_1)\Delta t \\
&= 1.8 + ((1.1)(1.8) - 3.6)(0.1) = 1.638
\end{aligned}$$

第三组点：
$$\begin{aligned}
x_3 &= x_2 + f(t_2, x_2, y_2)\Delta t \\
&= x_2 + (3x_2 - x_2 y_2)\Delta t \\
&= 1.232 + (3.696 - (1.232)(1.638))(0.1) \\
&= 1.399\ 798\ 4 \\
y_3 &= y_2 + g(t_2, x_2, y_2)\Delta t \\
&= y_2 + (x_2 y_2 - 2y_2)\Delta t \\
&= 1.638 + ((1.232)(1.638) - 3.276) \\
&= 1.512\ 201\ 6
\end{aligned}$$
■

方程组的欧拉法很容易用计算机编程. 对方程组 (12-38) 输入初值 (t_0, x_0, y_0)、步数 n 和步长 Δt, 程序就生成了一个数值解 (t_k, x_k, y_k) 的表. 如果方程组像例 1 那样是自治的, 我们就可以通过初值点 (x_0, y_0) 在 xy 相平面上画出点 (x_0, y_0), (x_1, y_1), (x_2, y_2), …, (x_n, y_n) 来逼近解轨. 我们还可以在 xt 平面上画出点 $x_0, x_1, x_2, …, x_n$ 以逼近解曲线 $x(t)$. 我们同样还能在 yt 平面上画出点 $y_0, y_1, y_2, …, y_n$ 来逼近解曲线 $y(t)$.

例 2 轨线和解曲线

对例 1 中的捕食模型, 利用欧拉法在相平面上找一条通过点 $(1, 2)$ 的轨线.

解 通过计算机程序的运行我们发现, 如果取 $0 \leqslant t \leqslant 3$, 就会出现一个过 $(1, 2)$ 解轨的完整的圈 (有某种重叠). 从 $t_0 = 0$ 出发, 取 $\Delta t = 0.1$, 我们就得到如图 12-27 所示的轨线点图. 注意到, 由于步长 $\Delta t = 0.1$ 取得较大, 近似解并没有精确地以逆时针方向绕回到初始点 $(1, 2)$. 所以, 该近似解远离了真实的周期解轨. 问题就出在逼近过程中的固有误差 (以及截断误差).

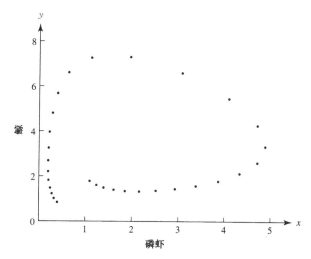

图 12-27　对例 1 中的捕食模型，令 $\Delta t = 0.1$，$0 \leqslant t \leqslant 3$，用相平面上的
一组点来逼近过点(1，2)的解轨

我们用更小的步长 $\Delta t = 0.02(0 \leqslant t \leqslant 3)$来逼近轨线．轨线如图 12-28 所示，我们可以看到，由于用到较小的步长减小误差，轨线更具有周期性了．

进一步缩小步长到 $\Delta t = 0.003\ 125$（因而对区间 $0 \leqslant t \leqslant 3$，$n = 960$），我们得到如图 12-29 所示的轨线，它十分接近真正的周期解．

最后，我们对 $0 \leqslant t \leqslant 9$ 和 $\Delta t = 0.0025$（相应的 $n = 3600$），画出满足 $x(0) = 1$ 和 $y(0) = 2$ 的解曲线 $x(t)$ 和 $y(t)$．曲线如图 12-30 所示，同时也显示出了捕食者鲸的数量是如何滞后于被捕食者磷虾数量的．

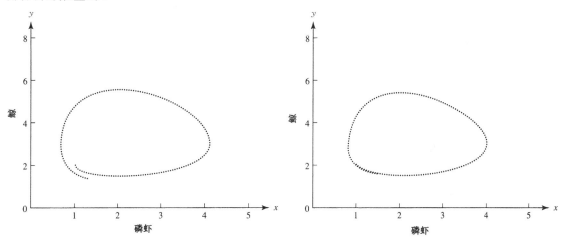

图 12-28　对例 2 取 $\Delta t = 0.02$，$0 \leqslant t \leqslant 3$，过(1，2)　　图 12-29　在区间 $0 \leqslant t \leqslant 3$ 上取 $\Delta t = 0.02(n = 960)$，
　　　　　的解曲线　　　　　　　　　　　　　　　　　　　　　　　过点(1，2)的近似解轨非常接近于真正
　　　　　　　　　　　　　　　　　　　　　　　　　　　　　　　　的周期解

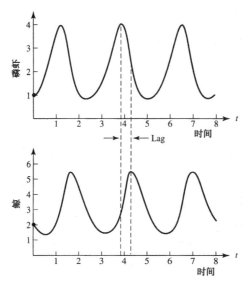

图 12-30　例 1 的捕食模型中，单个物种的数量随时间呈周期波动．捕食者数量的最大值总是比
　　　　　被捕食者数量的最大值迟一些达到（所以在这循环中，被捕食者的数量已经开始下降
　　　　　时，捕食者的数量才达到它的顶峰）

　　正如 11.5 节中关于单个的一阶微分方程所介绍的那样，解方程组的更精确的方法也是有
的，这些通常能在微分方程课程的数值方法部分学到．这许多方法只是对我们上面所给的基本
Euler 方法的改进，通过取适当的步长，它们可以对真实解轨给出了相当精确的逼近．■

例3　连续的 SIR 传染病模型

　　我们来重新讨论 1.4 节中的例 4，现在把它看成是一个连续的模型．考虑一种在全美传播
的疾病，例如新流感．疾病防控中心（CDC）在疾病实际上是否会变成一种"真的"传染病之前，
要了解它，并对这种新疾病的模型进行实验．我们考虑把人群分成三类：易感染者、已感染者
和移出者．对于这个模型我们做如下假设：

- 没有人进入或离开这个群体，同时不与群体外接触．
- 每个人或者是易感染者 S（会染上这种新流感），或者是已感染者 I（现已染上并且会传播这种
  流感），或者是移出者 R（已感染过这种流感，并且不会再次感染上，包括死亡者）．
- 最初，每个人或者是 S 或者是 I．
- 一个人在该年一旦染上了这种流感，就不会再次染上．
- 这种疾病的平均持续期是 5/3 周，此期间的病人被认为是已经感染上，并且会传播这种疾病．
- 模型的时段按每周计算．

　　我们要考虑的模型包括易感染者、已感染者和移出者，通常称为 SIR 模型．假定变量定义如下：

$$S(t) = 经过时间 t 后的易感人数$$
$$I(t) = 经过时间 t 后的已感人数$$
$$R(t) = 经过时间 t 后的移出人数$$

　　我们从 $R(t)$ 开始建模．假定一个人染上流感的持续时间为 5/3 周．这样，已感人数中每周
有 3/5 的人移出：

$$\frac{\mathrm{d}R}{\mathrm{d}t} = 0.6 * I(t)$$

数值 0.6 称为每周的移出率. 移出率表示感染者中每周移出感染的人数比. 如果可以获得实际数据, 就能够通过"数据分析"得到移出率. $I(t)$ 的数量随着时间既有增加项, 又有减少项. $I(t)$ 由于每周移出数 $0.6 * I(t)$ 而减少. $I(t)$ 又由于易感者与已感者的接触染上疾病而增加人数 $aS(t)I(t)$. 这里我们用比率 a 来定义疾病传播率或者说转换系数. 设想这是一个概率系数. 最初我们假定这个比率取常数值, 并且能从最初的条件中找出. 我们对比率 a 的估计为 0.001 407.

现在来考虑 $S(t)$. 这个数只是由于人数出现受感染而减少. 可以利用同样的比率 a 得到模型

$$\frac{\mathrm{d}S}{\mathrm{d}t} = -0.001\ 407 \cdot S(t) \cdot I(t)$$

我们把耦合后的 SIR 模型表述成下面的微分方程组:

$$\frac{\mathrm{d}R}{\mathrm{d}t} = 0.6I(t)$$

$$\frac{\mathrm{d}I}{\mathrm{d}t} = -0.6I(t) + 0.001\ 407I(t)S(t)$$

$$\frac{\mathrm{d}S}{\mathrm{d}t} = 0.001\ 407S(t)I(t)$$

$$I(0) = 5, S(0) = 995, R(0) = 0$$

上述 SIR 模型能够通过迭代解出, 并且从图形上看出. 我们用欧拉法并取步长为 0.5 来对解进行迭代, 得到图形(见图 12-31), 以便观察其性态, 获得一些启示.

周	$R(t)$	$I(t)$	$S(t)$
0	0	5	995
1	4.296 23	13.010 7	982.693
2	13.630 1	25.071 4	961.299
3	31.503	47.076 9	921.42
4	64.667 1	84.208 8	851.124
5	122.74	138.163	739.097
6	214.755	197.109	588.136
7	339.747	231.908	428.346
8	478.985	221.114	299.902
9	605.748	176.888	217.364
10	704.076	125.809	170.115
11	772.755	83.435	143.81
12	817.839	53.157 8	129.003
13	846.397	33.096 4	120.506
14	864.118	20.332	115.55
15	874.983	12.392 4	112.624
16	881.598	7.518 03	110.884
17	885.608	4.548 21	109.844
18	888.033	2.746 96	109.22
19	889.497	1.657 4	108.845
20	890.381	0.999 41	108.62
21	890.913	0.602 42	108.484
22	891.234	0.363 05	108.403
23	891.428	0.218 76	108.354
24	891.544	0.131 81	108.324

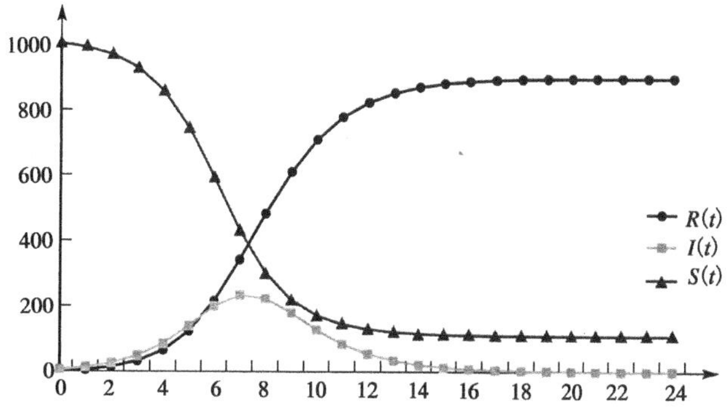

图 12-31 SIR 模型

解释   在这个例子中我们看到，已感染者的人数最多大约出现在 7.5 周．每个人都受到感染，但并非每个人都会染上流感．

 习题

在习题 1～4 中，用欧拉法解一阶方程组的初值问题．利用给定的步长 Δt，计算前三次逼近 (x_1, y_1)，(x_2, y_2) 和 (x_3, y_3)．然后用步长 $\Delta t/2$ 再算一遍．把你的这些逼近与给定的解析解值做比较．

1. $\dfrac{dx}{dt} = 2x + 3y$

   $\dfrac{dy}{dt} = 3x + 2y$

   $x(0) = 1$，$y(0) = 1$，$\Delta t = \dfrac{1}{4}$

   $x(t) = \dfrac{1}{2}e^{-t} + \dfrac{1}{2}e^{5t}$，$y(t) = -\dfrac{1}{2}e^{-t} + \dfrac{1}{2}e^{5t}$

2. $\dfrac{dx}{dt} = x + 5y$

   $\dfrac{dy}{dt} = -x - 3y$

   $x(0) = 5$，$y(0) = 4$，$\Delta t = \dfrac{1}{4}$

   $x(t) = 5e^{-t}(\cos t + 6\sin t)$，$y(t) = e^{-t}(4\cos t - 13\sin t)$

3. $\dfrac{dx}{dt} = x + 3y$

   $\dfrac{dy}{dt} = x - y + 2e^t$

   $x(0) = 0$，$y(0) = 2$，$\Delta t = \dfrac{1}{4}$

   $x(t) = -e^{-2t} + 3e^{2t} - 2e^t$，$y(t) = e^{-2t} + e^{2t}$

4. $\dfrac{dx}{dt} = 3x + e^{2t}$

   $\dfrac{dy}{dt} = -x + 3y + te^{2t}$

   $x(0) = 2$，$y(0) = -1$，$\Delta t = \dfrac{1}{4}$

   $x(t) = 3e^{3t} - e^{2t}$，$y(t) = e^{3t} - 3te^{2t} - 2e^{2t} - te^{2t}$

5. 假定一湖中存放有鳟鱼和鲈鱼．因为它们都吃同样的食饵，所以就为生存而竞争．设 $B(t)$ 和 $T(t)$ 分别表示鲈鱼（B）和鳟鱼（T）在时刻 t 的数量．鲈鱼（B）和鳟鱼（T）的增长率由以下微分方程组来估计：

$$\frac{dB}{dt} = B \cdot (10 - B - T), B(0) = 5$$

$$\frac{dT}{dt} = T \cdot (15 - B - 3 \cdot T), T(0) = 2$$

用欧拉法，取步长 $\Delta t = 0.1$，对 $0 \leqslant t \leqslant 7$ 估计下列解曲线：

(a) $B(t)$ 相对于 t

(b) $T(t)$ 相对于 t

(c) 相平面上的解轨 $(B(t)，T(t))$

6. 对习题 5 在 $0 \leqslant t \leqslant 4$ 中取步长 $\Delta t = 1$，再做一遍．讨论相应图形的差别，并解释为什么会有这些差别．

7. 下面方程组是人们同时捕猎两个物种时的捕食模型．用欧拉法，取步长 $\Delta t = 1$，$0 \leqslant t \leqslant 4$，求方程组

$$\frac{dx}{dt} = x - xy - \frac{3}{4}y$$

$$\frac{dy}{dt} = xy - y - \frac{3}{4}x$$

在初值 $x(0) = \dfrac{1}{2}$ 和 $y(0) = 1$ 时的数值解．

8. 用欧拉法解习题 7 中在无人捕猎时的模型．比较并讨论这两个模型解的不同之处．

研究课题

下面的算法称为改进欧拉法，它将原来欧拉法的精度做了改进．在这改进的欧拉法中，我们取两个斜率的平均．先估计原来欧拉法中的 x_{n+1} 和 y_{n+1}，但分别用 x^*_{n+1} 和 y^*_{n+1} 表示该值．然后解方程

$$\frac{dx}{dt} = f(t, x, y) \quad \text{和} \quad \frac{dy}{dt} = g(t, x, y)$$

计算下面从 t_n，x_n，y_n 到 t_{n+1}，x_{n+1}，y_{n+1} 的更新数据：

$$x^*_{n+1} = x_n + f(t_n, x_n, y_n)\Delta t$$

$$y_{n+1}^* = y_n + g(t_n, x_n, y_n)\Delta t$$

$$t_{n+1} = t_n + \Delta t$$

$$x_{n+1} = x_n + [f(t_n, x_n, y_n) + f(t_{n+1}, x_{n+1}^*, y_{n+1}^*)]\frac{\Delta t}{2}$$

$$y_{n+1} = y_n + [g(t_n, x_n, y_n) + g(t_{n+1}, x_{n+1}^*, y_{n+1}^*)]\frac{\Delta t}{2}$$

1. 用改进欧拉法逼近例 2 中捕食者–食饵问题的解. 把新的解与用欧拉法在区间 $0 \leqslant t \leqslant 3$ 取 $\Delta t = 0.1$ 得到的解进行比较. 做出两个解的轨线图.

2. 用改进欧拉法逼近问题 7 中捕食者–食饵狩猎问题的解. 把新的解与问题 7 中在区间 $0 \leqslant t \leqslant 4$ 用相同步长 $\Delta t = 1$ 得到的解进行比较. 做出两个解的轨线图.

3. 当今的流感传染病. 当今的流感是在一个数量为 n 的固定人数小群体范围内传播的. 该疾病通过感染者与对疾病易感的人之间的接触传播. 假定最初每个人对于疾病都是易感者, 并且假定群体是受到控制的, 没有人离开该群体. (12-39)中给出的模型可以用来对整个群体的传染病建模. 假设 $b = 0.002$, $a = 0.7$ 和 $n = 1000$.

   (a)对于 $I(0) = 2, 5, 10$ 和 100 这些初始条件, 解这个方程组.

   (b)用 $I(0) = 2, 5, 10$ 和 100, 以及 $S(0) = n - I(0)$, 重新解该方程组, 并且解释结果.

进一步阅读材料

Burden, Richard, & Douglas Faires. *Numerical Analysis*, 6th ed., Pacific Grove, CA: Brooks/Cole, 2000.

Giordano, Frank, & Maurice Weir. *Differential Equations: A Modeling Approach*. Reading, MA: Addison-Wesley, 1991.

第 13 章　连续模型的优化

引言

在第 7 章，我们已经学习过线性规划模型
$$\text{Opt } f(\boldsymbol{X})$$
满足不等式约束

$$g_i(\boldsymbol{X}) \begin{Bmatrix} \geq \\ \leq \end{Bmatrix} b_i \quad i \in I \tag{13-1}$$

对线性规划模型来说，只有一个目标函数 f，并且它是决策变量（即向量 $\boldsymbol{X}$ 的分量）的线性函数．约束函数 g_i 也必须是线性的．如果决策变量被限定为只取整数值，这个问题就是一个整数规划．

本章考虑目标函数 f 连续但非线性情况下的优化问题．此外，约束函数 g_i 也可以是非线性的，并且它们是等式约束

$$g_i(\boldsymbol{X}) = b_i, \quad i \in I$$

我们将注意力限定到 $\boldsymbol{X}$ 只含有不超过两个分量的问题，这正是你在微积分中学过的优化模型．

在 13.1 节，我们介绍一类特殊的问题，这些问题只需要用到基本的微积分就可以解决．在这一节的例子里，建立了确定最优库存策略的模型．这一问题关心的是如何确定订货的数量和频率，使总的库存持货成本最小．由于各子模型的限制条件是很重要的，所以我们也考察最优解对假设条件的敏感性（在 7.4 节中建立过一个假设条件较弱的仿真模型）．13.1 节强调的是模型的解法和模型的敏感性．

在 13.2 节，我们研究多变量函数，通过两种方法找到最优解：一种是通常的多变量微积分方法（令偏导数等于 0，求解变量构成的方程组）；另一种是数值逼近技术，即梯度搜索算法．

在 13.3 节，我们研究具有等式约束的优化问题．在例子里，我们建立了利用有限容量的储存设备进行石油转运的模型．13.3 节强调的是对这类优化问题的模型的解法和模型的敏感性．我们将介绍分析这类问题的拉格朗日乘子法．

在 13.4 节，我们介绍如何利用图形进行优化．介绍的例子是渔业的管理问题，讨论自由的市场是否会引导渔业主、客户和生态学家获得满意解，以及是否需要政府的某些干预．例子中利用图形进行分析，为某些类型的解析模型提供了一种定性的分析方法，这些解析模型在第 11 章和第 12 章中是用微分方程方法建立的．

在本章最后的研究课题中，可以对本章讨论过的优化问题做进一步的详细研究．例如，如果学生愿意，可以利用研究课题中的 UMAP 教学单元，研究拉格朗日乘子方法和变分法的基本思想．

13.1　库存问题：送货费用和储存费用最小化

情景　某汽油加油站连锁企业聘请我们作为咨询员，希望确定向每个加油站多长时间送一

次货,每次送多少汽油.经过询问,我们已经知道每次送货时,加油站付出的费用为 d 美元,这不包括汽油本身的费用,与送货的数量多少也没有关系.

汽油储存时也会有费用发生.这类费用中的一种费用是库存所占用的资金导致的费用——花费到所储存的汽油上的资金就不能用于其他用途了.这项费用通常的计算方法是:将公司投入储存的汽油上的成本,乘以汽油储存时的当前利率.其他与储存相关的费用包括储存汽油的容器和设备的折旧分摊费用、保险费用、税收和安全保障费用等.

加油站位于州际高速公路附近,每周的汽油需求几乎是常数,可以得到每个加油站每天出售的汽油数量(加仑).

识别问题 假设公司希望利润最大化,在短期内汽油的需求和价格是常数.那么,由于总收入是常数,通过最小化成本就能够最大化利润.总成本包括很多部分,如管理成本和员工报酬等.如果这些成本会受到送货数量和送货时间的影响,那么它们就应该被考虑.我们假定这些成本不受送货数量和送货时间的影响,而把注意力集中到如下问题:每个加油站在保证持有足够多的汽油满足顾客需求的前提下,使每天平均的送货和库存持货成本最小.从直观上来看,这样的最小成本是存在的.如果送货的费用很高而持货的成本很低,我们就希望不要频繁地送货,每次送货量大些;反过来,如果送货的费用很低而持货的成本很高,我们就希望频繁地送货,每次送货量小些.

假设 下面考虑一下哪些因素对于决定维持多少库存来说是重要的.送货费用、储存费用、产品的需求率是很明显的需要考虑的因素.产品储存时的变质问题也是一个值得关注的极其重要的因素.对汽油来说,当容器中的汽油量越来越少时,浓缩效应将变得越来越显著.还可以考虑产品销售价格和原料成本在市场上的稳定性.例如,如果产品的市场价格很不稳定,销售者就不愿意储存大量的产品;另一方面,如果预计原料价格在不远的将来会有较大幅度的增长,则应该大规模储存原料.另一个值得考虑的因素是顾客对产品的需求量的稳定性.产品的需求量可能会发生季节性的波动,技术上的突破也可能使产品滞销.计划的时间跨度也是极其重要的.在短期内,可能已经与其他公司签订了租用储存空间的协议,而长期来看其中的一部分可能是不必要的.另一个需要考虑的因素是,偶尔发生的不能满足需求(缺货)的事件的重要性有多大.有些公司会选择高成本的库存策略,保证从不缺货.从以上讨论可以看出,库存决策不是一件容易的事情,也不难构建前面谈到的某个因素会导致某种特殊的储存策略的情景.这里,我们将初始的模型限制为只考虑以下变量:

$$日平均成本 = f(储存费用,送货费用,产品需求率)$$

子模型

储存费用 我们需要考虑储存一个单位产品的储存费用是如何随着储存产品的数量大小而变化的.我们是否可以租赁其他公司的仓库,当储存数量达到一定的水平后可以获得折扣吗(如图 13-1a所示)?还是先租用最便宜的仓库(当需要时再增加更多的储存空间),如图 13-1b 所示?我们是否需要租用整座仓库或楼层?如果是,单位产品的储存费用似乎会随着储存量的增加而减少,直到需要租用另一座仓库或楼层,如图 13-1c 所示.公司是否拥有自己的储存设施?如果是,这些设施还有什么其他用途?在我们的模型中,我们认为单位产品的储存费用是常数.

送货费用　在许多情况下，送货费用是与送货量有关的．例如，如果需要使用更大载重量的卡车或额外增加货车，那就需要额外增加费用．在我们的模型中，我们假设送货费用是常数，与送货量无关．

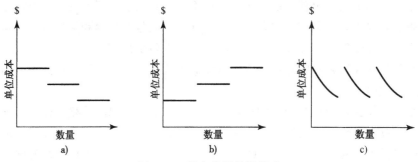

图 13-1　储存费用的子模式

需求　对某个特定的加油站，如果我们画出它对汽油的日需求量图，我们很可能会得到一张类似如图 13-2a 所示的图．如果我们画出一定的时间（如 1 年）内不同的需求量发生的频率，我们很可能会得到一张类似如图 13-2b 所示的图．如果这些需求量很紧凑地分布在频率最大的需求量周围，那么我们可以认为需求量是常数（假设这就是我们在这里的模型中要考虑的情形）．最后，虽然我们知道需求是发生在离散的时间段上，为了简单起见，我们认为需求是连续发生的．这种连续需求模式如图 13-2c 所示，其中直线的斜率代表的是常数需求率．请注意，我们假设需求模式是线性的，这一点很重要．此外，如图 13-2b 所示，大约有一半时间的需求量超出了平均需求．当考虑需求不能被满足的可能性时，我们将在实施阶段考察这一假设的重要性．

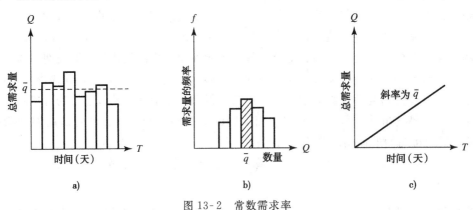

图 13-2　常数需求率

模型建立　在构建模型时，我们使用如下的符号：

s——每加仑汽油储存一天的储存费用

d——每次送货的送货费用（美元）

r——需求率（加仑/天）

Q——每次订货汽油量（加仑）

t——时间（天）

现在假设在时刻 $T=0$，一定量的汽油（如 $Q=q$）到货，并且这些汽油在 $T=t$ 天以后用完．这样的周期周而复始，如图 13-3 所示，图中每条直线的斜率是 $-r$（需求率的相反数）．问题在于找到一个订货量 Q^* 以及一个订货周期 T^*，使得储存费用和送货费用最小．

我们需要找到日平均费用的表达式，所以考虑在长度为 t 天的一个周期内的储存费用和送货费用．因为在一个周期内只送一次货，所以送货费用是常数 d．为了计算储存费用，用每天的平均库存量 $q/2$，乘以储存天数 t，再乘以每加仑汽油储存一天的储存费用 s．以上讨论可用符号表达如下

$$每个周期的费用 = d + s\frac{q}{2}t$$

上式再除以 t，得到日平均费用

$$c = \frac{d}{t} + \frac{sq}{2}$$

模型求解 很明显，需要最小化的费用函数有两个自变量．然而，从图 13-3 可以看出这两个变量是有关系的：对一个周期来说，送货量等于需求量，即 $q=rt$．所以，日平均费用为

$$c = \frac{d}{t} + \frac{srt}{2} \tag{13-2}$$

式（13-2）是一个双曲函数和一个线性函数的和，如图 13-4 所示．

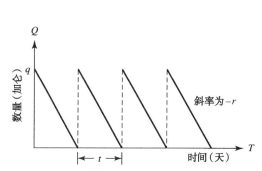

图 13-3 一个库存周期（在 t 天内用完订货量 q）

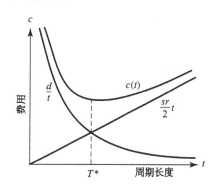

图 13-4 日平均费用 c 是一个双曲函数和一个线性函数的和

下面我们来寻找订货之间的时间间隔 T^*，使日平均费用最小．将 c 对 t 求导，并令 $c'=0$，得到

$$c' = -\frac{d}{t^2} + \frac{sr}{2} = 0$$

由该方程得到的驻点（只取正值）为

$$T^* = \left(\frac{2d}{sr}\right)^{1/2} \tag{13-3}$$

该驻点是费用函数的一个局部极小点，因为对任何正的 t，二阶导数

$$c'' = \frac{2d}{t^3}$$

总是正的. 图 13-4 清楚地表明 T^* 给出的也是全局最小点. 此外, 从公式(13-3)可以得到 $d/T^* = (sr/2)T^*$, 所以 T^* 也是图 13-4 中的线性函数与双曲线的交点.

模型解释　给定定常的需求率 r, 式(13-3)表明最优周期 T^* 与 $(d/s)^{1/2}$ 成比例. 直观上看, 我们希望当送货费用 d 增加, 储存费用 s 减少时, T^* 应当增加, 我们的模型至少从这一点上来看是合理的. 此外, 式(13-3)所表示的关系是很有趣的.

我们将送货费用、储存费用、需求率的子模型都假设成非常简单的关系. 为了分析具有更复杂的子模型的模型, 我们需要从数学上分析前面是如何处理的. 为了确定储存的产品-天数, 我们计算了一个周期内曲线下方的面积. 因此, 一个周期内的储存费用可以用积分计算:

$$s\int_0^t (q - rx)\,\mathrm{d}x = s\left(qt - \frac{rt^2}{2}\right) = \frac{sqt}{2}$$

这个式子中最后一个等式是将 $r = q/t$ 代入而得到的, 结果与前面得到的每个周期内的储存费用相同. 为了将结果推广到其他假设条件的情形, 认清背后的数学结构是很重要的. 我们将会看到, 分析模型对于假设条件的变化的敏感性, 也是很有用的.

在前面的分析中, 我们的一个假设是忽略汽油本身的成本费用. 那么, 实际上汽油的成本是否会影响最优的订货量和订货周期呢? 因为每个周期的采购量是 rt, 如果每加仑汽油的成本是 p 美元, 那么日平均费用应当增加一个常量 $p(q/t) = pr$. 由于这是一个常量, 而常量的导数是 0, 所以它不会影响 T^*. 因此, 忽略汽油本身的成本是正确的. 在更精细的模型中, 可以考虑由于库存的资金投入导致的利息损失.

模型实施　再次考虑图 13-3, 模型中假设库存在每个周期中全部用完, 并假设所有的需求立即得到满足, 这些假设所依据的是日平均需求为 r 加仑/天. 注意到这一假设意味着, 从长期来看, 对所有周期中的大约一半来说, 在该周期结束、下次到货之前, 加油站会发生缺货; 对另一半来说, 在该周期结束、下次到货时, 加油站还会有汽油剩余下来. 这样的情形大概不会对咨询者的信誉有好处! 所以让我们来考虑一下推荐加油站采用缓冲库存防止缺货发生, 如图 13-5 所示. 在图 13-5 中, 我们使用了最优周期 T^* 和最优订货量 $Q^* = rT^*$ 的符号, 这些值是根据我们的模型, 按照式(13-3)计算得到的.

让我们考察缓冲库存对库存策略的影响. 我们已经观察到, 一个周期内的储存费用是用一个周期内曲线下方的面积, 乘以常数 s. 现在缓冲库存的效果是, 在前面计算的曲线下方的面积上额外增加了一个常数面积 $q_b t$. 因此, 常量 $q_b s$ 应当增加到日平均费用中, 结果 T^* 的值与没有缓冲库存时一样. 所以, 加油站与前面一样, 订货量仍然是 $Q^* = rT^*$, 虽然这时最大库存量变成了 $Q^* + q_b$. 通过确定维持缓冲库存的日平均费用, 管理者可以确定持有多大的缓冲库存. 管理者为了确定持有多大的缓冲库存, 还有哪方面的信息是有用的呢?

我们的数学分析是非常直接和精确的. 然而, 我们是否能够获得足够的数据来精确估计

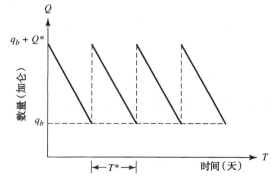

图 13-5　防止缺货的缓冲库存 q_b

r, s, d 的取值呢？大概不可能. 此外，费用对这些参数发生变化时的敏感性如何？这些是一个咨询者必须要考虑的问题. 还应该注意到，我们可能会将 T^* 舍入到一个整数值，那么应该怎样舍入？向上取整还是向下取整更好些？当然，对一个给定的问题，我们可以用不同的 T^* 值代入式(13-2)中取代 t，看看费用如何变化.

下面让我们用导数方法更一般地确定日平均费用的曲线形状. 我们知道日平均费用的曲线在 $t = T^*$ 达到最小值. 日平均费用的一阶导数表示的是它的变化率(或称为边际费用)，由式(13-2)可知一阶导数是 $-d/t^2 + sr/2$. 边际费用的导数是 $2d/t^3$，对任何正数 t，它总是正的，并随着 t 的增加而减少. 可以注意到，当 t 趋近于 0 时，边际费用的导数趋近于无穷大；而当 t 趋近于无穷大时，边际费用的导数趋近于 0. 因此，在 T^* 的左边，边际费用是负的，并且当 t 趋近于 0 时，边际费用变得越来越陡；在 T^* 的右边，当 t 趋近于无穷大时，边际费用趋近于常数 $sr/2$. 请对照图 13-4 中的图形，从经济上解释这些结论的意义.

 习题

1. 考虑一种工业情形，每当生产时需要启动组装线. 假设每当生产线启动时，需要支出一笔费用 c，并假设 c 不包括生产产品的费用，而且与生产的产品数量无关. 请提出生产率的各种子模型. 现在假设生产率为常数 k，需求率为常数 r，图 13-6 的模型中蕴涵有什么假设条件？接着假设每单位产品每天的储存费用为 s(美元)，计算生产运行周期的最佳长度 P^*，使总费用最小，并列出你的所有假设条件. 日平均费用对生产运行周期的最佳长度的敏感性如何？

2. 考虑允许发生缺货以后再补足的公司. 也就是说，缺货时公司告诉顾客，公司正在缺货，因此他们的订单将延迟并尽快交货. 采用这样的策略需要有什么样的条件？这样的策略对储存费用有什么样的影响？订单的缺货是否应该导致相应的费用？为什么？你怎样指定这样的费用？图 13-7 的模型中蕴涵有什么假设条件？假设对每件产品每天的缺货指定一个"信誉损失费"为 w(美元)，计算最优订货量 Q^*，并对你的模型进行解释.

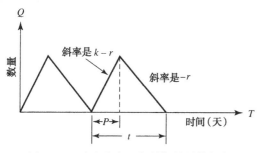

图 13-6 确定生产运行周期的最佳长度

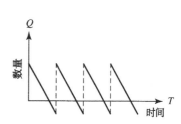

图 13-7 允许缺货的库存策略

3. 在课文中讨论的库存模型中，我们假设送货费用是常数，与送货的数量无关. 实际上，在很多情况下，随着送货所需要用到的货车大小和数量等的不同，这项费用离散地发生变化. 考虑这些变化以后，你应该如何修改课文中的模型？我们也假设原材料的成本是常数，而实际上对于订货量大的订单经常有折扣. 你怎样将折扣的影响纳入模型？

4. 讨论图 13-8 中两种图形模型中所隐含的假设条件，并给出每种模型所适用的情景. 你如何确定图 13-8b 中需求的子模型？讨论在每种情形下如何计算最优订货量.

5. 为了达到最大的车流通过率(单位时间的汽车数量)，最优的汽车速度和安全车距是什么？在控制隧道、正在修理的道路和拥堵路段的交通时，该问题的解是很有用的. 在下图中，l 表示一辆典型的汽车的长度，d 表示车距：

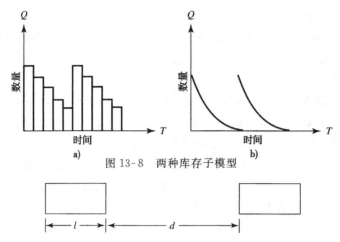

图 13-8　两种库存子模型

请说明车流通过率可以表示如下：

$$f = \frac{速\ 度}{距\ 离}$$

假设汽车长度为 15 英尺，在 2.2 节中确定了安全的停车距离为

$$d = 1.1v + 0.054v^2$$

其中的 d 单位为英尺，而速度 v 的单位为英里/小时．请找出速度（英里/小时）和对应的车距 d，使汽车流量最大．这个解对 v 的变化的敏感性如何？你能够提出一个实用的规则吗？你如何执行这一规则？

6. 考虑一名铅球运动员，哪些因素会影响他投掷的距离？建立一个模型，将预测的投掷距离表示为初始速度和出手角度的函数．最优的出手角度是什么？如果在采用你所建议的最优出手角度时，该运动员不能使初始速度达到最大，那么他应该更关心出手角度，还是应该更关心初始速度？应该怎样折中？

7. John Smith 负责不断购买新卡车，替换公司车队的旧卡车．他希望确定每辆卡车的使用年限，使拥有该卡车的平均费用最小．假设购入一辆新卡车的购买价格为 9000 美元，每辆卡车 t 年的维护费用（美元）可以解析地表示为如下的经验公式模型：

$$C(t) = 640 + 180(t+1)t$$

其中 t 为公司拥有该卡车的年限．

(a) 确定一辆卡车使用 t 年的总成本函数 $E(t)$．

(b) 确定一辆卡车使用 t 年的年平均成本函数 $E_A(t)$．

(c) 画出 $E_A(t)$ 关于 t 的函数图形，说明你的图形的合理性．

(d) 用解析方法确定一辆卡车应该留在车队的最佳周期 t^*，记住目标是使拥有一辆卡车的平均费用最小．

(e) 假设我们将 t^* 舍入到最接近的整数年，一般来说向上取整还是向下取整更好些？请说明理由．

8. 母牛上市．一头母牛目前有 800 磅重，且每周能长 35 磅，而喂养该母牛每周需要花费 6.5 美元．今天的市场价格为每磅 0.95 美元，但每天会跌价 0.01 美元．建立数学模型，确定出售母牛的最佳时机以赚取最大利润．

研究课题

1. "人的咳嗽"，Philip M. Tuchinsky，UMAP 教学单元 211．该教学单元建立了一个模型，说明在咳嗽时我们的身体是如何使气管缩短，从而使气流速度达到最大（使咳嗽的效果最大）．阅读该教学单元，并准备一份简短的报告供班上讨论．

2. "微积分在经济学上的一个应用：寡头垄断控制下的竞争"，Donald R. Sherbert，UMAP 教学单元 518．作者分析了大量的数学模型，这些模型研究只有少数企业参与竞争时的市场竞争结构．因此，一个企业的价格和生产水平发生变化时，会引起其他企业的反应．阅读该教学单元，并准备一份简短的报告供班上讨论．

3. "微积分中极大–极小理论的五个应用"，Thurmon Whitley，UMAP 教学单元 341. 该教学单元用微积分方法解决了一些无约束的优化问题，内容包括最大化利润、最小化成本、最小化光线穿过多种介质的通过时间（Snell 定律）、最小化蜂巢的表面积，以及外科医生问题（为了减少血液流动的阻力和心脏疲劳，进行动脉手术）．

13.2 多变量函数的优化方法

在许多建模的情形，我们需要优化含有多个独立变量的函数．在本节，我们介绍两种含有两个无约束的独立变量的情形：两种产品的制造，y 作为两个变量的函数的非线性最小二乘拟合．对于制造的情形，我们用两种方法找到最优解：普通的多变量微积分方法（令偏导数为 0，解变量构成的方程组），梯度搜索算法．对于非线性最小二乘的情形，我们发现不能通过求解令偏导数为 0 的方程组获得封闭形式的解，必须依靠梯度搜索方法．

例 1　竞争性产品生产中的利润最大化

情景　一家制造计算机的公司计划生产两种产品：两种计算机使用相同的微处理芯片，但一种使用 27 英寸的显示器，而另一种使用 31 英寸的显示器．除了 400 000 美元的固定费用外，每台 27 英寸显示器的计算机花费 1950 美元，而 31 英寸的需要花费 2250 美元．制造商建议每台 27 英寸显示器的计算机零售价格为 3390 美元，而 31 英寸的零售价格为 3990 美元．营销人员估计，在销售这些计算机的竞争市场上，一种类型的计算机每多卖出一台，它的价格就下降 0.1 美元．此外，一种类型的计算机的销售也会影响另一种类型的销售：每销售一台 31 英寸显示器的计算机，估计 27 英寸显示器的计算机零售价格下降 0.03 美元；每销售一台 27 英寸显示器的计算机，估计 31 英寸显示器的计算机零售价格下降 0.04 美元．假设制造的所有计算机都可以售出，那么该公司应该生产每种计算机多少台，才能使利润最大？

模型建立　我们对这两类计算机系统定义如下变量（$i=1$ 或 2）：

$$x_1 = 27 \text{ 英寸系统的数量}$$
$$x_2 = 31 \text{ 英寸系统的数量}$$
$$P_i = x_i \text{ 的零售价格}$$
$$R = \text{计算机零售收入}$$
$$C = \text{计算机的制造成本}$$
$$P = \text{计算机零售的总利润}$$

从前面对制造和营销的讨论，我们可以得到下面的假设和子模型：

$$P_1 = 3390 - 0.1x_1 - 0.03x_2$$
$$P_2 = 3990 - 0.04x_1 - 0.1x_2$$
$$R = P_1 \cdot x_1 + P_2 \cdot x_2$$
$$C = 400\,000 + 1950x_1 + 2250x_2$$
$$P = R - C$$
$$x_1, x_2 \geqslant 0$$

我们的目的是最大化利润函数

$$P(x_1, x_2) = R - C$$

$$= (3390 - 0.1x_1 - 0.03x_2)x_1 + (3990 - 0.04x_1 - 0.1x_2)x_2$$
$$- (400\ 000 + 1950x_1 + 2250x_2)$$
$$= 1440x_1 - 0.1x_1^2 + 1740x_2 - 0.1x_2^2 - 0.07x_1x_2 - 400\ 000$$

最优的必要条件是

$$\frac{\partial P}{\partial x_1} = 1440 - 0.2x_1 - 0.07x_2 = 0$$

$$\frac{\partial P}{\partial x_2} = 1740 - 0.07x_1 - 0.2x_2 = 0$$

解方程组得到 $x_1 = 4736$，$x_2 = 7043$（都经过了舍入）. 也就是说，公司应该制造 4736 台 27 英寸的系统，7043 台 31 英寸的系统，总利润为 $P(4736, 7043) = 9\ 136\ 410.25$（美元）. 图 13-9 画出了 $P(x_1, x_2)$ 所代表的曲面，验证了 $P(4736, 7043)$ 确实是一个最大值点. 这一事实也可以通过多元微积分中检查二阶导数的方法得到验证，即在极点 $P(4736, 7043)$，

$$\frac{\partial^2 P}{\partial x_1^2} = -0.2 < 0$$

$$\frac{\partial^2 P}{\partial x_1^2} \frac{\partial^2 P}{\partial x_2^2} - \left(\frac{\partial^2 P}{\partial x_1 \partial x_2}\right)^2 = (-0.2)(-0.2) - (-0.07)^2 \approx 0.04 > 0$$

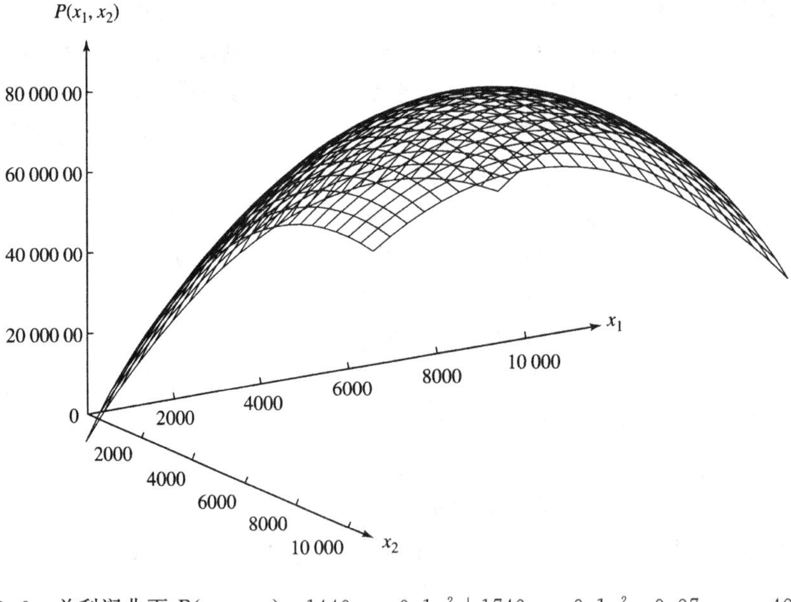

图 13-9　总利润曲面 $P(x_1, x_2) = 1440x_1 - 0.1x_1^2 + 1740x_2 - 0.1x_2^2 - 0.07x_1x_2 - 400\ 000$

最陡上升梯度方法

找到极点的一种经典的迭代方法，是**最陡上升梯度方法**（对最大化问题）或**最陡下降梯度方法**（对最小化问题）. 这一方法基于以下事实：可微函数 $f(x, y)$ 定义域内一点处的梯度向量 ∇f，总是指向该点处函数值增长率最大的方向. 因此，我们设计一个迭代过程，从初始点 (x_0, y_0) 开始，生成点列 (x_k, y_k)：从一个点沿着其梯度方向 $\nabla f(x_k, y_k)$ 移动到下一个点，使得 $f(x_{k+1}, y_{k+1}) > f(x_k, y_k)$. 从坐标分量的角度看，对某个 $\lambda_k > 0$，

$$x_{k+1} = x_k + \lambda_k \frac{\partial f}{\partial x}(x_k, y_k)$$
$$y_{k+1} = y_k + \lambda_k \frac{\partial f}{\partial y}(x_k, y_k) \tag{13-4}$$

当函数 f 在整个定义域内可微时，高等微积分中的定理保证确实存在一个 $\lambda_k > 0$，使得函数值 $f(x_{k+1},\ y_{k+1}) > f(x_k,\ y_k)$. 问题是，对 λ_k 究竟应该赋予什么数值，从而获得下一个近似解 $(x_{k+1},\ y_{k+1})$？

实施梯度算法的困难在于，当 $(x_k,\ y_k)$ 点越来越靠近极点时，梯度向量的长度也越来越短（因为极点处 f 的偏导数为 0）. 因此在迭代时，必须沿着梯度方向前进足够大的步长 λ_k，才能充分靠近极点；如果 λ_k 太小，我们将无法在可以接受的有限迭代步内充分靠近极点. 另一方面，如果 λ_k 太大，我们又可能走过了极点，结果发现 $f(x_{k+1},\ y_{k+1}) < f(x_k,\ y_k)$，函数值没有得到改进. 所以，我们的方法必须能够确定 λ_k 的值，使得按式 (13-4) 得到的 $f(x_{k+1},\ y_{k+1})$ 取最大值. 也就是说，最大化实值函数

$$g(\lambda) = f(x_k + \lambda \nabla f(x_k))$$

找到最优值 $\lambda = \lambda_k$. 为了求解这个微积分问题，我们可能希望通过令 $\mathrm{d}g/\mathrm{d}\lambda = 0$ 求出 λ 的值. 然而，在多数情况下，方程 $\mathrm{d}g/\mathrm{d}\lambda = 0$ 不能很容易地求解；此外，方程也不一定有唯一解.

另一种方法是采用一种搜索技术来最大化 $g(\lambda)$，如第 7 章中介绍的黄金分割法. 我们这里将不采用这种方法. 在每一步，我们不采用精细的搜索过程精确地确定最优的 $\lambda = \lambda_k$，而是使用一个充分大的 λ_k，朝着极点前进足够大的步长. 完成这一想法的一种做法是，从一个小的 λ_0 开始，然后重复地将它乘以某个固定的常数 $\delta > 1$，在保持 $f(x_{k+1},\ y_{k+1}) > f(x_k,\ y_k)$ 的前提下将 λ 的值增大. 对一个具体问题，常数 $\delta > 0$ 的值可以在计算机的辅助下用实验方法确定.

在我们的例子中，需要为制造两种计算机系统的公司最大化利润函数 $P(x, y)$（这里我们重新命名变量 $x_1 = x$，$x_2 = y$，以免和迭代点相混淆），我们选择初始点 $(x_0,\ y_0) = (0,\ 0)$，初始的 λ 值为 $1/16$，乘子 $\delta = 1.2$（通过实验得到）. 因此，在每一步用式 (13-4) 计算 $(x_{k+1},\ y_{k+1})$ 时，$\lambda_k = 1.2\lambda_{k-1}$. 表 13-1 列出了逼近极点的迭代结果，图 13-10 画出了利润函数 P 的水平曲线，以及表中第 15 个迭代点 $(3763.08，4809.13)$ 的梯度向量 ∇P. 在这个例子中，经过 28 次迭代，已经非常接近实际的极点 $(4735.042\ 735，7042.735\ 043)$.

表 13-1　最陡上升梯度方法

$P(x,\ y) = 1440x - 0.1x^2 + 1740y - 0.1y^2 - 0.07xy - 400\ 000,\ (x_0,\ y_0) = (0,\ 0),\ \lambda_0 = 1/16,\ \delta = 1.2$

k	x_k	y_k	$P(x_k,\ y_k)$	$\|\nabla P(x_k,\ y_k)\|$	λ_k
0	0.000 00	0.000 00	−400 000.00	2258.583 63	0.062 50
1	90.000 00	108.750 00	−83 852.78	2220.645 13	0.075 00
2	196.079 06	237.146 25	282 264.83	2175.887 51	0.090 00
3	320.655 62	388.242 32	703 216.07	2123.266 45	0.108 00
4	466.314 34	565.352 13	1 183 043.92	2061.656 28	0.129 60
5	635.722 60	771.971 80	1 724 309.91	1989.880 94	0.155 52
6	831.493 89	1011.644 46	2 327 249.57	1906.765 91	0.186 62

（续）

k	x_k	y_k	$P(x_k, y_k)$	$\| \nabla P(x_k, y_k) \|$	λ_k
7	1055. 981 31	1287. 748 42	2 988 767. 41	1811. 218 10	0. 223 95
8	1310. 983 15	1603. 187 39	3 701 350. 51	1702. 341 42	0. 268 74
9	1597. 345 66	1959. 963 01	4 452 064. 88	1579. 594 36	0. 322 49
10	1914. 457 20	2358. 618 35	5 221 908. 43	1442. 993 06	0. 386 98
11	2259. 648 55	2797. 559 95	5 985 907. 75	1293. 355 57	0. 464 38
12	2627. 549 65	3272. 301 72	6 714 409. 45	1132. 570 34	0. 557 26
13	3009. 509 23	3774. 730 21	7 375 944. 48	963. 846 79	0. 668 71
14	3393. 258 45	4292. 569 51	7 941 721. 67	791. 884 86	0. 802 45
15	3763. 081 89	4809. 312 99	8 391 166. 11	622. 857 23	0. 962 94
16	4100. 815 08	5304. 958 49	8 717 048. 82	464. 082 97	1. 155 53
17	4387. 951 76	5757. 868 59	8 928 057. 27	323. 276 76	1. 386 63
18	4608. 923 83	6147. 886 08	9 046 844. 18	207. 335 66	1. 663 96
19	4755. 124 55	6460. 374 32	9 103 274. 16	120. 792 22	1. 996 75
20	4828. 502 89	6690. 133 19	9 125 410. 76	64. 257 97	2. 396 10
21	4842. 855 57	6843. 431 26	9 132 779. 82	33. 198 15	2. 875 32
22	4820. 970 72	6936. 343 90	9 135 179. 93	18. 105 26	3. 450 38
23	4787. 370 13	6989. 008 04	9 136 044. 58	9. 732 59	4. 140 46
24	4759. 610 04	7018. 332 78	9 136 332. 33	4. 501 58	4. 968 55
25	4743. 684 32	7034. 037 09	9 136 400. 48	1. 593 95	5. 962 26
26	4737. 009 80	7040. 802 35	9 136 409. 77	0. 358 54	7. 154 72
27	4735. 162 99	7042. 582 76	9 136 410. 25	0. 025 79	8. 585 66
28	4735. 048 02	7042. 771 98	9 136 410. 26	0. 008 57	10. 302 79

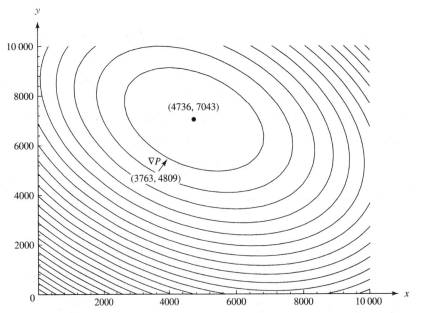

图 13-10　总利润函数 $P(x, y)$ 的水平曲线；迭代点（3763，4809）（取整的结果）处
的梯度向量 ∇P，它指向 P 的最大增加方向

例 2   非线性最小二乘

考虑赛车中使用的辐射状轮胎随时间变化的平均趋势的数据. 变量 x 表示在激烈的比赛中使用的小时数, 而变量 y 表示平均厚度的变化趋势(单位为 cm). 图形看起来像是指数衰减型的幂函数(见图 13-11).

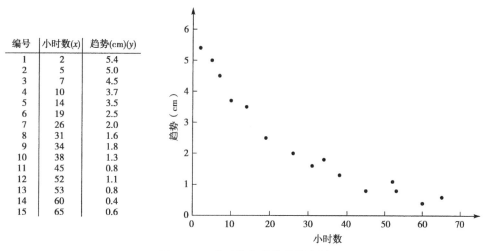

编号	小时数(x)	趋势(cm)(y)
1	2	5.4
2	5	5.0
3	7	4.5
4	10	3.7
5	14	3.5
6	19	2.5
7	26	2.0
8	31	1.6
9	34	1.8
10	38	1.3
11	45	0.8
12	52	1.1
13	53	0.8
14	60	0.4
15	65	0.6

图 13-11   小时数与趋势的散点图

图 13-11 的图形表明了向上凹的下降趋势, 这提示模型形式为 $y = ax^b$. 采用最小二乘法准则, 我们希望最小化误差的平方和:

$$SSE = \sum (y_i - ax_i^b)^2$$

对两个参数 a, b 求偏导数, 但不能通过求解(令偏导数为 0)所得到的非线性方程组获得封闭形式的解. 可以使用梯度搜索方法来估计参数 a, b 的值. 我们采用这一技术获得数值解, 得到 $SSE = 6.625\,72$, $a = 8.879$, $b = -0.466\,22$. 一般的非线性模型是 $y = 8.879x^{-0.466\,22}$. 在图 13-12 和图 13-13 中画出模型和数据以及残差. 只要发现模型看起来拟合很好而残差没有什么趋势, 我们就接受模型. 我们可能会使用这个模型来进行预测或者插值.

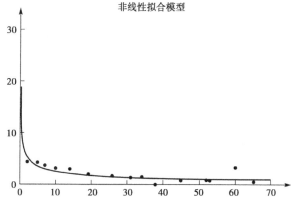

非线性拟合模型

图 13-12   磨损趋势数据和非线性曲线的图形

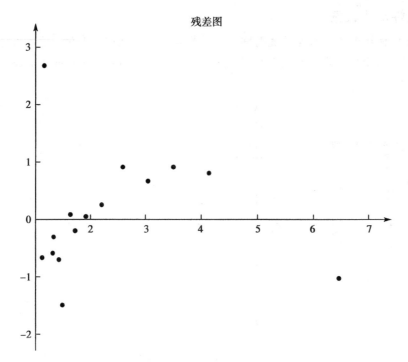

图 13-13   残差图与无趋势拟合

 习题

1. 求以下函数的局部极大值：
$$f(x, y) = xy - x^2 - y^2 - 2x - 2y + 4$$

2. 求以下函数的局部极小值：
$$f(x, y) = 3x^2 + 6xy + 7y^2 - 2x + 4y$$

3. 对一个可微函数 $f(x, y)$，如果在某点 (a, b) 处其偏导数同时为 0，而在以 (a, b) 为中心的任何圆盘中都存在定义域内的点使 $f(x, y) > f(a, b)$，同时也存在定义域内的点使 $f(x, y) < f(a, b)$，则 (a, b) 称为 $f(x, y)$ 的**鞍点**. 求以下函数的鞍点：
   (a) $f(x, y) = x^3 - y^3 - 2xy + 6$
   (b) $f(x, y) = 6x^2 - 2x^3 + 3y^2 + 6xy$

4. 有界闭区域上的连续函数 $f(x, y)$ 要么在内点上取到绝对极值 (全局最优值)，要么在区域的边界点上取到绝对极值. 在闭区域上求以下函数的绝对极值：
$$f(x, y) = 48xy - 32x^3 - 24y^2$$
$$\text{方形区域 } 0 \leqslant x \leqslant 1 \quad 0 \leqslant y \leqslant 1.$$

5. 某公司每天制造 x 个落地灯和 y 个台灯，制造和销售这些灯得到的利润 (美元) 为
$$P(x, y) = 18x + 2y - 0.05x^2 - 0.03y^2 + 0.02xy - 100$$
求每天每种灯的生产数量，使公司利润最大.

6. 设 x 和 y 分别表示劳动力和资金的数量，生产的产品件数为
$$Q(x, y) = 0.54x^2 - 0.02x^3 + 1.89y^2 - 0.09y^3$$
求 x 和 y 的值，使 Q 最大.

7. 生产一件 A 产品的总成本为 3 美元，而 B 产品为 2 美元. 如果 x 和 y 分别表示产品 A、B 的零售价格，市

场研究表明

$$Q_A = 2750 - 700x + 200y$$
$$Q_B = 2400 + 150x - 800y$$

是每种产品每天能够售出的数量. 请用函数 $P(x, y)$ 表示每日的利润, 并求最大利润.

8. 某发电公司对居民和商业用电采用不同的收费费率(你可以考虑一下这么做的一些原因). 发电的成本对不同的用户用电量来说是一样的, 等于 1000 美元的固定成本, 加上每单位电量 200 美元. 如果居民用户使用了 x 个单位的电量, 他们对每个单位的用电量付费 $p = 1200 - 2x$ 美元; 另一方面, 如果商业用户使用了 y 个单位的电量, 他们对每个单位的用电量付费 $q = 1000 - y$ 美元. 为了使利润最大, 发电公司对每种用户的用电应该如何定价? 最大利润是多少?

9. 使用基本的非线性模型 $y = ax^b$ 拟合以下数据集, 给出模型, 画出数据、模型以及残差.

x	y		x	y
100	150		250	400
125	140		250	430
125	180		300	440
150	210		300	390
150	190		350	600
200	320		400	610
200	280		400	670

10. 使用例 2 中的数据, 拟合非线性模型 $y = ae^{-bx}$. 这个解与例 2 中的幂函数模型相比怎样?

 研究课题

1. 使用本节中讨论过的乘子技术 $\lambda_{k+1} = \delta\lambda_k$, 写一个执行最速上升梯度算法的计算机代码. 用你的代码解本节中的习题 1、5、6、7.

2. 写一个执行最速上升梯度算法的计算机代码, 其中使用 7.6 节中讨论过的黄金分割法最大化函数

$$g(\lambda) = f(x_k + \lambda\nabla f(x_k))$$

从而得到每步的 $\lambda = \lambda_k$, 再按照式(13-4)确定新的点 (x_{k+1}, y_{k+1}). 用你的代码解本节中的习题 6、7.

13.3 连续约束优化

在建立一个优化模型时, 有时需要考虑自变量被限制在平面的一些特定子集(如圆盘、直线、封闭的三角形区域)内时的最大值和最小值. 本节我们给出这种约束问题的两个例子, 并介绍一种求极值的强有力方法——拉格朗日乘子法.

例 1 石油转运公司

考虑我们被一家小型石油转运公司雇用为咨询员的情形. 由于储存空间非常有限, 该公司管理人员希望有一种使费用最小的管理策略.

识别问题 在满足有限的储存空间约束的前提下, 分配和维持足够的石油以满足需求, 使总费用最小.

假设 决定总费用的因素很多. 在我们的模型中, 考虑以下因素: 容器储存石油的持货费; 单位时间内从容器中取走石油的速率; 石油的成本; 容器的容量.

模型建立 我们对两类石油定义如下变量($i = 1$ 或 2):

$$x_i = 储存的第 i 类石油的数量$$

a_i = 第 i 类石油的成本

b_i = 单位时间内取走的第 i 类石油的速率

h_i = 第 i 类石油单位时间的持货(储存)费

t_i = 每单位的第 i 类石油所占用的储存空间(立方英尺)

T = 储存容器的总容量

通过研究历史数据记录,已经得到了用以上变量表达的总费用的计算公式.我们的目标是最小化费用之和:

$$\left.\begin{array}{l} \text{Min } f(x_1, x_2) = \left(\dfrac{a_1 b_1}{x_1} + \dfrac{h_1 x_1}{2}\right) + \left(\dfrac{a_2 b_2}{x_2} + \dfrac{h_2 x_2}{2}\right) \\ \text{s. t. } g(x_1, x_2) = t_1 x_1 + t_2 x_2 = T\,(空间限制) \end{array}\right\} \quad (13\text{-}5)$$

公司为我们提供了以下数据:

石油类型	a_i($)	b_i	h_i($)	t_i(ft^3)
1	9	3	0.50	2
2	4	5	0.20	4

通过测量,我们发现公司的储存容器的总容量只有 24 立方英尺.将这些数据代入(13-5)式,我们的模型成为

$$\text{Min } f(x_1, x_2) = 27/x_1 + 0.25 x_1 + 20/x_2 + 0.10 x_2$$

s. t.

$$2x_1 + 4x_2 = 24$$

模型求解 求解具有等式约束的非线性优化问题的常用方法是拉格朗日乘子法.这一方法通过引入新变量 λ(称为拉格朗日乘子),定义函数

$$L(x_1, x_2, \lambda) = f(x_1, x_2) + \lambda[g(x_1, x_2) - T]$$

对于我们的问题,该函数是

$$L(x_1, x_2, \lambda) = 27/x_1 + 0.25 x_1 + 20/x_2 + 0.10 x_2 + \lambda(2x_1 + 4x_2 - 24) \quad (13\text{-}6)$$

求解方法是:将(13-6)式对变量 x_1,x_2,λ 分别求偏导数,并令它们为 0,即

$$\frac{\partial L}{\partial x_1} = \frac{-27}{x_1^2} + 0.25 + 2\lambda = 0$$

$$\frac{\partial L}{\partial x_2} = \frac{-20}{x_2^2} + 0.10 + 4\lambda = 0$$

$$\frac{\partial L}{\partial \lambda} = 2x_1 + 4x_2 - 24 = 0$$

使用计算机代数系统,我们找到解 $x_1 = 5.0968$,$x_2 = 3.4516$,$\lambda = 0.3947$,$f(x_1, x_2) = 12.71$(美元).当对 x_1 和 x_2 的值做很小的扰动(无论增加还是减少)时,我们发现 $f(x_1, x_2)$ 的值是增加的.因此,这个解是一个极小点.

模型的敏感性 变量 λ 的值具有特殊的意义,并被称为**影子价格**.λ 的值表示的是,当 λ 所表示的约束的右端项增加 1 个单位时,目标函数值的改变量.所以,在这个问题中,λ =

0.3947 表示，如果储存容器的总容量从 24 立方英尺增加到 25 立方英尺，则目标函数的值从 12.71 美元近似变为 12.71＋(1)(0.3947)，即 13.10 美元．经济解释是：储存容器的总容量增加 1 个单位时，分配和持货费用增加 0.40 美元． ■

例 2 航天飞机的水箱

考虑航天飞机上固定在飞机墙上供宇航员使用的水箱．水箱的形状类似于谷仓，即在圆柱体顶部接一个圆锥体（见图 13-14）．如果其半径为 6m，而总的表面积限定为 450m²，请确定圆柱体和圆锥体的高度，使谷仓的容积最大．

识别问题 在满足设计限制的前提下，为宇航员最大化水箱容积．

假设 影响水箱设计的因素很多．在我们的模型中，考虑水箱的形状和尺寸、体积、表面积，以及圆柱体和圆锥体的半径（图 13-14）．

模型建立 我们定义如下变量：

V_{cy}＝圆柱体的体积，等于

$$\pi R^2 h_1$$

V_c＝圆锥体的体积，等于

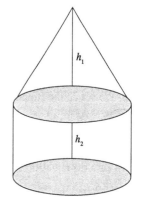

图 13-14 航天飞机的水箱

$$\frac{1}{3}\pi R^2 h_2$$

$V_w＝V_{cy}＋V_c＝$水箱的容积．

$S_{cy}＝$圆柱体的表面积，等于

$$2\pi R h_1$$

$S_c＝$圆锥体的表面积，等于

$$\pi R \sqrt{R^2＋h_2^2}$$

$S_T＝S_{cy}＋S_c＝$总表面积．

我们希望最大化水箱的容积 V_w，而总表面积 S_T 限制了水箱的容积，所以问题是

$$\text{Max} f(h_1, h_2) = \pi R^2 h_1 + \frac{1}{3}\pi R^2 h_2$$

s. t.

$$2\pi R h_1 + \pi R \sqrt{R^2＋h_2^2} = 450$$

模型求解 我们用拉格朗日乘子法求解这个具有等式约束的优化问题．定义函数

$$L(h_1, h_2, \lambda) = \pi R^2 h_1 + \frac{1}{3}\pi R^2 h_2 - \lambda \left[2\pi R h_1 + \pi R \sqrt{R^2＋h_2^2} - 450 \right]$$

将 $R＝6$，$\pi＝3.14$ 代入上式，化简表达式得到

$$113.04 h_1 + 37.68 h_2 - \lambda(37.68 h_1 - 18.81 \sqrt{36＋h_2^2} - 450)$$

将 L 对变量 h_1，h_2，λ 分别求偏导数，并令它们为 0，即

$$\frac{\partial L}{\partial h_1} = 113.04 + 37.68\lambda = 0$$

$$\frac{\partial L}{\partial h_2} = 37.68 + \frac{18.84\lambda h_2}{\sqrt{36 + h_2^2}} = 0$$

$$\frac{\partial L}{\partial \lambda} = -450 + 37.68h_1 + 18.84\sqrt{36 + h_2^2} = 0$$

使用计算机代数系统，找到精确到 3 位小数的解 $h_1 = 7.918$，$h_2 = 5.367$，$\lambda = 3.000$，这表明 $f(h_1, h_2) = 1097.11\mathrm{m}^3$. 通过在这一点上对 h_1，h_2 的值在任何方向上进行摄动（但保持满足约束），我们发现 $f(h_1, h_2)$ 的值会下降. 因此，我们找到了最大值.

模型的敏感性　拉格朗日乘子的值 $\lambda = 3.000$，意思是如果总表面积增加 1 个单位，水箱的容积大约增加 $3\mathrm{m}^3$. ■

 习题

1. 假设储存能力为 25 立方英尺，再次求解石油公司的问题，并将这一结果与我们所估计的结果进行比较.

2. 当表面积限定为 500 平方英尺而半径限定为 9 英尺时，再次求解水箱的问题.

用拉格朗日乘子法求解习题 3～6.

3. 求曲面 $x^2 + y^2 - z^2 = 1$ 到原点的最小距离.

4. 求三个数，使它们的和为 9，而平方和尽可能小.

5. 求如下椭圆形轨道上的最热点 (x, y, z)：

$$4x^2 + y^2 + 4z^2 = 16$$

其中温度函数为

$$T(x, y, z) = 8x^2 + 4yz - 16z + 600$$

6. 最小二乘平面. 给定四个点 (x_k, y_k, z_k) 如下：

$$(0, 0, 0), (0, 1, 1), (1, 1, 1), (1, 0, -1)$$

如果这些点应该位于平面 $z = Ax + By + C$ 上，求 A，B，C 的值使以下的误差平方和尽可能小：

$$\sum_{k=1}^{4} (Ax_k + By_k + C - z_k)^2$$
$$z = Ax + By + C$$

7. 假设公司新进了储存能力为 30 立方英尺的第二台储存容器，再次求解石油公司的问题.（提示：你可能需要用四个决策变量 x_{ij} 来建模，分别表示第 i 类石油储存于第 j 台容器中的数量.）

研究课题

1. "拉格朗日乘子与多级火箭的设计"，Anthony L. Peressini，UMAP 教学单元 517. 用拉格朗日乘子法计算多级火箭的最小总质量，使该火箭能将指定的有效载荷送入地球上空指定高度的预定轨道. 需要读者熟悉多变量函数极小化的基本技巧、拉格朗日乘子法以及线性动量和动量守恒的概念.

2. "拉格朗日乘子在经济学中的应用"，Christopher H. Nevison，UMAP 教学单元 270. 拉格朗日乘子被解释为效用函数的边际变化率. 需要读者具备微积分和拉格朗日乘子的知识.

3. 研究拉格朗日乘子的充分必要条件，并准备一份 10 分钟的讲稿.

13.4　可再生资源的管理：渔业

考察南极须鲸的困境，发现 1937 年高峰时捕获量为 280 万吨，而 1978 年只有 5 万吨. 或者考察秘鲁凤尾鱼，发现 1970 年捕获量为 1230 万吨，而仅仅 8 年后则只有 50 万吨. 凤尾鱼产业是秘鲁最大的工业，也是世界最大的捕鱼产业. 这种情况对经济影响的严峻性已经被人们意识到了. 生物学家估计，对南极须鲸来说，要想恢复到先前的最大产量，即使不再捕捞，也需要几年甚至几十年的时间⊖.

像凤尾鱼和须鲸这样的资源称为可再生的资源(相对于一次用尽的资源而言). 一次用尽的资源可利用的总量是有限的, 而可再生的资源(理论上)能够利用的总量是无限的, 可以使其数量保持在某个正的水平之上. 对可再生资源的管理(如渔业的管理), 需要进行一些很关键的思考. 捕捞率应该是多少? 由于捕捞或自然灾害会引起种群数量的波动(如海洋水流的暂时变化会导致凤尾鱼的死亡), 物种的生存对这些波动的敏感性如何? 经济学家 Adam Smith (1723—1790)宣称, 每个个体在仅仅追求他或她的个人私有财产时, 会受到一只看不见的手的引导, 引导到整体的最佳状态. 这只看不见的手, 真的能够保证市场的力量确实是在为人类和可再生资源的利益而工作吗? 或者是需要采取一些干预措施, 改进人类和可再生资源的状况呢? 本节我们将采用一些图形模型, 对这些管理方面的问题获得一些定性的理解.

情景 在一个很大的、竞争性的捕鱼产业中, 考虑某种普通鱼种(如黑线鳕)的捕捞问题. 给定该鱼种在某时刻种群数量, 未来该鱼种的种群数量将如何变化? 未来该鱼种的种群数量依赖于很多因素, 其中包括该鱼种的捕捞率和自然生殖率(单位时间内的出生数量减去死亡数量). 现在让我们分别对捕捞率和自然生殖率的一些子模型进行讨论.

捕捞子模型 我们参照第 2 章介绍的经典的厂商理论, 总利润和边际利润的图形子模型如图 13-15 所示. 从图 13-15a 可以看出, 企业只有在产量至少为 q_1 时才能盈利, 此时总收益等于总成本. 为了最大化利润, 只要边际收益大于边际成本, 企业就应该继续增加产量——也就是说, 直到产量达到 q_2, 如图 13-15a 所示.

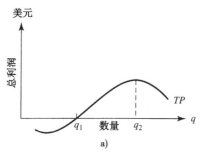
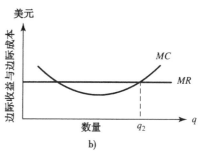

图 13-15 厂商理论的图形模型

厂商理论与捕鱼产业有什么关系? 对一种普通鱼种(如黑线鳕)和一个竞争性的捕鱼产业来说, 假设价格是常数可能是合理的. 如果某种普通的鱼不能以该市场价格交易, 消费者将简单地转向消费另一种鱼. 因此, 在一个大型产业中, 个别厂商在市场上供应某种鱼的数量, 将不会影响鱼的市场价格. 因此, 在很大的范围内, 价格为常数看来是一个合理的初始假设.

下一步, 让我们来考虑公司捕鱼时的成本, 包括薪水、燃料、设备的资金投入、加工处理以及冷藏等. 与从前一样, 每当一个计划期选定后, 这些成本能分成两类: 固定成本(如资金成本), 即与捕鱼量无关的成本; 以及可变成本(如加工成本), 即与捕鱼量相关的成本. 厂商理论的基本原理在这里能够非常合理地得到应用. 例如我们期待, 为了在给定的劳作水平下

⊖ 数据来自于: Colin W. Clarke, "The Economics of Over-exploration." *Science* 181(1973): 630—634.

（船的数量、劳动的人时等）盈利，一个典型的捕鱼公司必须有一个最小的捕捞产量．

对捕鱼产业来说，存在一个有趣的条件：捕捞到一定数量的鱼的成本与鱼群的规模有关．很自然，当鱼群富足时，捕捞到一定数量的鱼只需要付出较少的成本；或者说，当鱼群富足时，同样的努力将捕捞到更多的鱼．因此，我们假设平均单位捕捞成本 $c(N)$ 是随着鱼群的规模 N 的增加而减少的．这一假定如图 13-16 所示，每条鱼的平均捕捞成本表示成鱼群规模的减函数．请注意，这里的自变量 N 是鱼群的规模，而不是捕捞产量．图中还画出了每条鱼的市场价格 p．

图 13-16 的子模型说明，除非鱼群的规模至少为 N_L（在这一点上，每条鱼的捕捞成本等于消费者支付的价格），否则对这一鱼种的捕捞就没有利润．当某个鱼种的捕捞在经济上是可行的时候，通过捕捞可以使鱼群的规模趋向 N_L．如果鱼群的规模显著地大于 N_L，那么高额利润将加剧对该鱼种的捕捞．另一方面，如果鱼群的规模低于 N_L，捕捞将会停止（理论上如此），从而鱼群的规模逐步回升．

在捕捞子模型中我们遇到了一个僵局．虽然我们希望独立地建立两个子模型，但我们现在认识到每条鱼的平均捕捞成本与鱼群的规模有关，因此也与再生产的能力有关．即使我们知道当前鱼群的规模，我们仍然需要知道捕捞率和再生产率是如何共同决定鱼群的规模是增长的还是减少的．我们现在转到建立一个简单的再生产子模型．

再生产子模型　考虑在没有捕捞的情况下，鱼群规模是如何增长的．在影响净增长率的很多因素中，包括出生率、死亡率以及环境条件．这些因素中的每一个都在第 11 章中详细讨论过，在那里我们建立了一些人口模型．对这里我们的目的来说，一个简单的、定性的图形模型就足够了．令 $N(t)$ 表示时刻 t 鱼群的规模，并令 $g(N)$ 表示 $N(t)$ 的增长率，其中 $g(N)$ 假设用连续模型 $g(N)=\mathrm{d}N/\mathrm{d}t$ 近似．当 $N=0$ 时，既没有出生，也没有死亡．现在假设 N_u 是环境所能供养的最大的种群水平，这一水平由食物的供应量、捕食者或类似的抑制者的影响等决定．在 N_u 点，我们假设出生率等于死亡率，即 $g(N_u)=0$．因此，在我们的假设下，当 $N=0$ 和 $N=N_u$ 时，$g(N)$ 为 0；当 N 在两者之间时，$g(N)$ 为正．g 的图形表示如图 13-17 所示．

在继续讨论之前，我们给出再生产的一个解析子模型进行说明．在 $N=0$ 和 $N=N_u$ 值为 0 的简单二次函数为 $g(N)=aN(N_u-N)$，这里 a 是一个正的常数．请注意，正如所要求的那样，当 $0<N<N_u$ 时这个二次函数为正；而当 $N>N_u$ 时为负．由于 $g'(N)=a(N_u-2N)$，$N=N_u/2$ 是 g 的驻点．此外，$g''(N)=-2a$ 隐含了 g 是处处下凹的，如图 13-17 所示．

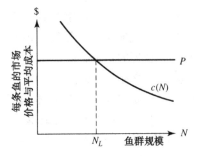

图 13-16　每条鱼的平均捕捞成本随着鱼群规模的增加而减少

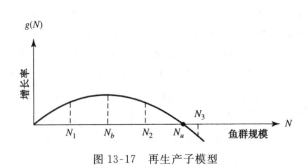

图 13-17　再生产子模型

让我们来看看再生产的子模型能够针对种群水平说些什么. 假设当前的种群水平是 N_1 (图 13-17), 因为 $g(N_1) > 0$, $g(N) = \mathrm{d}N/\mathrm{d}t$, 所以函数 N 是增加的. 当 N 增加时, $g(N) = \mathrm{d}N/\mathrm{d}t$ 也随着增加, 直到到达最大值点 $N = N_b$. 对于 $N > N_b$, 导数仍然是正的, 但是变得越来越小; 当 N 越来越靠近 N_u 时, 导数趋于 0. 因此, 种群水平趋于 $N = N_u$, 如图 13-18 所示. 如果开始时的种群水平是 N_2 和 N_3 (这里 $N_1 < N_b < N_2 < N_u < N_3$), 图 13-18 中定性地给出了相应的曲线, 请说明为什么这些曲线是对的. 请注意, 图 13-17 中的纵坐标是图 13-18 中曲线的斜率. 在第 11 章中, 我们用微分方程的方法, 建立了图 13-18 中人口增长的解析模型, 称为阻滞模型.

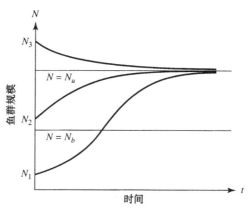

图 13-18　在没有捕捞的条件下, 无论初始种群水平如何, 种群水平总是趋于 $N = N_u$

生物学上最优的种群水平　现在对我们的再生产子模型进行解释. 在没有捕捞的条件下, 种群水平总是趋于 $N = N_u$, 称为环境的供养能力. 此外, 存在生物净增长率达到最大的种群水平, 该种群水平称为生物最优种群水平, 记为 N_b. 在前面讨论的特殊子模型中 (如图 13-17 所示), 我们导出了 $N_b = N_u/2$ (我们在第 11 章中更精确地导出了这个结果).

社会学上的最佳产量　建立了再生产的子模型以后, 现在让我们再次回到捕捞子模型. 假设捕鱼产业希望最大化总利润, 即产量与每条鱼的平均利润之积. 每条鱼的平均利润是价格 p 和每条鱼的平均捕捞成本 $c(N)$ 的差. 因此, 总利润 TP 的表达式为

$$\mathrm{TP} = (产量) \times [p - c(N)] \tag{13-7}$$

我们对产量有什么假定呢? 从渔业公司的角度来说, 理想的情形是每年产量为常数, 年复一年. 如果这样的话, 公司可以有效地计划员工数量以及投入该鱼种的资金数量. 否则, 在产量较低的年份, 必然有浪费的资源, 如捕捞船只和员工. 而且, 假设消费者每年对某种鱼的需求量是常数也是合理的; 例如, 对于一个 3~4 年的时间段来说应该是这样. 下面我们看看产量为常数时会有什么结果.

首先, 如何年复一年地使得每年产量为常数? 一种可能的方式是, 捕捞量正好等于同一时间内出生量与死亡量之差. 因为对于给定的鱼群数量 N, 函数 $g(N)$ 是这种差值的近似, 所以这种想法可以认为 $g(N)$ 等于产量. 为了说明这种想法, 考察图 13-19, 假设当前鱼群数量为 N_2. 如果捕捞的鱼的数量正好是 $g(N)$, 则鱼群数量保持为 N_2 (净增长率为 0), 捕捞作业可以年复一年永久地进行下去. 请说明当 $0 < N < N_u$ 时, 如果每年捕捞的鱼的数量正好是 $g(N)$, 则可以维持鱼群水平 N.

请注意 N_b, 生物增长率最大时的种群水平, 对于维持产量来说具有特别重要的意义, 这是因为 N_b 是能够使产量维持在最大值 $g(N_b)$ 的种群水平. 由于这一种群水平有重要的社会意义, 我们将 N_b 称为社会最优种群水平. 请注意, 在这个例子里, 社会最优水平和生物最优水

平是一致的.

经济学上最优的种群水平 假设产量为 $g(N)$，总利润(13-7)变成

$$\text{TP} = g(N)[p - c(N)] \tag{13-8}$$

捕鱼产业希望最大化 TP. 获得最大利润时的种群数量是多少？因为 $g(N)$ 在 $N = N_b$ 达到最大值，我们可能会认为利润也是在这一点达到最大. 最大的产量确实是在这时达到，然而由 13-16 中的子模型我们知道，当 N 增加时平均利润是连续增加的. 因此，当选择 $N > N_b$ 时，我们可能会增加利润，同时因为 $g(N) < g(N_b)$，捕到的鱼减少. 让我们看看是否真的有这种可能性.

总利润函数 TP 的图形是说明样的？因子 $g(N)$ 在 $N = 0$ 和 $N = N_u$ 时为 0，因子 $[p - c(N)]$ 在 $N = N_L$ 时为 0. 满足这些条件的一个连续函数表示在图 13-20 中，从中可以看出使利润最大化的种群水平确实存在. 我们将该种群水平称为经济最优的种群水平，记为 N_p.

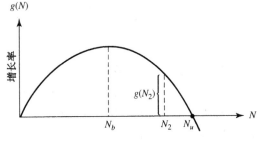

图 13-19 每年捕捞 $g(N)$，得到可持续的产量

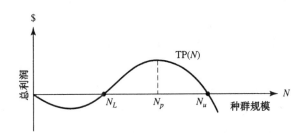

图 13-20 连续的总利润函数

所有最优的种群水平之间的关系 到目前为止，我们介绍了一些感兴趣的种群水平，归纳如下：

$$N_L = 经济上可行的最小种群水平$$

$$N_b = 社会学和生物学上的最优的种群水平$$

$$N_p = 经济上最优的种群水平$$

$$N_u = 环境上可持续的最大种群水平(环境的供养能力)$$

下面我们研究这些种群水平之间的关系. 为了使得对某种鱼的长期渔猎活动是有价值的，必须要有 $N_L < N_u$，而 N_b 和 N_p 位于两者之间. 那么，N_b 和 N_p 之间有什么关系呢？如果我们相信捕鱼产业最后能够找到使利润最大的种群水平，那么出于社会学和生物学上的考虑，我们希望 $N_p = N_b$. 让我们看看 Adam Smith 所说的看不见的手是否起作用.

考察图 13-21. 当 $N_L < N_p < N_u$ 时，在总利润函数 TP 的图上画出了 N_b 的三种可能位置. 研究这个图形，你会看到以下情况：

1. $N_b < N_p$ 当且仅当 $\text{TP}'(N_b) > 0$.

2. $N_b = N_p$ 当且仅当 $\text{TP}'(N_b) = 0$.

3. $N_b > N_p$ 当且仅当 $\text{TP}'(N_b) < 0$.

求(13-8)式的导数，得到：

$$\text{TP}' = g'(N)[p - c(N)] - g(N)c'(N) \tag{13-9}$$

根据 N_b 的定义，$g'(N_b)=0$，$g(N_b)>0$；由图 13-16 中画出的平均成本的子模型，对所有 N，有 $c'(N)<0$. 将 N_b 代入（13-9）式，得到 $\mathrm{TP}'(N_b)>0$，从图 13-21 可知这说明 $N_b<N_p$. 因此在我们的假设条件下，在允许鱼群的数量超过 N_b 时，与 N_b 的情形相比，渔业公司能捕获更少的鱼，但获得更大的利润！下面对我们的模型进行解释，以便帮助管理人员决定控制不同的种群水平 N_L，N_b，N_p 的各种方法.

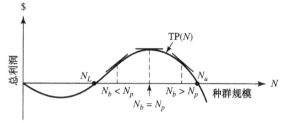

图 13-21　N_b 的三种可能位置是 $N_b<N_p$，$N_b=N_p$，$N_b>N_p$

模型解释　正如我们在第 11 章中所看到的，再生产子模型中的假设是极其简单的，所以我们不能期望从这里建立的图形子模型中得到精确的结论. 然而，我们构造这个模型的目的，是为了定性地识别和分析在管理可再生资源时的一些关键问题. 根据我们建立的模型，下面再次考虑须鲸和秘鲁凤尾鱼的情况.

对须鲸来说，有些情况必须纳入考虑之中. 首先，须鲸种群的自然增长率很低（每年的典型增长率为 5%～10%，当种群数量很少时，即使是很小的捕捞量，也会导致负的净增长率. 其次，很多保守的人认为，须鲸的种群数量有一个最小值 N_s，当低于这个数量时，种群将无法生存. 如果由于捕捞或自然灾害，一旦鲸鱼的种群水平低于 N_s，该物种就会消亡. 这些想法在图 13-22 中得到了体现，图中既画出了再生产的子模型，也画出了种群水平的子模型.

从图 13-22 中可以看出，未来鲸鱼种群的数量对 N_s 附近的种群水平是非常敏感的. 相对比较高的鲸鱼市场价格，将会导致经济上可行的最小种群水平 N_L 非常低（图 13-16），所以 N_L 会非常接近 N_s. 因此，N_L 的位置变得非常关键（在鲸鱼的情形，N_L 可能比 N_s 还低，在这种情况下进行渔业管理时需要将 N_s 和 N_L 分开）. 理想的情况下，我们希望 N_L 和 N_b 是一致的. 在下面的习题中，将讨论两种方法：增加税收和建立限额制度.

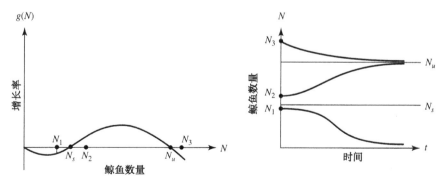

图 13-22　在有最小生存水平时，再生产和种群水平的子模型

对秘鲁凤尾鱼的情况，估计每年的最大可持续产量为 1 千万吨. 因此，任何过量的捕捞（如 1970 年的捕捞量为 1230 万吨），都将会导致种群数量的减少，即使种群数量正好处于生物学上的最优种群水平 N_b 也不行. 从图 13-19 中可以看出，种群将从生物学上的最优种群水平开始下降，可持续的产量也下降，从而捕捞量下降. 然而，从实际中的观点来看，一旦

建立了 1230 万吨的捕捞船队和员工，就有很强的经济动机继续这一水平的过量捕捞．这种严峻的形势在 20 世纪 70 年代的秘鲁一直存在，其间有过几次经济上的转变，政府干预强制执行严格的渔猎规则只是暂时的．我们可以想象，当多个国家共同管理这些资源时，需要考虑的实际问题会变得更加复杂．

 习题

1. 假设环境的供养能力 N_u 原则上是由食物的供应量决定的．在这样的假设下，当 N 越来越接近 N_u 时，鱼生存的平均物理条件会随着食物供应的激烈竞争而越来越坏．当自然灾害（如风暴、严冬或类似的情形）进一步限制了事物的供应时，物种生存的状况会如何？自然资源保护主义者希望维持的种群水平是多少？

2. 在 1981 年和 1982 年的美国佛罗里达湿地，鹿群的数量很大．虽然鹿群资源很丰富，但它们处于饥饿的边缘．为了使得鹿群变得稀疏，发布了狩猎许可证，这一行为激怒了部分环境学家和自然资源保护主义者．根据种群的增长子模型和种群数量子模型，请解释鹿群的饥饿状态以及允许狩猎的目的．

3. 请说明对于许多物种来说，最小的种群数量对于物种的生存来说是必需的．记这个最小的生存数量为 N_s，请给出一个满足图 13-22 中的要求的简单的三次增长模型，并用你的图形子模型回答习题 1 中的问题．

4. 假设 $N_u < N_L$，就捕捞该鱼种的经济可行性而言，这个不等式暗示了什么？请给出一些例子．

习题 5 和 6 与渔猎规则有关．

5. 在本节所建立的模型中，一个关键的假定是，对可持续的产量来说，捕捞率等于增长率．在图 13-19 和图 13-22 的再生产子模型中，如果当前的种群水平是已知的，对增长率进行估计就是可能的．这一知识的含义是，如果根据所估计的增长率设定每个季节的捕捞限额，那么鱼群的规模就可以按照我们的愿望维持不变、增加或减少．这一限额系统也许可以通过如下方式实施：让每个渔猎企业每天上报它们的捕捞量，当达到限额时就停止本季度的渔猎活动．请讨论：在这种情形下，建立足够精确的再生产模型的困难在什么地方？如何估计种群水平？如果所设定的限额年年发生变化，有什么不足之处？讨论在实际实施这一措施时的政治上的困难．

6. 在一个自由的企业系统里从事渔业管理的一个困难是，过量的投资可能会导致过量的生产能力．这种情况在 1970 年的秘鲁凤尾鱼的生产中就发生过，捕捞和加工能力在不到 3 个月的时间里就达到了凤尾鱼的最大年增长率．如果达到限额时就停止本季度的渔猎活动，不足之处在于过多的生产能力将会闲置起来，这从政治上和经济上来说都不能令人满意．另一种方法是采取某种方式控制生产能力，请你给出一些控制生产能力的措施．在实施这些措施（如对商业渔猎牌照的颁发数量进行限制）的时候，会有一些什么样的困难？

习题 7～9 与税收有关．

7. 图 13-16 说明市场的力量倾向于将种群数量"驱赶"到 N_L．请用该图说明，如何用税收和补贴方法控制 N_L 的位置．税收和补贴的形式应该是怎样的？（提示：渔民的成本是他所付出的各种税赋．）将你的想法用到鲸鱼捕捞上．

8. 从理论的角度来看，税收方法是很吸引人的，因为通过设计合理的税收政策可以达到期望的目标，而且这种方式是通过正常的市场力量，而不是其他人为的方式（如对商业渔猎牌照的数量进行限制）．假定当前鱼群水平是 N_b，而且你希望在捕捞量为 $g(N_b)$ 时维持这一水平．应该如何确定捕获的每条鱼的税赋，使 N_L，N_b，N_p 一致？（提示：考虑（13-7）式以及 $N_b = N_p$ 的条件．）

9. 本节中的所有模型均假定价格是常数．假设这一假定在现实中对某些种类的鱼不成立，你如何改变假设条件？如何确定大致的税赋水平？

进一步阅读材料

Clark，Colin W. *Mathematical Bioeconomics*：*The Optimal Management of Renewable Resources*. New York：Wiley，1976.

May，Robert M.，John R. Beddington，Colin W. Clark，Sidney J. Holt，& Richard M. Laws. "Management of Multispecies Fisheries."*Science* 205（July 1979）：267-277.

附录 A　美国大学生数学建模竞赛试题
(1985~2012)[一]

1985：动物种群问题

选择能够得到适当数据的一种鱼类或哺乳动物，准确地建立它的模型．借助于动物生存环境的一些重要参数，对动物与环境之间天然的相互作用建模．给出不同年龄组的种群水平，然后以与捕获动物的实际方法相一致的形式考虑捕获来修正模型．可以包括由数据支持的食物或活动空间限制所施加的任何约束．考虑涉及的各个数值、捕获次数及种群大小，设计总的捕获量，按照种群大小和长期捕获量达到最优的时间寻找捕获策略，检验这个策略在实际环境条件下确实使捕获量达到最优．

1985：战略储备问题

钴对许多工业是必不可少的(1979 年国防需求就占了钴产量的 17%)，但美国不生产钴．大部分钴来自政治上不稳定的中非地区．1946 年的战略与急需物资储备法令要求钴的储存量应保证美国能度过三年战争时期．20 世纪 50 年代政府建立起钴的储备，70 年代初卖掉了其中的大部分，而在 70 年代后期又决定重新储存，储存的指标为 8540 万磅，到 1982 年储存量达到了这个指标的大约一半．

建立一个储存管理战略金属钴的数学模型，你需要考虑下面这样的问题：

- 储存量应多大？
- 应以多大的速率达到这个储存量？
- 买这种金属的合理价格是多少？

你还要考虑下面这样的问题：

- 储存量达到多大时应开始减少它？
- 应以多大的速率来减少？
- 卖出这种金属的合理的价格是多少？
- 如何卖出分派出的金属？

下面给出关于钴的资源、费用、需求及再循环方面更多的信息．

关于钴的有用信息

1985 年政府计划需要 2500 万磅钴．

[一]　下面是严格按照本书翻译的美国大学生数学建模竞赛试题，与竞赛当时公布的题目相比，除了一些个别词句的修正以外，主要有以下变动：对 1985 年动物种群问题做了更详细的叙述；删去了 1990 年扫雪车问题；1992 年空中交通管制雷达问题中删去了一条技术说明；对 2000 年无线电信道分配问题的叙述模糊处做了补充；2001 年逃避飓风狂怒的袭击问题中删去了地图．

在翻译过程中参考了刊登在《大学生数学建模竞赛辅导教材(一、四、五)》(叶其孝主编，湖南教育出版社出版)和《全国大学生数学建模竞赛通讯》(内部刊物)上的译文．——译者注美国大约有 1 亿磅经证实的钴的储备. 当价格达到 22 美元/磅时, 钴的生产在经济上是可行的 (1981 年出现过这种情况). 需要 4 年的时间才能进行周而复始的运转, 从而每年可生产 600 万磅.

1980 年占总消耗量 7% 的 120 万磅钴得到了再生利用.

请看图 A-1~图 A-3, 其来源为 *Mineral Facts and Problems*, United States Bureau of Mines (Washington, DC: Government Printing Office, 1980).

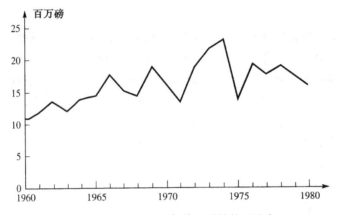

图 A-1 1960~1980 年美国对钴的毛需求

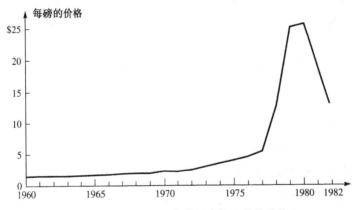

图 A-2 1960~1982 年美国市场上钴的价格

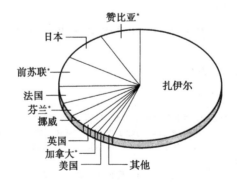

图 A-3 1979 年精炼的金属及(或)氧化物的生产国; 星号表示有国内生产的国家

1986：水道测量数据问题

下表给出在直角坐标 X，Y(以码计)水面的一些位置的水深 Z(以英尺计)，水深是在低潮时测得的．你的船吃水深度为 5 英尺．船应避免进入矩形(150，-50)×(200，75)内的哪些区域？

X	Y	Z	X	Y	Z
129.0	7.5	4	157.5	-6.5	9
140.0	141.5	8	107.5	-81.0	9
108.5	28.0	6	77.0	3.0	8
88.0	147.5	8	162.0	-66.5	9
185.5	22.5	6	162.0	84.0	4
195.0	137.5	8	117.5	-38.5	9
105.5	85.5	8			

1986：应急设施的位置问题

Rio Rancho 镇迄今还没有自己的应急设施．1986 年该镇得到了建立两个应急设施的可靠的资金，每个设施都把救护站、消防站及警察所合在一起．图 A-4 给出了 1985 年每个方形街区的需求或应急事件的次数．北边的 L 形区域是一个障碍物，南边的长方形区域是一个有浅水池塘的公园．应急车辆通过一条南北方向的街区平均要 15 秒，而通过一条东西方向的街区平均要 20 秒．你的任务是确定两个应急设施的位置，使总的响应时间最少．

- 假定需求集中在每个街区的中心，而应急设施位于街角处．
- 假定需求均匀分布在包围每个街区的街道上，而应急设施可位于街道的任何地方．

3	1	4	2	5
3	2	3	3	2
2		3	3	2
3	0		3	1
3	4	3	3	5
2	3	4	4	0
1	2	0	1	3
0	2		3	2
3	0	0		0	4
3	1	0	4	2

N

图 A-4　1985 年 Rio Rancho 镇每个街区应急事件的数目

1987：盐的储存问题

大约 15 年以来，美国中西部的一个州一直把用于冬天洒在马路上的盐储存在球形屋顶的仓库里．图 A-5 表示了过去盐是怎样储存的，在用盐铺成的坡道上通过驾驶平头铲车把盐运进、运出仓库，用平头铲车上的铲斗把盐堆成 25~30 英尺高．

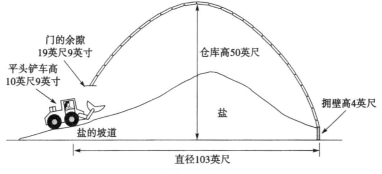

门的余隙
19英尺9英寸

平头铲车高
10英尺9英寸

仓库高50英尺

盐

拥壁高4英尺

盐的坡道

盐

直径103英尺

图 A-5　储存盐仓库的示意图

最近一个小组认为这种做法是不安全的．如果铲车太靠近盐堆的顶端，盐就要滑动，铲车就会翻到为加固仓库而筑的拥壁上去．小组建议，如果盐堆是用铲车堆起来的，那么盐堆最高不要超过 15 英尺．

对这种情况建立一个数学模型，并求出仓库内盐堆的最大高度．

1987：停车场问题

在 New England(新英格兰，美国东北部一地区)一个镇上位于街角处，有一个 100 英尺×200 英尺的停车场，场主雇你来设计这个停车场，也就是如何在停车场的地上画线．

你可能认为要把尽可能多的车驶进停车场，一定应该一辆挨一辆地直角停放，但是缺乏经验的司机感到这样停放有困难，会引起昂贵的保险费要求．为了减少停放车辆时可能造成的损坏，场主就要雇用一些专门停放汽车的有经验的司机．另一方面，如果汽车从通道进来有一个足够大的转弯半径，那么大多数司机都能轻而易举地一次停放成功．当然，通道越宽，能够容纳的车辆越少，这会导致停车场场主收入的减少．

1988：铁路平板车问题

7 种规格的包装箱要装到两辆铁路平板车上去，包装箱的宽和高相同，但厚度(t，以 cm 计)和重量(w，以 kg 计)不同．表 A-1 给出了每种包装箱的厚度、重量和数量．每辆车有 10.2m 长的地方用来装包装箱(像面包片那样)，车的载重为 40 吨．对 C_5，C_6，C_7 规格的包装箱的总数有一个特殊的限制：这些规格箱子所占的空间(厚度)不能超过 302.7cm．试把包装箱装到两辆平板车上去(图 A-6)，使得浪费的空间最小．

表 A-1　每种包装箱的厚度、重量和数量

	C_1	C_2	C_3	C_4	C_5	C_6	C_7	
t	48.7	52.0	61.3	72.0	48.7	52.0	64.0	cm
w	2000	3000	1000	500	4000	2000	1000	kg
	8	7	9	6	6	4	8	

1988：毒品走私船问题

相距 5.43 英里的两个监听站收听到一个短暂的无线电信号，收听到信号时两台测向仪分别定位于 110°和 119°(图 A-7)，测向仪的精度在 2°以内．该信号来自一个毒品交易活跃的区域，据推测一只机动船正等着有人来取毒品．当时正值黄昏，风平浪静，没有潮流．一架小型直升机离开监听站 1 的升降台，并能精确地沿着 110°的方向飞行．直升机的飞行速度是船的 3 倍．在离船 500 英尺时，船上能听到直升机的声音．直升机只有一种侦察装置——探照灯，在 200 英尺远的地方探照灯只能照亮半径为 25 英尺的圆形区域．

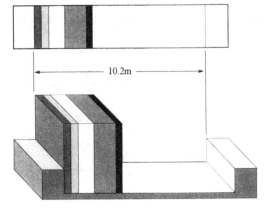

图 A-6　一辆平板车装载的示意图

- 说明飞行员能找到正等着的毒品船的(最小)区域.
- 研究一种直升机的最佳搜索方法.

你的计算中要有 95% 的置信度.

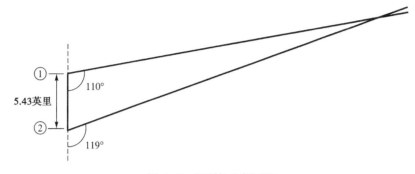

图 A-7   问题的几何图形

1989：飞机排队问题

机场通常用"先到先服务"的原则来分配飞机跑道，即当飞机准备离开登机口(后退)时，驾驶员电告地面控制中心，加入等候跑道的队伍. 假设控制塔可以从快速实时数据库中得到每架飞机的以下信息：

- 预定离开登机口的时间.
- 实际离开登机口的时间.
- 机上乘客人数.
- 预定在下一站转机的人数和转机的时间.
- 预定到达下一站的时间.

假设共有 7 种飞机，载客量从 100 人起以 50 人递增，最多 400 人. 建立并分析能使乘客和航空公司双方满意的数学模型.

1989：蠓的分类问题

两类蠓 Af 和 Apf 已由生物学家 W. L. Grogan 和 W. W. Wirth(1981)根据它们的触角长和翼长加以区分(图 A-8)，9 只 Af 蠓用□标记，6 只 Apf 蠓用○标记. 由给出的触角长和翼长识别一只标本属于 Af 还是 Apf 是很重要的.

1. 给出一只属于 Af 或 Apf 类的蠓，你如何对它进行分类？

2. 将你的方法用于(触角长，翼长)分别为(1.24，1.80)、(1.28，1.84)、(1.40，2.04)的 3 只标本.

3. 如果 Af 是宝贵的传播花粉的益虫，而 Apf 是使人羸弱的疾病的载体，是否要修改你的分类方法. 若要修改，如何改？

1990：药物在脑中的分布问题

研究脑功能失调的人员要用脑部注射的办法测试新的药物(如治疗帕金森病的多巴胺)的效果，为了精确估计药物影响到的脑部区域，他们必须估计注射后药物在脑内空间分布的大小和形状，

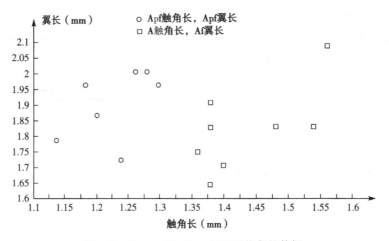

图 A-8　Grogan 和 Wirth(1981)收集的数据

研究数据包括 50 个圆柱体组织样本药物含量的测定值(图 A-9 和表 A-2),每个圆柱体样本长 0.76mm,直径 0.66mm,相互平行的圆柱体的中心位于网格距为 1×0.76×1mm 的格点上,所以圆柱体在底面上相互接触,而侧面则不接触,如图 A-9 所示(底面似乎也不接触,不过这不影响题目的分析). 注射是在最高计数的那个圆柱体的中心附近进行的,当然在圆柱体之间以及由圆柱体样本覆盖的区域外也有药物.

估计受到药物影响的区域中的药物分布.

一个单位表示一个闪烁计数,或多巴胺的 4.753×10^{-13} 克/摩尔. 例如,表 A-2 指出位于后排当中那个圆柱体的药物含量是 28 353 个单位.

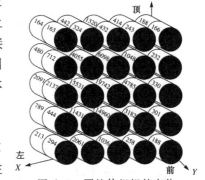

图 A-9　圆柱体组织的定位

表 A-2　50 个圆柱体组织样本的药物含量

后排垂直截面				
164	442	1320	414	188
480	7022	14 411	5158	352
2091	23 027	28 353	13 138	681
789	21 260	20 921	11 731	727
213	1303	3765	1715	453
前排垂直截面				
163	324	432	243	166
712	4055	6098	1048	232
2137	15 531	19 742	4785	330
444	11 431	14 960	3 182	301
294	2061	1036	258	188

1991：水箱问题

美国某州的各个用水管理机构要求各社区提供以每小时多少加仑计的用水量及每天的总用水量．许多社区没有测量流入或流出当地水塔的装置，他们只能代之以每小时测量水塔中的水位，其精度在 0.5% 以内．更重要的是，当水塔中的水位下降到某个最低水位 L 时，水泵就启动向水塔供水直到最高水位 H，而且不能测量水泵的供水量．因此，当水泵正在供水时不容易建立水位与用水量之间的关系．水泵每天供水一至两次，每次约两小时．

估计任何时刻(包括水泵正在供水的时候)从水塔流出的水量 $f(t)$ 及一天的总用水量．表 A-3 给出了一个小镇一天中的真实数据．

表 A-3　一个小镇某天的水塔水位(时间以秒计，水位以 0.01 英尺计)

时间	水位	时间	水位	时间	水位
0	3175	35 932	水泵启动	68 535	2842
3316	3110	39 332	水泵启动	71 854	2767
6635	3054	39 435	3550	75 021	2697
10 619	2994	43 318	3445	79 254	水泵启动
13 937	2947	46 636	3350	82 649	水泵启动
17 921	2892	49 953	3260	85 968	3475
21 240	2850	53 936	3167	89 953	3397
25 223	2797	57 254	3087	93 270	3340
28 543	2752	60 574	3012		
32 284	2697	64 554	2927		

该表给出了从第一次测量开始的时刻(以秒计)和该时刻的水位(以 0.01 英尺计)，例如 3316 秒后水塔中水位达到 31.10 英尺．水塔是一个高 40 英尺、直径 57 英尺的正圆柱．通常当水塔水位降至约 27 英尺时水泵开始工作，当水位升到约 35.50 英尺时停止工作．

1991：Steiner 树问题

两个通信站之间通信线路的费用与线路的长度成正比．引入若干个虚拟站并构造一个新的 Steiner 树，可以降低传统的、一组通信站的最小生成树所需的费用．用这种办法可降低费用多达 $13.4\%\,(=1-\sqrt{3}/2)$，并且为构造费用最低的 Steiner 树，一个有 n 个站的通信网不需要多于 $n-2$ 个虚拟站．两种简单的情形表示在图 A-10 中．

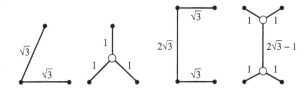

图 A-10　一个网络的最短 Steiner 树的两种简单情形

对于局域网来说，常有必要用直线(棋盘)距离代替欧氏距离，用这种尺度计算的距离如图 A-11所示．

假定你希望设计一个有 9 个站的局域网的最小费用生成树，这 9 个站的直角坐标是

$$a(0, 15),\ b(5, 20),\ c(16, 24),\ d(20, 20),\ e(33, 25),$$
$$f(23, 11),\ g(35, 7),\ h(25, 0),\ i(10, 3)$$

限定你只能用直线，而且所有的虚拟站必须在格点上(即其坐标必须是整数)．每条直线段的费用是它的长度．

1. 求该网络的一个最小费用树.
2. 假定每个站的费用是 $d^{3/2}w$, 其中 d 为站的度, 若 $w=1.2$, 求最小费用树.
3. 试推广本问题.

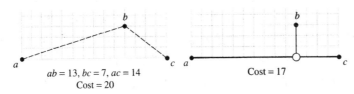

$ab=13, bc=7, ac=14$
Cost = 20

Cost = 17

图 A-11 欧氏距离与直线(棋盘)距离的比较

1992：应急电力恢复问题

为沿海地区服务的电力公司必须配备应急系统来处理暴风雨引起的电力中断, 这种系统的数据输入由估计修复所需的时间和费用以及按照客观准则判定的停电的代价构成. 过去虚拟电力公司(Hypothetical Electric Company, 略写为 HECO)曾因缺乏优先方案而受到媒体批评.

假定你是 HECO 的顾问, HECO 备有一个为通常需要以下信息的服务热线进行实时处理的计算机数据库:

- 报修时间
- 需求者类型
- 估计受影响的人数
- 位置 (x, y)

工程队调度所位于 $(0, 0)$ 和 $(40, 40)$, 其中 x, y 以英里计, HECO 的服务区域在 $-65<x<65$, $-50<y<50$ 以内, 该地区位于有着很好道路交通网的大城市. 工程队只是在上班和下班时必须回调度所. 公司的政策要求, 若停电的是铁路或医院, 只要有工程队可派就立即处理, 其他情况都等暴风雨离开该地区后才开始工作.

HECO 聘请你为表 A-5 所列的暴风雨引起的报修请求和表 A-4 所列的维修能力建立客观准则并安排工作计划. 注意第一个电话是早上 4：20 接到的, 暴风雨在早上 6：00 离开该地区. 还要注意很多停电是当天很晚时才修复的.

HECO 出于自身的目的需要一份技术报告, 并且需要一份浅显易懂的、可提交给媒体的执行摘要. 他们还希望有对未来的建议. 为了确定带有优先安排的维修方案, 你需要做一些附加的假设. 详细叙述这些假设. 将来你可能希望有附加的数据. 如果是这样, 详细叙述这些需要的信息.

表 A-4 工程队情况

- 工程队调度所位于 $(0, 0)$ 和 $(40, 40)$.
- 每个工程队由 3 名熟练工人组成.
- 工程队只是在上班和下班时向调度所报告.
- 工程队上班时全部时间用来做调度所指派的工作. 工程队通常执行例行任务, 在暴风雨离开该地区之前, 他们只能因紧急情况派出.
- 工程队每班工作 8 小时.
- 每个调度所指挥 6 个工程队.
- 工程队一天最多加一班, 加班领取一倍半工资.

表 A-5 暴风雨引起的报修请求

时间(A.M.)	位置	类型	受影响人数	估计修复时间 （一队需要的小时数）
4：20	(−10, 30)	事业(有线电视)	?	6
5：30	(3, 3)	住宅	20	7
5：35	(20, 5)	事业(医院)	240	8
5：55	(−10, 5)	事业(铁路系统)	25 名工人 75 000 位乘客	5
6：00	暴风雨停止，工程队可以派出			
6：05	(13, 30)	住宅	45	2
6：06	(5, 20)	区域	2000	7
6：08	(60, 45)	住宅	?	9
6：09	(1, 10)	政府(市政厅)	?	7
6：15	(5, 20)	事业(购物中心)	200 名工人	5
6：20	(5, −25)	政府(消防部门)	15 名工人	3
6：20	(12, 18)	住宅	350	6
6：22	(7, 10)	区域	400	12
6：25	(−1, 19)	工业(报业公司)	190	10
6：40	(−20, −19)	工业(工厂)	395	7
6：55	(−1, 30)	区域	?	6
7：00	(−20, 30)	政府(高中)	1200 名学生	3
7：00	(40, 20)	政府(小学)	1700	?
7：00	(7, −20)	事业(饭店)	25	12
7：00	(8, −23)	政府(警察局、监狱)	125	7
7：05	(25, 15)	政府(小学)	1900	5
7：10	(−10, −10)	住宅	?	9
7：10	(−1, 2)	政府(学院)	3000	8
7：10	(8, −25)	工业(电脑制造)	450 名工人	5
7：10	(18, 55)	住宅	350	10
7：20	(7, 35)	区域	400	9
7：45	(20, 0)	住宅	800	5
7：50	(−6, 30)	事业(医院)	300	5
8：15	(0, 40)	事业(几家商店)	50	6
8：20	(15, −25)	政府(交通灯)	?	3
8：35	(−20, −35)	事业(银行)	20	5
8：50	(47, 30)	住宅	40	?
9：50	(55, 50)	住宅	?	12
10：30	(−18, −35)	住宅	10	10
10：30	(−1, 50)	事业(市中心)	150	5
10：35	(−7, −8)	事业(机场)	350 名工人	4
10：50	(5, −25)	政府(消防部门)	15	5
11：30	(8, 20)	区域	300	12

1992：空中交通管制雷达问题

要求你确定设在一个主要城市机场的空中交通管制雷达发射的功率. 机场行政部门希望兼顾安全性和经济性, 使雷达的发射功率最小.

机场行政部门限于使用现有的天线和接收线路, 唯一可以考虑的办法是, 改进雷达的发射线路使雷达更强大.

你要回答的问题是, 雷达必须发射多大的功率(以瓦特计)才能保证探测到 100 公里内的标准飞机.

技术说明(参看图 A-12):

1. 雷达天线是一个旋转抛物面的一部分, 该抛物面的焦距为 1 米, 它投影到与顶点相切的平面, 是一个长轴为 6 米、短轴为 2 米的椭圆. 从焦点发出的主能量束是一个椭圆锥, 其长轴角为 1 弧度, 短轴角为 50 毫弧度.

2. 标准飞机具有 75 平方米有效的雷达反射截面, 这意味着在你的初始模型中, 飞机等价于一个中心位于天线轴线上并垂直

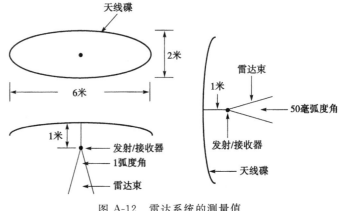

图 A-12 雷达系统的测量值

于该轴的、75 平方米的 100%反射碟. 你可以考虑其他模型或改进这个模型.

1993：倒煤台的操作方案问题

Aspen-Boulder 煤矿公司经营一个包括大型倒煤台在内的装煤设施⊖. 当装煤列车到达时, 从倒煤台往上装煤, 一列标准列车用 3 小时装满, 而倒煤台的容量是一列标准列车的 1.5 倍. 每天铁路部门向这个装煤设施发送 3 列标准列车, 这些列车可在当地时间上午 5 点到下午 8 点的任何时间到达. 每列列车有 3 台机车. 如果列车到达后因等待装煤而空闲, 铁路部门要征收一种称为滞期费的特别费用, 每小时每台机车 5000 美元. 此外, 每周四上午 11 点到下午 1 点之间有一列大容量列车到达, 它有 5 台机车, 容量是一列标准列车的 2 倍. 一个装煤工作队用 6 小时直接从煤矿运煤把空的倒煤台装满, 这个工作队(连同用的设备)的费用是每小时 9000 美元. 可以调用第 2 个工作队在一个另加的倒煤台上操作, 以提高装煤速度, 而费用为每小时 12 000美元. 出于安全的考虑, 在往倒煤台装煤的同时不能往列车上装煤. 每当因往倒煤台装煤而中断往列车上装煤时, 就要征收滞期费.

煤矿公司的管理部门要你确定倒煤台运转的年预期费用, 你的分析应包括以下问题:

• 第 2 个工作队要调用多少次?

• 预期月滞期费是多少?

⊖ 倒煤台指用装煤小车把煤翻卸入煤仓, 再从煤仓滑到装煤列车. ——译者注

- 如果标准列车能够按照调度在确切的时刻到达，怎样的日调度计划可以使装煤费用最少？
- 调用第 3 个工作队(费用为每小时 12 000 美元)能否降低年操作费用？
- 该倒煤台每天能否再装第 4 列标准列车的煤？

1993：最优堆肥问题

一家注重环境的学校餐厅正在用微生物把顾客未吃完的食物再循环以生成堆肥．每天餐厅把吃剩的食物调成浆，再混入厨房里废弃的色拉碎料及少量撕碎的纸片，并在得到的混合物中喂入真菌培养物和土壤细菌，它们将浆、绿叶菜、纸片分解、消化，生成有用的堆肥．碎绿叶菜为真菌培养物提供氧气，而纸片则吸收过量的湿气．但是有时真菌培养物不能或不肯分解、消化顾客留下的那么多的剩饭菜．餐厅收到了要大量购买他们生产的堆肥的报价，所以正在研究增加堆肥产量的办法．由于无力营造一套新的堆肥设备，餐厅在寻求能加速真菌培养物活性的方法，例如通过优化真菌培养物的环境(目前是在 120℉和 100％湿度的环境下生成堆肥的)，或优化喂入真菌培养物的混合物的组成，或同时优化二者．

确定在喂入真菌培养物的浆、绿叶菜和纸片的比例与真菌培养物将混合物生成堆肥的速率之间是否存在任何关系．若认为没有关系，试说明理由，否则，试确定什么样的比例会加速真菌培养物的活性．

除了按照竞赛规则规定的格式写出技术报告外，请为餐厅经理提供一页篇幅的用非技术术语表述的实施建议．

表 A-6 列出了分别存放在不同箱子中混合物的各种原料的数量，及混合物中喂入真菌培养物的日期和生成堆肥的日期．

表 A-6　堆肥数据

泥浆(磅)	绿叶菜(磅)	纸片(磅)	喂入日期 (年，月，日)	生成堆肥日期 (年，月，日)
86	31	0	90, 7, 13	90, 8, 10
112	79	0	90, 7, 17	90, 8, 13
71	21	0	90, 7, 24	90, 8, 20
203	82	0	90, 7, 27	90, 8, 22
79	28	0	90, 8, 10	90, 9, 12
105	52	0	90, 8, 13	90, 9, 18
121	15	0	90, 8, 20	90, 9, 24
110	32	0	90, 8, 22	90, 10, 8
82	44	9	91, 4, 30	91, 6, 18
57	60	7	91, 5, 2	91, 6, 20
77	51	7	91, 5, 7	91, 6, 25
52	38	6	91, 5, 10	91, 6, 28

1994：混凝土地板问题

美国住房与城市发展部(HUD)正在考虑建造从单层寓所到公寓楼房大小不同的住宅，

HUD 主要关心的是使房主定期支付的费用(特别是暖气和冷气的费用)最少. 建房区域位于全年温度变化不大的温带地区.

通过特殊的建筑技术, HUD 的工程师能建造不需要依靠对流, 即不靠开门窗来帮助调节温度的住宅. 这些住宅是单层的, 仅用混凝土地板作为地基. 你被聘为顾问来分析混凝土地板中的温度变化, 由此确定地板表面的平均温度能否全年保持在给定的舒适范围内. 如果可能的话, 什么样的尺寸和形状的地板能做到这点?

第一部分 地板温度

给定该地区每天环境温度的变化范围(表 A-7), 研究混凝土地板中的温度变化. 假定最高温度在中午达到, 最低温度在午夜达到, 确定能否在只考虑辐射的条件下设计地板, 使其表面的平均温度保持在给定的舒适范围内. 开始可假定热量是通过暴露在外的混凝土地板的周边传入的, 而地板的上、下表面是绝热的. 试对这些假设是否恰当以及假设的敏感性做评述. 如果不能得到满足表 A-7 条件的解, 那么能够找到满足你自己提出的如表 A-7 那样条件的地板设计吗?

表 A-7   温度的日变化

周边环境温度		舒适温度范围	
最高	85℉	最高	76℉
最低	60℉	最低	65℉

第二部分 建筑物温度

分析开始时所作假定的实用性, 并将其推广到分析单层住宅的温度变化, 住宅温度能否保持在舒适范围内?

第三部分 建筑费用

HUD 的一项目标是降低或免去暖气和冷气的费用, 考虑到建筑物的各种限制和费用, 提出一种顾及到这一目标的设计.

1994: 通信网络问题

在你的公司里各部门每天都要分享信息, 包括前一天的销售统计和当前的生产指南. 尽快传出这些信息是十分重要的.

假定一个通信网络用于从一台计算机向另一台计算机传输数据组(文件), 作为例子, 考虑图 A-13 的图模型.

顶点 V_1, V_2, $\cdots$, V_m 表示计算机, 边 e_1, e_2, $\cdots$, e_n 表示(在有边的顶点表示的计算

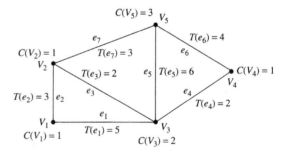

图 A-13   文件传输网络的例子

机之间)要传输的文件, $T(e_x)$ 表示传输文件 e_x 所需的时间, $C(V_y)$ 表示计算机 V_y 可同时传输的文件的能力(指文件的数量), 文件传输必须占用传输该文件的两台计算机所需的全部时间. 例如, $C(V_y)=1$ 表示计算机 V_y 一次只能传输一个文件.

我们感兴趣的是以最优方式安排传输, 使得传输完所有文件所用的总时间最少. 这个最少

的总时间称为完工时间(makespan). 为你的公司考虑下面的情况.

情况 A

你的公司有 28 个部门, 每个部门有一台计算机, 每台计算机在图 A-14 中用一个顶点表示. 每天必须传输 27 个文件, 在图 A-14 中用边表示. 在这个网络中对所有的 x 和 y, $T(e_x)=1$, $C(V_y)=1$. 找出该网络的一个最优时间表和相应的完工时间. 你能向你的主管人员证明, 对该网络你求得的完工时间是最小可能的吗? 叙述你求解该问题的方法. 你的方法适用于一般情形吗? 即是否适用于 $T(e_x)$, $C(V_y)$ 及图的结构都任意的情形?

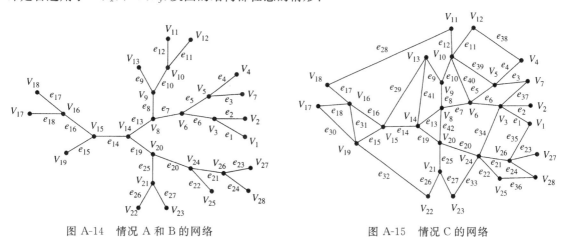

图 A-14　情况 A 和 B 的网络　　　　　图 A-15　情况 C 的网络

情况 B

假定你的公司改变了传输要求, 你必须在相同的基本网络(见图 A-14)上考虑不同类型和大小的文件, 传输这些文件所需的时间用表 A-8 中每条边的 $T(e_x)$ 表示. 对全部 y 仍有 $C(V_y)=1$. 对新网络找出一个最优时间表及其完工时间. 你能证明对新网络求得的完工时间是最小可能的吗? 叙述你求解该问题的方法. 你的方法适用于一般情形吗? 试对任何特有的或出乎意料的结果发表评论.

表 A-8　情况 B 的文件传输时间

x	1	2	3	4	5	6	7	8	9
$T(e_x)$	3.0	4.1	4.0	7.0	1.0	8.0	3.2	2.4	5.0
x	10	11	12	13	14	15	16	17	18
$T(e_x)$	8.0	1.0	4.4	9.0	3.2	2.1	8.0	3.6	4.5
x	19	20	21	22	23	24	25	26	27
$T(e_x)$	7.0	7.0	9.0	4.2	4.4	5.0	7.0	9.0	1.2

情况 C

你的公司正在考虑扩展业务. 如果扩展了的话, 每天会有一些新的文件(边)要传输. 这种扩展还包括计算机系统的升级换代, 28 个部门中的某些部门将配备每次能传输不止一个文件的新的计算机. 所有这些变化都在图 A-15 和表 A-9、表 A-10 中表明. 你能找到的最优时间表及其完工时间是什么？你能证明对该网络求得的完工时间是最小可能的吗？叙述你求解该问题的方法. 试对任何特有的或出乎意料的结果发表评论.

表 A-9　情况 C 的文件传输时间（表 A-8 的增加部分）

x	28	29	30	31	32	33	34	35
$T(e_x)$	6.0	1.1	5.2	4.1	4.0	7.0	2.4	9.0
x	36	37	38	39	40	41	42	
$T(e_x)$	3.7	6.3	6.6	5.1	7.1	3.0	6.1	

表 A-10　情况 C 的计算机传输数据能力

y	1	2	3	4	5	6	7	8	9	10
$C(V_y)$	2	2	1	1	1	1	1	1	2	3
y	11	12	13	14	15	16	17	18	19	
$C(V_y)$	1	1	1	2	1	2	1	1	1	
y	20	21	22	23	24	25	26	27	28	
$C(V_y)$	1	1	2	1	1	1	2	1	1	

1995：单螺旋线

一家小的生物技术公司要设计、论证、编程并检验一种数学算法，这种算法能实时地确定一条螺旋线与空间任何一个平面的全部交点.

计算机辅助几何设计（CAGD）编程能使工程师观察到他们设计的物体（如自动悬簧或医疗设备）的平面截面，工程师也可以在平面上用各种颜色或各条等值线来表示诸如气体流量、压力、温度等数值. 这些平面可以迅速扫过整个物体，得到它的三维图像以及对运动、力或热的反应. 为了得到这样的结果，计算机程序必须迅速而精确地锁定所看到的平面的全部交点及所设计物体的每个部分. 一般的方程求解装置原则上能够计算这些交点，但是对于特定的问题可以证明，特定的方法比一般方法更快捷、更准确. 特别是，可以证明一般的 CAGD 软件对于完成实时计算来说太慢，或者对于安装到公司的成品医疗设备上来说又太大. 这样一些因素使得公司考虑下面的问题.

问题

设计、论证、编程并检验一种计算一条螺旋线与一个平面全部交点的方法，螺旋线与平面在空间的任何方位（任何位置与任何方向）. 一段螺旋线可以代表螺旋弹簧，或者化学、医疗设备的一段管道.

必须从几个方面对提出的算法进行理论上的证明，以验证解的正确性，例如通过算法部分的数学证明，以及通过用已有的例子检验最终的程序. 对于医疗应用来说，政府机构需要这样的证据和检验.

1995：Aluacha Balaclava 学院

Aluacha Balaclava 学院刚刚聘用了一位新教务长，她首先要做的事情是制定一个公平、合理的教师工资体系．她聘请你的队做顾问，设计一个能反映以下情况和原则的工资体系．

教师职称由低到高排列为：讲师、助理教授、副教授、教授．获博士学位的聘为助理教授，正在读博士的聘为讲师，并在完成学位时自动提升为助理教授．在副教授职称上工作满 7 年后可申请提升教授．提升由教务长参照学院委员会的推荐来决定．

教师工资以 10 个月为一期，从 9 月到来年 6 月，9 月开始涨工资．用于增加工资的总款额每年不同，一般在每年 3 月才知道．

没有教学经验的讲师的起始工资是 27 000 美元，助理教授是 32 000 美元．若教师在其他学校受聘，可以拿到最多 7 年的教学经验资格证明．

原则

1. 在有钱的任何一年所有教师都增加工资．

2. 职称提升应该带来实质性的利益，即在最短可能时间内提升得到的利益应与 7 年正常增加的工资大致相同．

3. 7 或 8 年提升一次并有至少 25 年教龄的教师，在退休时的工资应大致是有博士学位的新教师工资的 2 倍．

4. 同一职称的教师教龄长的应比教龄短的工资高，但是这种影响应随着年限的增加而减少，即两个同一职称教师的工资应随着年限的增加而趋于一样．

首先不考虑生活费用的增长设计一个新的工资体系，然后将生活费用增长的因素加入，在不减少每人现有工资的条件下，设计一个从目前的工资体系到你给出的新体系的过渡方案．目前教师的工资、职称和教龄见表 A-11．讨论你认为能改进你的新体系的任何想法．

表 A-11 Aluacha Balaclava 学院的工资数据

序号	教龄	职称	工资	序号	教龄	职称	工资	序号	教龄	职称	工资
1	4	副教授	54 000	17	9	助理教授	30 893	33	8	教授	57 295
2	19	助理教授	43 508	18	22	副教授	46 351	34	10	助理教授	36 991
3	20	助理教授	39 072	19	21	副教授	50 979	35	23	教授	60 576
4	11	教授	53 900	20	20	助理教授	48 000	36	20	副教授	48 926
5	15	教授	44 206	21	4	助理教授	32 500	37	9	教授	57 956
6	17	助理教授	37 538	22	14	副教授	38 462	38	32	副教授	52 214
7	23	教授	48 844	23	23	教授	53 500	39	15	助理教授	39 259
8	10	助理教授	32 841	24	21	副教授	42 488	40	22	副教授	43 672
9	7	副教授	49 981	25	20	副教授	43 892	41	6	讲师	45 500
10	20	副教授	43 549	26	5	助理教授	35 330	42	5	副教授	52 262
11	18	副教授	42 649	27	19	副教授	41 147	43	5	副教授	57 170
12	19	教授	60 087	28	15	助理教授	34 040	44	16	助理教授	36 958
13	15	副教授	38 002	29	18	教授	48 944	45	23	助理教授	37 538
14	4	助理教授	30 000	30	7	助理教授	30 128	46	9	教授	58 974
15	34	教授	60 576	31	5	助理教授	35 330	47	8	教授	49 971
16	28	助理教授	44 562	32	6	副教授	35 942	48	23	助理教授	62 742

序号	教龄	职称	工资	序号	教龄	职称	工资	序号	教龄	职称	工资
49	39	副教授	52 058	94	25	教授	50 583	139	2	助理教授	32 000
50	4	讲师	26 500	95	23	教授	60 800	140	7	助理教授	36 300
51	5	副教授	33 130	96	17	助理教授	38 464	141	9	副教授	38 624
52	46	教授	59 749	97	4	助理教授	39 500	142	21	教授	49 687
53	4	副教授	37 954	98	3	助理教授	52 000	143	22	教授	49 972
54	19	教授	45 833	99	24	教授	56 922	144	7	副教授	46 155
55	6	副教授	35 270	100	2	教授	78 500	145	12	助理教授	37 159
56	6	副教授	43 037	101	20	教授	52 345	146	9	助理教授	32 500
57	20	教授	59 755	102	9	助理教授	35 798	147	3	副教授	31 500
58	21	教授	57 797	103	24	助理教授	43 925	148	13	讲师	31 276
59	4	副教授	53 500	104	6	副教授	35 270	149	6	助理教授	33 378
60	6	助理教授	32 319	105	14	教授	49 472	150	19	教授	45 780
61	17	副教授	35 668	106	19	副教授	42 215	151	5	教授	70 500
62	20	教授	59 333	107	12	助理教授	40 427	152	27	教授	59 327
63	4	助理教授	30 500	108	10	助理教授	37 021	153	9	副教授	37 954
64	16	副教授	41 352	109	18	副教授	44 166	154	5	副教授	36 612
65	15	教授	43 264	110	21	副教授	46 157	155	2	助理教授	29 500
66	20	教授	50 935	111	8	助理教授	32 500	156	3	教授	66 500
67	6	助理教授	45 365	112	19	副教授	40 785	157	17	助理教授	36 378
68	6	副教授	35 941	113	10	副教授	38 698	158	5	副教授	46 770
69	6	助理教授	49 134	114	5	助理教授	31 170	159	22	助理教授	42 772
70	4	助理教授	29 500	115	1	讲师	26 161	160	6	助理教授	31 160
71	4	助理教授	30 186	116	22	教授	47 974	161	17	助理教授	39 072
72	7	助理教授	32 400	117	10	副教授	37 793	162	20	助理教授	42 970
73	12	副教授	44 501	118	7	助理教授	38 117	163	2	教授	85 500
74	2	助理教授	31 900	119	26	教授	62 370	164	20	助理教授	49 302
75	1	副教授	62 500	120	20	副教授	51 991	165	21	副教授	43 054
76	1	助理教授	34 500	121	1	助理教授	31 500	166	21	教授	49 948
77	16	副教授	40 637	122	8	副教授	35 941	167	5	教授	50 810
78	4	副教授	35 500	123	14	副教授	39 294	168	19	副教授	51 378
79	21	教授	50 521	124	23	副教授	51 991	169	18	副教授	41 267
80	12	助理教授	35 158	125	1	助理教授	30 000	170	18	助理教授	42 176
81	4	讲师	28 500	126	15	助理教授	34 638	171	23	教授	51 571
82	16	教授	46 930	127	20	副教授	56 836	172	12	教授	46 500
83	24	教授	55 811	128	6	讲师	35 451	173	6	助理教授	35 798
84	6	助理教授	30 128	129	10	助理教授	32 756	174	7	助理教授	42 256
85	16	教授	46 090	130	14	助理教授	32 922	175	23	副教授	46 351
86	5	助理教授	28 570	131	12	副教授	36 451	176	22	教授	48 280
87	19	教授	44 612	132	1	助理教授	30 000	177	3	助理教授	55 500
88	17	助理教授	36 313	133	17	教授	48 134	178	15	副教授	39 265
89	6	助理教授	33 479	134	6	助理教授	40 436	179	4	助理教授	29 500
90	14	副教授	38 624	135	2	副教授	54 500	180	21	副教授	48 359
91	5	助理教授	32 210	136	4	副教授	55 000	181	23	教授	48 844
92	9	副教授	48 500	137	5	助理教授	32 210	182	1	助理教授	31 000
93	4	助理教授	35 150	138	21	副教授	43 160	183	6	助理教授	32 923

（续）

序号	教龄	职称	工资	序号	教龄	职称	工资	序号	教龄	职称	工资
184	2	讲师	27 700	191	19	助理教授	36 958	198	19	副教授	43 519
185	16	教授	40 748	192	16	助理教授	34 550	199	4	助理教授	32 000
186	24	副教授	44 715	193	22	教授	50 576	200	18	副教授	40 089
187	9	副教授	37 389	194	5	助理教授	32 210	201	23	教授	52 403
188	28	教授	51 064	195	2	助理教授	28 500	202	21	教授	59 234
189	19	讲师	34 265	196	12	副教授	41 178	203	22	教授	51 898
190	22	教授	49 756	197	22	教授	53 836	204	26	副教授	47 047

教务长需要一份能够实施的、详细的工资体系计划，以及一份简明清晰的执行纲要，纲要中要给出模型及其假设、优缺点与可以向委员会和教师宣布的预期结果.

1996：潜艇探测问题

世界的海洋中都有一个环绕噪声场，地震扰动、海面船舶的航行和海洋动物以不同的频率范围为噪声场提供声源. 我们要考虑如何利用这个环绕噪声场去探测大的移动的物体(如海面下的潜艇). 假定潜艇本身不发出噪声，试研究一种仅利用测量环绕噪声场的变化所得到的信息，来探测运动着的潜艇的存在、它的速度和尺寸以及它的航行方向的方法.

1996：竞赛答卷评阅问题

在确定像数学建模竞赛这种形式的比赛的优胜者时，常常要评阅大量的答卷，比如有 $P=100$ 份答卷，一个由 J 位评阅人组成的小组来完成评阅任务. 用于竞赛的资金对于聘请的评阅人数量和评阅时间都有限制，例如，若 $P=100$，则通常取 $J=8$.

理想的情况是每个评阅人看所有的答卷，并将它们一一排序，但是这种方法工作量太大. 另一种方法是进行一系列的筛选，在一次筛选中每个评阅人只看一定数量的答卷，并给出分数. 为了减少所看答卷的数量，考虑如下的筛选模式：如果答卷是排序的，则每个评阅人的排序中排在最后 30% 的答卷被筛除；如果答卷没有排序，而是打了分(比如从 1 到 100 分)，则某个截止分数线以下的所有答卷被筛除.

经过筛选的答卷重新放在一起返回给评阅小组，并重复上述过程. 人们关注的是，每个评阅人看的答卷要显著地小于 P. 评阅过程直到剩下 W 份答卷时停止，这些就是优胜者. 当 $P=100$ 时通常取 $W=3$.

你的任务是利用排序、打分及其他方法的组合，确定一种筛选模式，按照这种模式最后选中的 W 份答卷只能来自最好的 $2W$ 份答卷(所谓"最好的"，是指我们假定存在着一种评阅人一致赞同的答卷的绝对排序). 例如用你的方法得到的最上面的 3 份答卷，将全都包含在最好的 6 份答卷中. 在满足这些要求的方法中，希望你给出使每个评阅人所看答卷份数最少的一种方法.

注意打分时存在系统偏差的可能，例如对于一批答卷，一位评阅人平均给 70 分，而另一位可能给 80 分. 在你的模式中如何调节尺度来适应竞赛参数(P，J 和 W)的变化？

1997：Velociraptor 问题

Velociraptor 是生活在距今约 7500 万年前晚白垩纪的一种食肉恐龙，古生物学家认为这是一种非常顽强的猎食其他动物的野兽，可能成对甚至成群地外出追猎. 只是，无法像观察现代食肉哺乳动物的野外追猎那样，观察到 Velociraptor 的野外追猎情况．一组古生物学家来到你们队，请你们在 Velociraptor 的野外追猎行为的建模方面给予帮助，他们希望把你们的结果与研究狮子、老虎和其他类似食肉动物行为的生物学家所报告的现场数据相比较．

成年的 Velociraptor 平均身长 3 米，髋高 0.5 米，体重约 45 千克，估计这种动物跑得非常快，60 公里/小时的速度可持续约 15 秒．在突然加速之后它要停下来，在肌肉中积聚乳酸以恢复体力．

假定 Velociraptor 捕食一种与它差不多大小的、称为 Thescelosaurus neglectus 的两足食草动物．从 Thescelosaurus 化石的生物力学分析可知，它能以 50 公里/小时的速度长时间奔跑．

第一部分   假定 Velociraptor 是一只独居的猎食其他动物的野兽，设计一个数学模型来描述一只 Velociraptor 潜近并追逐一只猎物的策略以及这只猎物逃避的策略．假定当 Velociraptor 潜近到 Thescelosaurus 的 15 米以内时，后者总能觉察到，而且根据栖息地和气候的不同甚至在更大的范围（远达 50 米）都能觉察到捕食者的存在．此外，Velociraptor 在全速奔跑时的转弯半径受到它的身体结构和体能的限制，估计转弯半径是其髋高的 3 倍．另一方面，Thescelosaurus 却是极其灵活的，其转弯半径只有 0.5 米．

第二部分   更现实地假定 Velociraptor 是成对地追猎，设计一个数学模型来描述一对 Velociraptor 潜近并追逐一只猎物的策略，以及这只猎物逃避的策略．利用第一部分给出的假设和限制．

1997：为有效讨论进行充分的混合分组

近来流行开小组会讨论一些重要事宜，特别是长期计划．人们认为大型会议不利于充分讨论，并且权势人物常会控制和支配讨论．这样，公司董事会在召开全体会之前将开一些小组会讨论．小组会仍然有被权势人物控制的危险，为了减少这种危险通常把会议分成若干段，每段让不同组的与会者充分混合．

An Tostal 公司董事会共 29 名成员，其中 9 位是在职董事（即公司雇员）．一天的会议分成上午 3 段和下午 4 段，每段 45 分钟，从上午 9 点到下午 4 点，中午用午餐．上午每段分 6 个组，每组由一位资深职员主持，他们不是董事会成员，于是每位资深职员要主持 3 个不同的小组会．下午每段分 4 个组，没有资深职员主持．

董事长希望得到一份 7 段小组会的分组名单安排计划，这种安排应将各位董事尽可能混合．理想的安排是使每一董事和另一董事在同一小组中开会的次数相同，并使在不同段的小组中一起开会的董事最少．

安排计划也要满足以下准则：

1. 上午的 3 段不允许任一董事参加同一位资深职员主持的两次会议．

2. 在职董事按比例地分配在每段的各个小组内．

给出一份 1～9 号在职董事、10～29 号董事和 1～6 号资深职员的分组名单，说明它在多大程度上满足上述准则要求．因为可能有的董事在最后一分钟宣布不参加会议，或者不在名单上的董事表示要出席，所以希望提出一种秘书可用临时通知来调整安排的算法．理想的算法还要能够用于不同类型、不同水平的与会者的会议安排．

1998：MRI 扫描

引言

被称为磁共振成像仪(MRI)的工业与医用诊断机对像人脑那样的三维物体进行扫描，并将扫描的结果以三维像素阵列的形式传送．每个像素由一个标志其颜色或灰度的数构成，它对被扫描物体中像素所在位置处的一个小区域内含水量的测量进行编码．例如，0 以黑色描绘出高含水量(脑室、血管)，128 以灰色描绘出中等含水量(脑核和灰质)，而 255 以白色描绘出低含水量(组成有髓轴突的浓脂白质)，这种 MRI 扫描仪还包括能在屏幕上画出通过该三维像素阵列的平行或垂直切片(与 3 个笛卡儿坐标轴平行的切片)的设备．

然而，能通过斜平面画出切片的算法是有专利的．目前的算法在利用所提供的角度和参数的选择上受到限制；只能大量利用专用工作站才能运行；缺乏在切片前面的画面上进行点输入的能力；使原始像素之间明晰的边界变得模糊并"减弱"．

一个能在个人电脑上实现的、更为灵活可靠的算法在以下几方面是很有用的：

1. 使有侵犯性的处理治疗达到最小；
2. 校准磁共振成像仪；
3. 像动物研究中尸体解剖组织断面那样的空间斜向结构的研究；
4. 使断面能以任何角度穿过由黑白线组成的脑图．

为了设计出这样的算法，需要能存取像素(而不是扫描仪收集到的原始数据)的数值和位置．

问题

设计并测试一种算法，能在空间任意指向的平面产生三维阵列的截面，并尽可能保持原始的灰度值．

数据集

典型的数据集由数 $A(i, j, k)$ 的三维阵列 A 组成，该数 $A(i, j, k)$ 表示物体在位于 $(x, y, z)_{ijk}$ 处的浓度．$A(i, j, k)$ 通常的取值范围是从 0 到 255．在多数应用中数据集是相当大的．

参赛队要设计出用于测试并论证其算法的数据集，数据集应能反映好像有诊断意义的条件．参赛队还应描述出使其算法有效性受到限制的数据集的特性．

摘要

算法必须生成由空间一平面与三维阵列相交的切片图像，这个平面在空间可以有任意的指向和位置(该平面可以避开一些或全部数据点)．算法的结果应是所扫描的物体在所选平面上的一个密度模型．

1998：分数的贬值

背景

ABC 学院的一些管理者关注课程评分问题．平均来说，ABC 学院的教师经常给出高分(目前的平均分是 A－)，从而难以区分好学生和普通学生．根据一项奖学金的规定，只允许前 10% 的学生得到赞助，所以要进行课程排名．

学院院长的想法是，在每一门课程中将每个学生与其他学生做比较，用这种信息建立排名．例如在某一门课程中，一个学生得到 A，而其他学生也都得到 A，那么这个学生在该课程中只能是"中等". 另一方面, 如果一个学生在某一门课程中得到唯一的 A, 那么这个学生在该课程中显然是"优于中等". 综合从多门课程得到的信息, 或许可以把全院的学生按"十分点"排名(指前 10%, 下一个 10%, 等等).

问题

假定采取的记分制是(A+, A, A-, B+, …), 院长的上述想法是否行得通?

任何其他的模式能产生希望的排名吗?

一种担心是, 一门课程的记分会改变许多学生的"十分点"排名, 这可能吗?

数据集

参赛队应设计数据集来测试和验证采用的算法, 还应描述出使其算法有效性受到限制的数据集的特性.

1999: 强烈的碰撞

美国国家航空和航天局(NASA)从过去一个时期以来一直在考虑一颗大的小行星撞击地球会产生的后果.

作为这种努力的一部分, 要求你们队考虑这样一颗小行星撞击南极洲产生的后果. 人们关注的是, 撞击南极洲比撞到地球的其他地方可能会有很大不同的后果.

假定小行星的直径大约为 1000 米, 并且正好在南极与南极洲相撞.

要求你队对这样一颗小行星的撞击提供评估, 特别是, NASA 希望有一个在这种撞击下人员伤亡数量和所在地区的估计, 对南半球海洋的食物生产区域造成的破坏的估计, 以及由于南极洲极地冰岩的大量融化造成沿海地区可能出现洪水的估计.

1999: 不合法的聚会场所

在很多公众聚集场所的房间, 会看到有"不合法"字样的标记, 指的是占用这个房间的人数超过了规定的限额. 估计这个限额是根据在紧急情况下人们从房间出口疏散的速度制定的. 类似地, 电梯和其他设施也常有"最大容量"的警示.

试为如何确定这种"合法容量"建立一个数学模型, 模型中要讨论决定"不合法"占用房间(或空间)的人数的准则(除了在火警或其他紧急情况下考虑的公众安全之外), 还要考虑你的对象是带有可移动家具的房间(如有桌椅的食堂), 与是体育馆、是公共游泳池、是有排椅和通道的讲演厅, 有什么区别. 你可以比较在不同环境(如电梯、讲演厅、游泳池、食堂或体育馆)下人们可以做什么样的模型. 滚石乐队音乐会、英式足球赛这样的场合, 也可以作为特殊情况.

将模型用于你们学校(或邻近城镇)的一个或多个公众场合, 把你的结果与实际标出的容量(如果有的话)相比较. 如果你的模型能用, 你会受到想增加容量的用户的诘问. 用你的分析给地方报纸写一篇答辩性的文章.

2000: 空中交通管制

纪念联邦航空局前任首席科学家 Robert Machol 博士.

为加强安全并减少空中交通指挥员的工作量, 联邦航空局(FAA)考虑对空中交通管制系统添加软件, 以便自动探测飞行器飞行路线中潜在的冲突, 并提醒指挥员. 为完成此项工作，FAA 的分析员提出了下列问题.

要求 A：对于给定的两架空中飞行的飞机，空中交通指挥员应在什么时候认为它们太靠近，并加以干预？

要求 B：空间扇区是指某个空中交通指挥员所控制的三维空间的那部分区域. 给定任意一个空间扇区，我们怎样从空中交通工作量的角度来估量它是否复杂？当几个飞行器同时通过该扇形区时，下面情形所确定的复杂性会达到什么程度？

1. 在任一时刻.

2. 在任意给定的时间范围内.

3. 在一天的特定时间内.

上述期间潜在冲突出现的总数怎样影响复杂性？添加软件工具来自动探测冲突并提醒指挥员，是会减少还是增加这种复杂性？

在做出你的报告方案的同时，写一篇概述(不多于两页)使 FAA 分析员能提交给 FAA 行政长官 Jane Garvey，并对你的结论进行答辩.

2000：无线电信道分配

寻求一个模型，把无线电信道分配到一个大的平面区域的一些传送站的对称网络上，以避免干扰. 一个基本的方法是将此区域分成正六边形的格子(蜂窝状)，如图 A-16 所示，传送站安置在每个正六边形的中心点.

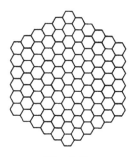

图　A-16

频谱的一个区间容许作为传送站的频率，将这一区间规则地分割成一些空间信道，用整数 1，2，3，… 来表示. 每一个传送站配置一个正整数信道，同一信道可以在许多传送站使用，前提是相邻近的传送站不相互干扰.

频谱需要根据某些约束来设定信道，我们的目标是使频谱区间的宽度最小. 这可以用跨度(span)的概念. 跨度是在满足约束的所有配置中，任何传送站使用的最大信道的最小值. 在一个获得一定跨度的配置中不要求小于跨度的每一信道都被使用. 令 s 是一个正六边形的边长. 我们集中考虑存在两种干扰水平的情况.

要求 A：频率配置有几个限制. 第一，相距 $4s$ 以内的传送站不能配给同一信道. 第二，由于频谱的扩展，相距 $2s$ 以内的传送站不能配给相同或相邻的信道：它们的信道至少相差 2. 在这些限制下对于图 A-16 中的跨度能发表什么见解？

要求 B：假定图 A-16 中的格子在各方向都延伸到任意远，重复要求 A.

要求 C：更一般地，假定相距 $2s$ 以内的传送站的信道至少相差一个给定的整数 k，相距 $4s$ 以内的传送站至少相差 1. 重复要求 A 和 B. 将跨度和设计配置的有效策略作为 k 的一个函数，能发表什么见解？

要求 D：将问题推广开去，比如各种干扰水平或不规则的传送站布局. 其他什么因素在考虑中是重要的？

要求 E：给地方报纸写一篇短文(不超过两页)，阐述你的发现.

2001：选择自行车车轮

有不同类型的车轮可以让自行车手们使用．两种基本的车轮类型分别用金属辐条和实体圆盘组装而成（图 A-17）．辐条车轮较轻，但实体车轮更符合空气动力学原理．对于一场公路竞赛，实体车轮从来不会用作自行车的前轮但可以用作后轮．

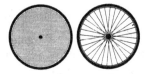

图 A-17　左边是实体车轮，右边是辐条车轮

职业自行车手们审视竞赛路线，并且请一位受过教育的人推断应该使用哪种车轮．选择是根据沿途山丘的数量及其陡度、天气、风速、竞赛本身以及其他考虑做出的．你所喜爱的参赛队的教练希望准备妥当一个较好的计划，并且对于给定的竞赛路线已经向你的参赛队索取有助于确定应该用哪种车轮的信息．

这位教练需要明确的信息来帮助做出决定，而且已经要求你的参赛队完成下面列出的各项任务．对于每项任务都假定，同样的辐条车轮将总是装在前面，而装在后面的车轮是可以选择的．

任务 1　提供一个关于风速的表格，在这种风速下实体后轮所需要的体能少于辐条后轮．这个表格应当包括公路陡度从 0% 开始增到 10%（增量为 1%）时的风速（公路陡度定义为一座山丘的总升高除以公路长度．如果把山丘看作一个三角形，它的陡度是指山脚处倾角的正弦）．一位骑手以初始速度 45 公里/小时从山脚出发，他的减速度与公路陡度成正比．对于 5% 的陡度，骑 100 米车速要下降 8 公里/小时左右．

任务 2　提供一个例证，说明这个表格怎样用于一条指定时间的试验路线．

任务 3　判断这个表格是不是决定车轮配置的适当手段，对如何做出这个决定提出其他建议．

2001：逃避飓风的袭击

1999 年在 Floyd 飓风预报登陆之前，撤离南卡罗来纳州沿海地区的行动导致一场难以忘却的交通拥塞．内陆从查尔斯顿通往该州中心哥伦比亚的相对安全地带的主要干线——I-26 州际公路严重阻塞．正常时轻松的 2 个小时车程那时要用 18 个小时才能开到．许多车竟然沿途把汽油消耗殆尽．幸运的是，Floyd 飓风掉头长驱北上，放过了南卡罗来纳州，但是公众的喧嚷正在迫使该州官员们寻找各种办法，以求避免这场交通噩梦再现．

倾力解决这个问题的主要提议是 I-26 公路上的车辆转向疏散，因此包括通往海岸的多条二级公路在内，从两边疏导车流在内陆从查尔斯顿开往哥伦比亚．将提议付诸实施的计划已经由南卡罗来纳紧急战备部门准备好（而且贴在互联网上）．从 Myrtle Beach 和 Hilton Head 通往内地的主干道上车辆转向疏散的方案也在规划中．

查尔斯顿大约有 500 000 人，Myrtle Beach 有 200 000 人左右，另外的 250 000 人分散在沿岸其余地区（如果查找，更精确的数据随处可用）．

州与州之间有两条车辆往来的二级公路，大都市地区自然除外，那里有三条．哥伦比亚（又一个 500 000 人左右的大都市地区）没有充足的旅店空间为撤退者提供食宿（包括沿其他路线来自北边的一些人），所以若干车辆继续撤离，沿着 I-26 公路开往 Spartanburg；沿着 I-77 公路北上夏洛特；而且沿着 I-20 公路东进亚特兰大．在 1999 年从哥伦比亚开往西北方向的车辆行进得非常慢．

对这个问题建立一个模型，调查研究哪种策略可以降低在 1999 年观察到的阻塞．这里有一些问题需要加以考虑：

在什么条件下，把 I-26 的两条开往海岸的二级公路变成开往哥伦比亚的两条二级公路，会使撤离交通状况得到重大改善？

在 1999 年，南卡罗来纳州的整个沿海地区奉命同时撤离．如果采取另一种策略，逐个县按某个时间段错开撤离，同时与飓风对沿岸影响的模式相协调，撤离交通状况会改善吗？

在 I-26 公路旁边有若干较小的高速公路从海岸延伸到内陆．在什么条件下，把车流转向这些道路会改善撤离交通状况？

在卡罗来纳建立更多临时收容所来减少离开卡罗来纳的车辆，这会对撤离交通状况有什么影响？

在 1999 年，离开海岸的许多家庭一路上携带他们的船只、露营设备和汽车住宅．许多家庭驾驶他们的所有汽车．在什么条件下，应当对携带的车辆类型或车辆数目加以限制以保证及时撤离？联想到 1999 年佐治亚州和佛罗里达州的若干沿岸居民为逃避较早预报的 Floyd 飓风在南部登陆，沿着 I-95 公路北上而加重了南卡罗来纳州的交通问题，他们对于撤离交通的冲击会有多大？

要清楚地指明，使用什么度量来比较各种策略的实施状况．

要求：预备一篇简短的报刊文章，不超过两页，向公众解释你的研究成果和结论．

2002：风和喷水池

在一个楼群环绕的宽阔的露天广场上，装饰喷泉把水喷向高空．刮风的日子，风把水花从喷泉吹向过路行人．喷泉射出的水流受到一个与风速计(用于测量风的速度和方向)相连的机械装置的控制，风速计安装在一幢邻近楼房的顶上．这个控制的目标是为行人在赏心悦目的景象和淋水浸湿之间提供可以接受的平衡：风刮得越猛，水量和喷射高度就越低，从而较少的水花落在水池范围以外．

你的任务是设计一个算法，随着风力条件的变化，运用风速计给出的数据来调整由喷泉射出的水流．

2002：航空公司超员订票

你打好行装准备去旅行，访问纽约的一位挚友．在检票处登记之后，航空公司职员告诉说，你的航班已经超员订票．乘客们应当马上登记以便确定他们是否还有一个座位．

航空公司一向清楚，预订一个特定航班的乘客们只有一定的百分比将实际乘坐那个航班．因而，大多数航空公司超员订票，即为超过飞机定员的乘客办理订票手续．有时想要乘坐一个航班的乘客超过了飞机的容量，导致一位或多位乘客被挤出而不能乘坐他们预订的航班．

航空公司安排延误乘客的方式各有不同．有些得不到任何补偿，有些改订到其他航线的稍后航班，而有些给予某种现金或者机票折扣．

根据当前情况考虑超员订票问题：

航空公司安排较少的从 A 地到 B 地的航班

机场及其外围加强安全性

乘客的担心

航空公司的收入迄今损失达数十亿美元

建立一个数学模型来检验各种超员订票方案对于航空公司收入的影响，以求找到一个最优订票策略，即确定航空公司对一个特定的航班订票时应当超员的人数，使得公司的收入达到最高．确保你的模型反映上述问题，而且考虑处理"延误"乘客的其他办法．此外，书写一份简短的备忘录给航空公司的首席执行官(CEO)，概述你的发现和分析．

2003：特技演员

影片在拍摄中，一个激动人心的动作场景将要摄入镜头，而你是特技协调员！一位特技演员驾驶着摩托车跨越一头大象，随后跌落在借以缓冲的一堆纸箱上．你需要保护特技演员，而且也要使用相对而言较少的纸箱(要注意使用较低的花费且不能进入镜头等)．

你的工作如下：

- 确定所用纸箱的大小．
- 确定所用纸箱的数目．
- 确定纸箱的堆放办法．
- 确定如果对纸箱有任何调整，是否会有所帮助．
- 把你的研究推广到不同重量组合(特技演员和摩托车)和不同跨越高度的情形．留心一下，影片《明日帝国》中詹姆斯·邦德曾驾驶摩托车飞过一架直升机．

2003：伽玛刀治疗方案

定向放射外科用单一高剂量离子化辐射束照射颅内一个由射线照片精确界定的、小的三维脑瘤，而周边的脑组织并没有被处方剂量的任何显著份额所伤及．这个领域中一般有三种形式的射束可以采用，分别是伽玛刀装置、带电重粒子辐射束，以及来自直线加速器的外用高能光子束．

伽玛刀装置具备的单一高剂量离子化辐射束，是 201 个钴－60 单位源通过厚重的头盔发射出来的．所有的 201 条射束同时交会于一个同中心，从而在有效剂量的水平上形成一个近似球形的剂量分布．照射这个同中心的剂量称为一个"注射"(shot)．

注射可以表述为不同的球．4 个可以交替使用的外部平行光束的头盔分别具有 4 毫米、8 毫米、14 毫米和 18 毫米的射束通道直径，用来照射不同尺寸的体积．对于大于一个注射的目标体积，可以用多个注射来覆盖整个目标．实际上，大多数目标体积要用 1 到 15 个注射来处理．目标体积通常是一个有界的、包含数百万个像点的三维数字图像．

放射外科学的目的是消除肿瘤细胞同时保护正常的结构．由于治疗过程中会涉及物理限制和生物不确定性，一个治疗方案就需要考虑到所有的那些限制和不确定性．一般而言，一个最优的治疗方案需要符合如下的要求：

1. 穿过目标体积的剂量梯度最小．
2. 匹配指定的等剂量线到目标体积．
3. 匹配目标和关键器官的指定的剂量－体积约束．
4. 对正常组织或器官的整个体积的照射剂量总和最小．

5. 对指定的正常组织点的剂量限制在耐受性剂量以下.

6. 使关键体积的最大剂量达到最小.

在伽玛刀装置治疗方案中,有以下限制:

1. 禁止注射伸展到目标以外.

2. 禁止注射交叠(避免强放射点).

3. 用尽可能多的有效的剂量覆盖目标体积,但至少90％目标体积要被注射所覆盖.

4. 用尽可能少的注射.

你们的任务是把最优的伽玛刀治疗方案作为装球问题来建模,并且提出一个求解的算法. 在设计算法时你要记住:它必须合理有效.

2004：指纹是独一无二的吗?

人们普遍相信每个人的指纹都是不同的. 请建立并分析一个模型,来评估这种说法是正确的可能性,然后把你们在这个问题中发现的指纹识别错误率与DNA识别错误率相比较.

2004：更快捷的快通系统

无论是在收费站、游乐场或其他地方正在出现越来越多的"快通"系统以减少人们排队等候的时间. 请考虑一家游乐场的快通系统的设计. 这家游乐场已经为几种受欢迎的乘骑项目提供快通系统的服务作为试验. 该系统的设计思想是对某些受欢迎的乘骑项目,游客可以到该娱乐项目旁边的一个机器前将当天的门票插入,该机器将返回给你一张纸条,上面写着你可以在某个特定的时间段回来. 比如说你把你的门票在1:15pm插到机器里,快通系统告诉你可以在3:30～4:30pm回来,你可以凭你的纸条第二次排队,这时队伍可能比较短,你就可以较快地进入景点. 为了防止游客同时在几个乘骑娱乐项目上使用这个系统,一个游客在同一时刻只能得到一次快通系统的服务.

你被受聘为改进快通系统运行的顾问之一. 游客一直在抱怨该试验系统的一些异常现象,比如游客有时看到快通系统提供的回到景点时间是4小时以后,但是才过一小会儿,在相同的景点,系统所提供的回到景点的时间只有1小时或稍多一点. 有时按照快通系统安排的游客的人数和等待时间几乎和正常排队的人数和所花费的时间一样多.

于是问题是要提出并检验能提高快通系统效率的方案,使人们可以更多地享受在游乐场的休闲时光. 问题的一部分是要确定评估各种可供选择的方案的评价准则. 你们的报告中要包括一份非技术性的概述,以便游乐场主管从各个顾问所提出的候选方案中做出选择.

2005：洪水估计

位于美国南卡罗来纳州中部的Murray湖是1930年为发电而建造的一座大型土坝所形成的. 假设一场灾难性的大地震造成大坝决口,试对由此而产生的下游洪水进行建模.

考虑两个值得注意的问题:

1. Rawls河是一条四季不断流的、距大坝下游很近的Saluda河的支流. 当大坝决口时Rawls河将遭受多大的洪水? 河水倒流会延伸多远?

2. 洪水会波及位于Congaree河边一座小山上的南卡罗来纳州议会大厦吗?

2005：公路收费亭的设置

诸如美国新泽西州的风景区干道、95 号州际公路等交通繁忙的收费公路都是多车道的交通干线，每隔一定距离设有过路费收费区．由于收取过路费一般是不得人心的，因此通过限制由于过路费收费区造成交通混乱，而把驾车人的烦恼减到极小是很值得做的．通常，收费区内收费亭的数目远多于进入过路费收费区的车道数．进入收费区时，车流呈扇形散开，分别在很多个收费亭交费；离开收费区时，车流又会汇合到与进入收费区同样多的车道离开．因此，在交通繁忙时车辆在离开收费区时拥堵会加重；更严重的时候，收费亭的入口也会因为每辆车都要付费而出现拥堵．

试建立一个模型，用来决定过路费收费区内收费亭的最优数量．明确考虑对于进来的每条车道恰好只有一个收费亭的情况．这个方案在什么条件下比现有方案效率更高？在什么条件下比现有方案效率更低？注意："最优"的定义要由你自己来决定．

2006：灌溉喷洒系统的布置与移动

目前有很多种田间灌溉的技术，从先进的滴灌系统到周期性的漫灌．用于较小农场的方法之一是使用"手动"灌溉系统，带有喷头的轻质铝管放置在田间，定时用手移动它们以确保所有农田都能够得到充足的水．这种灌溉系统比其他系统更便宜，更加容易管理、维护，使用非常灵活，可用于各种农田和农作物的灌溉，其缺点是，每过一段时间就要花费很多时间和精力来移动和安装设备．

假定要使用这种灌溉系统，怎样安装才能用最少的时间去灌溉一片 80 米×30 米的农田？为完成这项任务，请你寻求一种确定如何灌溉这块矩形农田的算法，使得农场主管理、维护该灌溉系统所需要的时间最少．这块农田上要使用一套管组，你需要确定喷头的数量以及喷头之间的距离，同时还要给出一个移动管道的工作进度表，其中包括要把管道移动到什么位置．

一套管组由若干相互连接成直线形的管子组成，每根管子的内壁直径为 10 厘米，并带有一个内壁直径 0.6 厘米的可旋转喷嘴．把管子连接在一起，其总长为 20 米．水源处的压力为 420 千帕，流量为每分钟 150 升．农田任何部分接受的水量不得超过每小时 0.75 厘米，并且农田的每个部分每 4 天至少要得到 2 厘米的水量，还应尽可能均匀地使用洒水的总量．

2006：机场中轮椅的使用

乘飞机旅行令人头疼的事情之一是需要在多个机场转机，而且每到一个机场通常要求旅客去换乘另外一架飞机．对那些行动不便的旅客而言，从一个候机区走到另外一个候机区就特别困难了．航空公司使中转更加方便的办法之一是，为请求帮助的旅客提供轮椅和陪同人员．通常能预先知道哪些乘客需要帮助，但也常有旅客在到机场登记时才请求帮助．在很少情况下，直到飞机就要降落前航空公司还没有接到需要帮助的旅客的请求．

航空公司面临着降低成本的持续压力．轮椅很昂贵，会用坏，也需要管理和维护．提供陪同人员也需要费用．另外，为了使需要帮助的旅客在他们的航班到达机场时能及时得到帮助，轮椅和陪同人员还要不断地在机场移动．在一些大机场，人员和设备在机场内部移动所花费的时间也是不容忽视的．轮椅还需要有存放的地方，但是候机大厅场地的租费昂贵而且极其有限. 还有, 把轮椅留在客流繁忙的通道, 过往旅客试图绕过它们也会造成不便. 最后, 最大的代价之一是, 某位旅客必须等候陪同人员的到来而导致飞机为等他而延误航班. 这种代价特别令人烦恼, 因为它有可能影响到航空公司的平均航班延误时间, 从而导致某些潜在乘客会避开这个公司的航班, 造成该公司机票销售的减少.

Epsilon 航空公司决定请第三方帮助他们就为旅客提供轮椅和陪同人员服务的管理和维护中的各种问题和成本进行详细的分析. 这家公司希望得到一个讲究成本效益的每天的轮椅调度方法, 并找出和定义短期和长期的预算规划所需的各种成本.

Epsilon 航空公司要求你们的咨询小组汇集分析形成一个投标, 以帮助解决他们的问题. 你们的投标书应该包括对实际情况的概述和分析, 以便这家航空公司能够确定你们是否已经完全了解他们的问题. 他们需要你们提供将要执行的算法的详细叙述, 该算法要能确定轮椅和陪同人员应该安置在哪里, 以及每天应该怎样移动, 其目标是使总的成本尽可能低. 你们的投标书是 Epsilon 航空公司将会考虑的许多投标书之一, 你们必须提供一个强有力的案例来说明为什么你们的解决方案是最佳的, 而且能够处理各种环境下的各类机场问题.

你们的投标书还应该包括该算法如何处理大型(至少 4 个候机大厅)、中型(至少 2 个候机大厅)和小型(1 个候机大厅)机场在客流高峰和低谷时段的各种例子. 你们应该确定所有潜在的成本并权衡它们各自的权重. 最后, 因为在旅客总数中老年人开始占有更大的比重, 他们有较多的时间外出旅行, 但也可能提出更多的帮助要求, 所以你的报告还应该包括对未来潜在成本和乘客需求的规划, 以及怎样满足未来需求的建议.

2007: 不公正的选区划分

美国宪法规定众议院由一定数目的众议员(目前是 435 人)组成, 他们是由各州按照该州人口占全国总人口的百分比选出来的. 尽管这种规定提供了确定每个州有多少众议员的方法, 但是一点也没有说及有关一个特定的众议员所代表的选区应该怎样按地区决定的问题. 这种疏忽已经导致了按某种标准来看违反常情的、很不好的选区安排(至少某些人认为通常不必这样做).

由此提出以下问题: 假设你们有机会去制定一个州的选区安排, 你们会怎样把它作为一种纯"基础性"的练习, 来创建一个州的所有选区的"最简单"的划分, 划分规则中只要求该州的每个选区必须有同样的人口. 简单的定义要由你们自己来下, 但是你们必须做出一个能够使该州选民信服的论证, 说明你们的解决方法是公正的. 作为你们的方法的应用, 试对纽约州创建按地域来说简单的选区划分.

2007: 飞机就座问题

航空公司允许引领候机乘客以任何次序就座. 已经成为惯例的是, 首先引领有特殊需要的乘客就座, 接着是头等舱的乘客就座(他们坐在飞机的前部), 然后引领经济舱和商务舱机票的乘客从飞机后排开始向前按照几排一组的方式就座.

从航空公司的角度来看, 除了考虑乘客的等候时间外, 时间就是金钱, 所以登机时间最好要减到最少. 飞机只有在飞行的时候才能为航空公司赚钱, 而长的登机时间限制了一架飞机一天中可以飞行的次数.

诸如空中客车 A380(可容纳 800 名乘客)大型飞机的开发就更要强调缩短登机(以及下机)

时间的问题了.

就乘客人数不同的飞机: 小型机(85~210)、中型机(210~330)和大型机(330~800), 设计登机和下机的步骤, 并进行比较.

准备一份不超过两页纸(单行距)的实施概要, 以便向航空公司业务主管、登机口执法人员以及空、地勤人员阐明你们的结论.

注: 两页纸的实施概要应包括竞赛准则所要求的报告.

在 2006 年 11 月 14 日的《纽约时报》上刊登的一篇文章报告了当前登机和下机遵循的步骤, 以及航空公司寻求更好的解决方案的重要性. 该文可以在如下网址找到:

http://travel2.nytimes.com/2006/11/14/business/14boarding.html.

2008: 遭受巨大损失

考虑由于预计全球温度会上升而导致的北极冰盖的融化对陆地的影响. 特别要对由于冰盖融化在今后 50 年中每 10 年对佛罗里达州沿岸, 尤其是大城市地区的影响进行建模. 试提出适当的应对措施来处理这个问题. 对所用数据的仔细讨论是回答本问题的重要组成部分.

2008: 创建数独智力游戏

研制构成不同难度的数独智力游戏的算法. 试用矩阵来定义难度的级别. 算法和矩阵应该可以推广到各种难度级别. 你们至少要对 4 个难度级别来说明该算法. 你们的算法应该保证有唯一解. 分析算法的复杂性. 你们的目标应该是使算法的复杂性最小, 并且满足上述的各项要求.

2009: 设计环岛

许多城市和社区都设有交通环岛——从有几条行车道的大型环岛(诸如法国巴黎的凯旋门和泰国曼谷的胜利纪念碑处)到只有一两条行车道的小型环岛. 有些环岛在每条进入环岛的车道路口设置停车标志或让行标志, 给已经驶入环岛的车辆以行车优先权; 有的在每条进入环岛的车道路口设置让行标志, 给正在驶入环岛的车辆以行车优先权; 还有一些在每条进入环岛的车道路口设置交通信号灯(红绿灯, 红灯时不能右转弯). 还可能有其他的设计.

本问题的目的是用模型来确定进入环岛、环岛内以及从环岛出去的交通流的最优控制. 要清楚地叙述为了做出最优选择而在你的模型中用到的目标函数以及影响这种选择的因素. 论文还应包括不超过 2 页、2 倍行距打印的技术报告, 向交通工程师解释怎样用你的模型对任何特定的环岛选择适当的交通流控制方法, 即说明应用每种交通流控制方法的条件. 如果推荐使用红绿灯的话, 则要说明确定绿灯亮几秒钟(可以按照每天不同的时间以及其他因素而变化)的方法. 说明你的模型怎样用来解决一些特殊的环岛实例.

2009: 能源和手机

本问题与手机革命对"能源"会造成什么后果有关. 手机的使用正在迅速扩大, 而且许多人正在使用手机而放弃了他们的固定电话(座机). 就所用的电力而言这样做的后果是什么? 每部手机都伴随有一个电池和一个充电器.

要求 1: 考虑当前约有 3 亿人口的美国的情况. 从可以获得的数据来估计过去有座机服务的户数 H, 假定每户有 m 口人. 现在, 假设所有的座机都被手机替代了, 即每户人家的 m 口人每人都有了手机．就这种改变——无论是在转移的过程中或者是已经达到了稳定的状态——对当前美国的电力使用所造成的后果进行建模，分析时应该考虑手机电池充电所需的电力，以及手机不会像座机那样使用长久(例如手机丢失或者毁坏)．

要求 2：考虑与当前约有 3 亿人口以及同样经济状况的美国相类似的第二个"虚拟美国"．这个新兴国家既没有座机也没有手机，从能量的角度看，向这个国家提供电话服务的最佳方式是什么？当然，手机有许多座机没有的社会影响和用途．讨论只使用座机、只使用手机，或者两者混合使用会带来的广泛和潜在的后果．

要求 3：手机需要定期充电，但是许多人总是把充电器插在电源上．此外，许多人不管是否需要，每天晚上都对他们的手机进行充电．基于你们对要求 2 的回答，对一个虚拟美国的这种浪费的做法的能量费用进行建模．假设该虚拟美国是用石油来提供电力的，用所消耗的原油桶数来解释你的结果．

要求 4：估计各种类型的充电器（电视、DVR、计算机外围设备等)插在电源上，但是没有充电时，所消耗能源多少的差异．利用准确的数据对当前美国浪费掉的这种能源进行建模，用每天消耗的原油桶数来表示．

要求 5：考虑今后 50 年的人口和经济增长．典型的虚拟美国可能会有怎样的增长？根据你们在前 3 个要求中的回答，对今后 50 年每隔 10 年预测一下提供电话服务所需的能源量．再次假设电力是由石油提供的．用原油桶数来解释你的预测．

2010：甜蜜点（最佳击球点）

解释棒球棒上的"甜蜜点"．

每个击球员都知道在每根棒球棒的粗胖部分有一个点，当击打到这一点时能把最大的力量传递到球上．为什么这一点不在球棒的顶端呢？一种基于力矩的简单解释似乎认为应该把球棒的顶端作为甜蜜点，但是从经验知道这是不正确的．建立一个数学模型来解释这种从经验得到的结论．

有些球员相信"掏空"球棒(在球棒的头部掏出一个圆柱体并填进软木或橡皮)能够加强"甜蜜点"效果．细化你的模型以肯定或者否定这种效果．这能解释为什么美国职业棒球联盟禁止"掏空"吗？

这件事情和制造球棒的材料有关吗？即对于木制(通常是坚硬的桦木)或金属制(通常是铝材)的球棒，你的模型预测出不同的结果吗？这是美国职业棒球联盟禁止使用金属球棒的原因吗？

2010：犯罪学

1981 年彼得·萨克利夫被判 13 项谋杀罪并致使其他一些人遭受强烈袭击．为了缩小对萨克利夫所在地点的搜索范围，所用的方法之一就是寻求袭击地点的"质心"．后来证实用这种方法预测到犯罪嫌疑人恰好住在同一个城镇．从此，为了确定系列犯罪嫌疑人"所在城镇布局的概况"，开发了一些基于犯罪地点的更为复杂精细的技术．

当地警察局已经请求你的团队研发一种能够帮助他们调查系列犯罪的方法．研发的方法至少应该用两种不同的方案来生成犯罪嫌疑人所在城镇布局的概况．你应该研发一种把两种方案的结果结合起来，并为执法人员生成有用的预测的方法．预测应该基于过去这类犯罪现场的时间和地点，提供对未来犯罪可能地点的某种估计或指导性建议．如果在估计中采用了任何其他的证据，那么必须提供把这些额外信息融入你的模型中的具体细节．你的方法还应该提供在给定情况下关于可靠性的某种估计，包括适当的警告．

除了所要求的一页摘要外，你的报告还应包括两页的实施概要，对你提供的方法和各种潜在问题提出广泛的论述，并描述在什么情景下你的方法是一种恰当的工具，在什么情景下是不合适的工具．实施概要将被警察局局长阅读，它还要包括适于预期受众的技术细节．

2011：单板滑雪运动场地

试确定一个单板滑雪运动场地(现称为"半管"，即 U 形场地)的形状，使得熟练的单板滑雪运动员能最大限度地产生"垂直腾空".

"垂直腾空"是指超出"半管"边缘以上的最大的垂直距离.

调整场地形状以优化诸如能在空中产生最大的身体翻转等其他可能的要求.

在设计一个"实际可行"的场地时需要权衡哪些因素？

2011：中继站的协调

甚高频(VHF)无线电频谱涉及电磁波的视距传输和接收，这种局限性可以通过设置"中继站"来克服，中继站接收到微弱的信号，把信号放大，再用不同的频率重新发送．这样，低功耗的用户(如移动台)在不能进行用户对用户地直接联系的地方，可以通过中继站来保持相互间的通信．但是，中继站之间会互相干扰，除非彼此之间有足够远的距离或通过充分分离的频率来传输．

除了地域上的分离外，"连续音频编码静噪系统"(CTCSS)——有时被人们称为"私人专线"(PL)——技术可以减轻干扰问题．该系统对每个中继站都有一个不同的亚音频音调，所有希望通过中继站来进行通信的用户都向中继站发送相应的亚音频音调．中继站只回应接收到的带有其特殊 PL 音调的信号．通过这种系统两个相距不远的中继站可以共享(接收和发送)相同的频率对，所以在一个特定的区域可以容纳更多的中继站(从而服务于更多的用户)．

对一个半径为 40 英里的平坦的圆形区域，确定要容纳 1000 个同时在线用户所必需的中继站的最小数目．假设频谱范围是 145～148MHz，中继站的发射机频率要么高于接收机频率 600kHz，要么低于接收机频率 600kHz，而且有 54 个不同的 PL 音调可用．

如果有 10 000 个用户，你的解决方案将会发生怎样的变化？

讨论由于山区引起的视距传播中的缺陷的情形．

2012：一棵树的叶子

"一棵树的叶子有多重？"怎样估计树的叶子(或者树的任何其他部分)的实际重量？怎样对叶子进行分类？建立一个数学模型来对叶子进行描述和分类．模型要考虑和回答下面的问题：

- 为什么叶子具有各种形状？
- 叶子之间是要将相互重叠的部分最小化，以便可以最大限度地接触到阳光吗？树叶在树干和枝杈的"容积"内的分布影响叶子的形状吗？

- 就外形来讲,叶形(一般特征)和树的外形/分枝结构有关吗?
- 你将如何估计一棵树叶子的质量?叶子的质量和树的尺寸特征(包括和外形轮廓有关的高度、质量、体积)有联系吗?
- 除了一页摘要以外,还要给科学杂志的编辑写一封信,阐述你的主要结论.

2012: 沿着"大长河"露营

　　游客在"大长河"(225英里)可以享受到秀丽的风光和令人兴奋的白色湍流.这条河对于背包客来说是进不去的,因此畅游这条长河的唯一办法就是在河上露营几天.沿河旅行从开始的下水点到最终的结束点,共225英里顺流而下.乘客可以选择平均速度4英里/小时、以浆为动力的橡皮筏,或者平均速度8英里/小时的机动帆船旅行.整个旅行从开始到结束会经历6～18个夜晚.负责管理这条河的政府机构希望到这里的每一次旅行都能够感受到野外经历,与河上的其他船只尽量少接触.目前,每年6个月期间(一年其余时间在河上旅行太冷)内共有X次旅行,河上有Y处露营地,均匀分布于整个河道.由于漂流的受欢迎程度在上升,公园管理者已经被要求允许更多的旅行次数.他们想确定怎样安排一个最优的混合旅行方案,即不同的时间(单位为夜)和驱动方式(马达或浆),以最大限度地利用露营地.换句话说,在长河的漂流季可以增加多少乘船旅行?河流的管理者聘请你为他们提出最佳的游船时刻表和河流承载能力的建议,记住两组露营者不能在同一时间内占据同一个露营地.除了你的一页摘要,准备一页备忘录,向河流的管理者描述你的主要结果.

　　要得到关于数学建模竞赛(MCM)更多的信息,请联系 COMAP,57 Bedford Street,Lexington,Massachusetts 02173 或访问网站 www.comap.com.

部分习题答案

第 1 章

1.1 节

1. (a) $\{1, 3, 9, 27, 81\}$　(b) $\{0, 6, 18, 42, 90\}$

3. (a) $a_{n+1} = a_n + 2$, $a_0 = 2$　(b) $a_{n+1} = a_n^2$, $a_0 = 2$

5. (a) $\{3, 9, 27, 81\}$　(b) $\{6, 18, 42, 90\}$

7. 设 a_n 为 n 个月后账户中的存款.

$$a_{n+1} = a_n + 0.005a_n + 200, \quad a_0 = 5000$$

8. 设 a_n 为 n 个月后的欠款.

$$a_{n+1} = a_n + 0.015a_n - 50, \quad a_0 = 500$$

9. 设 a_n 为 n 个月后的欠款.

$$a_{n+1} = a_n + 0.005a_n - p, \quad a_0 = 200\,000, \quad a_{360} = 0$$

10. 设 a_n 为 n 个月后账户中的款数. $a_{n+1} = 0.01a_n - 1000$, $a_0 = 50\,000$. 经过 69 个月后款会被用光, $a_{69} = 655.28$.

11. 设 a_n 为 n 个月后账户中的款数. $a_{n+1} = 0.005a_n - 1000$, $a_0 = 50\,000$. 经过 57 个月后款会被用光, $a_{57} = 677.29$.

1.2 节

3. 设 a_n 为 n 天后知道该信息的人数.

$$a_{n+1} = a_n + a_n(N - a_n)$$

4. 设 a_n 为 n 个时间段后感染的人数. 则 $N - a_n$ 为没有被感染的. 如果假定感染人数的增加是感染数与未感染数之积, 我们有下面的模型:

$$a_{n+1} = a_n + a_n(N - a_n)$$

6. 设 a_n 为 n 小时后药物的浓度. 则 $a_{n+1} - a_n = -0.2a_n$, 或 $a_{n+1} = 0.8a_n$, $a_0 = 640$. 在第 8 至 9 小时之间浓度达到 100.

8. 以 5700 年为一个时间段, 设 a_n 为 n 个时间段后残留的碳 14 的百分比. 则

$$a_{n+1} = 0.5a_n, \quad a_0 = 1.$$

我们求 n 使 $a_n = 0.01$. 得到 $n = 6.6$ 个时间段, 或者 37 620 年.

1.3 节

1. (a) 3^n　(b) $10 \cdot 5^n$　(c) $64 \cdot \left(\dfrac{3}{4}\right)^n$　(d) $2 \cdot 2^n + 1$

(e) $-2 \cdot (-1)^n + 1$　(f) $\dfrac{-203}{90}\left(\dfrac{1}{10}\right)^n + \dfrac{32}{9}$

2. (a) $a = 0$, 不稳定.

(b) $a = 0$, 稳定.

(c) $a = 0$, 振动, 但稳定.

(d) 常数解, 即每一点为平衡点.

(e) $a = 22\dfrac{8}{11}$, 不稳定.

(f) $a = 250$, 不稳定.

(g) $a = \dfrac{100}{0.2} = 500$, 稳定.

(h) $a = -500$, 不稳定.

(i) $a = 55.5555$, 稳定.

(j) 无平衡点.

(k) 无平衡点.

3. (a) 平衡点 $a = 22\dfrac{8}{11}$ 为不稳定.

(b) 平衡点 $a = -500$ 为稳定.

(c) 平衡点 $a = -500$ 为稳定.

(d) 平衡点是 $a = -55.5555$ 或 $100/(1+0.8)$. 它是稳定的.

(e) 无平衡点.

5. $a_{n+1} = a_n + 0.005a_n + 200$, $a_0 = 5000$. 58 个月后的存款为 20 095.80 美元.

6. $a_{n+1} = a_n + 0.015a_n - 50$, $a_0 = 500$. 平衡点 $a = 3333.33$, 是不稳定的. 在该平衡点处的付款等于利息. 在 11 个月内欠账付清, 最后付费约为 45.81 美元.

7. $a_{n+1} = a_n + 0.005a_n - p$, $a_0 = 100\,000$, $a_{360} = 0$. 如果 $p \approx 599.55$ 美元, 贷款将在 360 个月内付清.

9. $a_{n+1} = a_n + 0.01a_n - 1000$, $a_0 = 50\,000$. 在平衡点 $a = 100\,000$ 处, 取出的 1000 美元等于所获得的利息. 该平衡点是不稳定的. 70 个月后款将用尽.

10. $a_{n+1} = 0.69a_n + 0.1$, $a_0 = 0.5$. 平衡点 $a = 0.322\,58$ 是稳定的, 它表明地辛在血流中处于"稳态", 或为长期剂量.

13. 在第 8 至 9 天之间(在第 8 天后有 973 人, 在第 9

天后有 1852 人). 11 天后所有 1000 人都听到了该谣言.

1.4 节

3. (a) $B_{n+1} = B_n - 0.05F_n$

$F_{n+1} = F_n - 0.15B_n$

$B_0 = 27$, $F_0 = 33$

(b) 经过 10 个阶段的战斗,法西联军剩下不到 1 艘战舰,英军有 18.43 艘战舰. 法西联军损失约 33 艘战舰,英军损失约 8 艘战舰.

阶段	英军	法西联军
0	27	33
1	25.35	28.95
2	23.9025	25.1475
3	22.645 13	21.562 13
4	21.567 02	18.165 36
5	20.658 75	14.9303
6	19.912 24	11.831 49
7	19.320 66	8.844 655
8	18.878 43	5.946 556
9	18.5811	3.114 792
10	18.425 36	0.327 627

(c) **战斗 A**

阶段	英军	法西联军
0.00	13.00	3.00
1.00	12.85	1.05

战斗 B

阶段	英军	法西联军
0.00	26.85	18.05
1.00	25.95	14.02
2.00	25.25	10.13
3.00	24.74	6.34
4.00	24.42	2.63

战斗 C

阶段	英军	法西联军
0.00	24.42	15.63
1.00	23.64	11.97
2.00	23.04	8.42
3.00	22.62	4.97
4.00	22.37	1.57

战斗 A 经过近一个阶段就告结束. 英军有 12.85 艘战舰,连同已有的 14 艘,英军共

有 26.85 艘战舰开始投入战斗 B. 我们假定联军在 A 中剩下的 1.05 艘战舰投入 B. 在战斗 B 中我们假定经过 4 个阶段的战斗后,以法西联军剩 2.63 艘,英军剩 24.42 艘战舰告结束. 我们还假定战斗 B 后留下的战舰投入战斗 C.

我们假定这场战斗经过 4 个阶段后,以法西联军剩 1.57 艘战舰和英军剩 22.37 艘战舰告结束.

用纳尔逊爵士的战略,英军损失约 4 艘战舰,而不是 27 艘,法西联军损失约 31 艘战舰,而不是 15 艘. 新战略和新技术有效.

4. 平衡点为 $(0, 0)$ 和 $(150, 200)$.

6. 平衡点为 $(P, Q) = (100, 500)$.

第 2 章

2.2 节

1. $y \propto u/v$,故对于 $k > 0$,$y = k(u/v)$.

因此,y 对 u/v 的图像是一条过原点,斜率为 k 的直线.

3. $S \propto F$, $S = kF$, $0.37 = k14 \rightarrow k = 0.02643$, $S(9) = 0.24$

4. $S' \propto$, $S' = kS$, $0.75 = k4 \rightarrow k = 0.1875$, $S'(27) = 5.0625$

2.3 节

1. 设 M 表示较大的地图,M' 表示尺寸较小的复制图. 把 M' 重叠在 M 上,可能做些转动,我们假定 M' 中所有的点都落在 M 中的点上. 如有必要,再把 M' 做些转动,使得两张地图右边方向都偏上. 考虑 M 和 M' 边界点之间的 1—1 对应关系. 我们可以想象把 M' 离开 M 垂直往上举一些,边界上对应点之间有"弦"链接,通过这些链接就把这两幅地图连接起来. 这些弦都相交于一个点(空间的投影点),如果我们把 M' 想成是在地图 M 上的一个"影子". 为"解开"或"拉直"这些弦,我们只需绕着穿过该投影点 M 与 M' 的垂直轴,旋转一下 M' 所在平面上的地图(所以这两张地图现在有着恰好相同的方向). 这个轴分别交 M 和 M' 于点 P 和 P',这两点的像代表着这两幅地图的同一个地方.

为证明这个地方的存在是唯一的,假定有两处,

比如 P_1 和 P_2. 那么 M 中 $P_1 P_2$ 的长度等于 M' 中 $P'_1 P'_2$ 的长度, 即 $P_1 P_2/P'_1 P'_2 = 1$. 但由于 M 和 M' 几何上是相似的, 这表明这两张地图之间的所有对应点 $P \leftrightarrow P'$ 和 $Q \leftrightarrow Q'$ 有 $PQ/P'Q' = 1$. 由此推出, 两张地图有着恰好相同的尺寸, 与一幅地图比另一幅小的假设矛盾.

2. 把腿长 (2 英尺) 作为特征量纲, 用模型 $W = kl^3$. $W = 20$ 磅, 而 $l = 2$ 英尺. $k = W/l^3 = 20/8 = (5/2) = 2.5$. $W = 2.5l^3$. 100 磅火烈鸟的腿长为 $\sqrt[3]{\dfrac{100}{2.5}} = 3.41$ 英尺. 把高度作为特征量纲, $h = 3$ 英尺, 用模型 $W = kl^3$. $W = 20$ 磅, 而 $l = 3$ 英尺. $k = W/l^3 = 20/27 = (20/27) = 0.7407$, 故 $W = 0.7407l^3$. 100 磅火烈鸟的腿长为 $\sqrt[3]{\dfrac{100}{0.7407}} = 5.13$ 英尺.

3. (a) 我们先假定两个物体有同样的表面. 若空气密度为常数, 则空气阻力 $\propto v^2$ (子模型).

$F_p = F_{摩擦} + F_{空气}$ 推出 $k_1 w = k_2 w + k_3 V^2$.

$v^2 \propto (k_1 - k_2)w$ (运动情形 $k_1 > k_2$)

$v \propto w^{1/2}$

$$\frac{v_1}{v_2} = k\sqrt{\frac{w_1}{w_2}} = \sqrt{\frac{600}{800}} = 0.866$$

(b) 现在我们假定物体在几何上相似, 则

$$\sqrt[6]{\frac{600}{800}} = 0.953$$

当重量增加时, 推进力减去摩擦力比拉力增加得快. 由于较高的终极速度, 我们用 w 与 $w^{2/3}$ 比较.

4. 物体散热与外表面积成正比. 把 l 作为特征量纲, $S \propto l^2$. $\dfrac{S_1}{S_2} = \left(\dfrac{12}{6}\right)^2 = 4$ 倍多的表面积. 对于 70 英尺和 7 英尺的潜艇, $\dfrac{S_1}{S_2} = \left(\dfrac{70}{7}\right)^2 = 100$ 倍多的表面积.

比例模型的能量损失为实际能量损失的 $1/100$.

假设: 材料相同, 介质吸收热量 (包括所涉及的传导、对流及相对质量等) 的效率相同, 几何形状相似的潜艇等.

注意: 该子模型可以有很不规则的形状, 只要它们几何上相似.

5. 设保持物体温度恒定所需的能量与表面积成正比. 假定是几何形状相似的动物, 对于恒定的密

度, 我们有 $E \propto S \propto V^{2/3} \propto w^{2/3}$. 如果我们设定提供的能量与所消耗的食物重量成正比, 就假定食物的卡路里值相同, 并且动物转换势能的功效不变. 这是很不可能的. 设 F 表示所消耗的食物重量, 我们有

$$E_{\text{necessary}} = E_{\text{provided}}$$
$$w^{2/3} \propto F$$

7. $w = 0.008\,53 l^3$ (模型 A)

$w = 0.0196 lg^3$ (模型 B)

模型 B 看来是更好的模型.

8. 只要鱼的几何形状的确相似 ($g \propto l$), 这些模型就是一致的.

9. 考虑模型 $w \propto l^2 g$ 和 $w \propto g^3$. 模型 $w \propto l^2 g$ 假定纵向截面的几何形状相似, 但腰围分开处理. 模型 $w \propto g^3$ 假定几何形状相似, 但取腰围为特征量纲. 如果鱼的几何形状相似 ($g \propto l$), 这四个模型是一致的. 如果鲈鱼的几何形状相似, 则 $l \propto g$.

第 3 章

3.1 节

2. 从伸长 e 对拉力 $S \times 10^{-3}$ 的图我们"目测"到这条通过原点的直线 $e \approx 3.6S$

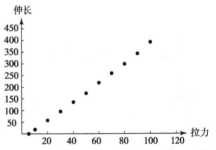

4. 下图表明数据或变换数据的各种图像. 原始数据如图 a 所示.

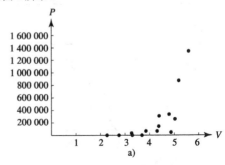

a)

图 b 表明 P 对 $\ln V$ 的图，并且表示一条直线适度逼近变换数据．我们估计参数并且得到 $\ln P \approx -0.96 + 8.56 \ln V$.

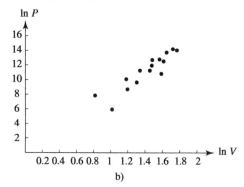

b)

该模型为

$$P \approx e^{-0.96} V^{8.56}$$

或

$$P \approx 0.383 V^{8.56}$$

7. 假定关系的形式为 $T = Cr^a$，我们得到 $\ln T = \ln C + a\ln r$. 从该图我们逼近 $\ln C \approx -1.61$ 和 $a \approx 1.5$. 因而 $T \approx e^{1.61} r^{1.5} \approx 0.2 r^{3/2}$.

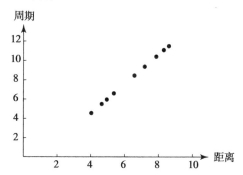

3.2 节

1. 如果 $y = f^2(x)$，则对所有存在导数的点，$y' = 2f(x)f'(x)$. 因而 $y = f(x)$ 的临界点出现在 $y = f^2(x)$ 的临界点中．由此得出，$y = f(x)$ 的最大点和最小点出现在 $y = f^2(x)$ 的相应点中．

假定 x_1 对于 $y = f^2(x)$ 取相对最小值，并且 $f(x_1) \geq 0$，则对于包含 x_1 的某个区间中所有的 x，$f^2(x) \geq f^2(x_1)$. 因为平方根是增函数，所以 $|f(x)| \geq |f(x_1)|$. 于是，由性质 $f(x) \geq 0$ 推出，对包含 x_1 的某个区间中的所有 x，$f(x) \geq |f(x_1)| \geq f(x_1)$. 因而如所要说的，$x_1$ 关于 $y = f(x)$ 取相对最小值．

2. （a）$\min r = 0.92$，$a = 0.533\,333$，$b = 2.146\,67$.
对该数据集进行最小二乘拟合给出线 $y = 0.564x + 2.21$，$d_{\max} = 1.0968$.

（b）$\min r = 0.001\,39$，$a = 0.001\,64$，$b = 0.002\,93$.
对该数据集进行最小二乘拟合给出线 $y = 0.001\,64x + 0.002\,93$.

（c）$\min r = 0.0350$，$a = 0.9800$，$b = 1.8550$.
对该数据集进行最小二乘拟合给出线 $y = 0.9743x + 1.88$.

3. $\min r = 0.028\,33$，$c_1 = 4.000\,00$，$c_2 = -0.033\,33$，$c_3 = -0.005\,00$.
对该数据集进行最小二乘拟合给出二次式 $y = 3.7857x^2 + 0.038\,47x - 0.0050$.

5. 假定变量 x_1 可以是任意实数值．说明下面用非负变量 x_2 和 x_3 的替换允许 x_1 取任意实数值：
$$x_1 = x_2 - x_3，这里 x_1 无限制，x_2 \geq 0，x_3 \geq 0$$
情形 $x_2 > x_3 \geq 0$ 推出 $x_1 > 0$
情形 $x_3 > x_2 \geq 0$ 推出 $x_1 < 0$
情形 $x_2 = x_3 \geq 0$ 推出 $x_1 = 0$

这推出 x_1 无限制．因此，x_1 可以取任意值，而 x_2 和 x_3 保持非负．

3.3 节

2. （a）最小二乘拟合：$y = 0.5642x + 2.2149$ 和 $D = 0.700\,59 \leq c_{\max} \leq d_{\max} = 1.1$.

（b）最小二乘拟合：$y = 0.001\,64x + 0.002\,925$ 和 $D = 0.000\,92 \leq c_{\max} \leq d_{\max} = 0.0015$.

（c）最小二乘拟合：$y = 0.9743x + 1.88$ 和 $D = 0.244\,22 \leq c_{\max} \leq d_{\max} = 0.3857$.

3. 最小二乘二次拟合．
二次拟合：$y = 3.7857x^2 + 0.038\,57x + 0$ 和 $D = 0.024\,51 \leq c_{\max} \leq d_{\max} = 0.0391$.

4. $P = ae^{bt}$ 故 $\ln P = \ln a + bt$
$\ln P = 0.099\,886t + 2.142\,69$
因而，$a \approx 8.518\,746$ 与 $b \approx 0.099\,862$. 我们有 $P = 8.518\,746 e^{0.099\,862t}$.

3.4 节

2. 3.1 节中的习题 4 表明模型 $P = aV^b$. 我们用最小二乘拟合一条关于变换数据的线：
$$\ln P = \ln a + b \ln V$$
$$\ln P = -0.727 + 8.468 \ln V$$
$$P = 0.483 V^{8.468}$$

3. 如 3.1 节中的习题 4(b)所见，模型 $P=a\ln V$ 不适用于该数据.

4. 用最小二乘法我们对数据

$$a=(32,697)/(4459)=7.33,$$
$$P=7.33t, \quad D=38.32 \leqslant c_{max} \leqslant d_{max}=62$$

拟合成一条形如 $P=at$ 的曲线.

5. $e=aS$ 推出 $a=(142\,670)/(38\,525) \approx 3.703$, $D=13.856 \leqslant c_{max} \leqslant d_{max}=19.7$.

6. $Q=ae^{bx}$ 所以 $\ln Q=\ln a+bx$. 我们用最小二乘来拟合($\ln Q$ 对 x 的)变换数据线: $\ln Q \approx -0.000\,178+0.07x$, 即 $Q \approx e^{0.07x}$.

7. (a) $W=kl^3$ 的最小二乘拟合为 $W=0.008\,436\,8l^3$, 这里 $D=1.2328 \leqslant c_{max} \leqslant 2.305$.

   (b) $W=klg^2$ 的最小二乘拟合为 $W=0.001\,867\,51lg^2$, 这里 $D=1.487 \leqslant c_{max} \leqslant 2.794$.

8. $W=cg^3$ 的最小二乘拟合为 $W=0.027\,578\,3g^3$, 这里 $D=2.605 \leqslant c_{max} \leqslant 4.864$.

   $W=kgl^2$ 的最小二乘拟合为 $W=0.012\,583\,9gl^2$, 这里 $D=0.65 \leqslant c_{max} \leqslant 1.204$.

   基于这些模型、残差及其分析进行判断，$W=kgl^2$ 模型优先，接着是 $W=kg^2l$ 模型.

第 4 章

4.1 节

1. (b) log-log 数据的散点图:

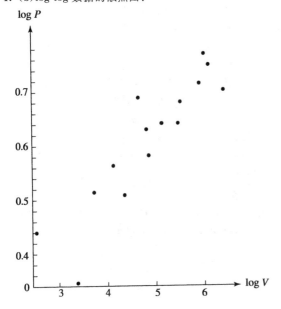

(e) $\log V=0.145+0.096 \log P$

(f) $V=1.396P^{0.096}$

7. 散点图表明，Y 对于 X 接近于线性关系，而不需要做任何变换. 最小二乘拟合给出 $Y=3.86X-140.78$.

8. 原始数据的散点图表现为变换 $\log Y$. 但 $\log Y$ 对 X 的散点图并不表现为非常线性. 然而，有可能变换 $\log X$ 会有帮助. 这样，我们就得到 $\log Y$ 对 $\log X$ 的图，它看上去是强线性的. 一条拟合这些数据的线，它近似于方程

$$\log Y=1.50(\log X)-2.96$$

或

$$Y=(1.09 \times 10^{-3})X^{1.5}$$

后一个方程表明 Y 直接随 $X^{3/2}$ 变化，或者同样的，Y^2 与 X^3 成正比.

9. (a) 通过类似于习题 8 中的分析，得到一个接近于 $\log Y=3.11(\log X)-2.53$ 或 $Y=(2.95 \times 10^{-3})X^{3.11}$ 的方程.

   (b) $\sqrt{Y}$ 对 X 的图接近于线性，并且导致一个接近于 $\sqrt{Y}=0.53X-4.86$ 的方程.

4.3 节

1.

x	y	d_1	d_2	d_3	d_4	d_5	d_6
0	2	0	0	0	0	0	0
1	8	6	0	0	0	0	0
2	24	16	5	0	0	0	0
3	56	32	8	1	0	0	0
4	110	54	11	1	0	0	0
5	192	82	14	1	0	0	0
6	308	116	17	1	0	0	0
7	464	156	20	1	0	0	0

是；为三阶多项式.

2.

x	y	d_1	d_2	d_3	d_4	d_5	d_6
0	23	0	0	0	0	0	0
1	48	25	0	0	0	0	0
2	73	25	0	0	0	0	0
3	98	25	0	0	0	0	0
4	123	25	0	0	0	0	0
5	148	25	0	0	0	0	0
6	173	25	0	0	0	0	0
7	198	25	0	0	0	0	0

是；为线性.

3.

x	y	d_1	d_2	d_3	d_4	d_5	d_6
0	7	0	0	0	0	0	0
1	15	8	0	0	0	0	0
2	33	18	5	0	0	0	0
3	61	28	5	0	0	0	0
4	99	38	5	0	0	0	0
5	147	48	5	0	0	0	0
6	205	58	5	0	0	0	0
7	273	68	5	0	0	0	0

是；为二阶多项式.

4.

x	y	d_1	d_2	d_3	d_4	d_5	d_6
0	1	0	0	0	0	0	0
1	45	35	0	0	0	0	0
2	20	155	6000	0	0	0	0
3	90	70	2725	7083	0	0	0
4	403	313	1215	3142	6083	0	0
5	1808	1405	546	1415	2752	4287	0
6	8103	6295	2445	633	1229	1907	2464
7	36320	28210	10960	2838	5512	8568	1110

不是，没有规则产生一个低阶多项式.

6. 一阶均差列中的负值使之不适用于获得低阶信息.

7. 均差的第一栏出现负数，所以该均差表证明不适用于识别低阶性态. 图像趋势显示一个低阶多项式，所以我们可以试一下仅基于图像的 2 阶或 3 阶多项式.

4.4 节

1. (**a**) 方程：

$$a_1 + 2b_1 + 4c_1 + 8d_1 = 2$$
$$a_1 + 4b_1 + 16c_1 + 64d_1 = 8$$
$$a_2 + 4b_2 + 16c_2 + 64d_2 = 8$$
$$a_2 + 7b_2 + 49c_2 + 343d_2 = 12$$
$$b_1 + 8c_1 + 48d_1 - b_2 - 8c_2 - 48d_2 = 0$$
$$2c_1 + 24d_1 - 2c_2 - 24d_2 = 0$$
$$2c_1 + 12d_1 = 0$$
$$2c_2 + 42d_2 = 0$$

两个三次样条方程为

$$\begin{cases} -4 + \dfrac{7}{3}x + \dfrac{1}{2}x^2 - \dfrac{1}{12}x^3 & x < 4 \\ -\dfrac{116}{9} + 9x - \dfrac{7}{6}x^2 + \dfrac{1}{18}x^3 & \text{否则} \end{cases}$$

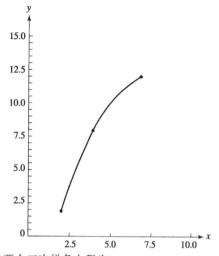

(**b**) 两个三次样条方程为

$$\begin{cases} -25 + 26.67x - 7.5x^2 + 0.833x^3 & x < 4 \\ 55 - 33.33x + 7.5x^2 - 0.4167x^3 & \text{否则} \end{cases}$$

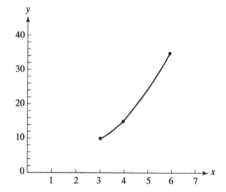

(**c**) 两个三次样条方程为

$$\begin{cases} 7.5x + 2.5x^3 & x < 1 \\ 5 - 7.5x + 15x^2 - 2.5x^3 & \text{否则} \end{cases}$$

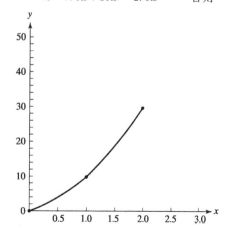

（d）两个三次样条方程为

$$\begin{cases} 5-\dfrac{5}{8}x+\dfrac{25}{32}x^3 & x<2 \\[2mm] \dfrac{35}{2}-\dfrac{155}{8}x+\dfrac{75}{8}x^2-\dfrac{25}{32}x^3 & \text{否则} \end{cases}$$

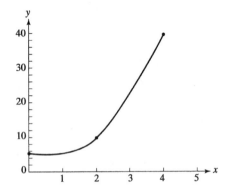

2. 用适当的样条方程，我们得到逼近

（a） $S'(3.45)=31.49$

$e^{3.45}=31.50$

（b） 与 9.485 595 523 比较，面积估计为 9.4850.

第5章

5.1 节

3. 输入　随机点总数 N.

　　输出　对 π 的估计.

　　第1步　初始化：COUNTER＝0.

　　第2步　对 $i=1,2,\cdots,N$ 执行第 3～5 步.

　　第3步　对 x_i 和 y_i 生成随机数，满足 $0\leqslant x_i\leqslant 1$ 和 $0\leqslant y_i\leqslant 1$.

　　第4步　如果 $x_i^2+y_i^2<1$，则 COUNTER 加 1，否则，COUNTER 不变.

　　第5步　计算面积的估计＝（COUNTER/N）·4.

　　停止

　　用这个算法得到 π 的估计

N	估　计
100	2.96
500	3.064
1000	3.076
5000	3.1512
9000	3.1475

6. 在该算法中我们利用

$$\frac{\text{体积}_{\text{曲线}}}{\text{体积}_{\text{方块}}}\approx\frac{\text{点数}_{\text{椭球体}}}{\text{总数}}$$

输入　测试点总数 N.

输出　椭球体的体积.

第1步　初始化：COUNTER＝0.

第2步　对 $i=1,2,\cdots,N$ 执行第 3 和 4 步.

第3步　生成随机数，满足

$$0\leqslant x_i\leqslant\sqrt{32},\qquad 0\leqslant y_i\leqslant 8,\qquad 0\leqslant z_i\leqslant\sqrt{128}$$

第4步　计算表达式

$$\frac{x_i^2}{2}+\frac{y_i^2}{4}+\frac{z_i^2}{8}\leqslant 16$$

如果是，则 COUNTER 加 1，否则，COUNTER 不变.

第5步　用立方体体积·C/N 计算所求体积（立方体体积＝512）.

5.2 节

1. **（a）** 1009，180，324，1049，1004，80，64，40，16，2，0

（b） 653217，692449，485617，823870，761776，302674，611550，993402，847533，312186，460098

（c） 3043，2598，7496，1900，6100，2100，4100，8100，6100，2100，4100（循环）

2. **（a）** 3，0，1，6，7，4，5，2，3（循环）

（b） 9，6，3，0，7，4，1，8，5，2，9（循环）

（c） 13，4，7，6，1，8，11，10，5，12，15，14，9，0，3，2，13（循环）

5.3 节

1. 试验 $N=100\rightarrow p=0.09$，$N=300\rightarrow p=0.17$，$N=1000\rightarrow p=0.12$，$N=10\,000\rightarrow p=0.1221$.

2. 试验 $N=100\rightarrow p=0.3$，$N=30\rightarrow p=0.34$，$N=100\rightarrow p=0.31$，$N=10\,000\rightarrow p=0.312$.

3. $N=100$ 次（注意，由于是随机数和你选的骰子，你的值会不同.）

5.4 节

1. 附加变量：$L=$ 未满足需求的天数，$D=$ 未满足需求的加仑数. 在第 2 步中：设 $L=0$ 及 $D=0$. 在第 6 步中：注意，如果 $I=0$，则上一天的存储为零. 插入到第 6 和 7 步之间.

　　第 6.5 步　如果 $q_i>I$，则 $I=0$，$D=D+q_i$，并且 $L=L+1$.

　　如果 $q_i>I$，$I>0$，则 $D=D+(q_i-I)$，并且 $L=L+1$.

如果 $q_i > I$，$I > 0$，则 $D = D + (q_i - I)$，并且 $L = L + 1$。

第 6 章

6.1 节

1. 设 $a_n =$ 第 n 时间段在 Grease 餐厅就餐的人数，$b_n =$ 第 n 时间段在 Sweet 餐厅就餐的人数。

$$a_{n+1} = 0.25a_n + 0.07b_n$$

$$b_{n+1} = 0.75a_n + 0.93b_n$$

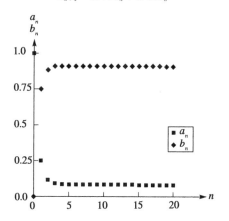

n	a_n	b_n
0	1	0
1	0.25	0.75
2	0.115	0.885
3	0.0907	0.9093
4	0.086 326	0.913 674
5	0.085 539	0.914 461
6	0.085 397	0.914 603
7	0.085 371	0.914 629
8	0.085 367	0.914 633
9	0.085 366	0.914 634
10	0.085 366	0.914 634
11	0.085 366	0.914 634
12	0.085 366	0.914 634
13	0.085 366	0.914 634

2. 设 $a_n =$ 第 n 时间段在 Grease 餐厅就餐的人数，$b_n =$ 第 n 时间段在 Sweet 餐厅就餐的人数，$p_n =$ 第 n 时间段吃比萨饼的人数。

$$a_{n+1} = 0.25a_n + 0.1b_n + 0.05p_n$$

$$b_{n+1} = 0.25a_n + 0.3b_n + 0.15p_n$$

$$p_{n+1} = 0.5a_n + 0.6b_n + 0.8p_n$$

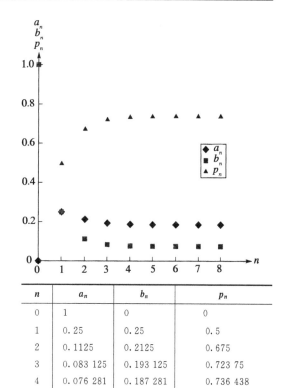

n	a_n	b_n	p_n
0	1	0	0
1	0.25	0.25	0.5
2	0.1125	0.2125	0.675
3	0.083 125	0.193 125	0.723 75
4	0.076 281	0.187 281	0.736 438
5	0.074 62	0.185 72	0.739 659
6	0.074 21	0.185 32	0.740 47
7	0.074 108	0.185 219	0.740 673
8	**0.074 083**	**0.185 194**	**0.740 724**

6.2 节

1. 立体声音响（见图）

$$R_{S1} = 0.95$$

$$R_{S2} = 0.98 + 0.97 - (0.98 \cdot 0.97) = 0.9994$$

$$R_{S3} = 0.99 + 0.99 - 0.99^2 = 0.9999$$

系统的可靠性

$$R_{系统} = 0.95 \cdot 0.9994 \cdot 0.9999 = 0.949\ 34$$

2. 个人计算机

设 $S1$ 为串联中的电源和 OC 单元，$R_{S1} = 0.996 \cdot 0.999 = 0.995\ 004$。

设 $S2$ 为并联中的键盘和鼠标，$R_{S2} = 0.9999 + 0.9998 - (0.9998 \cdot 0.9999) = 0.999\ 999\ 98$。

设 $S3$ 为三个并联的驱动器，$R_{S3} = 0.995 + 0.995 + 0.999 - (0.995 \cdot 0.995) - (0.995 \cdot 0.999) - (0.995 \cdot 0.999) + (0.999 \cdot 0.995 \cdot 0.995) = 0.999\ 999\ 997\ 5$。

设 $S4$ 为两个并联的驱动器，$R_{S4} = 0.999\ 995$，则

$$R_{\text{系统}} = R_{S1} \cdot R_{S2} \cdot R_{S3} \cdot R_{S4} = 0.994\ 999$$

3. 更先进的音响系统

$$R_{S1} = 0.992\ 007$$

$$R_{S2} = 0.999\ 999\ 92$$

$$R_{S3} = 0.999\ 975$$

$$R_{\text{系统}} = 0.992\ 007 \cdot 0.999\ 999\ 92 \cdot 0.999\ 975$$

$$= 0.991\ 982\ 12$$

6.3 节

1.

序	身高(h)	体　重
1	60	132
2	61	136
3	62	141
4	63	145
5	64	150
6	65	155
7	66	160
8	67	165
9	68	170
10	69	175
11	70	180
12	71	185
13	72	190
14	73	195
15	74	201
16	75	206
17	76	212
18	77	218
19	78	223
20	79	229
21	80	234

回归方程为

$$\text{体重} = 178.49 + 5.136\ 36h$$

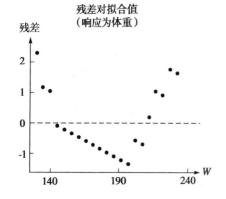

残差对拟合值
（响应为体重）

残差的模式表明该模型可以改进.

2. 体重 $= 59.5 + 0.000\ 347h^3$

$$R^2 = 99.8\%$$

$$\text{SST} = 20\ 338.95,\ \text{SSE} = 39.86,\ \text{SSR} = 20\ 299.09$$

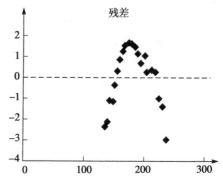

残差

残差图有着较多的"随机性". 与习题 1 中的基本线性模型相比, 该模型更令人满意.

第 7 章

7.1 节

1. 问题的识别: 工厂经理应当如何分配乙烯基、石棉、劳动力和剪削机的机时, 以便按需要生产楼面料、楼顶料和墙面砖, 使得工厂的利润最大?

决策变量:

$x_1 = $ 所生产的楼面料箱数

$x_2 = $ 所生产的楼顶料码数

$x_3 = $ 所生产的墙面砖块数

问题: 极大化利润(目标)函数

$$p = 0.8x_1 + 5x_2 + 5.5x_3$$

约束条件:

$$30x_1 + 20x_2 + 50x_3 \leqslant 1500 \qquad \text{(乙烯基)}$$

$$3x_1 + 5x_3 \leqslant 200 \qquad \text{(石棉)}$$

$$0.02x_1 + 0.1x_2 + 0.2x_3 \leqslant 3 \qquad \text{(劳动力)}$$

$$0.01x_1 + 0.05x_2 + 0.05x_3 \leqslant 1 \qquad \text{(剪削机)}$$

其中 x_1, x_2, $x_3 \geqslant 0$.

线性规划的五个假设是合理满足的. 注意, 决策变量设为分数和设为整数都是合理的(性质 5). 还有, 决策变量不能设为负值.

7. 决策变量:

$x_1 = $ 大豆英亩数

$x_2 = $ 玉米英亩数

$x_3 = $ 燕麦英亩数

$x_4 =$ 奶牛头数

$x_5 =$ 母鸡个数

$x_6 =$ 冬季额外打工小时

$x_7 =$ 夏季额外打工小时

目标函数：

Max

$$175x_1 + 300x_2 + 120x_3 + 450x_4 +$$
$$3.5x_5 + 4.8x_6 + 5.1x_7$$

约束条件：

$$x_1 + x_2 + x_3 + 1.5x_4 \leqslant 100 \qquad (土地)$$
$$400x_4 + 3x_5 \leqslant 25\,000 \qquad (资金)$$
$$20x_1 + 35x_2 + 10x_3 + 100x_4 +$$
$$0.6x_5 + x_6 = 3500 \qquad (冬季劳动)$$
$$30x_1 + 75x_2 + 40x_3 + 50x_4$$
$$+ 0.3x_5 + x_7 = 4000 \qquad (夏季劳动)$$
$$x_4 \leqslant 32 \qquad (栅栏)$$
$$x_5 \leqslant 3000 \qquad (鸡舍)$$
$$x_1, x_2, x_3, x_4, x_5, x_6, x_7 \geqslant 0 \qquad (非负性)$$

线性规划的性质对于这个模型的假设是合理的，虽然系数不是常数，而且 x_4，x_5 实际为整数（它们可以通过分数来逼近）。

7.2 节

1. 设 $x_1 =$ "盟军"士兵的每周制作数，$x_2 =$ "联军"士兵的每周制作数.

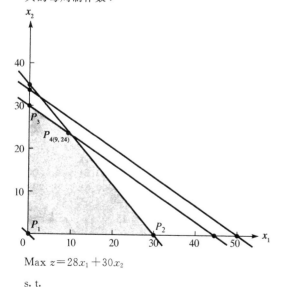

$$\text{Max } z = 28x_1 + 30x_2$$

s. t.

$$2x_1 + 3x_2 \leqslant 100$$

$$4x_1 + 3.5x_2 \leqslant 120$$
$$2x_1 + 3x_2 \leqslant 90$$
$$x_1, x_2 \geqslant 0 \qquad (非负性)$$

$x_1 = 9$，$x_2 = 24$，$P = 972$ 美元

2. 设 $x_1 =$ 每周小轿车数，$x_2 =$ 每周卡车数.

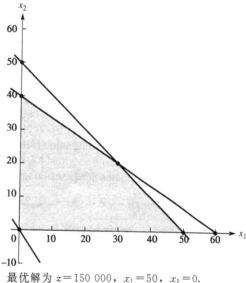

最优解为 $z = 150\,000$，$x_1 = 50$，$x_2 = 0$.

$$\text{Max } z = 3000x_1 + 2000x_2$$

s. t.

$$50x_1 + 50x_2 \leqslant 2500 \qquad (主体车间)$$
$$40x_1 + 60x_2 \leqslant 2400 \qquad (表面整修车间)$$
$$x_1, x_2 \geqslant 0 \qquad (非负性)$$

3. 设 $x_1 =$ 小麦英亩数，$x_2 =$ 玉米英亩数.

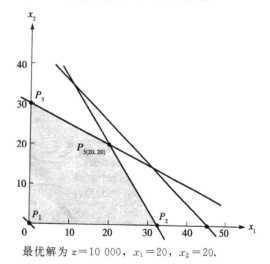

最优解为 $z = 10\,000$，$x_1 = 20$，$x_2 = 20$，

$$\text{Max } z = 200x_1 + 300x_2$$

s. t.

$$3x_1 + 2x_2 \leqslant 100$$
$$2x_1 + 4x_2 \leqslant 120$$
$$x_1 + x_2 \leqslant 45$$
$$x_1, x_2 \geqslant 0 \quad (\text{非负性})$$

4. 最优解为 $z = 6$，选择从 $(0, 6)$ 到 $(3.75, 2.25)$ 线段的最优解.

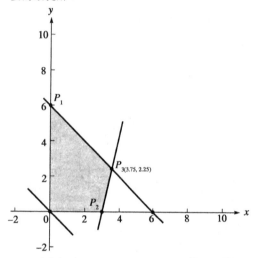

13. **(a)** 最优解为 $z = 3.75$，$c = 2.875$，$R = 3.75$.

7.4 节

用 LINDO 软件程序：

1. LP OPTIMUM FOUND AT STEP 2

```
      OBJECTIVE FUNCTION VALUE
      1)              972.00000
   VARIABLE           VALUE          REDUCED COST
      X1              9.000000         .000000
      X2             24.000000         .000000

   ROW       SLACK OR SURPLUS       DUAL PRICES
   2)           10.000000             .000000
   3)             .000000            4.800000
   4)             .000000            4.400000

NO. ITERATIONS= 2
   RANGES IN WHICH THE BASIS IS UNCHANGED:
                          OBJ COEFFICIENT RANGES
   VARIABLE      CURRENT          ALLOWABLE          ALLOWABLE
                  COEF            INCREASE           DECREASE
      X1       28.000000          6.285715           8.000000
      X2       30.000000         12.000000           5.500000

                          RIGHTHAND SIDE RANGES
   ROW          CURRENT          ALLOWABLE          ALLOWABLE
                  RHS            INCREASE           DECREASE
   2          100.000000         INFINITY          10.000000
   3          120.000000        60.000000          15.000000
   4           90.000000        10.000000          30.000000
```

7.3 节

1. 最优解为 $x_1 = 9$，$x_2 = 24$，$z = 972.00$ 美元.

极 点	可行(F)与不可行(N)	若可行 z 的值
(0, 0)	F	0
(30, 0)	F	840
(45, 0)	N	
(50, 0)	N	
(0, 30)	F	900
(0, 33.33)	N	
(0, 34.29)	N	
(9, 24)	F	972

2. 最优解为 $z = 150\ 000$，$x_1 = 50$，$x_2 = 0$

极 点	可行(F)与不可行(N)	z 值
(0, 0)	F	0
(50, 0)	F	150 000
(0, 50)	N	NA
(60, 0)	N	NA
(30, 20)	F	130 000
(0, 40)	F	80 000

2. LP OPTIMUM FOUND AT STEP 1

```
        OBJECTIVE FUNCTION VALUE
        1)              150000.00

   VARIABLE          VALUE          REDUCED COST
      X1           50.000000          0.000000
      X2            0.000000       1000.000000

      ROW      SLACK OR SURPLUS     DUAL PRICES
      2)           0.000000          60.000000
      3)         400.000000           0.000000

NO. ITERATIONS= 1
RANGES IN WHICH THE BASIS IS UNCHANGED:
                         OBJ COEFFICIENT RANGES
   VARIABLE         CURRENT        ALLOWABLE         ALLOWABLE
                     COEF          INCREASE          DECREASE
      X1          3000.000000      INFINITY       1000.000000
      X2          2000.000000    1000.000000       INFINITY
                         RIGHTHAND SIDE RANGES
      ROW          CURRENT        ALLOWABLE         ALLOWABLE
                     COEF          INCREASE          DECREASE
       2          2400.000000     500.000000      2400.000000
       3          2500.000000      INFINITY        400.000000
```

7.5 节

1. 如果目标函数为 $25x_1 + cx_2$，则可以用斜率方法求得系数 c 的范围.

$$x_2 = -\left(\frac{25}{c}\right)x_1$$

约束(1)的斜率为 $-2/3$. 约束(2)的斜率为 $-5/4$. 因而，如果下面的不等式成立，我们确信基本的变量并不改变解.

$$\left(\frac{-2}{3}\right) \leqslant \left(\frac{-25}{c}\right) \leqslant \left(\frac{-5}{4}\right) \quad \text{(斜率不等式)}$$

$$\left(\frac{2}{3}\right) \geqslant \left(\frac{25}{c}\right) \geqslant \left(\frac{5}{4}\right) \quad \text{(化简)}$$

$$20 \leqslant c \leqslant 37.5 \quad \begin{array}{l}\text{(使 } x_2 \text{ 的系数 } c \\ \text{必须成立的最} \\ \text{终不等式)}\end{array}$$

7.6 节

1. (**a**)在 $[-3, 6]$ 中的 Min $x^2 + 2x$

a	b
-3	6
-3	1.51
-3	-0.735
-1.878	-0.735
-1.316	-0.735
-1.036	-0.735
-1.036	-0.875

取误差限 $t = 0.2$，迭代 7 次得到的解区间为 $(-1.036, -0.875)$. 精确解为 $x = -1$.

(**b**)取误差限 $t = 0.2$，迭代 6 次得到的解区间为 $(0.363\,125, 0.5075)$. 精确解为 $x = 0.4$.

2. (**a**)在 $[-3, 6]$ 中用黄金分割 Min $x^2 + 2x$

区间 $[a, b]$ 为 $[-3.00, 6.00]$，而且用户指定的误差为 $0.200\,00$.

前两个实验端点为 $x_1 = 0.438$ 和 $x_2 = 2.562$.

迭 代	区 间
2	$[-3.000, 2.5620]$
3	$[-3.000, 0.4380]$
4	$[-1.6867, 0.4380]$
5	$[-1.6867, -0.3736]$
6	$[-1.1851, -0.3736]$
7	$[-1.1851, -0.6836]$
8	$[-1.1851, -0.8753]$
9	$[-1.0668, -0.8753]$

最终区间的中点为 $-0.971\,038$，$f($中点$) = 0.999$.

该函数的最大值为 0.999，x 值 $= -1.030\,207$.

(**b**)在区间 $[-2, 2]$ 上的 Max $f(x) = -4x^2 + 3.2x + 3$

区间 $[a, b]$ 为 $[-2.00, 2.00]$，而且用户指定的误差为 $0.200\,00$.

前两个实验端点为 $x_1 = -0.472$ 和 $x_2 = 0.472$.

迭　代	区　间
2	$[-0.4720, 2.0000]$
3	$[-0.4720, 1.0557]$
4	$[0.1116, 1.0557]$
5	$[0.1116, 0.6950]$
6	$[0.1116, 0.4720]$
7	$[0.2493, 0.4720]$
8	$[0.3345, 0.4720]$

最终区间的中点为 0.403 232，f(中点)＝3.640.
该函数的最大值为 3.634，x 值＝0.360 630.
精确的解为 0.4.

3.（**a**）用 $y=ax$ 并用绝对偏差之和拟合．我们用－1
乘以该函数，并用黄金分割法极大化．
区间 $[a, b]$ 为 $[0.00, 42.00]$，而且用户指定的
误差为 0.200 00.
前两个实验端点为 $x_1=16.044$ 和 $x_2=25.956$.

迭　代	区　间
2	$[0.0000, 25.9560]$
3	$[0.0000, 16.0440]$
4	$[0.0000, 9.9152]$
5	$[3.7876, 9.9152]$
6	$[6.1288, 9.9152]$
7	$[6.1288, 8.4688]$
8	$[6.1288, 7.5745]$
9	$[6.6810, 7.5745]$
10	$[6.6810, 7.2332]$
11	$[6.8920, 7.2332]$
12	$[7.0227, 7.2332]$
13	$[7.0227, 7.1528]$

最终区间的中点为 7.087 723，f(中点)＝
－199.842.
因为我们用－1 去乘，所以想要的答案是
199.842. 该模型为 $y=7.087\ 723x$.

第 8 章

8.1 节

1. 1－Moe，2－Che，3－Ella，4－Hal，5－Bo，6－
Doug，7－John，8－Kit，9－Ian，10－Paul，
11－Leo.

2.（**a**）G 不是欧拉图，因为有奇数次顶点(顶点 2 和 5).
（**b**）散步 2－1－3－2－4－5－3－4－6－5 走过每
一条边，而且只走过一次．

3. 如果不包括塔斯马尼亚，那么所得的图不是欧拉
图，因为有若干奇次顶点．如果包括指定的塔斯
马尼亚，那么得到的图就是欧拉图．一种旅行图
(起点和终点在西澳大利亚)：WA—NT—Q—T—
NT—SA—Q—NSW—T—SA—V—NSW—SA—
WA. 还可能有许多其他旅行图．

4. 铲去街道上的雪，递送邮件等．

5. 如果没有塔斯马尼亚，该图可以用三种颜色着色：
WA、Q 和 V 着一种色，SA 着另一种色，而 NT
和 NSW 着第三种色．加上塔斯马尼亚，而且(的
确特别)要求塔斯马尼亚着与 SA、NSW、Q 和
NT 不同的颜色，那就需要第四种颜色．

6.（**a**）1—蓝色，2—红色，3—绿色，4—蓝色，5—
蓝色，6—红色．
（**b**）不，不可能．

7. 三个时段就够．时段 1：350，365，445. 时段 2：
385，430. 时段 3：420，460.

8.2 节

1.（**a**）$E(G)=\{ab,\ ae,\ af,\ bc,\ bd,\ cd,\ de,\ df,\ ef\}$
（**b**）ab，bc 和 bd
（**c**）b 和 d　（**d**）$\deg(a)=3$
（**e**）$|E(G)|=|\{ab,\ ae,\ af,\ bc,\ bd,\ cd,\ de,$
$df,\ ef\}|=9$

2.（**a**）14　　（**b**）74　　（**c**）31

3. 每次握手都要加上 2 到各人报告的握手总数中．
因而，总和应当是偶数．

8.3 节

1. 一个人的 Bacon 数是时间的非增函数，它可能降
低，但决不会增加．

2. 本书的作者 Bill Fox，Frank Giordano 和 Steve
Horton 的 Erdös 数都是 2.

3. 定义一个人的里根数：如果这人是里根(总统)本
人，则为 0；如果该人与里根握过手，则为 1；如
果他与里根数 1 的人握过手，则为 2，等等．

4. 该表展示行 3 列 7 中 $\alpha+\beta\sum\limits_{k=3}^{7}(f_{3,7}(x_k)-y_k)^2$，
并展示行 4 列 7 中 $\alpha+\beta\sum\limits_{k=4}^{7}(f_{4,7}(x_k)-y_k)^2$. 因为
点 3、4 与 7 共线，$f_{3,7}$ 与 $f_{4,7}$ 为同一条线(确切地
说，$f(x)=x-2$). 每个和($k=5$ 与 $k=6$ 情形)中

的非零项相同，所以得到的和相同.

	2	3	4	5	6	7
1	2	20.7778	16.444	28.0625	30.77	47.503
2		2	16.0625	48.1389	33	48.9917
3			2	7.76	6.7755	43
4				2	4.25	43
5					2	8.76
6						2

6. 路径 1 到 2 到 3 到 4 到 5 为最好，费用为 20.

8. 因为按定义，没有一条边的两个端点在 A 中，匹配集中每条边必有一端点在 B 中. 这表明在任一匹配集中，$|B|$ 为边数的上界. 把 A 和 B 互换，同样的理由证明了这个断言.

9. 在把边 bh 加进去之前，最大的匹配集含四条边. 一个这样的匹配集为 $M=\{ab, cd, ef, ji\}$. 如果边 bh 出现，可以找到大小为 5 的匹配集：$M=\{ag, bh, cd, ef, ji\}$.

10. 1 — Alice，2 — Courtney，3 — Hermione，4 — Gladys，5 — Deb. 如果 Hermione 不能打位置 3，就没有可行的阵容.

11. 是；所有边都在队员集和位置集之间.

12. $\begin{pmatrix} 1 & 1 & 1 & 0 & 1 & 0 \\ 0 & 1 & 0 & 0 & 1 & 0 \\ 1 & 0 & 0 & 0 & 1 & 1 \end{pmatrix}$

13. 这样的矩阵不可能有.

15. $\beta(P_5)=2$（取顶点 v_2 和 v_4 在 S 中）. $\beta(P_6)=3$. 一般来说，$\beta(P_n)=\lfloor n/2 \rfloor$.

16. 有两个同样好的不同解. 或者取顶点 5，或者取顶点 1，2，3，4. 每一种的费用都是 10.

8.4 节

1. $a-b-d-g-e-i-j$（费用 =12）

2. 首先生成 31 个顶点，从 0 标数直到 30. 标记为 i 的顶点表示 6 月第 i 天的结束. 比如，顶点 5 表示 6 月 5 日的结束，顶点 0 表示 5 月 31 日的结束，或者是 6 月 1 日的开始. 对收到的每个投标设立一条边. 如果一个投标提供的工作是从 6 月 i 日到 6 月 j 日（含），费用为 c 美元，我们就从顶点 $i-1$ 到顶点 j 加上一条边，边的权重为 c. 现在我们可以找到一条从顶点 0 到顶点 30 的最短（加权）路径，所得的路径即相当于要接受的投标，所得

的最短距离即相当于 6 月运送垃圾的总费用.

3. 运用 x_1y_2，x_2y_6，x_3y_1，x_4y_3，最大 s-t 流为 4.

4. 在具有两部分 $V(G)=<X, Y>$ 的二分图 G 中，8.4 节中描述的步骤允许对每个 X 顶点，最多为 1 个单位流，且在每个 Y 结点之外，最多为 1 个单位流. 当 s-t 流极大化时，X 和 Y 之间的边（原来二分图的边）有着一个 1 单位或 0 单位的流. 具有正向流的边为最大匹配集的边（如果可能能有更大匹配集的话，就会对应一个更大的最大流）. 这样，该步骤找到一个极大匹配集. 但是，如果原来的图不是二分的，这种方法就无效.

5. 最优路线为：开始—a—b—c—d—开始，这条路线的时间估计是 85 分钟.

8.5 节

1. 取顶点 2，4，5（还可有其他选择）.

2. (a) 取顶点 2，4 以及 1 或 5.

3. (a) 可取 $(2^{100})/(1\,000\,000)\approx 1.267\,65\times 10^{24}$ 秒，或约 4×10^{16} 年，它为宇宙年龄的一百万倍.

(b) 计算机加速 1000 倍将会降低上述解的总数 1000 倍. 这根本没有什么实际意义，因为仍然要花费太长的时间进行计算.

第 9 章

9.1 节

1. 平均 $=465/5=93$

2. 平均 $=1780/19=93.684\,21$

3. $E[X]=1.74$

4. \$9200

5. $E[$男性保险$]=-\$4770.10$，$E[$女性保险$]=-\$2521.70$. 设 X 表示 49% 的男性和 51% 的女性购买保险，那么 $E[X]=-\$3623.42$.

6. $E[$可乐$]=3950$，$E[$咖啡$]=1900$. 所以卖可乐，因为利润更大.

7. 如果设 $p=$变凉的概率，那么转折点的概率为 $p=0.615\,385$.

8. $p(7)=6/36$，$p(11)=2/36$，掷出 7 或者 11 为 $p(7$ 或 11$)=8/36$. $E[$游戏$]=\$5(8/36)-\$1(28/36)=\$12/36$.

9. $E[$竞标中学$]=\$162\,000(0.35)-\$11\,500(0.65)=\$49\,225$.

$E[$竞标小学$]=\$140\,000(0.25)-\$5\,750(0.75)=\$30\,687.50$.

由于 $E[$竞标中学$]>E[$竞标小学$]$，该公司应当去竞标中学．

10. 如果假设赢得竞标的概率是 p，不赢得竞标的概率是 $1-p$，则转折点是 $p=0.207\ 207$．

9.2 节

1. $E[$可乐$]=3950$，$E[$咖啡$]=1900$．所以售可乐，因为利润更大．

2. $E[$竞标中学$]=\$162\ 000(0.35)-\$11\ 500(0.65)=\$49\ 225$．

$E[$竞标小学$]=\$140\ 000(0.25)-\$5\ 750(0.75)=\$30\ 687.50$．

由于 $E[$竞标中学$]>E[$竞标小学$]$，该公司应当去竞标中学．

3. $E[$经营$]=0.4(\$280\ 000)+0.2(\$100\ 000)-0.4(\$40\ 000)=\$116\ 000$．

因为 $E[$经营$]>100\ 000$，所以应该经营滑雪胜地，而不是出租．

5. $E[A]=13.5-4.4=9.1$，$E[B]=9+3.85=12.89$，$E[C]=2.25+8.25=10.5$，$E[B]$更大．

6. 存储 2 个单位．

7. 他们应当竞标，因为 $2.281B>2.1B$．赢得合同后设计新型电动车，因为它有更大的期望值．

8. 不进行市场试验而推向全国市场，期望值达 $\$310\ 000$．

9.3 节

1. 第 1 次转：只取转出的 $\$10$．

第 2 次转：取转出的 $\$10$ 或 $\$6$．

第 3 次转：取任一种．

$E[$游戏$]=\$10.58$．

2. 第 1 次转：只取 $\$20$．

第 2 次转：取转出的 $\$15$ 或 $\$20$．

第 3 次转：取任一种．

$E[$游戏$]=\$20.35$．

3. 这家大的私营石油公司应当聘用地质学家，$E[$聘用地质学家$]=\$2.488m$．

4. 董事会应当雇用社会媒体市场公司，期望值为 34.669．

5. 雇用地质学家，期望值为 $-13.5m$．

6. 雇用市场研究团队，期望值为 $\$33\ 750.00$．

7. 设 $tp=$ 检验为阳性，$tn=$ 检验为阴性，$u=$ 服用者，$n=$ 未服用者，则 $p(u\mid tp)=28/47$，$p(n\mid tp)=19/47$，$p(u\mid tn)=3/603$，$p(n\mid tn)=600/$

603．药物检验对未服用者呈阳性．

8. 不进行类固醇检验，$E[$不检验$]=0>E[$每人检验$]=-1.669$，假设 $C_1=1$．

9. (a) 不对任何人检验．

(b) 不对任何人检验，但期望值比较接近，因为它们仅相差 -0.269．

10. 设 $tp=$ 检验为阳性，$tn=$ 检验为阴性，$u=$ 服用者，$n=$ 未服用者，则 $p(u\mid tp)=18/67$，$p(n\mid tp)=49/67$，$p(u\mid tn)=5/833$，$p(n\mid tn)=828/833$．药物检验对未服用者呈阳性．

11. 经过市场调研的期望值要比未经过市场调研的大，$12.96>12.86$．

9.4 节

1. (a) 策略 B，$E[B]=1047.50$．

(b) 策略 B 的期望机会损失最小，$E[B]=127.50$．

2. (a) $E[A]=135\ 00/3$，$E[B]=1200/3$，$E[C]=1200/3$，$E[A]$ 最好．

(b) $\{3000,\ 1000,\ 3500\}$，所以选择策略 C．

(c) $\{6000,\ 9000,\ 4500\}$，所以选择策略 B．

(d) 选择策略 B．

(E) 策略 B．

3. (a) $E[$股票$]=7500-1000=6500$，$E[$债券$]=5250-500=4750$，选择股票．

(b) $p=2/3$．

(c) 也许你从不想承担损失钱的风险，那么债券应是更好的选择．

4. (a) 拉普拉斯，$E[A]=\$3500/3$，$E[B]=\$2900/3$，$E[C]=\$2100/3$，A 更好．

(b) B 更好，$\$800$．

(c) A 更好，$\$2000$ 为最大．

(d) A 更好，$E[A]$ 为 1135，乐观系数 $x=0.55$．

(e) A 更好．

5. (a) 拉普拉斯，$E[$旅店$]=27\ 000/3$，$E[$便利店$]=0$．$E[$酒店$]=17\ 000/3$，所以旅店最好．

(b) 酒店，$\$5000$．

(c) 旅店，$\$25\ 000$．

(d) 旅店策略最好．

(e) 旅店策略最好．

6. (a) 拉普拉斯，Alabama 对 Auburn，以 $22.9/3$ 为期望值．

（b）Alabama 对 Auburn，为 5.4.

（c）Texas A&M 对 LSU，为 12.5.

7. 表格为

需求	0.35	0.25	0.2	0.2
进价	15	25	35	45
10	280	1470	−200	−440
20	360	760	520	280
30	0	1040	1440	1200
40	−360	680	1720	2120
50	−440	600	1640	2680

（a）订购 30 个，期望值＝ $ 10 888.

（b）订购 50 个.

（c）订购 20 个.

（d）订购 50 个.

（e）订购 40 个.

第 10 章

10.1 节

1.（a）当 Rose 采用策略 R1，而 Colin 采用策略 C1 或 C2 时，$V=10$.

（b）当 Rose 采用策略 R1，Colin 采用策略 C2 时，$V=1/2$.

（c）当击球手猜是弹指球，并且投球手扔弹指球时，$V=0.250$.

（d）当 Rose 采用策略 R2，Colin 采用策略 C1 时，$V=(3, -3)$.

（e）当食饵躲藏，并且捕食者追捕时，$V=0.60$.

（f）当 Rose 采用策略 R1，Colin 采用 C2 时，$V=1$.

（g）没有纯策略解.

（h）当 Rose 采用 R1，Colin 采用策略 C2 时，$V=40$.

（i）当 Rose 采用策略 R2，Colin 采用策略 C3 时，$V=55$.

2.（a）第 2 行策略剔除.

（b）第 2 行和 C1 剔除.

（c）第 1 列和第 1 行剔除.

（d）第 1 行和 C2 剔除.

（e）食饵逃逸和捕食者攻击策略剔除.

（f）R2 行和 C1 列剔除.

（g）没有要剔除的.

3. 对下面每个博弈，画出支付图形，并用该图确定

每个博弈是完全冲突还是部分冲突博弈.

（a）完全冲突博弈.

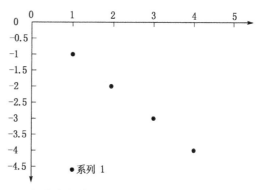

（b）部分冲突博弈.

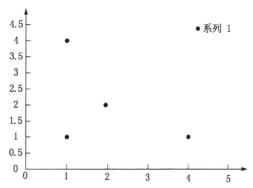

（c）支付图形落在线上，所以我们有完全冲突博弈.

（d）支付图形落在线上，所以我们有完全冲突博弈.

10.2 节

1. Min V_{Ace}

s. t.

$$40y_1+32y_2-V_{\text{Ace}}\leqslant 0 \quad 或$$
$$40y_1+32(1-y_1)-V_{\text{Ace}}\leqslant 0$$
$$48y_1+40y_2-V_{\text{Ace}}\leqslant 0 \quad 或$$
$$48y_1+40(1-y_1)-V_{\text{Ace}}< 0$$
$$y_1+y_2=1 \ 或 \ 0\leqslant y_1\leqslant 1$$

当 Home Depot 和 Ace 都选择大城市时 $V_{\text{Ace}}=40$.

2.（a）Max VS

s. t.

$$10x_1+5(1-x_1)-VS\geqslant 0$$
$$10x_1-VS\geqslant 0$$
$$0\leqslant x_1-1$$

Min VB

s. t.

$$10y_1 + 10(1-y_1) - VB \leqslant 0$$

$$5y_1 - VB - 0$$

$$0 \leqslant y_1 \leqslant 1$$

当 $x_1 = 1$ 和 $y_1 = 1$，或者 $x_1 = 1$ 和 $y_2 = 1$ 时，$VS = 10$.

(b) Max V

s. t.

$$1/2x_1 + 1(1-x_1) - V \geqslant 0$$

$$1/2x_1 - VS \geqslant 0$$

$$0 \leqslant x_1 \leqslant 1$$

Min v

s. t.

$$1/2y_1 + 1/2(1-y_1) - v \leqslant 0$$

$$y_1 - v \leqslant 0$$

$$0 \leqslant y_1 \leqslant 1$$

当 $x_1 = 1$ 时 $V = 1/2$，而 $y_2 = 1$ 时，$v = 1$.

(c) Max BA

s. t.

$$0.4x_1 + 0.3(1-x_1) - BA \geqslant 0$$

$$0.1x_1 + 0.25(1-x_1) - BA \geqslant 0$$

$$0 \leqslant x_1 \leqslant 1$$

Min BA

s. t.

$$0.4y_1 + 0.1(1-y_1) - BA \leqslant 0$$

$$0.3y_1 + 0.25(1-y_1) - BA \leqslant 0$$

$$0 \leqslant y_1 \leqslant 1$$

当 $x_1 = y_1 = 0$，$x_2 = 1$ 和 $y_2 = 1$ 时，$BA = 0.25$.

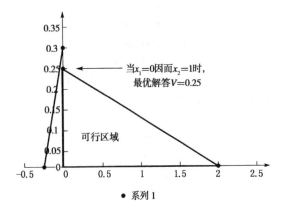

当 $x_1 = 0$ 因而 $x_2 = 1$ 时，最优解答 $V = 0.25$

可行区域

● 系列1

(d) Max V

s. t.

$$2x_1 + 3(1-x_1) - V \geqslant 0$$

$$x_1 + 4(1-x_1) - V \geqslant 0$$

$$0 \leqslant x_1 \leqslant 1$$

Min v

s. t.

$$2y_1 + (1-y_1) - v \leqslant 0$$

$$3y_1 + 4(1-y_1) - v \leqslant 0$$

$$0 \leqslant y_1 \leqslant 1$$

当 $x_1 = 1$ 和 $y_1 = 1$ 时，$V = 3 = v$.

(e) Max V

s. t.

$$0.2x_1 + 0.8(1-x_1) - V \geqslant 0$$

$$0.4x_1 + 0.6(1-x_1) - V \geqslant 0$$

$$0 \leqslant x_1 \leqslant 1$$

Min v

s. t.

$$0.2y_1 + 0.4(1-y_1) - v \leqslant 0$$

$$0.8y_1 + 0.6(1-y_1) - v \leqslant 0$$

$$0 \leqslant y_1 \leqslant 1$$

当 $(1-x_1) = x_2 = 1$ 和 $(1-y_1) = y_2 = 1$ 时，$V = 0.6 = v$.

(f) Max V

s. t.

$$5x_1 + 3(1-x_1) - V \geqslant 0$$

$$x_1 - V \geqslant 0$$

$$0 \leqslant x_1 \leqslant 1$$

Min v

s. t.

$$5y_1 + (1-y_1) - v \leqslant 0$$

$$3y_1 - v \leqslant 0$$

$$0 \leqslant y_1 \leqslant 1$$

当 $x_1 = 1$，$y_2 = 1$ 时，$V = 1 = v$.

(g) Max V

s. t.

$$x_1 + 5(1-x_1) - V \geqslant 0$$

$$3x_1 + 2(1-x_1) - V \geqslant 0$$

$$0 \leqslant x_1 \leqslant 1$$

Min v

s. t.

$$y_1 + 3(1-y_1) - v \leqslant 0$$
$$5y_1 + 2(1-y_1) - v \leqslant 0$$
$$0 \leqslant y_1 \leqslant 1$$

当 Rose 采用混合策略 3/5 R1 和 2/5 R2，而 Colin 采用混合策略 1/5 C1 和 4/5 C2 时，$V = v = 13/5 = 2.6$.

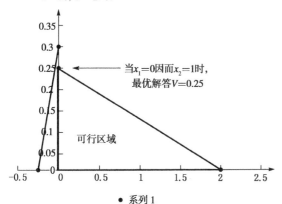

● 系列 1

当 $x_1 = 0$ 和 $x_2 = (1-x_1) = 1$ 时解为 $V = 0.25$.

3. (a) Rose：

Max V

s. t.

$$2x + 5(1-x) - V \geqslant 0$$
$$3x + 2(1-x) - V \geqslant 0$$
$$x, V \geqslant 0$$

当 $x = 3/4$ 和 $(1-x) = 1/4$ 时，$V = 11/4$.

Colin：

Min V

s. t.

$$2y + 3(1-y) - V \leqslant 0$$
$$5y + 2(1-y) - V > 0$$
$$y, V \geqslant 0$$

当 $y = 1/4$ 和 $(1-y) = 3/4$ 时，$V = 11/4$.

(b) ~ (g) Rose：

Max V

s. t.

$$-2x + 3(1-x) - V \geqslant 0$$
$$2x + 0(1-x) - V \geqslant 0$$
$$x, V \geqslant 0$$

当 $x = 3/7$ 和 $(1-x) = 4/7$ 时，$V = 6/7$.

Colin：

Min V

s. t.

$$-2y + 2(1-y) - V \leqslant 0$$
$$3y + 0(1-y) - V > 0$$
$$y, V \geqslant 0$$

当 $y = 2/7$ 和 $(1-y) = 5/7$ 时，$V = 6/7$.

(c) Rose：

Max V

s. t.

$$0.7x + 0.6(1-x) - V \geqslant 0$$
$$0.3x + 1(1-x) - V \geqslant 0$$
$$x, V \geqslant 0$$

当 $x = 1/2$ 和 $(1-x) = 1/2$ 时，$V = 0.65$.

Colin：

Min V

s. t.

$$0.7y + 0.3(1-y) - V \leqslant 0$$
$$0.6y + (1-y) - V > 0$$
$$y, V \geqslant 0$$

当 $y = 7/8$ 和 $(1-y) = 1/8$ 时，$V = 0.65$.

(d) Rose：

Max V

s. t.

$$2x + 0(1-x) - V \geqslant 0$$
$$-3x + 4(1-x) - V \geqslant 0$$
$$x, V \geqslant 0$$

当 $x = 4/9$ 和 $(1-x) = 5/9$ 时，$V = 8/9$.

Colin：

Min V

s. t.

$$2y - 3(1-y) - V \leqslant 0$$
$$0y + 4(1-y) - V > 0$$
$$y, V \geqslant 0$$

当 $y = 7/9$ 和 $(1-y) = 2/9$ 时，$V = 8/9$.

(e) Rose：

Max V

s. t.

$$-2x + 3(1-x) - V \geqslant 0$$
$$5x - 3(1-x) - V \geqslant 0$$
$$x, V \geqslant 0$$

当 $x=6/13$ 和 $(1-x)=7/13$ 时，$V=9/13$.

Colin：

Min V

s. t.

$$-2y+5(1-y)-V\leqslant0$$
$$3y-3(1-y)-V>0$$
$$y，V\geqslant0$$

当 $y=8/13$ 和 $(1-y)=5/13$ 时，$V=9/13$.

（f）Rose：

Max V

s. t.

$$4x-2(1-x)-V\geqslant0$$
$$-4x-(1-x)-V\geqslant0$$
$$x，V\geqslant0$$

当 $x=1/9$ 和 $(1-x)=8/9$ 时，$V=12/9$.

Colin：

Min V

s. t.

$$4y-4(1-y)-V\leqslant0$$
$$-2y-(1-y)-V>0$$
$$y，V\geqslant0$$

当 $y=3/9$ 和 $(1-y)=6/9$ 时，$V=12/9$.

（g）Rose：

Max V

s. t.

$$17.3x-4.6(1-x)-V\geqslant0$$
$$11.5x+20.1(1-x)-V\geqslant0$$
$$x，V\geqslant0$$

当 $x=0.8098$ 和 $(1-x)=0.1902$ 时，$V=13.13$.

Colin：

Min V

s. t.

$$17.3y+11.5(1-y)-V\leqslant0$$
$$-4.6y+20.1(1-y)-V>0$$
$$y，V\geqslant0$$

当 $y=0.282$ 和 $(1-y)=0.718$ 时，$V=13.13$.

10.3 节

2. 如果投资者从不选择 A 项，而是选择将 44.44% 时间的 B 项和 55.56% 时间的 C 项相组合，投资

者和自然的最佳解是 722.22. 对于自然来说，最优的组合是不去选择条件 1 或 2，而是 44.44% 时间选择条件 3 和 55.56% 时间选择条件 4.

3. 投资项目选择 0.25 的 A 项和 0.75 的 C 项，不去选 B 项，同时自然选择的是条件 1，2 和 3，分别为 0.442，0.366 和 0.192. 支付为 4125.

4. 在投资项目 A 选 1/6 时间，B 选 5/6 时间，而不去选 C 项时，$V=833.33$. 对于条件 1，自然选择的是 2/3 时间，不去选条件 2，1/3 时间选条件 C.

5. 在投资者选择 0.0294 时间的酒店，不去选便利店，而选 0.970 588 时间的饭店时，博弈论解得到的结果是 5588.235，此时的自然条件是，一个加油站接近 0.412 时间，另一个加油站远离 0.588 时间，而没有加油站是在中间距离.

6. 最好的结果是一种纯策略解，即 Alabama 队对 Auburn 队，别的队都排不上.

7. 博弈论解为条件 2 下的债券，$V=\$2000$.

10.4 节

1. 纯策略为 Rose 选 R1，而 Colin 选 C1 或 C2.

2. 纯策略为 R1C2，$V=1/2$.

3. 纯策略为击球手猜测弹指球，并且投球手扔弹指球，即 R1C2，$V=0.250$.

4. 纯策略为 R2C1，$V=(3，-3)$.

5. 纯策略为躲藏-追捕，$V=0.60$.

6. 纯策略为 R1C2，$V=1$.

7. 无纯策略解.

8. 纯策略解为 R1C3，R3C3，$V=1$.

9. （a）纯策略为 R1C2，R1C4，$V=1$.

（b）纯策略为 R1C2，R1C4，$V=2$.

（c）纯策略为 R2C2，$V=1$.

10.5 节

1. 当 $x1=3/4$ 和 $x2=1/4$ 时，Rose：$V=11/4$；
当 $y1=1/4$ 和 $y2=3/4$ 时，Colin：$V=11/4$.

2. 当 $x1=3/7$ 和 $x2=4/7$ 时，Rose：$V=6/7$；
当 $y1=2/7$ 和 $y2=5/7$ 时，Colin：$V=6/7$.

3. 当 $x1=1/2$ 和 $x2=1/2$ 时，Rose：$V=0.65$；
当 $y1=7/8$ 和 $y2=1/8$ 时，Colin：$V=0.65$.

4. 当 $x1=4/9$ 和 $x2=5/9$ 时，Rose：$V=8/9$；
当 $y1=7/9$ 和 $y2=2/9$ 时，Colin：$V=8/9$.

5. 当 $x1=6/13$ 和 $x2=7/13$ 时，Rose：$V=9/13$；

当 $y1=8/13$ 和 $y2=5/13$ 时，Colin：$V=9/13$.

6. 当 $x1=1/9$ 和 $x2=8/9$ 时，Rose：$V=-12/9$；

当 $y1=3/9$ 和 $y2=6/9$ 时，Colin：$V=-12/9$.

7. 当 $x1=0.8098$ 和 $x2=0.1902$ 时，Rose：$V=13.13$；

当 $y1=0.282$ 和 $y2=0.718$ 时，Colin：$V=13.13$.

8. 如果 $a>b$，则 $d>c$，而如果 $b>a$，则 $c>d$.

9. 因为没有鞍点，我们用零头，且

$$y=\frac{d-b}{(a-c)+(d-b)}$$

10. 博弈值为

$$v=\frac{ad-bc}{(a-c)+(d-b)}$$

11. $V=4$，R1C2.

12. 当混合策略选为 $x_1=4/9$，$x_2=5/9$，$y_1=5/9$，$y_2=4/9$ 时，$V=2/9$.

13. 在 Derek 猜测快球 23/31 和叉指快速球 8/31，同时投球手投出快球 16/31 和叉指快速球 15/31 时，$BA=0.291$.

14. 在 Rose 选 3/7 R1 和 4/7 R2，而 Colin 选 2/7 C1 和 5/7 C2 时，$V=41/7$.

10.6 节

1. 纳什均衡点是 $(2，3)$. Rose 不能通过战略型的出招得到更好的结果.

2. 纳什均衡点是 $(2，4)$. Rose 通过威胁可以得到更好的结果；如果 Colin 选 C1，则 Rose 将选 R1. 如果发生威胁，我们在 $(4，3)$ 处结束.

3. 纳什均衡点是 $(2，2)$. 如果我们使 Colin 在 $(2，2)$ 和 $(4，2)$ 之间保持中立，那么就可能得到 $(4，2)$. 这也许得进入调停.

4. 纳什均衡点是 $(4，8)$. Rose 不能通过先出招得到更好的结果. 威胁与承诺都无效.

5. 纳什均衡点是 $(3，1)$. 这是 Rose 最好的位置.

6. 纳什均衡点是 $(4，3)$ 和 $(3，4)$. 如果 Rose 不先出招，Rose 就得到她最好的结果.

10.7 节

1.

		H	
		S	L
D	S	-2	-4
	L	2	1

在 D 和 H 都是长距离时，解为 $V=1$.

2.

		Colin	
		C1	C2
Rose	R1	0	5
	R2	10	0

在 Rose 以 2/3 的时间随机选择 R1，并以 1/3 的时间选择 R2，同时 Colin 以 1/3 的时间随机选择 C1，并以 2/3 的时间选择 C2 时，解为 $V=10/3$.

3. 支付矩阵为

射出支付		Ike 的策略		
		I_L	I_M	I_C
Doc 的策略	D_L	-2	-7	-7
	D_M	0	2	6
	D_C	0	-2	0

在 Doc 和 Ike 都选长距离时，解为 $V=-2$.

7. 肯尼搜索南方，今村去南方，此时 $V=3$.

8. 编剧罢工，而管理者保持现状，$V=(4，5)$.

第 11 章

11.1 节

3. (a)

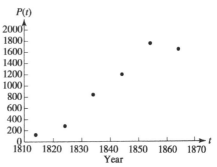

由该图我们估计 M 约为 2000.

(b)

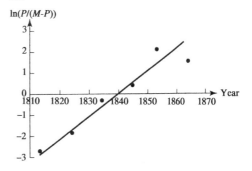

估计斜率为 0.1125. 我们辨别出斜率为 rM. 我们

寻求的 t 的近似值为 $t^* = \dfrac{-C}{rM} = \dfrac{-(-2.7)}{0.1125} = 24$.

因为 $t_0 = 1814$，我们估计 t^* 为 $1814 + 24 = 1838$.

6. (a) 疾病的传播受到这个孤岛上的人口最大数量 N 的限制. 疾病的传播率随着愈来愈多的人受到感染而降低. 这里没有人移入或移出. 居民中的每一个人都会受到该疾病的感染，因为没有先天的免疫力，也得不到进行预防接种的疫苗. 最后，每个人都将染上这种疾病.

如果有现代的医疗技术能够予以控制，甚至根治这种疾病，这些假设就不完全有效. 也可使受感染的人群从健康的群体中隔离开来，以防止这种疾病的蔓延.

(d) $X(t) = \left(\dfrac{N}{1 + e^{-kN(t - t^*)}} \right)$

(e) 当 $t \to \infty$ 时 $X \to N$

(f) 可以

(g) $\left(\dfrac{N}{1 + e^{-kN(t - t^*)}} = \dfrac{5000}{1 + e^{-0.5(t - 3)}} \right)$, $t = 12$;

$X(12) \approx 4945$ 人

11.2 节

2. (a) $T = \dfrac{1}{k} \ln \dfrac{H}{L}$, 其中 $H = eL$ 且 $k = 0.05 \text{h}^{-1}$. 因而 $T = \dfrac{1}{0.05 \text{h}^{-1}} \ln e = 20 \text{h}$.

(b) 不，没有给出足够的信息以确定每次剂量的实际大小. 我们只有最高安全浓度与最低有效浓度之比. 如果这些限制值中有一个是已知的，那么就可以计算出其他值，并且确定出由一个剂量引起的浓度差. 但是，造成这种浓度变化所要求的实际剂量依赖于患者的血量，以及该药物如何快速传输到整个血液系统.

3. 最小的 n 应当是 7.

4. $T = \dfrac{1}{0.02 \text{h}^{-1}} \ln \dfrac{2 \text{mg/ml}}{0.5 \text{mg/ml}} = (50) \ln(4) \approx 69 \text{h}$

5. $T = \dfrac{1}{k} \ln \dfrac{H}{L} = \dfrac{1}{0.02 \text{h}^{-1}} \ln \dfrac{0.10 \text{mg/ml}}{0.03 \text{mg/ml}} = (5) \ln(1.33) \approx 6 \text{h}$

11.5 节

1. $y(1) = 0$, $y(1.2) = 0.2$, $y(1.4) = 0.392$

2. $y(2) = -1$, $y(2.5) = -0.25$, $y(3.0) = 0.3$

3. $y(0) = 3$, $y(0.2) = 4.2$, $y(0.4) = 6.216$

4. $y(-1) = 1$, $y(-0.5) = 0.5$, $y(0) = 0.5$

6. (a) $T - 100 = (0.10)(100) \Delta t$ 蕴涵 $T = 100 + 10 \Delta t$

(b) $T(1) = 100 + 10(1 - 0) = 100 \approx Q(1)$

(c) $T_1 = 100 + (10)(0.5) = 105$

$T_2 = 105 + (0.10)(105)(0.5) = 110.25 \approx Q(1)$

(d) $T(0.25) = 102.5$

$T(0.50) = 105.0625$

$T(0.75) = 107.689\,062\,5$

$T(1) = 110.381\,289\,1 = Q(1)$

7. (a) $Q(t) = 100 e^{0.10t}$, $Q(1) = 110.517\,091\,8$

(b) $Q(1) = 110.517\,091\,8$

$T(1) = 110.462\,212\,5$, $\Delta t = 0.1$

$T(1) = 110.381\,289\,1$, $\Delta t = 0.25$

$T(1) = 100.25$, $\Delta t = 0.5$

$T(1) = 110$, $\Delta t = 1$

(c) $(10.517\,091\,8/100) = 0.105\,170\,918 = 10.517\,091\,8\%$

(d) ⅰ) $0.1025 = 10.25\%$

ⅱ) $0.103\,812\,891 = 10.381\,289\,1\%$

ⅲ) $0.105\,155\,781 = 10.515\,578\,1\%$

ⅳ) For $n = 1000$, $1.105\,165\,393$;

for $n = 10\,000$, $1.105\,170\,365$;

for $n = 100\,000$, $1.105\,170\,863$

(e) $e^{(0.10)} = 1.105\,170\,918$

11.6 节

1. $y = 1 - (x + C)^{-1}$

3. $y - \ln |y| = (x + 1)^3 + C$

5. $y^2 = C - 2 \sec x$

7. $y = -\ln \left[C - \dfrac{2}{3}(x - 2)^{5/2} - \dfrac{4}{3}(x - 2)^{3/2} \right]$

9. $\tan y = -(x \sin x + \cos x) + C$

11. $-y e^{-y} - e^{-y} = \ln |x| + C$

13. $y = \ln(x - x \ln x + C)$

15. $\ln |y| = x \sin^{-1} x + \sqrt{1 - x^2} + C$

17. $|y| = C \left| \dfrac{x - 1}{x + 2} \right|$

19. $|y| = C \left| \dfrac{x - 1}{x} \right|$

21. $y = C \left| \dfrac{x + 2}{x - 1} \right| e^{3/(1 - x)}$

23. $\tan^{-1}(x - 1) + \sin^{-1} y = C$

25. $2y \sqrt{2y} = 3 \sqrt{x} + C$

27. $y = \dfrac{C}{x} e^{-1/x}$

29. $\dfrac{y^3}{9}(3\ln y-1)=\dfrac{1}{2}x^2+2x+\ln|x|+C$

31. $y=\ln\left(C+x-\dfrac{1}{2}\sin x^2\right)$

33. $y^3-1=6\sinh x$

35. $y=\dfrac{1}{2}e^{2(x-2)}-\dfrac{1}{2}$

37. $\ln|P|=(1-t)(1-e^t)$

39. $(\sqrt{y}+1)^2=4|x|$

11.7 节

1. $y=\dfrac{1}{2}+Ce^{-x^2}$,　$-\infty<x<\infty$

3. $y=\dfrac{1}{4}x^2e^{x/2}+Ce^{x/2}$,　$-\infty<x<\infty$

5. $y=\dfrac{1}{2}-x^{-1}+Cx^{-2}$,　$x\neq0$

7. $y=Ce^x-e^{2x}$,　$-\infty<x<\infty$

9. $y=\dfrac{1}{|x|}\ln x^2+\dfrac{C}{|x|}$,　$x\neq0$

11. $y=\dfrac{1}{2}x-2+\dfrac{1}{x}\ln|x|+\dfrac{C}{x}$

13. 关于 x 为线性，且 $x=(2y-1)e^y+Ce^{-y}$

14. 关于 x 为线性，且 $x=\dfrac{\sin y+C}{y^3}$

17. $e^{x^3}y=\dfrac{1}{3}(e^{x^3}-4)$

19. $y=3x^2(x-1)e^{-x}$

21. 约含 99.5% 的氧气.

第 12 章

12.5 节

1.

n	欧拉逼近 $x(n)$	欧拉逼近 $y(n)$	精确解 $x(n)$	精确解 $y(n)$
0	1	1	1	1
0.25	2.25	2.25	2.1346	2.1346
0.50	5.0625	5.0625	6.3945	6.3945
0	1	1	1	1
0.125	1.625	1.625	1.3754	1.3745
0.250	2.6406	2.6406	2.1346	2.1346

2.

n	欧拉逼近 $x(n)$	欧拉逼近 $y(n)$	精确解 $x(n)$	精确解 $y(n)$
0	5	4	5	4
0.25	11.25	-0.25	9.5533	0.5135
0.50	13.75	-2.875	11.385	-1.651

（续）

n	欧拉逼近 $x(n)$	欧拉逼近 $y(n)$	精确解 $x(n)$	精确解 $y(n)$
0	5	4	5	4
0.125	8.125	1.875	7.6788	2.0721
0.250	10.3125	0.15625	9.5533	0.51354

3.

n	欧拉逼近 $x(n)$	欧拉逼近 $y(n)$	精确解 $x(n)$	精确解 $y(n)$
0	0	2	0	2
0.25	1.5	2	1.7716	2.2553
0.50	3.375	2.517	4.4895	3.086

n	欧拉逼近 $x(n)$	欧拉逼近 $y(n)$	精确解 $x(n)$	精确解 $y(n)$
0	0	2	0	2
0.125	0.75	2	0.8069	2.0628
0.250	1.5938	2.1270	1.7716	2.2553

5. (a) $B(t)$ 与 t

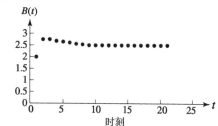

(b) $T(t)$ 与 t

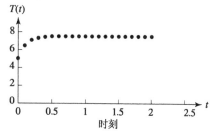

(c) $T(t)$ 与 $B(t)$

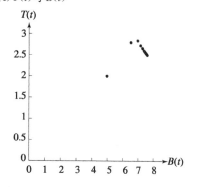

第 13 章

13.1 节

7. (a) $E(t)=C(t)+9000=9640+180(t+1)t$

(b) $E_A(t)=E(t)/t=(9640)/t+180t+180$

(c) $9640/t+180t+180$

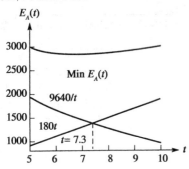

(d) 7.3 年

(e) 因为每年的平均边际成本 E_A 随着 t 的增加而减少，超过预估值 t^* 为好．然而，$E_A(7)=$ 2817.14，$E_A(8)=2825$．在这种情形，最好把 t^* 估计到 7 年．

8. 设 $x=$ 保持母牛的周数，$P=$ 售出母牛后获得的利润．假定价格每周下落 0.01 美元．

Max $P=(0.95-0.01x)(800+35x)-6.5x$

$dP/dt=18.75-0.70x$

$dP/dt=0$，$x=(18.75/0.70)=26.7857$ 周时

$d^2P/dt^2=-0.70<0$，所以我们求得最大值

$P=\$1011.11$

把母牛保持 26.78 周，使得利润在 1011.11 美元达到最大．

13.2 节

1. $f(-2,-2)=8$

2. $f(13/12,-3/4)=-31/12=-2.58333$

3. (a) $\{x=0,\ y=0\}$，$\left\{x=-\dfrac{2}{3},\ y=\dfrac{2}{3}\right\}$

(b) $x=1,\ y=-1$

4. 在 $(1/2,1/2)$ 达到最大值 2．

5. 在 $x=200$，$y=100$ 时达到最大值 1800．

6. $Q=181.8$，其中 $x=18$，$y=14$．

9. $0.711602x^{1.136}$．

10. 趋势 $=5.86e^{0.395h}$

13.3 节

1. $x_1=5.282$，$x_2=3.609$，$\lambda=0.3588$

4. $x=3$，$y=3$，$z=3$，$\lambda=6$